国家示范性软件学院系列教材

普通高等教育“十一五”国家级规划教材

北京市精品教材　北京市优质教材

韩万江 姜立新 编著

软件项目管理案例教程

第4版

Software Project Management
A Case Study Approach

机械工业出版社
CHINA MACHINE PRESS

图书在版编目（CIP）数据

软件项目管理案例教程 / 韩万江，姜立新编著 . —4 版 . —北京：机械工业出版社，2019.6（2024.7 重印）

（国家示范性软件学院系列教材）

ISBN 978-7-111-62920-7

I. 软… II. ①韩… ②姜… III. 软件开发 – 项目管理 – 高等学校 – 教材 IV. TP311.52

中国版本图书馆 CIP 数据核字（2019）第 103149 号

本书以案例形式讲述软件项目管理过程，借助路线图讲述项目管理的理论、方法及技巧，覆盖项目管理十大知识域的相关内容，重点介绍软件这个特殊领域的项目管理。本书第 1 章首先介绍软件项目管理的基本内容，然后分成“项目初始”“项目计划”“项目执行控制”“项目结束”“项目实践”五篇来全面介绍如何在软件项目整个生命周期内系统地实施软件项目管理。“项目实践”篇基于前面四篇内容，以具体实践项目为例讲述项目实践流程，展示实践结果，并提供了视频操作。最后的附录给出了一些软件项目管理的模板供读者参考。本书综合了多个学科领域，包括范围计划、成本计划、进度计划、质量计划、配置管理计划、风险计划、团队计划、干系人计划、沟通计划、合同计划等的制定，以及项目实施过程中如何对项目计划进行跟踪控制。本书取材新颖，注重理论与实际的结合，通过案例分析帮助读者消化和理解所学内容。

本书既适合作为高等院校计算机、软件及相关专业高年级本科生和研究生的教材，也适合作为广大软件技术人员和项目经理培训的教材，还可作为软件开发项目管理人员的参考书。

出版发行：机械工业出版社（北京市西城区百万庄大街 22 号 邮政编码：100037）

责任编辑：赵亮宇　　责任校对：殷 虹

印　　刷：保定市中画美凯印刷有限公司　　版　　次：2024 年 7 月第 4 版第 16 次印刷

开　　本：185mm × 260mm 1/16　　印　　张：28.25

书　　号：ISBN 978-7-111-62920-7　　定　　价：69.00 元

客服电话：（010）88361066 68326294

前言

信息产业与软件产业的不断发展对软件工程技术提出了更高的要求，纵观目前软件产业的发展，软件工程技术必将朝着智能化、综合化、服务化、业务化等方向发展。软件人员不能只是低头编程，而要站在更高的位置，以更长远的眼光看软件发展。针对一个软件项目，好的软件人员应该高瞻远瞩，学会规划，并以最小的代价获得项目的成功。新技术的发展使得项目的成功更多地依赖软件管理过程，因此软件项目管理者应该具备更高的素质，要站在发展的角度规划和管理软件项目，紧跟技术发展潮流，培养前瞻意识和超前意识。

本书第 4 版基于前 3 版内容，在广泛参考和吸收教材使用者的意见和建议的基础上修订而成。本书第 4 版继续沿用前 3 版教材以案例贯穿始终的形式，分成“项目初始”“项目计划”“项目执行控制”“项目结束”“项目实践”五篇讲述软件项目管理的实施过程，其中“项目实践”篇是新增加的内容。教材还完善和增加了敏捷项目管理的内容，从项目初始到项目结束乃至项目实践的整个过程都强调了敏捷管理思路。“项目实践”篇讲述了课程实践流程，增加了平台工具操作及实践结果的展示，对相关实践环节提供了在线视频[一]播放的立体化功能。

本书综合了多个学科领域，知识结构完整，逻辑清晰，案例贯穿始终，注重实效。通过学习本书，读者可以在短时间内掌握软件项目管理的基本知识并具备实践能力。本书讲述如何管理软件项目以保证项目的成功，而如何构建软件项目可以参考本书的配套教程《软件工程案例教程：软件项目开发实践（第 3 版）》[二]。

本书第 4 版由韩万江和姜立新编写，在编写过程中参考了前 3 版教材使用者的反馈，很多高校教师和学生给我们提出了很多很好的建议，另外，韩冰、郭士榕、孙秋生、岳鹏、孙泉、韩馀林等老师也给予我们很多的帮助和指导，在此一并表示衷心感谢！本书也得到了北京邮电大学的全力支持，并作为学校精品教材立项，在此表示感谢！

当然，由于作者水平有限，书中难免有疏漏之处，恳请各位读者批评指正，并希望读者一如既往地将意见、建议和体会反馈给我，作为以后版本修订的参考。我的E-mail是casey_han@263. net。

韩万江

2019 年 2 月于北京

[一] 本书配套的课程网站网址为 http://www.icourse163.org/course/BUPT-1003557005。

[二] 本书由机械工业出版社出版，书号为 978-7-111-55984-9。——编辑注

目录

前言

第1章 软件项目管理概述 …… 1
1.1 项目与软件项目 …… 1
1.1.1 项目及其特征 …… 1
1.1.2 项目群与项目、项目与子项目的关系 …… 2
1.1.3 软件项目 …… 2
1.1.4 软件项目组成要素 …… 3
1.1.5 项目目标实现的制约因素 …… 3
1.2 项目管理 …… 3
1.2.1 项目管理背景 …… 4
1.2.2 项目管理定义 …… 4
1.2.3 软件项目管理的特征及重要性 … 5
1.3 项目管理知识体系 …… 6
1.3.1 项目管理的知识领域 …… 6
1.3.2 标准化过程组 …… 13
1.4 软件项目管理知识体系 …… 15
1.4.1 软件过程定义 …… 15
1.4.2 过程管理在软件项目中的作用 … 17
1.4.3 过程管理与项目管理知识体系的关系 …… 17
1.5 敏捷项目管理 …… 18
1.5.1 软件项目面临的挑战 …… 18
1.5.2 敏捷思维 …… 18
1.6 本书的组织结构 …… 20
1.7 小结 …… 22
1.8 练习题 …… 22

第一篇 项目初始

第2章 项目确立 …… 26
2.1 项目评估 …… 26
2.1.1 项目启动背景 …… 26
2.1.2 可行性分析 …… 27
2.1.3 成本效益评价指标 …… 27
2.2 项目立项 …… 28
2.2.1 立项流程 …… 28
2.2.2 自造-购买决策 …… 29
2.3 项目招投标 …… 30
2.3.1 甲方招标书定义 …… 31
2.3.2 乙方项目分析与竞标准备 …… 31
2.3.3 招标过程 …… 33
2.3.4 合同签署 …… 34
2.4 项目章程 …… 35
2.4.1 项目章程的定义 …… 35
2.4.2 敏捷项目章程 …… 37
2.4.3 项目经理能力和职责 …… 37
2.5 “医疗信息商务平台”招投标案例分析 …… 39
2.5.1 甲方招标书 …… 39
2.5.2 乙方投标书 …… 39
2.5.3 项目合同 …… 40
2.6 小结 …… 40
2.7 练习题 …… 41
第3章 生存期模型 …… 42
3.1 生存期概述 …… 42
3.1.1 生存期的定义 …… 42
3.1.2 生存期的类型 …… 42
3.2 预测型生存期模型 …… 44
3.2.1 瀑布模型 …… 44
3.2.2 V模型 …… 45
3.3 迭代型生存期模型 …… 46
3.4 增量型生存期模型 …… 47
3.5 敏捷型生存期模型 …… 49

3.5.1 Scrum …… 50
3.5.2 XP …… 53
3.5.3 OpenUP …… 56
3.5.4 看板方法 …… 57
3.5.5 Scrumban 方法 …… 58
3.5.6 精益模型 …… 58
3.5.7 持续交付 …… 58
3.5.8 DevOps …… 59
3.5.9 其他敏捷模型简介 …… 59
3.6 混合型生存期模型 …… 60
3.7 “医疗信息商务平台”生存期模型案例分析 …… 61
3.8 小结 …… 63
3.9 练习题 …… 63

第二篇　项目计划

第 4 章　软件项目范围计划——需求管理 …… 66
4.1 软件需求定义 …… 66
4.2 需求管理过程 …… 67
4.2.1 需求获取 …… 68
4.2.2 需求分析 …… 69
4.2.3 需求规格编写 …… 70
4.2.4 需求验证 …… 71
4.2.5 需求变更 …… 73
4.3 传统需求分析方法 …… 75
4.3.1 原型分析方法 …… 75
4.3.2 基于数据流建模方法 …… 76
4.3.3 基于 UML 建模方法 …… 77
4.3.4 功能列表方法 …… 78
4.4 敏捷项目需求分析 …… 79
4.4.1 产品待办事项列表 …… 80
4.4.2 待办事项列表的细化 …… 80
4.4.3 用户故事 …… 80
4.5 “医疗信息商务平台”需求管理案例分析 …… 81
4.5.1 需求规格说明书 …… 81
4.5.2 需求变更控制系统 …… 93
4.6 小结 …… 93
4.7 练习题 …… 93
第 5 章　软件项目范围计划——任务分解 …… 95
5.1 任务分解定义 …… 95
5.1.1 WBS …… 95
5.1.2 工作包 …… 97
5.1.3 任务分解的形式 …… 97
5.1.4 WBS 字典 …… 98
5.2 任务分解过程与方法 …… 98
5.2.1 任务分解过程 …… 98
5.2.2 任务分解方法 …… 99
5.3 任务分解结果 …… 101
5.3.1 任务分解结果的检验 …… 101
5.3.2 任务分解的重要性 …… 102
5.4 敏捷项目的任务分解 …… 103
5.4.1 用户故事分解过程 …… 103
5.4.2 敏捷分解检验 …… 104
5.4.3 敏捷分解结果 …… 104
5.5 “医疗信息商务平台”任务分解案例分析 …… 104
5.6 小结 …… 106
5.7 练习题 …… 106
第 6 章　软件项目成本计划 …… 108
6.1 成本估算概述 …… 108
6.1.1 项目规模与成本的关系 …… 109
6.1.2 成本估算的定义 …… 109
6.1.3 成本估算过程 …… 109
6.2 成本估算方法 …… 110
6.2.1 代码行估算法 …… 111
6.2.2 功能点估算法 …… 111
6.2.3 用例点估算法 …… 117
6.2.4 类比估算法 …… 120
6.2.5 自下而上估算法 …… 122
6.2.6 三点估算法 …… 122
6.2.7 参数模型估算法概述 …… 123
6.2.8 参数模型估算法——COCOMO 模型 …… 124
6.2.9 参数模型估算法——COCOMO 81 模型 …… 124
6.2.10 参数模型估算法——COCOMO Ⅱ 模型 …… 127
6.2.11 参数模型估算法——Walston-Felix 模型 …… 131

6.2.12 参数模型估算法——基于神经网络估算 …… 131
6.2.13 专家估算法 …… 138
6.2.14 猜测估算法 …… 139
6.2.15 估算方法综述 …… 139
6.3 敏捷项目成本估算 …… 140
6.3.1 故事点估算 …… 141
6.3.2 故事点估算标准 …… 141
6.3.3 快速故事点估算方法 …… 142
6.4 成本预算 …… 143
6.5 “医疗信息商务平台”成本估算案例分析 …… 145
6.5.1 用例点估算过程 …… 145
6.5.2 自下而上成本估算过程 …… 146
6.6 小结 …… 148
6.7 练习题 …… 148
第7章 软件项目进度计划 …… 150
7.1 关于进度估算 …… 150
7.2 任务确定 …… 151
7.2.1 任务定义 …… 151
7.2.2 任务关联关系 …… 151
7.3 进度管理图示 …… 153
7.3.1 甘特图 …… 153
7.3.2 网络图 …… 154
7.3.3 里程碑图 …… 156
7.3.4 资源图 …… 157
7.3.5 燃尽图 …… 157
7.3.6 燃起图 …… 157
7.4 任务资源估计 …… 158
7.5 任务历时估计 …… 158
7.5.1 定额估算法 …… 159
7.5.2 经验导出模型 …… 159
7.5.3 工程评估评审技术 …… 159
7.5.4 专家判断方法 …… 161
7.5.5 类比估计方法 …… 161
7.5.6 基于承诺的进度估计方法 …… 162
7.5.7 Jones 的一阶估计准则 …… 162
7.5.8 预留分析 …… 162
7.5.9 敏捷历时估算 …… 163
7.6 进度计划编排 …… 164
7.6.1 超前与滞后设置 …… 164
7.6.2 关键路径法 …… 165
7.6.3 时间压缩法 …… 169
7.6.4 资源优化 …… 172
7.6.5 敏捷项目进度编排 …… 174
7.7 软件项目进度计划确定 …… 176
7.7.1 软件项目进度问题模型 …… 176
7.7.2 SPSP 模型解决方案 …… 177
7.7.3 进度计划的优化 …… 180
7.7.4 项目进度计划的数据分析 …… 181
7.7.5 进度计划新兴实践简述 …… 182
7.8 “医疗信息商务平台”进度计划案例分析 …… 182
7.8.1 迭代计划 …… 182
7.8.2 Sprint 计划 …… 183
7.8.3 Sprint 待开发事项列表 …… 184
7.8.4 Sprint 预算 …… 189
7.9 小结 …… 189
7.10 练习题 …… 190
第8章 软件项目质量计划 …… 193
8.1 质量概述 …… 193
8.1.1 质量定义 …… 193
8.1.2 质量与等级 …… 194
8.1.3 质量成本 …… 194
8.2 质量模型 …… 195
8.2.1 Boehm 质量模型 …… 195
8.2.2 McCall 质量模型 …… 196
8.2.3 ISO/IEC 25010 质量模型 …… 196
8.3 质量管理活动 …… 197
8.3.1 质量保证 …… 197
8.3.2 质量控制 …… 198
8.3.3 质量保证与质量控制的关系 …… 198
8.4 敏捷项目的质量活动 …… 199
8.5 软件项目质量计划 …… 201
8.5.1 质量计划 …… 201
8.5.2 编制质量计划的方法 …… 203
8.5.3 质量计划的编制 …… 204
8.6 软件质量改善的建议 …… 206
8.7 “医疗信息商务平台”质量计划案例分析 …… 206
8.8 小结 …… 212
8.9 练习题 …… 213

第 9 章　软件配置管理计划 ………… 214
9.1　配置管理概述 ………………………… 214
9.1.1　配置管理定义 ………………… 215
9.1.2　配置项 ………………………… 215
9.1.3　基线 …………………………… 216
9.1.4　配置控制委员会………………… 217
9.1.5　配置管理在软件开发中的作用 ………………………… 217
9.2　软件配置管理过程 ………………… 218
9.2.1　配置项标识、跟踪 ……………… 219
9.2.2　配置管理环境建立 ……………… 219
9.2.3　基线变更管理 ………………… 220
9.2.4　配置审计 ……………………… 223
9.2.5　配置状态统计 ………………… 224
9.2.6　配置管理计划 ………………… 224
9.3　敏捷项目的配置管理………………… 226
9.3.1　全面配置管理 ………………… 227
9.3.2　分支管理策略 ………………… 227
9.3.3　高效的版本控制工具 …………… 228
9.3.4　对构建产物及其依赖进行管理 ………………………… 230
9.3.5　应用的配置管理………………… 230
9.4　配置管理工具 ……………………… 230
9.5　“医疗信息商务平台”配置管理计划案例分析 ………………………… 232
9.6　小结 ……………………………… 236
9.7　练习题……………………………… 236
第 10 章　软件项目团队计划 ………… 238
10.1　人力资源计划……………………… 238
10.1.1　项目组织结构 ………………… 239
10.1.2　人员职责计划 ………………… 242
10.1.3　人员管理计划 ………………… 245
10.2　项目干系人计划…………………… 245
10.2.1　识别项目干系人 ……………… 246
10.2.2　按重要性对干系人进行分析 ………………………… 246
10.2.3　按支持度对干系人进行分析 ………………………… 247
10.2.4　项目干系人分析坐标格……… 248
10.2.5　项目干系人计划的内容……… 248
10.3　项目沟通计划……………………… 249
10.3.1　沟通方式 ……………………… 249
10.3.2　沟通渠道 ……………………… 251
10.3.3　项目沟通计划的编制 ……… 251
10.4　敏捷项目团队管理 ……………… 254
10.4.1　仆人式领导 …………………… 254
10.4.2　敏捷团队 ……………………… 254
10.4.3　敏捷沟通 ……………………… 254
10.4.4　敏捷干系人管理 ……………… 255
10.5　“医疗信息商务平台”团队计划案例分析 ………………………… 256
10.5.1　团队人员资源计划 ………… 256
10.5.2　项目干系人计划 …………… 257
10.5.3　项目沟通计划 ……………… 258
10.6　小结 …………………………… 260
10.7　练习题 ………………………… 260
第 11 章　软件项目风险计划………… 262
11.1　风险管理过程的概念 …………… 262
11.1.1　风险的定义 ………………… 262
11.1.2　风险的类型 ………………… 263
11.1.3　风险管理过程 ……………… 265
11.2　风险识别 ………………………… 265
11.2.1　风险识别的方法 …………… 266
11.2.2　风险识别的结果 …………… 269
11.3　风险评估 ………………………… 269
11.3.1　定性风险评估方法 ………… 269
11.3.2　定量风险评估方法 ………… 271
11.3.3　风险评估的结果 …………… 273
11.4　风险应对策略……………………… 274
11.4.1　回避风险 ……………………… 274
11.4.2　转移风险 ……………………… 274
11.4.3　损失控制 ……………………… 274
11.4.4　自留风险 ……………………… 275
11.5　风险规划 ………………………… 275
11.6　敏捷项目的风险规划 …………… 276
11.7　“医疗信息商务平台”风险计划案例分析 ………………………… 277
11.8　小结 ……………………………… 277
11.9　练习题 …………………………… 277
第 12 章　软件项目合同计划………… 279
12.1　项目采购 ………………………… 279
12.2　项目合同 ………………………… 280

12.2.1 合同定义 …………………… 280
12.2.2 合同条款 …………………… 280
12.3 合同类型 …………………… 281
12.3.1 总价合同 …………………… 281
12.3.2 成本补偿合同 …………………… 282
12.3.3 工料合同 …………………… 282
12.4 软件外包 …………………… 283
12.5 合同计划 …………………… 285
12.6 敏捷项目合同管理计划 …………… 285
12.7 "医疗信息商务平台"合同计划案例分析 …………………… 286
12.8 小结 …………………… 287
12.9 练习题 …………………… 288

第三篇 项目执行控制

第13章 项目集成计划执行控制 …… 290
13.1 项目集成计划 …………………… 290
13.1.1 项目目标的集成 …………… 290
13.1.2 平衡项目四要素关系 ……… 291
13.1.3 项目集成计划的内容 ……… 292
13.2 项目集成计划执行控制的基本思路 …………………… 294
13.2.1 项目集成管理流程 ………… 294
13.2.2 项目数据采集与度量分析 …… 296
13.2.3 集成变更管理 …………… 297
13.3 敏捷项目的集成管理过程 ……… 299
13.4 "医疗信息商务平台"集成计划执行控制案例分析 …………… 300
13.4.1 项目集成计划 …………… 300
13.4.2 项目数据采集 …………… 308
13.5 小结 …………………… 309
13.6 练习题 …………………… 310
第14章 项目核心计划执行控制 …… 311
14.1 范围计划执行控制 …………… 311
14.1.1 项目范围的执行与核实 …… 311
14.1.2 范围变更控制 …………… 312
14.1.3 敏捷项目范围管理 ………… 314
14.2 进度与成本执行控制 ………… 314
14.2.1 图解控制法 …………… 314
14.2.2 挣值分析法 …………… 318
14.2.3 网络图分析法 …………… 323
14.2.4 敏捷项目进度与成本控制 …… 328
14.2.5 偏差管理 …………………… 332
14.3 质量计划执行控制 …………… 334
14.3.1 质量保证的管理 ………… 335
14.3.2 质量控制的管理 ………… 337
14.3.3 敏捷项目质量管理 ………… 342
14.4 "医疗信息商务平台"核心计划执行控制案例分析 …………… 343
14.4.1 范围计划的执行控制 ……… 343
14.4.2 时间、成本的执行控制 ……… 344
14.4.3 质量计划的执行控制 ……… 350
14.5 小结 …………………… 352
14.6 练习题 …………………… 353
第15章 项目辅助计划执行控制 …… 356
15.1 团队计划的执行控制 ………… 356
15.1.1 项目团队 …………………… 356
15.1.2 项目成员的培训 ………… 357
15.1.3 项目成员的激励 ………… 357
15.2 项目干系人计划的执行控制 ……… 361
15.3 项目沟通计划的执行控制 ……… 361
15.3.1 项目沟通方式 …………… 361
15.3.2 沟通中冲突的解决 ……… 364
15.4 风险计划的执行控制 ………… 366
15.5 合同计划的执行控制 ………… 368
15.5.1 甲方合同管理 …………… 368
15.5.2 乙方合同管理 …………… 369
15.6 敏捷项目执行控制过程 ……… 371
15.7 "医疗信息商务平台"辅助计划执行控制案例分析 …………… 372
15.7.1 项目干系人计划的执行控制 …………………… 372
15.7.2 项目沟通计划的执行控制 …… 373
15.7.3 风险计划的执行控制 ……… 374
15.8 小结 …………………… 375
15.9 练习题 …………………… 375

第四篇 项目结束

第16章 项目结束过程 …………… 378
16.1 项目终止 …………………… 378
16.2 项目结束的具体过程 ………… 378
16.2.1 项目验收与产品交付 ……… 378

16.2.2 合同终止 …… 380
16.2.3 项目最后评审 …… 380
16.2.4 项目总结 …… 380
16.3 项目管理的建议 …… 382
16.3.1 常见问题 …… 382
16.3.2 经验和建议 …… 383
16.4 “医疗信息商务平台”结束过程案例分析 …… 384
16.4.1 验收计划 …… 384
16.4.2 项目验收报告 …… 387
16.4.3 项目总结 …… 389
16.5 小结 …… 391
16.6 练习题 …… 391

第五篇 项目实践

第17章 基于敏捷平台的软件项目管理实践 …… 394
17.1 敏捷实践准备 …… 394
17.1.1 关于 DevOps 敏捷项目管理 …… 394
17.1.2 敏捷项目的3C …… 394
17.1.3 实践项目介绍 …… 395
17.2 项目初始过程 …… 397
17.2.1 项目初始需求 …… 397
17.2.2 策略和工具选择 …… 400
17.3 项目规划过程 …… 401
17.3.1 团队建设 …… 401
17.3.2 设计项目发布计划 …… 401
17.4 项目执行控制 …… 402
17.4.1 选择迭代内容和完善待办事项列表 …… 402
17.4.2 简单设计 …… 403
17.4.3 测试用例设计 …… 403
17.4.4 敏捷开发过程 …… 403
17.4.5 成本进度跟踪管理 …… 414
17.4.6 完善设计和需求 …… 415
17.4.7 迭代评审 …… 416
17.5 项目结束过程 …… 417
结束语 …… 421
附录 常用的项目管理模板 …… 422
参考文献 …… 440

第 1 章

■ 软件项目管理概述

1.1 项目与软件项目

信息产业是目前发展较快的行业，也是对社会影响较大的行业之一，“软件”“项目”“软件项目”等概念已经越来越被大家所熟悉，并且普遍存在于我们生活或者社会的各个方面。软件行业是一个极具挑战性和创造性的行业，而软件项目管理也是一项具有挑战性的工作，同时也是保证项目成功的必要手段。

1.1.1 项目及其特征

人类社会和日常生活中有很多种活动，然而有的活动我们称之为项目，有的则不能称为项目。项目（project）就是为了创造一个唯一的产品或提供一个唯一的服务而进行的临时性的努力；是以一套独特而相互联系的任务为前提，有效地利用资源，在一定时间内满足一系列特定目标的多项相关工作的总称。一般来说，日常运作和项目是两种主要的活动。它们虽然有共同点，例如，它们都需要由人来完成，均受到有限资源的限制，均需要计划、执行、控制，但是项目是组织层次上进行的具有时限性和唯一性的工作，也许需要一个人，也许涉及成千上万的人，也许需要 100 小时完成，也许要用 10 年完成，等等。“上班”“批量生产”“每天的卫生保洁”等属于日常运作，不是项目。项目与日常运作的不同是：项目是一次性的，日常运作是重复进行的；项目是以目标为导向的，日常运作是通过效率和有效性体现的；项目是通过项目经理及其团队工作完成的，日常运作是职能式的线性管理；项目存在大量的变更管理，日常运作基本保持持续的连贯性。下面介绍项目所具有的特征。

1）目标性。项目的目的在于得到特定的结果，即项目是面向目标的。其结果可能是一种产品，也可能是一种服务。目标贯穿于项目始终，一系列的项目计划和实施活动都是围绕这些目标进行的。例如，一个软件项目的最终目标可以是开发一个学生成绩管理系统。

2）相关性。项目的复杂性是固有的，一个项目有很多彼此相关的活动，例如，某些活动在其他活动完成之前不能启动，而另一些活动必须并行实施，如果这些活动相互之间不能协调地开展，就不能达到整个项目的目标。

3）临时性。项目的临时性是指项目有明确的起点和终点。临时性并不意味着项目的持续时间短，而是指项目要在一个限定的期间内完成，是一种临时性的任务。当项目的目标达到时，意味着项目任务完成。项目管理中的很大一部分精力是用来保证在预定时间内完成项目任务，为此而制定项目计划进度表，标识任务何时开始、何时结束。项目任务不同于批量生产。批量生产是相同的产品连续生产，取决于要求的生产量，当生产任务完成时，生产线停止运行，这种连续生产不是项目。

4）独特性。在一定程度上，项目与项目之间没有重复性，每个项目都有其独自的特点。每一个项目都是唯一的。如果一位工程师正在按照规范建造第50栋农场式的住宅，其独特性一定很低，它的基本部分与已经造好的第49栋是相同的，如果说其有特殊性，也只是在于其地基的土壤不同，使用了一个新的热水器，请了几位新木工，等等。然而，如果要为新一代计算机设计操作系统，则该工作必然会有很强的独特性，因为这个项目以前没有做过，可供参考的经验并不多。

5）资源约束性。每一项目都需要运用各种资源作为实施的保证，而资源是有限的，所以资源是项目成功实施的一个约束条件。

6）不确定性。一个项目开始前，应当在一定的假定和预算基础上制定一份计划，但是，在项目的具体实施中，外部因素和内部因素总是会发生一些变化，会存在一定的风险和很多不确定性因素，因此项目具有不确定性。

1.1.2 项目群与项目、项目与子项目的关系

项目群也称为大型项目（program），是通过协调来进行统一管理的一组相互联系的项目，它本身可能不是项目。许多大型项目通常包括持续运作的活动。一个大型项目可以理解为比项目高一级别的大项目，如“863计划”“星火计划”“登月计划”“阿波罗登月计划”等。以“863计划”为例，它的目标是赶超世界先进水平，集中资源重点投入，争取在我国部分有优势的高科技领域有所突破，为我国在21世纪的经济发展和国防安全创造条件。这样的目标是战略性的，很难具体化，但它可以通过一系列的具体项目去实施。子项目（subproject）是将项目分解成更小的单位，以便更好地控制项目。项目中的某一阶段可以是一个单独的项目，也可以是一个子项目，一个子项目可以转包给外部机构的一个单元。在实际工作中，子项目的划分是很灵活的，可以视项目的需要而定。可以按照阶段划分子项目，如一期项目、二期项目，也可以按照项目的组成部分划分子项目。

1.1.3 软件项目

软件是计算机系统中与硬件相互依存的部分，是包括程序、数据及其相关文档的完整集合。其中，程序是按事先设计的功能和性能要求执行的指令序列；数据是使程序能正常操纵信息的数据结构；文档是与程序开发、维护和使用有关的图文材料。软件项目除了具备项目的基本特征之外，还有如下特点。

1）软件是一种逻辑实体而非具体的物理实体，具有抽象性，这使得软件与其他的诸如硬件或者工程类项目有很多的不同之处。

2）软件的生产与硬件不同，开发过程中没有明显的制造过程，也不存在重复生产过程。

3）软件没有硬件的机械磨损和老化问题，然而，软件存在退化问题。在软件的生存期中，软件环境的变化导致软件的失效率提高。

4）软件的开发受到计算机系统的限制，对计算机系统有不同程度的依赖。

5）软件开发至今没有摆脱手工的开发模式，软件产品基本上是“定制的”，无法利用现有的软件组件组装成所需要的软件。

6）软件本身是复杂的，其复杂性来自应用领域实际问题的复杂性和应用软件技术的复

杂性。

7）软件的成本相当高昂，软件开发需要投入大量资金和高强度的脑力劳动，因此成本比较高。

8）很多软件工作涉及社会的因素，例如，许多软件开发受到机构、体系和管理方式等方面的限制。

软件项目是一种特殊的项目，它创造的唯一产品或者服务是逻辑载体，没有具体的形状和尺寸，只有逻辑的规模和运行的效果。软件项目不同于其他项目，软件是一个新领域而且涉及的因素比较多，管理比较复杂。目前，软件项目的开发远远没有其他领域的项目规范，很多的理论还不适用于所有软件项目，经验在软件项目中仍起很大的作用。软件项目由相互作用的各个系统组成，系统包括彼此相互作用的部分。软件项目涉及的因素越多，彼此之间的相互作用就越大。另外，变更也是软件项目中常见的现象，如需求的变更、设计的变更、技术的变更、社会环境的变更等，这些均说明了软件项目管理的复杂性。项目的独特性和临时性决定项目是渐进明细的，软件项目更是如此，因为软件项目比其他项目有更大的独特性。“渐进明细”表明项目的定义会随着项目团队成员对项目、产品等的理解和认识的逐步加深而得到逐渐深入的描述。软件行业是一个极具挑战性和创造性的行业，软件开发是一项复杂的系统工程，牵涉各方面的因素。软件项目的特征包括需求的不确定性和开发过程中存在技术风险。在实际工作中，经常会出现各种各样的问题，甚至软件项目会面临失败。如何总结、分析失败的原因并得出有益的教训，是今后项目取得成功的关键。

1.1.4 软件项目组成要素

简单地说，项目就是在既定的资源和要求的约束下，为实现某种目的而相互联系的一次性工作任务。一个软件项目的要素包括软件开发的过程、软件开发的结果、软件开发赖以生存的资源及软件项目的特定委托人（或者说是客户，既是项目结果的需求者，也是项目实施的资金提供者）。

1.1.5 项目目标实现的制约因素

项目目标就是在一定时间、预算内完成项目范围内的事项，以使客户满意。一个成功的项目应该在项目允许的范围内满足成本、进度要求，并达到客户满意的产品质量。所以，项目目标的实现受4个因素制约：项目范围、成本、进度计划和客户满意度，如图1-1所示。项目范围是为使客户满意必须做的所有工作。成本是完成项目所需要的费用。进度计划安排每项任务的起止时间及所需的资源等，为项目描绘一个过程蓝图。客户满意度取决于所交付成果的质量，只有客户满意才可以更快地结束项目，否则会导致项目的拖延，从而增加额外的费用。

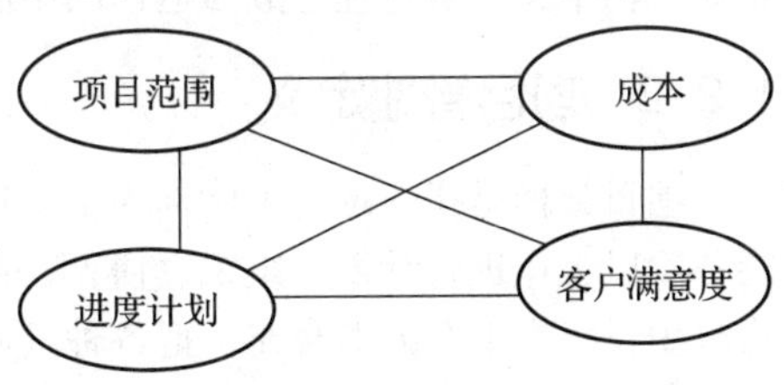

图1-1 项目目标实现的制约因素

1.2 项目管理

项目普遍存在于人们的工作和生活中，如何管理这些项目是一项需要研究的任务。项目管理起源于美国，20世纪40~50年代主要应用于国防和军工项目，后来广泛应用于工商、金融、信息等产业及行政管理领域。目前，项目管理已经成为综合多门学科的新兴研究领域，其理论来自项目管理的工作实践。项目管理是指把各种系统、方法和人员结合在一起，在规定的时间、预算和质量目标范围内完成项目的各项工作。对于一个组织的管理而言，项目管理主要包括3个部分，即战略管理、运作管理、项目管理。

- 战略管理（strategy management）是从宏观上帮助企业明确和把握发展方向的管理。
- 运作管理（operation management）是对日常性、重复性工作的管理。
- 项目管理（project management）是对一次性、创新性工作的管理。

项目是企业的最小盈利单位，项目管理自然成为构筑企业利润的基石，从这种意义上说，项目管理是企业的核心竞争力所在。由于项目管理具有效率高、反应灵敏的优点，因此更多的企业希望采取项目式管理（management by project）的方式，及时响应用户需求，使管理更高效，从而提高企业的管理质量。

实施项目管理可以提高项目的效益。这里所指的效益是一个综合性指标，包括低风险、高产出等。因此，不难得出我们在实施项目管理时应该掌握的度，即引入项目管理所产生的效益减去项目管理的实施成本后必须大于未引入项目管理时的效益。由于项目管理的效益与项目管理的复杂度（项目管理的成本）并非线性相关，因此项目管理的复杂度必然存在一个最优值，这就是我们应该掌握的度，这个度被大家认可并且能够被准确地理解和实施。

1.2.1 项目管理背景

随着世界由工业时代进入信息时代，时空概念的根本改变加剧了项目的复杂性和可变性。项目涉及的范围和时间、空间跨度都在以空前的速度扩大。而随着行业竞争的加剧，项目只有在最少时间、最低成本的情况下完成才有意义。项目本身的复杂性和巨大风险及在分工合作中个人经验的不确定性，使个人经验已无法确保项目的成功或按时完成。

项目管理是20世纪50年代后期发展起来的一种计划管理方法，它一出现就引起广泛关注。1957年，美国杜邦公司把这种方法应用于设备维修，把维修停工时间由125小时锐减为78小时。1958年，美国人在北极星导弹设计中应用项目管理技术，把设计完成时间缩短了两年。由于项目管理在运作方式和管理思维模式上最大限度地利用了内外资源，从根本上改善了管理人员的工作程序，提高了效率，降低了风险，因此自20世纪60年代以来它被广泛运用于航空航天、国防、信息、建筑、能源、化工、制造、环保、交通运输、金融、营销、服务、法律等行业。它不仅适用于大公司，而且适用于小型企业。目前，在全球发达国家的政府部门和企业机构中，项目管理已成为运作的中心模式。

1.2.2 项目管理定义

项目管理是指一定的主体，为了实现其目标，利用各种有效的手段，对执行中的项目周期的各阶段工作进行计划、组织、协调、指挥、控制，以取得良好经济效益的各项活动的总和。通过项目各方干系人的合作，把各种资源应用于项目，以实现项目的目标，使项目干系人的需求得到不同程度的满足。因此，项目管理是一系列伴随着项目的进行而进行的管理行为，目的是确保项目能够达到期望结果。要想满足项目干系人的需求和期望，达到项目目标，需要在下面这些相互有冲突的要求之间寻求平衡：

1）范围、时间、成本和质量。

2）有不同需求和期望的项目干系人。

3）明确表示出来的要求（需求）和未明确表达的要求（期望）。

项目管理有时被描述为对连续性操作进行管理的组织方法。这种方法，更准确地说应该称为“由项目实施的管理”，它是将连续性操作的许多方面作为项目来对待，以便对其可以采用项目管理的方法。所以，对于一个通过项目实施管理的组织而言，其对项目管理的认识显然是非常重要的。项目管理是要求在项目活动中运用知识、技能、工具和技术，以便达到项目目标的活动。项目管理类似导弹发射的控制过程，需要一开始设定好目标，然后在飞行中锁定目标，同时不断调整导弹的方向，使之不能偏离正常的轨道，最终击中目标。软件项目管理是为了使软件项目能够按照预定的成本、进度、质量顺利完成，而对成本、人员、进度、质量、风险等进行分析和管理的活动。

1.2.3　软件项目管理的特征及重要性

软件项目管理是软件工程的重要组成部分，它能确保软件项目满足预算、成本等约束，提交高质量的软件产品。好的项目管理不能保证项目成功，但是不好的项目管理一定会造成项目失败，如软件可能会延迟，成本可能超支，或者项目无法满足客户的期望。

当前社会的特点是“变化”，而这种变化在信息产业中体现得尤为突出：技术创新速度越来越快，用户需求与市场不断变化，人员流动也大大加快。在这种环境下，企业需要应对的变化及由此带来的挑战大大增加，也给管理带来了很多问题和挑战。目前软件开发面临很多问题，例如：

1）在有限的时间、资金下，要满足不断增长的软件产品质量要求。

2）开发的环境日益复杂，代码共享日益困难，需跨越的平台增多。

3）程序的规模越来越大。

4）软件的重用性需求提高。

5）软件的维护越来越困难。

因此，软件项目管理显得更为重要。软件项目管理是在20世纪70年代中期由美国提出的，当时美国国防部专门研究了软件开发不能按时提交、预算超支和质量达不到用户要求的原因，结果发现70%的项目是由管理不善引起的，而非技术原因。于是，软件开发者开始逐渐重视软件开发中的各项管理问题。

软件项目管理和其他项目管理相比具有以下特殊性。

1）软件是纯知识产品，其开发进度和质量很难估计和度量，生产效率也难以预测和保证。与普通的项目不同，软件项目的交付成果事先看不见，并且难以度量，特别是很多应用软件项目已经不再是业务流程的电子化，而是同时涉及业务流程再造或业务创新。因此，在项目早期，客户很难描述清楚需要提交的软件产品，但这一点对软件项目的成败又是至关重要的。与此矛盾的是，公司一般安排市场销售人员负责谈判，其重点是迅速签约，而不是如何交付，甚至为了尽早签约而过度承诺，遇到模糊问题时也怕因为解释而节外生枝，所以避而不谈，而甲方为了保留回旋余地，也不愿意说得太清楚，更不愿意主动提出来（因为甲方还有最终验收的主动权）。等到项目经理一旦接手项目，所有这些没有说清楚的隐患和口头承诺都将暴露出来，并最终由项目经理承担。

2）项目周期长，复杂度高，变数多。软件项目的交付周期一般比较长，一些大型项目的周期可以达到2年以上。这样长的时间跨度内可能发生各种变化。软件系统的复杂性导致了开发过程中各种风险的难以预见和控制。从外部来看，商业环境、政策法规变化会对项目范围、需求造成重大影响。例如，作者曾经从事的金融项目临近上线时，国家推出了“利息税”政策，造成整个系统的大幅变更。从内部来看，组织结构、人事变动等对项目的影响更加直接。有时，伴随着新的领导到任，其思路的变化，甚至对项目的重视程度的变化，都可能直接影响项目的成败。

3）软件需要满足一群人的期望。软件项目提供的实际上是一种服务，服务质量不仅仅是最终交付的质量，更重要的是客户的体验。实际上，项目中的“客户”不是一个人，而是一群人。他们可能来自多个部门，并且对项目的关注点不同，在项目中的利益也不同。所以，当我们谈到满足“客户需求”时，实际的意思是满足一群想法和利益各不相同的人的需求。

所以，进行软件项目管理是必要的。软件项目管理的根本目的是让软件项目尤其是大型项目的生命周期能在管理者的控制之下，以预定成本按期、按质地完成软件项目，并且交付用户使用。而研究软件项目管理是为了从已有的成功或失败的案例中总结出能够指导今后开发的通用原则、方法，以避免重犯前人的错误。

实际上，软件项目管理的意义不仅仅如此，进行软件项目管理有利于将开发人员的个人开发能力转化成企业的开发能力，企业的软件开发能力越高，表明企业的软件生产越趋于成熟，企业越能够稳定发展，从而减小开发风险。

1.3 项目管理知识体系

以前，有人认为项目管理是一种“意外的职业”。因为常常是人们在项目中先承担了项目责任（可能从技术开发开始），然后随着项目经验的逐步丰富，最后顺理成章地当上项目经理。由此看来，管理一个项目的有关知识不是通过系统学习得来的，而是在实践中摸索出来的，然而在摸索的过程可能会导致严重损失。近年来，在减小项目管理意外性方面已经有了很大进步。很多企业的决策者日益认识到项目管理方法可以帮助他们在复杂的竞争环境中取得成功。为了减少项目管理的意外性，许多机构或者企业开始要求雇员系统地学习项目管理技术，努力成为经认证合格的项目管理人员。

项目管理专业人员资格（Project Management Professional，PMP）是美国项目管理学会（Project Management Institute，PMI）开发并负责组织实施的一种专业资格认证。PMP认证可以为个人的事业发展带来很多好处。该项认证已经获得世界上100多个国家的承认，可以说是目前全球认可程度很高的项目管理专业认证，也是项目管理资格的重要标志之一，具有国际权威性。在世界很多国家，特别是发达国家，PMP已经被认为是合格项目管理的标志之一。

项目管理知识体系（Project Management Body Of Knowledge，PMBOK）是由PMI组织开发的一套关于项目管理的知识体系。它是PMP考试的关键材料，为所有的项目管理提供了一个知识框架。

项目管理知识体系（PMBOK 2017）包括项目管理的10个知识领域、5个标准化过程组及49个模块。这10个知识领域分别是：项目集成管理（project integration management），项目范围管理（project scope management），项目进度管理（project schedule management），项目成本管理（project cost management），项目质量管理（project quality management），项目资源管理（project resource management），项目沟通管理（project communication management），项目风险管理（project risk management），项目采购管理（project procurement management），项目干系人管理（project stakeholder management）。10个知识领域包括的管理要素如图1-2所示。

1.3.1 项目管理的知识领域

项目管理的知识领域分布在项目进展过程中的各个阶段，它们的关系可以这样描述：

- 为了成功实现项目的目标，首先必须设定项目的工作和管理范围，即项目范围管理（what to do）。
- 为了正确实施项目，需要对项目的时间、质量、成本三大目标进行分解，即项目进度管理（when）、项目质量管理（how good）、项目成本管理（how much）。
- 在项目实施过程中，需要投入足够的人力、物力，即项目资源管理（people and motivation）、项目采购管理（partner）。

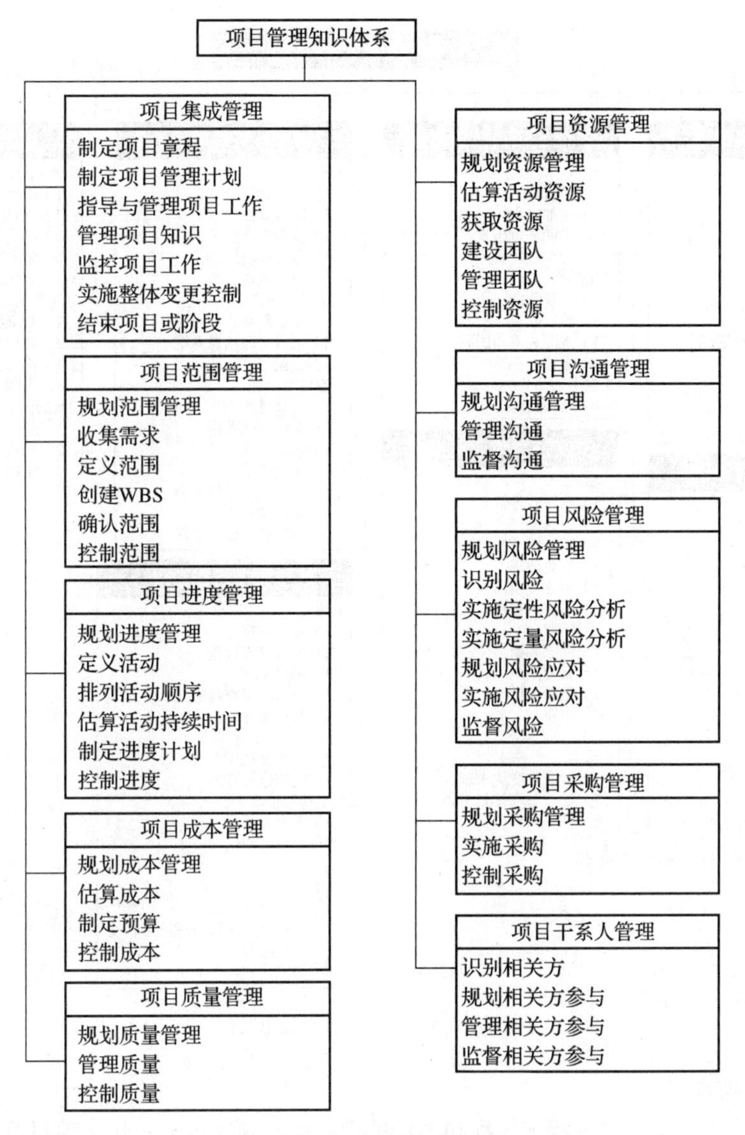

图 1-2 项目管理知识领域

- 为了对项目团队人员进行管理，让大家目标一致地完成项目，需要沟通，即项目沟通管理和项目干系人（相关方）管理（understand and be understood）。
- 项目在实施过程中会遇到各种风险，所以要进行风险管理，即项目风险管理。
- 项目管理一定要协调各个方面，不能只顾局部的利益和细节，所以需要集成管理，即项目集成管理。

项目管理的知识领域具体描述如下。

1. 项目集成管理

项目集成管理包括为识别、定义、组合、统一和协调各项目管理过程组的各个过程和活动而开展的过程与活动，如图 1-3 所示。项目集成管理贯穿于项目的全过程，在项目的整个生命周期内，协调管理其他各管理知识域，将项目管理的方方面面集成为一个有机整体，保证项目总目标的实现。项目集成管理的目标在于对项目中的不同组成元素进行正确、高效的协调，而不是对所有项目组成元素进行简单相加。

图 1-3　项目集成管理知识域

2. 项目范围管理

项目范围是为了交付具有特定属性和功能的产品而必须完成的工作。项目范围管理包括确保项目做且只做所需的全部工作以成功完成项目的各个过程，如图 1-4 所示。范围管理主要定义项目需要完成的工作，确保项目包含且只包含所有需要完成的工作。范围管理定义可以控制项目包含什么内容和不包含什么内容。

3. 项目进度管理

项目进度管理包括为管理项目按时完成所需的各个过程，如图 1-5 所示。按时提交项目是项目经理的较大挑战之一，时间是灵活性最小的控制元素，进度是导致项目冲突的最主要原因，尤其在项目的后期，所以项目管理者学习进度管理过程尤为重要。

4. 项目成本管理

项目成本管理包括为使项目在批准的预算内完成而对成本进行规划、估算、预算、融资、筹资、管理和控制的各个过程，是在项目具体实施过程中为确保完成项目所花费的实际成本不超过预算而开展的管理活动，如图 1-6 所示。

项目范围管理概述

1 规划范围管理

1.输入
1）项目章程
2）项目管理计划
3）事业环境因素
4）组织过程资产
2.工具与技术
1）专家判断
2）数据分析
3）会议
3.输出
1）范围管理计划
2）需求管理计划

2 收集需求

1.输入
1）项目章程
2）项目管理计划
3）项目文件
4）商业文件
5）协议
6）事业环境因素
7）组织过程资产
2.工具与技术
1）专家判断
2）数据收集
3）数据分析
4）决策
5）数据表现
6）人际关系与团队技能
7）系统交互图
8）原型法
3.输出
1）需求文件
2）需求跟踪矩阵

3 定义范围

1.输入
1）项目章程
2）项目管理计划
3）项目文件
4）事业环境因素
5）组织过程资产
2.工具与技术
1）专家判断
2）数据分析
3）决策
4）人际关系与团队技能
5）产品分析
3.输出
1）项目范围说明书
2）项目文件更新

4 创建WBS

1.输入
1）项目管理计划
2）项目文件
3）事业环境因素
4）组织过程资产
2.工具与技术
1）专家判断
2）分解
3.输出
1）范围基准
2）项目文件更新

5 确认范围

1.输入
1）项目管理计划
2）项目文件
3）核实的可交付成果
4）工作绩效数据
2.工具与技术
1）检查
2）决策
3.输出
1）验收的可交付成果
2）工作绩效信息
2）变更请求
3）项目文件更新

6 控制范围

1.输入
1）项目管理计划
2）项目文件
3）工作绩效数据
4）组织过程资产
2.工具与技术
数据分析
3.输出
1）工作绩效信息
2）变更请求
3）项目管理计划更新
4）项目文件更新

图 1-4 项目范围管理知识域

项目进度管理概述

1 规划进度管理

1.输入
1）项目章程
2）项目管理计划
3）事业环境因素
4）组织过程资产
2.工具与技术
1）专家判断
2）数据分析
3）会议
3.输出
进度管理计划

2 定义活动

1.输入
1）项目管理计划
2）事业环境因素
3）组织过程资产
2.工具与技术
1）专家判断
2）分辨
3）滚动式规划
4）会议
3.输出
1）活动清单
2）活动属性
3）里程碑清单
4）变更请求
5）项目管理计划更新

3 排列活动顺序

1.输入
1）项目管理计划
2）项目文件
3）事业环境因素
4）组织过程资产
2.工具与技术
1）紧前关系绘图法
2）确定和整合依赖关系
3）提前量和滞后量
4）项目管理信息系统
3.输出
1）项目进度网络图
2）项目文件更新

4 估算活动持续时间

1.输入
1）项目管理计划
2）项目文件
3）事业环境因素
4）组织过程资产
2.工具与技术
1）专家判断
2）类比估算
3）参数估算
4）三点估算
5）自下而上估算
6）数据分析
7）决策
8）会议
3.输出
1）持续时间估算
2）估算依据
3）项目文件更新

5 制定进度计划

1.输入
1）项目管理计划
2）项目文件
3）协议
4）事业环境因素
5）组织过程资产
2.工具与技术
1）进度网络分析
2）关键路径法
3）资源优化
4）数据分析
5）提前量和滞后量
6）进度压缩
7）项目管理信息系统
8）敏捷发布规划
3.输出
1）进度基准
2）项目进度计划
3）进度数据
4）项目日历
5）变更请求
6）项目管理计划更新
7）项目文件更新

6 控制进度

1.输入
1）项目管理计划
2）项目文件
3）工作绩效数据
4）组织过程资产
2.工具与技术
1）数据分析
2）关键路径法
3）项目管理信息系统
4）资源优化
5）提前量和滞后量
6）进度压缩
3.输出
1）工作绩效信息
2）进度预测
3）变更请求
4）项目管理计划更新
5）项目文件更新

图 1-5 项目进度管理知识域

图 1-6 项目成本管理知识域

5. 项目质量管理

项目质量管理包括把组织的质量政策应用于规划、管理、控制项目和产品的质量要求，以满足相关方的期望的各个过程，如图 1-7 所示。项目质量管理要求保证该项目能够兑现它关于满足各种需求的承诺，涵盖与决定质量工作的策略、目标和责任的管理功能有关的各种活动。

图 1-7 项目质量管理知识域

6. 项目资源管理

项目资源管理包括识别、获取和管理所需资源以成功完成项目的各个过程，如图 1-8 所示。

项目资源管理概述

1 规划资源管理

1.输入
1）项目章程
2）项目管理计划
3）项目文件
4）事业环境因素
5）组织过程资产
2.工具与技术
1）专家判断
2）数据表现
3）组织理论
4）会议
3.输出
1）资源管理计划
2）团队章程
3）项目文件更新

2 估算活动资源

1.输入
1）项目管理计划
2）项目文件
3）事业环境因素
4）组织过程资产
2.工具与技术
1）专家判断
2）自下而上估算
3）类比估算
4）参数估算
5）数据分析
6）项目管理信息系统
7）会议
3.输出
1）资源需求
2）估算依据
3）资源分解结构
4）项目文件更新

3 获取资源

1.输入
1）项目管理计划
2）项目文件
3）事业环境因素
4）组织过程资产
2.工具与技术
1）决策
2）人际关系与团队技能
3）预分派
4）虚拟团队
3.输出
1）物质资源分配单
2）项目团队派工单
3）资源日历
4）变更请求
5）项目管理计划更新
6）项目文件更新
7）事业环境因素更新
8）组织过程资产更新

4 建设团队

1.输入
1）项目管理计划
2）项目文件
3）事业环境因素
4）组织过程资产
2.工具与技术
1）集中办公
2）虚拟团队
3）沟通技术
4）人际关系与团队技能
5）认可与奖励
6）培训
7）个人和团队评估
8）会议
3.输出
1）团队绩效评价
2）变更请求
3）项目管理计划更新
4）项目文件更新
5）事业环境因素更新
6）组织过程资产更新

5 管理团队

1.输入
1）项目管理计划
2）项目文件
3）工作绩效报告
4）团队绩效评价
5）事业环境因素
6）组织过程资产
2.工具与技术
1）人际关系与团队技能
2）项目管理信息系统
3.输出
1）变更请求
2）项目管理计划更新
3）项目文件更新
4）事业环境因素更新

6 控制资源

1.输入
1）项目管理计划
2）项目文件
3）工作绩效数据
4）协议
5）组织过程资产
2.工具与技术
1）数据分析
2）问题解决
3）人际关系与团队技能
4）项目管理信息系统
3.输出
1）工作绩效信息
2）变更请求
3）项目管理计划更新
4）项目文件更新

图 1-8　项目资源管理知识域

7. 项目沟通管理

项目沟通管理包括为确保项目信息及时且恰当地规划、收集、生成、发布、存储、检索、管理、控制、监督和最终处置所需的各个过程，如图 1-9 所示。项目沟通管理确定项目人员的沟通需求和需要的信息，即确定谁需要什么信息、什么时候需要以及如何获取这些信息。

8. 项目风险管理

项目风险管理包括规划风险管理、识别风险、实施风险分析、规划风险应对、实施风险应对和监督风险的各个过程，如图 1-10 所示。项目风险管理是决定采用什么方法和如何规划项目风险的活动，是指对项目风险从识别到分析乃至采取应对措施等一系列过程。它包括将积极因素所产生的影响最大化和使消极因素产生的影响最小化两方面内容。

9. 项目采购管理

项目采购管理包括从项目团队外部采购或获取所需产品、服务或成果的各个过程，如图 1-11所示。为了满足项目的需求，项目组织需要从外部获取某些产品，这就是采购。采购的意义是广义的，可能是采购物品，也可能是采购服务（如软件开发等），还包括收集有关产品的信息，进行择优选购。

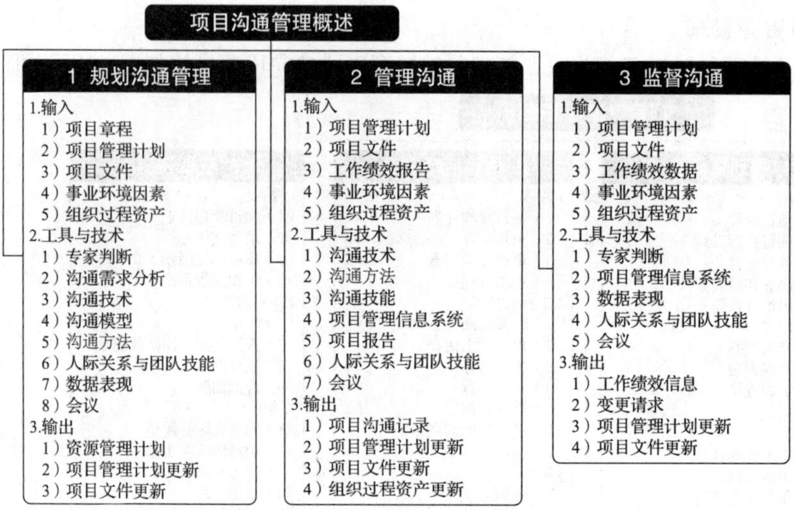

项目沟通管理概述

1 规划沟通管理
1.输入
1）项目章程
2）项目管理计划
3）项目文件
4）事业环境因素
5）组织过程资产
2.工具与技术
1）专家判断
2）沟通需求分析
3）沟通技术
4）沟通模型
5）沟通方法
6）人际关系与团队技能
7）数据表现
8）会议
3.输出
1）资源管理计划
2）项目管理计划更新
3）项目文件更新

2 管理沟通
1.输入
1）项目管理计划
2）项目文件
3）工作绩效报告
4）事业环境因素
5）组织过程资产
2.工具与技术
1）沟通技术
2）沟通方法
3）沟通技能
4）项目管理信息系统
5）项目报告
6）人际关系与团队技能
7）会议
3.输出
1）项目沟通记录
2）项目管理计划更新
3）项目文件更新
4）组织过程资产更新

3 监督沟通
1.输入
1）项目管理计划
2）项目文件
3）工作绩效数据
4）事业环境因素
5）组织过程资产
2.工具与技术
1）专家判断
2）项目管理信息系统
3）数据表现
4）人际关系与团队技能
5）会议
3.输出
1）工作绩效信息
2）变更请求
3）项目管理计划更新
4）项目文件更新

图1-9 项目沟通管理知识域

项目风险管理概述

1 规划风险管理
1.输入
1）项目章程
2）项目管理计划
3）项目文件
4）事业环境因素
5）组织过程资产
2.工具与技术
1）专家判断
2）数据分析
3）会议
3.输出
风险管理计划

2 识别风险
1.输入
1）项目管理计划
2）项目文件
3）协议
3）采购文档
4）事业环境因素
5）组织过程资产
2.工具与技术
1）专家判断
2）数据收集
3）数据分析
4）人际关系与团队技能
5）提示清单
6）会议
3.输出
1）风险登记册
2）风险报告
3）项目文件更新

3 实施定性风险分析
1.输入
1）项目管理计划
2）项目文件
3）事业环境因素
4）组织过程资产
2.工具与技术
1）专家判断
2）数据收集
3）数据分析
4）人际关系与团队技能
5）风险分类
6）数据表现
7）会议
3.输出
项目文件更新

4 实施定量风险分析
1.输入
1）项目管理计划
2）项目文件
3）事业环境因素
4）组织过程资产
2.工具与技术
1）专家判断
2）数据收集
3）人际关系与团队技能
4）不稳定性表现方式
5）数据分析
3.输出
项目文件更新

5 规划风险应对
1.输入
1）项目管理计划
2）项目文件
3）事业环境因素
4）组织过程资产
2.工具与技术
1）专家判断
2）数据收集
3）人际关系与团队技能
4）威胁应对策略
5）机会应对策略
6）应急应对策略
7）整体项目风险应对策略
8）数据分析
9）决策
3.输出
1）变更请求
2）项目管理计划更新
3）项目文件更新

6 实施风险应对
1.输入
1）项目管理计划
2）项目文件
3）组织过程资产
2.工具与技术
1）专家判断
2）人际关系与团队技能
3）项目管理信息系统
3.输出
1）变更请求
2）项目文件更新

7 监督风险
1.输入
1）项目管理计划
2）项目文件
3）工作绩效数据
4）工作绩效报告
2.工具与技术
1）数据分析
2）审计
3）会议
3.输出
1）工作绩效信息
2）变更请求
3）项目管理计划更新
4）项目文件更新
5）组织过程资产更新

图1-10 项目风险管理知识域

10. 项目干系人管理

项目干系人管理也称为项目相关方管理，包括用于开展下列工作的各个过程：识别影响或受项目影响的人员、团队或组织，分析相关方对项目的期望和影响，制定合适的管理策略来有效调动相关方参与项目决策和执行，如图1-12所示。

图 1-11　项目采购管理知识域

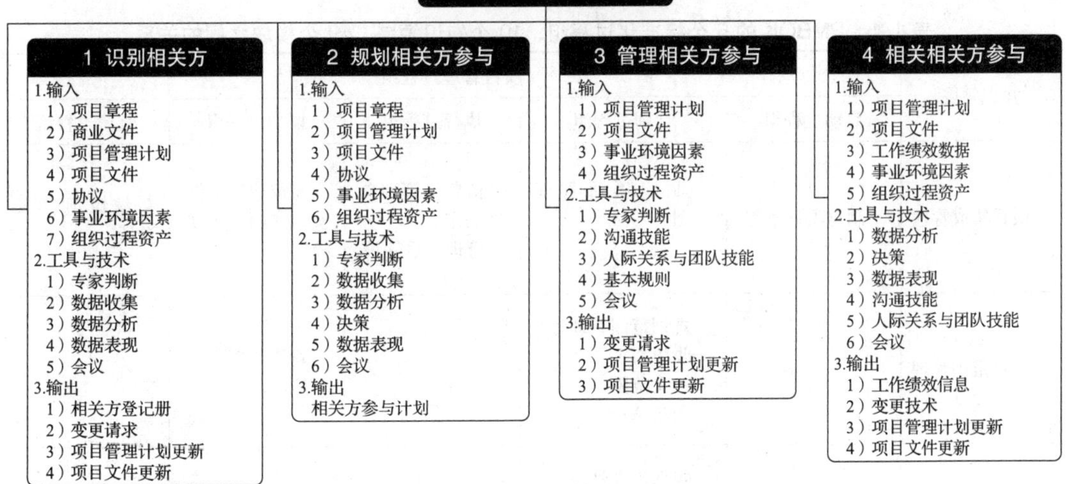

图 1-12　项目干系人管理知识域

项目干系人管理主要通过沟通管理满足项目相关人员的需求和期望，同时解决问题。干系人管理还关注与相关方的持续沟通，以便了解相关方的需要和期望，解决实际发生的问题，管理利益冲突，促进相关方合理参与项目决策和活动。应该把相关方满意度作为一个关键的项目目标来进行管理。

1.3.2　标准化过程组

按照项目管理生命周期，项目管理知识体系分为 5 个标准化过程组，也称为项目管理生命周期的5个阶段，即启动过程组、计划过程组、执行过程组、控制过程组、收尾过程组（见图1-13）。每个标准化过程组由一个或多个过程组成。它们的关系定义如下。

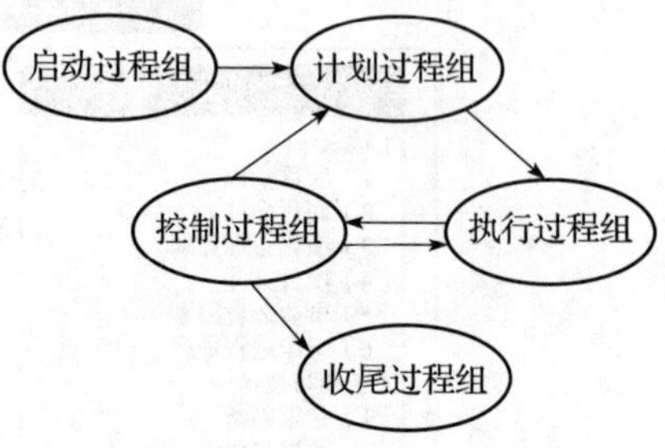

图1-13 项目管理的5个过程组

1）启动过程组：主要确定一个项目或一个阶段可以开始了，并要求着手实行；定义和授权项目或者项目的某个阶段。

2）计划过程组：为完成项目所要达到的商业要求而进行的实际可行的工作计划的设计、维护，确保实现项目的既定商业目标。计划基准是后面跟踪和监控的基础。

3）执行过程组：根据制定的基准计划，协调人力和其他资源，执行项目管理计划或相关的子计划。执行过程存在两个方面的输入，一个是根据原来的基准来执行，另一个是根据监控中发现的变更来执行。主要变更必须在整体变更控制得到批准后才能够执行。

4）控制过程组：通过监督和检测过程确保项目达到目标，必要时采取一些修正措施。集成变更控制是一个重要的过程。

5）收尾过程组：取得项目或阶段的正式认可并且有序地结束该项目或阶段。向客户提交相关产品，发布相关的结束报告，更新组织过程资产并释放资源。

各个过程组通过其结果进行连接，一个过程组的结果或输出是另一个过程组的输入。其中，计划过程组、执行过程组和控制过程组是核心管理过程组。表1-1所示为PMBOK的5个标准化过程组、10个知识领域、49个模块之间的关系。

表1-1 PMBOK的5个标准化过程组、10个知识领域、49个模块之间的关系

知识领域	项目管理过程组				
	启动过程组	计划过程组	执行过程组	控制过程组	收尾过程组
项目集成管理	制定项目章程	制定项目管理计划	指导与管理项目工作 管理项目知识	监控项目工作 实施整体变更控制	结束项目或阶段
项目范围管理		规划范围管理 收集需求 定义范围 创建 WBS		确认范围 控制范围	
项目进度管理		规划进度管理 定义活动 排列活动顺序 估算活动持续时间 制定进度计划		控制进度	
项目成本管理		规划成本管理 估算成本 制定预算		控制成本	
项目质量管理		规划质量管理	管理质量	控制质量	

（续）

知识领域	项目管理过程组				
	启动过程组	计划过程组	执行过程组	控制过程组	收尾过程组
项目资源管理		规划资源管理 估算活动资源	获取资源 建设团队 管理团队	控制资源	
项目沟通管理		规划沟通管理	管理沟通	监督沟通	
项目风险管理		规划风险管理 识别风险 实施定性风险分析 实施定量风险分析 规划风险应对	实施风险应对	监督风险	
项目采购管理		规划采购管理	实施采购	控制采购	
项目干系人管理	识别相关方	规划相关方参与	管理相关方参与	监督相关方参与	

1.4　软件项目管理知识体系

1.4.1　软件过程定义

所谓过程，简单来说就是人们做事情的一种固有的方式。做任何事情都存在过程，小到日常生活中的琐事，大到工程项目。对于做一件事，有相关经验的人对完成这件事的过程很了解，会知道完成这件事需要经历几个步骤，每个步骤都完成什么事，需要什么样的资源和什么样的技术，等等，因而可以顺利地完成工作。没有经验的人对过程不了解，就会有无从着手的感觉。如图 1-14 所示，如果项目人员将关注点只放在最终产品上，不关注期间的开发过程，那么不同的开发队伍或者个人可能会采用不同的开发过程，结果是开发的产品质量是不同的，有的质量好，有的质量差，这完全依赖于个人的素质和能力。

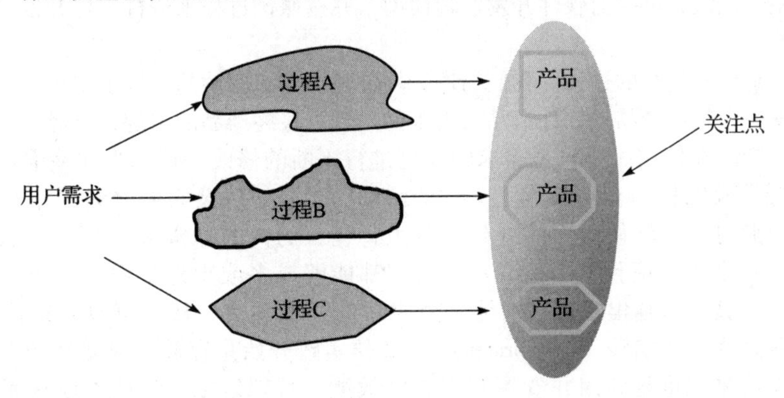

图 1-14　关注结果

反之，如图 1-15 所示，如果项目人员将项目的关注点放在项目的开发过程上，不管谁来做，也不管需求是什么，均采用统一的开发过程，即企业的关注点在过程，则经过同一企业过程开发的软件，其产品质量是一样的。可以通过不断提高过程的质量来提高产品的质量。这个过程是公司能力的体现，是不依赖于个人的。也就是说，产品的质量依赖于企业的过程能力，不依赖于个人能力。

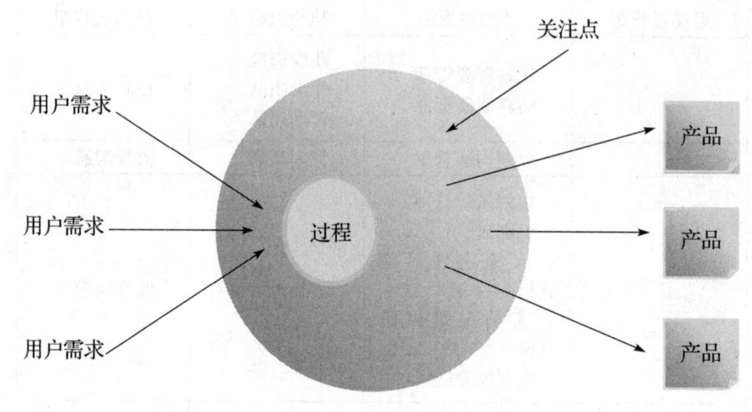

图1-15 关注过程

软件过程不能简单地理解为软件产品的开发流程，因为我们要管理的并不只是软件产品开发的活动序列，而是软件开发的最佳实践。软件过程包括流程、技术、产品、活动间关系、角色、工具等，是软件开发过程中各方面因素的有机结合。因此，在软件过程管理中，首先要进行过程定义，将过程以一种合理的方式描述出来，并建立起企业内部的过程库，使过程成为企业内部可以重用的共享资源。对于过程，要不断地进行改进，以不断地改善和规范过程，从而帮助企业提高生产力。如果将一个软件生产类比为一个工厂的生产，那么生产线就是过程，产品按照生产线的规定过程进行生产。

软件开发的风险之所以大，是因为软件过程能力低，其中关键的问题在于软件开发组织不能很好地管理其软件过程，为此必须强调和加强软件开发过程的控制和管理。软件项目的开发过程主要有系统调研、需求分析、概要设计、详细设计、编码、测试、实施与维护等。不同软件项目的过程大体相同，但不同项目的每一个过程所包含的一系列具体的开发活动（子过程）千差万别，而且不同的项目组采用不同的开发技术，使用不同的技术路线，其开发过程的侧重点也不一样。因此，项目经理在软件项目开发前，需根据所开发的软件项目和项目组的实际情况，建立起一个稳定、可控的软件开发过程模型，并按照该过程来进行软件开发，这是项目成功的基本保证。

软件过程是极其复杂的过程。我们知道，软件是由需求驱动的，有了用户应用的实际需求才会引发开发一个软件产品。软件产品从需求的出现到最终产品的出现，要经历一个复杂的开发过程。软件产品在使用时要根据需求的变更进行不断的修改，这称为软件维护。我们把用于从事软件开发及维护的全部技术、方法、活动、工具，以及它们之间的相互变换统称为软件过程。由此可见，软件过程的外延非常大，包含的内容非常多。对于一个软件开发机构来说，做过一个软件项目，无论成功与否，都能够或多或少地从中总结出一些经验。做过的项目越多，其经验越丰富，特别是一个成功的开发项目，从中可以总结出一些完善的过程，我们称之为最佳实践（best practice）。最佳实践开始是存放在成功者的头脑中的，很难在机构内部共享和重复利用并发挥其应有的效能。长期以来，这些本应从属于机构的巨大的财富被人们所忽视，这无形中给机构带来了巨大的损失，当人员流动时，这种企业的财富也随之流失，并且使这种财富无法被其他的项目再利用。过程管理就是对最佳实践进行有效的积累，形成可重复的过程，使最佳实践可以在机构内部共享。过程管理的主要内容包括过程定义与过程改进。过程定义是对最佳实践加以总结，以形成一套稳定的、可重复的软件过程。过程改进是根据实践对过程中有偏差或不切合实际的地方进行优化的活动。

通过实施过程管理，软件开发机构可以逐步提高其软件过程能力，从根本上提高软件生产能力。

1.4.2　过程管理在软件项目中的作用

前面介绍了过程在软件开发中的重要性。对于软件这种产品来讲，软件过程具有非常重要的意义。对于一件家具，其质量好主要有两方面的因素：一是用于生产这件家具的材料的质量要好，否则很难有好的家具；二是生产的加工工艺要好。早期的家具是以手工制造为主的，由于工匠的手艺不同，产品的质量参差不齐。随着技术的不断发展，材料方面得到了进一步的提高，同时在产品的加工上更多地引入了高技术含量的木工机械，所以产品的加工能力和质量的稳定性都得到了很大程度的提高。软件产品在生产上有一定的特殊性。首先，软件产品没有物理的存在实体，它完全是高度逻辑化的聚合体，所以在质量因素的构成上不存在材料质量的因素，因而，在生产过程中唯一影响产品质量的是产品的生产工艺。生产工艺在软件工程中的术语就是软件过程。软件过程管理对软件产业的发展非常重要。软件产业发展中的重要问题是要注重循序渐进地积累，不仅积累技术实践，更为重要的是积累我们所欠缺的管理实践，这样才能保证企业生产力持续发展，满足业务发展的需要。软件过程管理有助于软件组织对过程资产进行有效管理，使之可以重用于实际项目中，并结合从项目中获取的过程的实际应用结果来不断地改进过程。这样软件组织能够有能力改变自身的命运，将它从维系在一个或几个个体身上变成维系在企业内部的管理上。过程管理让软件组织直观感觉到的最明显的转变就是软件项目中的所有成员的位置可以替换。

1.4.3　过程管理与项目管理知识体系的关系

顾名思义，过程管理就是对过程进行管理，其目的是要让过程能够被共享、重用，并得到持续改进。在软件行业，要管理的是软件过程。过程管理与项目管理在软件组织中是两项重要的管理，项目管理用于保证项目的成功，而过程管理用于管理最佳实践。这两项管理并不是相互孤立的，而是有机地、紧密地相结合的。图 1-16 中展现的是过程管理和项目管理的基本关系。过程管理的成果即软件过程可以辅助项目管理的工作，在项目的计划阶段，项目计划的最佳参考是过去的类似项目中的实践经验，这些内容通过过程管理成为工作成果，这些成果对于一个项目的准确估算和合理计划非常有帮助。合理的计划是项目成功管理的基础。在项目计划的执行过程中，计划将根据实际情况不断地调整，直到项目结束时，项目计划才能真正稳定下来。这份计划及其变更历史是过程管理中的过程改进的最有价值的参考。在国外的成熟的软件组织内部，每个项目开发完成后必须提供“软件过程改进建议”文档，这是从软件开发项目的过程中提炼出来的对软件过程改进的建议。过程的改进注重从项目的实际经验中不断地将最佳实践提炼出来。

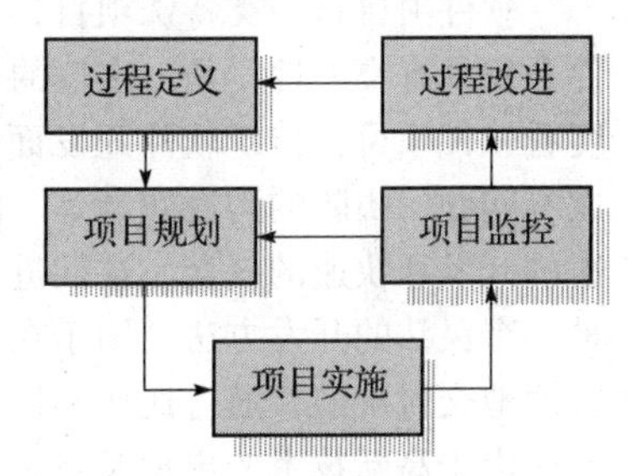

图 1-16　项目管理与过程管理的关系

所有的软件过程构成了软件项目管理的过程体系，对应 PMBOK 的 5 个过程组、10 个知识领域。大家最熟悉的过程组应该是执行过程组，如需求分析过程、设计过程、编码过程、测试过程等，如图 1-17 所示。计划过程组有范围计划、进度计划、成本计划、质量计划等，控制过程组与计划过程组是一一对应的，控制的对象就是执行过程。当然，软件项目管理同样有初始过程和结束过程。这样就形成了软件项目管理的过程体系。目前软件项目管理过程没有公认的体系标准，具体项目可以有适合自己的过程要求。

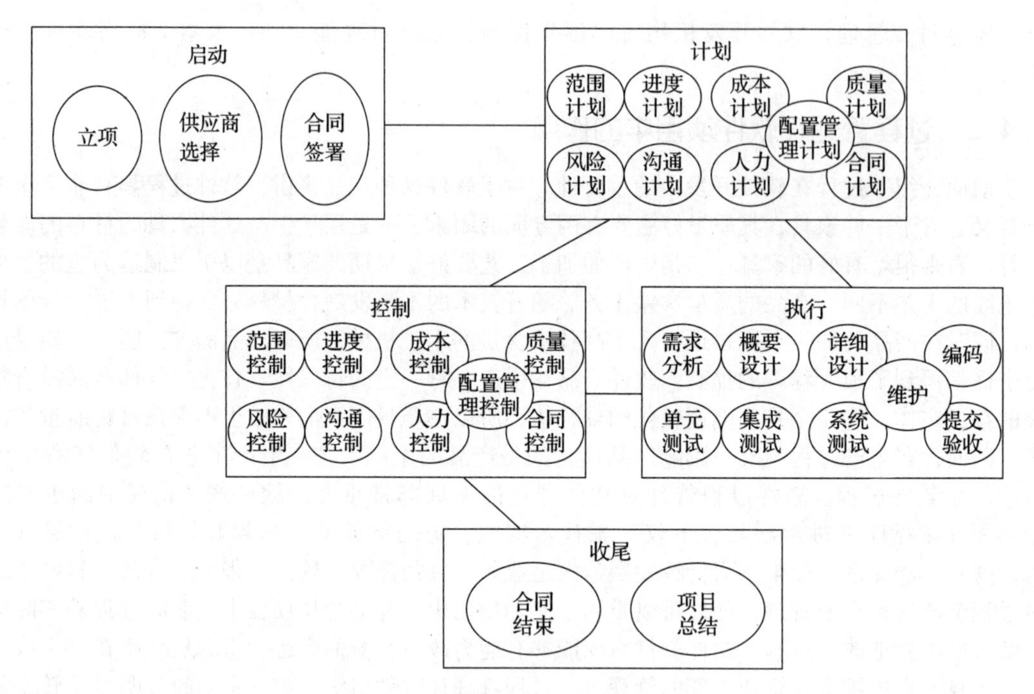

图 1-17 软件项目管理知识体系

1.5 敏捷项目管理

1.5.1 软件项目面临的挑战

软件项目是一类特殊项目，它是脑力成果，而且依赖用户需求，具有不断变化的特征。软件开发具有唯一性，是一次性的，这些都决定了软件项目全部工程化有一定的难度。从系统角度看软件项目，传统软件开发面临很多挑战，如质量问题、测试问题、用户问题、进度问题、成本问题、团队的沟通问题等。因此，软件项目需要快速的开发过程，快速变化的环境要求快速的开发和快速的提交，这促进了敏捷模型的产生。敏捷软件开发（agile software development）是一个灵活的开发方法，用于在一个动态的环境中向干系人快速交付产品。其主要特点是关注持续地交付价值，通过迭代和快速的用户反馈管理不确定性和应对变更。

由于高新技术的出现及技术更迭越来越快，产品的生命周期日益缩短。企业要面对新的竞争环境，抓住市场机遇，迅速开发出用户所需要的产品，就必须实现敏捷反应。与此同时，业界不断探寻适合软件项目的开发模式，其中，敏捷软件开发模式越来越得到大家的关注和采用。

高度不确定的项目变化速度快，复杂性和风险也高。这些特点可能会给传统预测法带来问题。传统预测法旨在预先确定大部分需求，并通过变更请求过程控制变更。而敏捷方法的出现是为了在短时间内探讨可行性，根据评估和反馈快速调整。

1.5.2 敏捷思维

2001 年年初，许多公司的软件团队陷入了不断增长的过程的泥潭，一批业界专家聚集在一起概括出一些可以让软件开发团队能快速工作、响应变化的价值观和原则，他们称自己为敏捷联盟。在随后的几个月中，他们发表了一份价值观声明，即《敏捷宣言》（The Agile Manifesto），涉及敏捷模型核心价值，内容如下。

- 个体和交互胜过过程和工具（individual and interaction over process and tool）。
- 可以工作的软件胜过面面俱到的文档（working software over comprehensive documentation）。
- 客户合作胜过合同谈判（customer collaboration over contract negotiation）。
- 响应变化胜过遵循计划（responding to change over following a plan）。

敏捷宣言代表了敏捷的核心价值。敏捷模型是敏捷组织提出的一个灵活快速开发方法，可以应对迅速变化的需求，是一种迭代、循序渐进的开发方法。所以，敏捷开发过程是慢慢改进的，而非一蹴而就的。敏捷模型的 4 个核心价值对应 12 个敏捷原则，具体如下所示。

1）最先要做的是通过尽早地、持续地交付有价值的软件来使客户满意。

2）即使到了开发的后期，也欢迎改变需求。敏捷过程利用适应变化来为客户创造竞争优势。

3）经常性地交付可以工作的软件，交付的间隔可以从几个星期到几个月，交付的时间间隔越短越好。

4）在整个项目开发期间，业务人员和开发人员尽可能地在一起工作。

5）围绕被激励起来的个体组成团队来构建项目，给他们提供所需的环境与支持，并且信任他们能够完成工作。

6）在团队内部及团队之间，最有效果并且最有效率的传递信息的方式就是面对面的交流。

7）可以工作的软件是首要的进度度量标准。

8）敏捷过程提倡平稳的开发。发起人、开发者和用户应该能够保持一个长期的、恒定的开发速度。

9）不断地关注优秀的技能和好的设计会增强敏捷的能力。

10）简单——使未完成的工作最大化的艺术，是根本的。

11）最好的架构、需求和设计出自自组织的团队。

12）每隔一定的时间，团队会在如何才能更有效地工作方面进行反省，然后相应地调整自己的行为。

可以看到，第 1 个原则强调尽早持续提交有价值的软件，第 2 个原则强调适应需求变更，第 3 个原则强调短周期提交，第 4 个原则强调客户参与开发，其他以此类推。尽管这些原则源自软件行业，但已经扩展到许多其他行业。这种思维模式、价值观和原则定义了敏捷方法的组成部分。今天所使用的各种敏捷方法都植根于敏捷思维模式、价值观和原则，它们之间的关系如图 1-18 所示。

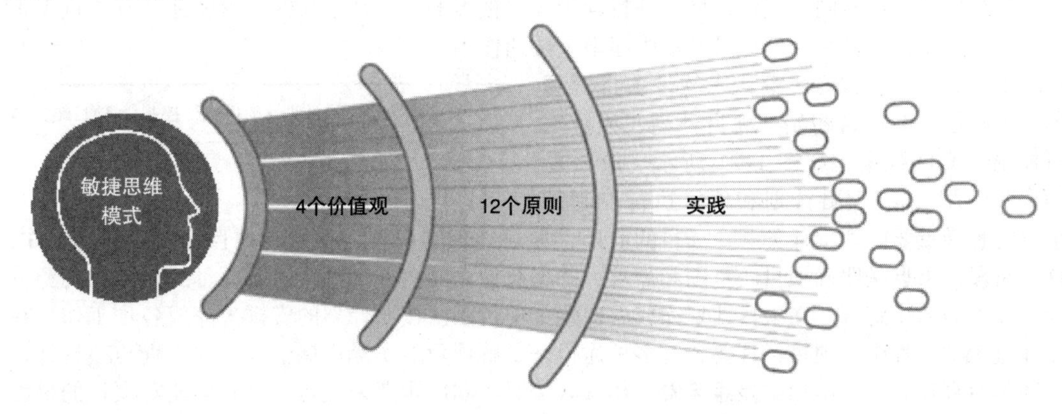

图 1-18　敏捷思维模式、价值观和原则的关系

图1-18是在艾哈迈德·西德基启发下提出的模式，它将敏捷明确表述为一种思维模式，由《敏捷宣言》的价值观所界定，受《敏捷宣言》原则指导，并通过各种实践实现。总之，敏捷方法是一个囊括了各种框架和方法的术语，它指的是符合《敏捷宣言》价值观和原则的任何方法、技术、框架、手段或实践。敏捷思维主要体现在快速交付成果并获得早期反馈，同时强调以一种透明的方式工作。例如，在图1-19中，第一种方式是比较模糊的项目管理方式，而第二种方式则更加透明和具体。

敏捷软件开发是一种面临迅速变化的需求快速开发软件的能力，是对传统生存期模型的挑战，也是对复杂过程管理的挑战；是一种以人为核心的、迭代的、循序渐进的开发方法；是一种轻量级的软件开发方法。传统软件开发更倾向于不考虑项目后续需求的变化，在项目开始时预测用户需求，然后冻结需求，制定相应的开发计划，再按照计划执行。与之形成鲜明对比的是，敏捷软件开发通过不断的用户反馈动态调整需求，最终达成目标。这种自适应的特性使得敏捷开发的产品更符合实际需求，如图1-20所示。

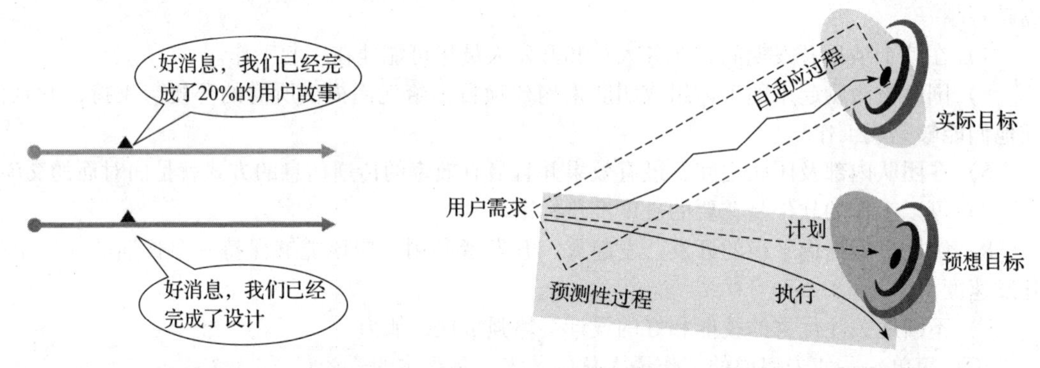

图1-19 模糊方式和透明方式的比较　　图1-20 敏捷模型与传统模型的过程比较

随着云技术和敏捷思路的发展，云原生（cloud native）产生了。云原生是Matt Stine提出的一个概念，它是一个思想的集合，包括DevOps、持续交付（continuous delivery）、微服务（micro service）、敏捷基础设施（agile infrastructure）、康威定律（Conway's law）等。云原生包含了一组应用的模式，用于帮助企业快速、持续、可靠、规模化地交付业务软件。云原生由微服务架构、DevOps和以容器为代表的敏捷基础架构组成。

1.6 本书的组织结构

软件项目管理不同于其他领域的项目管理，有很多的特殊性。软件工程远远没有建筑工程等领域规范化，经验在软件项目管理中起很重要的作用。

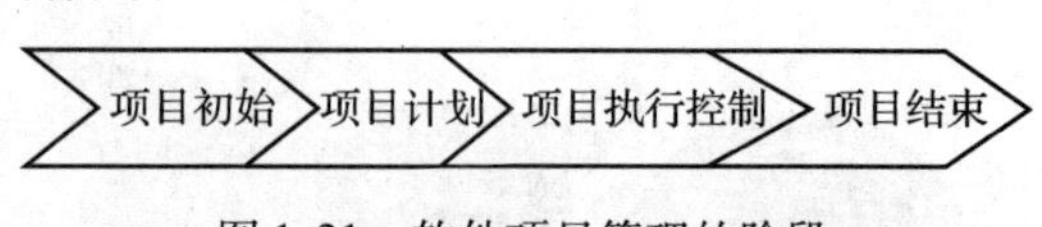

图1-21 软件项目管理的阶段

本书分为5篇，前4篇代表软件项目管理的4个阶段，即项目初始、项目计划、项目执行控制、项目结束，如图1-21所示。最后是“项目实践”篇。项目计划和项目执行控制是项目管理最重要的两项任务。在项目的前期，项目经理完成项目初始和项目计划阶段的工作，这个阶段的重点是明确项目的范围和需求，并据此计划项目的活动，进行项目的估算和资源分配、进度表的排定等。在项目计划完成后，整个项目团队按照计划的安排来完成各项工作。在工作进展的过程中，项目经理要通过多种途径来了解项目的实际进展情况，并检查与项目计划之间是否存在偏差。出现偏差意味着工作没有按照计划的预期来进行，这有可能对项目的最终结果产生重大影响，因此需要及时调整项目计划。调整计划要具体问题具体分析，先要找到问题发生的原因，然后给出相应的应对措施。在实际项目的进展过程中，计划工作与跟踪工作会交替进行，核心是围绕着最终的项目目标。

1. 项目初始

项目初始是软件项目管理的第一个阶段，包括项目立项、招投标、合同（或者协议）的确定，明确软件要完成的主要功能，以及项目开发的阶段周期等。因此，“项目初始”篇又分两章，主要内容包括项目确立、生存期模型，如图 1-22 所示。

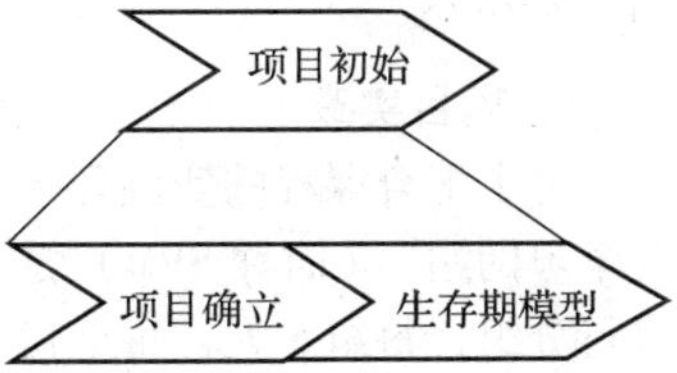

图 1-22　项目初始路线图

2. 项目计划

项目计划是建立项目行动指南的基准，包括对软件项目的估算、风险分析、进度规划、团队人员的选择与配备、产品质量规划等，用于指导项目的进程发展。软件项目的预算可提供一个控制项目成本的尺度，为将来的评估提供参考，是项目进度安排的依据。最后形成的项目计划书将作为跟踪控制的依据。因此，“项目计划”篇依次讲述了范围计划、成本计划、进度计划、质量计划、配置管理计划、团队计划、风险计划、合同计划等，如图 1-23 所示。

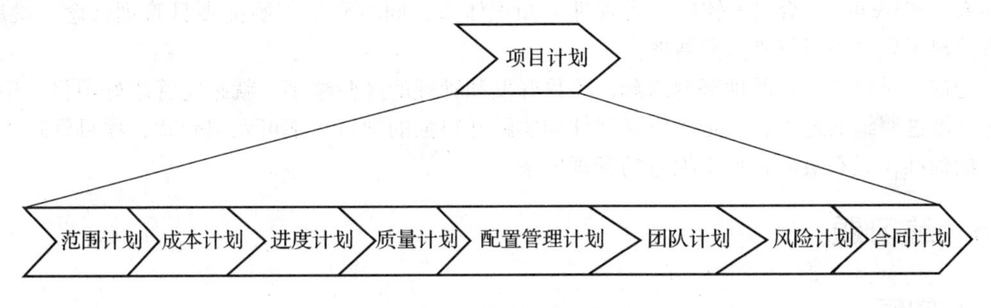

图 1-23　项目计划路线图

3. 项目执行控制

一旦建立了基准计划就必须按照计划执行，包括按计划执行项目和控制项目，以使项目在预算内按进度并使顾客满意地完成。在这个阶段，项目管理过程包括测量实际的进程，并与计划进程相比较，同时发现计划的不当之处。为了测量实际的进程，掌握实际上已经开始或结束的任务、已投入的资金等很重要。如果实际进程与计划进程的比较显示出项目落后于计划、超出预算或没有达到技术要求，就应该采取纠正措施，以使项目能恢复到正常轨道，或者更正计划的不合理之处。

因此，项目执行控制是对所有计划执行控制的过程。“项目执行控制”篇又分 3 章，主要内容包括集成计划执行控制、核心计划执行控制、辅助计划执行控制，如图 1-24 所示。

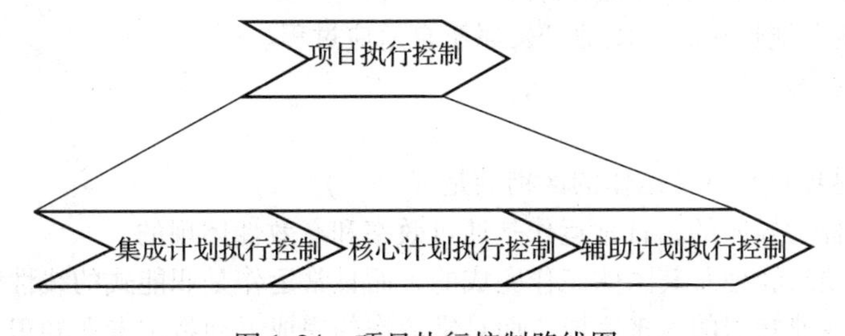

图 1-24　项目执行控制路线图

4. 项目结束

项目管理的最后环节是项目的结束过程。项目的特征之一是它的一次性。项目结束期的主要工作是适时地做出项目终止的决策，确认项目实施的各项成果，进行项目的交接和清算等，同时对项目进行最后评审，并对项目进行总结。项目结束路线图如图1-25所示。

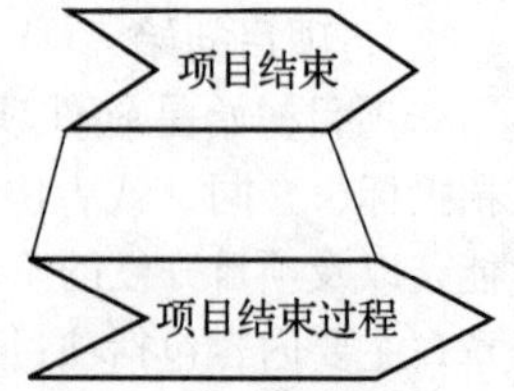

图1-25 结束过程路线图

5. 项目实践

为了配合课程的实践环节，本书要求学生针对“软件项目管理在线学习网站”（简称SPM）这个情景项目完成项目管理实践。将学生进行分组，每组5人，每组代表一个团队，并且每个团队有自己的名称，学生以团队形式完成这个情景项目的项目管理实践环节。

1.7 小结

本章讲述了软件项目管理的概念、特点、过程及其重要性。过程管理在软件项目管理中起重要作用，通过不断地优化和规范过程，可以帮助企业提高软件的生产能力。软件项目管理包括4个阶段：项目初始、项目计划、项目执行控制和项目结束。另外，本章阐述了项目管理知识体系（PMBOK），给出了软件项目管理的知识体系，同时介绍了敏捷项目管理概念。最后，本章给出了软件项目管理的路线图。

记住：对软件项目的理解越深刻，项目开发和管理的经验越多，就越能管理好项目。项目管理是渐进明细的过程，它是一门灵活性和实践性很强的学科，不可死记硬背，项目管理没有唯一的标准，只有最适合特定项目的管理方法。

1.8 练习题

一、填空题

1. 敏捷模型包括________个核心价值，对应________个敏捷原则。
2. 项目管理包括________、________、________、________、________5个过程组。

二、判断题

1. 搬家属于项目。 （ ）
2. 项目是为了创造一个唯一的产品或提供一个唯一的服务而进行的永久性的努力。 （ ）
3. 过程管理的目的是要让过程能够被共享、复用，并得到持续的改进。 （ ）
4. 项目具有临时性的特征。 （ ）
5. 日常运作存在大量的变更管理，而项目基本保持连贯性。 （ ）
6. 项目开发过程中可以无限制地使用资源。 （ ）
7. 相比传统开发的预测性过程，敏捷开发属于自适应过程。 （ ）

三、选择题

1. 下列选项中不是项目与日常运作的区别的是（ ）。
   A. 项目是以目标为导向的，日常运作是通过效率和有效性体现的
   B. 项目是通过项目经理及其团队工作完成的，而日常运作是职能式的线性管理
   C. 项目需要有专业知识的人来完成，而日常运作的完成无须特定专业知识
   D. 项目是一次性的，日常运作是重复进行的
2. 以下都是日常运作和项目的共同之处，除了（ ）。
   A. 由人来做　　B. 受制于有限的资源

C. 需要规划、执行和控制　　D. 都是重复性工作

3. 下面选项中不是 PMBOK 的知识域的是（　　）。

A. 招聘管理　　B. 质量管理　　C. 范围管理　　D. 风险管理

4. 下列选项中属于项目的是（　　）。

A. 上课　　B. 社区保安　　C. 野餐活动　　D. 每天的卫生保洁

5. 下列选项中正确的是（　　）。

A. 一个项目具有明确的目标而且周期不限　　B. 一个项目一旦确定就不会发生变更

C. 每个项目都有自己的独特性　　D. 项目都是一次性地由项目经理独自完成

6. （　　）是为了创造一个唯一的产品或提供一个唯一的服务而进行的临时性的努力。

A. 过程　　B. 项目　　C. 项目群　　D. 组合

7. 下面选项中不是《敏捷宣言》中的内容的是（　　）。

A. 个体和交互胜过过程和工具　　B. 可以工作的软件胜过面面俱到的文档

C. 敏捷开发过程是自适应的过程　　D. 响应变化胜过遵循计划

8. 下列活动中不是项目的是（　　）。

A. 野餐活动　　B. 集体婚礼　　C. 上课　　D. 开发操作系统

9. 下列选项中不是项目特征的是（　　）。

A. 项目具有明确的目标　　B. 项目具有限定的周期

C. 项目可以重复进行　　D. 项目对资源成本具有约束性

四、问答题

1. 项目管理知识体系（PMBOK）包括哪 10 个知识领域？
2. 请简述项目管理的 5 个过程组及其关系。
3. 项目的特征是什么？

第一篇

项目初始

项目初始是定义一个新项目并授权开始该项目的一组过程，是项目管理的第一个阶段，包括项目确立和生存期模型选择。项目初始阶段奠定了项目的基调和走向，为后续工作提供了前提。

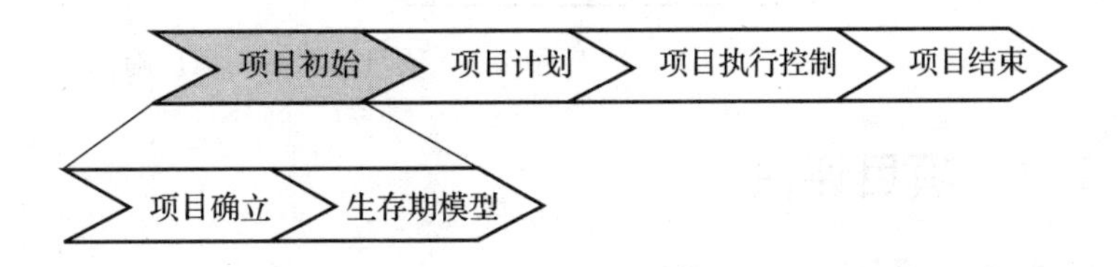

第 2 章

■ 项目确立

本章介绍项目确立的主要过程，包括项目评估、立项、招投标、项目章程等环节。进入路线图的“项目确立”，如图 2-1 所示。

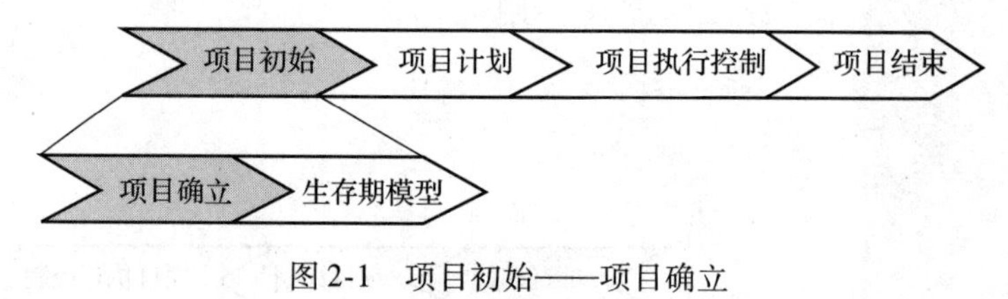

图 2-1　项目初始——项目确立

2.1　项目评估

2.1.1　项目启动背景

一个组织启动项目是为了应对影响该组织的因素。这些基本因素说明了项目背景，大致分为四类，即符合法规、法律或社会要求，满足相关方的要求或需求，执行、变更业务或技术战略，创造、改进或修复产品、过程或服务，如图 2-2 所示。

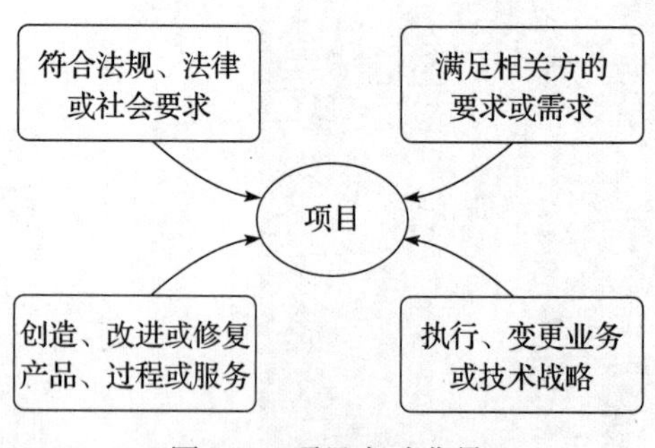

图 2-2　项目启动背景

项目为组织提供了一个有效的途径，使其能够成功做出应对这些因素所需的变更。这些因素最终应与组织的战略目标及各个项目的商业价值相关联。例如，进行市场分析，客观地分析市场现状（市场容量的大小、供求情况），预测未来市场的发展趋势（是高速成长、平稳发展，还是逐渐衰退），了解主要竞争对手的产品、市场份额和发展战略。另外，要研究国家政策和产业导向，以及国家、行业和地方的科技发展和经济社会发展的长期规划与阶段性规划，这些规划一般由国务院、各部委、地方政府和主管厅局发布。国内企业应重视政策规划。这些项目启动背景，只是识别出的项目机会，还必须对其进行可行性分析的评估。

2.1.2 可行性分析

真正启动一个项目之前，需要对项目进行评估。评估是为立项做准备的，它是立项的依据。评估主要从战略、操作性、计划、技术、社会可行性、市场可行性、经济可行性等方面进行。战略评估是从整个企业的角度来考虑项目的可行性；操作性评估重点从系统本身、人员等方面来进行评估；计划评估重点考虑项目制定的计划是否可行；技术评估是对开发的系统进行功能、性能和限制条件的分析，确定在现有资源的条件下技术风险的大小，系统是否能实现；社会可行性评估主要从法律、社会等方面进行分析；市场可行性评估主要针对大众产品类软件项目，重点考虑市场因素，了解产品生产后是否有市场，是否可以带来预期的经济效益；市场可行性评估采用的主要方法是 SWOT 分析，包括分析企业的优势（strength）、劣势（weakness）、机会（opportunity）和威胁（threat）；经济可行性评估是很多项目进行评估的底线，在开始一个新项目前必须做经济可行性分析，它是对整个项目的投资和所产生的效益进行分析。

2.1.3 成本效益评价指标

成本效益分析方法是评价项目经济效益的主要方法，它是将系统开发和运行所需要的成本与得到的效益进行比较，如果成本高于效益则表明项目亏损，如果成本小于效益则表明项目值得投资。成本效益分析方法需要采用一些经济评价指标来衡量项目的价值，下面介绍其中主要的经济评价指标。

1. 现金流预测

现金流预测是描述何时支出费用、何时有收益的过程。表 2-1 描述了 4 个项目的现金流预测（负值表示花费，正值表示效益）。

表 2-1 4 个项目的现金流预测 （单位：元）

年 \ 项目	项目 1	项目 2	项目 3	项目 4
0	-100 000	-1 000 000	-100 000	-120 000
1	10 000	200 000	30 000	30 000
2	10 000	200 000	30 000	30 000
3	10 000	200 000	30 000	30 000
4	20 000	200 000	30 000	30 000
5	100 000	300 000	30 000	75 000
净利润	50 000	100 000	50 000	75 000

2. 净利润

净利润（net profit）是在项目的整个生命周期中总成本和总收入之差。从表 2-1 看，项目 2 有最大的净利润，但是它是以最大投入为代价的。净利润没有考虑现金流的时限，项目 1 和项目 3 虽然有 5 万元的净利润，但是项目 3 在整个项目周期有平稳的效益。

3. 投资回报期

回报期（payback period）是达到收支平衡或者偿还初始投入所花费的时间。投资回报期是衡量收回初始投资的速度的指标。如果企业希望最小化项目“负债”的时间，则可以选择具备最短投资回报期的项目。从表 2-1 看，项目 3 是最短投资回报期的项目，但是这个指标忽略了项目总的可能收益，项目 2 和项目 4 总体上比项目 3 有更大的收益。

4. 投资回报率

投资回报率（Return On Investment，ROI）也称为会计回报率（Accounting Rate of Return，

ARR），用于比较净收益率与需要的投入，常见的最简单的公式是

$$ROI = (平均年利润 / 总投资) \times 100\%$$

对于表 2-1 中的项目 1，其净利润为 5 万元，总投资是 10 万元，则 ROI = ((50 000/5)/100 000) × 100% = 10%。

5. 净现值

净现值（Net Present Value，NPV）是一种项目评价技术，考虑了项目的收益率和要产生的现金流的时限，它是基于这样的观点：今天收到 100 元要比明年收到 100 元更好。计算公式如下：

$$NPV = 第\ t\ 年的\ NPV\ 值 / (1 + r)^t$$

其中，r 是贴现率，t 是现金流在未来出现的年数。

6. 内部回报率

内部回报率（Internal Rate of Return，IRR）指可以直接与利润比较的百分比回报。如果借贷的资本少于 10%，或者如果资本不投入到回报大于 10% 的其他地方，则具有 10% 的内部回报率的项目是值得做的。

2.2 项目立项

在项目实施过程中，项目的利益应该高于一切。所谓项目利益，是指因项目的成功而给各项目干系人带来可以分享的利益。因此，确定实施一个项目是需要多方斟酌和考虑的。

2.2.1 立项流程

在项目选择过程中，关键是对项目的定义有明确的描述，包括明确项目的目标、时间表、项目使用的资源和经费，而且得到项目发起人的认可。这个阶段称为立项阶段。立项流程如图 2-3所示，首先项目发起人对发起的项目进行调研和可行性分析，如果认为可以启动这个项目，则根据产品构思、立项调查和可行性分析结果完成《立项建议书》（图 2-4 是国家重点研发计划项目的立项申请书模板），提交给有决策权的机构领导，以获得项目审核，并得到支持，

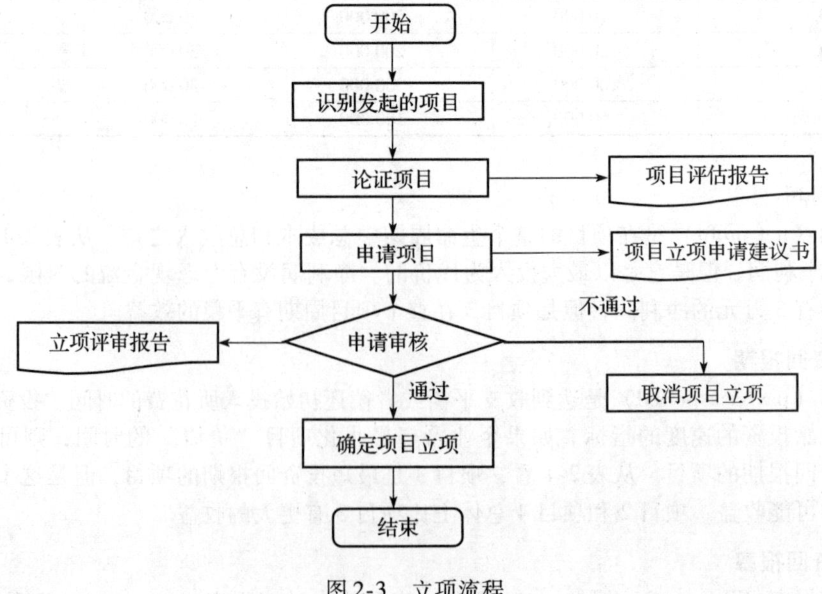

图 2-3 立项流程

项目立项审核后提交立项评审报告，如果通过审核，并且签署审核意见，则表示项目可以立项，否则取消立项。

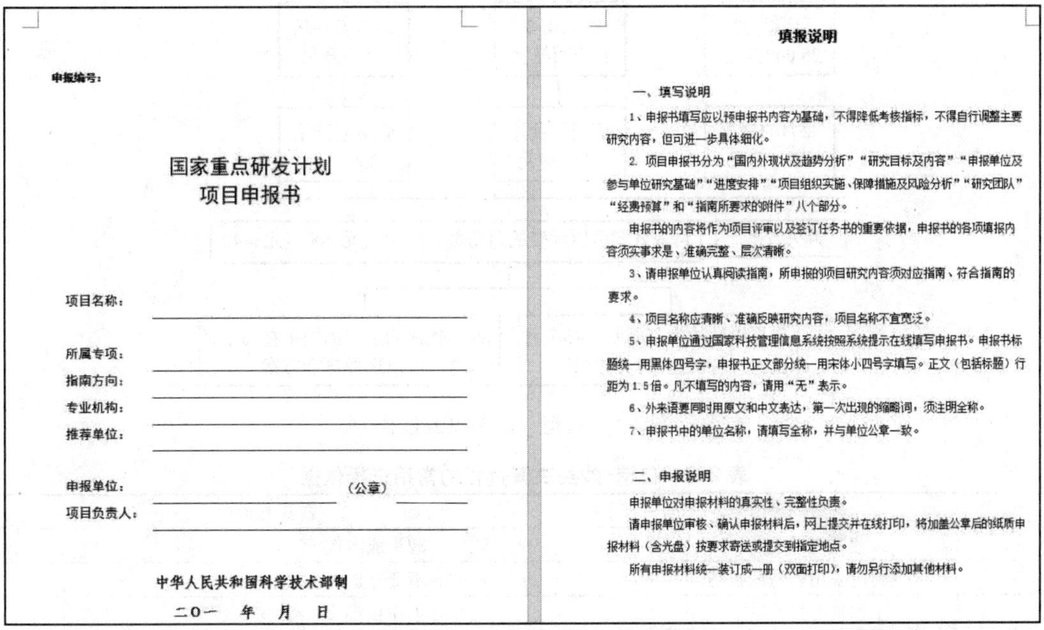

申报编号：

国家重点研发计划
项目申报书

项目名称：______
所属专项：______
指南方向：______
专业机构：______
推荐单位：______
申报单位：______（公章）______
项目负责人：______

中华人民共和国科学技术部制
二〇一　年　月　日

填报说明

一、填写说明

1、申报书填写应以预申报书内容为基础，不得降低考核指标，不得自行调整主要研究内容，但可进一步具体细化。

2. 项目申报书分为“国内外现状及趋势分析”“研究目标及内容”“申报单位及参与单位研究基础”“进度安排”“项目组织实施、保障措施及风险分析”“研究团队”“经费预算”和“指南所要求的附件”八个部分。

申报书的内容将作为项目评审以及签订任务书的重要依据，申报书的各项填报内容须实事求是、准确完整、层次清晰。

3、请申报单位认真阅读指南，所申报的项目研究内容须对应指南、符合指南的要求。

4、项目名称应清晰、准确反映研究内容，项目名称不宜宽泛。

5、申报单位通过国家科技管理信息系统按照系统提示在线填写申报书。申报书标题统一用黑体四号字，申报书正文部分统一用宋体小四号字填写。正文（包括标题）行距为1.5倍。凡不填写的内容，请用“无”表示。

6、外来语要同时用原文和中文表达，第一次出现的缩略词，须注明全称。

7、申报书中的单位名称，请填写全称，并与单位公章一致。

二、申报说明

申报单位对申报材料的真实性、完整性负责。

请申报单位审核、确认申报材料后，网上提交并在线打印，将加盖公章后的纸质申报材料（含光盘）按要求寄送或提交到指定地点。

所有申报材料统一装订成一册（双面打印），请勿另行添加其他材料。

图2-4　立项申请书模板

立项是要解决做什么的问题，需要确定开发的项目，关注点是效益和利润。项目立项报告的核心内容是确定立项前期需要投入多少，能否盈利，什么时候能够盈利，能否持久地盈利，等等。

立项审批通过后，一般会下达立项文件，其主要内容包括项目的大致范围、项目的一些关键时间，并指定项目经理和部分项目成员等。

项目一旦确定就具有明确的起始日期和终止日期。项目经理的角色不是永久性的，而是暂时的。项目经理的责任是明确目标，规划达到目标的步骤，然后带领团队按计划实现目标。

2.2.2　自造-购买决策

在立项阶段，产品负责人进行自造-购买（make or buy）决策，确定待开发产品的哪些部分应当采购、外包开发或自主研发。除了需要考虑自造或者购买的初始成本外，还要考虑后续的大量费用。例如，如果一个公司准备租赁一台设备，那么需要评估租赁设备的后续费用与购买设备的后续费用，以及每月的维护费、保险费和设备管理费等。

例如，图2-5显示了决定自己开发软件还是从软件公司购买软件的数学分析结果。如果选择自己开发软件的策略，公司需要花费25 000美元，根据历史信息，维护这个软件每个月需要的费用是2500美元。如果选择购买软件公司产品的策略，公司需要花费17 000美元，同时为每个安装的软件进行维护的费用是每月2700美元。自己开发软件和购买软件的费用之差是8000美元，而进行维护的费用之差是每月200美元。

自行开发费用与购买费用之差除以每月维护费用之差（即8000美元除以200美元）为40，因此如果这个软件的使用期在40个月之内，则公司可以考虑购买软件，否则应该自行开发软件。一个企业选择自造还是购买的依据有很多，表2-2列出了自造-购买决策过程的常用选择依据。

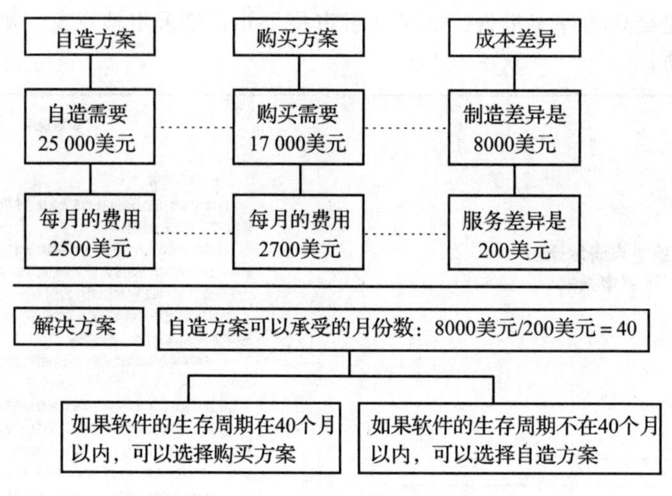

图 2-5 自造－购买决策过程

表 2-2 自造–购买决策过程的常用选择依据

自造的理由	购买的理由
自造成本低	购买成本低
可以采用自造的技巧	不会自造
工作量可控	工作量小
可以获得知识产权	购买更有益
学习新的技能	转移风险
有可用的开发人员	有很好的供货商
核心项目工作	项目可以将注意力放在其他工作上

购买需要组装和配置的硬件有很多种方式。对于一个项目来说，有些情况下，使用组装好的硬件是比较合适的，在另外一些情况下，现场组装硬件可以节省成本。

一个项目或者自行开发或者外包给别人，当项目外包的时候，就存在甲乙方之间的责任和义务的关系。甲方即需方（有时也称为买方），对所需要的产品或服务进行“采购”，这覆盖了两种情况：一种是为自身的产品或资源进行采购，另一种是为顾客进行采购（与顾客签订合同的一部分）。“采购”这个术语是广义的，其中包括软件开发委托、设备的采购、技术资源的获取等方面。

乙方即供方（有时也称为卖方），为顾客提供产品或服务。“服务”这个术语是广义的，其中包括为客户开发系统、为客户提供技术咨询、为客户提供专项技术开发服务及为客户提供技术资源（人力和设备）服务。

2.3 项目招投标

作为合同项目，需要明确甲乙双方的任务。企业在甲（需）方合同环境下的关键要素是提供准确、清晰和完整的需求，选择合格的乙（供）方并对采购对象（包括产品、服务、人力资源等）进行必要的验收。企业在乙方合同环境下的关键要素是了解清楚甲方的需求并判断企业是否有能力满足这些需求。软件开发商更多是供方的角色。

甲（需）方在招投标阶段的主要任务是招标书定义、供方选择、合同签署。乙（供）方在招投标阶段的主要任务是进行项目选择。

项目选择是项目型企业业务能力的关键核心，是指从市场上获得商机到与客户签订项目合同的过程。项目选择开始于收集项目商机并进行简单评估，确定可能的目标项目，初步选择适合本企业的项目，然后对项目进一步分析，与客户进行沟通，制定项目方案和计划，通常还需要与客户进行反复交流，参加竞标，直到签订合同才算完成项目的选择过程。因此，乙（供）方在招投标阶段主要包括3个过程：项目分析、竞标、合同签署。

2.3.1 甲方招标书定义

启动一个项目主要由于存在一种需求。招标书定义主要是甲方的需求定义，也就是甲方定义采购的内容。软件项目采购的是软件产品，需要定义采购的软件需求，即提供完整、清晰的软件需求和软件项目的验收标准，必要的时候明确合同的要求，最后，潜在的乙方可以得到这个招标文件。招标书定义过程如图2-6所示。

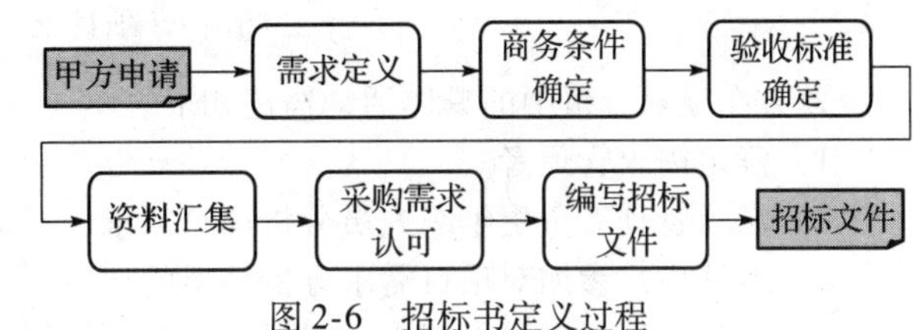

图2-6 招标书定义过程

甲方在招标书定义过程中的具体活动描述如下。

1）定义采购需求并对采购需求进行评审。

2）根据采购需求确定采购商务条件（如甲乙双方的职责、控制方式、价格等）。

3）确定采购对象的验证、检验标准与方式。

4）收集和汇集其他相关采购资料（如技术标准附件、产品提交清单）。

5）项目决策者负责认可采购需求、验收标准和相关资料。

6）根据上述信息编写招标书（招标文件），必要时可以委托招标公司进行招标。

招标书主要包括3部分内容：技术说明、商务说明和投标说明。技术说明主要对采购的产品或者委托的项目进行详细的描述。商务说明主要包括合同条款。投标说明主要是对项目背景以及标书的提交格式、内容、提交时间等做出规定。招标书是投标人编写投标书的基础，也是签订合同的基础，必须小心谨慎，力求准确完整。如果合同条款存在漏洞，在合同执行过程中，双方可能会发生争议，直接影响合同的顺利进行，甚至可能造成巨大的经济损失。

招标书一般要明确投标书的评估标准。评估标准用来对投标书进行排序和打分，是选择乙方的依据。它包括客观和主观的评估标准：客观标准是事先规定好的明确的要求，如“乙方需要达到CMM 3级以上的要求”；主观标准比较模糊，如“乙方应该具备同类技术的相关经验”。评估标准一般包括以下方面。

1）价格：包括产品及产品提交后所发生的附属费用。

2）对需求的理解：通过乙方提交的投标书，评定乙方是否完全理解甲方的需求。

3）产品的总成本：乙方所提供的产品是否有最低的总成本。

4）技术能力：乙方是否具备保证项目所需要的技术手段和知识。

5）管理能力：乙方是否具备保证项目成功的管理手段。

6）财务能力：乙方是否具备必要的资金来源。

国际上，招标文件的类型主要有投标邀请（Invitation for Bidding，IFB）、建议书提交邀请（Request for Proposal，RFP）、报价邀请（Request for Quotation，RFQ）、谈判邀请（Invitation for Negotiation，INF）。招标书没有统一的格式，可繁可简。

招标书编写好后，可以发给（或者卖给）潜在的乙方，邀请他们参加投标，如果乙方认为可以参与竞标，则提交投标书。

2.3.2 乙方项目分析与竞标准备

1. 乙方项目分析

项目分析是乙方分析用户的项目需求，并据此开发出一个初步的项目规划的过程，为下一步编写投标书提供基础。项目分析过程如图 2-7 所示。

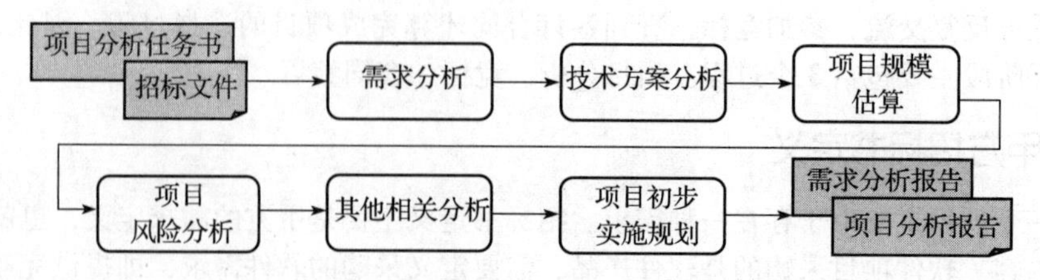

图 2-7 项目分析过程

乙方在项目分析中的具体活动描述如下。

1）确定需求管理者。

2）需求管理者负责组织人员分析项目需求，并提交需求分析结果。

3）邀请用户参加对项目需求分析结果的评审。

4）项目管理者负责组织人员根据输入和项目需求分析结果确定项目规模。

5）项目管理者负责组织人员根据需求分析结果和规模及估算结果，对项目进行风险分析。

6）项目管理者负责组织人员根据项目输入、项目需求和规模要求，分析项目的人力资源要求、时间要求及实现环境要求。

7）项目管理者根据分析结果制定项目初步实施规划，并提交给合同管理者评审。

8）合同管理者负责组织对项目初步实施规划进行评审。项目分析的工作要点是完成需求分析，确定做什么，研究技术实现，明确如何做，估算项目工作量，估计团队现有的能力，分析项目是否可行等。

2. 乙方竞标准备

乙方竞标准备是乙方根据招标文件的要求进行评估，以便决定是否参与竞标。在这个过程中，乙方要判断企业是否具有开发此项目的能力，并进行可行性分析。通过可行性分析，判断企业是否应该承接此软件项目，另外判断企业通过此项目是否可以获得一定的回报。如果项目可行，则企业将组织人员编写项目投标书，参加竞标。具体过程如图 2-8 所示。

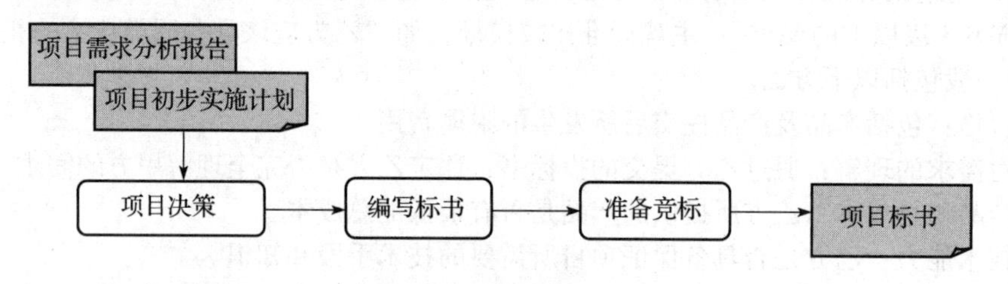

图 2-8 竞标准备过程

乙方在竞标准备过程中的具体活动描述如下。

1）根据项目需求分析报告确定项目技术能力要求。

2）根据项目初步实施计划确定项目人力资源要求。

3）根据项目需求分析报告确定项目实现环境要求。

4）根据项目初步实施计划确定项目资金要求。

5）根据项目初步实施计划确定质量保证和项目管理的要求。

6）根据以上要求逐项比较企业是否具有相应的能力。

7）组织有关人员对评估结果进行评审。

8）根据输入确定用户需求的成熟度，确定用户的支持保证能力和资金能力，同时确定企业技术能力、人力资源保证能力、项目资金保证能力、项目的成本效益。

9）合同管理者根据以上分析结果完成可行性分析报告。

10）项目决策者根据可行性分析报告对是否参与项目竞标进行决策。项目决策者在进行项目决策时应主要考虑以下几个方面。

- 技术要求：技术要求是否超出公司的技术能力。
- 完成时间：用户所要求的完成时间是否合理，公司是否有足够的保证资源。
- 经济效益：可能的合同款项是否能覆盖所有的成本并有收益。
- 风险分析：项目的风险和风险控制方式。

11）如果乙方决定参与竞标，则组织相关人员编写投标书。

投标文件主要有两个：一个是建议书（proposal），另一个是报价单（quotation）。建议书是乙方根据甲方提出的产品的性质、目标、功能等提交的完整技术方案和报价等。报价单主要是乙方根据甲方提出的产品特定型号、标准和数量等要求提交的必要报价材料等。

一般地，如果乙方竞标一个软件开发项目而不是一个软件产品，则这个过程的关键是编写并提交建议书。项目建议书是指在项目初期为竞标或签署合同而提交的文档，是在双方对相应问题有共同认识的基础上，清晰地说明项目的目的及操作方式，可以决定项目有无足够吸引力或是否可行。它是乙方描述甲方需求，并提出解决方案的文档。建议书可以展示乙方对项目的认识程度和解决问题的能力，也是甲方判断乙方能否成功完成任务的重要依据。

2.3.3 招标过程

为了选择合适的供应商，甲方可以通过招标的方式选择乙方（供方或者卖方），乙方参加竞标并提交给甲（需）方项目投标书，甲（需）方根据招标文件确定的标准对供方资格进行认定，并对其开发能力资格进行确认，最后选择出最合适的供方。招标过程如图2-9所示。

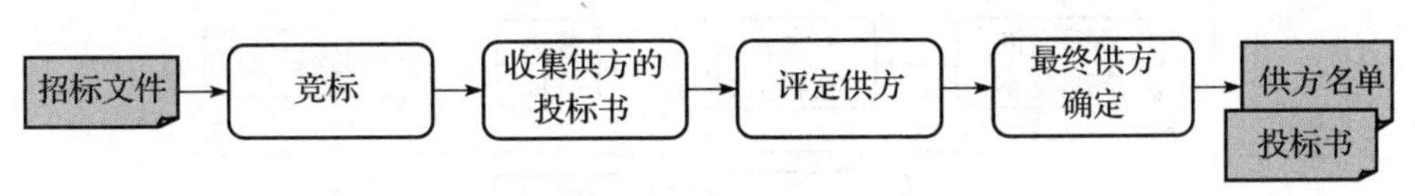

图2-9 招标过程

招标过程的具体活动描述如下。

1）具备竞标条件的乙方编写投标书并提交给甲方。

2）甲方组织项目竞标，并获取竞标单位的投标书。

3）甲方根据招标文件的标准和竞标单位的竞标过程及乙方提交的投标书，确定竞标单位的排名。

4）甲方确定最终选择的乙方名单。为了选择合适的乙方，甲方应该让更多潜在的乙方参与投标，展开竞争，以便获得价格最合理、质量最优的产品。

招标的方式有很多种，如公开招标、有限招标、多方洽谈和直接谈判等。

- 公开招标是将招标信息在社会上公开发布，使一切潜在供应商获得平等的参与竞争的机会。这种方式强调公平、公开、公正，最具有透明度。供应商之间的竞争可以使甲方以最优、最低的价格获得产品。这种招标方式的缺点是成本高，比较花费时间。
- 有限招标是招标信息在有限的范围内发布，通常是直接向筛选合格的、潜在的供应商发出邀请。这种招标方式比公开招标方式节省成本和时间，但是不一定能获得最好的产品。

- 多方洽谈是甲方不明确发出招标信息，而是选择若干潜在的、合格的供应商分别进行洽谈，从中选择合适的供应商。这种方式透明度更低，但是对于一些特殊的情况，也可能获得最有利的合同。
- 直接谈判是直接与一家供应商谈判并签订合同，只适用于一些特殊的项目。

招标之后需要进行评标，评标的目的是从众多的投标人中挑选出能以最合理价格最好地服务项目的乙方。在此过程中，项目经理需要与专家一起根据评估标准和相关策略，对所有的投标书进行评估、选择并通过合同谈判，最终确定供应商，签署合同。

评标过程主要分两个阶段：第一阶段是初评阶段，采用筛选系统将一部分不满足评估标准中最低资格要求的投标书筛选出去；第二阶段主要进行细评工作，对通过初评的投标书的各个方面进行量化打分，按照分值对投标人排序，以此决定进行合同谈判的顺序，或者直接与得分最高的投标人签署合同。

2.3.4 合同签署

如果甲方选择了合适的乙方（软件开发商），而且被选择的开发商也愿意为甲方开发满足需求的软件项目，那么为了更好地管理和约束双方的权利和义务，以便更好地完成软件项目，甲方应该与乙方（软件开发商）签订一个具有法律效力的合同。签署合同之前需要起草一个合同文本。双方就合同的主要条款进行协商，达成共识，然后按指定模板共同起草合同。双方仔细审查合同条款，确保没有错误和隐患，双方代表签字，合同生效，使之成为具有法律效力的文件，同时，根据签署的合同，分解出合同中甲方的任务，并下达任务书，指派相应的项目经理。合同签署过程如图 2-10 所示。

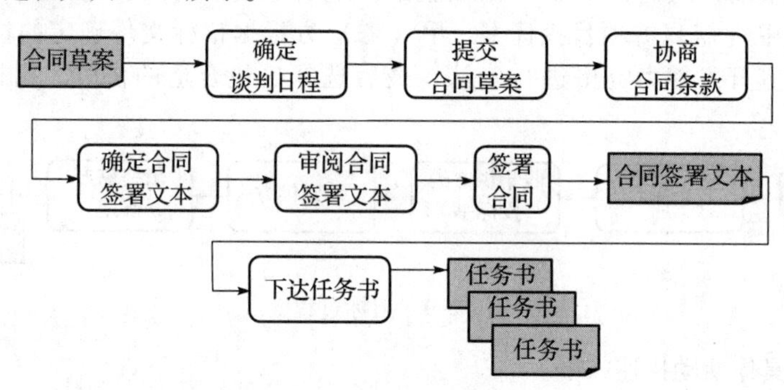

图 2-10 合同签署过程

合同签署过程中的具体活动描述如下。

1）双方制定合同草案。

2）确定甲乙方的权利和义务，并将结果反映到合同条款中。

3）双方确定项目的验收和提交方式（如验收标准、产品介质、包装和复制要求），并将结果反映到合同条款中。

4）确定合同其他有关条款，并将结果反映到合同条款中。

5）对制定的合同草案进行评审。

6）根据评审结果对合同草案进行修改并确认，形成最终合同草案。

7）确定谈判日程和谈判所涉及的人员。

8）在谈判日程所规定的谈判时间前向乙方提交合同草案。

9）按谈判日程和谈判要点与乙方讨论并形成合同签署文本。

10）项目决策者审阅合同签署文本。

11）根据甲方项目决策者的审阅意见签署或终止合同谈判。

12）将合同签署文本（无论是否经双方签署）及合同相关文档存档保存。

13）根据合同条款，分解出甲乙方所需执行的活动或任务，编写任务书，确定项目经理。

在签署合同的时候，甲方同时将工作任务说明（Statement Of Work，SOW）作为合同附件提交给乙方。工作任务说明是甲方描述的实现开发约定所要执行的所有任务。

合同签署过程对于供方（乙方）而言具有重大的意义，它标志着一个软件项目的有效开始，这时，根据签署的合同分解出合同中各方的任务，并下达项目章程（任务书），指派相应的项目经理。这里需要说明的是，项目章程（任务书）用于明确项目的目标、必要的约束，同时授权项目经理。项目章程是项目正式开始的标志，同时是对项目经理的有效授权过程。项目经理需要对项目章程（任务书）进行确认。

2.4 项目章程

当选择了一个项目之后，就需要对这个项目进行授权和初始化，以便确认相关的人知晓这个项目。这就需要一个文档化的输出，这个文档可以有很多不同的形式，一个最主要的形式是项目章程（project charter）。每个项目都需要一个项目章程，这样项目团队就能了解项目重要的原因、团队的前进方向及项目的目标。

2.4.1 项目章程的定义

项目章程是一份正式批准项目并且授权项目经理在项目活动中使用组织资源的文件。其主要作用是明确项目与组织战略目标之间的直接联系，确定项目的正式地位，并展示组织对项目的承诺。项目章程是项目执行组织高层批准的一份以书面签署的确认项目存在的文件，包括对项目的确认、对项目经理的授权和项目目标的概述等。严格地说，项目章程包括对开始一个项目或者项目阶段的正式授权，但是通常而言，在每个项目阶段进行一次授权的做法并不多见。

项目章程是一个正式的文档，用于正式地认可一个项目的有效性，并指出项目的目标和管理方向。它授权项目经理来完成项目，从而保证项目经理可以组织资源用于项目活动。项目章程通常由项目发起人、出资人或者高层管理人员等签发。

项目章程和项目目标类似，但更加正式，叙述也更加完整详尽，更符合公司的项目视图和目标。项目目标使这种描述更加具有特定性，并且加上了截止日期，而项目章程使目标形式化，类似到达目的地的一张通行证。总之，项目章程用于正式地授权项目。

项目章程不仅清楚地定义了项目，说明了它的特点和最终结果，而且指明了项目权威。项目权威通常是项目的发起人、项目经理和团队领导（如果需要），项目章程可以详细规定每个人的角色，以及相互交流信息的方式。不同企业的做法是不一样的，具有不同的形式，例如，有的企业采用一个简单的协议，有的采用一个很长的文档，或者使用合同作为项目章程。

一般来说，项目章程的要素包括项目的正式名称、项目发起人及其联系方式、项目经理及其联系方式、项目目标、关于项目的业务情况（项目的开展原因）、项目的最高目标和可交付成果、团队开展工作的一般性描述、开展工作的基本时间安排（详细的时间安排在项目计划中列举），以及项目资源、预算、成员和供应商。

无论采用哪种形式，这个过程都是正式地授权项目，任命项目经理，说明项目的背景、来源、一定的假设或者约束等。例如，表2-3和表2-4都是项目章程的例子。

表 2-3 IT 升级项目的项目章程

项目题目：IT 升级项目

项目开始时间：2018. 3. 10　　项目结束始时间：2018. 5. 15

项目经理：赵强，Zhaoqiang@ abc. com

项目目标：根据新的企业标准对企业所有人员软硬件进行升级，新的标准见附件。升级可能影响服务器、一些计算机及一些网络的软硬件。软硬件的费用为 300 万元，人工成本为 20 万元。

建议方法：

- 升级数据库目录。
- 做详细的成本估算，然后上报。
- 获取软硬件报价。
- 尽可能由内部的人员参与项目。

人员	角色	职责
赵强	项目经理	规划、监控项目
王立	质量经理	负责项目的质量
江明	技术经理	负责技术
章溢	系统支持	负责产品的所有系统、网络
韩斌	采购经理	负责采购软硬件

签字：

注释：

表 2-4 校务通项目的项目章程

<table>
<tr><td colspan="2">项目名称</td><td>校务通管理系统</td><td>项目标识</td><td>QTD－SCHOOL</td></tr>
<tr><td colspan="2">下达人</td><td>项目委员会</td><td>下达时间</td><td>2016 年 4 月 10 日</td></tr>
<tr><td colspan="2">项目经理</td><td>韩万江</td><td>项目计划提交时限</td><td>2016 年 4 月 14 日</td></tr>
<tr><td colspan="2">送达人</td><td colspan="3">×××</td></tr>
<tr><td colspan="2">项目目标</td><td colspan="3">1. 为×××提供基于 B/S 结构的校务管理系统
2. 为×××提供多平台的交流</td></tr>
<tr><td rowspan="4">项目范围</td><td>项目性质</td><td colspan="3">公司外部项目，属于软件开发类</td></tr>
<tr><td>项目组成</td><td colspan="3">见项目输入</td></tr>
<tr><td>项目要求</td><td colspan="3">见项目输入</td></tr>
<tr><td>项目范围特殊说明</td><td colspan="3">无</td></tr>
<tr><td colspan="2">项目输入</td><td colspan="3">1.《校务通管理系统实施方案建议书》
2. 合同及其附件</td></tr>
<tr><td colspan="2">项目用户</td><td colspan="3">×××教育委员会</td></tr>
<tr><td colspan="2">与其他项目关系</td><td colspan="3">无</td></tr>
<tr><td rowspan="4">项目限制</td><td>完成时间</td><td colspan="3">预计完成时间为 2016 年 6 月 20 日</td></tr>
<tr><td>资金</td><td colspan="3">见项目输入 1 第 6 章</td></tr>
<tr><td>资源</td><td colspan="3">依据批准的项目计划</td></tr>
<tr><td>实现限制</td><td colspan="3">B/S 结构，开发平台为 Windows NT、IIS Server、SQL Server、J2EE</td></tr>
</table>

项目章程类似于项目的授权书，相当于对项目的正式授权，表明项目可以有效地开始了。项目章程授权项目，建立了项目经理的责任心、发起人的主人翁意识及项目团队的团队意识。

2.4.2 敏捷项目章程

对于敏捷团队而言，仅有项目章程还不够。敏捷团队需要有团队规范及对工作方式的理解。这种情况下，团队可能需要一个团队章程。制定章程的过程能帮助团队学习如何一起工作，怎样围绕项目协作。对于敏捷项目而言，团队至少还需要项目愿景或目标，以及一组清晰的工作协议。敏捷项目章程要回答以下问题。

- 我们为什么要做这个项目？这是项目愿景。
- 谁会从中受益？如何受益？这可能是项目愿景和项目目标的一部分。
- 对于此项目而言，达到哪些条件才意味着项目完成？这是项目的发布标准。
- 我们将怎样合作？这是预期的工作流。

敏捷项目强调仆人式管理方式，仆人式领导可以促进章程的制定过程。团队可以通过一起工作实现协作，而制定项目章程是一种很好的开始工作的方式。此外，团队成员可能希望通过协作了解他们将如何一起工作。只要团队知道如何一起工作，制定章程就不需要一个正式的过程。有些团队可以从团队制定章程的过程中受益。下面是对团队成员制定章程的一些建议，可以将其作为制定团队社会契约的基础。

- 团队价值观，如可持续的开发速度和核心工作时间。
- 工作协议。例如，“就绪”如何定义，这是团队可以接受工作的前提；“完成”如何定义，这样团队才能一致地判断完整性；考虑时间盒或使用工作过程限制。
- 基本规则，如团队如何对待会议时间。

2.4.3 项目经理能力和职责

1. 项目经理的定义

项目经理的角色不同于职能经理或运营经理。一般而言，职能经理专注于对某个职能领域或业务部门的管理监督。运营经理负责保证业务运营的高效性。项目经理是由执行组织委派的领导团队实现项目目标的个人。

2. 项目经理的能力

PMI 人才三角（见图 2-11）指出了项目经理需要具备的技能。它重点关注以下 3 个关键技能。

图 2-11 项目经理能力

1）技术项目管理：与项目、项目集和项目组合管理特定领域相关的知识、技能和行为，即角色履行的技术方面。

2）领导力：指导、激励和带领团队所需的知识、技能和行为，可帮助组织达成业务目标。

3）战略和商务管理：关于行业和组织的知识和专业技能，有助于提高绩效并取得更好的业务成果。

虽然技术项目管理技能是项目集和项目管理的核心，但 PMI 研究指出，当今全球市场越来越复杂，竞争也越来越激烈，只有技术项目管理技能是不够的，各个组织越来越重视其他两种技能。来自不同组织的成员均指出，这两种技能有助于支持更长远的战略目标，以实现赢利。为发挥最大的效果，项目经理需要平衡这 3 种技能。

整合能力是项目经理的一项关键技能，具体体现在以下 3 方面。

（1）过程层面的整合

项目管理可被看作为实现项目目标而采取的一系列过程和活动。有些过程可能只发生一次（如项目章程的初始创建），但很多过程在整个项目期间会相互重叠并重复发生多次。这种重叠和多次出现的过程（如需求变更）会影响范围、进度或预算，并需要提出变更请求。控制范围过程和实施整体变更控制等若干项目管理过程可包括变更请求。在整个项目期间实施整体变更控制过程是为了整合变更请求。

虽然对项目过程的整合方式没有明确的定义，但如果项目经理无法整合相互作用的项目过程，那么实现项目目标的机会将会很小。

（2）认知层面的整合

管理项目的方法有很多，而方法的选择通常取决于项目的具体特点，包括规模、项目或组织的复杂性，以及执行组织的文化。显然，项目经理的人际关系技能和能力与其管理项目的方式有紧密的关系。项目经理应尽量掌握所有项目管理知识领域。熟练掌握这些知识领域之后，项目经理可以将经验、见解、领导力、技术及商业管理技能运用到项目管理中。最后，项目经理需要整合这些知识领域所涵盖的过程才有可能实现预期的项目结果。

（3）背景层面的整合

与几十年前相比，当今企业和项目所处的环境有了很大的变化，新技术不断涌现。社交网络、多元文化、虚拟团队和新的价值观都是项目所要面临的全新现实，整合涉及多个组织的大规模、跨职能项目实施中的知识和人员便是一例。项目经理在指导项目团队进行沟通规划和知识管理时需要考虑这个背景所产生的影响。

在管理整合时，项目经理需要意识到项目背景和这些新因素，然后决定如何在项目中最好地利用新环境因素，以获得项目成功。

3. 项目经理的职责

项目经理是项目组织的核心和项目团队的灵魂，负责对项目进行全面的管理，其管理能力、经验水平、知识结构、个人魅力对项目的成败起着关键的作用。另外，作为团队的领导者，项目经理的管理素质、组织能力、知识结构、经验水平、领导艺术等对团队管理的成败有着决定性的影响。在一个特定的项目中，项目经理要对项目实行全面管理，包括制定计划，报告项目进展，控制反馈，组建团队，在不确定环境下对不确定性问题进行决策，在必要的时候进行谈判及解决冲突等。其中组建团队是项目经理的首要责任，一个项目要取得好的成绩，一个关键的要素就是项目经理应该具备把各方人才聚集在一起、组建一个有效的团队的能力。在团队建设中，要确定项目所需人才，从各有关职能部门获得人才，定义成员任务和角色，把成员按任务组织起来形成一个高效的团队。总之，要建立并使团队有效运行，项目经理起关键的作用。

项目经理是沟通者、团队领导者、决策者、气氛创造者等多个角色的综合。以身作则与有威信是相辅相成的。规范制度的权威性主要靠项目经理，其只有坚持以身作则，才能将自己优秀的管理思想在整个项目中贯穿下去，取得最后的成功。项目经理关系到一个项目的成败，在项目管理中要敢于承担责任，使项目朝更快、更好的方向发展。项目经理的职责如下。

（1）开发计划

项目经理的首要任务是开发计划。完善合理的计划对项目的成功至关重要。项目经理要在对所有的合同、需求等熟知、掌握的基础上，明确项目目标，并就该目标与项目客户达成一致，同时告知项目团队成员，然后为实现项目目标制定基本的实施计划（成本、进度、产品质量）。

（2）组织实施

项目经理组织实施项目主要体现在两个方面：第一，设计项目团队的组织结构图，对各职位的工作内容进行描述，并安排合适的人选，组织项目开发；第二，对于大型项目，项目经理应该决定哪些任务由项目团队完成，哪些由承包商完成。

（3）项目控制

在项目实施过程中，项目经理要时时监视项目的运行，根据项目实际进展情况调控项目，必要的时候调整各项计划方案，积极预防，防止意外的发生；及时解决出现的问题，同时预测可能的风险和问题，保证项目在预定的时间、资金、资源下顺利完成。

2.5　“医疗信息商务平台”招投标案例分析

“医疗信息商务平台”项目的提出（甲）方是某开发区政府。“医疗信息商务平台”是一个全方位的医疗电子商务网站，该网站在向医疗专业人员提供最先进的医务管理专业知识及医疗产品信息的同时，还提供最先进的企业对企业（B2B）的医疗网络服务方案及医疗器材设备采购者、供货商之间的电子商务服务。为此开发区政府提出了“医疗信息商务平台”招标书，通过公开招标的方式确定了开发方为北京×××科技有限公司。双方经过多次的协商和讨论，最后签署项目开发合同。

2.5.1　甲方招标书

“医疗信息商务平台”项目的甲（卖）方采取公开招标方式，有明确规范的招标文件，招标文件（此文档详见课程网站）如下：

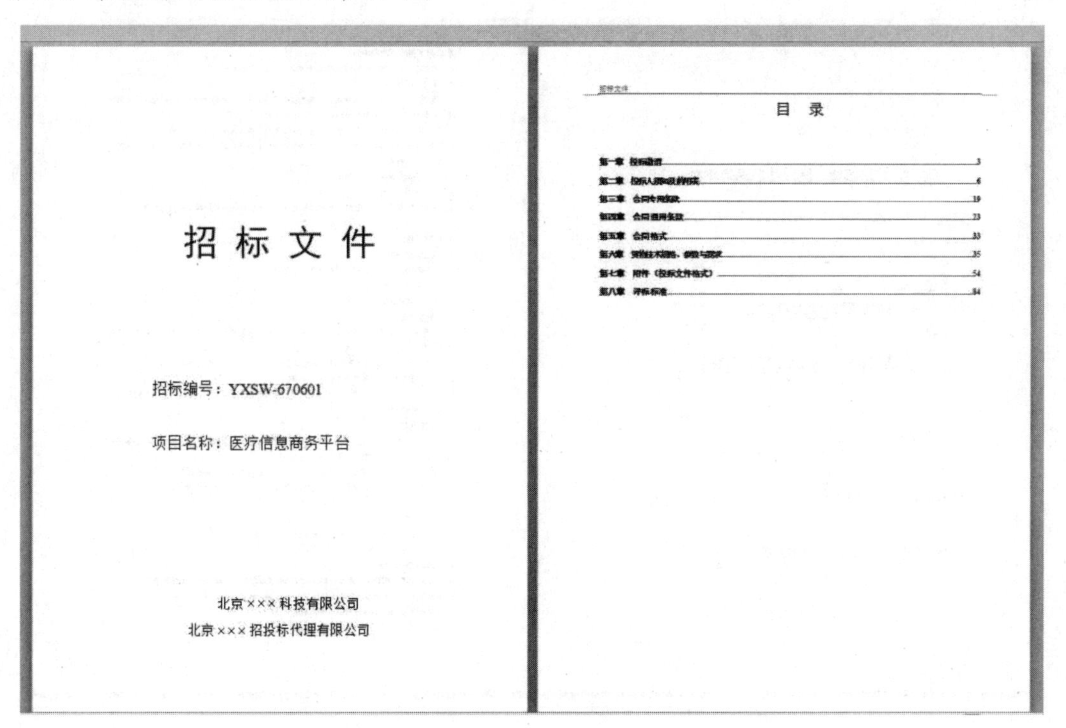

招 标 文 件

招标编号：YXSW-670601

项目名称：医疗信息商务平台

北京×××科技有限公司

北京×××招投标代理有限公司

目 录

第一章　投标邀请……3
第二章　[illegible]……6
第三章　合同专用条款……19
第四章　合同通用条款……23
第五章　合同格式……33
第六章　货物技术规格、参数与要求……35
第七章　附件（投标文件格式）……54
第八章　评标标准……84

2.5.2　乙方投标书

乙方为了参加项目竞标，编写了项目投标书（即建议书），投标书（此文档详见课程网站）如下：

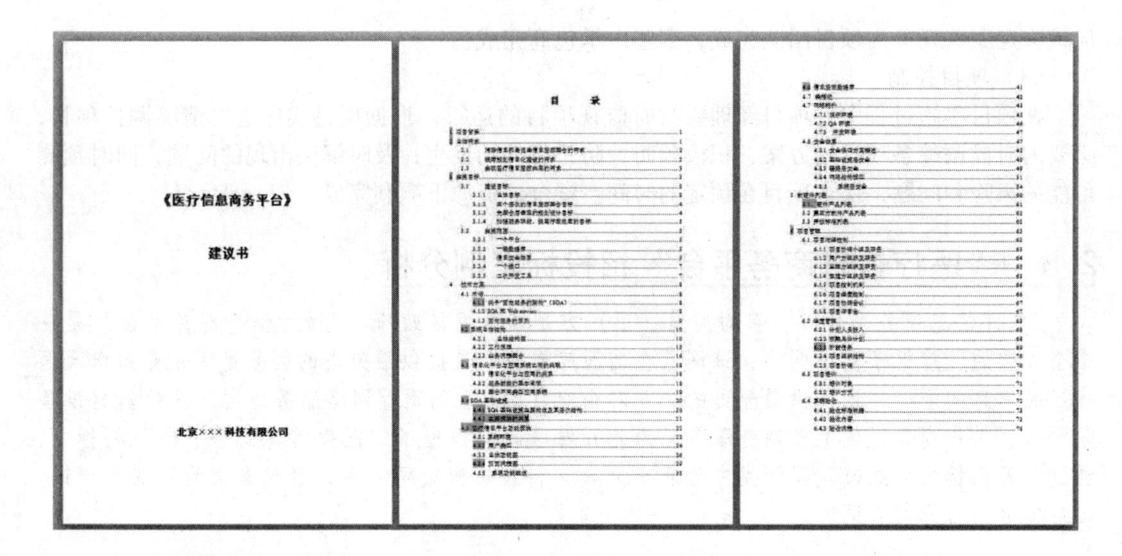

《医疗信息商务平台》

建议书

北京×××科技有限公司

目录

2.5.3 项目合同

双方经过多次的协商和讨论，最后签署项目开发合同。合同文本（此文档详见课程网站）如下：

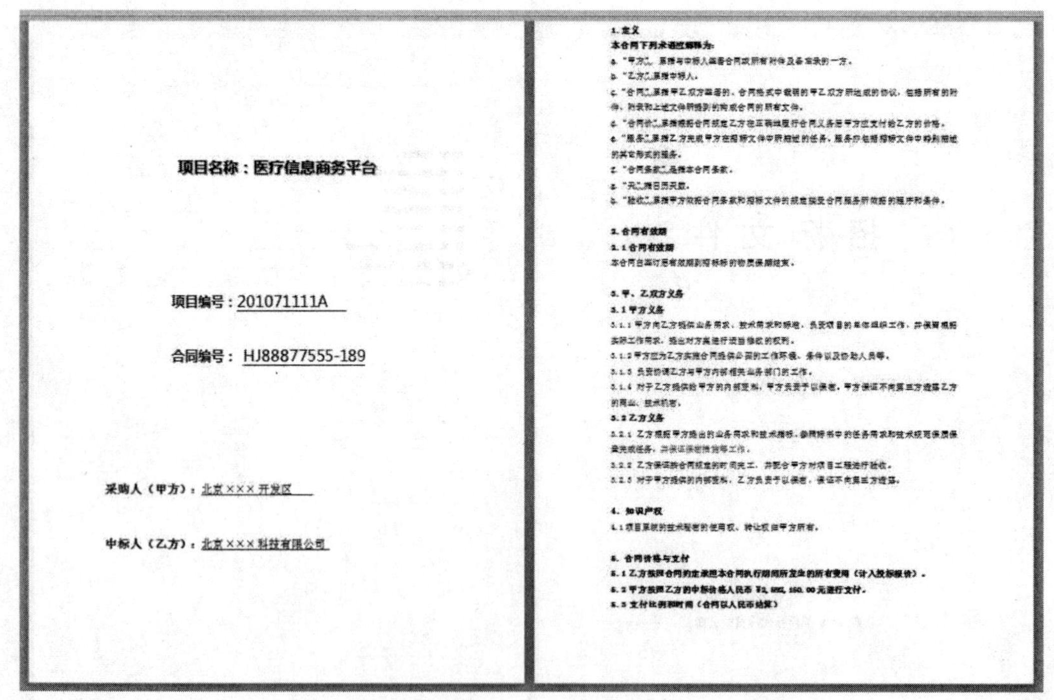

项目名称：医疗信息商务平台

项目编号：201071111A

合同编号：HJ88877555-189

采购人（甲方）：北京×××开发区

中标人（乙方）：北京×××科技有限公司

1.定义

本合同下列术语应解释为：

a.“甲方”系指与中标人签署合同或所有附件及备案录的一方。

b.“乙方”系指中标人。

c.“合同”系指甲乙双方签署的、合同格式中载明的甲乙双方所达成的协议，包括所有的附件、附录和上述文件所提到的构成合同的所有文件。

d.“合同价”系指根据合同规定乙方在正确地履行合同义务后甲方应支付给乙方的价格。

e.“服务”系指乙方完成甲方在招标文件中所描述的任务，服务亦包括招标文件中阐述的其它形式的服务。

f.“合同条款”是指本合同条款。

g.“天”指日历天数。

h.“验收”系指甲方依据合同条款和招标文件的规定确定合同服务所依据的程序和条件。

2.合同有效期

2.1 合同有效期

本合同自签订后有效期到招标标的物质保期结束。

3.甲、乙双方义务

3.1 甲方义务

3.1.1 甲方向乙方提供业务需求、技术需求和标准，负责项目的总体组织工作，并保留根据实际工作需求，提出对方案进行适当修改的权利。

3.1.2 甲方应为乙方实施合同提供必要的工作环境、条件以及协助人员等。

3.1.3 负责协调乙方与甲方内部相关业务部门的工作。

3.1.4 对于乙方提供给甲方的内部资料，甲方负责予以保密，甲方保证不向第三方泄露乙方的商业、技术机密。

3.2 乙方义务

3.2.1 乙方根据甲方提出的业务需求和技术指标，参照标书中的任务需求和技术规范保质保量完成任务，并保证保密措施等工作。

3.2.2 乙方保证按合同规定的时间完工，并配合甲方对项目工程进行验收。

3.2.3 对于甲方提供的内部资料，乙方负责予以保密，保证不向第三方泄露。

4.知识产权

4.1 项目系统的技术秘密的使用权、转让权由甲方所有。

5.合同价格与支付

5.1 乙方按照合同约定承担本合同执行期间所发生的所有费用（计入投标报价）。

5.2 甲方按照乙方的中标价格人民币 ¥2,[illegible],150.00 元进行支付。

5.3 支付比例和时间（合同以人民币结算）

2.6 小结

本章介绍了项目初始阶段的项目评估、项目立项、项目招投标、项目章程编制等过程及提交的文档。项目立项后便进入项目招投标过程，项目招投标过程包括甲方招标书定义、乙方项目分析、竞标过程、合同签署等。这个阶段可能产生的主要输出是招标书、项目标书、项目合同、项目章程等。

2.7 练习题

一、填空题

1. 项目立项之后，项目负责人会进行________决策，确定待开发产品的哪些部分应该采购、外包开发、自主研发等。
2. PMI 人才三角重点关注________、________、________3 个关键技能。
3. 在________阶段，应明确项目的目标、时间表、使用的资源和经费，而且得到项目发起人的认可。

二、判断题

1. 项目立项可以确立项目目标、时间和资源成本，同时得到项目发起人的认可。 （ ）
2. 项目招标对于一个项目的开发是必需的，即便项目是内部项目。 （ ）
3. 自主研发相当于 make or buy 决策中的 make。 （ ）
4. 项目建议书是项目计划阶段开发的文档。 （ ）
5. 项目立项需要获得项目经理的认可，但不需要项目发起人的认可。 （ ）
6. 项目章程是项目执行组织高层批准的确认项目存在的文件，其中不包括对项目经理的授权。 （ ）
7. 乙方即供方（有时也称为卖方），是为顾客提供产品或服务的一方。 （ ）
8. 在软件项目合同中，甲方是需求方，乙方是供方。 （ ）
9. 敏捷项目采取的是仆人式管理方式。 （ ）

三、选择题

1. 下列不是项目立项过程内容的是（ ）。
   A. 项目的目标　B. 项目的风险
   C. 项目的时间表　D. 项目使用的资源和经费
2. 以下哪项不包括在项目章程中？（ ）
   A. 对项目的确认　B. 对项目经理的授权
   C. 对项目风险的分析　D. 项目目标的概述
3. 项目建议书是（ ）阶段开发的文档。
   A. 项目执行　B. 项目结尾　C. 项目初始　D. 项目计划
4. 下列不属于甲方招投标阶段任务的是（ ）。
   A. 编写建议书　B. 招标书定义　C. 供方选择　D. 合同签署
5. 下列不属于乙方招投标阶段任务的是（ ）。
   A. 项目分析　B. 竞标　C. 合同签署　D. 招标书定义
6. PMI 人才三角不包括（ ）。
   A. 技术项目管理　B. 测试能力　C. 领导力　D. 战略和商务管理

四、问答题

1. 某公司希望开发一套软件产品，如果选择自己开发软件的策略，则公司需要花费 30 000 元，根据历史信息，维护这个软件每个月需要 3500 元。如果选择购买软件公司产品的策略，则需要 18 000 元，同时软件公司为每个安装的软件进行维护的费用是 4200 元/月。该公司该如何决策？
2. 什么是项目章程？

第 3 章

■ 生存期模型

为了提交一个满意的项目，需要选择项目实施策略，选择生存期模型的过程就是选择策略的过程。下面进入路线图的“生存期模型”，如图 3-1 所示。

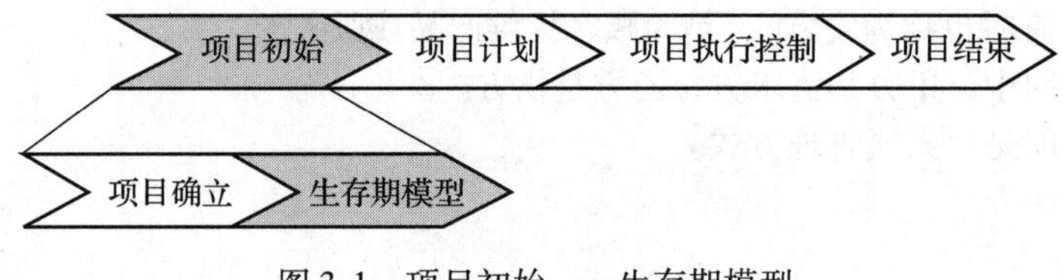

图 3-1　项目初始——生存期模型

3.1　生存期概述

3.1.1　生存期的定义

软件项目生存期模型的基本特征如下。

1）描述开发的主要阶段。

2）定义每一个阶段要完成的主要过程和活动。

3）规范每一个阶段的输入和输出。

在生存期模型中定义软件过程非常重要，人和过程是保证项目成功的两个关键因素。由合适的人按好的过程进行项目开发，才能最大限度地保证项目的成功。通过过程可以实现一种规范化、流水线化、工业化的软件开发。软件的生产过程不存在绝对正确的过程形式，不同的软件开发项目应当采用不同的或者有针对性的软件开发过程，而真正合适的软件开发过程是在软件项目开发完成后才能明了的。因此，项目开发之初只能根据项目的特点和开发经验进行选择，并在开发过程中不断地调整。

软件生存期模型的选择对项目成功的影响非常重要。恰当的生存期模型可以使软件项目流程化，并帮助项目人员一步一步地接近目标。如果选择了适宜的生存期模型，就可以提高开发速度，提升质量，加强项目跟踪和控制，减少成本，降低风险，改善用户关系。

3.1.2　生存期的类型

软件开发模型总体上经历了从传统到敏捷的变迁，从最初的作坊式的单打独斗，到诸如

CMM 等过程改进式的过程控制，再到敏捷模型，如图 3-2 所示。敏捷模型也发展出更多模型，如时下流行的 DevOps。

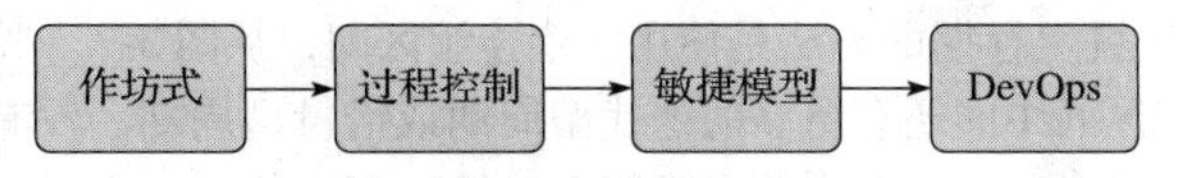

图 3-2 软件生存期模型的变迁

项目有多种形式，也有多种实施方式。项目团队根据项目特征选择最可能使项目成功的生存期模型和方法。总体上，项目生存期模型可以是预测型或适应型。适应型模型可以是迭代型、增量型、敏捷型等，如图 3-3所示从两个维度展示了这 4 类模型的关系。从项目变化角度看，预测型低，迭代型高；从提交的频繁度看，预测型低，增量型高。敏捷模型既有迭代型，也有增量型，便于完善工作，可以频繁交付。充分了解或有确定需求的项目要素遵循预测型开发模型，而仍在发展中的要素遵循适应型开发模型。

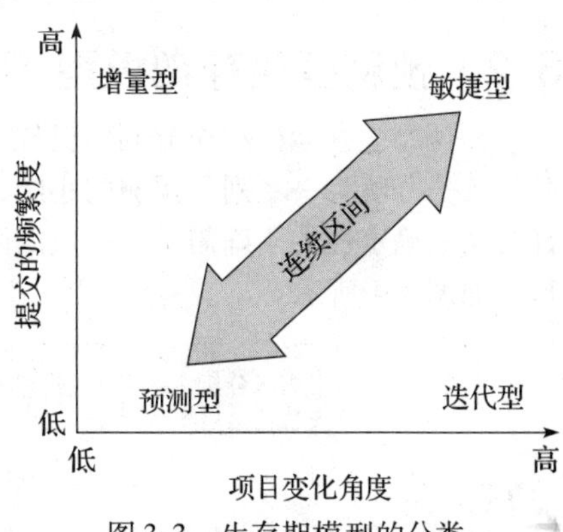

图 3-3 生存期模型的分类

其中：

- 预测型生存期模型是一种更为传统的方法，需要提前进行大量的计划工作，然后一次性执行。执行是一个连续的过程。
- 迭代型生存期模型允许对未完成的工作进行反馈，从而改进和修改该工作；允许对部分完成或未完成的工作进行反馈，从而对该工作进行改进和修改。
- 增量型生存期模型向客户提供已完成的、可能立即使用的可交付成果。
- 敏捷型生存期模型同时利用迭代属性和增量特征，便于完善工作，频繁交付。团队使用敏捷方法时，他们会对产品进行迭代，创建可交付成果。团队将获得早期的反馈，并能提供客户可见性、信心和对产品的控制。由于团队可以提前发布产品，可以率先交付价值最高的工作，所以项目可以更早产生投资回报。

不同生存期模型的特征如表 3-1 所示。表 3-1 从项目需求、开发活动、产品交付及目标等角度展示了四大模型的项目特征。从项目需求上看：预测型的需求最稳定；其他 3 个类型需求有变化。从开发活动上看：预测型是每个开发活动只执行一次，瀑布模型就是这样；迭代型是不断重复一些活动，直到正确为止；增量型是每个增量活动只执行一次；敏捷型也是不断重复一些活动，直到正确为止。从产品交付上看：预测型、迭代型只提交一次；增量型、敏捷型多次提交小版本。从目标上看：预测型的目标是管理成本；迭代型的目标是获得正确的解决方案；增量型的目标是加快速度；敏捷型通过不断提交和反馈获得用户肯定。这些特征可以作为选择模型的参考。

表 3-1 不同生存期模型的特征

项目特征				
方法	需求	活动	提交	目标
预测型	固定	整个项目活动只执行一次	提交一次	成本可管理
迭代型	变化	一直重复执行直到正确为止	提交一次	正确的解决方案
增量型	变化	每个特定增量的活动只执行一次	频繁小增量提交	速度
敏捷型	变化	一直重复执行直到正确为止	频繁小增量提交	通过频繁提交和反馈体现客户价值

需要注意的是，所有的项目都具有这些特征，没有一个项目能够完全不考虑需求、交付、变更和目标这些因素。项目的固有特征决定了其适合采用哪种生存期模型。

另一种理解不同项目生存期的方法是使用一个连续区间，从图3-3一端的预测型模型到另一端的敏捷型模型，连续区间中间还有更多的迭代型周期或增量型周期。没有哪个生存期模型能够完美地适用于所有的项目。相反，每个项目都能在连续区间中找到一个点，根据其背景特征实现最佳平衡。实践中还有混合型生存期模型，这种模型是预测型和适应型的组合。

3.2 预测型生存期模型

预测型生存期模型充分利用已知和已经证明的事物，不确定性和复杂性减少，允许项目团队将工作分解为一系列可预测的小组，是一种传统的模型，如瀑布模型。预测型生存期模型预计会从高确定性的明确需求、稳定的团队和低风险中获益。因此，项目活动通常以顺序方式执行，如图3-4所示。

图3-4 预测型生存期模型

为了实现这种方法，团队需要详细的计划，了解要交付什么及怎样交付。当其他潜在的变更受到限制时，这些项目就会成功。团队领导的目标是尽可能减少预测型项目的变更。

团队在项目初始创建详细的需求和计划时，可以阐明各种制约因素，然后利用这些制约因素管理风险和成本。进而，在实施详细计划时，团队会监督并控制可能影响范围、进度计划或预算的变更。

如果遇到变更或需求分歧，或者技术解决方案变得不再简单明了，则预测型项目将产生意想不到的成本。瀑布模型和V模型是最典型的预测型生存期模型。

3.2.1 瀑布模型

瀑布模型（waterfall model）是一个经典的模型，也称为传统模型（conventional model），它是一个理想化的生存期模型，如图3-5所示。它要求项目所有的活动都严格按照顺序自上而下执行，一个阶段的输出是下一阶段的输入，如同瀑布流水，逐级下落。瀑布模型没有反馈，一个阶段完成后，一般不返回——尽管实际的项目中要经常返回上一阶段。瀑布模型是一个比较“老”的模型，甚至有些过时，但在一些小的项目中还是经常用到的。

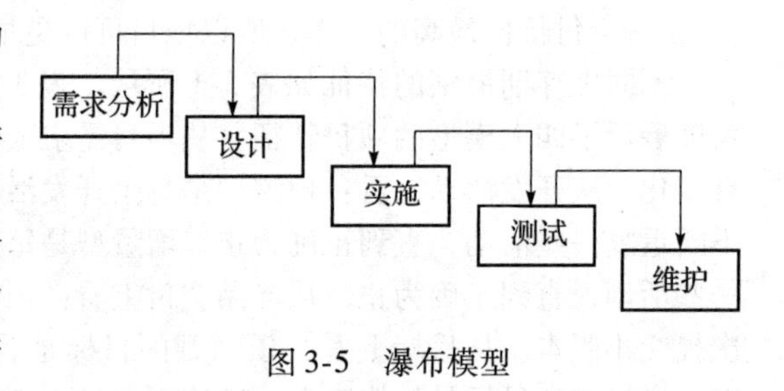

图3-5 瀑布模型

瀑布模型的优点：

1）简单、易用、直观。

2）开发进程比较严格，一个进程接着一个进程进行。

3）模型执行过程中需要严密控制。

4）允许基线和配置早期接受控制。

5）为项目提供了按阶段划分的检查点，当前一个阶段完成后，只需要关注后续阶段。

瀑布模型的缺点：

1）在软件开发的初期阶段就要求做出正确、全面、完整的需求分析，这对许多应用软件来说是极其困难的。

2）由于开发模型是线性的，模型中没有反馈过程，用户只有等到整个过程的末期才能见到开发成果，从而增加了开发风险。

3）一个新的项目不适合瀑布模型，除非在项目的后期。

4）用户直到项目结束才能看到产品的质量，用户不是渐渐地熟悉系统。

5）不允许变更或者限制变更。

6）早期的错误可能要等到开发后期才能发现，进而带来严重后果。

瀑布模型的适用范围：

1）在项目开始前，项目的需求已经被很好地理解，也很明确，而且项目经理很熟悉为实现这一模型所需要的过程。

2）解决方案在项目开始前也很明确。

3）短期项目可以采用瀑布模型。

瀑布模型的使用说明：

1）开发前，要进行概念开发和系统配置开发。概念开发主要是确定系统级的需求，提交一份任务陈述；系统配置开发需要确定软件和硬件的情况。

2）开发中，需进行需求过程、设计过程、实施过程。

3）开发后，需进行安装过程、支持过程、维护过程等。

瀑布模型因为缺乏灵活性、适应性不佳而渐渐受到质疑。Royce在1970年发表的《管理大型软件系统的开发》中提到：瀑布模型建议在关键的原型阶段之后应用，在原型阶段要充分地理解所要应用的关键技术及客户的实际需求。

3.2.2　V模型

V模型是由Paul Rook在1980年提出的，是瀑布模型的一种变种，同样需要一步一步进行，前一阶段任务完成之后才可以进行下一阶段的任务，如图3-6所示。

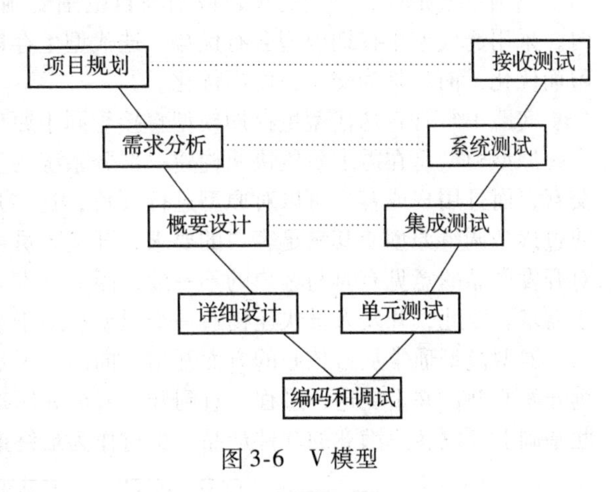

图3-6　V模型

这个模型强调测试的重要性，将开发活动与测试活动紧密地联系在一起。每一步都将比前一阶段进行更加完善的测试。一般，大家对测试存在一种误解，认为测试是开发周期的最后一个阶段。其实，早期的测试工作对提高产品的质量、缩短开发周期起着重要作用。V模型正好说明了测试的重要性，它是与开发并行的，例如，单元测试对应详细设计，集成测试对应概要设计，系统测试对应需求分析。V模型体现了全过程的质量意识。

V模型的优点：

1）简单易用，只要按照规定的步骤一步一步执行即可。

2）强调测试过程与开发过程的对应性和并行性。

3）开发进程比较严格，执行过程需要严密控制。

4）允许基线和配置早期接受控制。

5）为项目提供了按阶段划分的检查点，当前一个阶段完成后，只需要关注后续阶段。

V 模型的缺点：

1）软件开发的初期阶段就要求做出正确、全面、完整的需求分析。

2）软件项目的实现方案需要很明确。

3）不能存在变更。

V 模型的适用范围：

1）项目的需求在项目开始前很明确。

2）解决方案在项目开始前很明确。

3）项目对系统的安全性能要求很严格，如航天飞机控制系统、公司的财务系统等。

V 模型的使用说明： 使用 V 模型，要求开发的全过程是严格按照顺序进行的，一个阶段的输出是下一个阶段的输入。同时，注意图 3-6 中虚线对应过程的并行考虑，例如，在需求分析阶段，应该有系统测试的准备；在概要设计阶段，应该有集成测试的准备；在详细设计阶段，应有单元测试的准备等。

3.3 迭代型生存期模型

迭代型生存期模型（见图 3-7）通过连续的原型或概念验证来改进产品或成果，每一个新的原型都能带来相关方新的反馈和团队见解。然后，团队在下一周期重复一个或多个项目活动，在其中纳入新的信息。这种迭代有利于识别和减少项目的不确定性。

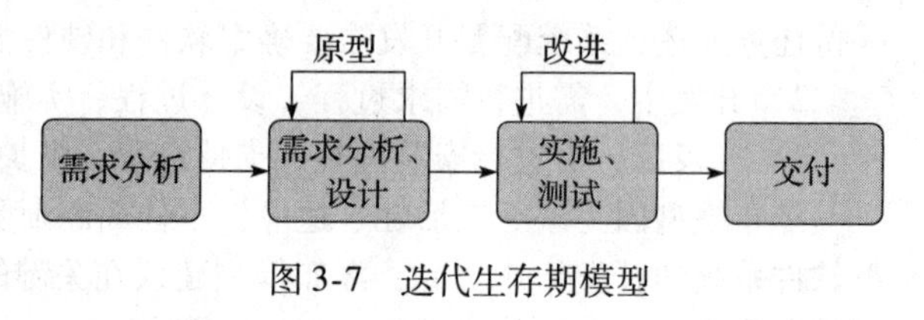

图 3-7 迭代生存期模型

当项目复杂性高、变更频繁或当项目范围受到相关方对所需最终产品的不同观点的支配时，采用迭代型生存期模型会有优势。迭代型生存期模型可能需要更长的时间，因为它是为学习而优化，而不是为交付速度而优化。

实践中常常将迭代型生存期模型直接等同于原型模型。

原型模型是在需求阶段快速构建一部分系统的生存期模型，实现客户或未来用户与系统的交互，而且用户或客户可以对原型进行评价，这些反馈意见可以作为进一步修改系统的依据。通过逐步调整原型使其满足客户的要求，开发人员可以确定客户的真正需求是什么；开发人员对开发产品的意见有时与客户的不一致，因为开发人员更关注设计和编码实施，而客户更关注于需求。因此，开发人员快速构造一个原型有助于很快与客户就需求达成一致。

原型模型通常从最核心的方面开始，向用户展示完成的部分，然后根据用户的反馈信息继续开发原型，并重复这一过程，直到开发人员和用户都认为原型已经足够好，然后开发人员在此基础上开发客户满意的软件产品，交付作为最终产品的原型，如图 3-8 所示。

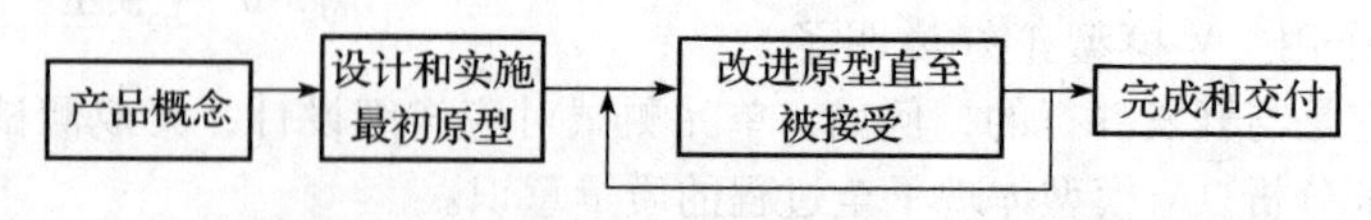

图 3-8 原型模型

原型模型以逐步增加的方式进行开发，以便随时根据客户或最终用户的反馈来修正系统。在需求变化很快的时候，或者用户很难提出明确需求的时候，或者开发人员对最佳的架构或算法没有把握的时候，渐进原型特别有用。但是，原型模型是以牺牲项目的可控制性来换取较多的客户反馈及较好的过程可视性的。由于原型的功能和特性会随着用户的反馈而经常发生变化，因此较难确定产品的最终形态。

原型模型的优点：

1）可以克服瀑布模型的缺点，减少由于软件需求不明确带来的开发风险。

2）用户根据快速构建的原型系统的优缺点，给开发人员提出反馈意见。

3）根据反馈意见修改软件需求规格，以便系统可以更正确地反映用户的需求。

4）可以减少项目的各种假设及风险等。

原型模型的缺点：

1）需求定义之前，需要快速构建一个原型系统。

2）所选用的开发技术和工具不一定符合主流的发展。

3）快速建立起来的系统结构加上连续的修改可能会导致产品质量低下。

4）使用这个模型的前提是要有一个展示性的产品原型，因此在一定程度上可能会限制开发人员的创新。

原型模型的适用范围：

1）项目的需求在项目开始前不明确。

2）需要减少项目的不确定性的时候。

原型模型的使用说明：

1）用户和开发人员根据初始需求共同开发一个项目规划。

2）用户和开发人员利用快速分析技术共同定义需求规格。

3）设计者构建一个原型系统。

4）设计者演示这个原型系统，用户来评估性能并标识问题。

5）用户和设计者一起来解决标识的问题，循环这个过程，直到用户满意为止。

6）详细设计可以根据这个原型进行。

7）原型可以用代码或者工具来实施。

3.4　增量型生存期模型

增量型生存期模型的策略是不同时开发项目需求，而是将需求分段，使其成为一系列增量产品，每一增量可以分别实施，每个增量都包括分析、设计、实施、测试、提交等过程。每个增量是一个交付成果。第一个增量往往是实现基本需求的核心产品。核心产品交付用户使用后，经过评价形成下一个增量的开发计划，不断重复这个过程，直到产生最终的完善产品。增量型生存期模型如图3-9所示。

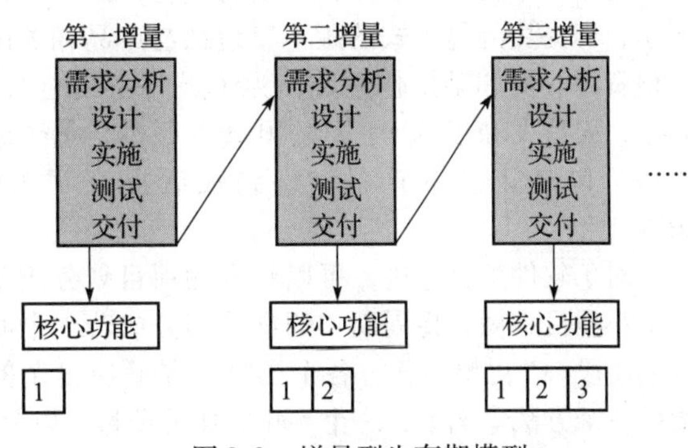

图3-9　增量型生存期模型

增量型生存期模型在各个阶段并不交付一个可运行的完整产品，而是交付满足客户需求的一个子集的可运行产品。整个产品被分解成若干个构件，开发人员逐个构件地交付产品。所以，增量型生存期模型向客户提供完成的可交付成果，让客户能够立即使用。如果有些项目是为了加快交付速度，或者无法等待所有的事情全部完成，可以采用频繁交付少量可交付成果的方式，即增量型生存期模型。在这种情况下，客户先接受整个解决方案的一个部分。

与一次交付一个最终产品相比，增量型生存期模型常优化为项目发起人或客户交付价值的工作。在开始工作之前，团队就计划了最初的可交付成果，并会尽快开始第一次交付的工作。某些敏捷项目在项目启动后几天内就开始交付价值，有的项目可能需要更长的时间，从一周到几周时间不等。

增量型生存期模型的优点：

1）软件开发可以较好地适应变化，客户可以不断地看到所开发的软件，从而降低开发风险。

2）可以避免一次性投资太多带来的风险，首先实现主要的功能或者风险大的功能，然后逐步完善，保证投入的有效性。

3）可以更快地开发出可以操作的系统。

4）可以减少开发过程中用户需求的变更。

增量型生存期模型的缺点：

1）由于各个构件是逐渐并入已有的软件体系结构中的，因此加入构件必须不破坏已构造好的系统部分，这需要软件具备开放式的体系结构。

2）在开发过程中，需求的变化是不可避免的。增量型生存期模型的灵活性使其适应这种变化的能力大大优于瀑布模型和原型模型，但一些增量可能需要重新开发，从而使软件过程的控制失去整体性（如果早期开发的需求不稳定或者不完整）。

增量型生存期模型的适用范围：

1）进行已有产品升级或新版本开发，增量型生存期模型是非常适合的。

2）对于完成期限要求严格的产品，可以使用增量型生存期模型。

3）对于所开发的领域比较熟悉而且已有原型系统，增量型生存期模型是非常适合的。

4）对市场和用户把握不是很准，需要逐步了解的项目，可采用增量型生存期模型。

增量型生存期模型的使用说明：使用增量型生存期模型时，首先构建整个系统的核心部分，或者具有高风险的部分功能——这部分功能对项目的成功起到重要作用。通过测试这些功能来决定它们是否是项目所需要的，这样可以排除后顾之忧，然后逐步增加功能和性能，循序渐进。增加功能的时候应该高效而且符合用户的需要。

渐进式阶段模型是一个特殊的增量型生存期模型，每个增量就是一个比较完整的系统，如图3-10所示，即提交的是正式的版本，包括与产品相关的其他资源。例如某操作系统，为了最终完成的1.0版本，先后发布了0.1、0.2、0.3等版本，每个版本都可以是正式的产品，直到最后提交了1.0版本。

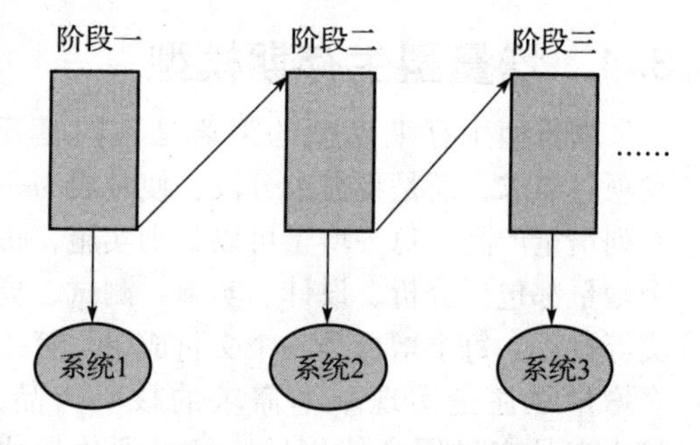

图3-10 渐进式阶段模型

对于软件项目来讲，可以将大的项目划分成若干个小项目来做，将周期长的项目划分成若干个明确的阶段。“化繁为简，各个击破”是解决复杂问题的一个方法。例如，一个5年完成的项目可以分成5个阶段，每年提交一个版本，无形中感觉工作时间缩短了，工作量变小了，尽管实际的工作量并没有减少。开发过程中反复和阶段提交是比较合理的过程，渐进式阶段模型恰恰体现了这些特征。

渐进式阶段模型的优点：

1）阶段式提交一个可运行的产品，而且每个阶段提交的产品是独立的系统。

2）关键的功能更早出现，可以提高开发人员和客户的信心。

3）通过阶段式产品提交，可以早期预警问题，避免后期发现问题的高成本。

4）通过阶段式提交可以运行的产品来说明项目的实际进展，减少项目报告的负担。

5）阶段性完成可以减少估计失误，因为通过阶段完成的评审，可以重新估算下一阶段的计划。

6）阶段性完成均衡了弹性与效率，提高开发人员的效率和士气。

渐进式阶段模型的缺点：

1）需要精心规划各个阶段的目标。

2）每个阶段提交的是正式版本，所以工作量会增加。

作者曾负责过一个软件开发项目，该项目前期投入了5人做需求，时间达3个多月，进入开发阶段后，投入了15人，时间达10个月之久，陆续进行了3次封闭开发，在此过程中经历了需求的裁剪、开发人员的变更、技术路线的调整，项目组成员的压力极大，大家疲惫不堪，产品上线时间拖期达4个月。项目完工后总结下来的一个很致命的教训就是：应该将该项目拆成3个小的项目来做，进行阶段性版本化发布。这样不仅能缓解市场上的压力，而且可减少项目组成员的挫折感，提高大家的士气。

3.5　敏捷型生存期模型

敏捷生存期模型是符合《敏捷宣言》原则的模型，客户满意度将随着有价值产品的早期交付和持续交付不断提升。此外，功能性的、提供价值的增量可交付成果是衡量进展的主要尺度。为了适应更频繁的变更，更频繁地交付项目价值，敏捷生存期模型结合了迭代和增量方法。

在敏捷环境中，团队预料需求会发生变更。迭代和增量方法能够提供反馈，以便改善项目下一部分的计划。不过，在敏捷项目中，增量交付会发现隐藏或误解的需求。图3-11显示了实现增量交付的两种可能的方法（基于迭代和基于流程），这样便于项目与客户需求保持一致，并根据需要进行调整。

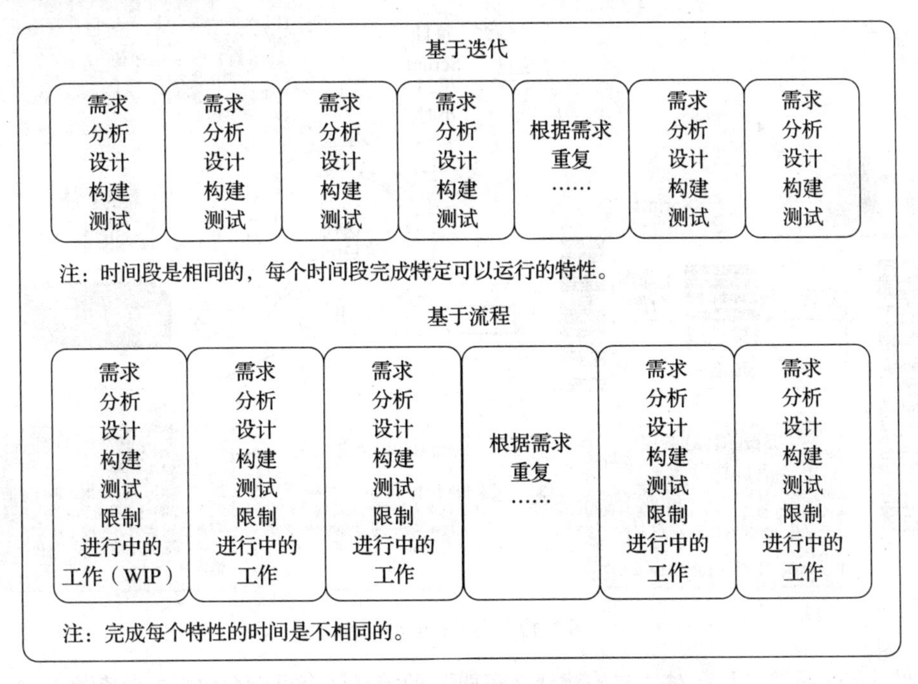

图3-11　基于迭代和基于流程的敏捷生存期模型

基于迭代的敏捷方法，团队以迭代（相等的持续时间段）形式交付完整的功能。团队集中于最重要的功能，合作完成其工作。然后，团队再集中于下一项最重要的功能，并合作完成其工作。团队可决定一次进行若干功能的开发工作，但团队不会同时完成所有的迭代工作。

基于流程的敏捷方法，团队将根据自身能力，从待办事项列表中提取若干功能开始工作，而不是按照基于迭代的进度计划开始工作。团队定义任务板各列的工作流，并管理进行中的工作（Work In Progress，WIP）。完成不同功能所花费的时间可能有所不同。团队一般会让 WIP 的规模尽量小，以便尽早发现问题，并在需要变更时减少返工。采用敏捷生存期模型，无须利用迭代定义计划和审核点，团队和业务相关方决定规划、产品评审与回顾的最适当的进度计划。

敏捷是许多方法的总称，其中包括很多敏捷开发管理实践，如 Scrum、XP（eXtreme Programming）、OpenUP、看板方法、Scrumban、精益（lean）模型、持续交付、DevOps 等。

3.5.1 Scrum

Scrum 有明确的更高目标，具有高度自主权，它的核心是迭代和增量，紧密地沟通合作，以高度弹性解决各种挑战，确保每天、每个阶段都朝着目标有明确的推进。

Scrum 是一个框架，由 Scrum 团队及其相关的角色、活动、工件和规则组成，如图 3-12 所示。在这个框架中可以应用各种流程和技术。Scrum 基于经验主义，经验主义主张知识源于经验，而决策基于已知的事物。Scrum 采用迭代增量式的方法优化可预测性和管理风险。一个迭代就是一个 Sprint（冲刺），Sprint 的周期被限制在一个月左右。Sprint 是 Scrum 的核心，其产出是可用的、潜在可发布的产品增量。Sprint 的长度在整个开发过程中保持一致。新的 Sprint 在上一个 Sprint 完成之后立即开始。

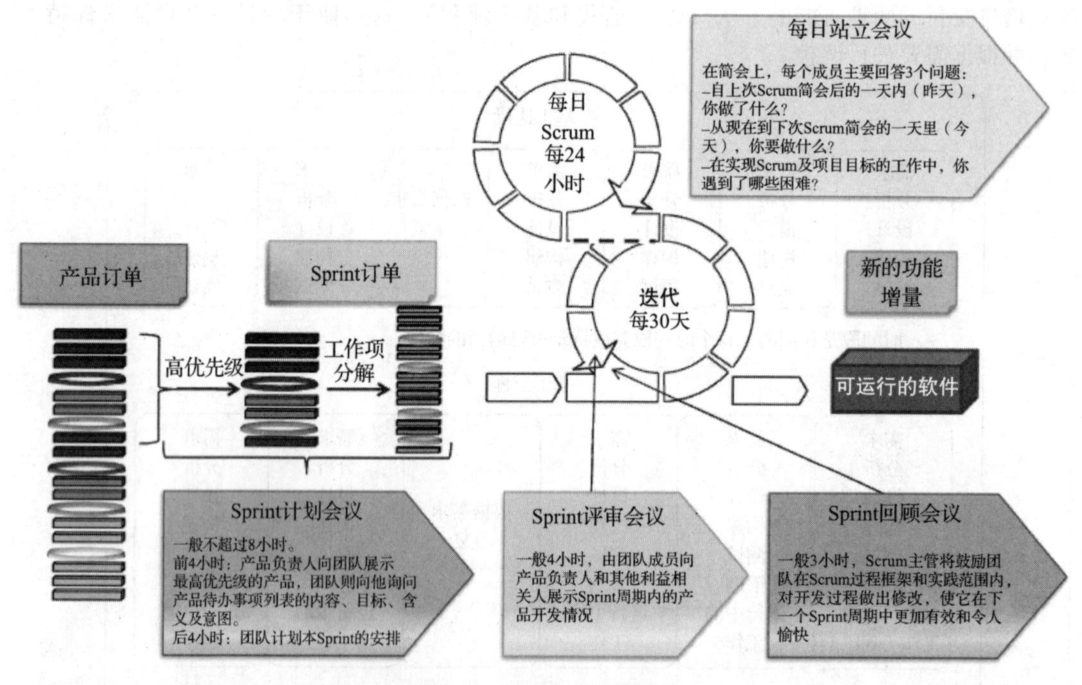

图 3-12　Scrum 模型架构

如果 Sprint 周期过长，对“要构建什么东西”的定义就有可能会改变，复杂度和风险也有可能会增加。Sprint 通过确保至少每月一次对达成目标的进度进行检视和调整来实现可预见性。Sprint 也把风险限制在一个月的成本上。

Sprint 由 Sprint 计划会议（plan meeting）、每日站立会议（daily meeting）、开发工作、Sprint 评审会议（review meeting）和 Sprint 回顾会议（retrospective meeting）构成。Scrum 提倡

所有团队成员坐在一起工作，进行口头交流，以及强调项目有关的规范（discipline），这些有助于创造自我组织的团队。

1. 团队角色

Scrum团队由产品负责人（product owner）、Scrum主管（master）和开发团队组成。Scrum团队是跨职能的自组织团队。Scrum团队迭代增量式地交付产品，最大化获得反馈的机会。增量式地交付“完成”的产品保证了可工作产品的潜在可用版本总是存在。

产品负责人：代表客户的意愿，从业务角度来保证Scrum团队在做正确的事情。同时产品负责人代表项目的全体利益干系人，负责编写用户需求（用户故事），排出优先级，并放入产品订单（product backlog），从而使项目价值最大化。产品负责人利用产品订单，督促团队优先开发最具价值的功能，并在其基础上继续开发，将最具价值的开发需求安排在下一个Sprint迭代中完成。产品负责人对项目产出的软件系统负责，规划项目初始总体要求、ROI目标和发布计划，并为项目赢得驱动及后续资金。

Scrum主管：负责Scrum过程正确实施和利益最大化的人，确保它既符合企业文化，又能交付预期利益。Scrum主管的职责是向所有项目参与者讲授Scrum方法和正确的执行规则，确保所有项目相关人员遵守Scrum规则，这些规则形成了Scrum过程。

开发团队：负责找出可在一个迭代中将Sprint订单（Sprint backlog）转化为功能增量的方法。开发团队对每一次迭代和整个项目共同负责，在每个Sprint中通过实行自管理、自组织和跨职能的开发协作，实现Sprint目标和最终交付产品，一般由5～9名具有跨职能技能的人（设计者、开发者等）组成。

2. 工件

Scrum模型的工件以不同的方式表现工作的任务和价值。Scrum中的工件就是为了最大化关键信息的透明性，因此每个人都需要有相同的理解。

（1）增量

增量是一个Sprint完成的所有产品待办列表项，以及之前所有Sprint所产生的增量价值的总和，它是在每个Sprint周期内完成的、可交付的产品功能增量。在Sprint的结尾，新的增量必须是“完成”的，这意味着它必须可用并且达到了Scrum团队“完成”的定义的标准。无论产品负责人是否决定真正发布它，增量必须可用。

（2）产品待办事项列表

产品待办事项列表也称产品订单，是Scrum中的一个核心工件。产品待办事项列表是一个包含产品想法的有序列表，所有想法按照期待实现的顺序来排序。它是所有需求的唯一来源。这意味着开发团队的所有工作都来自产品待办事项列表。

最初，产品待办事项列表是一个长短不定列表，可以是模糊的或是不具体的。通常情况下，在开始阶段，产品待办事项列表比较短小且模糊，随着时间的推移，其逐渐变长，越来越明确。通过产品待办事项列表梳理活动，即将被实现的产品待办事项得到澄清，变得明确，粒度也拆得更小。产品负责人负责产品待办事项列表的维护，并保证其状态更新。产品待办事项可能来自产品负责人、团队成员，或者其他利益干系人。

产品待办事项列表包含已划分优先等级的、项目要开发的系统或产品的需求清单，包括功能性需求和非功能性需求及其他假设和约束条件。产品负责人和团队主要按业务和依赖性的重要程度划分优先等级，并做出估算。估算值的精确度取决于产品待办事项列表中条目的优先级和细致程度，入选下一个Sprint的最高优先等级条目的估算会非常精确。产品的需求清单是动态的，随着产品及其使用环境的变化而变化，并且只要产品存在，它就随之存在。而且，在整个产品生命周期中，管理层不断确定产品需求或对之做出改变，以保证产品的适用性、实用性和竞争性。

（3）Sprint 待办事项列表

Sprint 待办事项列表也称 Sprint 订单，是一个需要在当前 Sprint 完成的且梳理过的产品待办事项，包括产品待办事项列表中的最高优先等级条目。该列表反映团队对当前 Sprint 中需要完成工作的预测，定义团队在 Sprint 中的任务清单，这些任务会将当前 Sprint 选定的产品待办事项列表转化为完整的产品功能增量。Sprint 订单在 Sprint 计划会议中形成，任务被分解为以小时为单位。如果一个任务超过 16 小时，那么它应该被进一步分解。每项任务信息包括其负责人及其在 Sprint 中任一天时的剩余工作量，且仅团队有权改变其内容。在每个 Sprint 迭代中，团队强调应用“整体团队协作”的最佳实践，保持可持续发展的工作节奏和每日站立会议。

有了 Sprint 待办事项列表后，Sprint 即开始，开发团队成员按照 Sprint 待办事项列表来开发新的产品增量。

（4）燃尽图

燃尽图（burndown chart）是一个公开展示的图表，如图 3-13 所示，纵轴代表剩余工作量，横轴代表时间，显示当前 Sprint 中随时间变化而变化的剩余工作量（可以是未完成的任务数目）。剩余工作量趋势线与横轴之间的交集表示在那个时间点最可能的工作完成量。可以借助它设想在增加或减少发布功能后项目的情况，可能缩短开发时间，或延长开发期限以获得更多功能。燃尽图可以展示项目实际进度与计划之间的矛盾。

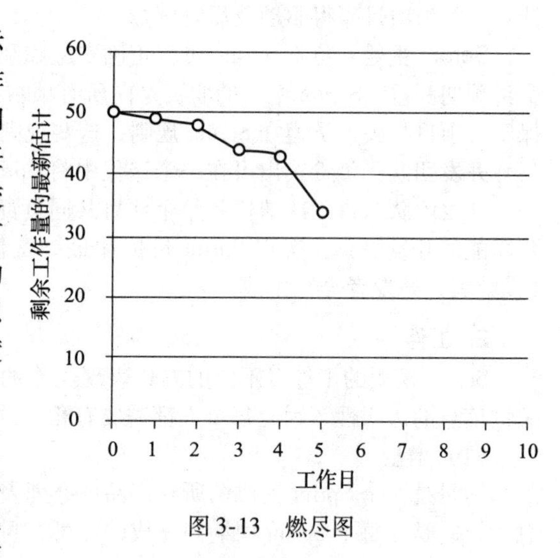

图 3-13 燃尽图

3. Scrum 活动

Scrum 活动主要由产品待办事项列表梳理、Sprint 计划会议、迭代式软件开发、每日站立会议、持续集成、Sprint 评审会议和 Sprint 回顾会议组成。

（1）产品待办事项列表梳理

产品待办事项通常会很多，也很宽泛，而且想法会变来变去，优先级也会变化，所以产品待办事项列表梳理是一个贯穿整个 Scrum 项目始终的活动。该活动包含但不限于以下的内容。

1）保持产品待办事项列表有序。

2）把看起来不再重要的事项移除或者降级。

3）增加或提升涌现出来的或变得更重要的事项。

4）将事项分解成更小的事项。

5）将事项归并为更大的事项。

6）对事项进行估算。

产品待办事项列表梳理的最大好处是为即将到来的 Sprint 做准备，为此梳理时会特别关注那些即将被实现的事项。

（2）Sprint 计划会议

Sprint 计划会议的目的是要为这个 Sprint 的工作做计划。这份计划是由整个 Scrum 团队共同协作完成的。Sprint 开始时，均需召开 Sprint 计划会议，产品负责人和团队共同探讨该 Sprint 的工作内容。产品负责人从最优先的产品待办事项列表中进行筛选，告知团队其预期目标，团队则评估在接下来的 Sprint 内预期目标可实现的程度。Sprint 计划会议一般不超过 8 小时。在前 4 小时中，产品负责人向团队展示最高优先级的产品，团队则向他询问产品待办事项列表的内容、目的、含义及意图，而在后 4 小时，进行本 Sprint 的具体安排。

Sprint 计划会议最终产生的待办事项列表就是 Sprint 待办事项列表，它为开发团队提供指引，使团队明确构建增量的目的。

（3）迭代式软件开发

通过将整个软件交付过程分成多个迭代周期，团队可以更好地应对变更，应对风险，实现增量交付、快速反馈。通过关注保持整个团队可持续发展的工作节奏、每日站立会议和组织的工作分配，实现团队的高效协作和工作，实现提高整个团队生产力的目的。

（4）每日站立会议

在 Sprint 开发中，每天举行的项目状况会议称为每日站立会议。每日站立会议有一些具体的指导原则，具体如下。

1）会议准时开始：对于迟到者，团队常常会制定惩罚措施。

2）允许所有人参加。

3）不论团队规模大小，会议被限制在 15 分钟。

4）所有出席者应站立（有助于保持会议简短）。

5）会议应在固定地点和每天的同一时间举行。

6）在会议上，每个团队成员需要回答 3 个问题：

- 今天完成了哪些工作？
- 明天打算做什么？
- 完成目标是否存在什么障碍？

（5）持续集成

通过进行更频繁的软件集成，实现更早地发现和反馈错误，降低风险，并使整个软件的交付过程变得更加可预测和可控，以交付更高质量的软件。开发团队在每个 Sprint 都交付产品功能增量。这个增量是可用的，所以产品负责人可以选择立即发布它。每个增量都添加到之前的所有增量上，并经过充分测试，以此保证所有的增量都能工作。

（6）Sprint 评审会议

Sprint 评审会议一般需要 4 小时，由团队成员向产品负责人和其他利益干系人展示 Sprint 周期内完成的功能或交付的价值，并决定下一次 Sprint 的内容。在每个 Sprint 结束时，团队都会召开 Sprint 评审会议，团队成员在会上分别展示他们开发出的软件，并得到反馈信息，并决定下一次 Sprint 的内容。

（7）Sprint 回顾会议

每一个 Sprint 完成后，都会举行一次 Sprint 回顾会议，在会议上所有团队成员都要反思这个 Sprint。举行 Sprint 回顾会议是为了进行持续过程改进。会议的时间限制在 4 小时。这些任务会将当前 Sprint 选定的产品待办事项列表转化为完整的产品功能增量。开始下一个迭代。

3.5.2 XP

XP 是由 Kent Beck 提出的一套针对业务需求和软件开发实践的规则，它的作用在于将二者力量集中在共同的目标上，高效并稳妥地推进开发。其力图在不断变化的客户需求的前提下，以持续的步调，提供高响应性的软件开发过程及高质量的软件产品，保持需求和开发的一致性。

XP 提出的一系列实践旨在满足程序员高效的短期开发行为和项目长期利益的共同实现，这一系列实践长期以来被业界广泛认可，实施敏捷的公司通常会全面或者部分采用。

这些实践如图 3-14 所示，按照整体实践（entire team practice）、开发团队实践（development team practice）、开发者实践（developer practice）3 个层面，XP 提供如下 13 个核心实践：整体实践包括统一团队（whole team）、策划游戏（planning game）、小型发布（small release）及客户验收（customer test）。开发团队实践包括代码集体所有（team code ownership）、编码标准/规约（coding standard/convention）、恒定速率（sustainable pace，又名 40 小时工作）、系统隐喻（system metaphor）、持续集成（continuous integration/build）。开发者实践包括简单设计（simple design）、结对编程（pair programming）、测试驱动开发（test-driven development）、重构（refactoring）。具体介绍如下。

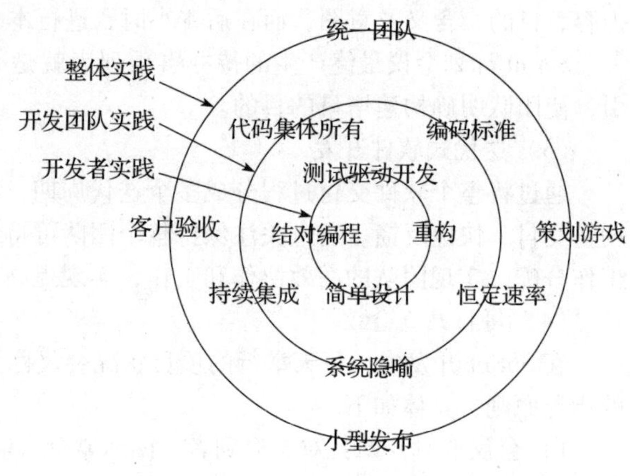

图 3-14 XP 最佳实践

1. **统一团队**

XP 项目的所有贡献者坐在一起。这个团队必须包括一个业务代表“客户”，提供要求，设置优先事项。客户或他的助手之一是一个真正的最终用户，是最好的；该小组也包括程序员；可能包括测试人员，帮助客户定义客户验收测试；可能包括分析师，帮助客户分析确定的要求；通常还有一个教练，帮助团队保持在正确轨道上；可能有一个上层经理，提供资源，处理对外沟通，协调活动。一个 XP 团队中的每个人都可以以任何方式做出贡献。最好的团队，没有所谓的特殊人物。

2. **策划游戏**

预测在交付日期前可以完成多少工作，现在和下一步该做些什么，不断地回答这两个问题，就是直接服务于如何实施及调整开发过程。与此相比，希望一开始就精确定义整个开发过程要做什么事情及每件事情要花多少时间，则事倍功半。针对这两个问题，XP 中有两个主要的相应过程：软件发布计划（release planning）和周期开发计划（iteration planning）。

3. **小型发布**

每个周期开发达成的需求是用户最需要的东西。在 XP 中，对于每个周期完成时发布的系统，用户都应该可以很容易地评估，或者已能够投入实际使用。这样，软件开发不再是看不见摸不着的东西，而具有实实在在的价值。XP 要求频繁地发布软件，如果可能，应每天都发布新版本，而且在完成任何一个改动、整合或者新需求后，应该立即发布一个新版本。这些版本的一致性和可靠性靠验收测试和测试驱动开发来保证。

4. **客户验收**

客户对每个需求都定义了一些验收测试。通过验收测试，开发人员和客户可以知道开发出来的软件是否符合要求。XP 开发人员把这些验收测试看得和单元测试一样重要。为了不浪费时间，最好能将这些测试过程自动化。

5. **代码集体所有**

在很多项目中，开发人员只维护自己的代码，而且不喜欢其他人修改自己的代码，因此即使有相应的比较详细的开发文档，但一个程序员很少甚至不太愿意去读其他程序员的代码；而且因为不清楚其他人的程序到底实现了什么功能，一个程序员一般也不敢随便改动其他人的代码。同时，因为自己维护自己的代码，可能因为时间紧张或技术水平的局限性，某些问题一直不能被发现或比较好地得到解决。针对这点，XP 提倡大家共同拥有代码，每个人都有权利和义务阅读其他代码，发现和纠正错误，重整和优化代码。这样，这些代码就不仅仅是一两个人写的，而是由整个项目开发队伍共同完成的，错误会减少很多，重用性会尽可能地得到提高，代码质量会非常好。

6. 编码标准/规约

XP 开发小组中的所有人都遵循一个统一的编程标准，因此，所有的代码看起来好像是一个人写的。因为有了统一的编程规范，每个程序员更加容易读懂其他人写的代码，这是实现集体代码所有的重要前提之一。

7. 恒定速率

XP 团队处于高效工作状态，并保持一个可以无限期持续下去的状态。大量的加班意味着原来的计划是不准确的，或者是程序员不清楚自己到底什么时候能完成什么工作，而且开发管理人员和客户也因此无法准确掌握开发速度，开发人员也因此非常疲劳而降低效率及质量。XP 认为，如果出现大量的加班现象，则开发管理人员（如 coach）应该和客户一起确定加班的原因，并及时调整项目计划、进度和资源。

8. 系统隐喻

为了帮助每个人一致清楚地理解要完成的客户需求、要开发的系统功能，XP 开发小组用很多形象的比喻来描述系统或功能模块是怎样工作的。

9. 持续集成

在很多项目中，往往很迟才能把各个模块整合在一起，在整合过程中，开发人员经常发现很多问题，但不能肯定到底是谁的程序出了问题，而且只有整合完成后，开发人员才开始使用整个系统，然后马上交付客户验收。对于客户来说，即使这些系统能够通过最终验收测试，因为使用时间短，客户心里并没有多少把握。为了解决这些问题，XP 提出，在整个项目过程中，应该频繁地、尽可能早地整合已经开发完的用户故事（user story）。每次整合，都要进行相应的单元测试和验收测试，保证软件符合客户和开发的要求。整合后，发布一个新的应用系统。这样，在整个项目开发过程中，几乎每隔一两天，都会发布一个新系统，有时甚至会一天发布若干个版本。通过这个过程，客户能非常清楚地掌握已经完成的功能和开发进度，并基于这些情况和开发人员进行有效、及时交流，以确保项目顺利完成。

10. 简单设计

XP 要求用最简单的办法实现每个小需求，前提是按照简单设计开发的软件必须通过测试。这些设计只要能满足系统和客户当下的需求即可，不需要任何多余的设计，而且所有这些设计都将在后续的开发过程中被不断地重整和优化。在 XP 中，没有传统开发模式中一次性的、针对所有需求的总体设计。在 XP 中，设计过程几乎一直贯穿着整个项目开发：从制定项目的计划，到制定每个开发周期的计划，到针对每个需求模块的简捷设计，再到设计的复核，以及一直不间断的设计重整和优化。整个设计过程是一个螺旋式的、不断前进和发展的过程。从这个角度看，XP 把设计做到了极致。

11. 结对编程

在 XP 中，所有的代码是由两个程序员在同一台机器上一起写的，这保证了所有的代码、设计和单元测试至少被另一个人复核过，代码、设计和测试的质量因此得到提高。看起来这样是在浪费人力资源，但是各种研究表明这种工作方式极大地提高了工作强度和工作效率。在项目开发中，每个人会不断地更换合作编程的伙伴，结对编程不但提高了软件质量，而且增强了相互之间的知识交流和更新，增强了相互之间的沟通和理解，这不但有利于个人，也有利于整个项目、开发队伍和公司。从这点看，结对编程不仅仅适用于XP，也适用于其他的软件开发方法。

12. 测试驱动开发

在软件开发中，只有通过充分的测试才能获得充分的反馈。XP中提出的测试在其他软件开发方法中都可以见到，如功能测试、单元测试、系统测试和负荷测试等。与众不同的是，XP将测试结合到它独特的螺旋式增量型开发过程中，测试随着项目的进展而不断积累。另外，由于强调整个开发小组拥有代码，测试也是由大家共同维护的，即任何人在往代码库中放程序（check in）前，都应该运行一遍所有的测试；任何人如果发现了一个Bug，都应该立即为这个Bug增加一个测试，而不是等待写那个程序的人来完成；任何人接手其他人的任务，或者修改其他人的代码和设计，改动完以后如果能通过所有测试，就证明他的工作没有破坏原系统，这样测试才能真正起到帮助获得反馈的作用；而且，通过不断地优先编写和累积，测试应该可以基本覆盖全部的客户和开发需求，因此开发人员和客户可以得到尽可能充分的反馈。

13. 重构

XP强调简单的设计，但简单的设计并不是没有设计的流水账式的程序，也不是没有结构、缺乏重用性的程序设计。开发人员虽然对每个用户故事都进行简单设计，但同时也在不断地对设计进行改进，这个过程叫作设计的重构。重构的主要作用是努力减少程序和设计中重复出现的部分，增强程序和设计的可重用性。重构概念并不是XP首创的，它已被提出了多年，一直被认为是高质量代码的特点之一。但XP强调把重构做到极致，应随时随地尽可能地进行重构，程序员需要不断地改进程序。每次改动后，都应运行测试程序，保证新系统仍然符合预定的要求。

总之，XP实施原则是：①快速反馈；②假设简单；③包容变化。

3.5.3 OpenUP

OpenUP方法最早源自IBM内部对RUP（Rational Unified Process）的敏捷化改造，通过裁剪掉RUP中复杂和可选的部分，IBM于2005年推出了BUP（Basic Unified Process）和EPF（Eclipse Process Framework）。此后为了进一步推动UP族方法的发展，IBM将BUP方法捐献给Eclipse开源社区，于2006年初将BUP改名为OpenUP。OpenUP虽然受到Scrum、XP、Eclipse Way、DSDM、AMDD等各种敏捷方法的影响，但是主体仍然是RUP，即在一组被验证的结构化生命周期过程中应用增量迭代研发模式。OpenUP基于用例和场景、风险管理和以架构为中心的模式来驱动开发。图3-15显示了OpenUP的总体组织架构。OpenUP方法包含3个层次/领域的实践活动，分别针对利益干系人领域、项目团队领域和个人领域。

1. 利益干系人领域

利益干系人通过项目周期计划获知产品的进展情况。项目周期计划被分成4个阶段，每个阶段都是一个里程碑，在里程碑处重点关注风险和交付。在每个里程碑处需要进行下列工作：对上一个里程碑的评审、对下一个里程碑的认可、风险识别和规避。

2. 项目团队领域

项目团队需要以周为单位完成产品迭代开发。通常以2~6周为一个迭代周期。每个迭代

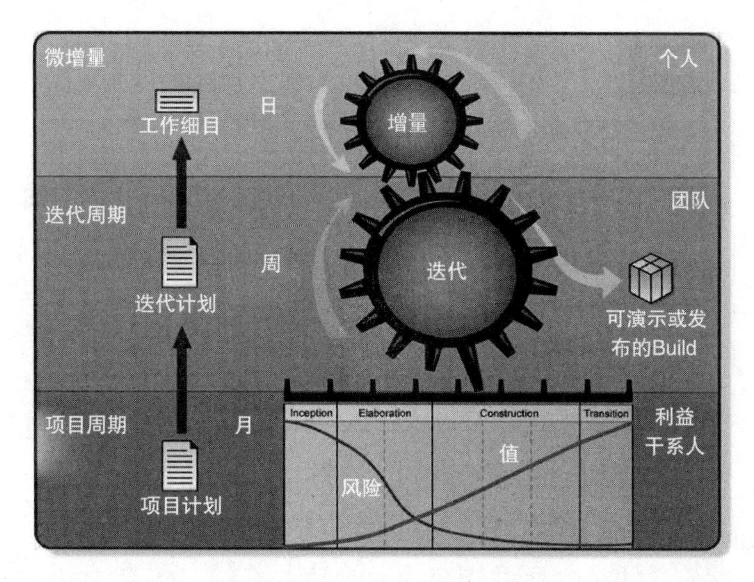

图 3-15 OpenUP 的总体组织架构

周期起始时需要进行估算并完成周期迭代计划。通常以输出可演示版本为目标。每个迭代的策划工作通常以小时为单位完成，而不是传统意义上以天为单位的估算，同时需要以天为单位完成本次迭代的架构细化工作。此后进入实际研发，建议在迭代中定期完成每周 Build，在迭代结束时完成稳定的迭代交付 Build，同时花费少量时间（以小时为单位）完成迭代评审和反思。

3. 个人领域

个人领域采用微增量的研发模式。一个微增量周期为几小时或几天不等，通常由一个人或者几个人完成。引入微增量可以将工作分成更为细小、更易于控制的部分。微增量可以是 Vision 的定义，也可以是模块设计，还可以是具体的研发和 Bug 修复工作。通过每日团队会议、团队协作工具，团队成员之间可以分享各自的工作进展和成果，同时可以演示自己的微增量成果来加深团队之间的沟通与理解。OpenUP 并不明确定义研发中需要哪些微增量，这个部分可以结合项目实际情况或者其他模型加以确定。如何因地制宜、因项目制定敏捷实施方法？如何让敏捷在软件项目管理流程中发挥巨大作用？这是我们要认真思考的问题。

3.5.4 看板方法

看板一词来自日本，源于精益生产实践，大野耐一开发了看板，并在 1953 年将其应用于丰田的主要制造厂。敏捷开发将其背后的可视化管理理念借鉴过来。看板使得项目管理实现最大的可视化，并且可以对研发的过程进行管理，记录下用户故事研发过程中的细节和历程。

看板可以让研发过程最大限度地可视化，同时是解决团队沟通障碍（实践中发现也可以作为和上级沟通项目进展的重要信息）的主要方法之一。通过看板，项目团队可以清楚了解已经完成的情况，正在做的及后续将有可能需要做的用户故事，如图 3-16 所示。

看板可以作为敏捷团队每天站会讨论的核心，及时变更看板各个用户故事的状态。通过看板，敏捷团队可以清楚地了解其他成员的工作状况及和自己相关工作的进展。

在状态墙上，除了用户故事、Bug 之外，还会有一些诸如重构、搭建测试环境这样的不直接产生业务价值的任务，这些任务用不同颜色的卡片，放到状态墙上统一管理。

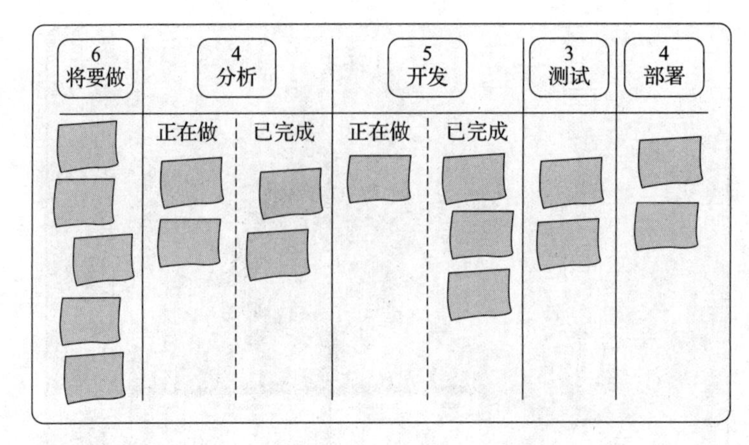

图 3-16 看板

3.5.5 Scrumban 方法

Scrumban 最初设计为 Scrum 到看板之间的过渡方法。它是通过其自身衍生演变而成的一种混合敏捷框架和方法。团队将 Scrum 作为框架，而将看板作为过程改进方法。

在 Scrumban 中，工作被分解到许多小的"冲刺"，并利用看板面板来可视化和监督工作。将故事列在看板面板上，团队通过使用在制品限制（WIP limit）来管理其工作；团队通过召开每日例会来维持团队之间的协作并消除阻碍；通过设置规划触发因素来了解何时规划下一步工作，通常发生于在制品级别低于预设限制时。

3.5.6 精益模型

精益软件开发模式从一开始便侧重于提高过程的效率。它最初来自丰田公司的制造工业，其主要思想是分析所有的流程，以查明和消除浪费，不断提高效率。为了达到这个目的，精益模式提出了一些概念和实用的工具。大部分的工具在制造业使用而不能直接应用于软件开发。精益软件开发经常提及两个概念。一个是拉式系统（pull system）。在拉式系统中，一个流水线上的任何一个环节的任务完成后，都会从前一个环节自动提取下一个任务。该模式以客户的需求而不是市场预测来推动工作进程。另外，通过精益模式可以最小化未完成工作及半成品的数量，它们通常被认为是开发过程中的浪费。除了拉式系统，价值流图（value stream mapping）也经常被应用于软件开发过程中。价值流图能够有效地识别过程中的浪费。

对于软件开发而言，在开发者或者最终用户的视角上观察软件开发过程，并发现和消除无益于快速交付的行为，即为精益的软件开发。

3.5.7 持续交付

持续交付是经典的敏捷软件开发方法（如 XP、Scrum）的自然延伸。以往的敏捷方法并没有过多关注开发测试前后的活动（如前期的需求分析、产品的用户体验设计、产品的部署和运行维护等），然而伴随着敏捷的很多思想和原则在前后端领域的运用和升华，我们在持续交付这个新的大概念下看到了敏捷方法和更多实践活动的结合和更大范围的应用。

持续交付所描述的软件开发，是从原始需求识别到最终产品部署到生产环境这个过程中，需求以小批量形式在团队的各个角色间顺畅流动，能够以较短的周期完成需求的小粒度频繁交付。频繁的交付周期带来了更迅速的对软件的反馈，并且在这个过程中，需求分析、产品的用户体验和交互设计、开发、测试、运维等角色密切协作。持续交付也需要持续集成、持续部署的支持。持续集成是指个人代码向软件整体部分交付，以便尽早发现个人开发部分的问题；持续部署是指集成的代码尽快向可运行环境交付，以便尽早测试；持续交付是指尽快向客户交付，以便尽早发现生产环境中存在的问题。

持续交付的前提是持续部署，持续部署和持续交付之间的一个区别在于，部署可以很频繁，然而实际交付给用户使用则可能根据计划进行，比部署的频率低。要实现产品的持续部署，还需要自动化构建流水线（build pipeline）。以自动化生产线作比，自动化测试只是其中一道质量保证工序，而要将产品从原料（需求）转变为最终交付给客户的产品，自动化的生产线起着核心作用。特别对于软件产品，多个产品往往要集成在一起才能为客户提供服务。多个产品的自动化构建流水线的设计也就成了一个很重要的问题。

产品在从需求到部署的过程中，会经历若干种不同的环境，如QA环境、各种自动化测试运行环境、生产环境等。这些环境的搭建、配置、管理，以及产品在不同环境中的具体部署，都需要完善的工具支持。缺乏这些工具，生产流水线就不可能做到完全自动化和高效。

3.5.8 DevOps

DevOps（Development和Operations的组合）是一组过程、方法与系统的统称，用于促进开发（应用程序/软件工程）、技术运营和质量保障（Quality Assurance，QA）部门之间的沟通、协作与整合，如图3-17所示。它的出现是由于软件行业日益清晰地认识到：为了按时交付软件产品和服务，开发和运营工作必须紧密合作，由持续交付演变出了DevOps，即开发端和运维端的全程敏捷思维。传统运维人员和开发者之间的目标是有差异的，开发和运营原本有着不同的目标，开发人员希望快速提交产品，运营人员希望产品的更合理化、高性能、高可靠等，减少维护成本，开发者和运维人员之间目的上的差异就叫作“混乱之墙”。

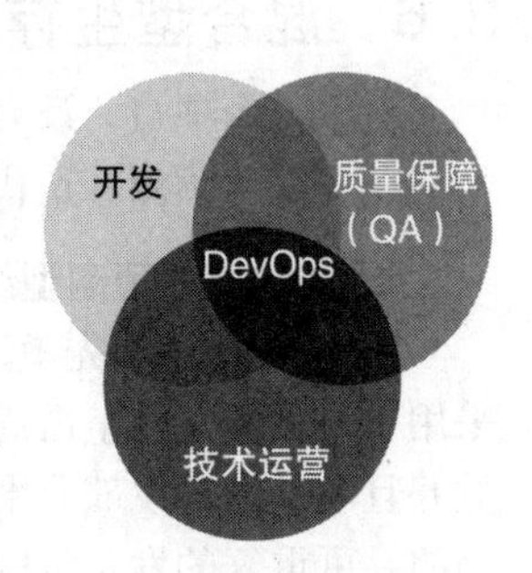

图3-17　DevOps

可以把DevOps看作开发、技术运营和质量保障（QA）三者的交集，传统的软件组织将开发、技术运营和质量保障设为各自分离的部门。在这种环境下如何采用新的开发方法（如敏捷软件开发），这是一个重要的课题：按照从前的工作方式，开发和部署不需要技术支持或者QA深入的、跨部门的支持，而需要极其紧密的多部门协作。然而DevOps考虑的不仅是软件部署，还包括一套针对这几个部门间沟通与协作问题的流程和方法。

DevOps的引入能对产品交付、测试、功能开发和维护起到意义深远的影响。在缺乏DevOps能力的组织中，开发与运营之间存在着信息“鸿沟”——例如，运营人员要求更好的可靠性和安全性，开发人员则希望基础设施响应更快，而业务用户的需求则是更快地将更多的特性发布给最终用户使用。这种信息鸿沟就是最常出问题的地方。DevOps融合一系列基本原则和实践的方法论，将开发和运维端融合在一起，从而可以更有效地解决这类问题。

3.5.9 其他敏捷模型简介

1. 功能驱动开发

功能驱动开发（Feature Driven Development，FDD）的开发目的是满足大型软件开发项目的特定需求。小型商业价值功能重视能力。

2. 动态系统开发方法

动态系统开发方法（Dynamic System Development Method，DSDM）是一种敏捷项目交付框架，最初的设计目的是提高20世纪90年代普及的迭代方法的严格程度。该框架开发为行业领导者之间的非商业性协作方式。DSDM因强调制约因素驱动交付而著称。该框架从一开始便可设置成本、质量和时间，然后利用正式的范围优先级来满足这些制约因素的要求。

3. SoS

SoS（Scrum of Scrums）也称为meta Scrum，是一种由两个或多个Scrum团队而不是一个大型Scrum团队所使用的技术，其中一个团队包含3～9名成员来协调其工作。每个团队的代表与其他团队的代表定期召开会议，可能是每日例会，但通常是一周两次或三次。每日例会的执行方式类似于Scrum的每日站会，与会代表将报告已完成的工作、下一步工作设置、任何当前障碍及可能会阻碍其他团队的潜在未来障碍。其目标是确保团队协调工作并清除障碍，以优化所有团队的效率。具有多个团队的大型团队可能要求执行SoS，其遵循的模式与SoS相同，每个SoS代表向更大组织的代表报告。

当然还有其他大规模项目的敏捷方法模型，如大规模敏捷框架SAFe、大规模敏捷开发（LeSS）等，限于篇幅，这里不再一一介绍，感兴趣的读者可以查阅相关资料以进一步了解。

3.6 混合型生存期模型

对于整个项目，没有必要使用单一的方法。为达到特定的目标，项目经常要结合不同的生命周期要素。预测、迭代、增量和敏捷方法的组合就是一种混合方法。

1. 先敏捷后预测型综合方法

图3-18描述了先敏捷后预测型综合方法，它们结合起来就形成一种混合模型。早期过程采用一个敏捷开发生命周期，之后往往是一个预测型的发布阶段。当项目可以从敏捷方法中受益并且项目的开发部分中存在不确定性、复杂性和风险时，可以使用这种方法，然后是一个明确的、可重复的发布阶段，该阶段适合采用预测方法进行，可能由不同的团队实施。例如，开发某种新的高科技产品，然后面向成千上万的用户推出，并对他们进行培训。

2. 敏捷和预测综合方法

敏捷和预测综合方法是指同一项目在整个生命周期中结合使用敏捷方法和预测法，如图3-19所示。也许团队正在逐渐地向敏捷过渡，并使用一些方法，如短迭代、每日站会和回顾，但在项目的其他方面，如前期评估、工作分配和进度跟踪等，仍然遵循了预测法。

敏捷	敏捷	敏捷	预测	预测	预测

图3-18 先敏捷后预测型结合方法

敏捷	敏捷	敏捷
预测	预测	预测

图3-19 敏捷和预测综合方法

同时使用预测法和敏捷方法是一个常见的情况。将这种方法称为敏捷方法是一种误导，因为它显然没有充分体现敏捷思维模式、价值观和原则。不过，由于这是一种混合方法，所以称其为预测法也是不准确的。

3. 以预测法为主、敏捷方法为辅的方法

如图3-20所示，在一个以预测法为主的项目中增加敏捷要素，在这种情况下，以敏捷方法处理具有不确定性、复杂性或范围蔓延机会项目的一部分，而使用预测法管理项目的其余部分。

4. 以敏捷方法为主、预测法为辅的方法

图3-21描述了一个以敏捷方法为主、预测法为辅的方法。当某个特定要素不可协商，或者使用敏捷方法不可执行时，可能会使用这种方法。例如，集成由不同供应商开发的外部组件，这些外部组件不能或不会以协作或增量方式合作。在组件交付之后，需要单独集成。

敏捷 敏捷 敏捷

预测 预测 预测

图3-20 以预测法为主、敏捷方法为辅的方法

敏捷 敏捷 敏捷

预测 预测 预测

图3-21 以敏捷方法为主、预测法为辅的方法

3.7 “医疗信息商务平台”生存期模型案例分析

本项目采用Scrum敏捷生存期模型，产品目录及优先级如表3-2所示，整个项目分4个迭代，即4个Sprint（冲刺迭代），表3-2也说明了每个Sprint包括的需求内容，第一个Sprint包括产品目录中前4优先级内容。每个冲刺订单（迭代）的周期大概是4周，每个冲刺订单完成之后提交一个可以运行的版本。因此，本项目的Scrum敏捷模式可以通过图3-22展示。具体生存期定义如图3-23所示。

表3-2 产品目录及优先级别

冲刺迭代	优先级	内容
1	1	用户注册
	2	用户管理
	3	产品、经销商编辑
	4	产品浏览及查询
2	5	用户信息内容管理
	6	产品信息内容管理
	7	产品维护 Offline 工具
	8	产品维护 Online 工具
3	9	产品交易
	10	E-mail 管理
	11	Chat 管理
	12	联机帮助
4	13	分类广告
	14	学会协会
	15	医务管理

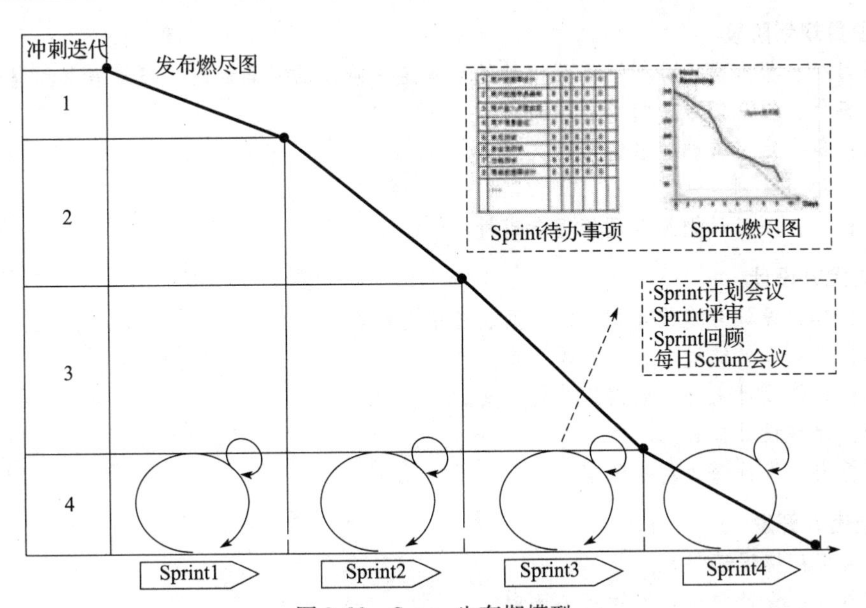

图3-22 Scrum生存期模型

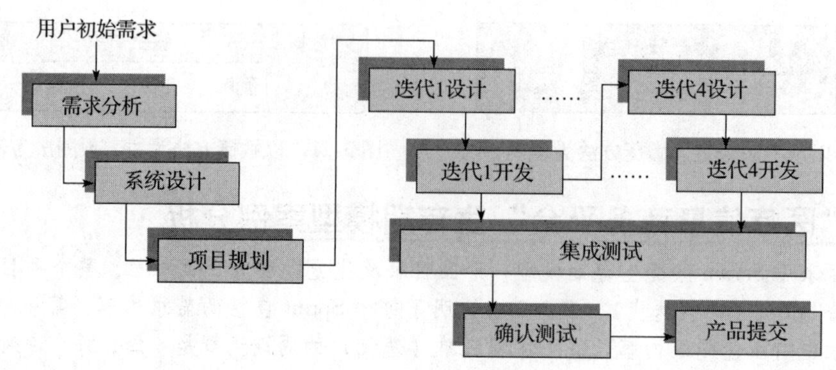

图3-23 项目生存期示意图

生存期中的各阶段定义如下。

1. 需求分析阶段

阶段目标：确定需求的功能和服务。

进入条件：用户提出初始需求。

输入：演示系统。

输出：关键特性表（Key Feature List，KFL）、业务过程定义（business process definition）、需求定义文档。

完成标志：输出通过用户确认。

2. 系统设计阶段

阶段目标：根据已有的系统结构确定应用逻辑结构、数据库结构和页面结构。

进入条件：提交需求分析初步结果。

输入：关键特性表、商务过程定义文档、需求定义文档。

输出：系统设计报告、Data Model和数据库、页面流（page flow）。

完成标志：设计通过专家的对等评审。

3. 项目规划阶段

阶段目标：根据需求分析和系统设计结果确定本阶段的时间计划、资源需求和资金预算。

进入条件：提交需求分析初步结果。

输入：需求定义文档、系统设计文档。

输出：项目计划。

完成标志：项目计划经合同管理者审批。

4. 迭代 *n* 设计

阶段目标：设计与迭代 *n* 相关的页面、应用逻辑。

进入条件：设计通过专家的对等评审。

输入：系统设计文件、数据库结构定义。

输出：详细设计报告。

完成标志：设计通过对等评审。

5. 迭代 *n* 开发

阶段目标：实现迭代 *n*。

进入条件：设计通过专家的对等评审。

输入：详细设计报告。

输出：程序包。

完成标志：迭代 n 与网站系统集成调试完毕。

6. 集成测试

阶段目标：通过集成环境下的软件测试。

进入条件：迭代 n 与网站系统集成调试完毕。

输入：网站系统和迭代 n 功能包、QA 数据库、测试案例。

输出：测试报告。

完成标志：测试报告通过审核。

7. 确认测试

阶段目标：通过 QA 环境下的确认测试。

进入条件：集成测试完毕，WDB 可以转入 QA DB。

输入：网站系统软件包、QA 数据库、测试案例。

输出：测试报告。

完成标志：测试报告通过审核。

8. 产品提交

阶段目标：系统投入使用。

进入条件：测试报告通过审核。

输入：网站系统软件包。

输出：CD。

完成标志：用户完成产品接收。

3.8 小结

本章介绍了软件项目生存期模型的类型和特点，总体分预测型模型和适应型模型，适应型可以是迭代型、增量型、敏捷型，混合型生存期模型是预测型和适应模型的组合。瀑布模型、V 模型属于预测型模型，快速原型模型属于迭代型模型，渐进式阶段模型属于增量型模型，特别展开介绍 Scrum、XP、看板方法、精益模型、持续交付、DevOps 等各敏捷模型。

3.9 练习题

一、填空题

1. ________生存期模型要求项目所有的活动都严格按照顺序执行，一个阶段的输出是下一个阶段的输入。
2. 总体上，项目生存期模型可以是预测型或________。
3. DevOps 是________和________的组合。

二、判断题

1. 瀑布模型不适合短期项目。 ( )
2. 增量型生存期模型可以避免一次性投资太多带来的风险。 ( )
3. V 模型适合的项目类型是需求很明确、解决方案很明确，而且对系统的性能要求比较严格的项目。 ( )
4. 瀑布模型和 V 模型都属于预测型生存期模型。 ( )

5. 瀑布模型要求项目所有的活动都严格按照顺序执行，一个阶段的输出是下一个阶段的输入。（ ）
6. 极限编程（eXtreme Programming，XP）从3个层面提供了13个敏捷实践。（ ）
7. 敏捷包括《敏捷宣言》的价值观、12个原则，以及一些通用实践等。（ ）

三、选择题

1. 对于某项目，甲方提供了详细、准确的需求文档，我们的解决方案也很明确，且安全性要求非常严格，此项目采用（ ）比较合适。
   A. 瀑布模型　　B. 增量型生存期模型
   C. V模型　　D. XP模型
2. 下面属于预测型生存期模型的是（ ）。
   A. 瀑布模型　　B. 增量型生存期模型
   C. Scrum模型　　D. 原型模型
3. 下面关于敏捷模型描述不正确是（ ）。
   A. 与传统模型相比，敏捷模型属于自适应过程
   B. 可以应对需求的不断变化
   C. Scrum模型、XP模型、DevOps模型等都属于敏捷模型
   D. 敏捷模型是预测型和迭代型的混合模型。
4. XP模型的实践原则不包括（ ）。
   A. 快速反馈　　B. 假设简单　　C. 包容变化　　D. 详细设计
5. 在项目初期，一个项目需求不明确的情况下，应避免采用以下哪种生存期模型？（ ）
   A. 快速原型模型　　B. 增量型生存期模型
   C. V模型　　D. Scrum模型
6. 关于迭代模型，下列说法不正确的是（ ）。
   A. 不断反馈原型　　B. 可以加快开发速度
   C. 项目需求变化大　　D. 不多次提交

四、问答题

1. 写出3种你熟悉的生存期模型，并说明这些模型适用什么情况下的项目。
2. 混合模型是什么模型？

第二篇

项目计划

项目计划是项目成败的关键，贯穿项目始终。本篇讲述范围计划、成本计划、进度计划、质量计划、配置管理计划、团队计划、风险计划、合同计划。

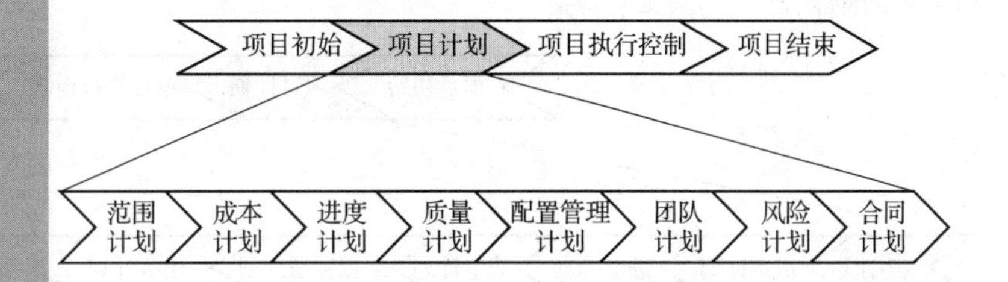

PMI强调：零售摊位成功的关键要素是位置、位置、位置，而项目成功的三大要素是计划、计划、计划。计划是通向项目成功的基本要素。

有原则不慌，有计划不乱，没有计划就没有整体的方向。无论是长期计划、短期计划，都很重要，有了计划，项目的执行过程才可以有条不紊。计划能够告诉你什么时候应该做什么。

有人对项目计划的作用认识不足，认为计划不如变化快，项目中有很多不确定的因素，做计划只是形式，因此制定计划时比较随意，很多事情没有仔细考虑。没有计划或者只有随意、不负责任计划的项目是一种无法控制的项目。敏捷项目强调远粗近细的渐进明细的计划方式。

第 4 章

■ 软件项目范围计划——需求管理

项目成功要素很多是与范围相关的，范围计划是项目计划很重要的一部分。本章进入路线图的“范围计划”，如图 4-1 所示。

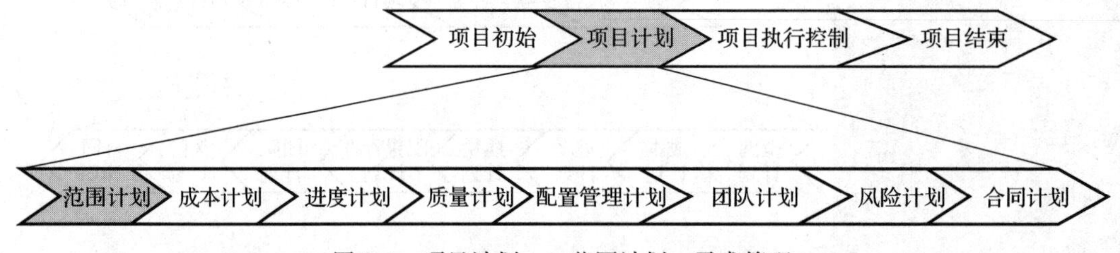

图 4-1　项目计划——范围计划：需求管理

项目范围管理是对项目包括什么与不包括什么的定义与控制过程。确定项目范围是制定软件计划的根据，包括对功能、性能、接口和可靠性的确定。通过项目范围管理，可以明确项目管理的目标与边界。

在范围管理中首先要定义项目的范围，它是项目实施的依据和变更的输入，只有对项目的范围进行明确的定义，才能进行很好的项目规划。项目目标必须是可实现、可度量的，这一步管理不好会导致项目的最终失败。项目范围是指开发项目产品所包括的工作及产生这些产品所用的过程。项目人员必须在项目要产生什么样的产品方面达成共识，也要在如何生产这些产品方面达成一定的共识。这个过程规定了如何对项目范围进行定义、管理和控制。项目的规模、复杂度、重要性等因素决定范围计划的工作量，不同项目的范围计划的情况可以不同，而软件项目的范围首先从项目的需求开始。

4.1　软件需求定义

无论采用何种软件生存期模型，软件需求是软件开发过程的基础。需求是软件项目建设的基石。资料表明，软件项目中40% ~60% 的问题都是在需求分析阶段埋下的隐患。软件开发中返工开销占开发总费用的 40%，而其中 70% ~80% 的返工是由需求方面的错误所导致的。在以往失败的软件项目中，80% 是由需求分析的不明确而造成的。因此，一个项目成功的关键因素之一就是对需求分析的把握程度，而项目的整体风险往往表现在需求分析不明确、业务流程不合理，所以需求管理是项目管理的重要一环。

软件需求是指用户对软件的功能和性能的要求，就是用户希望软件能做什么事情，完成什么样的功能，达到什么样的性能。软件人员要准确理解用户的要求，进行细致的调查分析，将用户非形式的需求陈述转化为完整的需求定义，再将需求定义转化为相应形式的需求规格说明书。对于软件项目的需求，首先要理解用户的要求，要澄清模糊的需求，与用户达成共识。

软件需求包括3个不同的层次：业务需求（business requirement）、用户需求（user requirement）、功能需求（functional requirement），最后确定软件需求规格（Software Requirement Specification，SRS），它们的关系如图4-2所示。

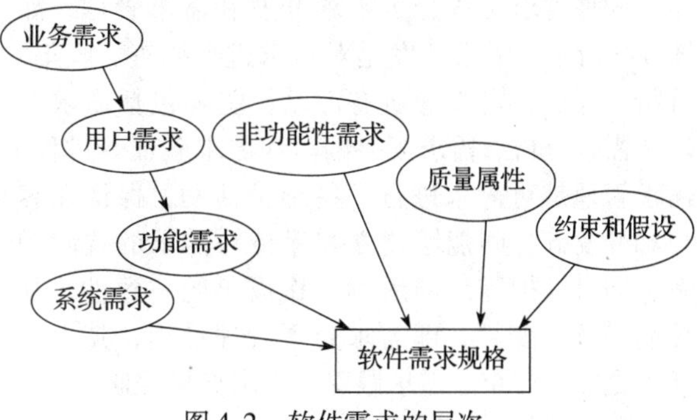

图4-2　软件需求的层次

业务需求反映了组织机构或客户对系统、产品高层次的目标要求，由管理人员或市场分析人员确定，它们在项目视图与范围文档中予以说明。

用户需求描述了用户通过使用本软件产品必须要完成的任务，一般由用户协助提供。用户需求可以在用例（use case）或场景（scenario）说明中予以说明。

功能需求定义了开发人员必须实现的软件功能，使得用户通过使用此软件能完成他们的任务，从而满足业务需求。对于一个复杂产品来说，功能需求也许只是系统需求的一个子集。

软件需求规格充分描述了软件系统应具有的外部行为，描述了系统展现给用户的行为和执行的操作等。它包括产品必须遵从的标准、规范和合约，外部界面的具体细节，非功能性需求（如性能要求等），设计或实现的约束条件及质量属性。约束是指对开发人员在软件产品设计和构造上的限制。质量属性通过多种角度对产品的特点进行描述，从而反映产品功能。多角度描述产品对用户和开发人员都极为重要。

软件需求规格说明在开发、测试、质量保证、项目管理及相关项目功能中都起了重要的作用。

用户需求必须与业务需求一致。用户需求使需求分析者能从中总结出功能需求，以满足用户对产品的期望从而完成其任务，而开发人员根据软件需求规格来设计软件，以实现必要的功能。

4.2　需求管理过程

需求管理过程可以保证软件需求以一种形式描述一个产品应该具有的功能、性能等。对于软件的设计、实施及产品验证，需求是它们的基本信息源，由此可见，需求中的错误对项目的成本和进度具有负面的影响。需求问题很少源于开发技术，而更多源于软件人员对需求理解上的错误和忽略，源于需求工作的复杂性、细腻性及任务的繁多。为了获得一个完整的需求，必须整合来自不同的信息源，因此开发需求是一个复杂的、细致的过程。需求过程的一个重要活动是系统需求，并建立相应的文档。

有效的需求管理能获得多方面的好处，最大的好处是在开发后期和整个维护阶段的返工的工作量可以大大减少。Boehm（1981）发现要改正在产品付诸应用后所发现的一个需求方面的缺陷比在需求阶段改正这个缺陷要多付出68倍的成本。近来很多研究表明，这种缺陷导致成本放大因子可以高达200倍。

20世纪80年代中期，形成了软件工程的子领域——需求工程（Requirement Engineering，RE）。需求工程是一个不断反复的需求定义、文档记录、需求演进的过程，并最终在验证的基础上冻结需求。需求工程是指应用已证实有效的技术、方法进行需求分析，确定客户需求，帮助分析人员理解问题并定义目标系统的所有外部特征的一门学科。它通过合适的工具和记号系统地描述待开发系统及其行为特征和相关约束，形成需求文档，并对用户不断变化的需求演进给予支持。软件需求工程是一门分析并记录软件需求的学科，把系统需求分解成一些主要的子系统和任务，把这些子系统或任务分配给软件，并通过一系列重复的分析、设计、比较研究、原型开发过程把这些系统需求转换成软件的需求描述和一些性能参数。

软件需求工程分为需求开发和需求管理，如图4-3所示。需求开发是对需求进行调查、收集、分析、评价、定义等所有活动，主要包括需求获取、需求分析、需求规格编写和需求验证等过程。需求管理是对需求进行一些维护活动，保证在客户和开发方之间能够建立和保持对需求的共同理解，同时维护需求与后续工作成果的一致性，并控制需求的变更，即需求变更管理过程，其主要任务是需求评审、需求跟踪、需求变更控制。

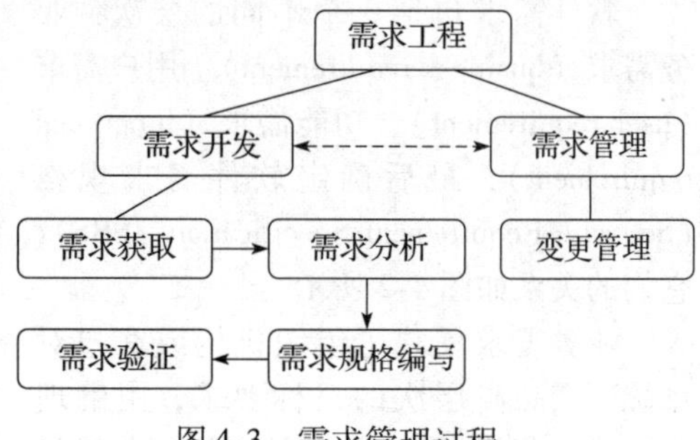

图4-3 需求管理过程

4.2.1 需求获取

软件需求是软件开发项目最关键的一个输入。和传统行业相比，软件的需求具有模糊性、不确定性、变化性和主观性的特点。需求获取是指通过与用户的交流，对现有系统的观察及对任务进行分析，从而开发、捕获和修订用户的需求。

需求获取的主要任务是和用户方的领导层、业务层人员进行访谈式沟通，目的是从宏观上把握用户的具体需求方向和趋势，了解现有的组织架构、业务流程、硬件环境、软件环境、现有的运行系统等具体情况和客观的信息，建立起良好的沟通渠道和方式。

需求获取需要执行的活动如下。

1）了解客户方的所有用户类型及潜在的类型，然后根据他们的要求来确定系统的整体目标和系统的工作范围。

2）进行需求调查，对用户进行访谈和调研。交流的方式可以是会议、电话、电子邮件、小组讨论、模拟演示等不同形式。需要注意的是，每一次交流一定要有记录，对交流的结果还可以进行分类，便于后续的分析活动。需求调查说明如下。

- 面对面的沟通。与用户就需求问题进行一对一的面对面沟通是最有效的方式。
- 电子邮件问答表。这是向用户调查需求的主要方式，对于软件产品需求不明确的问题，整理归纳成Q&A列表，通过电子邮件传递给用户。Q&A列表能够详细记录问题从不明确到清晰的整个过程，但是比较费时，需求提问的进度取决用户是否能及时答复电子邮件。
- 电视电话会议访谈。电视电话会议访谈是一种自由的、开放的获取需求的方式，可以深入探究用户对某些问题的回答，从而得到更准确的信息；对于不同的被访谈者，可以及时调整问话方式，但是需要注意沟通方式。
- 需求专题讨论会。需求专题讨论会即头脑风暴（brain storm），指在一段短暂但紧凑的时间段内，把所有与需求相关的人员集中到一起，围绕产品或者项目的目标进行自由讨论，各抒己见，最后统一归纳出初步的需求。这个方式的效率非常高，往往看上去不相关的意见经过综合可以得出很好的主意，并且可以立即得出结果，但是需要有经验的人组织才能保证成功。
- 自行搜集需求。客户不能提供明确的需求，需要我们自己调查相关的行业标准、同类标准，总结出功能、非功能需求。

3）需求分析人员对收集到的用户需求做进一步的分析和整理。

- 对于用户提出的每个需求都要知道“为什么”，并判断用户提出的需求是否有充足的理由。
- 将那种以“如何实现”的表述方式转换为“实现什么”的方式，因为需求分析阶段关注的目标是“做什么”，而不是“怎么做”。
- 分析由用户需求衍生出的隐含需求，并识别用户没有明确提出来的隐含需求（有可能是实现用户需求的前提条件），这一点往往容易忽略掉，经常因为对隐含需求考虑得不够充分而引起需求变更。

4）需求分析人员将调研的用户需求以适当的方式呈交给用户方和开发方的相关人员。大家共同确认需求分析人员所提交的结果是否真实地反映了用户的意图。需求分析人员在这个任务中需要执行下述活动。

- 明确标识出那些未确定的需求项（在需求分析初期往往有很多这样的待定项）。
- 使需求符合系统的整体目标。
- 保证需求项之间的一致性，解决需求项之间可能存在的冲突。

进行需求获取的时候应该注意如下问题。

1）识别真正的客户。识别真正的客户不是一件容易的事情，项目总是要面对多方的客户，不同类型客户的素质和背景不一样，有的时候没有共同的利益。例如，销售人员希望使用方便，会计人员最关心的是销售的数据如何统计，人力资源人员关心的是如何管理和培训员工等等，有时他们的利益甚至有冲突，所以必须认识到客户并非政治上平等的，有些人比其他人对项目的成功更为重要，清楚地认识影响项目的客户，对多方客户的需求进行排序。

2）正确理解客户的需求。客户有时并不十分明白自己的需要，可能提供一些混乱的信息，而且有时会夸大或者弱化真正的需求，所以需要我们既要懂一些心理知识，也要懂一些社会其他行业的知识，了解客户的业务和社会背景，有选择地过滤需求，理解和完善需求，确认客户真正需要的东西，即弄清客户的真正需要什么，例如，除了表面的需求，客户个体其实还有隐含的“需要”。

3）具备较强的忍耐力和清晰的思维。进行需求获取的时候，应该能够从客户凌乱的建议和观点中整理出真正的需求，不能对客户需求的不确定性和过分要求失去耐心，甚至造成不愉快，要具备好的协调能力。

4）说服和教育客户。需求分析人员可以同客户密切合作，帮助他们找出真正的需求，通过说服引导等手段，也可以通过培训来实现；同时要告诉客户需求可能会不可避免地发生变更，这些变更会给持续的项目正常化增加很大的负担，使客户能够认真对待。

5）需求获取阶段一般需要建立需求分析小组，进行充分交流，互相学习，同时要实地考察访谈，收集相关资料，进行语言交流，必要时可以采用图形、表格等工具。

4.2.2 需求分析

需求分析也称为需求建模，是为最终用户所看到的系统建立一个概念模型，是对需求的抽象描述，并尽可能多地捕获现实世界的语义。需求分析的任务是借助于当前系统的逻辑模型导出目标系统的逻辑模型，解决目标系统“做什么”的问题，如图4-4所示。

需求分析是项目成功的基础，需要引起足够的重视，并分配充足的时间和人力，要让有经验的系统分析员负责，切忌让项目新手或程序员负责。最好让用户参与需求分析过程，如果条件不允许，在选择参与的用户时，一方面，要尽可能争取精通业务或计算机技术的用户参与；另一方面，如果开发的产品要在不同规模、不同类型的企业应用，则应该选择具有代表性的用户参与。

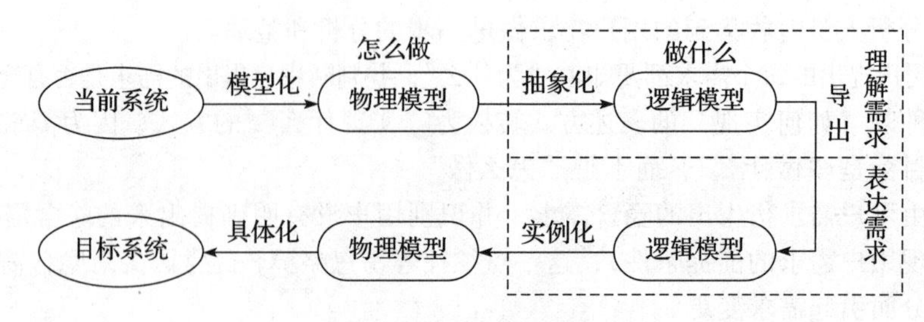

图4-4 需求分析模型

需求是与技术无关（technology independent）的。在需求阶段讨论技术是没有任何意义的，只会让你的注意力分散。技术的实现细节是在后面的设计阶段才需要考虑的事情。在很多情形下，分析用户需求是与获取用户需求并行的，主要通过建立模型的方式来描述用户的需求，为客户、用户、开发方等不同参与方提供一个交流的渠道。这些模型是对需求的抽象，以可视化的方式提供一个易于沟通的桥梁。需求分析与需求获取有着相似的步骤，区别在于分析用户需求时使用模型来描述，以获取用户更明确的需求。

需求分析应该执行下面的活动。

1）以图形表示的方式描述系统的整体结构，包括系统的边界与接口。

2）通过原型、页面流或其他方式向用户提供可视化的界面，用户可以对需求做出自己的评价。用户通常不善于精确描述自己的业务需求，系统分析员需要借助白板、白纸等沟通方式帮助用户清楚表述需求，然后开发一个用户界面原型，以便用户确认需求。

3）以模型描述系统的功能项、数据实体、外部实体、实体之间的关系、实体之间的状态转换等方面的内容。

需求分析的基本策略是采用头脑风暴、专家评审、焦点会议组等方式进行具体的流程细化、数据项的确认，必要时可以提供原型系统和明确的业务流程报告、数据项表，并能清晰地向用户描述系统的业务流设计目标。用户方可以通过审查业务流程报告、数据项表及操作开发方提供的原型系统来提出反馈意见，并对可接受的报告、文档签字确认。

对于客户表达的需求，不同的分析人员可能有不同的理解。如果分析人员对客户需求理解有误，则可能会导致以后的开发工作劳而无功。所以，进行需求分析的时候，要求开发人员的知识面要广。

4.2.3 需求规格编写

对于软件这个特殊领域的业务需求，项目经理在管理需求的时候，一定要求需求分析人员首先获取用户的真正要求，即使是双方画的简单的流程草案也很重要，然后根据获取的真正要求采取适当的方法编写需求规格。

软件需求规格的编制是为了使用户和软件开发者双方对该软件的初始规定有一个共同的理解，使之成为整个开发工作的基础。需求分析完成的标志是提交一份完整的软件需求规格说明书（SRS）。建立了需求规格文档，才能描述要开发的产品，并作为项目演化的指导。如果没有需求规格文档，那么需求就隐含地确定和影响项目的内容和项目的成功。需求规格说明书以一种开发人员可用的技术形式陈述了一个软件产品所具有的基本特征和性质，以及期望和选择的特征和性质。对于项目来说，需求规格说明书和工作陈述（Statement Of Work，SOW）是很关键的两个文档，需求规格说明书的编写可以参照甲方提供的工作陈述的有关信息进行，需求规格说明书为客户和开发者之间建立一个约定，准确地陈述了要交付给客户什么。

软件产品范围是指软件产品所包含的特征或功能，而软件需求说明书正是对软件产品范围正式书面的界定，是软件项目管理过程必需的基础性文档。需求规格相当于软件开发的图纸，一般地，软件需求规格说明书的格式可以根据项目的具体情况采用不同的格式，没有统一的标准。

有一种非常危险的思想，认为在项目的需求分析阶段，开发方与客户方在各种问题的基本轮廓上达成一致即可，具体细节可以在以后补充。实际上许多软件项目失败的最主要的原因就是需求阶段对问题的描述不够细致，导致后来预算超出或者时间进度达不到要求。正确的做法是：在项目需求分析阶段，双方必须全面地、尽可能细致地讨论项目的应用背景、功能要求、性能要求、操作界面要求、与其他软件的接口要求，以及对项目进行评估的各种评价标准，并且在需求分析结束以后，双方还要建立可以直接联系的渠道，以尽早地针对需求变动问题进行沟通。

4.2.4　需求验证

需求规格提交后，开发人员需要与客户对需求分析的结果进行验证，以需求规格说明书为输入，通过符号执行、模拟或快速原型等途径，分析需求规格的正确性和可行性，以求需求规格中定义的需求必须正确、准确地反映用户的意图。

验证需求的正确性及其质量能大大减少项目后期的返工现象。在项目计划中应为这些保证质量的活动预留时间并提供资源。从客户代表方获得参与需求评审的赞同（承诺），并尽早且以尽可能低的成本，通过从非正式的评审逐渐到正式评审来找出其存在的问题。

需求验证包括以下几个方面。

1）需求的正确性。开发人员和用户都进行复查，以确保将用户的需求充分、正确地表达出来。只有通过调查研究，才能知道某一项需求是否正确。每一项需求都必须准确地陈述其要开发的功能。做出正确判断的参考是需求的来源，如用户或高层的系统需求规格说明书。若软件需求与对应的系统需求相抵触则是不正确的。只有用户代表才能确定用户需求的正确性，这是一定要有用户积极参与的原因。没有用户参与的需求评审将导致评审者凭空猜测。

2）需求的一致性。一致性是指与其他软件需求或高层（系统，业务）需求不相矛盾。在开发前必须解决所有需求间的不一致部分。验证没有任何的冲突和含糊的需求，没有二义性。

3）需求的完整性。验证是否所有可能的状态、状态变化、转入、产品和约束都在需求中描述，不能遗漏任何必要的需求信息，因为遗漏需求很难查出。注重用户的任务而不是系统的功能有助于避免不完整性。如果知道缺少某项信息，用 TBD（“待确定”）作为标准标识来标明这项缺漏。在开始开发之前，必须解决需求中所有的 TBD 项。

4）需求的可行性。验证需求是否实际可行，每一项需求都必须是在已知系统和环境的权能和限制范围内可以实施的。为避免不可行的需求，最好在获取需求（收集需求）过程中始终有一位软件工程小组的组员与需求分析人员或考虑市场的人员在一起工作，由他负责检查技术可行性。

5）需求的必要性。验证需求是客户需要的，每一条需求描述都是用户需要的，每一项需求都应把客户真正所需要的和最终系统所需遵从的标准记录下来。必要性也可以理解为每项需求都是用来授权你编写文档的“根源”。要使每项需求都能回溯至某项客户的输入。

6）需求的可检验性。验证是否能写出测试案例来满足需求，检查每项需求是否能通过设计测试用例或其他的验证方法（如演示、检测等）来确定产品是否确实按需求实现了。如果需求不可验证，则确定其实施是否正确就成为主观臆断，而非客观分析了。一份前后矛盾、不可行或有二义性的需求也是不可验证的。有的项目范围的定义不够明确，做不到量化、可验证程度不高，很多时候都是一些定性的要求而不是定量的，如“界面友好，可操作性强，提高用户满意度”等。类似这些模糊的需求是导致后续项目“扯皮”的根源。对于项目范围的明确定义，有经验的项目经理及系统分析员起到至关重要的作用。

7）需求的可跟踪性。验证需求是否是可跟踪的，应能在每项软件需求与它的根源和设计元素、源代码、测试用例之间建立起链接链，这种可跟踪性要求每项需求以一种结构化的、细粒度的方式编写并单独标明，而不是大段的叙述。软件开发的基本目标是构造能够满足客户基本需求的软件系统，因此需要一种检测手段来检验软件是否满足所有的需求。需求跟踪是一种有效的检测手段，要求对每一项需求都可以追踪到实现该需求的设计、编码及测试用例。通过需求追踪，可以检验软件是否实现了所有需求及软件是否对所有的需求都经过了测试。有两种类型的跟踪：前向跟踪和后向跟踪。前向追踪意味着看需求是否在生命周期的后续阶段（如设计和编码阶段）的工作成果中得到体现。后向追踪意味着看生命周期后期的各个阶段的工作成果满足何种需求。前向追踪保证了软件能够满足需求，后向追踪则在变更、回归测试等情况下更有用。因此，可以在项目进行过程中采用需求跟踪矩阵来管理项目需求．

8）最后的签字。通过评审的需求规格说明书，要让用户方签字，并作为项目合同的附件，对双方都具有约束力。

需求跟踪矩阵

需求跟踪矩阵是把产品需求从其来源连接到能满足需求的可交付成果的一种表格。使用需求跟踪矩阵，可以把每个需求与业务目标或项目目标联系起来，有助于确保每个需求都具有商业价值。需求跟踪矩阵提供了在整个项目生命周期中跟踪需求的一种方法，有助于确保需求文件中被批准的每项需求在项目结束的时候都能交付。另外，需求跟踪矩阵还为管理产品范围变更提供了框架。

应在需求跟踪矩阵中记录每个需求的相关属性，这些属性有助于明确每个需求的关键信息。在需求跟踪矩阵中记录的典型属性包括唯一标识、需求的文字描述、收录该需求的理由、所有者、来源、优先级别、版本、当前状态（如进行中、已取消、已推迟、新增加、已批准、被分配和已完成）和状态日期。为确保相关方满意，可能需要增加一些补充属性，如稳定性、复杂性和验收标准。表 4-1 是需求跟踪矩阵示例，其中列有相关的需求属性。

表 4-1 需求跟踪矩阵实例

<table>
<tr><td colspan="9">需求跟踪矩阵</td></tr>
<tr><td colspan="2">项目名称</td><td colspan="7"></td></tr>
<tr><td colspan="2">成本中心</td><td colspan="7"></td></tr>
<tr><td colspan="2">项目描述</td><td colspan="7"></td></tr>
<tr><td>标识</td><td>关联标识</td><td>需求描述</td><td>业务需要、机会、目的和目标</td><td>项目目标</td><td>WBS 可交付成果</td><td>产品设计</td><td>产品开发</td><td>测试案例</td></tr>
<tr><td rowspan="4">001</td><td>1.0</td><td></td><td></td><td></td><td></td><td></td><td></td><td></td></tr>
<tr><td>1.1</td><td></td><td></td><td></td><td></td><td></td><td></td><td></td></tr>
<tr><td>1.2</td><td></td><td></td><td></td><td></td><td></td><td></td><td></td></tr>
<tr><td>1.2.1</td><td></td><td></td><td></td><td></td><td></td><td></td><td></td></tr>
<tr><td rowspan="3">002</td><td>2.0</td><td></td><td></td><td></td><td></td><td></td><td></td><td></td></tr>
<tr><td>2.1</td><td></td><td></td><td></td><td></td><td></td><td></td><td></td></tr>
<tr><td>2.1.1</td><td></td><td></td><td></td><td></td><td></td><td></td><td></td></tr>
<tr><td rowspan="3">003</td><td>3.0</td><td></td><td></td><td></td><td></td><td></td><td></td><td></td></tr>
<tr><td>3.1</td><td></td><td></td><td></td><td></td><td></td><td></td><td></td></tr>
<tr><td>3.2</td><td></td><td></td><td></td><td></td><td></td><td></td><td></td></tr>
<tr><td>004</td><td>4.0</td><td></td><td></td><td></td><td></td><td></td><td></td><td></td></tr>
<tr><td>005</td><td>5.0</td><td></td><td></td><td></td><td></td><td></td><td></td><td></td></tr>
</table>

4.2.5　需求变更

需求变更是软件项目一个突出的特点，也是软件项目最为普遍的一个特点。做过软件项目的人可能会有这样的经历：一个项目做了很久，感觉总是做不完，就像一个“无底洞”。虽然这与人类认识问题的自然规律是一致的，但是频繁而无管理的需求变更非常容易导致复杂、无形的软件在多变的情况下失控，加剧软件开发过程中的不稳定性，从而造成多方的损失。据相关数据统计，需求变更是导致项目失败的主要原因之一。那么如何对需求变更加以有效的控制和管理，从而保证软件开发的进度、成本和质量，便成为软件开发过程中一个值得思考的问题。

客户的需求为什么一变再变？人类认识世界是一个由无知到已知、由浅入深的过程。我们及客户对需求的认识也是一个逐步深入、逐步明晰的过程。随着认识的深入，对客户的需求才逐渐明确。软件人员在最初的时候需要帮助客户深化认识、明确需求。

引起需求变更的表现形式是多样的，例如，客户改变想法，项目预算发生变化，或者客户对某些功能的改变。在软件开发项目中，需求变更可能来自各个方面，如客户、方案服务商或产品供应商，也可能来源于项目组内部。

在软件开发过程中，需求的变更会给开发带来不确定性，所以必须接受“需求会变动”这个事实，做好需求变更的管理工作。需求变更管理的主要工作如下。

1）建立需求基线。需求基线是需求变更的依据。在开发过程中，需求确定并经过评审后(用户参与评审)，可以建立第一个需求基线。此后每次变更并经过评审后，都要重新确定新的需求基线。

2）确定需求变更控制过程。制定简单、有效的变更控制流程，并形成文档。在建立了需求基线后提出的所有变更必须遵循变更控制流程进行控制。

3）建立变更控制委员会（SCCB）。成立SCCB或相关职能的类似组织，负责裁定接受哪些变更。SCCB由项目所涉及的多方人员共同组成，应该包括用户方和开发方的决策人员在内。

4）进行需求变更影响分析。需求变更一定要先申请然后评估，最后经过与变更大小相当级别的评审确认。对于提交的每项需求变更请求，应确定其对项目整体进度的影响和对其他相关开发任务的影响，并且一定要明确完成这些变更相关任务的工作量。只有经过全面的分析，SCCB才能够做出更好的决策。

5）跟踪所有受需求变更影响的工作产品。需求变更后，受影响的软件计划、产品、活动都要进行相应的变更，以和更新的需求保持一致。

6）建立需求基准版本和需求控制版本文档，维护需求变更的历史记录。妥善保存变更产生的相关文档。记录每个需求变更文档的版本号、日期、所做的变更、原因等，并应该明确该文档由谁来负责更新。

7）跟踪每项需求的状态，衡量需求稳定性。SCCB需要对需求变更的整体有良好的把握，通过记录需求基准的数量可以获得宏观需求的变更次数，同时应该记录一段时间内（如每周、每月）的变更数量，最好按变更的类别来列出详细信息。如果某一需求过于频繁变更，则说明对该问题的认识还不深入或者还没有达成一致的处理意见。如果需求变更的总体数量过高，则意味着项目范围并未很好地确定下来或是政策变化较大。

并非对需求定义得越细，越能避免需求的渐变，这是两个层面的问题。太细的需求定义对需求渐变没有任何效果，因为需求的变化是永恒的，并非由于需求写细了，它就不会变化了。图4-5是一个需求变更流程的例子，流程包括需求提交、需求受理、需求规划分析、需求实施等。

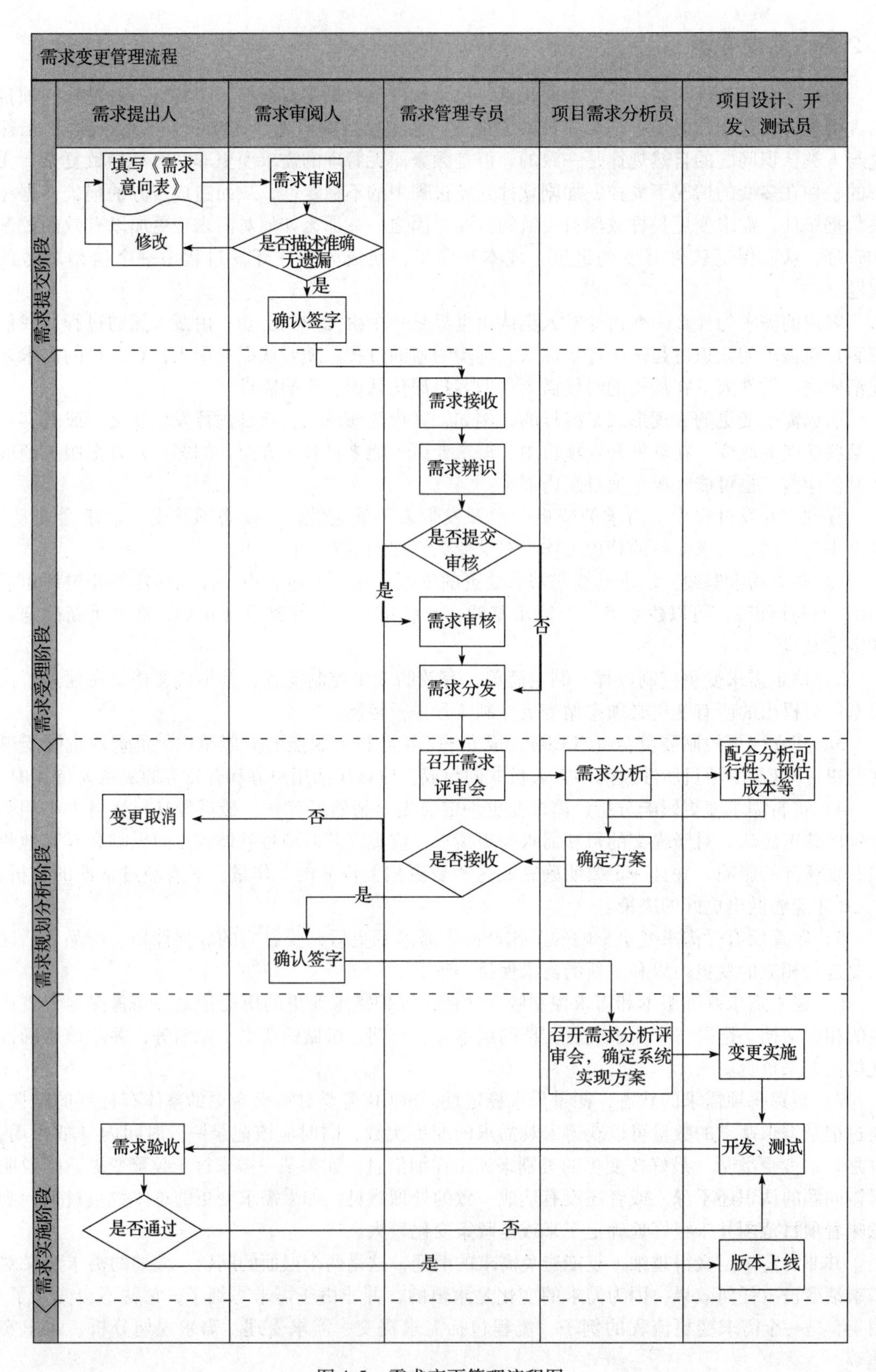

图4-5 需求变更管理流程图

4.3　传统需求分析方法

需求分析的结果是提供需求分析模型，它是产品的原型样本，使最终产品更接近于解决需求，提高了用户对产品的满意度，从而使产品成为真正优质合格的产品。从这层意义上说，需求管理是产品质量的基础。传统的需求建模方法有很多种，下面通过例子简单介绍原型分析方法、基于数据流的建模方法、基于 UML 需求建模方法、功能列表法方法。

4.3.1　原型分析方法

原型分析方法是通过不断评价原型来确定需求的方法。某课程网站的原型建模过程，如图 4-6所示。在需求分析阶段，通过不断优化这个原型界面来最终确定项目需求，而且与用户很容易交流。实践中可以采用原型建模工具建模，如 Axure 等快速原型设计工具。

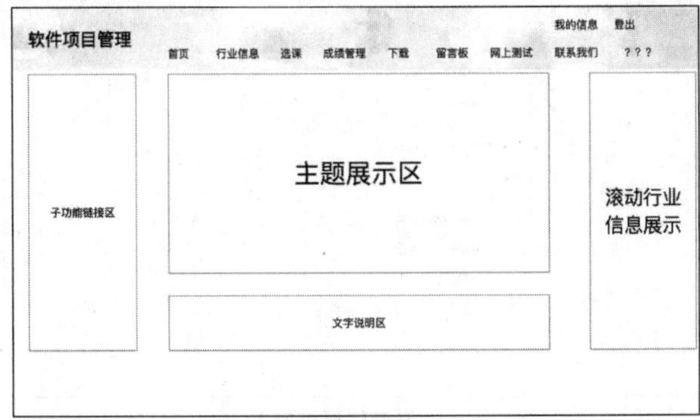

a）原型建模过程 1

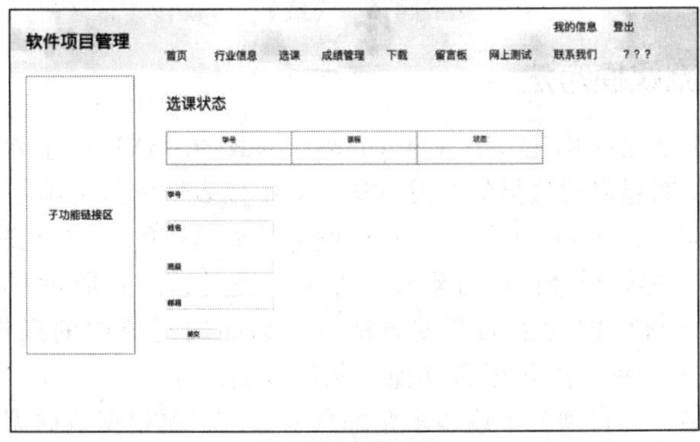

b）原型建模过程 2

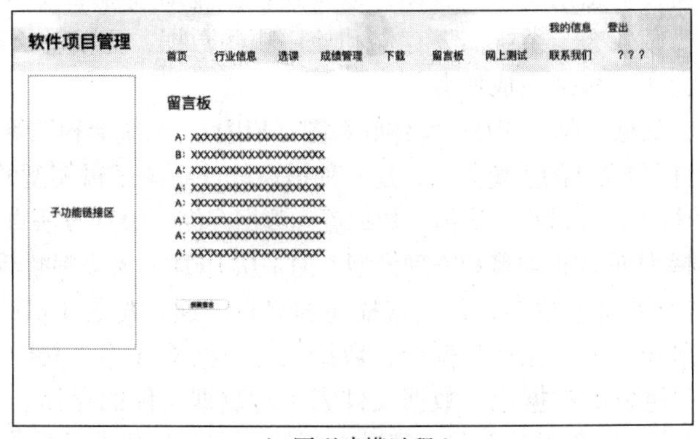

c）原型建模过程 3

图 4-6　原型建模过程

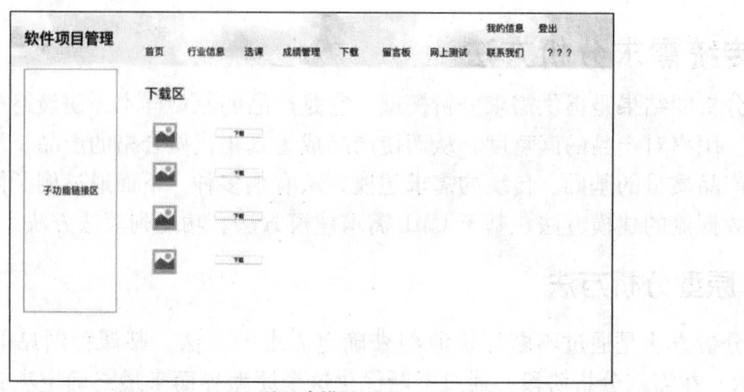

d）原型建模过程 4

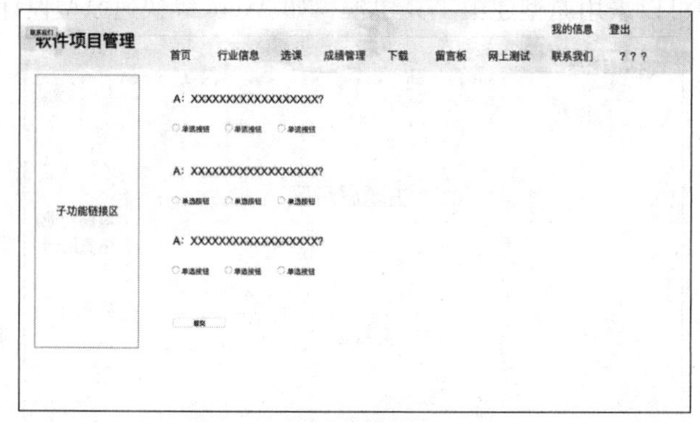

e）原型建模过程 5

图 4-6　（续）

4. 3. 2　基于数据流建模方法

基于数据流建模方法是结构化分析（Structured Analysis，SA）的主要方法。结构化分析方法是 20 世纪 70 年代发展起来的最早的开发方法，其中代表性的是美国的 Coad/Yourdon 的面向数据流的开发方法、欧洲 Jackson/Warnier-Orr 的面向数据结构的开发方法，以及日本小村良彦等人的 PAD 开发方法。尽管当今面向对象开发方法已经兴起，但是如果不了解传统的结构化方法，就不可能真正掌握面向对象的开发方法，因为面向对象中的操作仍然以传统的结构化方法为基础，结构化分析方法是很多其他方法的基础。

面向数据流方法是一种自顶向下逐步求精的分析方法，是根据数据流关系分析需求的。其将现实世界描绘为数据在信息系统中的流动，以及在数据流动过程中数据向信息的转化，帮助开发人员定义系统需要做什么，系统需要存储和使用哪些数据，需要什么样的输入和输出，以及如何将这些功能结合在一起来完成任务。

数据流图（DFD）、数据字典（DD）、实体联系图（ERD）、系统流程图等都是数据流分析技术。DFD 作为结构化系统分析与设计的主要方法，是一种描述软件系统逻辑模型的图形符号，使用 4 种基本元素来描述系统的行为，即过程、实体、数据流和数据存储。DFD 方法直观、易懂，通过 DFD，使用者可以方便地得到系统的逻辑模型和物理模型，但是从 DFD 中无法判断活动的时序关系。

DD 描述系统中涉及的每个数据，是数据描述的集合，通常配合 DFD 使用，用来描述数据流图中出现的各种数据和加工，包括数据项、数据流、数据文件等，其中，数据项表示数据元素，数据流是由数据项组成的数据流，数据文件表示对数据文件的存储。

系统流程图是一种表示操作顺序和信息流动过程的图表。其基本元素或概念用标准化的图形符号来表示，相互关系用连线来表示。流程图是有向图，其中每个节点代表一个或一组操作。

ERD 用来描述系统需求要存储的数据信息。

图 4-7 是描述银行取款过程的 DFD，描述了储户将取款单等信息递给银行人员到最后取钱的基本流程。

4.3.3　基于 UML 建模方法

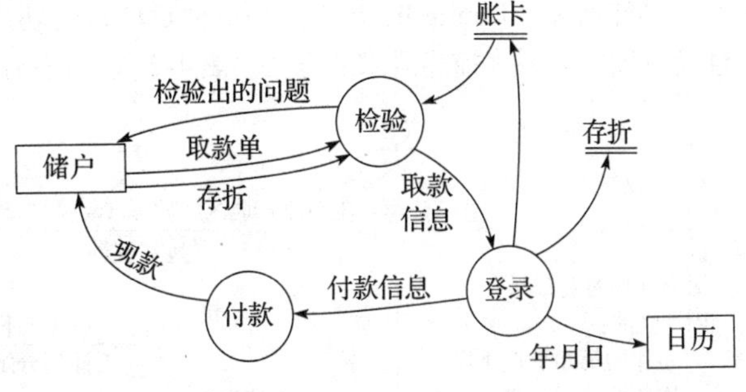

图 4-7　银行取钱过程

基于 UML 建模方法是一种面向对象的分析方法，从用户角度看功能需求，并将功能需求描述为一些用例（use case）。该方法主要通过 UML 的用例视图、顺序视图、活动视图等表达需求模型，其中用例视图描述用户与系统的交互，从交互的角度说明系统的边界和功能范围。一个用例就是系统向用户提供一个有价值的结果的某项功能。用例捕捉的是功能性需求。所有用例结合起来就构成了“用例模型”，该模型描述系统的全部功能。这个模型取代了传统的功能规范说明。一个功能规范说明可以描述为对“需要该系统做什么”问题的回答，而用例分析可以通过在该问题中添加几个字来描述：需要该系统为每个用户做什么？这几个字有着重大意义，它们迫使开发人员从用户的利益角度出发进行考虑，而不仅仅是考虑系统应当具有哪些良好功能。

然而，用例分析方法并不仅仅是定义一个系统需求的一个工具，还用于驱动系统的设计、实现和测试，即驱动整个开发过程。基于用例模型，软件开发人员创建一系列的设计和实现模型来实现各种用例。开发人员审查每个后续模型，以确保它们符合用例模型。测试人员测试软件系统，以确保实现模型中的组件正确实现了用例。这样，用例不仅启动了开发过程，而且与开发过程结合在一起。用例驱动意指开发过程将遵循一个流程：它将按照一系列由用例驱动的工作流程来进行，首先定义用例，然后设计用例，最后用例成为测试人员构建测试案例的来源。这个开发过程就是用例驱动的开发过程。

在具体的需求分析过程中，有大的用例（如业务用例），也有小的用例，主要是由用例的范围决定的。用例像是一个黑盒，不包括任何和实现有关的信息，也没有提供任何内部的信息。它很容易被用户（也包括开发者）所理解（简单的谓词短语）。如果用例不能表达足够的信息，就有必要把用例黑盒打开，审视其内部的结构，找出黑盒内部的系统角色（actor）和用例。这样不断地打开黑盒，分析黑盒，再打开新的黑盒，直到整个系统可以被清晰地了解为止。

一个系统往往可以从不同的角度进行观察，从一个角度观察到的系统，就构成系统的一个视图（view），每个视图是整个系统描述的一个投影，说明系统的一个特殊侧面。若干个不同视图可以完整地描述所建造的系统。传统的结构化分析方法是面向功能的，而面向对象的视点是将系统看作一组服务，将问题看作相互作用的实体。将现实世界的“视图”转化为用对象来描述的模型，描述对象之间的各种关系，以满足软件系统的要求。

图 4-8 ~ 图 4-10 展示了某进出口贸易项目的基于 UML 建模过程的部分图，图 4-8 是“出口配额申请”的用例图，它包括“计划分配配额”“招标配额”两个用例描述。图 4-8 中的“计划分配配额”用例描述出口公司向省级的贸易管理部门提交“计划分配配额申请”并通过审核领取“计划分配配额书”的活动。图 4-9 为计划分配配额的顺序图（sequence diagram），图 4-10 为计划分配配额的活动图（activity diagram）。

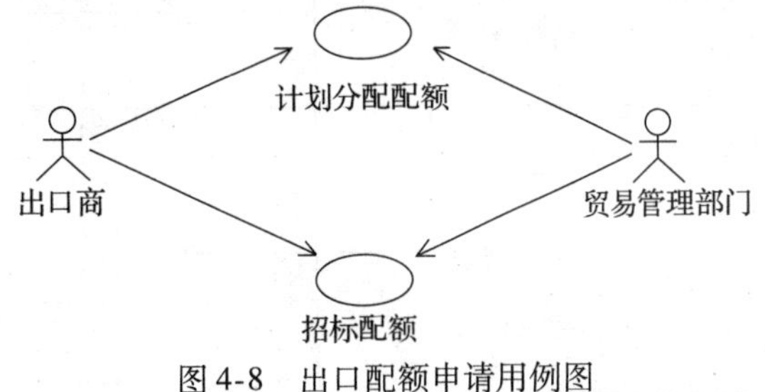

图 4-8　出口配额申请用例图

4.3.4 功能列表方法

功能列表（feature list）方法是一种对项目的功能需求进行详细说明的方法，是基于功能特性及其层次关系来描述需求的方法。表4-2是功能/性能列表的一个样表，具体格式因项目而异。

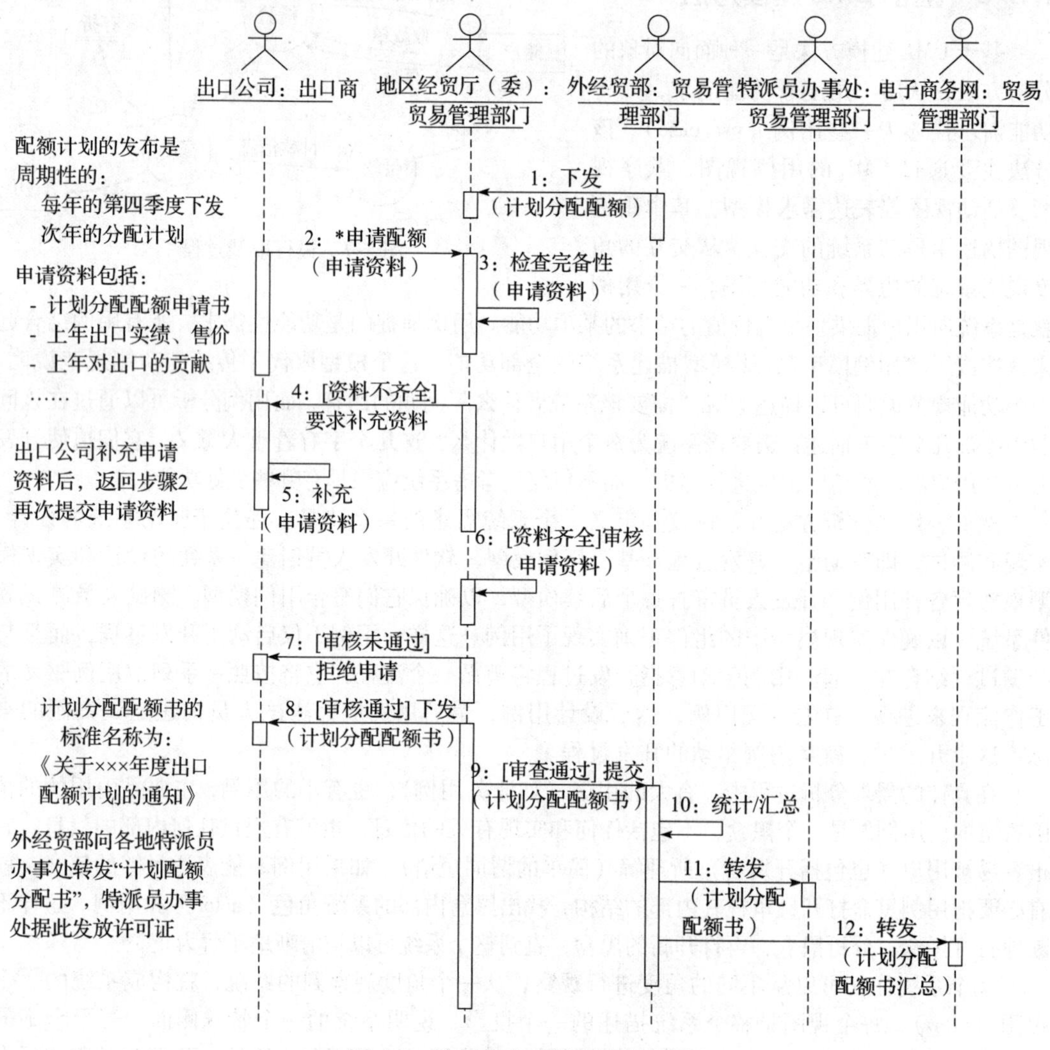

图4-9 计划分配配额申请顺序图

表4-2 功能/性能列表

需求类别（功能/性能）	名称/标识	描述
特性A	A. 1	
	……	
	A. n	
特性B	B. 1	
	……	
	B. n	
特性C	C. 1	
	……	
	C. n	

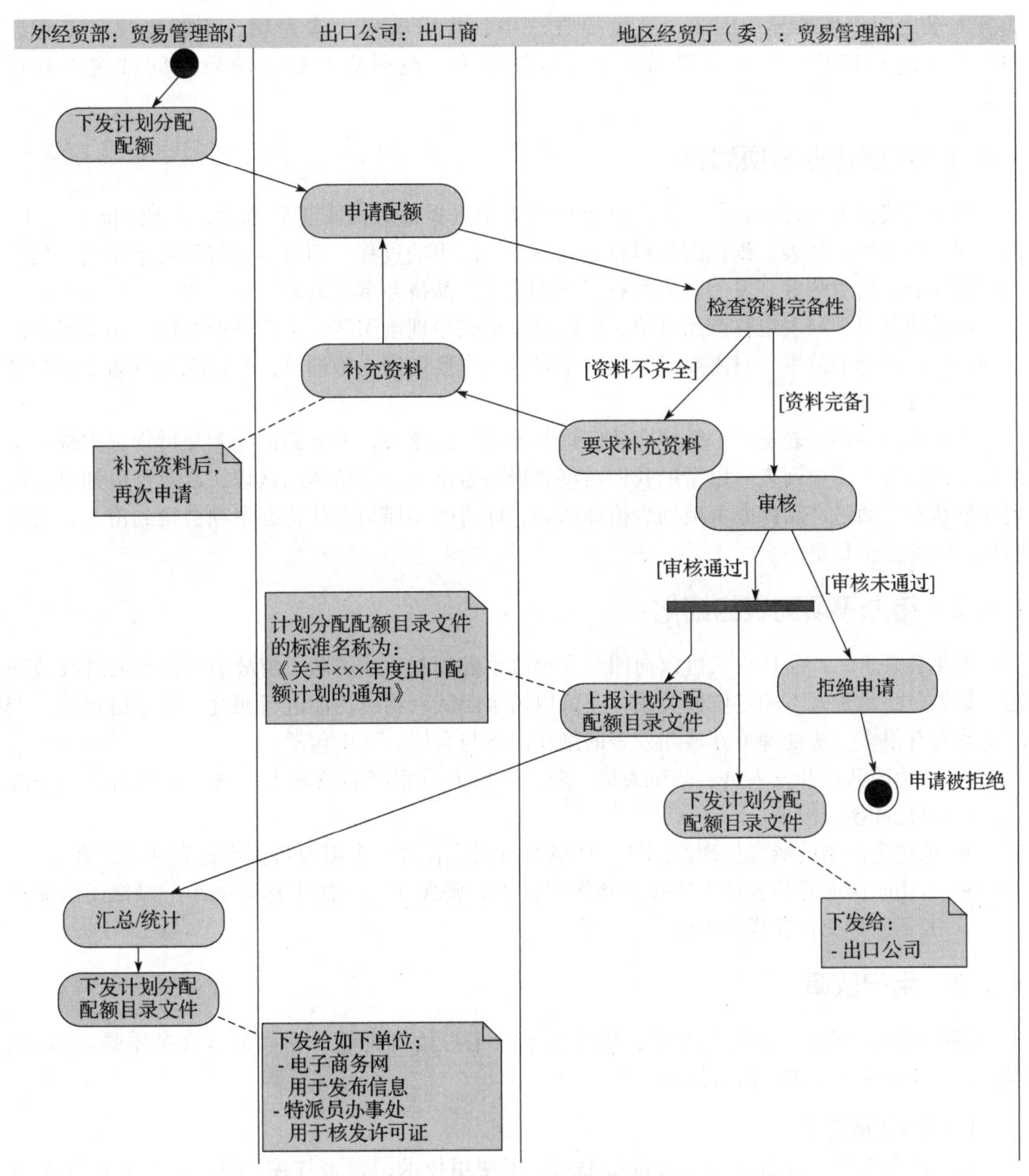

图 4-10 计划分配配额申请活动图

4.4 敏捷项目需求分析

对于需求不断变化、风险大或不确定性高的项目，在项目开始时通常无法明确项目的范围，而需要在项目期间逐渐明确。因此，敏捷思维认为，项目需求是慢慢清楚的，对于需求可以采用“渐进明细”的分析方法，以便应对变化，如图 4-11 所示。因此，敏捷方法在项目早期缩短定义和协商范围的时间，并为持续探索和明确范围而延长创建相应过程的时间。在许多情况下，不断涌现的需求往往导致真实的业务需求与最初所述的

图 4-11 敏捷过程的需求过程

业务需求之间存在差异。因此，在敏捷方法中，将需求列入未完项，不断构建和审查原型，并通过发布多个版本来明确需求。这样一来，范围会在整个项目期间被定义和再定义。

4.4.1 产品待办事项列表

每个迭代开发过程中，从产品待办事项列表中选择部分需求进行细化，形成 Sprint 订单，即细化的待办事项列表，细化的过程就是编写用户故事的过程，即每个迭代的需求是通过用户故事描述的。这意味着开发团队的所有工作都来自产品待办事项列表。

产品待办事项列表也称产品订单，它以故事形式呈现给团队。工作开始之前，不需要为整个项目创建所有的故事，只需要了解第一个发布的主要内容正确即可，然后就可以为下一个迭代开发足够的项目。

产品待办事项列表是一个敏捷团队管理开发过程的核心，所有的活动和交付物都围绕它来进行。产品待办事项列表可以帮助我们对将要做的事情有一个整体的认识，以及可以知道我们现在的状态。通过产品待办事项列表梳理活动，即将被实现的产品待办事项会得到澄清，变得明确，粒度也拆得更小。

4.4.2 待办事项列表的细化

细化会议上，产品负责人可以向团队介绍故事的创意，让团队了解故事中潜在的挑战或问题。如果产品负责人不确定依赖关系，还可以请求团队对相应功能进行研究，以了解风险。产品负责人有很多方法处理待办事项列表的细化准备与会议，其中包括：

- 鼓励团队在开发人员、测试人员、业务分析人员和产品负责人三方面开展合作，一起讨论和撰写故事。
- 把整个故事的概念呈现给团队。团队进行讨论，并根据需要将其细化为许多故事。
- 与团队一起寻找各种方法探索和撰写故事，确保所有的故事都足够小，以便团队能源源不断地交付完成的工作。

4.4.3 用户故事

UML 描述需求从用户用例开始，敏捷需求从用户故事开始，它们的含义基本是一致的。因此，敏捷需求通过用户故事体现。

1. 用户故事模板

用户故事按照一定的语法形式进行表示，不使用技术语言来描述，只是以客户能够明白的、简短的形式表达。一个典型的用户故事模板如下：

As a <type of user>,
I want <some goal>
so that <some reason>.

这是一个具体的用户故事例子，这个故事是文件备份功能的描述：作为一个用户，希望备份整个硬盘，以便工作内容不会丢失。

As a user,
I want to backup my entire hard drive
so that I won't lose any work.

需求包括功能性需求和非功能性需求，用户故事可以描述功能性需求，也可以描述非功能性需求。例如，下面这些都是描述非功能性需求的故事。其中第 1 条故事描述了系统运行操作系统的兼容性，第 2 条故事描述了运行环境的兼容性，第 3 条故事描述了系统健壮性，第 4 条故事描述了语言的兼容性。

1）As a customer, I want to be able to run your product on all versions of Windows from Windows XP on, so that we can make use of older PCs.

2）As the CTO, I want the system to use our existing orders database rather than create a new one, so that we don't have one more database to maintain.

3）As a user, I want the site to be available 99% of the time I try to access it, so that I don't get frustrated and find another site to use.

4）As someone who speaks Chinese, I want to have a Chinese version of the software.

用户故事常常写在卡片（story card）上，然后将其部署到墙（story wall）上，便于讨论，这些卡片代表了需求分析是从传统的写需求过程到敏捷的讨论需求的过程。

2. 评价用户故事

如何评价一个用户故事是一个好的用户故事呢？有一些标准可以参考，例如，INVEST 描述了一个好的用户故事的 6 个特征，如图 4-12 所示。其中，I 代表独立特征，N 代表描述清晰性特征，V 代表需求的价值特征，E 和 S 代表用户故事小到足以估算。

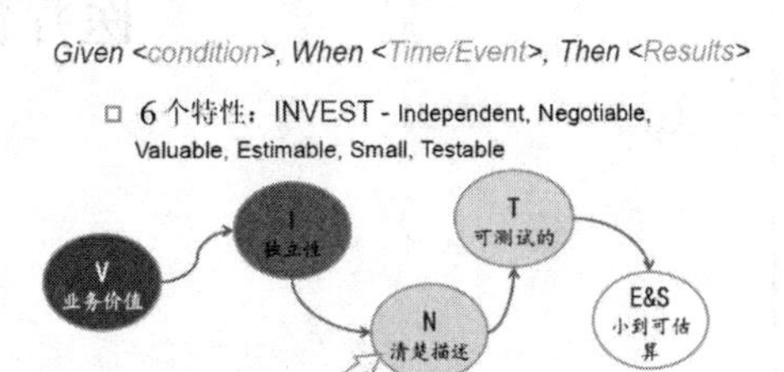

图 4-12　用户故事的 INVEST 评价

3. 用户故事迭代优先级

迭代开发是基于用户故事优先级进行的，因此需要对用户故事的优先级进行排序。用户故事的排序遵守一定的规则，如 MoSCow 方法，它是基于 must have、should have、could have 和 want to have 等级别进行排序的。其中：

- must have 是必须实现的功能，否则系统无法运行；
- should have 是虽然很重要，但是也可以省略的功能；
- could have 是扩展功能，但是要求不急，可以延后实现；
- want to have 只是一部分用户的想法。

例如，采用 MoSCow 规则对某支付功能的用户故事排序如下。

1）系统必须支持（must have）Visa 和 MasterCard 的使用；

2）系统可以增加（should have）美国运通信用卡的支持使用；

3）系统可以再增加（could have）贝宝卡的支持使用；

4）最后可以考虑增加（want to have）礼品卡的支持使用。

4.5　“医疗信息商务平台”需求管理案例分析

下面介绍“医疗信息商务平台”项目的软件需求规格和需求变更流程。

4.5.1　需求规格说明书

下面给出“医疗信息商务平台”需求规格说明书。

内部资料　　　　　　　　　　　　　　　文档编号：BUPTMED-20120801055
注意保存　　　　　　　　　　　　　　　文档版本：V1.0

医疗信息管理平台

需求规格说明书

V1.0

北京×××科技有限公司

目 录

1 导言
1.1 目的
1.2 范围
1.3 缩写说明
1.4 术语定义
1.5 引用标准
1.6 版本更新记录
2 概述
2.1 系统定义
2.2 系统环境
2.3 功能需求
2.3.1 定义方法的介绍
2.3.2 功能需求定义
3 UML 建模语言
3.1 基本概念
3.1.1 对象（object）
3.1.2 类（class）
3.1.3 用例（use case）
3.1.4 执行者（actor）
3.2 模型视图
3.2.1 用例图
3.2.2 顺序图
3.2.3 活动图
4 执行者定义
4.1 medeal. com
4.2 组织
4.3 个人
5 主用例
5.1 用例图的表示
5.2 图示说明
6 医疗贸易社区服务
6.1 一般信息服务
6.1.1 选择语言
6.1.2 访问站点支持
6.1.3 浏览行业政策法规
6.1.4 浏览行业新闻
6.1.5 新闻提供服务
6.2 商业信息服务
6.2.1 浏览专业文章
6.2.2 浏览成员信息
6.2.3 寻找成员
6.2.4 浏览个性化信息
6.2.5 浏览产品信息
6.2.6 浏览详细信息
6.2.7 取得相关产品及信息
6.2.8 浏览拍卖品信息
6.3 广告服务
6.3.1 广告发布请求
6.3.2 处理广告请求
6.3.3 发布广告
6.3.4 使用 E-mail
6.3.5 使用 IP FAX
6.3.6 使用 IP 电话
6.3.7 使用留言板
7 产品目录
7.1 产品查找
7.1.1 选择产品类别
7.1.2 按关键字查询
7.1.3 选择匹配方式
7.1.4 选择查询范围
7.1.5 执行查询
7.1.6 执行相关查询
7.1.7 高级查询
7.1.8 注册提示
7.2 产品发布及更新
7.2.1 增加产品
7.2.2 更改产品信息
7.2.3 提供产品选项
7.2.4 提供相关产品
7.2.5 发布产品信息
7.2.6 提交
7.2.7 提供拍卖品
7.3 求购服务
7.3.1 发出求购信息
7.3.2 浏览求购信息
7.3.3 反馈
8 后端事务管理
8.1 注册管理
8.1.1 用户注册
8.1.2 批准注册信息
8.1.3 增加新成员
8.1.4 修改注册信息
8.1.5 更新成员注册信息
8.1.6 个性化定制
8.1.7 用户登录
8.1.8 提供登录帮助

8.2 站点系统管理
8.2.1 查看站点统计信息
8.2.2 查看站点日志
8.2.3 查看站点报警信息
8.2.4 执行站点管理工作
9 交易事务服务
9.1 采购单
9.1.1 选择采购单
9.1.2 新建采购单
9.1.3 放入采购单
9.1.4 查看采购单
9.1.5 修改采购单内容
9.1.6 修改采购单信息
9.1.7 保存采购单
9.1.8 克隆采购单
9.1.9 删除采购单
9.1.10 结束购物
9.2 订单/RFQ管理
9.2.1 填写订单/RFQ
9.2.2 提交订单/RFQ
9.2.3 传递订单/RFQ
9.2.4 查看订单/RFQ
9.2.5 查看销售订单
9.2.6 查看购买订单/RFQ
9.2.7 订单处理
9.2.8 接受订单
9.2.9 更改订单
9.2.10 订单未决
9.2.11 拒绝订单
9.2.12 保存订单/RFQ
9.3 拍卖服务
9.3.1 竞价
9.3.2 出价
9.3.3 出价提交
9.3.4 出价确认
9.3.5 检查拍卖状况
9.3.6 查看拍卖订单
9.3.7 通知
10 内容管理
11 性能需求
11.1 界面需求
11.1.1 设计标准
11.1.2 网页的总体风格
11.1.3 网页的颜色限制
11.1.4 图形标准指南
11.1.5 超链接标准
11.1.6 字体标准
11.1.7 效果显示
11.1.8 其他
11.2 响应时间需求
11.3 可靠性需求
11.4 开放性需求
11.5 系统安全性需求
11.5.1 访问控制
11.5.2 成员管理
11.5.3 应用保护
11.5.4 资产保护
12 产品提交需求
12.1 提交产品
12.2 提交方式
12.3 优先级划分
附录A 关键特性列表

1 导言

略。

2 概述

略。

3 UML建模语言

略。

4 执行者定义

执行者（actor）指与系统产生交互的外部用户或者外部系统。

Medeal商务网站涉及的参与者（角色）众多，但是角色间存在共性，可以将角色进行封装和抽象，对角色进行归并，使整个系统更简洁、清晰，如图1所示。

4.1 medeal. com

medeal. com包括webmaster、内容管理经理、市场部经理，如图2所示。

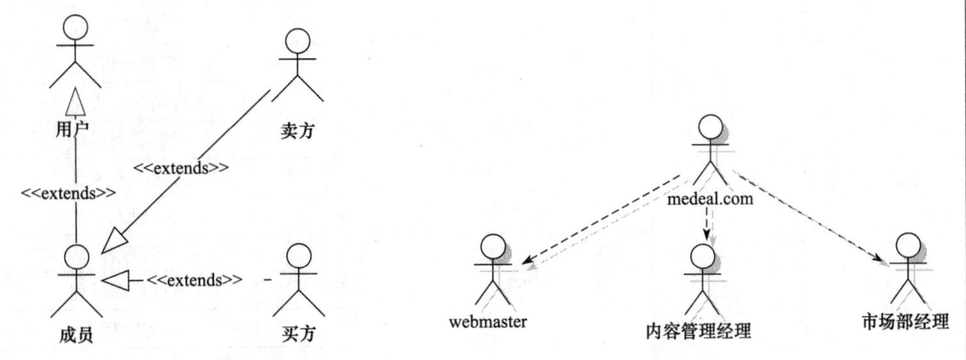

图1 medeal. com站点使用者　　图2 medeal. com角色

4.2 组织

根据其是否参与网上交易，组织可分为交易组织与非交易组织，如图3所示。

交易组织包括厂商、经销商、医院。

厂商：作为卖方是医疗器材设备的生产者，且为买方提供维修、保养等售后服务。

医院：作为买方是医疗器材设备的使用者。

经销商：为买方与卖方之间的交易提供中间服务，多为厂商指定。经销商既可为买方，也可为卖方。

非交易组织包括医务界的协会、学会等政府或民间的团体组织。

4.3 个人

个人根据其在医疗信息商务平台上是否注册分为会员与非会员，如图4所示。

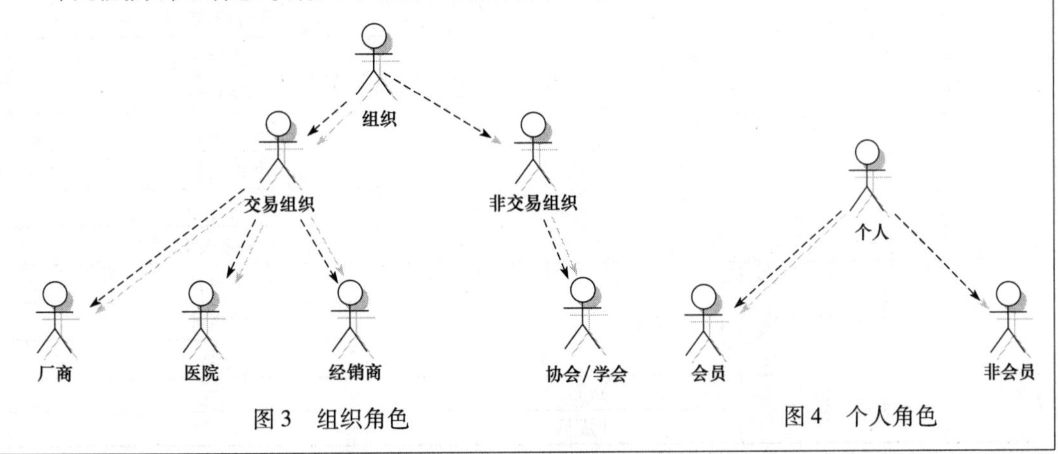

图3 组织角色　　图4 个人角色

每一种不同类型的用户又分为不同的角色，每种角色对网站的使用权限各不相同，对网站的各种不同功能所发挥的作用也不相同。

用户类型及其角色如表1所示。

表1 用户类型及其角色

用户类型		角色	子角色
medeal. com		webmaster	
		内容管理经理	
		市场部经理	
组织	交易组织	厂商	管理者
			内容管理经理
			内容管理者
			销售经理
			销售人员
			决策人
			市场分析员
			合同履行人员
			售后服务经理
			售后服务人员
			一般人员
		经销商	管理者
			内容管理经理
			内容管理者
			销售经理
			销售人员
			决策人
			市场分析员
			合同履行人员
			售后服务经理
			售后服务人员
			采购经理
			采购员
			一般人员
		医院	管理者
			决策人
			采购经理
			采购员
			护士长
			护士
			一般人员
	非交易组织	协会/学会	管理者
			编辑者
			会员
个人		成员	
		非成员	

5　主用例

5.1　用例图的表示

主用例图是医疗信息商务平台站点所执行的主要功能的一个概述，如图5所示。

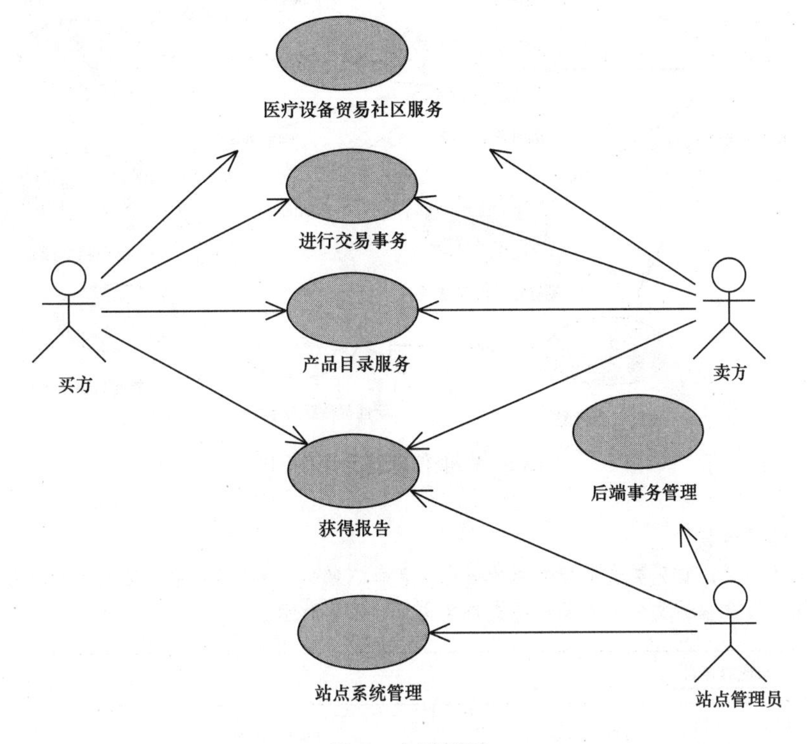

图5　主用例图

医疗信息商务平台站点提供个性化服务、广告和大量行业新闻等一般性信息、注册企业资料，以及用户在线帮助、成员交流服务等功能（医疗设备贸易社区服务用例）。

产品确定后，买方可以使用RFQ交易事务过程。参与各方将在站点交换主要的事务数据。在0阶段暂不实施（进行交易事务）。

产品目录服务提供产品搜索、产品更新、产品修改、拍卖品登记等服务（产品目录服务用例）。

医疗信息商务平台站点给成员提供大量的信息报告和通知，包括用户调查报告、站点统计报告、注册信息、订单状态信息（获得报告用例）。

站点系统管理服务提供管理员查看站点运行状态，维护并管理功能（站点系统管理用例）。

后端事务管理为站点管理员提供成员账户管理、产品目录管理、站点统计信息、计费管理、贸易数据跟踪和事务数据跟踪服务（后端事务管理用例）。

5.2　图示说明

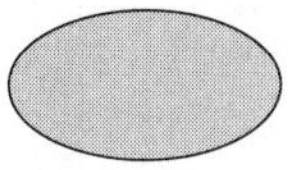

背景色为浅灰色的用例（图6）代表第一阶段要实施的商务过程。在黑白打印文稿中，颜色显示为深色。

图6　用例示例一

背景色白色的用例（图7）代表后续阶段将要实施的商务过程。在黑白打印文稿中，颜色显示为白色。

图7　用例示例二

6　医疗贸易社区服务

6.1　一般信息服务

一般信息服务用例图如图8所示。

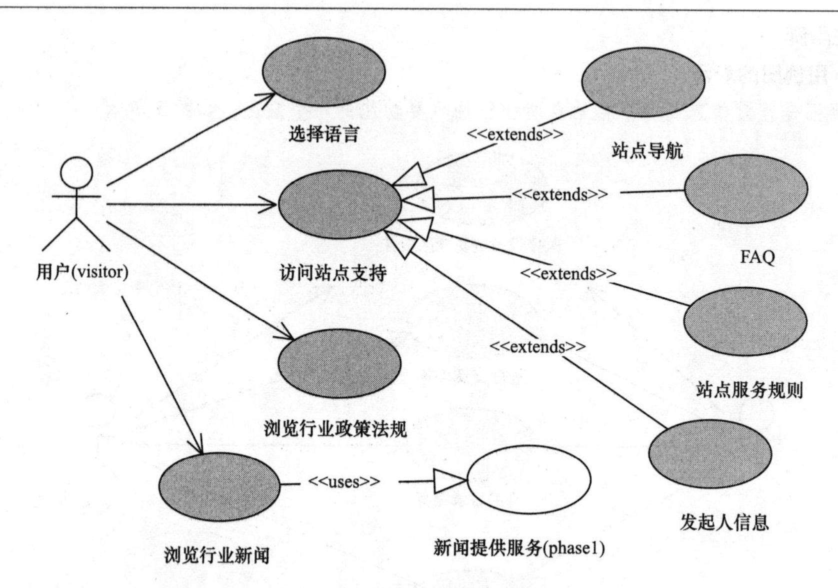

图8 一般信息服务用例图

6.1.1 选择语言

用户进入主页后，首先要选择所使用的语言（简体、繁体、英文）。用户注册后，所选择的语言自动存入该成员个性化描述文件。本阶段不支持英文，如图9所示。

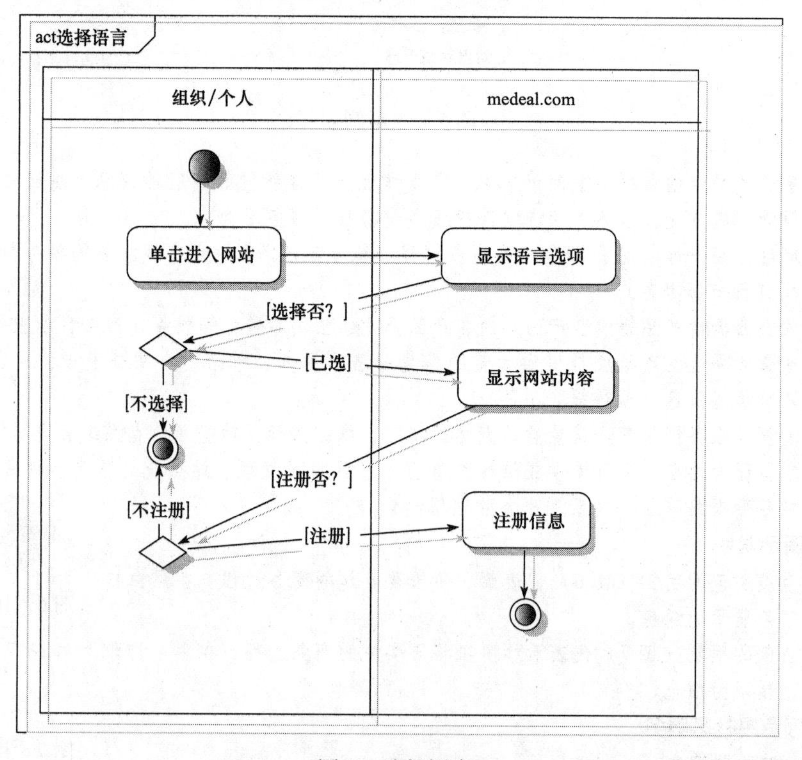

图9 选择语言

……

6.2　商业信息服务

商业信息服务用例图如图 10 所示。

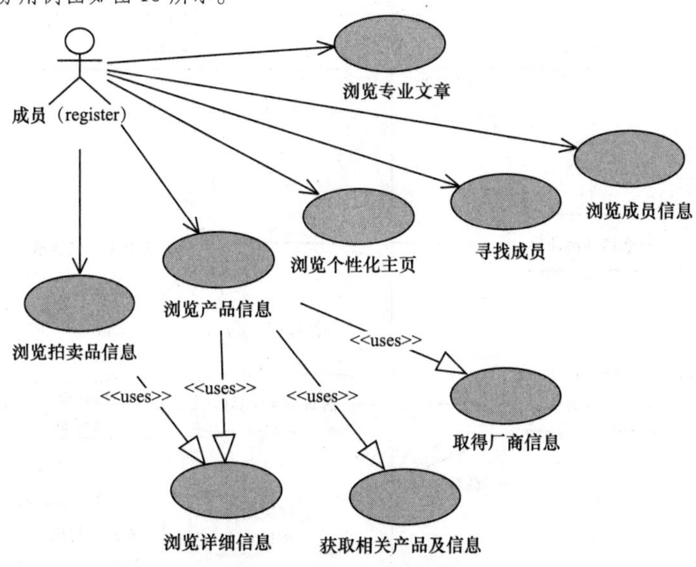

图 10　商业信息服务用例图

……

9　交易事务服务

9.1　采购单

采购用例图如图 16 所示。

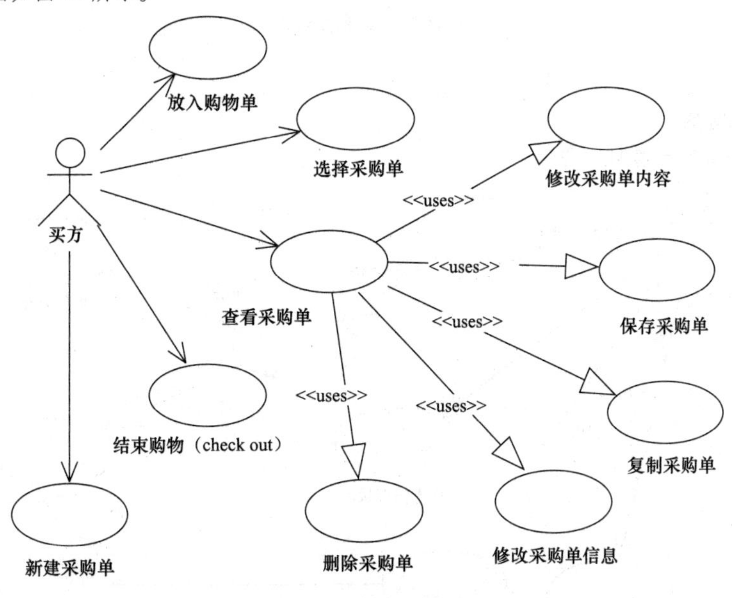

图 16　采购用例图

9.1.1　选择采购单

如果买方已经拥有多个采购单，那么他就可以设定一个“活动的”采购单。如果是第一次购物，将自动被分配一个采购单，如图 17 所示。

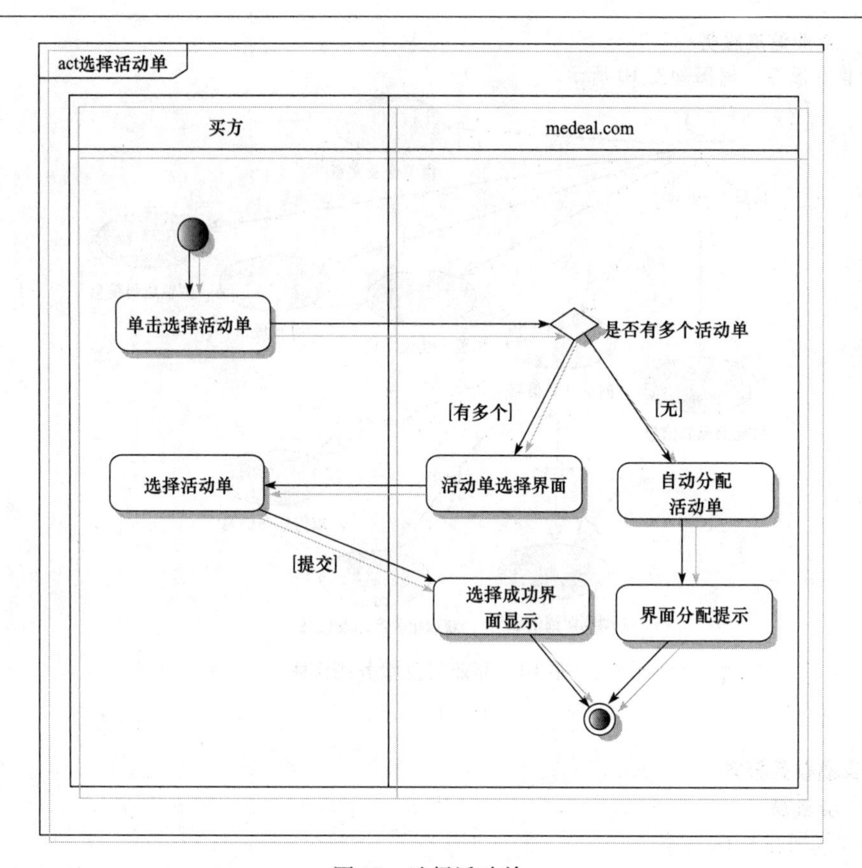

图 17 选择活动单

……

9.3 拍卖服务

拍卖服务用例图如图 18 所示。

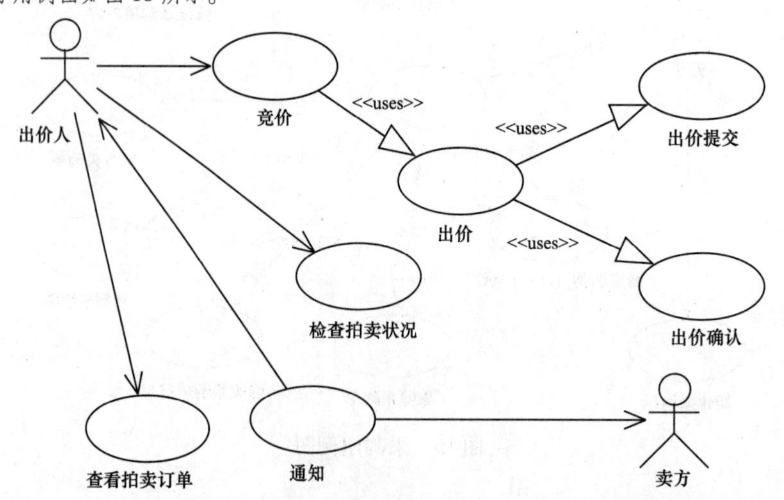

图 18 拍卖服务用例图

……

9.3.4　出价确认

站点将买方的出价和拍品信息再次提供给买方，买方确认后，此次出价有效，如图19所示。

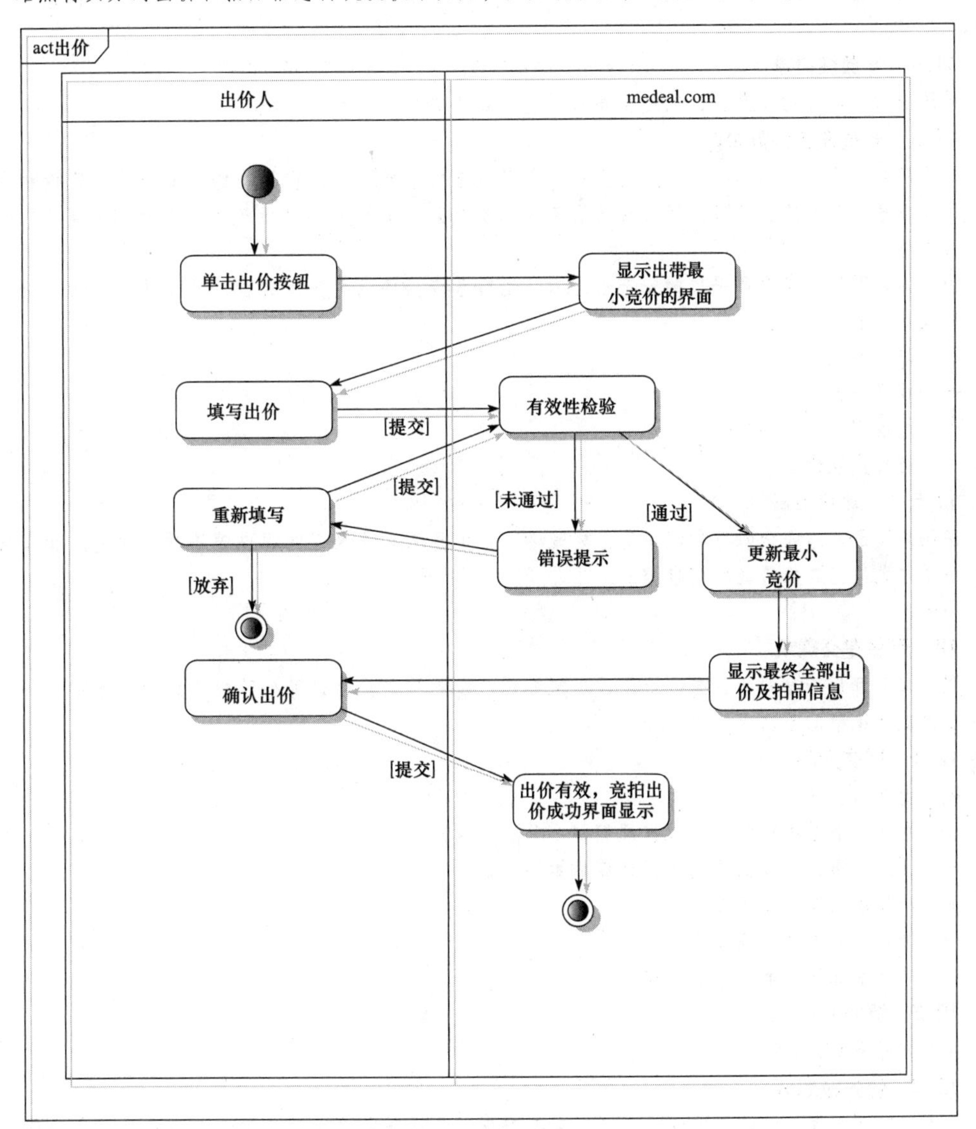

图19　出价确认

……

11　性能需求

根据用户对本系统的要求，确定系统在响应时间、可靠性、安全性等方面有较高的性能要求。

11.1　界面需求

略。

11.2　响应时间需求

无论是客户端和管理端，当用户登录，进行任何操作的时候，系统应该及时地进行反应，反应的时间在5s以内。系统应能监测出各种非正常情况，如与设备的通信中断、无法连接数据库服务器等，避免出现长时间等待甚至无响应。

11.3 可靠性需求

系统应保证7×24h内不停机，保证20人可以同时在客户端登录，系统正常运行，正确提示相关内容。

11.4 开放性需求

系统应具有十分的灵活性，以适应将来功能扩展的需求。

11.5 系统安全性需求

对于从事电子商务的网站系统，安全已经变得越来越重要。如何在网上保证交易的公正性和安全性，保证交易方身份的真实性，保证传递信息的完整性以及交易的不可抵赖性，成为电子商务的网站成败的关键。

为了保证医疗信息商务平台的安全性，网站运行系统必须满足如下方面的安全政策，该政策将作为系统设计的依据之一：

——访问控制；

——数据保护；

——通信安全；

——交易完整性。

11.5.1 访问控制

访问控制是网络安全防范和保护的主要策略，其主要任务是保证网络资源不被非法使用和非常访问，主要方式包括身份验证和权限控制。

……

12 产品提交需求

根据本项目是开发网站并有按阶段逐步完善其功能的特点，建议每个阶段完成后都跟踪运行一段时间后再提交完整的产品。

12.1 提交产品

提交的产品包括：

——网站应用系统软件包（包括界面部分和服务侧）；

——网站发布内容数据库（包括建库脚本）；

——产品录入维护工具包；

——网站内容管理过程文档；

——网站系统使用维护说明文档。

12.2 提交方式

提交方式为CD介质。

12.3 优先级划分

考虑到时间因素，对功能需求进行了优先级划分，实际开发将按从优先级高到低的次序分阶段实施。Phase1阶段的功能需求按优先高到低的次序排列如下：

1）用户信息管理（含用户注册和登录）。

2）产品浏览和查询。

3）产品维护。

4）交易。

5）其他。

4.5.2　需求变更控制系统

由于本项目采用了敏捷生存期模型，可以应对很多变更，但是大的变更还是需要有很好的变更控制。所有用户的需求变更直接由项目经理签收，并纳入变更管理中，对于没有纳入变更管理的需求，将不进行开发。具体的需求变更流程如图 4-13 所示。

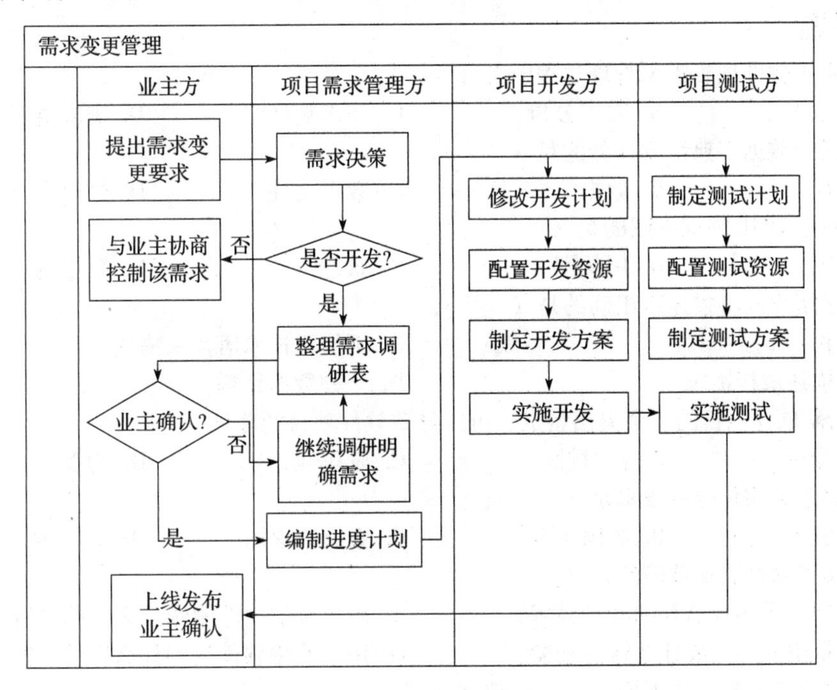

图 4-13　需求变更流程

4.6　小结

本章介绍了需求管理的过程及需求分析的主要方法。需求管理过程包括需求获取、需求分析、需求规格编写、需求验证、需求变更。需求分析综述了传统方法和敏捷方法，传统方法有很多种，这里主要介绍了原型需求分析方法、基于数据流建模方法、基于 UML 建模方法、功能列表法方法，敏捷需求分析是通过描述用户故事来体现的。软件项目开发人员首先应该明确用户的意图和要求，然后形成一个可以作为开发图纸的软件需求规格。

4.7　练习题

一、填空题

1. 需求管理包括________、________、________、________、________5 个过程。
2. 敏捷项目主要采用________描述需求。

二、判断题

1. 需求规格说明可以包括系统的运行环境。　(　　)
2. 数据流分析方法是一种自下而上逐步求精的分析方法。　(　　)
3. 需求分析工作完成的一个基本标志是形成了一份完整的、规范的需求规格说明书。　(　　)

4. 需求是指用户对软件的功能和性能的要求，就是用户希望软件能做什么事情，完成什么样的功能，达到什么性能。（　　）
5. 用户故事常常写在卡片上，然后将其部署到墙上。（　　）
6. 软件项目系统的响应时间属于功能性需求。（　　）
7. 数据字典是由数据项、数据流及操作指令组成的。（　　）

三、选择题

1. 下列不属于软件项目需求管理过程的是（　　）。
   A. 需求获取　B. 需求分析　C. 需求规格编写　D. 需求更新
2. 下列不属于数据字典组成部分的是（　　）。
   A. 数据项　B. 数据流　C. 数据文件　D. 数据库
3. 下列不属于 UML 需求视图的是（　　）。
   A. 甘特图　B. 用例图　C. 状态图　D. 顺序图
4. 下列关于用户故事描述不正确的是（　　）。
   A. 英文称：user story　B. 不使用技术语言来描述
   C. 可以描述敏捷需求　D. 一种数据结构
5. （　　）是软件项目的一个突出特点，可以导致软件项目的蔓延。
   A. 需求变更　B. 暂时性　C. 阶段性　D. 约束性
6. 下列不属于结构化分析技术是（　　）。
   A. 数据流图　B. 数据字典　C. 系统流程图　D. 用例图
7. 下列不属于软件需求范畴的是（　　）。
   A. 软件项目采用什么样的实现技术　B. 用户希望软件能做什么样的事情
   C. 用户希望软件完成什么样的功能　D. 用户希望软件达到什么样的性能
8. 敏捷项目需求一般采用下面（　　）描述。
   A. 用户用例　B. DFD　C. 用户故事　D. 数据字典

四、问答题

1. 下图是 SPM 项目需求规格文档中的一个用例图，请根据图中信息判断参与者是什么角色？并写出至少 3 个用例，如登录、注册等。

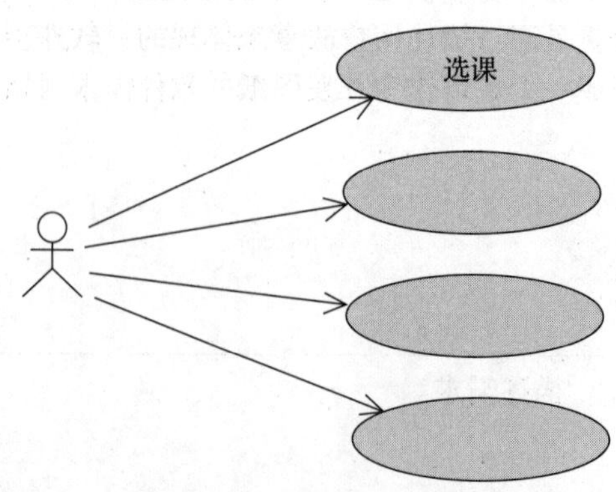

2. 采用典型的用户故事模板描述上题中的注册功能。

第 5 章

■ 软件项目范围计划——任务分解

为了有效确定项目范围、完成范围计划，还需要进行任务分解。因此，本章继续路线图的“范围计划”，如图 5-1 所示。

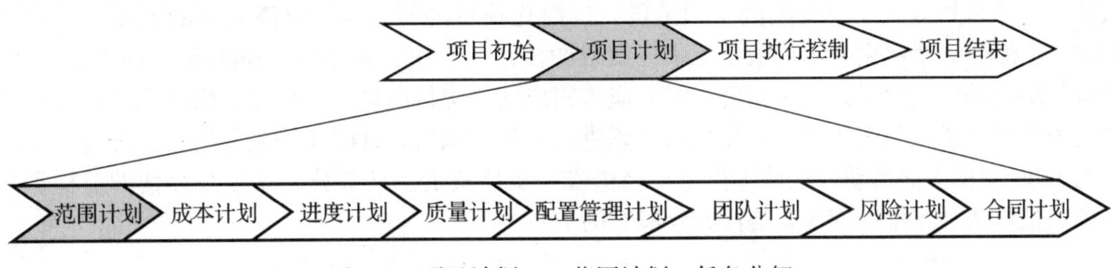

图 5-1　项目计划——范围计划：任务分解

5.1　任务分解定义

只有明确定义项目的范围才能进行很好的项目规划，而要准确定义项目范围，进行任务分解是必需的。任务分解的结果包含所有要做的工作，而且这些工作是必须完成的。

项目管理的第一法则是“做正确的事”，其次才是“正确地做事”。正确定义项目开发范围是走向成功的第一步，因此必须明确项目范围。没有工作范围的定义，项目就可能成为“无底洞”。项目交付成果是项目的最终输出，是项目投入各种资源的依据。项目范围管理的作用是保证项目计划包括且仅包括为成功地完成项目所需要进行的所有工作，从而提交项目交付成果。

范围计划编制是将产生项目产品所需进行的项目工作（项目范围）渐进明细和归档的过程。进行范围计划编制工作需要参考很多信息，如产品描述，首先要清楚最终产品的定义才能规划要做的工作。需求规格是主要的依据，通常对项目范围已经有了基本的约定，范围计划在此基础上进一步深入和细化。

5.1.1　WBS

当解决问题过于复杂时，可以将问题进行分解，直到分解后的子问题容易解决，然后分别解决这些子问题。规划项目时，也应该从任务分解开始，将一个项目分解为更多的工作细目或者子项目，使项目变得更小、更易管理、更易操作，这样可以提高估算成本、时间和资源的准确性，使工作变得更易操作，责任分工更加明确。完成项目本身是一个复杂的过程，必须采取分解的手段把主要的可交付成果分成更容易管理的单元才能一目了然，最终得出项目的任务分解结构（Work Breakdown Structure，WBS）。

任务分解是对需求的进一步细化，是最后确定项目所有任务范围的过程。任务分解的结果是WBS。WBS是面向可交付成果的对项目元素的分组，组织并定义了整个项目的范围。不包括在WBS中的工作不是该项目的工作，只有在WBS中的工作才是该项目的工作范围，它是一个分级的树形结构，是对项目由粗到细的分解过程。

“化繁为简，分而治之”是自古以来解决复杂问题的思想，对于软件项目来讲，可以将大的项目划分成几个小项目来做，将周期长的项目化分成几个明确的阶段。

项目越大，对项目组的管理人员、开发人员的要求越高，参与的人员越多，需要协调沟通的渠道越多，周期越长，开发人员也容易疲劳，将大项目拆分成几个小项目，可以降低对项目管理人员的要求，减少项目的管理风险，而且能够充分地下放项目管理的权力，充分调动人员的积极性，目标比较具体明确，易于取得阶段性的成果，使开发人员有成就感。

“小就是美”，这句话对软件项目管理同样适用。项目范围、项目工期和项目规模（成本）可以看成支持项目成功的三大支柱。尽管软件项目的范围越小，项目组规模越小，项目成功的可能性越大，我们却不可能只做规模小的项目，也不可能将规模大的项目人为地缩小。我们要做的是将项目划分成生命周期的不同阶段，以简化项目的复杂度，提高项目的成功率。对于WBS，每细分一个层次表示对项目元素更细致的描述。其中，工作包（work package）是WBS的最低层次的可交付成果。项目完成时，应该完成这些交付成果，这些交付成果也可以通过子项目的方式完成，分配给另外一位项目经理进行计划和执行，这时工作包可进一步分解为子项目的WBS和相应的活动，这种工作包应当由唯一主体负责。任务分解是项目评估的前提和自下而上估算法的基础。图5-2是任务分解的例子。

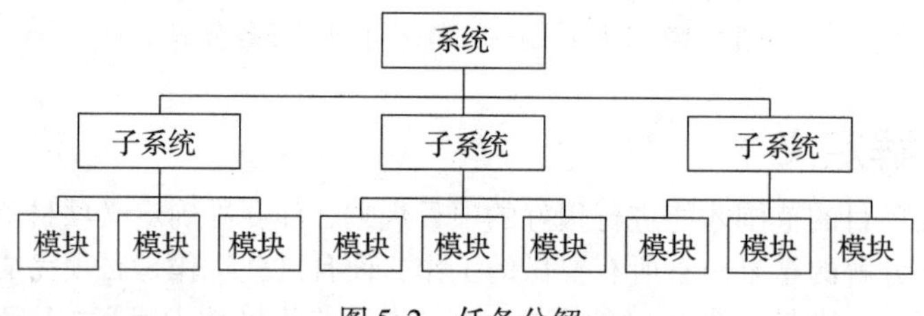

图5-2 任务分解

WBS的建立对于项目来说意义非常重大，它使得原来看起来非常笼统、模糊的项目目标清晰起来，使得项目管理有依据、项目团队的工作目标清楚明了。如果没有一个完善的WBS或者范围定义不明确，就不可避免地出现变更，很可能造成返工、延长工期、降低团队士气等一系列不利的后果。

制定好一个WBS的指导思想是逐层深入。首先确定项目成果框架，然后每层再进行工作分解，这种方式的优点是结合进度划分，更直观，时间感强，评审中容易发现遗漏或多出的部分，也更容易被大多数人理解。

WBS中的每一个具体细目通常指定唯一的编码（code of account），这对有效地控制整个项目的系统非常重要，项目组成元素的编码对于所有人来说应当是有共同的认知。因此，WBS的编码设计与结构设计应该有一一对应的关系，即结构的每一层次代表编码的某一个位数，同时项目的各组成元素的编码都是唯一的。图5-3是确定了WBS编码的任务分解结果。

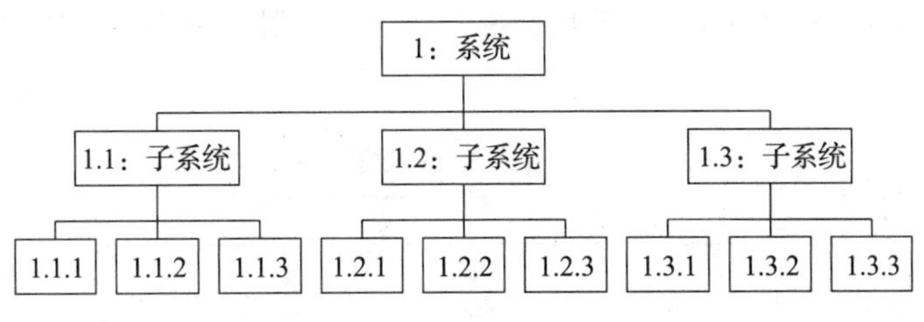

图5-3　有编码的WBS

5.1.2　工作包

工作包是WBS最低层次的可交付成果，是WBS的最小元素。例如，在图5-3中，最底层的1.1.1、1.1.2、1.1.3、1.2.1、1.2.2、1.2.3、1.3.1、1.3.2、1.3.3都是工作包。工作包应当由唯一主体负责，可以分配给另外一位项目经理通过子项目的方式完成。我们可以对工作包进行成本估算、进度安排、风险分析及跟踪控制。工作包还将被进一步分解为项目进度中的活动，在项目中，每个被分配的活动都应该与一个工作包相关，当工作包被项目的活动创建后，所有的工作包的总和等于项目范围，当项目范围完成时，它将满足产品的氛围，所有这些构成一个完整的项目。

有的工作包作为外包工作的一部分，这时需要制定相应的合同WBS。

5.1.3　任务分解的形式

WBS可以采用提纲式WBS、组织结构图式WBS或能说明层级结构的其他形式的WBS来表达任务分解的结果。

1. 提纲式WBS

提纲式WBS也称为清单式WBS，其任务分解方式是将任务分解的结果以清单的表述形式进行层层分解的方式。下面以一个项目为例进行说明。这个项目是“变化计数器”，变化计数器是统计程序大小的软件工具，当修改一个程序时，这个工具可以统计各个版本之间有多少代码行增加、删除或修改。针对这个项目，采用清单形式进行任务分解，具体如下。

1. 变化计数器
  1.1　比较两个版本的程序
    1.1.1　预处理
    1.1.2　文件比较
    1.1.3　结果处理
  1.2　找出修改后的程序中增加和删除的代码行
    1.2.1　找出增加的代码行
    1.2.2　找出删除的代码行
  1.3　统计修改后的程序中增加和删除的代码行数
    1.3.1　统计增加的代码行数
    1.3.2　统计删除的代码行数
  1.4　统计总的代码行数
  1.5　设定标记以指示修改的次数
  1.6　在程序的头部增加修改记录

2. 组织结构图式WBS

组织结构图式WBS也称为图表式WBS，进行任务分解时采用以图表的形式进行层层分解的方式，类似组织结构图。例如，对于上面的“变化计数器”项目，采用图表类型的分解结果如图 5-4 所示。

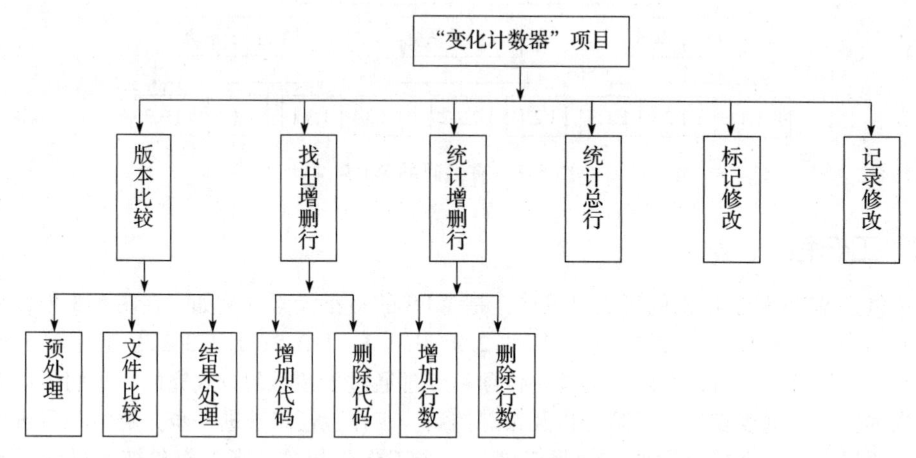

图 5-4 变化计数器图表分解形式

5.1.4 WBS 字典

WBS 具体工作要素的阐述通常收集在 WBS 字典（WBS dictionary）中。一个典型的 WBS 字典既包括对工作包的阐述，也包括其他信息（如进度表的日期、成本预算和员工分配等问题）的阐述。通过 WBS 字典可以明确 WBS 的组件是什么。表 5-1 是一个 WBS 字典的例子。

表 5-1 WBS 字典实例

WBS 表示号	BSM-LBL
名称	BSN 事件日志管理系统
主题目标	网管的安全管理系统
描述	1. 存储事件数据：记录相应事件 2. 设置事件滤波：对某些事件可设置滤波 3. 浏览事件日志：对所有事件提供浏览功能 4. 规划 BSN 事件日志 5. 生成历史数据：可生成历史事件报告 6. 管理 BSN 事件日志：可以调整 BSN 事件的配置参数
完成的任务	1、2、3 已经完成
责任者	×××
完成的标识	通过质量保证部的验收报告
备注	

5.2 任务分解过程与方法

5.2.1 任务分解过程

进行任务分解应该采取一定的步骤，并且分解过程中保持唯一的分解标准。任务分解的基本过程如图 5-5 所示。

图 5-5 任务分解的基本过程

任务分解应该根据需求分析的结果和项目相关的要求，同时参照以往的项目分解结果进行，其最终结果是 WBS。

分解意味着分割主要工作细目，使它们变成更小、更易操作的要素，直到工作细目被明确详细地界定，这有助于未来项目的具体活动（规划、评估、控制和选择）的开展。一般地，进行任务分解的基本步骤如下。

1）确认并分解项目的主要组成要素。通常，项目的主要要素是这个项目的工作细目。以项目目标为基础，作为第一级的整体要素。项目的组成要素应该用有形的、可证实的结果来描述，目的是使绩效易检测。当确定要素后，这些要素就应该用项目工作怎样开展、在实际中怎样完成的形式来定义。有形的、可证实的结果既包括服务，也包括产品。

2）确定分解标准，按照项目实施管理的方法分解，而且分解的标准要统一。分解要素是根据项目的实际管理而定义的。不同的要素有不同的分解层次。进行任务分解的标准应该统一，不能有双重标准，选择一种项目分解标准之后，在分解过程中应该统一使用此标准，避免使用不同标准导致的混乱。例如，可以以生存期阶段为标准，以功能（产品）组成为标准或者其他的标准等。例如，项目生存期的阶段可以当作第一层次进行划分，把第一层次中的项目细目在第二阶段继续进行划分。

3）确认分解是否详细，是否可以作为费用和时间估计的标准，明确责任。

4）确定项目交付成果。交付成果是有衡量标准的，以此检查交付结果。

5）验证分解正确性。验证分解正确后，建立一套编号系统。

图 5-4 所示的分解过程是按照功能组成进行分解的，分解后的编码系统如图 5-6 所示。

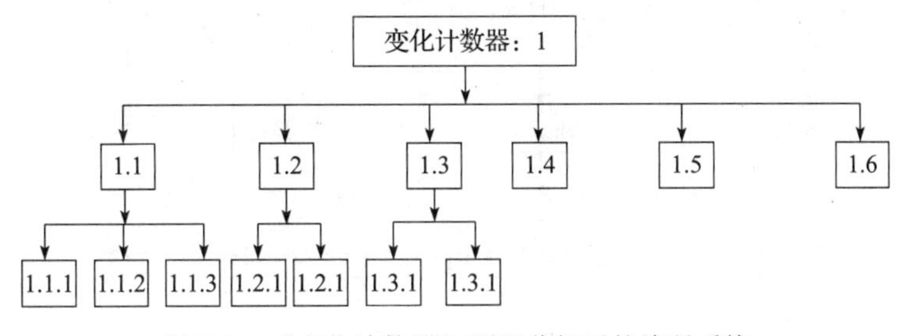

图 5-6　“变化计数器”项目分解后的编码系统

5.2.2　任务分解方法

任务分解有很多具体方法，如模板参照、类比、自顶向下和自底向上等方法。

1. 模板参照方法

许多应用领域都有标准或半标准的 WBS，它们可以当作模板参考使用。例如，图 5-7 是某软件企业进行项目分解的 WBS 模板，本图仅作为参照示例，不代表任何特定项目的具体分解标准，而且不是唯一的参照模板。

有些企业有一些 WBS 分解的指导说明和模板，项目人员应该通过评估相应的信息来开发项目的 WBS。

2. 类比方法

虽然每个项目是唯一的，但是 WBS 经常被“重复使用”，有些项目在某种程序上是具有相似性的。例如，从每个阶段看，许多项目有相同或相似的周期和因此而形成的相同或相似的工作细目要求。可以采用类似项目的 WBS 作为参考，一些企业保存一些项目的 WBS 库和一些项目文档为其他项目的开发提供参照。很多项目管理工具提供了一些 WBS 的实例作为参考，因此可以选择一些类似的项目作为参考开发 WBS。

3. 自顶向下方法

自顶向下方法采用演绎推理方法，这是因为它沿着从一般到特殊的方向进行，从项目的大局着手，然后逐步分解子细目，将项目变为更细、更完善的部分，如图 5-8 所示。

- 软件系统发布版本
  - 项目规划
    - 合同签订
    - 计划编制
    - 计划确认
  - 需求分析
    - 需求开发
    - 需求管理
    - 系统测试计划编制
  - 总体设计
    - 策略确定
    - 开发标准确定
    - 架构设计
    - 集成测试计划编制
  - 详细设计
    - 接口设计
    - 模块设计
    - 单元测试计划编制
  - 实现
    - 编码
    - 代码复核
    - 单元测试
  - 测试
    - 集成测试
    - 系统测试
    - 测试总结
    - 缺陷跟踪
    - 手册编写
  - 交付
    - 验收测试
    - 产品提交
    - 用户培训

图 5-7 WBS 模板

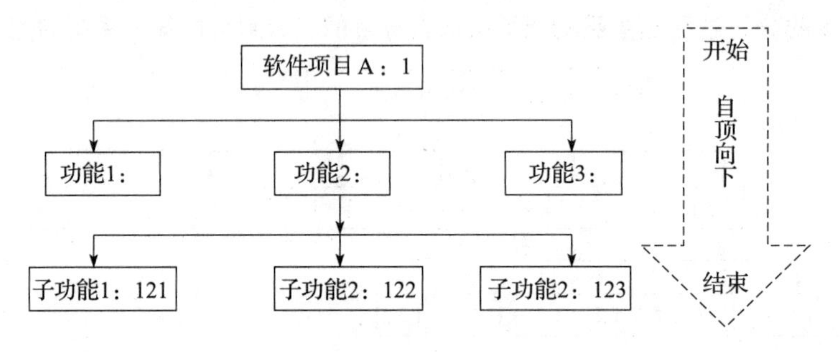

图 5-8 自顶向下方法

自顶向下方法需要有更多的逻辑和结构，它也是创建 WBS 的最好方法。使用自顶向下方法来生成 WBS，首先要确定每一个解决方案，然后将该方案划分成能够实际执行的若干步骤。在日常生活当中，你可能已经不自觉地使用过自顶向下的工作方法。例如，当你决定要购买一辆小汽车时，需要首先确定买哪种类型的汽车——运动型多用途车、赛车、轿车、小型货车，然后考虑能够买得起什么车，什么颜色等，这个思维过程就是一个从主要问题逐渐细化到具体问题的过程。

如果 WBS 开发人员对项目比较熟悉或者对项目大局有把握，则可以使用自顶向下方法。应用自顶向下方法开发 WBS 时，可以采用下面的操作：首先确定主要交付成果或者阶段，将它们分别写在便条上，然后按照一定的顺序将它们贴在白板上，接下来开始考察第 1 个交付成果或者第 1 阶段，将这些部件分解为更小的交付成果，然后继续分解这些交付成果直到分解为比较容易管理的工作包，即 WBS 的最小单元。

分解项目交付成果需要一定的技巧。可能一开始不能将任务划分得太细，但一定要考虑将合适的时间和资源分配给每个阶段中必须完成的活动。只需把握大方向，然后给团队成员分配他们应该完成的工作，而不必详细描述具体的工作机制。

完成了第 1 个主要交付成果或者完成第 1 阶段以后，就可以进行第 2 个交付成果或者第 2 阶段的工作，以此类推，并重复上述过程，直到所有的交付成果被分解成工作包。此时，白板上一定已经贴满了便条。实际上，这已经清楚地表达了项目的执行全程。

4. 自底向上方法

自顶向下方法按从一般到特殊的方向进行，而自底向上方法是按从特殊向一般的方向进行的。自底向上方法首先定义项目的一些特定任务，然后将这些任务组织起来，形成更高级别的 WBS 层。将详细的任务罗列后，可以形成高的层次，然后将它们组织成更高的层次，如图 5-9 所示。

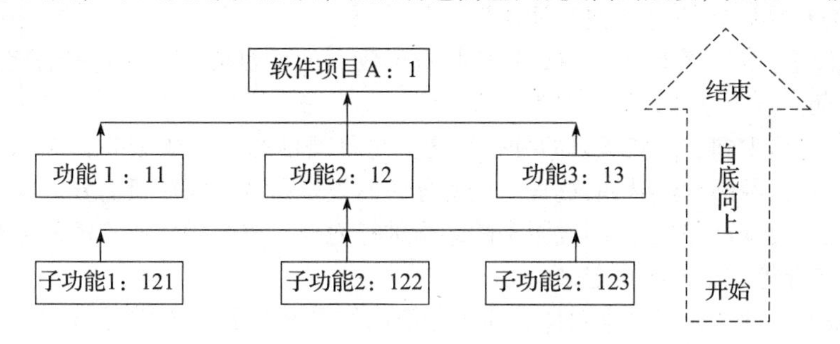

图 5-9　自底向上方法

采用自底向上方法开发 WBS 时，可以将可能的任务都写在便条上，然后将它们粘在白板上，这样有利于观察和研究任务之间的关系，然后按照逻辑关系层层组合，形成最后的 WBS。自底向上方法是一种理想的发挥创造力的解决问题的方法。试想现在有一个项目团队正设法找到一个廉价的连接北京和上海网络的解决方案。自底向上方法将会设法寻找一个针对该问题的独特方案，而不对能解决该类问题的每一个方案都进行详细研究。这种方法可能会研究新软件的使用、新服务提供商或者某些实际执行的情况，这些有待执行的工作尚未解决，还有待讨论。如果对于项目人员来说，这个项目是一个崭新的项目，则可以采用自底向上方法开发 WBS。

5.3　任务分解结果

5.3.1　任务分解结果的检验

任务分解后，需要核实分解的正确性。通过确认 WBS 较低层组件是完成上层相应可交付成果的必要且充分的工作，来核实分解的正确性。不同的可交付成果可以分解到不同的层次。某些可交付成果只需分解到下一层，即可到达工作包的层次，而另一些则须分解更多层。工作分解得越细致，对工作的规划、管理和控制就越有力。但是，过细的分解会造成管理努力的无效耗费、资源使用效率低下、工作实施效率降低，同时造成 WBS 各层级的数据汇总困难。任务分解结果的基本检验原则如下。

1）明确并识别出项目的各主要组成部分，即明确项目的主要可交付成果。一般来讲，项目的主要组成部分包括项目的可交付成果和项目管理本身。在进行这一步时需要解答的问题是：要实现项目的目标需要完成哪些主要工作？更低层次的细目是否必要和充分？如果不必要或者不充分，就必须重新修正（增加细目、减少细目或修改细目）这个组成要素。

2）确定每个可交付成果的详细程度是否已经达到了足以编制恰当的成本和历时估算。“恰当”的含义可能会随着项目的进程而发生一定的变化，因为对将来产生的一项可交付成果进行分解也许是不大可能的。如果最底层要素存在重复现象，就应该重新分解。

3）确定可交付成果的组成元素。组成元素应当用切实的、可验证的结果来描述，以便于进行绩效测量。组成元素可以根据项目工作的组织形式定义。切实、可验证的结果既可包括产品，又可包括服务。这一步要解决的问题是：要完成上述各组成部分，有哪些更具体的工作要做？每个细目都有明确的、完整的定义吗？如果不是，则这种描述需修正或扩充。

4）核实分解的正确性，需要明确如下问题：最底层项对于项目分解来说是否是必要且充分的？如果不是，则必须修改、添加、删除或重新定义组成元素。每项定义是否清晰完整？如果不完整，则需要修改或扩展。每项是否都能够恰当地编制进度和预算？如果不能，则需要做必要的修改，以便提供合适的管理控制。

5）与相关人员对 WBS 结果进行评审。

在实际操作中，对于实际的项目，特别是对于较大的项目而言，在进行任务分解的时候，要注意以下几点。

1）要清楚地认识到，确定项目的分解结构就是将项目的产品或服务、组织和过程这 3 种不同的结构综合为项目分解结构的过程。任务分解的规模和数量因项目而异。项目经理和项目的工作人员要善于将项目按照产品或服务的结构进行划分、按照项目的阶段划分及按照项目组织的责任进行划分等有机地结合起来。

2）项目最底层的工作要非常具体，任务分解的结果必须有利于责任分配，而且要完整无缺地分配给项目内外的不同个人或者组织，以便于明确各个工作块之间的界面，并保证各工作块的负责人能够明确自己的具体任务、努力的目标和所承担的责任。同时，工作划分得具体，也便于项目的管理人员对项目的执行情况进行监督和业绩考核。

3）实际上，逐层分解项目或其主要的可交付成果的过程，也就是给项目的组织人员分派各自角色和任务的过程。先分大块任务，然后细分小的任务，最底层是可控的和可管理的，避免分解过细，最好不要超过 7 层。注意收集与项目相关的所有信息，注意参看类似项目的任务分解结果，与相关人员讨论。

4）对于最底层的工作块，一般要有全面、详细和明确的文字说明，定义任务完成的标准。因为对于项目，特别是较大的项目来说，也许会有许多的工作块，因此常常需要把所有的工作块的文字说明汇集到一起，编成一个项目任务分解结构字典。

5）并非 WBS 中所有的分支都必须分解到同一水平，各分支中的组织原则可能会不同。任何分支最底层的细目叫作工作包。按照软件项目的平均规模来说，推荐任务分解时至少拆分到一周的工作量（40 小时）。工作包是完成一项具体工作所要求的一个特定的、可确定的、可交付及独立的工作单元，需要为项目控制提供充分而合适的管理信息。任何项目并不是只有唯一正确的 WBS。

成功完成的 WBS 是对项目总范围的组织和界定。根据情况，任务分解中可以包括诸如管理、质量等任务的分解。当然也可以在后续的活动分解时，再分解出相应的管理、质量等活动。

5.3.2 任务分解的重要性

WBS 提供了项目范围基线，是范围变更的重要输入。通过任务分解，项目经理可以集中注意力到项目的目标上，不必考虑细节问题。同时任务分解为开发项目提供了一个实施框架，其中明确了责任，为评估和分配任务提供具体的工作包，是进行估算和编制项目进度的基础，对整个项目成功的集成和控制起到非常重要的作用。因此，WBS 重要性如下。

1）WBS 明确了完成项目所需的工作。它是项目的充分必要条件，即必须完成的任务，可以只需完成的任务。WBS 可以保证项目经理对项目完成所必备的可交付成果了如指掌。

2）WBS 建立时间观念。通过创建 WBS，项目经理及其团队可以一起为项目的可交付成果而努力。

3）WBS 提供了一种控制手段。WBS 能以可视化的方式，提供项目中每个任务的状态和进展情况。

4）WBS 是范围基线的重要组成部分。WBS 提供了范围基线的核心部分，批准的需求规格及 WBS 字典也是基线的组成部分。

5）WBS 可以及时提示是否变更。WBS 基于项目的范围和需求确定了所有的项目可交付成果，可以监督范围变化。

5.4　敏捷项目的任务分解

在敏捷开发过程中，通过用户故事来将需求具体化成可以进行迭代开发的一个个现实的可见的开发任务。因此，在敏捷软件的开发过程中，用户故事的划分对迭代和开发起着举足轻重的作用。

5.4.1　用户故事分解过程

从其名字来看，用户故事是站在用户的角度所描述的故事，同时是用户所能看懂的故事，开发人员最容易犯下的一个错误就是站在自己的角度去思考和划分故事，这样就背离了用户故事的初衷。

用户故事是对需求的细化和切分，既然是细化，就有一个度，这就涉及另外一个关键的单词——史诗故事 Epic，通俗地说就是大型故事。Epic 由许多较大的不确定的需求（large fuzzy requirement）组成；Epic 本身具有更低的优先级，因为不能直接通过其完成迭代和开发，而是首先需要划分成较小的真正的用户故事；另外，Epic 因为包含了太多的模糊性需求，所以常常混杂了很多不同的特性（feature），而一个特性就是一组可以归为一类的需求，同时对某一特定的用户存在着交互的价值。因此，敏捷项目的分解过程，就是将大型故事分解成用户故事。为此，需要定义项目的所有 Epic，针对每个 Epic 确定包含的特性及分解出的用户故事开发必要的任务，如图 5-10 所示。

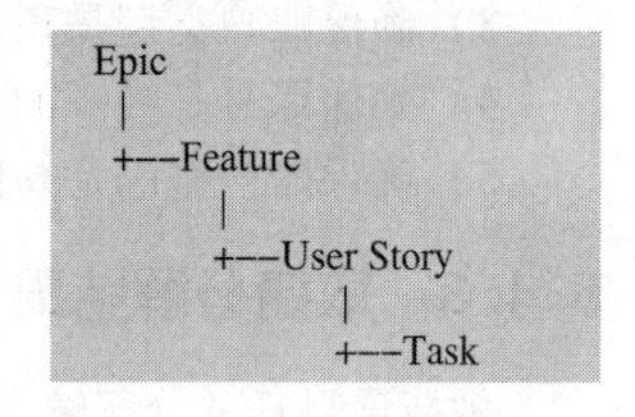

图 5-10　敏捷项目分解过程

［分解例 1］

Epic

As a user, I want to backup my entire hard drive so that I won't lose any work.

Break down story 1

As a power user, I want to specify files or folders to backup based on file size, date created and date modified So that I can manage the files better.

Break down story 2

As a user, I want to indicate folders not to backup So that my backup drive isn't filled up with things I don't need.

［分解例 2］

Epic

As a busy executive, I want to be able to save favourites on my mobile weather application so that I can choose from a finite drop-sown list to easily locate the weather in the destination I am travelling to.

Break down story 1

As a busy executive, I want to be able to save a search location to my list of favourites from my mobile device So that I can reuse that search on future visits.

Break down story 2

As a busy executive, I want to be able to name my saved searches from my mobile device so that I know how to access each saved search in the future.

Break down story 3

As a busy executive, I want the name of my saved searches to default to the city name, unless I choose to manually override it So that I can streamline saving my searches.

```
Break down story 4
```

As a busy executive, I want my "saved favourites" option on the user interface to be presented on a mobile device near the "search location" So that I have the option of starting a new search or using a saved one, and can minimise my keystrokes within the weather application.

5.4.2 敏捷分解检验

分解完成了用户故事之后，应该给出接收标准（acceptance criteria），它可以作为用户测试用户故事的依据。这个接收标准一般写在故事卡片的后面，以确保这个用户故事是可理解的，而且可以方便团队讨论这个用户故事的业务价值。图 5-11 所示是创建账户功能的用户故事，其接收标准如下。

1）确保这个客户在系统中存在；

2）确保用户的信用状况是符合条件的；

3）确保账户类型是正确的；

4）确保账号是唯一的；

5）确保账户密码是 6 位数字。

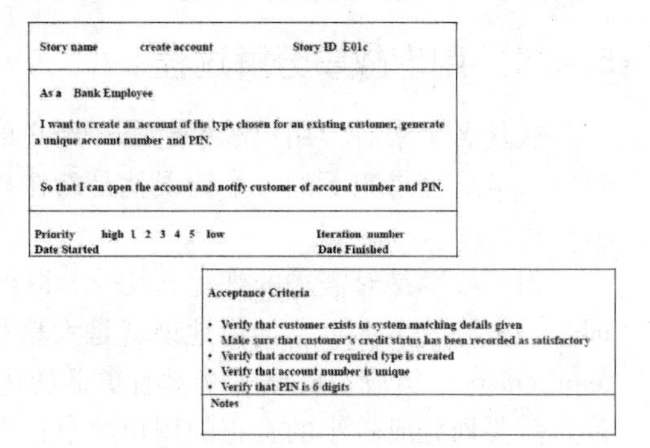

图 5-11 用户故事的接收标准

5.4.3 敏捷分解结果

敏捷项目任务分解输出可以是对 backlog 列表进行细化的过程，将 Epics 分解为用户故事，再将编写完成的用户故事汇总到这个 backlog 列表中，如图 5-12 所示，它是后续项目规划的基础。

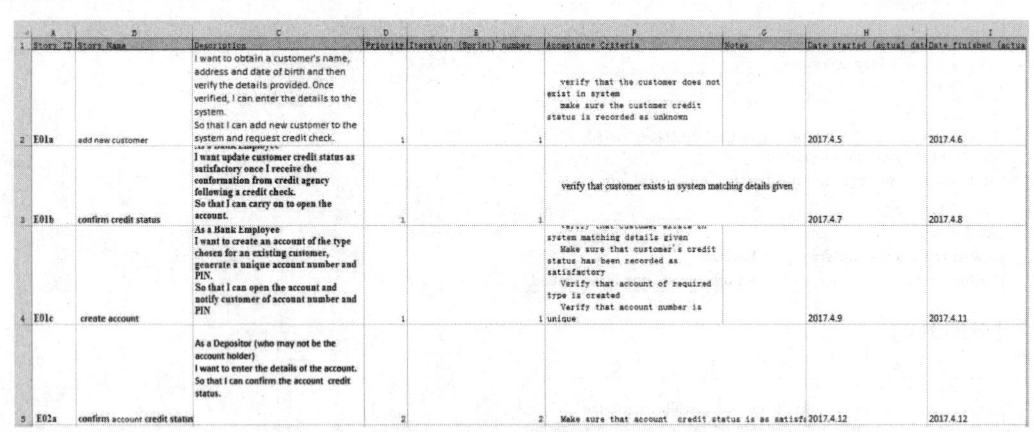

	A	B	C	D	E	F	G	H	I
1	Story ID	Story Name	Description	Priority	Iteration (Sprint) number	Acceptance Criteria	Notes	Date started (actual dat	Date finished (actua
2	E01a	add new customer	I want to obtain a customer's name, address and date of birth and then verify the details provided. Once verified, I can enter the details to the system. So that I can add new customer to the system and request credit check.	1	1	verify that the customer does not exist in system make sure the customer credit status is recorded as unknown		2017.4.5	2017.4.6
3	E01b	confirm credit status	I want update customer credit status as satisfactory once I receive the conformation from credit agency following a credit check. So that I can carry on to open the account.	1	1	verify that customer exists in system matching details given		2017.4.7	2017.4.8
4	E01c	create account	As a Bank Employee I want to create an account of the type chosen for an existing customer, generate a unique account number and PIN. So that I can open the account and notify customer of account number and PIN	1	1	system matching details given Make sure that customer's credit status has been recorded as satisfactory Verify that account of required type is created Verify that account number is unique		2017.4.9	2017.4.11
5	E02a	confirm account credit status	As a Depositor (who may not be the account holder) I want to enter the details of the account. So that I can confirm the account credit status.	2	2	Make sure that account credit status is as satisf		2017.4.12	2017.4.12

图 5-12 完善用户故事的 backlog 列表

另外，在未来远期才完成的可交付成果或组件在当前可能无法分解。项目管理团队通常需要等待对该可交付成果或组成部分达成一致意见，才能够制定出 WBS 中的相应细节，这种技术有时称为滚动式规划。

5.5 “医疗信息商务平台”任务分解案例分析

根据对“医疗信息商务平台”需求规格的分析，采用图表形式进行任务分解，其分解结果如图 5-13 所示，WBS 可以随着系统的完善而不断完善。

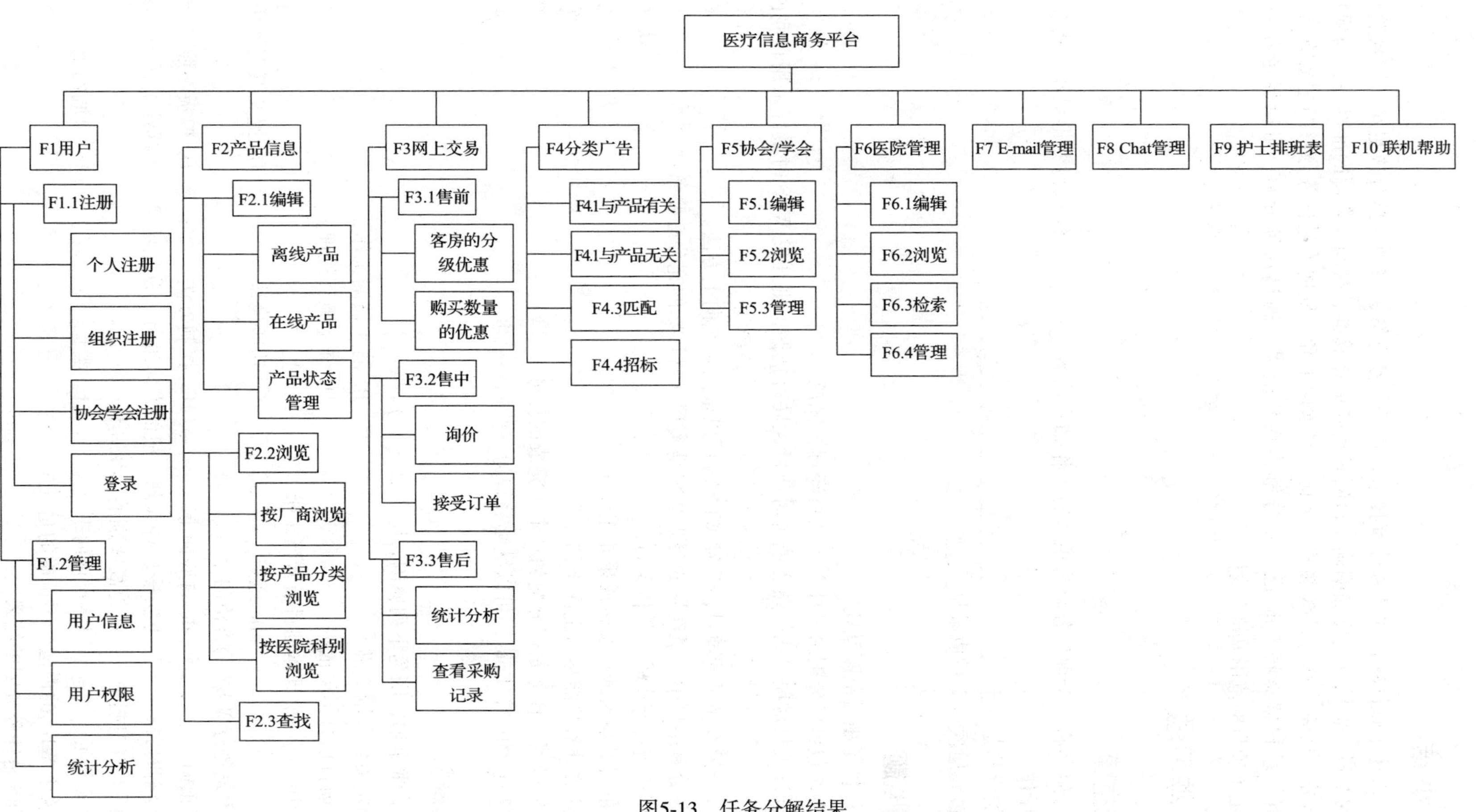
医疗信息商务平台
F1用户
F1.1注册
个人注册
组织注册
协会/学会注册
登录
F1.2管理
用户信息
用户权限
统计分析
F2产品信息
F2.1编辑
离线产品
在线产品
产品状态管理
F2.2浏览
按厂商浏览
按产品分类浏览
按医院科别浏览
F2.3查找
F3网上交易
F3.1售前
客房的分级优惠
购买数量的优惠
F3.2售中
询价
接受订单
F3.3售后
统计分析
查看采购记录
F4分类广告
F4.1与产品有关
F4.1与产品无关
F4.3匹配
F4.4招标
F5协会/学会
F5.1编辑
F5.2浏览
F5.3管理
F6医院管理
F6.1编辑
F6.2浏览
F6.3检索
F6.4管理
F7 E-mail管理
F8 Chat管理
F9 护士排班表
F10 联机帮助

图5-13　任务分解结果

5.6 小结

本章讲述了软件项目的任务分解技术，通过任务分解，将项目拆分成更小、更易管理、更易操作的细目，责任分工更加明确，目的是提高估算成本、时间和资源的准确性，为项目跟踪和控制确定一个基准线。模板参照、类比、自顶向下和自底向上是任务分解的主要方法。敏捷任务分解的过程就是将 Epic 进一步分解为用户故事。通过任务分解，可以界定项目范围，WBS 确定了项目的范围基准计划。

5.7 练习题

一、填空题

1. 任务分解是将一个项目分解为更多的工作细目或者________，使项目变得更小、更易管理、更易操作。
2. WBS 的全称是____。
3. WBS 最底层次可交付成果是________。

二、判断题

1. WBS 提供了项目范围基线。（　　）
2. 一个工作包可以分配给另外一个项目经理去完成。（　　）
3. 如果开发人员对项目比较熟悉或者对项目大局有把握，则开发 WBS 时最好采用自底向上方法。（　　）
4. 对于一个没有做过的项目，开发 WBS 时可以采用自底向上方法。（　　）
5. 在任务分解结果中，最底层的要素必须是实现项目目标的充分必要条件。（　　）
6. 一个工作包应当由唯一主体负责。（　　）
7. WBS 的最高层次的可交付成果是工作包。（　　）
8. 对任务的分解只能是自上而下的。（　　）
9. WBS 的最底层任务是能分配到一个人完成的任务。（　　）
10. 敏捷项目的一个 Epic 还可以继续分解为一些用户故事。（　　）

三、选择题

1. WBS 非常重要，因为下列原因，除了（　　）。
   A. 确定项目范围基准　　B. 防止遗漏工作
   C. 为项目估算提供依据　　D. 确定项目经理
2. WBS 中的每一个具体细目通常指定唯一的（　　）。
   A. 编码　　B. 地点　　C. 功能模块　　D. 提交截至期限
3. 下列不是创建 WBS 的方法的是（　　）。
   A. 自顶向下　　B. 自底向上　　C. 控制方法　　D. 模板参照
4. 任务分解时，（　　）方法按从特殊到一般的方向进行，首先定义一些特殊的任务，然后将这些任务组织起来，形成更高级别的 WBS 层。
   A. 模板参照　　B. 自顶向下　　C. 类比　　D. 自底向上
5. 下列关于 WBS 的说法，不正确的是（　　）。
   A. WBS 是任务分解的结果

B. 不包括在 WBS 中的工作就不是该项目的工作

C. 可以采用提纲式或者组织结构图形式表示 WBS 的结果

D. 如果项目是一个崭新的项目，则最好采用自顶向下方法开发 WBS

6. 检验 WBS 分解结果的标准不包括（　　）。

A. 最底层的要素是否是实现目标的充分必要条件

B. 分解的层次不少于 3 层

C. 最底层元素是否有重复

D. 最底层要素是否有清晰完整的定义

7. WBS 是对项目由粗到细的分解过程，它的结构是（　　）。

A. 分层的集合结构　　B. 分级的树形结构　　C. 分层的线性结构　　D. 分级的图状结构

8. 任务分解时，（　　）方法按从一般到特殊的方向进行，从项目的大局着手，然后逐步分解子细目，将项目变为更细、更完善的部分。

A. 模板参照　　B. 自顶向下　　C. 类比　　D. 自底向上

四、问答题

1. 试写出任务分解的方法和步骤。

2. 当项目过于复杂时，可以对项目进行任务分解，这样做的好处是什么？

第6章

软件项目成本计划

成本计划是项目管理的核心计划。本章进入路线图的“成本计划”，如图6-1所示。

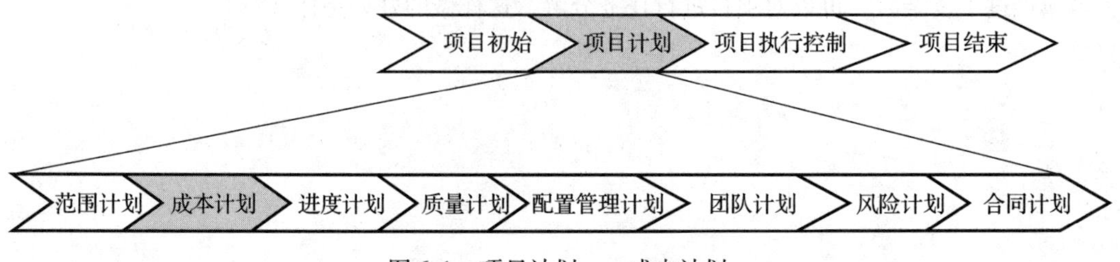

图6-1　项目计划——成本计划

6.1　成本估算概述

估算不是精确的科学计算，尤其软件项目更是如此，软件项目中存在太多的不确定性，而且在项目初期，人们对需求和技术的了解还不是很透彻。可能没有人可以精确地回答“这个估算是正确的吗?”有效的软件估算，特别是软件成本估算，一直是软件工程和软件项目管理中最具挑战、最为重要的问题。虽然，软件项目估算不是一门精确的科学，但将良好的历史数据与系统化的技术结合起来能够提高估算的精确度。

对于估算，既没有特效的办法，也没有通用的模型，项目经理可以根据以前的项目经验和验证过的指南来提高估算精确度。无论是成本还是进度都可以采用渐进的方式逐步完善。

为了得到一个相对准确的估算结果，项目管理者应该系统地学习相关的成本管理过程。成本估算是对完成项目所需费用的估计和计划，是项目计划的一个重要组成部分。要实行成本控制，首先要进行成本估算。完成某项任务所需费用可根据历史标准估算，但由于项目和计划的变化，将以前的活动与现实进行对比会存在一定的差距。不管是否根据历史标准，费用的信息都只能作为一种估算。而且，在费时较长的大型项目中，还应考虑到今后几年的职工工资结构是否会发生变化，今后几年其他费用的变化如何。所以，成本估算是在一个无法以高度可靠性预计的环境下进行的。

软件项目的成本管理一直是难题，成本超支是很常见的现象。成本估算不精确有很多原因，既有主观的原因，也有客观的原因。当今信息技术的飞速发展使得项目不断采用新的技术和新的商业流程，这加大了估算的难度。

随着软件系统规模的不断扩大和复杂程度的日益加大，从20世纪60年代末期开始，出现了以大量软件项目进度延期、预算超支和质量缺陷为典型特征的软件危机，至今仍频繁发生。软件成本估算不足和需求不稳定是造成软件项目失控较普遍的两个原因。所以，成本估算是项目管理者的一项必需和重要的技能。

6.1.1　项目规模与成本的关系

软件项目规模即工作量，是从软件项目范围中抽出的软件功能，然后确定每个软件功能所必须执行的一系列软件工程任务。软件项目成本是指完成软件项目规模相应付出的代价，是待开发的软件项目需要的资金。代码行（Lines Of Code，LOC）、功能点、人天、人月、人年等都是规模的单位。成本一般采用货币单位，如人民币和美元等。项目规模是成本的主要因素。一般来说，项目的规模估算和成本估算是同时进行的，规模确定了就可以确定项目的成本。例如，如果一个软件项目的规模是20人月，而企业的人力成本参数是3万元/人月，则项目的成本是60万元。

6.1.2　成本估算的定义

软件成本估算是成本管理的核心，是预测开发一个软件系统所需要的总工作量的过程。软件项目成本是指软件开发过程中所花费的工作量及相应的代价。软件不同于其他物理产品的成本和其他领域项目的成本计算（如建筑行业等），不包括原材料和能源的消耗，主要是人的劳动的消耗。人的劳动的消耗所需要代价是软件产品的开发成本。另外，软件项目不存在重复制造的过程。开发成本是以一次性开发过程所花费的代价来计算的。所以，软件开发成本的估算应该以软件项目管理、需求分析、设计、编码、单元测试、集成测试到接收测试等这些过程所花费的代价作为依据。

成本估算贯穿于软件的生命周期。当决定招标时，或者开发WBS时，或者当中途接管一个项目时，或者当项目进行到下一个阶段时，以及当WBS有变化时都需要进行成本估算。成本估算是一种量化的评估结果，评估可以有一些误差，通常需要一定的调节，它不是准确的产品价格。估算是编制计划非常重要的一步，估计时需要经验、历史信息等。例如，建好99座相同的房子以后，可以很准确地估计建造第100座房子的成本和进度，这是因为我们已经掌握了很丰富的经验，但是更多的情况是我们所做的推测是缺乏经验的，尤其是当今信息时代的项目，有好多的未知领域，所以进行成本估算可能有一定的风险。

通过成本估算，分析并确定项目的估算成本，并以此为基础进行项目成本预算，开展项目成本控制等管理活动。成本估算是进行项目规划相关活动的基础。

6.1.3　成本估算过程

企业经营的最直接目标是利润，而成本与利润的关系最为密切。软件开发项目中的成本指完成项目需要的所有费用，包括人力成本、材料成本、设备租金、咨询费用、日常费用等。项目结束时的最终成本应控制在预算内。软件企业的经济性基础是利润，而利润的最直接决定因素是成本。项目作为软件企业的最基本利润单位，其成本成为软件企业成本的最基本构成单位。成本管理是确保项目在预算范围之内的管理过程，包括成本估算、成本预算、成本控制等过程。

成本估算涉及计算完成项目所需各资源成本的近似值。当一个项目按合同进行时，应区分成本估算和定价这两个不同意义的词。成本估算涉及的是对可能数量结果的估计，即乙方为提供产品或服务的花费是多少。定价是一个商业决策，即乙方为它提供的产品或服务索取多少费用。成本估算只是定价要考虑的因素之一。

成本估算应当考虑各种不同的成本替代关系。例如，在设计阶段增加额外工作量可减少开发阶段的成本。成本估算过程必须考虑增加的设计工作所多花的成本能否被以后的节省所抵消。

成本估算是针对资源进行的，因项目性质的不同可以进行多次。对于独特的项目产品所进行的逐步细化，需要进行多次成本估算。

由于影响软件成本的因素太多（如人、技术、环境、政治等），软件估算仍然是很不成熟的技术，一些方法只能作为借鉴，更多的时候需要经验。目前没有一个估算方法或者成本估算模型可以适用于所有的软件类型和开发环境。

1. 估算输入

估算的输入一般包括如下几项。

1）需求或者 WBS：根据估算的不同阶段，不同的输入可用于成本估算，以确保所有工作均一一被估计进成本。

2）资源要求（资源编制计划）：可以让项目组掌握资源需要和分配的情况。

3）资源消耗率：即资源单价，成本估算时必须知道每种资源单价（如每小时人员费用等），以计算项目成本。如果不知道实际单价，那么必须要估计单价本身。它是一项非常重要的输入，如人员成本：100 元/小时、某资源消耗/小时等，是估算的基础。

4）进度规划：它是主要的项目活动时间的估计，活动时间估计会影响项目成本估计。

5）历史项目数据：它是以往项目的数据（包括规模、进度、成本等），是项目估算的主要参考。一个成熟的软件企业应该建立完善的项目档案，记录先前项目的信息。

6）学习曲线：它是项目组学习某项技术或者工作的时间，当一件事情被重复的时候，完成这件事情的时间将缩短，业绩会以一定的百分比提高。

2. 估算处理

规模成本估算是项目各活动所需资源消耗的定量估算，主要是对各种资源的估算，包括人力资源、设备、资料等。在估算过程中采用一定的估算方法进行，而成本包括直接成本和间接成本。直接成本是与开发的具体项目直接相关的成本，如人员的工资、材料费、外包外购成本等，包括开发成本、管理成本、质量成本等。间接成本（如房租、水电、员工福利、税收等）不能归属于一个具体的项目，是企业的运营成本，可以分摊到各个项目中。常用的估算方法在后面详细讲述。

3. 估算输出

规模成本估算的结果可以以简略或详细的形式表示。对项目所需的所有资源的成本均需加以估计，包括（但不局限于）劳力、材料和其他内容（如考虑通货膨胀或成本余地）。估算通常以货币单位表达，如元、法郎、美元等，这个估算结果便是成本估算的结果；也可用人月、人天或人小时这样的单位，这个估算结果便是项目规模估算的结果。为便于成本的管理控制，有时成本估算要用复合单位。成本估算是一个不断优化的过程。随着项目的进展和相关详细资料的不断出现，应该对原有成本估算做相应的修正，例如，有些应用项目提出何时应修正成本估算，估算应达到什么样的精确度。

估算文件包括项目需要的资源、资源的数量、质量标准、估算成本等信息，单位一般是货币单位，也可以是规模单位，然后转换为货币单位。估算说明应该包括：①工作范围的描述，这通常可由 WBS 获得；②说明估算的基础和依据，即确认估算是合理的，说明估算是怎样产生的，确认成本估算所做的任何假设的合理性及估算的误差变动等。它能提供如何估算成本的一个较好的说明。

6.2 成本估算方法

在项目管理过程中，为了使时间、费用和工作范围内的资源得到最佳利用，人们开发出了不少成本估算方法，以尽量得到较好的估算。这里介绍常用的成本估算方法：代码行估算法、功能点估算法、用例点估算法、类比（自顶向下）估算法、自下而上估算法、三点估算法、参数模型估算法、专家估算法、猜测估算法等。

6.2.1　代码行估算法

代码行（LOC）技术是比较简单的定量估算软件规模的方法。这种方法依据以往开发类似产品的经验和历史数据，估计实现一个功能所需要的源程序行数。代码行是从软件程序量的角度定义项目规模的。使用代码行估算时（作为规模单位的时候），要求功能分解足够详细，而且有一定的经验数据，采用不同的开发语言，代码行可能不一样。当然，也应该掌握相关的比例数据等，如生产率 LOC/PM（人月）和 LOC/hour 等。

代码行是在软件规模度量中最早使用、最简单的方法，在用代码行度量规模时，常会被描述为源代码行（Source Lines Of Code，SLOC）或者交付源指令（Delivered Source Instruction，DSI）。目前成本估算模型通常采用非注释的源代码行。

代码行技术的主要优点体现在代码是所有软件开发项目都有的“产品”，而且很容易计算代码行数，但是代码行技术也存在许多问题，具体如下。

1）对代码行没有公认的可接受的标准定义，例如，最常见的计算代码行时的分歧有空代码行、注释代码行、数据声明、复用的代码，以及包含多条指令的代码行等。在 Jones 的研究中发现，对同一个产品进行代码行计算，不同的计算方式可以带来 5 倍之多的差异。

2）代码行数量依赖于所用的编程语言和个人的编程风格，因此，计算的差异也会影响用多种语言编写的程序规模，进而也很难对不同语言开发的项目的生产率进行直接比较。

3）项目早期，在需求不稳定、设计不成熟、实现不确定的情况下很难准确地估算代码量。

4）代码行强调编码的工作量，只是项目实现阶段的一部分。

6.2.2　功能点估算法

1. 基本概念

功能点（Function Point，FP）用系统的功能数量来测量其规模，以一个标准的单位来度量软件产品的功能，与实现产品所使用的语言和技术没有关系。功能点是从功能的角度来度量系统，与所使用的技术无关，不用考虑开发语言、开发方法及使用的硬件平台。1979 年，IBM 公司的 Alan Albrecht 首先开发了计算功能点的方法，所以这种方法也称为 Albrecht 功能点估算法。功能点估算法提供一种解决问题的结构化技术，是一种将系统分解为较小组件的方法，使系统能够更容易被理解和分析。Albrecht 功能点估算方法适合信息系统估算，在 Albrecht 功能点分析中，系统分为 5 类组件和一些常规系统特性。前 3 类组件是外部输入（External Input，EI）、外部输出（External Output，EO）和外部查询（External Inquiry，EQ）。这些组件中的每一个组件都处理文件，因此它们被称为事务（transaction）。另外两类组件是内部逻辑文件（Internal Logical File，ILF）和外部接口文件（External Interface File，EIF），它们是构成逻辑信息的数据存储之地。使用功能点估算法需要评估产品所需要的内部基本功能和外部基本功能，然后根据技术复杂度因子（权）对它们进行量化，产生规模的最终结果。

功能点的计算公式是

$$FP = UFC \times TCF$$

其中，UFC（Unadjusted Function Component）表示未调整功能点计数；TCF（Technical Complexity Factor）表示技术复杂度因子（即调整系数）。

2. 未调整功能点计数

在计算 UFC 时，应该先计算 5 类功能组件的计数项。对于计算机系统来说，同其他计算机系统交互是一个非常普遍的事情，因此，在分类组件之前必须划分每个被度量的系统的边界，并且必须要从用户的角度来划分边界。简而言之，边界表明了被度量系统或应用同外部系统或应用之间的界限。一旦边界被建立，则组件就能够被分类、分级和评分。

下面介绍这5类组件。

（1）内部逻辑文件

内部逻辑文件是用户可确认的、在应用程序内部维护的、逻辑上相关联的最终用户数据或控制信息，如一个平面文件，或者关系数据库中的一个表。如图6-2所示，内部逻辑文件是用户可以识别的一组逻辑相关的数据，而且完全存在于应用的边界之内，并且通过外部输入维护，是逻辑主文件（即数据的一个逻辑组合，它可能是大型数据库的一部分或是一个独立的文件）的数目。

（2）外部输入

外部输入是最终用户或其他程序用来增加、删除或改变程序数据的屏幕（screen）、表单（form）、对话框（dialog）或控制信号（control signal）等。外部输入包括具有独特格式或独特处理逻辑的所有输入。外部输入给软件提供面向应用的数据项（如屏幕、表单、对话框、控件、文件等）。在这个过程中，数据穿越外部边界进入系统内部。这里的数据可能来自于输入界面，也可能来自于另外的应用。数据被用来维护一个或者多个内部逻辑文件。数据既可能是控制信息，也可能是业务逻辑信息。如果数据是控制信息，则它不会更新内部逻辑文件。图6-3展现了一个更新两个内部逻辑文件的简单的外部输入。输入不同于查询，查询单独计数，不计入输入项数。

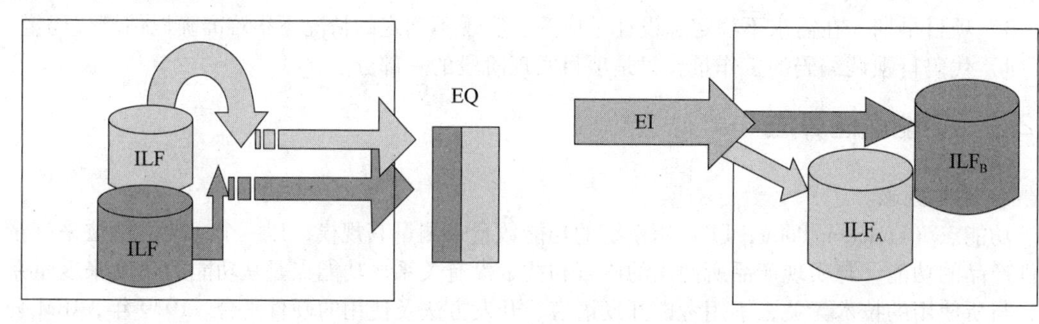

图6-2 内部逻辑文件　　　　图6-3 外部输入

（3）外部输出

外部输出是程序生成供最终用户或其他程序使用的屏幕、报表（report）、图表（graph）或控制信号等。外部输出包括所有具有不同格式或需要不同处理逻辑的输出。如图6-4所示，外部输出向用户提供面向应用的信息，如报表和出错信息等。报表内的数据项不单独计数。在这个过程中，派生数据由内部穿越边界传送到外部。另外，一个外部输出可以更新内部逻辑文件，数据生成报表可以是传送给其他应用的数据文件。这些报表或者文件从一个或者多个内部逻辑文件及外部接口文件生成。

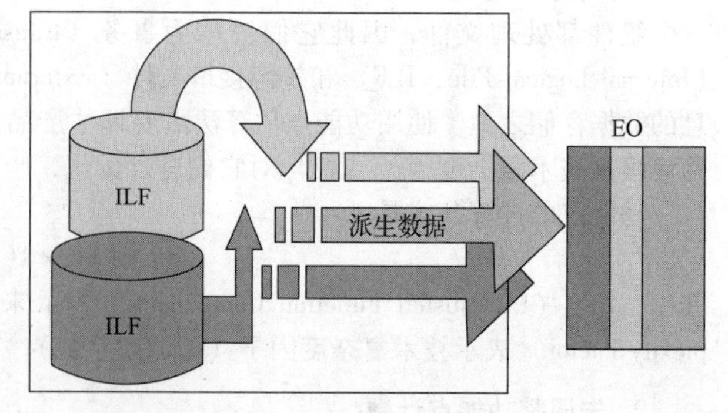

图6-4 外部输出

（4）外部查询

外部查询是输入/输出组合，其中一个输入引出一个即时的简单输出。使用单个关键词，直接搜索特定数据。外部查询和外部输出是有区别的，外部查询直接从数据表中检索数据并进行基本的格式化；外部输出可以处理、组合或归并复杂数据，进行复杂的格式化。外部查询是一次联机输入，导致软件以联机输出方式产生某种即时响应。这个过程中的输入和输出部分都导致数据从一个或者多个内部逻辑文件或外部接口文件中提取出来，这里的输入过程不能更新任何内部逻辑文件，并且输出端不能包括任何派生数据。

（5）外部接口文件

外部接口文件是受其他程序控制的文件，是用户可以识别的一组逻辑相关数据，这组数据只能被引用。它们是机器可读的全部接口（如磁盘上的数据文件）数量，用这些接口把信息传送给另一个系统。数据完全存在于应用的外部，并且由另一个应用维护。外部接口文件是另一个应用的内部逻辑文件。

当组件被归为以上5类主要组件中的一类之后，就要为其指定级别，所有组件被定级为高、中、低3个级别。对于事务组件来说，它们的级别取决于被更新或引用的文件类型个数及数据元素类型（Data Element Type，DET）的个数。对于内部逻辑文件和外部接口文件来说，它们的级别取决于记录元素类型（Record Element Type，RET）和数据元素类型的个数。记录元素类型是ILF或者EIF中用户能够识别的数据元素小组。一个数据元素类型是一个用户可识别的、唯一性的、非递归的域。

国际功能点用户组织（IFPUG）已经开发和发布了扩充的进行FP计数的规则，如表6-1～表6-5所示。因此功能点也称为IFPUG功能点。

表6-1 外部输入的定级表

引用的文件类型个数	数据元素		
	1～4	5～15	>15
0～1	低	低	低
2	低	中	高
≥3	中	高	高

表6-2 外部输出和外部查询共用的定级表

引用的文件类型个数	数据元素		
	1～5	6～19	>19
0～1	低	低	中
2～3	低	中	高
>3	中	高	高

表6-3 外部输入、外部输出和外部查询的定级取值表

级数	值		
	EO	EQ	EI
低	4	3	3
中	5	4	4
高	7	6	6

表6-4 内部逻辑文件或者外部接口文件的定级表

记录元素类型	数据元素		
	1～19	20～50	>50
1	低	低	中
2～5	低	中	高
>5	中	高	高

表 6-5 内部逻辑文件或者外部接口文件的定级取值表

级数	值	
	ILF	EIF
低	7	5
中	10	7
高	15	10

表 6-1 ~ 表 6-3 用来帮助对事务组件进行定级。例如，引用或者更新 2 个引用的文件类型（File Type Referenced，FTR），并且有 7 个数据元素的 EI 将被定级为中级，相关的级数是 4。这里，FTR 是被引用或更新的内部逻辑文件和被引用的外部接口文件的综合。

基本上，外部查询的定级同外部输出一样（低、中、高），但取值同外部输入一样。级别取决于（综合了唯一的输入端和输出端）数据元素类型的个数及引用的文件类型（综合了唯一的输入端和输出端）的个数。如果同一个 FTR 被输入和输出同时使用，那么它只计算一次。如果同一个数据元素类型被输入和输出同时使用，那么它也只能被计算一次。

同样复杂的外部输出产生的功能点数要比外部查询/外部输入多出 20% ~ 33%，由于一个外部输出意味着产生一个有意义的需要显示的结果，因此，相应的权应该比外部查询/外部输入高一些。对于内部逻辑文件和外部接口文件来说，记录元素类型和数据元素类型个数决定它们的低、中、高级别。如表 6-4 和表 6-5 所示，记录元素类型是一个用户可以识别的内部逻辑文件或者外部接口文件中的数据元素小组。数据元素类型是内部逻辑文件或者外部接口文件中单一的、用户可识别的、非递归的域。

与外部输出、外部查询和外部输入相比，外部接口文件通常承担协议、数据转换和协同处理工作，所以其权更高。内部逻辑文件的使用意味着存在一个相应处理，该处理具有一定的复杂性，所以具有最高的权。

将每个类型组件的每一级复杂度计算值输入表 6-6。每级组件的数量乘以相应的级数（numeric rating）得出定级的值（rated value）。表中每一行的定级值相加得出每类组件的定级值之和。这些定级值之和再相加，得出全部组件的未调整功能点计数。

表 6-6 组件的复杂度

组件类型	组件复杂度			
	低	中	高	全部
外部输入	___ ×3 = ___	___ ×4 = ___	___ ×6 = ___	
外部输出	___ ×4 = ___	___ ×5 = ___	___ ×7 = ___	
外部查询	___ ×3 = ___	___ ×4 = ___	___ ×6 = ___	
内部逻辑文件	___ ×7 = ___	___ ×10 = ___	___ ×15 = ___	
外部接口文件	___ ×5 = ___	___ ×7 = ___	___ ×10 = ___	
全部未调整的功能点数				
调整系数值				
全部调整后的功能点数				

3. 技术复杂度因子与功能点计算

功能点计算的下一步是评估影响系统功能规模的 14 个技术复杂度因子（调整系数值），即计算技术因素对软件规模的综合影响程度。技术复杂度因子取决于 14 个通用系统特性（General System Characteristic，GSC）。这些系统特性用来评定功能点应用的通用功能的级别。每个特性有相关的描述，以帮助确定这个系统特性的影响程度。影响程度的取值范围是 0 ~ 5，从没有影响到有强烈影响。表 6-7 是 14 个技术复杂度因子。表 6-8 显示了每个因子取值范围的情

况。技术复杂度因子的计算公式为

$$\mathrm{TCF} = 0.65 + 0.01 \times \sum_{i=1}^{14} F_i$$

其中，TCF 表示技术复杂度因子；F_i 为每个通用系统特性的影响程度；i 代表每个通用系统特性，取值 1～14；∑表示 14 个通用系统特性的和。

一旦 14 个 GSC 项的评分值被确定下来，则通过上面的调整公式可以计算出技术复杂度因子。

表 6-7　技术复杂度因子

通用特性		描述
F1	数据通信	多少个通信设施在应用或系统之间辅助传输和交换信息
F2	分布数据处理	分布的数据和过程函数如何处理
F3	性能	用户要求相应时间或者吞吐量吗
F4	硬件负荷	应用运行在的硬件平台工作强度如何
F5	事务频度	事务执行的频率（天、周、月）如何
F6	在线数据输入	在线数据输入率是多少
F7	终端用户效率	应用程序设计考虑到终端用户的效率吗
F8	在线更新	多少内部逻辑文件被在线事务所更新
F9	处理复杂度	应用有很多的逻辑或者数据处理吗
F10	可复用性	被开发的应用要满足一个或者多个用户需要吗
F11	易安装性	升级或者安装的难度如何
F12	易操作性	启动、备份、恢复过程的效率和自动化程度如何
F13	跨平台性	应用被设计、开发和支持被安装在多个组织的多个安装点（不同的安装点的软硬件平台环境不同）吗
F14	可扩展性	应用被设计、开发以适应变化吗

表 6-8　技术复杂度因子的取值情况

调整系数	描述	调整系数	描述
0	不存在或者没有影响	3	平均的影响
1	不显著的影响	4	显著的影响
2	相当的影响	5	强大的影响

事务频度、终端用户效率、在线更新、可复用性等项通常在 GUI 应用中的评分比传统应用要高。另外，性能、硬件负荷、跨平台性等项在 GUI 应用中的评分比传统应用要低。F_i 的取值范围是 0～5，见表 6-8，根据公式可知技术复杂度因子 TCF 的取值范围是 0.65～1.35。

【例 1】 一个软件的 5 类功能计数项如表 6-9 所示，计算这个软件的功能点。

表 6-9　软件需求的功能计数项

复杂度 / 各类计数项	简单	一般	复杂
外部输入	6	2	3
外部输出	7	7	0
外部查询	0	2	4
外部接口文件	5	2	3
内部逻辑文件	9	0	2

1）计算 UFC。按照 UFC 的计算过程计算出 UFC = 301，如表 6-10 所示。

表 6-10　计算 UFC 的结果

组件	组件复杂度		
	低	中	高
外部输入	6 × 3	2 × 4	3 × 6
外部输出	7 × 4	7 × 5	0 × 7
外部查询	0 × 3	2 × 4	4 × 6
外部接口文件	5 × 5	2 × 7	3 × 10
内部逻辑文件	9 × 7	0 × 10	2 × 15
总计	134	65	102
UFC	301		

2）计算 TCF。假设这个软件项目所有的技术复杂度因子的值均为 3，即技术复杂影响程度是平均程度，则 TCF = 0.65 + 0.01 ×（14 × 3）= 1.07。

3）计算 FP。由公式 FP = UFC × TCF 得出 FP = 301 × 1.07 ≈ 322，即项目的功能点为 322。

如果项目的生产率 PE = 15 工时/功能点，则项目的规模是 15 工时/功能点 × 322 功能点 = 4830 工时。

注意，尽管功能点计算方法是结构化的，但是权重的确定是主观的，另外要求估算人员要仔细地将需求映射为外部和内部的行为，必须避免双重计算。所以，这个方法也存在一定的主观性。

4. 功能点与代码行的转换

功能点可以按照一定的条件转换为代码行，表 6-11 就是一个转换表，是针对各种语言的转换率，它是根据经验的研究得出来的。

表 6-11　功能点到代码行的转换表（Garmus & David，1996）

语言	代码行/FP	语言	代码行/FP
Assembly	320	ADA	71
C	150	PL/1	65
Cobol	105	Prolog/LISP	64
Fortran	105	Smalltalk	21
Pascal	91	Spreadsheet	6

5. 功能点分析总结

功能点估算方法作为度量软件规模的方法已经被越来越广泛地接受。了解软件规模是了解软件生产率的关键。没有可靠的规模度量方法，则相关的生产率（功能点数/每月）变化或者相关的质量（缺陷/功能点）变化就不能被统计出来。如果相关的生产率变化和质量变化能随时统计和策划，则组织可以将注意力集中到组织的强项和弱项上。更为重要的是，任何试图改进弱项的努力都可以被度量，以确定其效果。

上面介绍的功能点估算方法为 Albrecht 功能点估算方法，另外还有其他功能点方法，如 Mark Ⅱ功能点估算方法、COSMIC-FFP 功能点估算方法等。Mark Ⅱ功能点估算方法主要应用在英国，是对 Albrecht 功能点估算方法的改进，也是英国政府项目的标准。另外，Albrecht 功能点估算方法主要适合信息系统，不适合实时系统或者嵌入式系统，因为实时系统或者嵌入式系统的外部特征并不明显。COSMIC-FFP 功能点估算方法将系统结构分解为继承的软件层次，要进行估计的软件构件可以接受来自上一层的服务请求，同时可以向下一层请求服务。在同一层次中，独立的软件构件之间可以进行对等通信，这有助于识别要估计的软件构件的边界范围及它接受输入和传送输出的点。COSMIC-FFP 功能点估算方法适用于实时系统或嵌入式系统的估算。

6.2.3　用例点估算法

目前，软件系统更多地采用统一建模语言（Unified Modeling Language，UML）进行建模，继代码行、功能点、对象点之后，出现了基于 UML 的规模度量方法，而基于用例的估算，即用例点（Use Case Point，UCP）估算法则是其中具有代表性的一种。用例点估算法通过分析用例角色、场景和技术与环境因子等来进行软件估算，估算中用到很多变量和公式，如未调整用例点（Unadjusted Use Case Point，UUCP）、技术复杂度因子（Technical Complexity Factor，TCF）和环境复杂度因子（Environment Complexity Factor，ECF）等变量。用例模型、用例、系统等主要概念的相关性如图 6-5 所示。

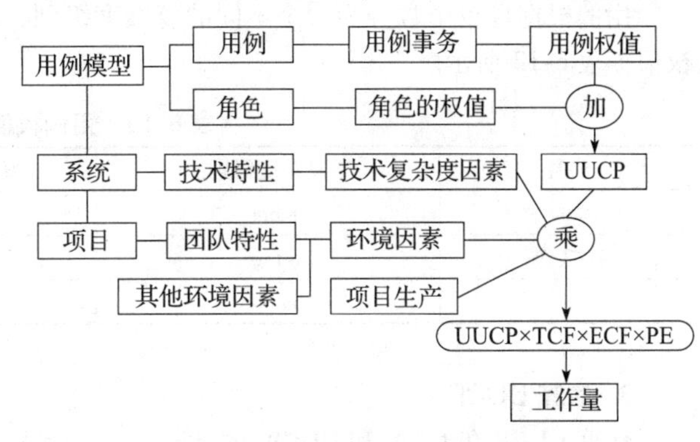

图 6-5　用例相关概念的联系图

用例点估算法是以用例模型为基础的。整个项目工作量的估算过程如下：通过用例模型确定用例数、角色数及相应的复杂度级别，确定相应的权值，相加后获得未调整的用例点，然后计算技术和环境因子，通过这些因子，调整未调整的用例点获得用例点，最后通过项目生产率计算用例点和工作量的换算，得到项目开发所需的以人小时数为单位的工作量。用例点估算法受到 Albrecht 的 FPA（Function Point Analysis）和 MKII 功能点方法的启发，并且是由 Gustav Karner 在 1993 年提出的，是在对用例分析的基础上进行加权调整得出的一种改进方法。

用例点估算法的基本步骤如下。

1）对每个角色进行加权，计算未调整的角色的权值（Unadjusted Actor Weight，UAW）。

2）计算未调整的用例权值（Unadjusted Use Case Weight，UUCW）。

3）计算未调整的用例点（Unadjusted Use Case Point，UUCP）。

4）计算技术和环境因子（Technical and Environment Factor，TEF）。

5）计算调整的用例点（Use Case Point，UCP）。

6）计算工作量。

1. 估算 UAW

首先根据软件需求的用例模型，确定参与角色及复杂度，其次利用参与角色的数量乘以相应的权值来计算 UAW。

$$\mathrm{UAW} = \sum_{C=c} \mathrm{aWeight}(c) \times \mathrm{aCardinality}(c) \tag{6-1}$$

其中，$C = \{\mathrm{simple}, \mathrm{average}, \mathrm{complex}\}$；$\mathrm{aCardinality}(c)$ 是参与的角色数目。

角色根据复杂度标准定义 3 个不同的复杂度级别，而每个不同级别又对应着不同的权值，其权值如表 6-12 所示。

表 6-12　角色权值定义

序号	复杂度级别	复杂度标准	权值
1	simple	角色通过 API 与系统交互	1
2	average	角色通过协议与系统交互	2
3	complex	用户通过 GUI 与系统交互	3

2. 估算 UUCW

根据用例模型确定用例及复杂度。利用用例的数量乘以相应的权值来计算 UUCW。

$$\mathrm{UUCW} = \sum_{C=c} \mathrm{uWeight}(c) \times \mathrm{uCardinality}(c) \tag{6-2}$$

其中，$C = \{\mathrm{simple}, \mathrm{average}, \mathrm{complex}\}$；uCardinality($c$) 是参与的用例数目。

用例根据场景个数分为3个不同的复杂度级别，而每个级别又各自对应着相应的权值，其权值如表6-13所示。

表6-13 用例权值定义

序号	复杂度级别	事务/场景个数	权值
1	simple	1~3	5
2	average	4~7	10
3	complex	>7	15

3. 估算 UUCP

估算 UUCP 在 UAW 和 UUCW 的基础上计算得到，即由未调整的 Actor 权值和未调整的用例权值相加得到。

$$\mathrm{UUCP} = \mathrm{UAW} + \mathrm{UUCW} \tag{6-3}$$

4. 估算 TEF

用例点估算法中有21个适应性因子，即技术和环境因子 TEF，包括13个技术复杂度因子（TCF）和8个环境复杂度因子（ECF）。

（1）估算 TCF

TCF 的计算公式如式（6-4）所示。

$$\mathrm{TCF} = 0.6 + (0.01 \times \sum_{i=1}^{13} \mathrm{TCF\_Weight}_i \times \mathrm{Value}_i) \tag{6-4}$$

其中，$\mathrm{TCF\_Weight}_i$ 的值如表6-14所示；Value_i 根据该技术复杂度因子的影响等级，在0~5之间取值，0表示该技术复杂度因子与本项目无关，3表示该技术复杂度因子对本项目的影响一般，5表示该技术复杂度因子对本项目有很强的影响。

表6-14 技术复杂度因子的定义

序号	技术复杂度因子	说明	权值
1	TCF1	分布式系统	2.0
2	TCF2	性能要求	1.0
3	TCF3	最终用户使用效率	1.0
4	TCF4	内部处理复杂度	1.0
5	TCF5	复用程度	1.0
6	TCF6	易于安装	0.5
7	TCF7	系统易于使用	0.5
8	TCF8	可移植性	2.0
9	TCF9	系统易于修改	1.0
10	TCF10	并发性	1.0
11	TCF11	安全功能特性	1.0
12	TCF12	为第三方系统提供直接系统访问	1.0
13	TCF13	特殊的用户培训设施	1.0

(2) 估算 ECF

ECF 的计算公式如式 (6-5) 所示。

$$ECF = 1.4 + (-0.03 \times \sum_{i=1}^{8} ECF\_Weight_i \times Value_i) \quad (6\text{-}5)$$

其中，ECF_Weight_i 的值如表6-15所示；$Value_i$ 的取值与 TCF 中的 $Value_i$ 取值类似，由开发团队根据该环境复杂度因子的影响等级来确定，0表示项目组成员都不具备该因素，3表示环境复杂度因子对本项目的影响程度中等，5表示本项目组所有成员都具有该因素。

表6-15　环境复杂度因子的定义

序号	环境复杂度因子	说明	权值
1	ECF1	UML 精通程度	1.5
2	ECF2	系统应用经验	0.5
3	ECF3	面向对象经验	1.0
4	ECF4	系统分析员能力	0.5
5	ECF5	团队士气	1.0
6	ECF6	需求稳定度	2.0
7	ECF7	兼职人员比例高低	1.0
8	ECF8	编程语言难易程度	1.0

5. 估算 UCP

UCP 是经过环境复杂度因子和技术复杂度因子对 UUCP 调整后得到的，完整的公式如式 (6-6)所示。

$$UCP = UUCP \times TCF \times ECF \quad (6\text{-}6)$$

6. 估算工作量

项目的工作量估算是 UCP 乘以相对应的项目生产率，因此，项目的工作量计算公式如式 (6-7) 所示。

$$Effort = UCP \times PF \quad (6\text{-}7)$$

其中，PF (Productivity Factor) 是项目生产率；对于 PF 的取值，在没有历史数据可参考的情况下，一般取其默认值20，该默认值是由 Karner 提出的。

【例2】 下面通过项目案例，说明采用用例点估算法来估算项目工作量的过程。

1) 根据实际项目所提供的数据及据此计算得到的各复杂度级别所对应的值如表6-16和表6-17所示，通过式 (6-1) ~式 (6-3) 计算 UAW、UUCW 和 UUCP。

表6-16　Actor 权值

序号	复杂度级别	权值	参与角色数	UAW_i
1	simple	1	2	2
2	average	2	4	8
3	complex	3	5	15

表6-17　用例权值

序号	复杂度级别	权值	用例数	$UUCW_i$
1	simple	5	5	25
2	average	10	2	20
3	complex	15	3	45

$$UAW = 1 \times 2 + 2 \times 4 + 3 \times 5 = 2 + 8 + 15 = 25$$

$$UUCW = 5 \times 5 + 10 \times 2 + 15 \times 3 = 25 + 20 + 45 = 90$$

$$UUCP = UAW + UUCW = 25 + 90 = 115$$

2）根据实际项目所提供的数据及据此计算得到的各技术复杂度因子和环境复杂度因子对应的值，通过式（6-4）和式（6-5）计算 TCF、ECF。

$$\begin{aligned} TCF &= 0.6 + 0.01 \times (2.0 \times 3 + 1.0 \times 5 + 1.0 \times 3 + 1.0 \times \\ &\quad 5 + 1.0 \times 0 + 0.5 \times 3 + 0.5 \times 5 + 2.0 \times 3 + 1.0 \times 5 + 1.0 \times \\ &\quad 3 + 1.0 \times 5 + 1.0 \times 0 + 1.0 \times 0) \\ &= 1.02 \end{aligned}$$

$$\begin{aligned} ECF &= 1.4 + [-0.03 \times (1.5 \times 3 + 0.5 \times 3 + \\ &\quad 1.0 \times 3 + 0.5 \times 5 + 1.0 \times 3 + 2.0 \times 3 + 1.0 \times 0 + 1.0 \times 0)] \\ &= 0.785 \end{aligned}$$

3）应用式（6-6）计算 UCP。

$$UCP = UUCP \times TCF \times ECF = 115 \times 1.02 \times 0.785 \approx 92$$

4）根据该项目中的 PF 的取值，应用式（6-7）计算项目的工作量。

$$Effort = UCP \times PF = 92 \times 20 = 1\,840(h)(PF = 20)$$

$$Effort = UCP \times PF = 92 \times 28 = 2\,576(h)(PF = 28)$$

$$Effort = UCP \times PF = 92 \times 36 = 3\,312(h)(PF = 36)$$

通过上述计算可知，该项目的工作量在 1840h 到 3312h 之间。假设每个工作人员一周工作 35h，且共有 8 个人员参与，则每周的工作量为 $35h \times 8 = 280h$，由 $1840 \div 280 \approx 6.57$，$2576 \div 280 = 9.2$ 和 $3312 \div 280 \approx 11.82$ 可知，完成该项目所需的时间在 7 ~ 12 周之间。但一般估算的时候往往只计算 PF = 20 和 PF = 28 时的项目工作量，简而言之，完成该项目所需的时间在 7 ~ 9 周之间。

用例点估算法从 1993 年提出至今，许多研究者在此基础上做了进一步的应用研究。2001 年，Nageswaran 把测试和项目管理的系数加入 UCP 等式，在其项目的实际应用中得到了更准确的估算。2005 年，Anda 对用例点估算法步骤进行的修改结合了 COCOMO Ⅱ 中针对改编软件的计算公式，使得它更适于增量开发的大型软件项目。2005 年，Carroll 在其研究中对 UCP 等式加入了一个风险系数，最后估算结果是，95% 的项目估算误差在 9% 以内。

6.2.4 类比估算法

类比估算法是从项目的整体出发，进行类推，即估算人员根据以往完成类似项目所消耗的总成本（或工作量）来推算将要开发的软件的总成本（或工作量），然后按比例将它分配到各个开发任务单元中，是一种自上而下的估算形式，也称为自顶向下方法。通常在项目的初期或信息不足时采用此方法，如在合同期和市场招标时等。它的特点是简单易行，花费少，但是具有一定的局限性，准确性差，可能导致项目出现困难。

使用类比的方法进行估算是基于实例推理（Case Based Reasoning，CBR）的一种形式，即通过对一个或多个已完成的项目与新的类似项目的对比来预测当前项目的成本与进度。在软件成本估算中，当把当前问题抽象为待估算的项目时，每个实例即指已完成的软件项目。

类比估算要解决的主要问题是：如何描述实例特征，即如何从相关项目特征中抽取出最具代表性的特征；通过选取合适的相似度/相异度的表达式，评价相似程度；如何用相似的项目数据得到最终估算值。特征量的选取是一个决定哪些信息可用的实际问题，通常会征求专家意见以找出那些可以帮助我们确认最相似实例的特征。当选取的特征不够全面时，所用的解决方法也是使用专家意见。

对于度量相似度，目前的研究中常有两种求值方式来度量差距，即不加权的欧式距离（unweighted Euclidean distance）和加权的欧式距离（weighted Euclidean distance）。对于相似度函数的定义，有一些不同的形式，但本质上是一致的。

$$\text{distance}(P_i,P_j)=\sqrt{\frac{\sum_{k=1}^{n}\delta(P_{ik},P_{jk})}{n}}$$

$$\delta(P_{ik},P_{jk})=\begin{cases}\left(\dfrac{|P_{ik},P_{jk}|}{\max_k-\min_k}\right)^2, & k\text{ 是连续的}\\ 0, & k\text{ 是分散的且 }P_{ik}=P_{jk}\\ 1, & k\text{ 是分散的且 }P_{ik}\neq P_{jk}\end{cases}$$

【例3】 一个待估算的项目工作量 P_0，与已经完成的项目 P_1、P_2 有一定的相似，比较它们的相似点，如表6-18所示。

表6-18　项目 P_0 与项目 P_1、P_2 的相似点比较

项目	项目类型	编程语言	团队规模	项目规模	工作量
P_0	MIS	C	9	180	
P_1	MIS	C	11	200	1 000
P_2	实时系统	C	10	175	900

项目间的相似度计算过程如表6-19所示。

表6-19　项目间的相似度计算过程

P_0 对比 P_1	P_0 对比 P_2
$\delta(P_{01},P_{11})=\delta(\text{MIS},\text{MIS})=0$ $\delta(P_{02},P_{12})=\delta(\text{C},\text{C})=0$ $\delta(P_{03},P_{13})=\delta(9,11)=[(9-11)/(9-11)]^2=1$ $\delta(P_{04},P_{14})=\delta(180,200)$ $=[(180-200)/(200-175)]^2=0.64$	$\delta(P_{01},P_{21})=\delta(\text{MIS},\text{实时系统})=1$ $\delta(P_{02},P_{22})=\delta(\text{C},\text{C})=0$ $\delta(P_{03},P_{23})=\delta(9,10)=[(9-10)/(9-11)]^2=0.25$ $\delta(P_{04},P_{24})=\delta(180,175)$ $=[(180-175)/(200-175)]^2=0.04$
$\text{distance}(P_0,P_1)=(1.64/4)^{0.5}\approx0.64$	$\text{distance}(P_0,P_1)\approx0.57$

对于表6-18中项目 P_0 工作量估算值有不同的方法：

1）可以直接取最相似的项目的工作量，例如，如果认为 P_0 与 P_1 达到相似度要求，则 P_0 工作量估算值可以取1000；如果认为 P_0 与 P_2 达到相似度要求，则 P_0 工作量估算值也可以取900。

2）可以取比较相似的几个项目的工作量平均值，即可以取 P_1、P_2 两个相似项目的工作量平均值，则 P_0 工作量估算值可以取950。

3）可以采用某种调整策略，例如，用项目的规模做调整参考，对应到例子中，可进行如下调整：Size（P_0）/Size（P_1）= Effort（P_0）/Effort（P_1），得到 P_0 工作量估算值为 $1\,000\times180/200=900$。

其实，由于相似度计算比较麻烦，所以，类比估算法基本上采用主观推测，很少采用相似度计算的方法。

类比估算法最主要的优点是比较直观，而且能够基于过去实际的项目经验来确定与新的类似项目的具体差异及可能对成本产生的影响。其主要缺点，一是不能适用于早期规模等数据都不确定的情况；二是应用一般集中于已有经验的狭窄领域，不能跨领域应用；三是难以适应新的项目中约束条件、技术、人员等发生重大变化的情况。

6.2.5 自下而上估算法

自下而上估算法是利用 WBS，对各个具体工作包进行详细的成本估算，然后将结果累加起来得出项目总成本。用这种方法估算的准确度较好，通常是在项目开始以后，或者 WBS 已经确定的项目，需要进行准确估算的时候采用。这种方法的特点是估算准确。它的准确度来源于每个任务的估算情况，但是这个方法需要花费一定的时间，因为估算本身也需要成本支持，而且可能发生虚报现象。如果对每个元素的成本设定一个相应的费率，就可以对整个开发的费用得到一个自下而上的全面期望值。例如，表 6-20 是采用自下而上估算法计算的过程结果，首先根据任务分解的结果，评估每个子任务的成本，然后逐步累加，最后得出项目的总成本。

表 6-20 自下而上估算法估算项目的成本

子任务	人力	时间（月）	成本（万元）	总计（万元）
项目准备阶段	M：2/D：8/Q：1	0.5	16.5	145.5
设计阶段	M：2/D：8/Q：2/S：1	1	39	
基础模块开发： 公共控制子系统 中央会计子系统 客户信息子系统	M：2/D：15/Q：2/S：1	1.5	90	
基本功能模块开发： 账户管理子系统	M：2/D：12/Q：2/S：1	0.25	12.75	126
出纳管理子系统	M：2/D：18/Q：2/S：1	0.5	34.5	
凭证管理子系统	M：2/D：8/Q：2/S：1	0.25	9.75	
会计核算子系统	M：2/D：18/Q：2/S：1	0.5	34.5	
储蓄子系统	M：2/D：18/Q：2/S：1	0.5	34.5	
扩展功能模块开发： 同城业务子系统	M：2/D：15/Q：2/S：1	0.25	15	189.75
联行业务子系统	M：2/D：18/Q：2/S：1	0.5	34.5	
内部清算子系统	M：2/D：12/Q：2/S：1	0.25	12.75	
固定资产管理子系统	M：2/D：10/Q：2/S：1	0.25	11.25	
信贷管理子系统	M：2/D：18/Q：2/S：1	0.5	34.5	
一卡通业务子系统	M：2/D：18/Q：2/S：1	0.5	34.5	
中间业务子系统	M：2/D：12/Q：2/S：1	0.25	12.75	
金卡接口模块	M：2/D：18/Q：2/S：1	0.5	34.5	
现场联调	M：2/D：10/Q：2	1	42	42
总成本	503.25			

6.2.6 三点估算法

如果估算中考虑项目的不确定性与风险，可以使用 3 种估算值来界定活动成本的近似区间，以提高单点成本估算的准确性。这 3 种估算值是最可能成本、最乐观成本、最悲观成本。

- 最可能成本（CM）：对所需进行的工作和相关费用进行比较现实的估算所得到的活动成本。这个估算值的概率最大。

- 最乐观成本（CO）：基于活动的最好情况所得到的估算成本。
- 最悲观成本（CP）：基于活动的最差情况所得到的估算成本。

基于活动成本在 3 种估算值区间内的假定分布情况，使用公式来计算预期成本。两种常用的分布是三角分布和贝塔分布，其计算公式分别如下。

- **三角分布**：预期成本 CE = (CO + CM + CP)/3。
- **贝塔分布**：预期成本 CE = (CO + 4CM + CP)/6。

假设最乐观成本 CO = 7，最悲观成本 CP = 12，最可能成本 CM = 9，则三角分布的估算结果为 9.33，贝塔分布的估算结果为 9.17。

6.2.7　参数模型估算法概述

参数模型估算法也称为算法模型或者经验导出模型，是一种使用项目特性参数建立数学模型来估算成本的方法，是通过大量的项目数据进行数学分析导出的模型，是一种统计技术。数学模型可以简单，也可以复杂。一个模型不能适应所有的情况，只能适应某些特定的项目情况。其实，目前没有一种模型或者方法能适应所有项目。

参数模型估算法的基本思想是：找到软件工作量的各种成本影响因子，并判定其对工作量所产生影响的程度是可加的、乘数的还是指数的，以期得到最佳的模型算法表达形式。当某个因子只影响系统的局部时，一般认为它是可加的，例如，我们给系统增加源指令、功能点实体、模块、接口等，大多只会对系统产生局部的可加的影响。当某个因子对整个系统具有全局性的影响时，则认为它是乘数的或指数的，如增加服务需求的等级或者不兼容的客户等。

一般来说，参数模型提供工作量（规模）的直接估计。典型的参数模型是通过项目数据进行回归分析得出的回归模型。这个参数模型可以是线性的，也可以是非线性的。采用的回归分析方法有很多，如线性规划、多项式回归、逻辑回归、神经网络、集成方法等。常用的模型是静态单变量模型和动态多变量模型。

1. 静态单变量模型

静态单变量模型的总体结构形式如下：

$$E = a + b \times S^c$$

其中，E 是以人月表示的工作量；a、b、c 是经验导出的系数；S 为估算变量，是主要的输入参数（通常是 LOC、FP 等）。

下面给出几个典型的静态单变量模型。

面向 LOC 的估算模型：

Walston-Felix（IBM）模型：$E = 5.2 \times \text{KLOC}^{0.91}$；

Balley-Basili 模型：$E = 5.5 + 0.73 \times \text{KLOC}^{1.16}$；

Boehm（基本 COCOMO）模型：$E = 3.2 \times \text{KLOC}^{1.05}$；

Doty 模型（在 KLOC > 9 的情况下）：$E = 5.288 \times \text{KLOC}^{1.047}$。

面向 FP 的估算模型：

Albrecht-Gaffney 模型：$E = -12.39 + 0.0545\text{FP}$；

Matson-Barnett 模型：$E = 585.7 + 15.12\text{FP}$。

2. 动态多变量模型

动态多变量模型也称为软件方程式，是根据从 4000 多个当代软件项目中收集的生产率数据推导出来的。该模型把工作量看作软件规模和开发时间这两个变量的函数。

$$E = (\text{LOC} \times B^{0.333}/P)^3 \times \left(\frac{1}{t}\right)^4$$

其中，E是以人月或人年为单位的工作量；t是以月或年为单位的项目持续时间；B是特殊技术因子，随着对测试、质量保证、文档及管理技术的需求的增加而缓慢增加，对于较小的程序（KLOC = 5 ~ 15），$B = 0.16$，而对于超过 70KLOC 的程序，$B = 0.39$；P是生产率参数，反映下述因素对工作量的影响。

- 总体过程成熟度及管理水平。
- 使用良好的软件工程实践的程度。
- 使用的程序设计语言的级别。
- 软件环境的状态。
- 软件项目组的技术及经验。
- 应用系统的复杂程度。

开发实时嵌入式软件时，P的典型值为 2000；开发电信系统和系统软件时，$P = 10\,000$；对于商业应用系统来说，$P = 28\,000$。可以从历史数据导出适用于当前项目的生产率参数值。

一般来说，参数模型估算方法适合比较成熟的软件企业，这些企业积累了丰富的历史项目数据，并可以归纳出成熟的项目估算模型。它的特点是比较简单，而且比较准确，一般参考历史信息，重要参数必须量化处理，根据实际情况，对参数模型按适当比例调整，但是如果模型选择不当或者数据不准，也会导致偏差。

6.2.8 参数模型估算法——COCOMO 模型

COCOMO 模型是世界上应用最广泛的参数型软件成本估计模型，由 B. W. Boehm 在 1981 年出版的《软件工程经济学》(《Software Engineering Economics》) 中首先提出，其本意是“结构化成本模型”（constructive cost model）。它是基于 20 世纪 70 年代后期 Boehm 对 63 个项目的研究结果提出的。

由于 COCOMO 模型的可用性，并且没有版权问题，因此 COCOMO 模型得到了非常广泛的应用。在 COCOMO 模型的发展中，无论是最初的 COCOMO 81 模型，还是 20 世纪 90 年代中期提出的逐步成熟完善的 COCOMO Ⅱ模型，其所解决的问题都具有当时软件工程实践的代表性。作为目前应用较广泛、得到学术界与工业界普遍认可的软件估算模型之一，COCOMO 已经发展到了一组模型套件（包含软件成本模型、软件扩展与其他独立估算模型 3 大类），形成了 COCOMO 模型系列，也给基于算法模型的方法提供了一个通用的公式：

$$PM = A \times (\sum \mathrm{Size})^{\Sigma B} \times \Pi(\mathrm{EM})$$

其中，PM 为工作量，通常以人月为单位；A为校准因子（calibration factor）；Size 为对工作量呈可加性影响的软件模块的功能尺寸的度量；B为对工作量呈指数或非线性影响的比例因子（scale factor）；EM（Effort Multiplicative）为影响软件开发工作量的工作量系数。

6.2.9 参数模型估算法——COCOMO 81 模型

COCOMO 81 模型将项目的模式分为有机型、嵌入型和半嵌入型 3 种类型。

1）有机型（organic）：主要指各类应用软件项目，如数据处理、科学计算。有机型项目指相对较小、较简单的软件项目，开发人员对其开发目标理解得比较充分，与软件系统相关的工作经验丰富，对软件的使用环境很熟悉，受硬件的约束比较小，程序的规模不是很大。

2）嵌入型（embedded）：主要指各类系统软件项目，如实时处理、控制程序等，要求在紧密联系的硬件、软件和操作的限制条件下运行，通常与某种复杂的硬件设备紧密结合在一起，对接口、数据结构、算法的要求高，软件规模任意，如大且复杂的事务处理系统、大型、超大型操作系统、航天用控制系统、大型指挥系统等。

3）半嵌入型（semidetached）：主要指各类实用软件项目，如编译器（程序）、连接器（程序）、分析器（程序）等，介于上述两种模式之间，规模和复杂度属于中等或者更高。

COCOMO 81 有 3 个等级的模型，即基本模型、中等模型和高级模型，级别越高，模型中的参数约束越多。基本（basic）模型在项目相关信息极少的情况下使用，中等（intermediate）模型在需求确定以后使用，高级模型在设计完成后使用。3 个等级模型均满足通用公式的通式，即

$$\text{Effort} = a \times \text{KLOC}^b \times F$$

其中，Effort 为工作量，以人月为单位；a 和 b 为系数，具体的值取决于建模等级（即基本、中等或高级）及项目的模式（即有机型、半嵌入型或嵌入型），这个系数的取值先由专家意见决定，然后用 COCOMO 81 数据库的 63 个项目数据来对专家给出的取值再进一步求精；KLOC 为软件项目开发中交付的有用代码行，代表软件规模；F 为调整因子。

1. 基本模型

基本模型是静态、单变量模型，不考虑任何成本驱动，用一个已估算出来的源代码行数（LOC）为自变量的函数来计算软件开发工作量，只适于粗略迅速估算，公式为

$$\text{Effort} = a \times \text{KLOC}^b$$

此公式即通用公式（$\text{Effort} = a \times \text{KLOC}^b \times F$）中 F 取 1 时的公式，其中 Effort 是所需的人力（人月），a、b 系数值如表 6-21 所示。

这个模型适用于项目起始阶段，项目的相关信息很少，只要确定软件项目的模式与可能的规模就可以用基本模型进行工作量的初始估算。

【例 4】某公司将开发一个规模为 30KLOC 的银行应用项目，其功能以数据处理为主，试估算这个项目的工作量。

这个项目属于有机型软件模式，根据表 6-21 知道，系数 $a = 2.4$，$b = 1.05$，调整因子 $F = 1$，则工作量估算为 $\text{Effort} = 2.4 \times 30^{1.05} \approx 85.3$（人月）。

2. 中等模型

随着项目的进展和需求的确定，可以使用中等模型进行估算。中等模型在用以 LOC 为自变量的函数计算软件开发工作量的基础上，利用涉及产品、硬件、人员、项目等方面属性的影响因素来调整工作量的估算，即用 15 个成本驱动因子改进基本模型，是对产品、硬件、工作人员、项目的特性等因素的主观评估。

这里，通用公式为

$$\text{Effort} = a \times \text{KLOC}^b \times F$$

其中，F 为乘法因子，是根据成本驱动属性打分的结果，是对公式的校正系数；a、b 是系数，系数取值如表 6-22 所示。

表 6-21　基本模型的系数值

方式	a	b
有机型	2.4	1.05
半嵌入型	3.0	1.12
嵌入型	3.6	1.2

表 6-22　中等模型系数取值

方式	a	b
有机型	3.2	1.05
半嵌入型	3.0	1.12
嵌入型	2.8	1.2

中等模型定义了 15 个成本驱动因子，如表 6-23 所示，按照对应的项目描述，可将各个成本因子归为不同等级：很低（very low）、低（low）、正常（normal）、高（high）、很高（very high）、极高（extra high）。例如，当软件失效造成的影响只是稍有不便时，要求的软件可靠性因子（Required Software Reliability，RELY）等级为“很低”；当软件失效会造成很高的财务损

失时，RELY 等级为“高”；当造成的影响危及人的生命时，RELY 等级为“很高”。不同等级的成本因子会对工作量（也即开发成本）产生不同的影响。例如，当一个项目的可靠性要求“很高”时，RELY 取值为 1.40，也就是说，该项目相对于一个其他属性相同但可靠性要求为“正常”（即取值为 1.00）的项目来说，要多出 40% 的工作量。

每个成本驱动因子按照不同等级取值，然后相乘可以得到调整因子 F，即

$$F = \prod_{i=1}^{15} D_i$$

其中，D_i 是 15 个成本驱动因子的取值，取值如表 6-23 所示。

表 6-23 中等模型的成本驱动因子及等级列表

成本驱动因子		级别					
		很低	低	正常	高	很高	极高
产品属性	可靠性：RELY	0.75	0.88	1	1.15	1.40	
	数据规模：DATA		0.94	1	1.08	1.16	
	复杂性：CPLX	0.70	0.85	1	1.15	1.30	1.65
平台属性	执行时间的约束：TIME			1	1.11	1.30	1.66
	存储约束：STOR			1	1.06	1.21	1.56
	环境变更率：VIRT		0.87	1	1.15	1.30	
	平台切换时间因子：TURN		0.87	1	1.07	1.15	
人员属性	分析能力：ACAP	1.46	1.19	1	0.86	0.71	
	应用经验：AEXP	1.29	1.13	1	0.91	0.82	
	程序员水平：PCAP	1.42	1.17	1	0.86	0.70	
	平台经验：PLEX	1.21	1.10	1	0.90		
	语言经验：LEXP	1.14	1.07	1	0.95		
过程属性	使用现代程序设计实践：MODP	1.24	1.10	1	0.91	0.82	
	使用软件工具的水平：TOOL	1.24	1.10	1	0.91	0.83	
	进度约束：SCED	1.23	1.08	1	1.04	1.10	

【例 5】 对于例 4 的系统，若随着项目进展，可以确定其 15 个成本因子的情况，除了 RELY、TURN、SCED 因子的取值（见表 6-24）外，其余因子取值均为 1.00，则估算的项目工作量是多少？

表 6-24 成本驱动因子的取值

成本驱动因子	级别	取值
RELY	高	1.15
TURN	低	0.87
SCED	低	1.08

由表 6-22 可知，系数 $a = 3.2$，$b = 1.05$，则其工作量估算为

$$\text{Effort} = 3.2 \times 30^{1.05} \times (1.15 \times 0.87 \times 1.08) \approx 123(\text{人月})$$

3. 高级模型

一旦软件的各个模块都已确定，估算者就可以使用高级模型。高级模型包括中等模型的所有特性，但用上述各种影响因素调整工作量估算时，还要考虑对软件工程过程中分析、设计等各步骤的影响，将项目分解为一系列的子系统或者子模型，这样可以在一组子模型的基础上更加精确地调整一个模型的属性，当成本和进度的估算过程转到开发的详细阶段时，就可以使用这一机制。例如，表 6-25 给出了 AEXP（应用经验因子）在不同的阶段的作用是不同的示例，AEXP 在需求设计阶段的影响最大，因此取值要大，而在后期（如集成测试阶段），这个因子的作用就降低了。

表6-25 高级模型工作量乘数的阶段差异性示例

成本驱动因子	开发阶段	级别					
		很低	低	正常	高	很高	极高
AEXP	需求设计阶段	1.40	1.20	1	0.87	0.75	
	详细设计阶段	1.30	1.15	1	0.9	0.80	
	编码和单元测试阶段	1.25	1.10	1	0.92	0.85	
	集成测试阶段	1.25	1.10	1	0.92	0.85	

总而言之，高级模型通过更细粒度的因子影响分析、考虑阶段的区别，使我们能更加细致地理解和掌控项目，有助于更好地控制预算。

6.2.10 参数模型估算法——COCOMO Ⅱ模型

COCOMO 81及后来的专用Ada COCOMO，虽然较好地适应了它们所建模的一类软件项目，但是随着软件工程技术的发展，新模型和新方法不断涌现，不但没有好的软件成本和进度估算模型相匹配，甚至因为产品模型、过程模型、属性模型和商业模型等之间发生的模型冲突（model clash）等问题，不断导致项目的超支与失败，COCOMO 81也显得越来越不够灵活和准确。针对这些问题，Boehm教授与他的同事们在改进和发展COCOMO 81的基础上，于1995年提出了COCOMO Ⅱ。

COCOMO Ⅱ给出了3个等级的软件开发工作量估算模型，这3个层次的模型在估算工作量时，对软件细节考虑的详尽程度逐级增加。COCOMO Ⅱ的这3个等级是应用组装模型、早期设计模型、后体系结构模型，它们分别适合在规划阶段、设计阶段、开发阶段使用。

1. 应用组装模型

应用组装（application composition）模型主要适用于原型构造项目或者通过已有的构件组合进行的软件项目的工作量估算，可以用于项目规划阶段。这个阶段设计了用户将体验的系统的外部特征，在构建原型时可以使用已有的构件。它的计算是基于加权的应用点（或者称为对象点，object point）除以一个标准的应用点生产率。一个程序的应用点数量可以根据以下数据估算给出：

1）显示的单独的屏幕和网页的数量；

2）显示的产生报表的数量；

3）命令式程序设计语言（如Java）中程序模块的数量；

4）脚本语言或者数据库编程的代码行数。

然后按照开发每个应用点的难度对估算值进行调整，程序员的生产率取决于开发者的经验、能力及所使用的软件工具水平。表6-26是某COCOMO模型开发者给出的不同应用点的生产率。

表6-26 应用点的生产率

开发者的经验和能力	非常低	低	一般	高	非常高
软件工具的成熟度和能力	非常低	低	一般	高	非常高
PROD（NOP/月）	4	7	13	25	50

应用组装模型通常依赖于复用已经存在的软件及配置应用系统，系统中的一些应用点可通过复用构件来实现，因此，需要考虑复用部分占比以便调整基于应用点总数的估算。公式为

$$PM = [NAP \times (1 - \%reuse/100)]/PROD$$

其中，PM为以人月为单位的工作量；NAP为交付系统的应用点的总数；%reuse为在开发中重

复利用的代码量的估计；PROD 为应用点生产率。

2. 早期设计模型

早期设计（early design）模型适用于项目初期，即需求已经确定、系统设计的初始阶段。这个阶段设计了基本的软件结构，还没有对体系结构进行详细设计，这一阶段的主要任务是简单快速地完成一个大概的成本估算，用于信息还不足以支持详细的细粒度估算阶段。这个阶段模型把软件开发工作量表示成代码行数（KLOC）的非线性函数，即基于功能点（FP）或可用代码行及 5 个规模指数因子、7 个工作量乘数因子。

$$PM = A \times S^{E} \times \prod_{i=1}^{7} EM_{i}$$

$$E = B + 0.01 \times \sum_{j=1}^{5} SF_{j}$$

其中，PM 是工作量（人月数）；A 是常数，2000 年定为 2.94；S 是规模；E 是指数比例因子，指数比例因子的效果是对于规模较大的项目，预计的工作量将增加，也就是说，考虑了规模的不经济性；B 可以校准，目前设定 $B=0.91$；SF 是指数驱动因子；EM 是工作量系数。

下面讨论指数驱动因子（用于计算比例因子）的质量属性。每个属性越缺乏可应用性，赋给指数驱动因子的值就越大，事实上，对于一个项目而言，这些属性的缺乏将不成比例地增加更多的工作量。表 6-27 是指数驱动因子的每个级别对应的数值。

表 6-27 COCOMO Ⅱ指数驱动因子的取值

驱动因子	很低	低	正常	高	很高	极高	说明
PREC	6.2	4.96	3.72	2.48	1.24	0.00	项目先例性
FLEX	5.07	4.05	3.04	2.03	1.01	0.00	开发灵活性
RESL	7.07	5.65	4.24	2.83	1.41	0.00	风险排除度
TEAM	5.48	4.38	3.29	2.19	1.10	0.00	项目组凝聚力
PMAT	7.80	6.24	4.68	3.12	1.56	0.00	过程成熟度

表 6-27 中的 5 个分级因素如下所述。

1）项目先例性。这个分级因素指出，对于开发组织来说该项目的新奇程度。例如，开发类似系统的经验，需要创新体系结构和算法，以及需要并行开发硬件和软件等因素的影响，这些体现在这个分级因素中。

2）开发灵活性。这个分级因素反映出，为了实现预先确定的外部接口需求及为了及早开发出产品而需要增加的工作量。

3）风险排除度。这个分级因素反映了重大风险已被消除的比例。在多数情况下，这个比例和指定了重要模块接口（即选定了体系结构）的比例密切相关。

4）项目组凝聚力。这个分级因素表明了开发人员相互协作时可能存在的困难。这个因素反映了开发人员在目标和文化背景等方面相一致的程度，以及开发人员组成一个小组工作的经验。

5）过程成熟度。这个分级因素反映了按照能力成熟度模型度量出的项目组织的过程成熟度。

工作量系数 EM 可用来调整工作量的估算值，但是不涉及规模的经济性和不经济性。表 6-28列出了早期设计模型的工作量系数，这些系数可以评定为非常低、很低、低、正常、高、很高、极高，每个工作量系数的每次评定有一个与其相关的值，大于 1 的值意味着开发工作量是增加的，而小于 1 的值意味着工作量降低，正常评定意味着该系数对估计没有影响。评定的目的是这些系数及其他在 COCOMO Ⅱ 中使用的值将随着实际项目的细节逐步添加到数据库中而得到修改和细化。

表6-28 COCOMO Ⅱ早期设计的工作量系数

驱动因子	级别（Rating levels）						
	非常低	很低（Very low）	低（Low）	正常（Normal）	高（High）	很高（Very high）	极高（Extra high）
产品可靠性和复杂度：RCPX	0.49	0.60	0.83	1.00	1.33	1.91	2.72
需求的可重用性：RUSE			0.95	1.00	1.07	1.15	1.24
平台难度：PDIF			0.87	1.00	1.29	1.81	2.61
人员的能力：PERS	2.12	1.62	1.26	1.00	0.83	0.63	0.50
人员的经验：PREX	1.59	1.33	1.12	1.00	0.87	0.74	0.62
设施的可用性：FCIL	1.43	1.30	1.10	1.00	0.87	0.73	0.62
进度压力：SCED		1.43	1.14	1.00	1.00	1.00	

3. 后体系结构模型

后体系结构（post architecture）模型适用于完成体系结构设计之后的软件开发阶段。在这个阶段，软件结构经历了最后的构造、修改，并在需要时开始创建需要执行的系统。顾名思义，后体系结构模型发生在软件体系结构完好定义和建立之后，基于源代码行和/或功能点及17个工作量乘数因子，用于完成顶层设计和获取详细项目信息阶段。

该模型与早期设计模型基本是一致的，不同之处在于工作量系数不同，如表6-29所示，Boehm将后体系结构模型中的工作量系数（即成本因素）划分成产品因素、平台因素、人员因素和项目因素4类，共17个属性。表6-29列出了COCOMO Ⅱ模型使用的成本因素及与之相联系的工作量系数。比例因子的指数驱动因子取值同表6-27。因此，后体系结构模型如下：

$$PM = A \times S^{E} \times \prod_{i=1}^{17} EM_i$$

$$E = B + 0.01 \times \sum_{j=1}^{5} SF_j$$

表6-29 中等COCOMO Ⅱ后体系结构模型的成本驱动因子及等级列表

成本驱动因子		级别					
		很低	低	正常	高	很高	极高
产品属性	可靠性：RELY	0.82	0.92	1.00	1.10	1.26	
	数据规模：DATA		0.90	1.00	1.14	1.28	
	复杂性：CPLX	0.73	0.87	1.00	1.17	1.34	1.74
	文档量：DOCU	0.81	0.91	1.00	1.11	1.23	
	可复用性：RUSE		0.95	1.00	1.07	1.15	1.24
平台属性	执行时间的约束：TIME			1.00	1.11	1.29	1.63
	存储约束：STOR			1.00	1.05	1.17	1.46
	平台易变性：PVOL		0.87	1.00	1.15	1.30	
人员属性	分析能力：ACAP	1.42	1.19	1.00	0.85	0.71	
	应用经验：AEXP	1.22	1.10	1.00	0.88	0.81	
	程序员水平：PCAP	1.34	1.15	1.00	0.88	0.76	
	平台经验：PLEX	1.19	1.09	1.00	0.91	0.85	
	语言与工具经验：LTEX	1.20	1.09	1.00	0.91	0.84	
	人员连续性：PCON	1.29	1.12	1.00	0.90	0.81	
项目属性	工作地分布程度：SITE	1.22	1.09	1.00	0.93	0.86	0.80
	使用软件工具的水平：TOOL	1.17	1.09	1.00	0.90	0.78	
	进度约束：SCED	1.43	1.14	1.00	1.00	1.00	

与 COCOMO 81 模型相比，COCOMO Ⅱ模型使用的成本因素的变化如下。

1）新增加了4个成本因素，它们分别是要求的可复用性、文档量、人员连续性（即人员稳定程度）和工作地分布程度。这个变化表明，这些因素对开发成本的影响日益增加。

2）略去了原始模型中的2个成本因素（平台切换时间和使用现代程序设计实践）。

3）某些成本因素（分析能力、平台经验、语言与工具经验）对生产率的影响（即工作量系数最大值与最小值的比率）增加了，另一些成本因素（程序员水平）的影响减小了。

COCOMO 81 模型与 COCOMO Ⅱ模型中工作量方程中模型指数 b 的值的确定方法也不同。

1）原始的 COCOMO 模型把软件开发项目划分成有机型、半嵌入型和嵌入型3种类型，并指定每种项目类型所对应的 b 值（分别是1.05、1.12和1.2）。

2）COCOMO Ⅱ采用了更加精细得多的 b 分级模型，这个模型使用5个分级因素 W_i（$1 \leqslant i \leqslant 5$），其中每个因素都划分成从甚低（$W_i = 5$）到特高（$W_i = 0$）6个级别，然后用下式计算 b 的数值。

$$b = 1.01 + 0.01 \times \sum_{i=1}^{5} W_i$$

因此，b 的取值范围为1.01～1.26。显然，这种分级模式比原始 COCOMO 模型的分级模式更加精细、灵活。

4. 复用模型

复用模型可以估计复用代码的工作量，软件复用在软件开发中很普遍，大多数大型系统的很大一部分代码是从以前开发的系统中复用的。这时的代码规模包括开发不能复用的构件所写的新代码的工作量及复用代码的额外工作量，这些额外工作量称为 ESLOC，相当于新的源代码行数，也就是说，复用工作量作为开发新的额外源代码的工作量，等价关系公式如下：

$$\text{ESLOC} = \text{ASLOC} \times (1 - \text{AT}/100) \times \text{AAM}$$

其中，ESLOC 为新源代码的等价行数；ASLOC 为必须修改的复用构件的代码行数；AT/100 为可以自动修改的复用代码所占百分比；AAM 为改写调整因子，反映了构件复用时所需的额外工作量。

ESLOC 确定后，复用工作量就可以参照早期设计模型估算了，下面公式中的 S 就是 ESLOC。

$$\text{PM} = A \times S^E \times \prod_{i=1}^{7} \text{EM}_i$$

5. COCOMO 模型扩展及其系列

随着使用范围的扩大及估算需求的增加，Boehm 及其团队除了进行上述改进之外，还增加了不少扩展模型以解决其他问题，形成了 COCOMO 模型系列，包括用于支持增量开发中成本估算的 COINCOMO（constructive incremental COCOMO）、基于数据库实现并支持灵活数据分析的 DBA COCOMO（database(access)doing business as COCOMO Ⅱ）、用于估算软件产品的遗留缺陷并体现质量方面投资回报的 COQUALMO（constructive quality model）、用于估算并跟踪软件依赖性方面投资回报的 iDAVE（information dependability attributed value estimation）、支持对软件产品线的成本估算及投资回报分析的 COPLIMO（constructive product line investment model）、提供在增量快速开发中的工作量按阶段分布的 COPSEMO（constructive phased schedule and effort model）、针对快速应用开发的 CORADMO（constructive rapid application development model）、通过预测新技术中最成本有效（most cost effective）的资源分配来提高生产率的 COPROMO（constructive productivity improvement model）、针对集成 COTS 软件产品所花费工作量估算的 COCOTS（constructive commercial off the shelf cost model）、估算整个系统生命周期中系统工程所花费工作量的 COSYSMO（constructive systems engineering cost model）、用于估算主要系统集成人员在定义和集成软件密集型 SoS（system of system）组件中所花费工作量的 COSOSIMO（constructive system of systems integration cost model）等。因为COCOMO模型应用的日益广泛，其他研究者也纷纷提出有针对性的改进或者扩展方案，不断丰富和完善基于算法模型的估算方法。

6.2.11 参数模型估算法——Walston-Felix模型

1977年，IBM公司的Walston和Felix两位专家根据63套软件项目数据，通过统计分析，提出了Walston-Felix参数估算模型，估算模型如下。

- 工作量：$E=5.2\times L^{0.91}$，L是源代码行数（以KLOC计），E是工作量（以人月计）。
- 人员需要量：$S=0.54\times E^{0.6}$，S是项目人员数量（以人计）。
- 文档数量：$DOC=49\times L^{1.01}$，DOC是文档数量（以页计）。

【例6】 某项目采用Java完成，估计需要366个功能点，采用Walston-Felix参数估算模型估算工作量和文档量。

Java语言代码行与功能点的关系近似为46LOC/FP，所以，366个功能点的代码行数为$L=366\times46=16\ 386$行$=16.386$KLOC，则

$$\text{工作量估算 } E=5.2\times16.386^{0.91}\approx66(\text{人月})$$

$$\text{项目的文档页数 } DOC=49\times16.386^{1.01}\approx826(\text{页})$$

6.2.12 参数模型估算法——基于神经网络估算

参数模型的回归分析方法很多，例如，可以基于神经网络估算方法进行项目估算。下面介绍基于BP神经网络的估算模型。

BP神经网络是一种多层的前馈型神经网络，BP神经网络的工作过程分为两部分：工作信号的正向传递和误差的反向传递。BP神经网络的多层次体现在网络可分为一个输入层、一个输出层、多个隐藏层（≥1）。在正向传递过程中，输入信号从网络的输入层进入网络，与输入因素的权值相结合，再经过隐藏层逐层处理，到达输出层。网络中的每一个神经元状态只能够影响该神经元下一层的神经元状态。若网络的实际输出没有达到误差允许的范围，则网络转到反向传播过程，根据输出的误差逐层地调整网络权值和阈值，使得BP神经网络的实际输出能够不断地逼近期望值，这一特性也说明了BP神经网络是一种有监督性的人工神经网络。BP神经网络的网络拓扑结构如图6-6所示。

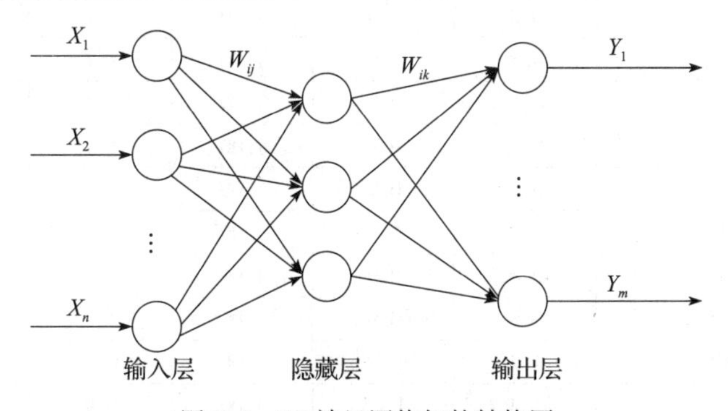

图6-6 BP神经网络拓扑结构图

在图6-6中，X_1，X_2，…，X_n是BP神经网络的输入值，Y_1，Y_2，…，Y_m是BP神经网络的输出值，W_{ij}是输入层到隐含层的权值，W_{jk}是隐含层到输出层的权值。由图6-6可以看出，BP神经网络其实描述了一种非线性函数，自变量是网络的输入值，因变量是网络的输出值，网络的输入节点为n，输出节点为m，图6-6表示了n个自变量到m个因变量的函数映射关系。

1. 项目数据来源

663 条数据信息作为数据集，其中 600 条数据用作训练集，63 条数据用作测试集。一个样本信息包括 17 个输入和 3 个输出，若干个样本数据如图 6-7 所示。

	A	B	C	D	E	F	G	H	I	J	K	L
1	功能点数	38	54	31	47	58	1	51	45	39	34	3
2	可靠性	很高	高	很低	很低	很低	低	低	很低	低	很低	高
3	数据规模	高	很高	很低	极高	极高	正常	低	很高	很低	低	很低
4	复杂性	高	低	高	正常	很高	很低	正常	低	很低	高	正常
5	文档	低	正常	极高	低	极高	高	极高	很高	很高	很低	高
6	复用	正常	很低	极高	很低	极高	低	低	低	很高	正常	极高
7	技术难度	很低	很高	低	极高	极高	高	正常	高	低	很高	正常
8	平台难度	低	很低	低	很低	极高	极高	低	极高	高	很高	很低
9	需求易变性	很低	很低	高	很高	很低	极高	很低	高	低	低	高
10	分析能力	低	极高	正常	正常	高	很高	正常	低	极高	正常	正常
11	应用经验	高	正常	正常	低	高	很高	极高	很低	极高	高	高
12	程序员水平	极高	高	极高	高	正常	高	很高	正常	正常	正常	很高
13	语言与工具经验	.高	低	极高	高	低	很低	低	低	很低	正常	很高
14	团队凝聚力	极高	正常	很低	很低	低	高	高	高	正常	高	高
15	过程成熟度	正常	高	高	很高	低	极高	低	极高	低	高	正常
16	使用软件工具的水平	正常	极高	低	低	高	很低	正常	很低	低	低	正常
17	进度管理	很高	低	正常	正常	极高	极高	极高	极高	极高	低	正常
18												
19	时间（月）	17.6	25	14.4	24.6	29	0.4	24.6	26.1	18	15	1.7
20	规模（成本）（人月）	52.8	75	43.2	73.8	87	1.2	73.8	78.3	54	45	5.1
21	缺陷数（个）	95	135	79	125	156	4	125	117	89	75	7

图 6-7 项目数据

其中，一列信息代表一个样本，1 ~ 17 行表示样本的输入因子，19 ~ 21 行表示样本的输出因子。可以看到图 6-7 中的数据并不全是数值，因此我们需要对数据进行一些处理，将其中的文本数据进行数值化。对于项目功能点数、项目开发时间、规模（成本）、缺陷数这类客观性数据，直接采用原始值；对于项目数据规模、复杂性等这类文字信息，进行量化处理。

通过综合分析考虑整个软件项目开发的整个流程，选取 17 个输入因素和 3 个预测输出作为软件项目估算模型的输入和输出。对于原始数据中是文字信息的输入因素，我们将其分成 6 个等级，每个等级赋值一个数字，以代表这个等级。如此一来，原始数据中的文字信息就可以对应为数字。软件项目的 17 个输入因素等级的对应值如表 6-30 所示。

表 6-30 输入因素等级的对应值

输入因素		级别					
		很低	低	正常	高	很高	极高
	功能点	—					
产品属性	可靠性：RELY	0.8	0.9	1.00	1.1	1.25	1.4
	数据规模：DATA	0.8	0.9	1.00	1.1	1.25	1.4
	复杂性：CPLX	0.8	0.9	1.00	1.1	1.25	1.4
	文档：DOCU	0.8	0.9	1.00	1.1	1.25	1.4
	复用：RUSE	0.8	0.9	1.00	1.1	1.25	1.4
开发属性	技术难度：TECH	0.8	0.9	1.00	1.1	1.25	1.4
	平台难度：PLAT	0.8	0.9	1.00	1.1	1.25	1.4
	需求易变性：REQU	0.8	0.9	1.00	1.1	1.25	1.4
人员属性	分析能力：ACAP	1.4	1.25	1.00	0.9	0.8	0.7
	应用经验：AEXP	1.4	1.25	1.00	0.9	0.8	0.7
	程序员水平：PCAP	1.4	1.25	1.00	0.9	0.8	0.7
	语言与工具经验：LTEX	1.4	1.25	1.00	0.9	0.8	0.7
	团队凝聚力：TEAM	1.4	1.25	1.00	0.9	0.8	0.7
项目属性	过程成熟度：PMAT	1.4	1.25	1.00	0.9	0.8	0.7
	使用软件工具的水平：TOOL	1.4	1.25	1.00	0.9	0.8	0.7
	进度管理：SCED	1.4	1.25	1.00	0.9	0.8	0.7

输入值如下。

1）功能点数：模型最主要的输入，也是影响预测结果最关键的输入，与模型的预测输出成正相关。

2）可靠性：从低到高分为很低、低、正常、高、很高、极高6个等级，与模型的预测输出成正相关。

3）数据规模：从低到高分为很低、低、正常、高、很高、极高6个等级，与模型的预测输出成正相关。

4）复杂性：从低到高分为很低、低、正常、高、很高、极高6个等级，与模型的预测输出成正相关。

5）文档：从低到高分为很低、低、正常、高、很高、极高6个等级，与模型的预测输出成正相关。

6）复用：从低到高分为很低、低、正常、高、很高、极高6个等级，与模型的预测输出成正相关。

7）技术难度：从低到高分为很低、低、正常、高、很高、极高6个等级，与模型的预测输出成正相关。

8）平台难度：从低到高分为很低、低、正常、高、很高、极高6个等级，与模型的预测输出成正相关。

9）需求易变性：从低到高分为很低、低、正常、高、很高、极高6个等级，与模型的预测输出成正相关。

10）分析能力：从低到高分为很低、低、正常、高、很高、极高6个等级，与模型的预测输出成负相关。

11）应用经验：从低到高分为很低、低、正常、高、很高、极高6个等级，与模型的预测输出成负相关。

12）程序员水平：从低到高分为很低、低、正常、高、很高、极高6个等级，与模型的预测输出成负相关。

13）语言与工具经验：从低到高分为很低、低、正常、高、很高、极高6个等级，与模型的预测输出成负相关。

14）团队凝聚力：从低到高分为很低、低、正常、高、很高、极高6个等级，与模型的预测输出成负相关。

15）过程成熟度：从低到高分为很低、低、正常、高、很高、极高6个等级，与模型的预测输出成负相关。

16）使用软件工具的水平：从低到高分为很低、低、正常、高、很高、极高6个等级，与模型的预测输出成负相关。

17）进度管理：从低到高分为很低、低、正常、高、很高、极高6个等级，与模型的预测输出成负相关。

输出值如下。

1）时间：完成软件项目需要的时间，单位为月。

2）规模（成本）：完成软件项目所需要的成本，单位为人月。

3）缺陷数：软件项目的缺陷数目，单位为个。

将文字转换成数字后，原始数据如图6-8所示（一列数据为一个样本）。

2. 数据归一化

因为每一条数据的各个特征之间会存在数量级的差异，如果直接将这些数据作为训练数据使用，则会出现预测误差比较大的情况。因此，需要进行数据的归一化，归一化的目的是消除因为数据各个维度数量级不一样而导致网络预测输出误差过大的问题。

	A	B	C	D	E	F	G	H	I	J	K	L
1	功能点数	38	54	31	47	58	1	51	45	39	34	3
2	可靠性	1.25	1.1	0.8	0.8	0.8	0.9	0.9	0.8	0.9	0.8	1.1
3	数据规模	1.1	1.25	0.8	1.4	1.4	1	0.9	1.25	0.8	0.9	0.8
4	复杂性	1.1	0.9	1.1	1	1.25	0.8	1	0.9	0.8	1.1	1
5	文档	0.9	1	1.4	0.9	1.4	1.1	1.4	1.25	1.25	0.8	1.1
6	复用	1	0.8	1.4	0.8	1.4	0.9	0.9	0.9	1.1	1	1.4
7	技术难度	0.8	1.25	0.9	1.4	1.4	1.1	1	1.1	0.9	1.25	1
8	平台难度	0.9	0.8	0.9	0.8	1.4	1.4	0.9	1.4	1.1	1.25	0.8
9	需求易变性	0.8	0.8	1.1	1.25	0.8	1.4	0.8	1.1	0.9	0.9	1.1
10	分析能力	1.25	0.8	1	1	0.9	0.8	1	1.25	0.7	1	1
11	应用经验	0.9	1	1	1.25	0.9	0.8	0.7	1.4	0.7	0.9	0.9
12	程序员水平	0.7	0.9	0.7	0.9	1	0.9	0.7	1	1	1	0.7
13	语言与工具经验	0.9	1.25	0.7	0.9	1.25	1.4	1.25	1.25	1.4	1	0.8
14	团队凝聚力	0.7	1	1.4	1.4	1.25	0.9	0.9	0.9	1	0.9	0.9
15	过程成熟度	1	0.9	0.9	0.7	1.25	0.7	1.25	0.7	1.25	0.9	1
16	使用软件工具的水平	1	0.7	1.25	1.25	0.9	1.4	1	1.4	1.25	1.25	1
17	进度管理	0.8	1.25	1	1	0.7	0.7	0.7	0.7	0.7	1.25	1
18												
19	时间（月）	17.6	25	14.4	24.6	29	0.4	24.6	26.1	18	15	1.7
20	规模（成本）（人月）	52.8	73	42.6	73.2	87	1.2	73.8	78.3	54	45	5.1
21	缺陷数（个）	95	135	79	125	156	4	125	117	89	75	7

图 6-8 原始数据数值图

常用的数据归一化方法主要有 Z-score 标准化和最大 - 最小标准化。

（1）Z-score 标准化

Z-score 标准化是根据原始数据的均值和标准差进行的数据标准化。将属性 A 的原始数据 x 通过 Z-score 标准化成 x'。Z-score 标准化适用于属性 A 的最大值或者最小值未知的情况，或有超出取值范围的离散数据的情况。

$$x' = \frac{x - \mu}{\sigma} \tag{6-8}$$

其中，μ 为均值；σ 为标准差。

Z-score 标准化得到的结果是所有数据都聚集在 0 附近，方差为 1。

（2）最大 - 最小标准化

最大 - 最小标准化是根据原始数据进行线性变换，设 x_{min} 和 x_{max} 分别是属性 A 的最小值和最大值，将 A 的一个原始值 x_k 通过最大 - 最小标准化映射到区间 ［0，1］ 的值 x'_k，公式如下：

$$x'_k = \frac{(x_k - x_{min})}{(x_{max} - x_{min})} \tag{6-9}$$

由于最大 - 最小法在 MATLAB 中有对应的函数 mapminmax，所以我们选择最大 - 最小法对原始数据进行归一处理。处理后的原始数据如图 6-9 所示。

	A	B	C	D	E	F	G	H	I	J	K	L
1	功能点数	0.88	0.34	0.35	0.63	0.90	0.01	0.44	0.14	0.52	0.35	0.04
2	可靠性	0.65	0.13	0.51	0.43	0.43	0.40	0.20	0.13	0.07	0.05	0.63
3	数据规模	0.42	0.84	0.97	0.09	0.30	0.14	0.57	0.60	0.94	0.58	0.75
4	复杂性	0.90	0.50	0.23	0.83	0.42	0.32	0.75	0.33	0.26	0.06	0.56
5	文档	0.97	0.21	0.71	0.19	0.34	0.95	0.77	0.96	0.04	0.38	0.50
6	复用	0.45	0.74	0.21	0.29	0.32	0.93	0.43	0.90	0.49	0.25	0.42
7	技术难度	0.13	0.03	0.42	0.64	0.04	0.61	0.96	0.41	0.87	0.09	0.83
8	平台难度	0.34	0.90	0.46	0.10	0.92	0.72	0.06	0.69	0.22	0.80	0.43
9	需求易变性	0.62	0.53	0.17	0.69	0.85	0.92	0.10	0.62	0.16	0.84	0.47
10	分析能力	0.12	0.48	0.60	0.73	0.96	0.65	0.42	0.09	0.59	0.70	0.59
11	应用经验	0.49	0.25	0.07	0.16	0.00	0.28	0.40	0.40	0.65	0.57	0.58
12	程序员水平	0.82	0.06	0.71	0.37	0.74	0.66	0.06	0.57	0.04	0.15	0.47
13	语言与工具经验	0.15	0.57	0.32	0.09	0.27	0.62	0.94	0.08	0.64	0.52	0.01
14	团队凝聚力	0.07	0.89	0.15	0.19	0.46	0.63	0.75	0.05	0.75	0.81	0.11
15	过程成熟度	0.26	0.01	0.46	0.17	0.19	0.79	0.27	0.29	0.06	0.02	0.07
16	使用软件工具的水平	0.20	0.42	0.41	0.60	0.60	0.84	0.04	0.16	0.10	0.04	0.99
17	进度管理	0.29	0.10	0.47	0.41	0.94	0.17	0.24	0.75	0.84	0.36	0.85
18												
19	时间（月）	0.28	0.80	0.31	0.64	0.86	0.06	0.77	0.07	0.83	0.34	0.14
20	成本（人/月）	0.71	0.95	0.53	0.65	0.37	0.53	0.68	0.20	0.73	0.68	0.18
21	缺陷数（个）	0.95	0.96	0.71	0.85	0.87	0.88	0.96	0.32	0.08	0.29	0.54

图 6-9 数据归一化图

3. 神经网络算法建模

这里选取3层的BP神经网络，包括一个输入层、一个隐含层和一个输出层。数据样本包含17个输入特征和3个输出特征，因此输入层节点为17，输出层节点为3。其网络结构图如图6-10所示。

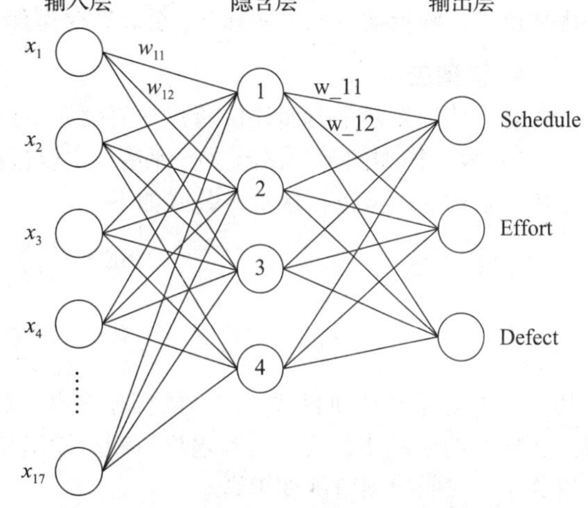

图6-10 基于BP神经网络的软件项目估算模型

相关参数说明如下。

x_j 为输入层第 j 个节点的输入，$j=1, 2, \cdots, M$；

w_{ij}为输入层节点 j 到隐含层节点 i 之间的权值，$i=1, 2, \cdots, q$；

b_i 为隐含层节点 i 的阈值；

$\theta(x)$ 为隐含层的激活函数；

w_{ik}为隐含层节点 i 到输出层节点 k 之间的权值；

a_k 为输出层节点 k 的阈值；

$\beta(x)$ 为输出层的激活函数；

O_k 为输出层节点 k 的输出。

隐含层节点 i 的输入为

$$h_i = \sum_{j=1}^{M} w_{ij}x_j + b_i \tag{6-10}$$

隐含层节点 i 的输出为

$$y_i = \theta(h_i) = \theta\left(\sum_{j=1}^{M} w_{ij}x_j + b_i\right) \tag{6-11}$$

隐含层所有节点的输出就是输出层节点的输入，类似地可得输出层节点 k 的输入为

$$\text{out\_in}_k = \sum_{i=1}^{q} w_{ki}y_i + a_k = \sum_{i=1}^{q} w_{ki}\theta\left(\sum_{j=1}^{M} w_{ij}x_j + b_i\right) + a_k \tag{6-12}$$

输出层节点 k 的输出为

$$O_k = \beta(\text{out\_in}_k) = \beta\left(\sum_{i=1}^{q} w_{ki}y_i + a_k\right) = \beta\left(\sum_{i=1}^{q} w_{ki}\theta\left(\sum_{j=1}^{M} w_{ij}x_j + b_i\right) + a_k\right) \tag{6-13}$$

由以上公式可以看出，BP神经网络的输入层是 M 维空间向量，输出层是 L 维空间向量，M 维空间向量通过隐含层 q 的调整映射成了 L 维空间向量，这就是BP神经网络隐含层的作用。隐含层相当于一个向量空间，对于影响输出结果的若干个维度，也就是输入层的若干维向量，隐含层能够将这些自变量进行矩阵的变换，然后得到输出结果。

由式（6-10）~式（6-13）可得

$$\Delta w_{ki} = \eta e_k \beta' y_i \tag{6-14}$$

$$\Delta a_k = \eta e_k \beta' \tag{6-15}$$

$$\Delta w_{ij} = \eta \beta' \theta' x_j e_k w_{ki} \tag{6-16}$$

$$\Delta b_i = \eta \beta' \theta' e_k w_{ki} \tag{6-17}$$

其中，Δw_{ki}是隐含层节点 i 到输出层节点 k 的权值变化量；Δw_{ij}是输入层节点 j 到隐含层节点 i 的权值变化量；Δa_k是输出层节点 k 的阈值变化量；Δb_i是隐含层节点 i 的阈值变化量；η 是网络学习率；e_k 是输出层节点 k 的网络误差；x_j 为输入层节点 j 的值；y_i 是隐含层节点 i 的输出；θ 是隐含层的激活函数；β 是输出层的激活函数。

分析以上四式可以得知，网络权值和阈值的变化量与隐含层节点的数目、网络学习率、隐

含层和输出层的激活函数有关，下面我们选择合适的参数来建立模型。

通过控制变量法与比较法选取不同的参数进行比较，本模型最终确定隐含层节点数目为4，网络学习率为0.54，隐含层激活函数为logsig，输出层激活函数为purelin。接下来针对BP神经网络容易出现“过拟合”而造成误差变大的特点进行优化，采用附加动量法对网络进行优化改进，确定动量因子为0.9。至此，模型建立完成。

4. 模型应用

可以从以下两个方面评价所建立的软件项目估算模型。

1）根据模型的预测误差进行评估，主要根据模型预测值的均方误差（MSE）、误差百分比这两个指标对模型进行评价，公式如下：

$$\mathrm{MSE} = \frac{1}{n}\sum_{i=1}^{n}(T_i - O_i)^2 \tag{6-18}$$

$$误差百分比 = \frac{1}{n}\sum_{i=1}^{n}\frac{|T_i - O_i|}{O_i} \times 100\% \tag{6-19}$$

其中，O_i 表示软件项目估算模型的实际输出；T_i 表示软件估算模型的期望输出。

MSE的值越小，代表实际输出与期望输出相差越小，说明模型精确度越高；误差百分比的值越小，说明模型精确度越高。

2）从软件估算模型的稳定性衡量。如果所建立的模型每一次都能拟合得良好，就代表着所建立的软件估算模型较稳定。为此，这里将建立的模型运行3次，记录其MSE与误差百分比值，计算均值，均值越小，模型预测性能越好。

我们设定期望误差范围为0.001，BP神经网络经过11次迭代就完成了收敛。

综合模型的软件项目开发时间的预测值与期望值的拟合情况如图6-11所示，软件项目成本的预测值与期望值的拟合情况如图6-12所示，软件项目缺陷数的预测值与期望值的拟合情况如图6-13所示，预测误差如图6-14所示，相对误差百分比如图6-15所示。

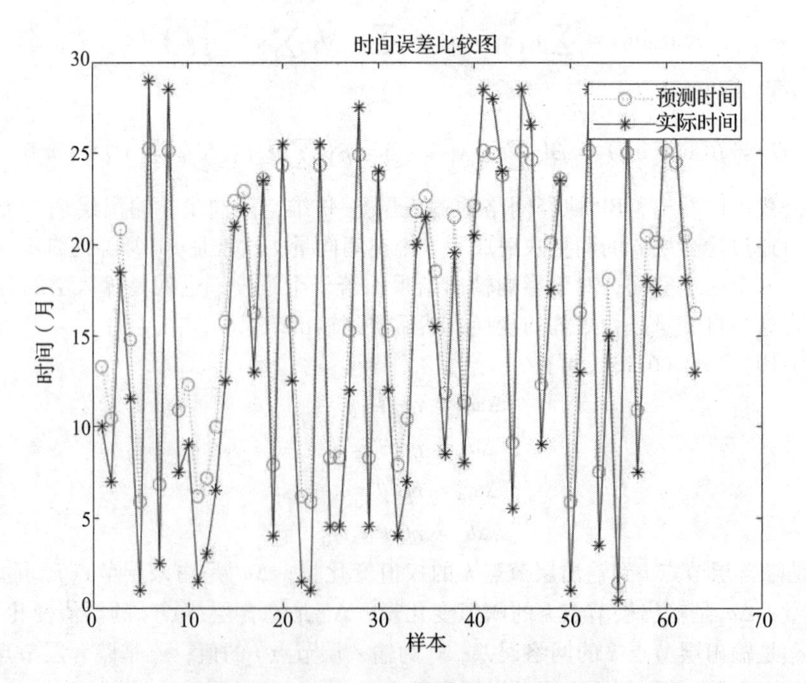

图6-11 软件项目估算模型时间拟合图

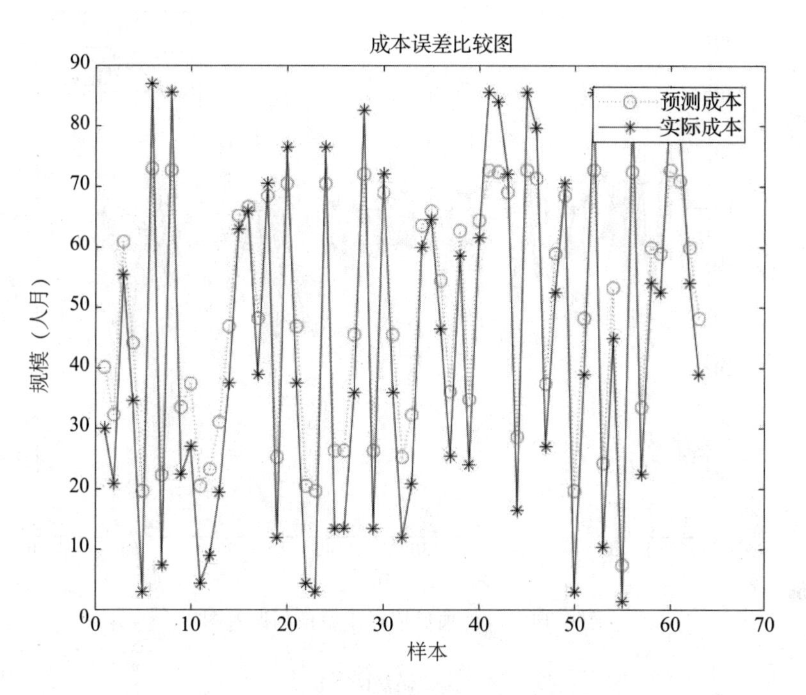

图 6-12　软件项目估算模型规模（成本）拟合图

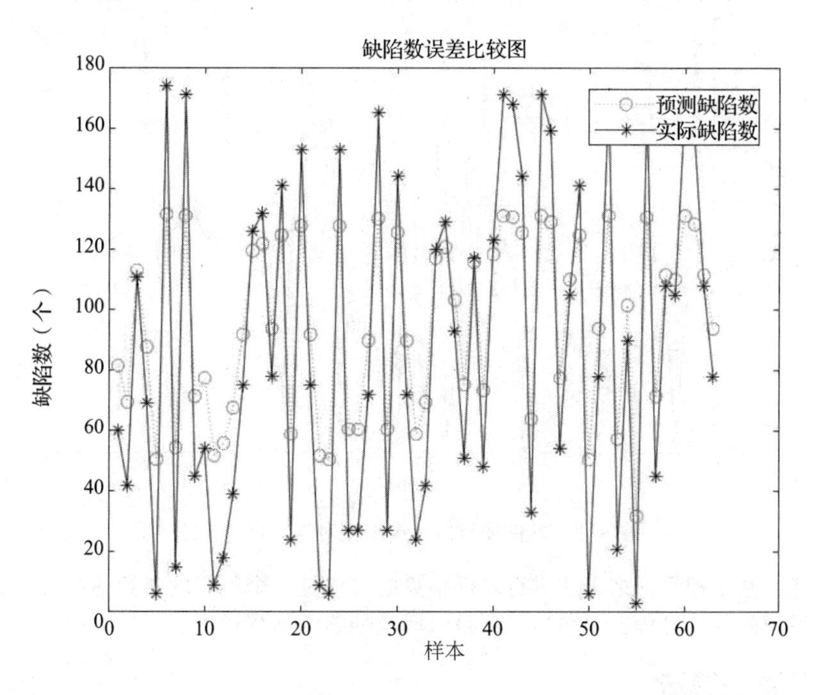

图 6-13　软件项目估算模型缺陷数拟合图

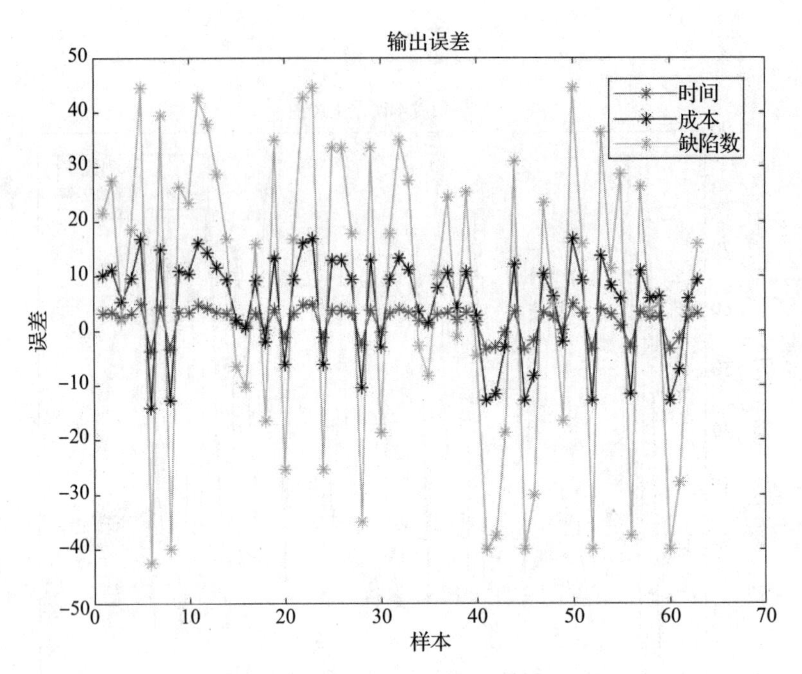

图 6-14 软件项目估算模型预测误差图

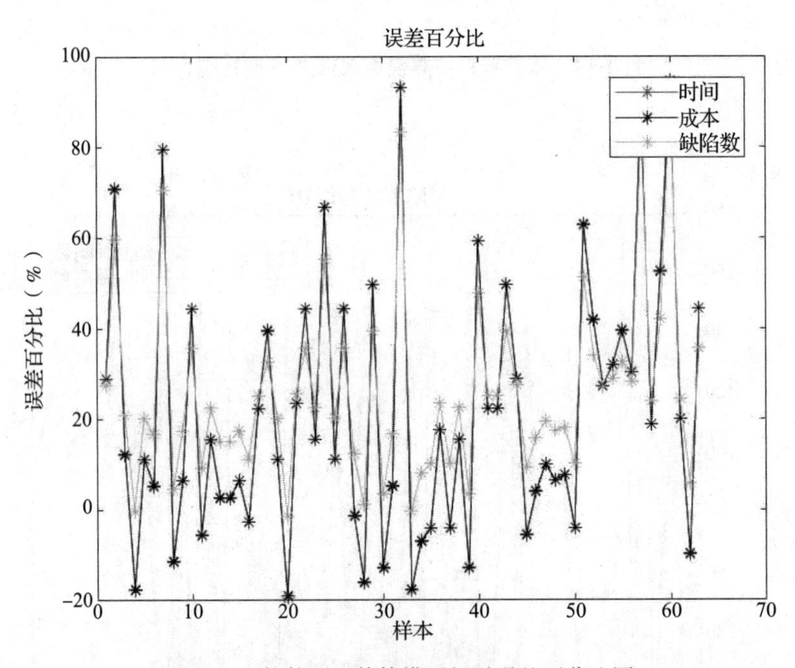

图 6-15 软件项目估算模型相对误差百分比图

综上所述，基于神经网络算法进行软件估算的方法是一个很好的参数估算方法，本模型不仅仅包括了规模的估算过程，也包括了项目时间及缺陷的估算过程。

6.2.13 专家估算法

通常意义上讲，专家估算法是由一些被认为是该任务专家的人来进行的，并且估算过程的很大一部分是基于不清晰、不可重复的推理过程，也就是直觉（intuition）。对于某一个专家自己所用的估算方法而言，经常使用 WBS，通过将项目元素放置到一定的等级划分中来简化预算估计与控制的相关工作。当仅有的可用信息只能依赖专家意见而非确切的经验数据时，专家估算法无疑是解决成本估算问题的最直接的选择。另外，专家可以根据自己的经验对实际项目与经验项目的差异进行更细致的发掘，甚至可以洞察未来新技术可能带来的影响。但是，其缺点也很明显，即专家的个人偏好、经验差异与专业局限性都可能为估算的准确性带来风险。由于专家作为个体，存在很多可能的个人偏好，因此通常人们会更信赖多个专家一起得出的结果，并达成小组一致。为此，引入了 Delphi 专家估算法。首先，每个专家在不与其他人讨论的前提下，先对某个问题给出自己的初步匿名评定。第 1 轮评定的结果收集、整理之后，返回给每个专家进行第 2 轮评定。这次专家们仍面对同一评定对象，所不同的是他们会知道第 1 轮总的匿名评定情况。第 2 轮的结果通常可以把评定结论缩小到一个小范围，得到一个合理的中间范围取值。与专家的这种沟通可以多次进行。

Delphi 专家估算法的基本步骤如下。

1）组织者发给每位专家一份软件系统的规格说明和一张记录估算值的表格，请专家估算。

2）每个专家详细研究软件规格说明后，对该软件提出 3 个规模的估算值，即最小值 a_i、最可能值 m_i、最大值 b_i。

3）组织者对专家表格中的答复进行整理，计算每位专家的平均值 $E_i=(a_i+4m_i+b_i)/6$，然后计算出期望值 $E_i=(E_1+E_2+\cdots+E_n)/n$。

4）综合结果后，再组织专家无记名填表格，比较估算偏差，并查找原因。

5）上述过程重复多次，最终可以获得一个多数专家共识的软件规模。

6.2.14 猜测估算法

法猜测估算法是一种经验估算法，也是一种原始的估算方法。进行估算的人有专门的知识和丰富的经验，据此提出一个近似的数据。此方法只适用于要求很快拿出项目的大概数字的情况，不适用于要求详细估算的项目。

6.2.15 估算方法综述

实际上，进行软件规模成本估算时，会根据不同的时期、不同的状况采用不同的方法。在项目初期，尤其是合同阶段，项目的需求不是很明确，而且需要尽快得出估算的结果，可以采用类比法。在需求确定之后，开始规划项目的时候，可以采用自下而上估算法或者参数估算法。随着项目的进展，项目经理需要时时监控项目的状况，尤其在项目的不同阶段，也需要重新评估项目的成本，一般来说，项目经理根据项目经验的不断积累，会综合一个实用的评估方法。

自下而上估算法费时费力，参数估算法比较简单，它们的估计精度相似。各种方法不是孤立的，应该注意相互结合使用，类比估算法通常用来验证参数估算法和自下而上估算法的结果。

下面介绍一下目前软件项目中常用的软件成本估算方式，它是一种自下而上估算法和参数估算法的结合模型，步骤如下。

1. 任务分解（WBS）

对项目任务进行分解，并对分解的任务进行编号（WBS 编号），例如，分解之后共有 n 个任务，即 T_1，T_2，…，T_n。

2. 每个任务的规模估算

如果任务 T_i 是固定成本类型（如采用固定价格外包），则不用先计算工作量 E_i，否则任务 T_i 的规模估算（单位一般是人月）可以采用如下方法之一。

1）估算任务 T_i 的最大值 Max、最小值 Min、最可能值 Avg，则任务 T_i 的规模估算为

$$E_i = \frac{\text{Max} + 4\text{Avg} + \text{Min}}{6}$$

2）估算任务 T_i 工作量的最可能值 Avg，则任务 T_i 规模估算 $E_i = \text{Avg}$。

3. 每个任务的成本估算

如果任务 T_i 是固定成本类型（例如采用固定价格外包），则可以直接给出成本 C_i，否则任务 T_i 的成本估算（一般是货币单位）取 $C_i = E_i \times$ 人力成本参数。

例如，一个软件项目的规模是 3 人月，企业的人力成本参数为 2 万/人月，则这个任务的成本是 6 万元。

4. 估算直接成本

直接成本 $= C_1 + C_2 + \cdots + C_i + \cdots + C_n$。直接成本包括开发成本、管理成本、质量成本等。如果任务分解结果（WBS）中包括质量任务和管理任务，则估算成本就会比较容易。如果任务分解结果中不包括质量、管理等任务，这时可以采用简易估算方法估算管理、质量工作量（单位：人月）。例如，管理、质量工作量规模 Scale(Mgn) = a × Scale(Dev)，其中 Scale(Dev) 是开发工作量规模，a 是比例系数（可以根据企业的具体情况而定，例如，a 可以是 20% ~25% 之间的参数）。

5. 估算间接成本

间接成本可以根据企业的具体成本模型计算，如果企业没有成熟的成本模型，则可以采用简易的算法计算。例如，间接成本 = 直接成本 × 间接成本系数，其中间接成本系数可根据企业的具体情况而定，如间接成本系数为 15%。

6. 项目总估算

成本总估算成本 = 直接成本 + 间接成本。

如果间接成本 = 直接成本 × 间接成本系数，则总估算成本 = 直接成本 ×(1 + 间接成本系数)。

如果项目的总规模为 E，则直接成本 = E × 人力成本参数。

所以，总估算成本 = E × 人力成本参数 ×(1 + 间接成本系数)

成本估算的简易算法：总估算成本 = E × 成本系数，其中成本系数 = 人力成本参数 ×(1 + 间接成本系数)，这样可以通过简易的估算方法估算，不用区分直接成本和间接成本，这里的成本系数已经包括直接成本和间接成本系数。

6.3 敏捷项目成本估算

对于易变性高、范围并未完全明确、经常发生变更的项目，详细的成本计算可能没有多大帮助。在这种情况下，可以采用轻量级估算方法快速生成对项目人力成本的高层级预测，在出现变更时容易调整预测；而详细的估算适用于采用准时制的短期规划。如果易变的项目也遵循严格的预算原则，则通常需要更频繁地更改范围和进度计划，以始终使成本保持在制约因素之内。

因此，敏捷估算基本原则如下：对于高层估算或者整体估算，采用轻量级估算方法快速生成；对于短期估算，可以进行详细的估算。

在敏捷项目中，团队的估算最多限于未来几周时间。如果团队工作的可变性不高，则团队的能力就会变得稳定，才能对未来几周做出更好的预测。

敏捷项目的需求采用故事描述，工作量估算或者项目的规模则采用故事点（story point）描述。

6.3.1 故事点估算

故事点是用来度量实现一个故事需要付出的工作量的相对估算值。所以，我们关注最后得到的相对估算结果。例如，故事A估算值为1故事点，故事B估算值为2故事点，则B的工作量是A的工作量的2倍。

用时间来估算用户故事，简单且易于理解，甚至团队外的人也能很快明白用户故事的规模，目前很多团队也在用时间作为用户故事的计量单位。但是团队成员每天不仅仅是开发和测试，还有许多与计划的用户故事没有直接贡献的事情，如开会、休假、打电话、发电子邮件、培训、给客户演示、面试等，因此团队经常遇到的问题是，估算的1天用户故事或许要花2天甚至更多时间才能完成。

时间估算虽然更加精确，但是有的团队在估算的时候会预留一些缓冲以平衡估算误差，例如，有的团队会留30%的团队总时间，这种做法很大程度上缓解了对时间的精确估算的偏差带来的风险。

对于用户故事，随着时间的推移、项目的推进及团队技术与知识的积累，团队在第10次迭代中单位时间里能够完成的工作量与第1次迭代能够完成的工作量是有所不同的。其实用时间做估算再往前推进一步就成了故事点的方法了，根据过去的数据统计团队的容量（capacity），而非仅仅只是估算可用的时间；用比较倍数的方法考量用户故事的大小，而非考量完成所需的时间。

6.3.2 故事点估算标准

故事点估算是相对估算过程，需要确定相对的估算标准，常用的两个标准为Fibonacci数列等级标准和2的n次方数列等级标准，如下所示。

Fibonacci数列等级标准：0，1，2，3，5，8，13，21，34，55，89，…

2的n次方数列等级标准：0，1，2，4，8，16，32，64，128，…

下面以Fibonacci数列等级标准为例来说明，故事点虽然可以分为很多的等级，但我们在现实中一般只采用0、1、2、3、5、8、13这7个等级。如果在预估中发现故事点超过13，则一般对任务进行分割，将其分割为两部分，循环该步骤，直至所有故事点都小于等于13。因此，Fibonacci数列等级标准的估算步骤如下。

1）选取故事点预估为3的用户故事。

2）将需要预估的用户故事与选取的用户故事进行比较。

3）如果两个工作量差不多，则设置该用户故事的故事点为3。

4）如果工作量略少，则设置该用户故事的故事点为2。

5）如果工作量更少，则设置该用户故事的故事点为1。

6）如果该用户故事不需要完成，则设置该用户故事的故事点为0。

7）同理，如果工作量略多/更多/再多，可以相应地设置该用户故事的故事点为5/8/13。

8）如果该用户故事的故事点超过13，则可以认为该故事是Epic，可以再对其进行分解。

例如，在规划发布计划（release plan）时，假设根据历史数据，一个发布计划的容量为150个故事点，团队很有可能在下一个发布计划里面完成150个故事点左右的用户故事，这样待办事项列表里面优先级最高的总和为150个故事点左右的那些用户故事是最有可能完成的。

【例1】 有两个用户故事，分别为A和B，其内容是开发需求和设计类似的APP，如何估算？

在规划发布计划时，A 和 B 的估算规模都是 8。在开发过程中，迭代 1 期间团队花了很多时间完成了 A，那么迭代 2 期间，B 的规模是否应该继续为 8？可以分几种情况处理：迭代 1 末期，团队需要对待办事项列表进行重整，此时，如果团队对 B 仍然没有足够的自信，则 B 的规模可以保持在 8，否则 B 的规模可以变成 5 或者更少，这取决于团队在此方面的领域知识。

疑问在于如果对 B 的估计规模变成 3，团队此时能够发布的价值更多，但是在故事点层面并没有体现出来。换句话说，对 B 的估算保持 8 点是否会让团队感觉效率更高？

仔细想想，其实在完成 A 的时候已经把 B 的很多东西相应地完成了，因此 B 的不确定性降低，风险也降低了，降低 B 的估算规模是合理的。另外，故事点并不能用来衡量团队的效率，团队实际生产速率是会保持在一个相对稳定的统计学数值上的，一个团队在一个迭代周期实际完成的故事点与速率相差过大，非但不能说明团队的效率高，反而会说明团队之前的估算不准确，针对这个问题，需要在回顾会议上讨论问题的原因并做出改进。

6.3.3 快速故事点估算方法

快速故事点估算方法（a fast story point estimation process）是由 Mary Ann Michaels 提出的，这个方法解决了原有的故事点估算法的枯燥乏味且烦琐耗时的过程。具体说明如下。

1. 假设条件

本方法需要满足如下前提条件。

- 团队成员理解大多数用户故事的要点。
- 有同地协作的团队。
- 每个用户故事被独立打印，必须在估算过程之前准备，并且提前贴在墙上，如图 6-16 所示。
- 在墙上写下 Fibonacci 数列：1，2，3，5，8，13，21，…，并且加上一列“？”，如图 6-17所示。

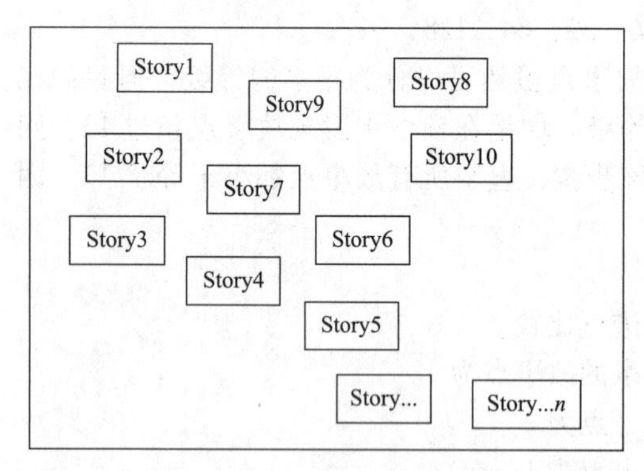

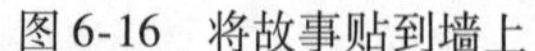
图 6-16 将故事贴到墙上

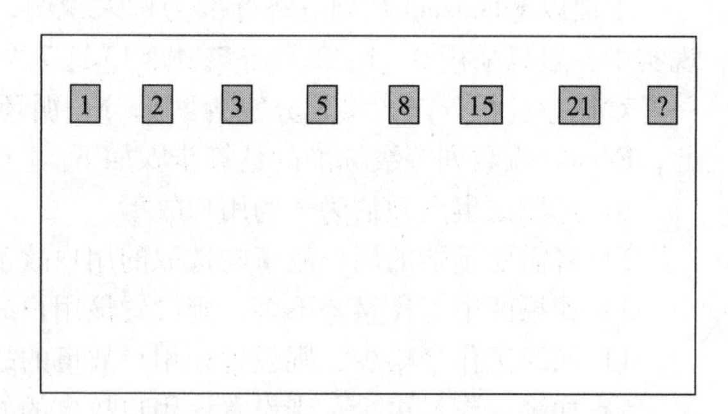

图 6-17 在墙上列出 Fibonacci 数列

2. 估算过程

具体估算过程如下。

1）团队人员排成一排。

2）第一名成员把一个用户故事放到他认为可以正确反映故事点值的那一列。

3）第一名成员做完后排团队成员的最后一个位置。

4）下一个团队成员可以挪动已经摆好的用户故事，也可以选择另外的用户故事，把它放到他认为可以正确反映故事点值的那一列。

5）继续以上过程，直到所有用户故事都摆放完毕。

6）在此循环过程中，会有用户故事在不同的估值点列中来回挪动，引导师可以把这些用户故事挪到列表的上方，如图6-18中的Story6，用于最后的时候讨论。也会有一些故事需要更多的信息，把它们放到"?"一列，如图6-18中的Story9。团队需要将"?"一列的故事降到最低，如果这样的故事太多，也许再需要一个列表修整会议，可以让团队成员很清晰地了解故事细节。

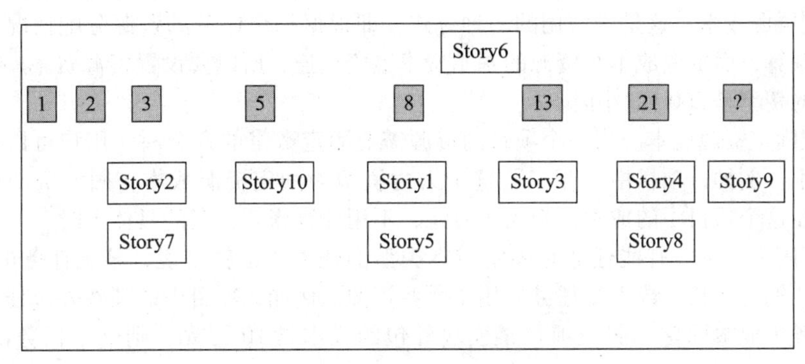

图6-18　故事在墙上不断移动

7）当大多数的故事都摆放好后，让团队成员投票选择哪些来回挪动的"问题"故事属于哪一列。

8）如果无法达成一致，则把这个故事放到其中最高值的一列。

9）如果团队成员对放置的故事都满意，则计算每一列故事的个数，并且乘以数列，从而得到所有的故事点。

如图6-19所示，其中"?"列下的Story9暂时无法估算，接下来需要计算每一列下的故事个数，并且乘以其所在列值，从而得到所有的故事点。例如，第3列下有2个故事，则对应故事点为$3\times2=6$；第5列下有1个故事，则对应故事点为$5\times1=5$；第8列下有2个故事，则对应故事点为$8\times2=16$；第13列下有2个故事，则对应故事点为$13\times2=26$；第21列下有2个故事，则对应故事点为$21\times2=42$。将以上故事点相加得到95，所以通过快速故事点估算得到的结果是95，其中不包括Story9的工作量。

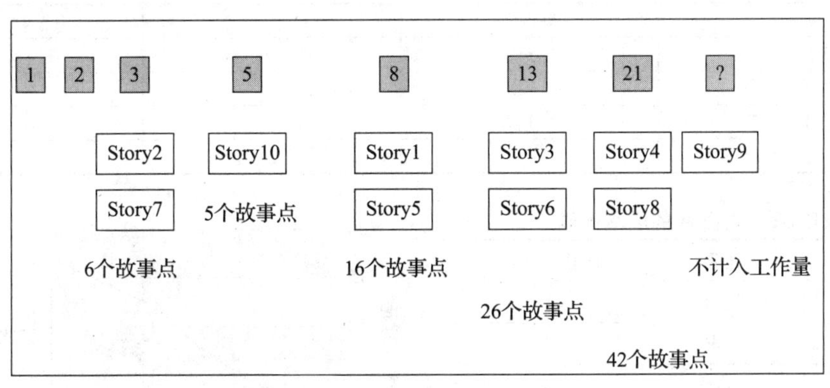

图6-19　最后的估算结果

6.4　成本预算

成本预算是将项目的总成本按照项目的进度分摊到各个工作单元中去，即将总的成本安排到各个任务中，这些任务项是基于WBS分解的结果，所以WBS、WBS字典、每个任务的成本估计、进度、资源日历等可以作为成本预算的输入。成本预算的目的是产生成本基线，它可以作为度量项目成本性能的基础。

项目任务编排好了执行的先后关系并分配了资源后，项目中每个任务的成本预算就可以确定了。成本预算是根据项目的各项任务及分配的相应资源计算的。成本预算提供对实际成本的一种控制机制，为项目管理者控制项目提供一把有效的尺度。分配项目成本预算主要包括 3 种情况。

1）分配资源成本。这是最常用的一种方式，即根据每个任务的资源分配情况来计算这个任务的成本预算，而资源成本与资源的基本费率紧密相连，所以要设置资源费率，例如，项目中开发人员的费率是 200 元/小时。

2）分配固定资源成本。当一个项目的资源需要固定数量的资金时，用户可以向任务分配固定资源成本。例如，项目中“张三”这个人力资源为固定资源成本，固定资源成本是 2 万元，即张三在这个项目中的成本固定为 2 万元，不用计算张三花费的具体工时。

3）分配固定成本。有些任务是固定成本类型的任务，也就是说，某项任务的成本不变，不管任务的工期有多长，或不管任务使用了哪些资源。例如，项目中的某些外包任务成本是固定的，即任务为成本固定。假设项目某模块外包的成本是 10 万元，则这个任务的成本为 10 万元。

在编制成本预算过程中应该提供成本基线（cost baseline）。成本基线是每个时间阶段内的成本，它是项目管理者度量和监控项目的依据。如表 6-31 所示，项目 A 采用自下而上的估算方法得到的总成本是 16 万元，表 6-32 给出了总成本 16 万元的分配情况，并以此得出项目 A 的预算曲线，如图 6-20 所示。成本预算与变更相关，当发生变更的时候，需要同时变更成本预算。成本为资金需求提供信息。如果在项目进行过程中通过成本基线发现某个阶段的成本超出预算，则需要研究其原因，必要时采取措施。

表 6-31 项目 A 的成本估算

WBS 项	成本（万元）	成本（万元）	总成本（万元）
项目 A			16
1. 功能 1		8	
1.1 子功能 1	5		
1.2 子功能 2	3		
2. 功能 2		6	
2.1 子功能 1	3		
2.2 子功能 2	2		
2.3 子功能 3	1		
3. 功能 3		2	

表 6-32 项目 A 的成本预算

周	任务	费用（万元）
1	规划	1
2	需求	3
3	设计	5
4	开发 1	8
5	开发 2	12
6	测试	14
7	验收	16

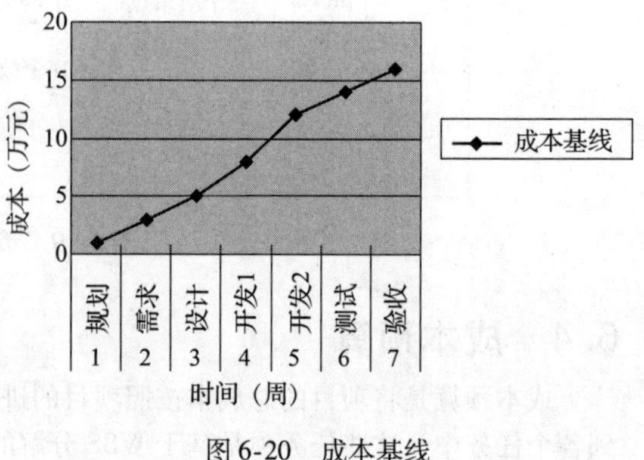

图 6-20 成本基线

6.5　“医疗信息商务平台”成本估算案例分析

下面给出“医疗信息商务平台”项目的用例点估算过程和自下而上成本估算过程。

6.5.1　用例点估算过程

根据用例点估算过程，通过“医疗信息商务平台”项目需求规格确定项目的Actor和用例情况，从而计算UAW、UUCW，再得出UUCP，然后计算用例点UCP，最后根据工作效率计算出项目规模。

1. 估算未调整的用例点UUCP

通过“医疗信息商务平台”项目需求规格统计出Actor复杂度级别、数量和用例复杂度级别、数量，依次计算UAW和UUCW，如表6-33和表6-34所示，最后估算未调整的用例点UUCP。

表6-33　UAW计算过程

序号	Actor复杂度级别	权值	Actor数量	UAW_i
1	simple	1	1	1
2	average	2	7	14
3	complex	3	1	3
总计				18

表6-34　UUCW计算过程

序号	用例复杂度级别	权值	用例数量	$UUCW_i$
1	simple	5	15	75
2	average	10	12	120
3	complex	15	3	45
总计				240

因此，UUCP = UAW + UUCW = 18 + 240 = 258。

2. 计算用例点UCP

首先计算技术复杂度因子TCF和环境复杂度因子ECF。

1）根据13个技术复杂度因子的权重和影响等级计算技术复杂度因子，如表6-35所示，TCF = 1.08。

表6-35　技术复杂度因子的定义

序号	技术因子	权值	Value值	TCF_i
1	TCF1	2.0	3	6.0
2	TCF2	1.0	5	5.0
3	TCF3	1.0	3	3.0
4	TCF4	1.0	5	5.0
5	TCF5	1.0	3	3.0
6	TCF6	0.5	3	1.5
7	TCF7	0.5	5	2.5
8	TCF8	2.0	3	6.0
9	TCF9	1.0	5	5.0
10	TCF10	1.0	3	3.0
11	TCF11	1.0	5	5.0
12	TCF12	1.0	3	3.0
13	TCF13	1.0	0	0.0
TCF		$0.6 + (0.01 \times \sum TCF_i) = 1.08$		

2）根据8个环境复杂度因子的权重和影响等级计算环境复杂度因子ECF，如表6-36所示，ECF =0.785。

表6-36 环境复杂度因子的定义

序号	环境因子	权值	Value值	ECF_i
1	ECF1	1.5	3	4.5
2	ECF2	0.5	3	1.5
3	ECF3	1.0	3	3.0
4	ECF4	0.5	5	2.5
5	ECF5	1.0	3	3.0
6	ECF6	2.0	3	6.0
7	ECF7	1.0	0	0.0
8	ECF8	1.0	0	0.0
ECF		$1.4+(-0.03\times\sum ECF_i)=0.785$		

3）计算 $UCP = UUCP \times TCF \times ECF = 258 \times 1.08 \times 0.785 \approx 218.7$。

3. 计算项目规模

本项目选取项目生产率（Productivity Factor，PF）为20，即PF =20，所以 $Effort = UCP \times PF = 218.7 \times 20 = 4374$ 工时。因为1人天=8（工时），所以项目的规模为 $4374/8 \approx 547$（人天）。

6.5.2 自下而上成本估算过程

下面采用自下而上成本估算方法，表6-37展示了“医疗信息商务平台”项目的WBS分解结果，由于WBS分解是针对项目的功能进行的分解，在成本估算的时候，首先估算每个任务的开发规模，然后通过系数获得相应的质量、管理任务的规模，从而计算直接成本，再计算间接成本，最后计算总成本，具体过程如下。

表6-37 自下而上的估算

医疗信息商务平台			人天	小计	总计
F1：用户					396
	1.1 注册			15	
		个人注册	4		
		组织注册	4		
		协会/学会注册	4		
		登录	3		
	1.2 管理			26	
		用户信息	3		
		用户权限	8		
		统计分析	15		
F2：产品信息					
	2.1 编辑			77	
		离线产品	23		
		在线产品	25		
		产品状态管理	29		
	2.2 浏览			27	
		按厂商浏览	12		
		按产品分类浏览	6		
		按医院科别浏览	9		
	2.3 查找		14	14	

（续）

医疗信息商务平台			人天	小计	总计
F3：网上交易					
	3.1 售前			24	
		3.1.1 客户的分级优惠	12		
		3.1.2 购买数量的优惠	12		
	3.2 售中			30	
		3.2.1 询价	15		
		3.2.2 接受订单	15		
	3.3 售后			40	
		3.3.1 统计分析	20		
		3.3.2 查看采购记录	20		
F4：分类广告				50	
	4.1 与产品有关		9		
	4.2 与产品无关		10		
	4.3 匹配		15		
	4.4 招标		16		
F5：协会/学会				33	
	5.1 编辑		8		
	5.2 浏览		9		
	5.3 管理		16		
F6：医院管理				49	
	6.1 编辑		9		
	6.2 浏览		8		
	6.3 检索		16		
	6.4 管理		16		
F7：E-mail 管理（购买）		2.4万	1	1	
F8：Chat 管理（现成）			2	2	
F9：护士排班表（移植）			5	5	
F10：联机帮助			3	3	

1）表6-37描述了项目的任务分解及每个任务的规模，分解是根据项目的功能进行的。

2）计算开发成本。

①对于表6-37，通过自下而上地计算，可知项目开发规模是396人天，开发人员成本参数为1000元/天，则内部的开发成本为1000元/天×396天=39.6万元。

②外包部分软件成本为2.4万元，则开发成本为39.6万元+2.4万元=42万元。

3）计算管理成本。由于任务分解的结果主要是针对开发任务的分解，没有分解出管理任务（项目管理任务和质量管理任务），针对本项目，管理成本=开发成本×10%。所以，管理成本为42万元×10%=4.2万元。

4）计算直接成本。因为直接成本=开发成本+管理成本，所以直接成本为42万元+4.2万元=46.2万元。

5）计算间接成本。因为间接成本=直接成本×20%，所以间接成本为46.2万元×20%=9.24万元。

6）计算总估算成本。项目总估算成本=直接成本+间接成本=46.2万元+9.24万元=55.44万元。

6.6 小结

项目规模成本估算是成本管理的核心，通过一定的成本估算方法，分析并确定项目的估算成本，并以此进行项目成本预算和计划编排，为成本控制提供依据。本章介绍了代码行估算法、功能点估算法、用例点估算法、类比（自顶向下）估算法、自下而上估算法、三点估算法、参数模型估算法、专家估算法、猜测估算法等传统软件项目规模成本估算方法，也介绍了敏捷项目的故事点估算方法。实际应用中可以综合各种估算方法。

6.7 练习题

一、填空题

1. 软件项目成本包括直接成本和间接成本，一般而言，项目人力成本归属于________成本。
2. 在项目初期，一般采用的成本估算方法是________。
3. 功能点方法中5类功能组件的计数项是________、________、________、________、________。
4. 敏捷项目一般采用________估算方法。
5. ________方法通过分析用例角色、场景及技术与环境因子等来进行软件估算。

二、判断题

1. 故事点估算是一个相对的估算过程。（ ）
2. 在软件项目估算中，估算结果是准确、没有误差的。（ ）
3. 人的劳动消耗所付出的代价是软件产品的主要成本。（ ）
4. 功能点估算与项目所使用的语言和技术有关。（ ）
5. COCOMO 81 的3个等级的模型是有机型、嵌入型、半嵌入型。（ ）
6. 经验对于估算来说不重要。（ ）
7. 估算时既要考虑直接成本，又要考虑间接成本。（ ）
8. 在进行软件项目估算的时候，可以直接参照其他企业的模型进行项目估算。（ ）
9. 间接成本是与一个具体项目相关的成本。（ ）

三、选择题

1. 三点估算法选择的3种估算值不包括（ ）。
   A. 最可能成本　B. 最乐观成本　C. 最悲观成本　D. 项目经理估算值
2. 下面关于估算的说法，错误的是（ ）。
   A. 估算是有误差的　B. 估算时不要太迷信数学模型
   C. 经验对于估算来说不重要　D. 历史数据对估算非常重要
3. 假设某项目的注册功能为3个故事点，而其中成绩录入工作量比注册功能工作量略多，如果采用Fibonacci等级标准估算，则成绩录入功能的估算值是（ ）。
   A. 5个故事点　B. 4个故事点　C. 6个故事点　D. 7个故事点
4. （ ）是成本的主要因素，是成本估算的基础。
   A. 计划　B. 规模　C. 风险　D. 利润
5. 成本估算方法不包括（ ）。
   A. 代码行　B. 功能点　C. 类比法　D. 关键路径法

6. 下列不是 UFC 的功能计数项的是（　　）。
A. 外部输出　B. 外部文件　C. 内部输出　D. 内部文件
7. 成本预算的目的是（　　）。
A. 产生成本基线　B. 编写报告书　C. 指导设计过程　D. 方便进度管理
8. 下列不是软件项目规模单位的是（　　）。
A. 源代码长度（LOC）　B. 功能点（FP）
C. 人天、人月、人年　D. 小时
9. 在成本管理过程中，每个时间段中的各个工作单元的成本是（　　）。
A. 估算　B. 预算　C. 直接成本　D. 间接成本

四、问答题

1. 项目经理正在进行一个图书馆信息查询系统的项目估算，他采用 Delphi 专家估算方法，邀请了 3 位专家进行估算。第一位专家给出了 2 万元、7 万元、12 万元的估算值，第二位专家给出了 4 万元、6 万元、8 万元的估算值，第三位专家给出 2 万元、6 万元、10 万元的估算值，试计算这个项目的成本估算值。
2. 如果某软件公司正在进行一个项目，预计有 50KLOC 的代码量，项目是中等规模的半嵌入型项目，采用中等 COCOMO 81 模型，项目属性中只有可靠性为很高级别（即取值为 1.3），其他属性为正常，计算项目是多少人月的规模。如果项目规模是 2 万元/人月，则项目的费用是多少？
3. 已知某项目使用 C 语言完成，该项目共有 85 个功能点，请用 IBM 模型估算源代码行数、工作量、人员需要量及文档数量。

第 7 章

软件项目进度计划

进度计划是软件项目管理的重要组成部分，是核心管理计划。进度管理的主要目标是在给定的限制条件下，用最短时间、最少成本，以最小风险完成项目工作。本章进入路线图的“进度计划”，如图 7-1 所示。

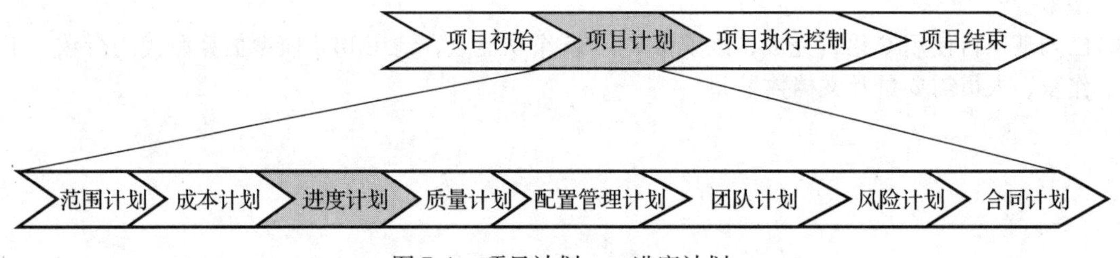

图 7-1　项目计划——进度计划

7.1　关于进度估算

一般来说，对项目规模、成本和进度的估算基本上是同时进行的，项目的规模和进度估算有一定的关系。进度估算是从时间的角度对项目进行规划，而成本估算是从费用的角度对项目进行规划。这里的费用应理解为一个抽象概念，它可以是工时、材料或人员等。其实，时间计划和成本计划都是估算的过程。在项目的进行过程中，会有更多新的信息，可能需要不断地重复进行估算。在项目的不同阶段可以采用不同的估算方法，开始估算的结果可能误差比较大，但随着项目的进展，会逐步地精确。

时间是一种特殊的资源，以其单向性、不可重复性、不可替代性而有别于其他资源。如果项目的资金不够，则可以贷款，可以集资，即借用别人的资金，但如果项目的时间不够，则无处可借。时间也不像其他资源有可加合性。

一个项目管理者应该定义所有的项目任务，识别出关键任务，跟踪关键任务的进展情况，同时能够及时发现拖延进度的情况。为此，项目管理者必须制定一个足够详细的进度表，以便监督项目进度并控制整个项目。

进度计划是项目计划中最重要的部分，是项目计划的核心。项目进度计划的主要过程如下：首先根据任务分解的结果（WBS）进一步分解出主要的任务（活动），确立任务（活动）之间的关联关系，然后估算出每个任务（活动）需要的资源、时间，最后编制出项目的进度计划。

交付期作为软件开发合同或者软件开发项目中的时间要素，是软件开发能否获得成功的重要判断标准之一。软件项目管理的主要目标是提升质量、降低成本、保证交付期，以及达到顾客满意。交付期意味着软件开发在时间上的限制，意味着软件开发的最终速度，也意味着满足交付期带来的预期收益和达到交付期需要付出的代价。交付期体现在进度计划中。目前，软件项目的进度是企业普遍最重视的项目要素，原因有很多。例如，客户最关心的是进度，最明确的也是进度；进度是项目各要素中最容易度量的，因为容易度量，所以在许多企业或者企业的领导人看来其是最理想的管理考核指标。

进度是对执行的活动和里程碑制定的工作计划日期表，它决定是否达到预期目的，是跟踪和沟通项目进展状态的依据，也是跟踪变更对项目影响的依据。按时完成项目是对项目经理最大的挑战，因为时间是项目规划中灵活性最小的因素，进度问题又是项目冲突的主要原因，尤其在项目的后期。为了编制进度，首先需要进行任务定义。

7.2　任务确定

任务分解的底层是工作包，通过工作包可以确定任务及任务之间的关联关系。

7.2.1　任务定义

任务定义是一个过程，涉及确认和描述一些特定的活动，完成了这些活动意味着完成了 WBS 中的项目细目和子细目。WBS 的每个工作包需要被划分成所需要的活动（任务），每个被分配的活动（任务）都应该与一个工作包相关，通过任务（活动）定义这一过程可使项目目标体现出来。WBS 是面向可提交物的，任务定义是面向活动的，是对 WBS 做进一步分解的结果，以便清楚应该完成的每个具体任务或者提交物应该执行的活动。我们称“活动”为一个具体的“任务”。

7.2.2　任务关联关系

任务定义之后，接下来需要确定任务之间的关系。为了进一步制定切实可行的进度计划，必须对活动（任务）的顺序进行适当的安排。可以通过分析所有的任务、项目的范围说明及里程碑等信息来确定各个任务之间的关系。

1. 任务之间的关系

项目的各项任务（活动）之间存在相互联系与相互依赖关系，根据这些关系安排各项活动的先后顺序。活动排序过程包括确认并编制活动间的相关性。活动必须被正确地加以排序以便今后制定现实的、可行的进度计划。排序可由计算机执行（利用计算机软件）或手工进行。对于小型项目，手工排序很方便；对于大型项目，在其早期（此时对项目细节了解甚少）手工排序也是方便的。手工排序和计算机排序可以结合使用。任务之间的关系主要有 4 种情况，如图 7-2 所示。

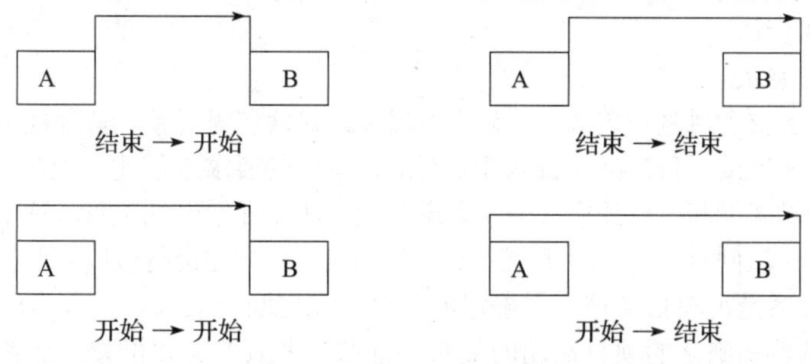

图 7-2　项目各活动（任务）之间的关系

其中：

结束→开始（Finish to Start，FS）：表示A任务（活动）在B任务（活动）开始前结束。

开始→开始（Start to Start，SS）：表示A任务（活动）开始，B任务（活动）也可以开始，即A、B任务有相同的前置任务。

结束→结束（Finish to Finish，FF）：表示A任务（活动）结束，B任务（活动）也可以结束，即A、B任务有相同的后置任务。

开始→结束（Start to Finish，SF）：表示A任务（活动）开始，B任务（活动）应该结束。

结束→开始是最常见的逻辑关系，开始→结束关系极少使用（例如，A任务是交接B任务的工作，这时就需要这种关系）。

根据任务之间的依赖关系，可以确定一个关系依赖矩阵，如式（7-1）所示，有 n 个活动，即 d_1，d_2，d_3，…，d_n，如果 d_i 是 d_j 的前置，则 $d_{ij}=1$，否则 $d_{ij}=0$。

$$\begin{bmatrix} d_{11} & d_{12} & \cdots & d_{1n} \\ d_{21} & d_{22} & \cdots & d_{2n} \\ \vdots & \vdots & & \vdots \\ d_{n1} & d_{n2} & \cdots & d_{nn} \end{bmatrix} \tag{7-1}$$

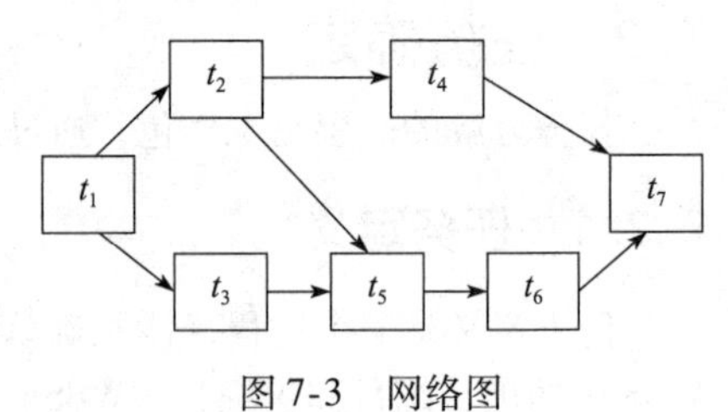

图7-3 网络图

根据图7-3所示网络关系图的任务之间的关联关系，可以得出式（7-2）的关系依赖矩阵。其中，t_1 是 t_2 和 t_3 的前置，可以看到关系矩阵第1行第2、3列为1。

$$\begin{bmatrix} 0 & 1 & 1 & 0 & 0 & 0 & 0 \\ 0 & 0 & 0 & 1 & 1 & 0 & 0 \\ 0 & 0 & 0 & 0 & 1 & 0 & 0 \\ 0 & 0 & 0 & 0 & 0 & 0 & 1 \\ 0 & 0 & 0 & 0 & 0 & 1 & 0 \\ 0 & 0 & 0 & 0 & 0 & 0 & 1 \\ 0 & 0 & 0 & 0 & 0 & 0 & 0 \end{bmatrix} \tag{7-2}$$

2. 任务间关系的依据

确定任务（活动）之间关联关系的依据主要有以下几种。

（1）强制性依赖关系

强制性依赖关系又称硬逻辑关系或硬依赖关系，是法律或合同要求的或工作的内在性质决定的依赖关系，往往与客观限制有关。在活动排序过程中，项目团队应明确哪些关系是强制性依赖关系。

强制性依赖关系是工作任务中固有的依赖关系，是一种不可违背的逻辑关系，它是由客观规律和物质条件的限制造成的。例如，需求分析一定要在软件设计之前完成，测试活动一定要在编码任务之后执行。

（2）选择性依赖关系

选择性依赖关系又称首选逻辑关系、优先逻辑关系或软逻辑关系。选择性依赖关系应基于具体应用领域的最佳实践或项目的某些特殊性质对活动顺序的要求来创建。例如，根据普遍公认的最佳实践，在建筑施工期间，应先完成卫生管道工程，才能开始电气工程。这个顺序并不是强制性要求，两个工程可以同时（并行）开展工作，但如按先后顺序进行可以降低整体项目风险。

选择性依赖关系是由项目管理人员确定的项目活动之间的关系，是人为的、主观的，是一种根据主观意志调整和确定的项目活动的关系，也可称之为指定性相关，或者偏好相关、软相关。例如，安排计划的时候，哪个模块先做，哪个模块后做，哪个任务先做好一些，哪些任务同时做好一些，都可以由项目经理确定。如果打算快速跟进项目，则应当审查相应的选择性依赖关系，并考虑是否需要调整或去除。

(3) 外部依赖关系

外部依赖关系是项目活动与非项目活动之间的依赖关系，往往不在项目团队控制范围内。例如，环境测试依赖于外部环境、设备等。在排列活动顺序过程中，项目管理团队应明确哪些依赖关系属于外部依赖关系。

(4) 内部依赖关系

内部依赖关系是项目活动之间的紧前关系，通常在项目团队的控制之中。例如，只有机器组装完毕，团队才能对其测试，这是一个内部的强制性依赖关系。在排列活动顺序过程中，项目管理团队应明确哪些依赖关系属于内部依赖关系。

7.3 进度管理图示

软件项目进度管理的图示有很多，如甘特图、网络图、里程碑图、资源图，燃尽图、燃起图等，下面分别进行介绍。

7.3.1 甘特图

甘特图（Gantt 图）历史悠久，具有直观简明、容易学习、容易绘制等优点。甘特图可以显示任务的基本信息。使用甘特图能方便地查看任务的工期、开始时间、结束时间及资源的信息。甘特图有两种表示方法，这两种方法都是将任务（工作）分解结构中的任务排列在垂直轴，而水平轴表示时间。一种是棒状甘特图，用于表示任务的起止时间，如图7-4所示。空心棒状图表示计划起止时间，实心棒状图表示实际起止时间。用棒状甘特图表示任务进度时，一个任务需要占用两行的空间。另一种是三角形甘特图，如图7-5所示，其用三角形表示特定日期，向上三角形表示开始时间，向下三角形表示结束时间，计划时间和实际时间分别用空心三角和实心三角表示。用三角形甘特图表示任务进度时，一个任务只需要占用一行的空间。

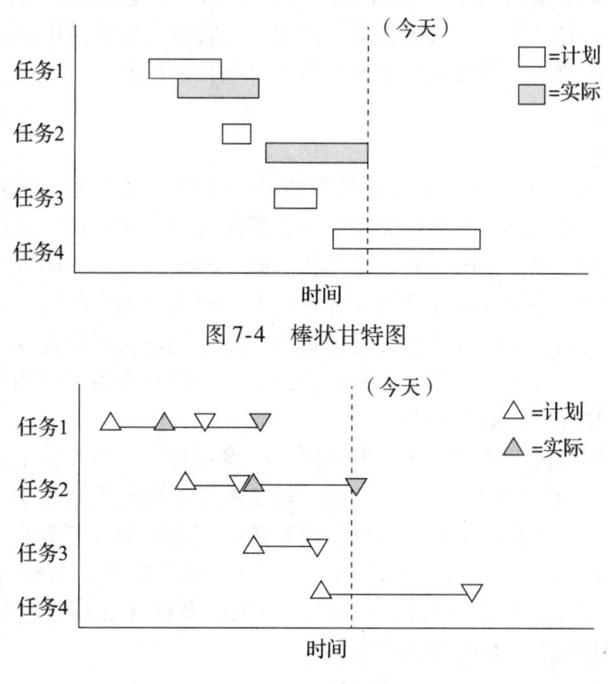

图7-4 棒状甘特图

图7-5 三角形甘特图

这两个图示说明了同样的问题，从图中可以看出所有任务的起止时间都比计划推迟了，而且任务 2 的历时也比计划长很多。利用甘特图可以很方便地制定项目计划和进行项目计划控制，由于其简单易用而且容易理解，因此被广泛地应用到项目管理中，尤其被软件项目管理所普遍使用。例如，图 7-6 是一个用工具生成的软件项目甘特图。

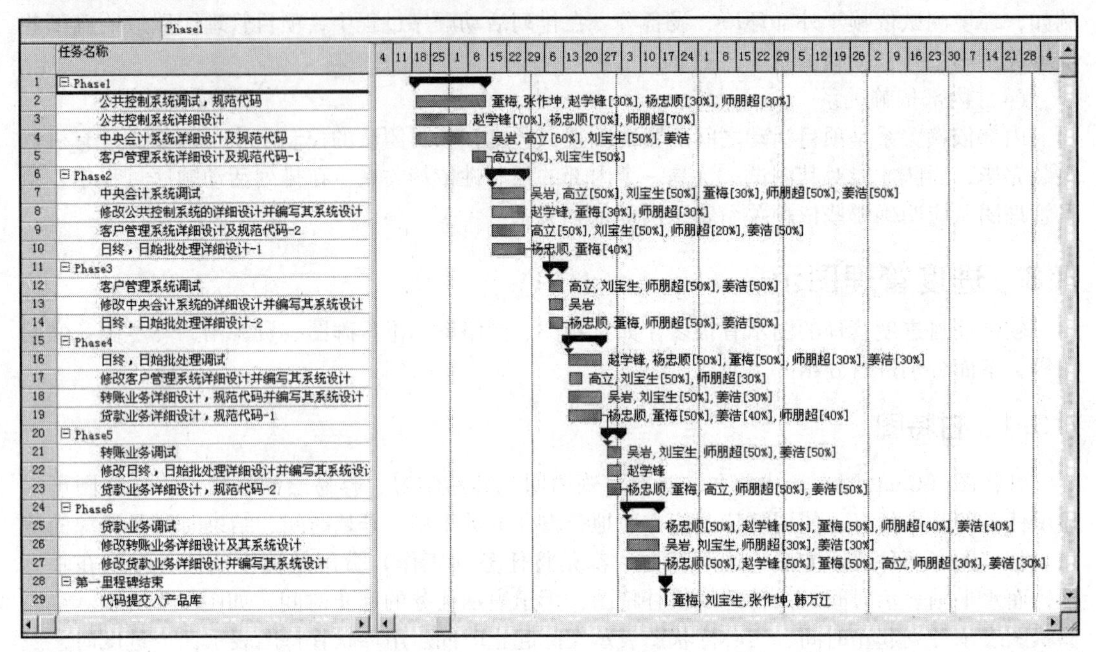

图 7-6 软件项目甘特图

通过甘特图可以很容易地看出一个任务的开始时间和结束时间，但是甘特图的最大缺点是不能反映某项任务的进度变化对整个项目的影响，不能明显地表示各项任务彼此间的依赖关系，也不能明显地表示关键路径和关键任务。因此，在管理大型软件项目时，仅用甘特图是不够的，而网络图可以反映任务的起止日期变化对整个项目的影响。

7.3.2 网络图

网络图（network diagramming）是活动排序的一个输出，用于展示项目中的各个活动及活动之间的逻辑关系，表明项目任务将如何和以什么顺序进行。进行历时估计时，网络图可以表明项目将需要多长时间完成；当改变某项活动历时时，网络图可以表明项目历时将如何变化。

网络图不仅能描绘任务分解情况及每项作业的开始时间和结束时间，而且能清楚地表示各个作业彼此间的依赖关系。通过网络图，可以很容易地识别出关键路径和关键任务。因此，网络图是制定进度计划的强有力的工具。通常联合使用甘特图和网络图这两种工具来制定和管理进度计划，使它们互相补充，取长补短。

网络图是非常有用的进度表达方式。网络图可以将项目中的各个活动及各个活动之间的逻辑关系表示出来，从左到右绘制出各个任务的时间关系图。网络图开始于一个任务、工作、活动、里程碑，结束于一个任务、工作、活动、里程碑，有些活动（任务）有前置任务或者后置任务。前置任务是在后置任务前进行的活动（任务），后置任务是在前置任务后进行的活动（任务），前置任务和后置任务表明项目中的活动将如何及以什么顺序进行。常用的网络图有 PDM 网络图、ADM 网络图、CDM 网络图等。

1. PDM 网络图

PDM（Precedence Diagramming Method）网络图又称优先图法、节点法或者单代号网络图。PDM 网络图的基本构成是节点，节点表示任务（活动），箭线表示各任务（活动）之间的逻辑关系，如图 7-7 所示。活动 1 是活动 3 的前置任务，活动 3 是活动 1 的后置任务。PDM 网络图是目前比较流行的网络图，图 7-8 是一个软件项目的 PDM 网络图实例。

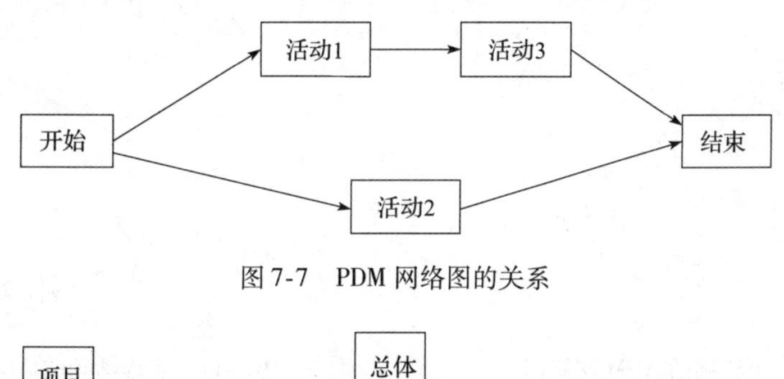

图 7-7 PDM 网络图的关系

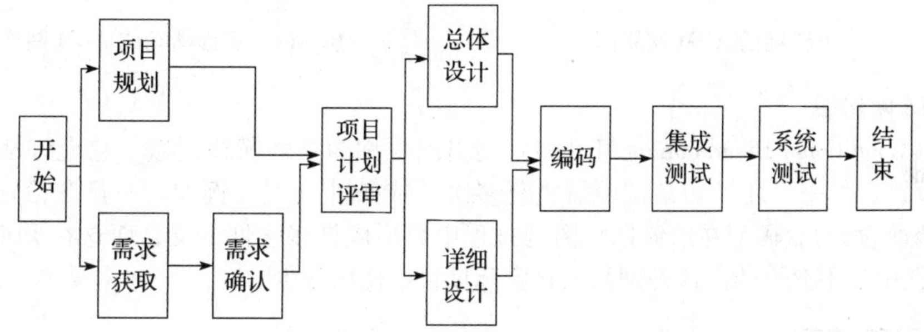

图 7-8 软件项目的 PDM 网络图实例

2. ADM 网络图

ADM（Arrow Diagramming Method）网络图也称为箭线法或者双代号网络图。在 ADM 网络图中，箭线表示活动（任务）；节点表示前一个任务的结束，同时表示后一个任务的开始。将图 7-8 的项目改用 ADM 网络图表示，如图 7-9 所示。这里的双代号表示网络图中两个代号唯一确定一个任务，例如，代号 1 和代号 3 确定“项目规划”任务，代号 3 和代号 4 确定“项目计划评审”任务。

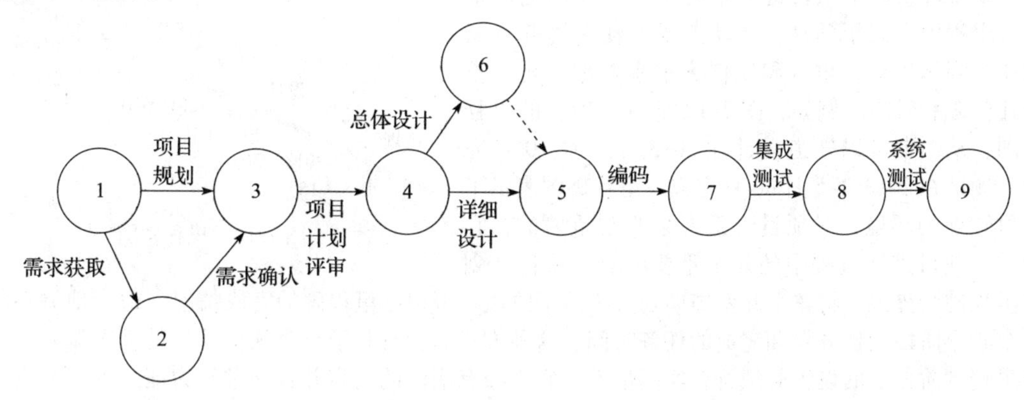

图 7-9 软件项目的 ADM 网络图

在 ADM 网络图中，有时为了表示逻辑关系，需要设置一个虚活动，虚活动不需要时间和资源，一般用虚箭线表示。例如，图 7-10 中的任务 A 和任务 B 表示的 ADM 网络图是不正确的，因为在ADM网络图中，代号1和代号2只能确定一个任务（两个代号唯一确定一个任务），或者任务A或者任务B。为了解决这个问题，需要引入虚活动，如图7-11所示，为了表示活动A、B的逻辑关系需要引入代号3，用虚线连接代号2到代号3的活动就是一个虚活动。它不是一个实际的活动，只是为了表达逻辑关系而引入的。图7-9中的代号6到代号5的活动也是一个虚活动。

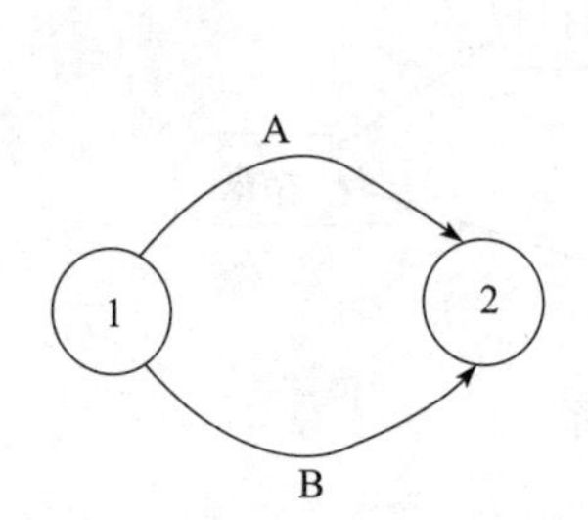

图7-10 不正确的ADM网络图

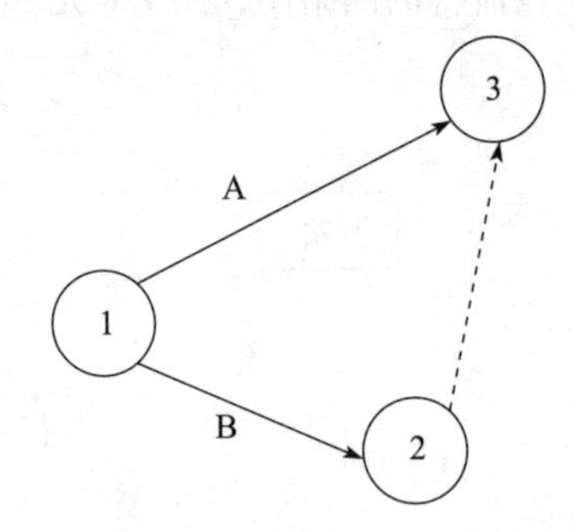

图7-11 有虚活动的ADM网络图

3. CDM网络图

CDM（Conditional Diagramming Method）网络图也称为条件箭线图法。它允许活动序列相互循环与反馈，如一个环（如某试验需重复多次）或条件分支（例如，一旦在检查中发现错误，就要修改设计），因而在绘制网络图的过程中会形成许多条件分支，而这在PDM网络图、ADM网络图中是不允许的。这种网络图在实际项目中使用很少。

7.3.3 里程碑图

里程碑图是由一系列的里程碑事件组成的，"里程碑事件"往往是一个时间要求为零的任务，即它并非是一个要实实在在完成的任务，而是一个标志性的事件。例如，软件开发项目中的"测试"是一个子任务，"撰写测试报告"也是一个子任务，但"完成测试报告"可能就不能成为一个实实在在需要完成的子任务，然而在制定计划及跟踪计划的时候，往往加上"完成测试报告"这一子任务，其工期往往设置为"0工作日"，加上这一子任务的目的在于检查这个时间点，这是"测试"整个任务的结束标志。

里程碑图显示项目进展中的重大工作的完成情况。里程碑不同于活动，活动需要消耗资源并且需要花时间来完成，里程碑仅仅表示事件的标记，不消耗资源和时间。例如，图7-12是一个项目的里程碑图，从图中可以知道设计在2013年4月10日完成，测试在2013年5月30日完成。里程碑图表示了项目管理的环境，对项目干系人是非常重要的，它表示了项目进展过程中的几个重要的点。项目计划以里程碑为界限，将整个开发周期划分为若干阶段。可根据里程碑的完成情况，适当地调整每一个较小阶段的任务量和完成的任务时间，这种方式非常有利于整个项目计划的动态调整。项目里程碑阶段点的设置必须符合实际情况，它必须有明确的内容并且通过努力能达到，要具有挑战性和可达性，只有这样才能在抵达里程碑时，使开发人员产生喜悦感和成就感，推动大家向下一个里程碑前进。实践表明，未达到项目里程碑的挫败感将严重地影响开发的效率，不能达到里程碑可能是里程碑的设置不切实际造成的。进度管理与控制其实就是确保项目里程碑的达到，因此里程碑的设置要尽量符合实际情况，并且不轻易改变里程碑的时间。

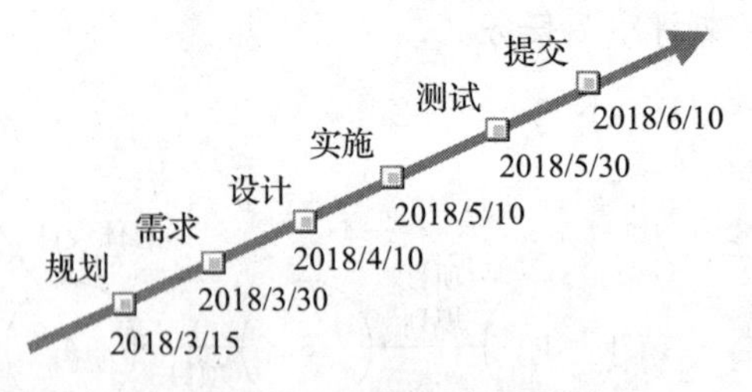

图7-12 里程碑图

7.3.4　资源图

资源图可以用来显示项目进展过程中资源的分配情况，资源包括人力资源、设备资源等。图7-13就是一个人力资源随时间分布情况的资源图。

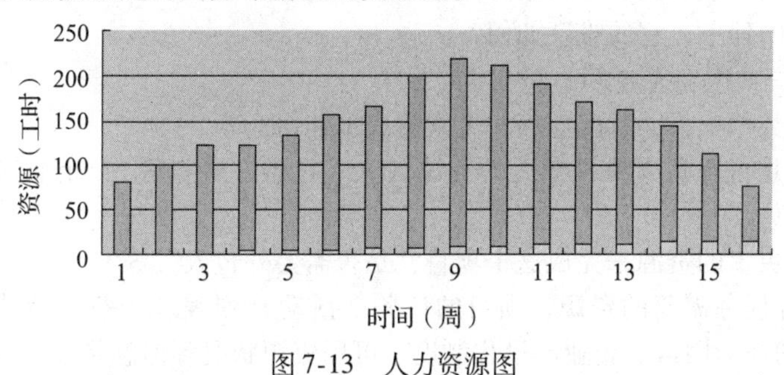

图7-13　人力资源图

7.3.5　燃尽图

燃尽图是在项目完成之前，对需要完成的工作的一种可视化表示。在燃尽图中，*Y*轴表示工作量，*X*轴表示项目时间。燃尽图描述随着时间的推移而剩余的工作数量，可用于表示开发速度。理想情况下，燃尽图是一个向下的曲线，随着剩余工作的完成，“烧尽”至零，如图7-14所示。

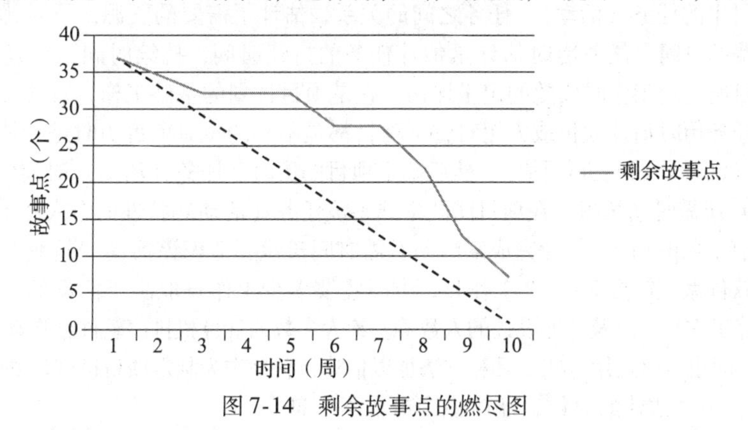

图7-14　剩余故事点的燃尽图

7.3.6　燃起图

燃起图显示已完成的工作，在燃起图中，*Y*轴表示工作量，*X*轴表示项目时间。图7-15和图7-14都是基于相同的数据，但分别以两种不同的方式显示。

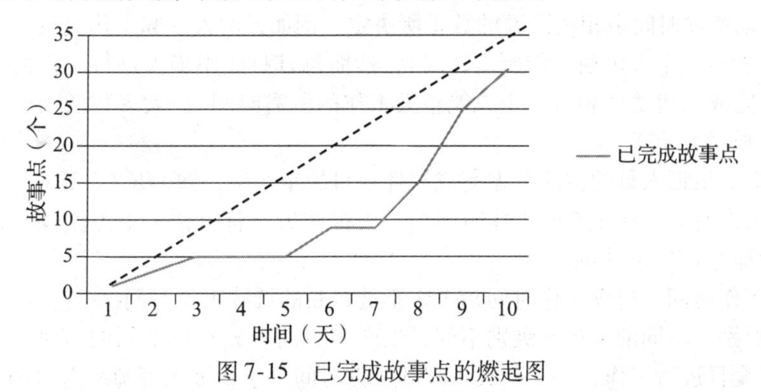

图7-15　已完成故事点的燃起图

7.4 任务资源估计

在估计每个任务的历时之前，首先应该对每个任务需要的资源类型和数量有一定的考虑，这些资源包括人力资源、设备资源及其他资源等。对于项目管理者来说，应该回答下面的问题：

1）对于特定的任务，它的难度如何？

2）是否有唯一的特性影响资源的分配？

3）企业以往类似项目的状况如何？个人的成本如何？

4）企业现在是否有完成项目合适的资源（人、设备、资料等）？企业的政策是否能够影响这些合适的资源？

5）是否需要更多的资源来完成这个项目？是否需要外包人员等？

为了准确估计任务需要的资源，项目的任务（活动）列表、任务（活动）的属性、历史项目计划、企业的环境因素、企业的过程制度、可用资源状况等信息是必需的。可以采用专家估算方法或者找有类似项目经验的人来辅助估算，也可以采用脑力风暴方法评估相关选项。由于人力资源是软件项目中最主要的成本，因此在项目的早期，应该从不同渠道来获取相关的信息，当然这个结果也会随着项目的推进不断修改和完善。

7.5 任务历时估计

定义了项目中的任务（活动）、任务之间的关系，估计了需要的资源，下面就需要估计任务的历时，即花费的时间。任务历时估计是估计任务的持续时间，持续时间估算是对完成某项活动、阶段或项目所需的工作时段数的定量评估。它是项目计划的基础工作，直接关系整个项目所需的总时间。任务历时估计太长或太短对整个项目都是不利的。对项目历时进行估计，首先要对项目中的任务（活动）时间进行估计，然后确定项目的历时。任务（活动）时间估计指预计完成各任务（活动）所需时间长短，在项目团队中熟悉该任务（活动）特性的个人和小组，可对任务（活动）所需时间做出估计。估计完成某活动所需时间长短要考虑该活动“持续”所需时间。例如，如果设计软件系统需要2~4个工作日，究竟需要多少工作日取决于活动的开始日期是哪一天，周末是否算工作日，以及参加设计的人数等。绝大多数的计算机排序软件会自动处理这类问题。整个项目所需时间也可以运用这些工具和方法加以估算，它是作为制定项目进度计划的一个结果。

一般地，在历时估计的时候，还应该考虑如下信息。

1）实际的工作时间。例如，一周工作几天，一天工作几个小时等；正常工作时间，要充分考虑正常的工作时间，去掉节假日等。

2）项目的人员规模。一般规划项目时，应该按照人员完成时间来考虑，如多少人月、多少人天等，同时要考虑资源需求、资源质量和历史资料等。资源的数量也决定活动的历时估计，大多数活动所需时间由相关资源的数量所决定。例如，两人一起工作完成某设计活动只需一半的时间（相对一个人单独工作所需时间），然而每日只能用半天进行工作的人通常至少需要两倍的时间完成某活动（相对一个人能整天工作的所需时间）。大多数活动所需时间与人和材料的能力（质量）有关。

3）生产率。根据人员的技能考虑完成软件项目的生产率，如LOC/天等。

4）有效工作时间。在正常的工作时间内，去掉聊天、打电话、上卫生间、抽烟、休息等时间后的时间即有效工作时间。

5）连续工作时间。连续工作时间指工作不被打断的持续工作时间。

6）人员级别。不同的人员，级别不同，生产率不同，成本也不同的。对于同一活动，假设两个人均能全日进行工作，一个高级工程师所需时间少于初级工程师所需时间。资源质量也影响活动历时估计，有关各类活动所需时间的历史资料是有用的。

7）历史项目。与这个项目有关的先前项目结果的记录，可以帮助项目进行时间估计。

在项目计划编制过程中，开发人员需要休息、吃饭、开会等，可能不会将所有的时间放在项目开发工作上，而且这还不考虑开发人员的工作效率是否保持在一恒定水平上。其实，一天 8 小时工时制并不是花在项目上的时间就是 8 小时。在实际开发中，开发员工的时间利用率能够达到 80% 就已经很好了。历时估计应该是有效工作时间加上额外的时间（elapsed time）或者称为安全时间（safty time），历时估计的输出是各个活动的时间估计，即关于完成一个活动需多少时间的数量估计。下面介绍几种软件项目历时估计常用的估算方法。

7.5.1 定额估算法

定额估算法是比较基本的估算项目历时的方法，公式为

$$T = Q/(R \times S)$$

其中，T 为活动的持续时间；Q 为任务的规模（工作量）；R 为人力数量；S 为效率（即贡献率）。

定额估算法比较简单，而且容易计算。但是，这种方法比较适合对某个任务的历时估算或者规模较小的项目，它有一定的局限性，没有考虑任务之间的关系。

例如，一个软件任务的规模估算是 $Q=6$（人天），如果有 2 个开发人员，即 $R=2$（人），而每个开发人员的效率是 $S=1$（即正常情况下），则 $T=6/(2\times1)=3$（天），即这个任务需要 3 天完成；如果 $S=1.5$，则 $T=6/(2\times1.5)=2$（天），即这个任务需要 2 天完成。

7.5.2 经验导出模型

经验导出模型是根据大量项目数据统计分析而得出的模型。不同的项目数据导出的模型略有不同，整体的经验导出模型为

$$D = a \times E^b$$

其中，D 表示月进度；E 表示人月工作量；a 是 2～4 之间的参数；b 为 1/3 左右的参数。它们是依赖于项目自然属性的参数。

例如，Walston-Felix 模型，$D=2.4\times E^{0.35}$；对于基本 COCOMO 模型，$D=2.5\times E^b$（b 是 0.32～0.38 之间的参数）。

【例 1】 一个 33.3KLOC 的软件开发项目，属于中等规模、半嵌入型的项目，试采用基本 COCOMO 模型估算项目历时。

根据公式 $D=2.5\times E^b$ 及已知条件（中等规模、半嵌入型），得 $b=0.35$，所以工作量为 $E=3.0\times33.3^{1.12}\approx152$（人月），历时估计为 $D=2.5\times152^{0.35}\approx14.5$（月）。

经验导出模型根据项目的具体数据得出不同的参数。例如，一个项目的规模估计是 $E=65$ 人月，如果模型中的参数 $a=3$，$b=1/3$，则 $D=3\times65^{1/3}\approx12$（月），即 65 人月的软件规模估计需要 12 个月完成。

7.5.3 工程评估评审技术

工程评估评审技术（Program Evaluation and Review Technique，PERT）最初发展于 1958 年，用来适应大型工程年代的需要。当时美国海军专门项目处关心大型军事项目的发展计划，于 1958 年将 PERT 引入海军北极星导弹开发项目中，取得不错的效果。PERT 是利用网络顺序图的逻辑关系和加权历时估算来计算项目历时的。当估计历时存在不确定性时，可以采用 PERT 方法，即估计具有一定的风险时采用这种方法。PERT 方法采用加权平均的算法进行历时估算。

$$PERT\text{历时} = (O + 4M + P)/6$$

其中，O 是活动（项目）完成的最小估算值，或者说是最乐观值（optimistic time）；P 是活动（项目）完成的最大估算值，或者说是最悲观值（pessimistic time）；M 是活动（项目）完成的最大可能估算值（most likely time）。

最乐观值是基于最好情况估计的，最悲观值是基于最差情况估计的，最大可能估算值是基于最大可能情况或者基于最期望情况估计的。

在图7-16所示的网络图中，估计A、B、C任务的历时存在很大不确定性，故采用PERT方法估计任务历时。图7-16中标示了A、B、C任务的最乐观、最可能和最悲观的历时估计，可根据PERT历时公式，计算各个任务的历时估计结果。

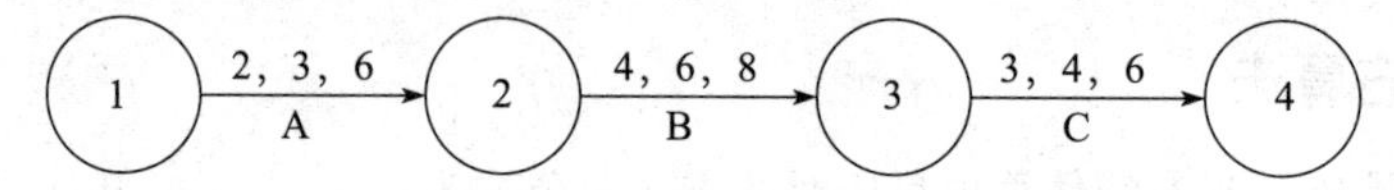

图7-16 ADM网络图

一个路径上的所有活动（任务）的历时估计之和便是这个路径的历时估计，其值称为路径长度。图7-16所示网络图的路径长度为13.5，即这个项目总的时间估计是13.5，如表7-1所示。

表7-1 PERT方法估计项目历时

估计值 / 任务	最乐观值	最可能值	最悲观值	PERT估计值
A	2	3	6	3.33
B	4	6	8	6
C	3	4	6	4.17
项目				13.5

用PERT方法估计历时存在一定的风险，因此有必要进一步给出风险分析结果，为此引入了标准差（standard deviation）和方差（variance）的概念。

标准差：

$$\delta = \frac{P - O}{6}$$

方差：

$$\delta^2 = \left(\frac{P - O}{6}\right)^2$$

其中，O 是最乐观的估计；P 是最悲观的估计。

标准差和方差可以表示历时估计的可信度或者项目完成的概率。我们需要估计网络图中一个路径的历时情况，如果一个路径中每个活动的PERT历时估计分别为 E_1，E_2，…，E_n，标准差分别为 δ_1，δ_2，…，δ_n，则这个路径的历时、方差、标准差分别如下。

$$E = E_1 + E_2 + \cdots + E_n$$

$$\delta^2 = \delta_1^2 + \delta_2^2 + \cdots + \delta_n^2$$

$$\delta = \sqrt{\delta_1^2 + \delta_2^2 + \cdots + \delta_n^2}$$

图7-16中A、B、C任务的标准差、方差及这个路径的标准差和方差如表7-2所示。

表7-2 项目的标准差和方差

值 / 项	标准差	方差
A任务	4/6	16/36
B任务	4/6	16/36
C任务	3/6	9/36
项目路径	1.07	41/36

根据概率理论，对于遵循正态概率分布的均值 E 而言，$E \pm \delta$ 的概率分布是68.3%，$E \pm 2\delta$ 的概率分布是95.5%，$E \pm 3\delta$ 的概率分布是99.7%，如图7-17所示。

图7-17所示项目的PERT总历时估计是13.5天，标准差$\delta=1.07$。这个项目总历时估计的概率如表7-3所示。项目在12.43天到14.57天内完成的概率是68.3%，项目在11.36天到15.64天内完成的概率是95.5%，项目在10.29天到16.71天内完成的概率是99.7%。

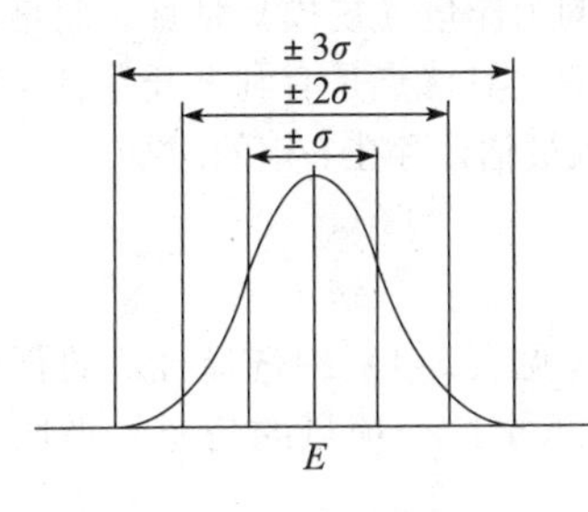

图7-17　正态概率分布

表7-3　项目完成的概率分布

历时估计 $E=13.5$，$\delta=1.07$				
范围		概率	从	到
T_1	$\pm\delta$	68.3%	12.43	14.57
T_2	$\pm2\delta$	95.5%	11.36	15.64
T_3	$\pm3\delta$	99.7%	10.29	16.71

【例2】 图7-16所示项目在14.57天内完成的概率是多少？

由于$14.57=13.5+1.07=E+\delta$，如图7-18所示，因此项目在14.57天内完成的概率是箭头1以左的概率，很显然它等于箭头2以左的概率加上68.3/2%，即84.2%，所以项目在14.57天内完成的概率是84.2%，接近于85%。

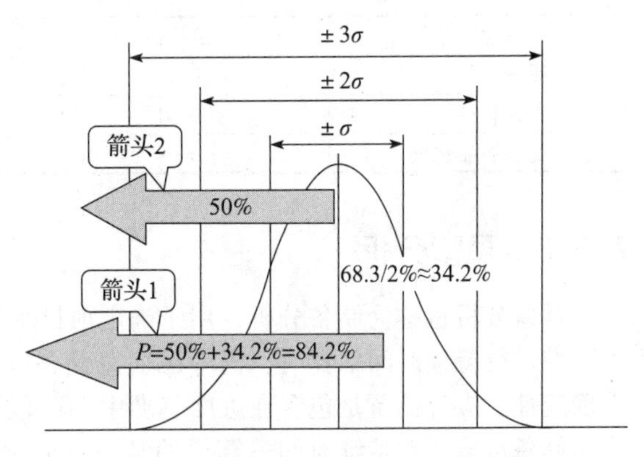

图7-18　项目在14.57天内完成的概率

7.5.4　专家判断方法

专家判断是指基于某应用领域、知识领域、学科和行业等的专业知识而做出的关于当前活动的合理判断，这些专业知识可来自具有专业学历、知识、技能、经验或培训经历的任何小组或个人。

估计项目所需时间经常是困难的，因为许多因素会影响项目所需时间（如资源质量的高低、劳动生产率的不同）。专家判断法是通过专家依靠过去资料信息进行判断，以估算进度的方法。如果找不到合适专家，则估计结果往往不可靠且具有较大风险。

7.5.5　类比估计方法

类比估计也称为类推估计，是一种使用相似活动或项目的历史数据来估算当前活动或项目的持续时间的技术。类比估计方法以过去类似项目的参数值（如持续时间、预算、规模、重量和复杂性等）为基础来估算未来项目的同类参数或指标。在估算持续时间时，类比估计方法以过去类似项目的实际持续时间为依据来估算当前项目的持续时间。这是一种粗略的估算方法，有时需要根据项目复杂性方面的已知差异进行调整，在项目详细信息不足时，就经常使用类比估计方法来估算项目持续时间。相对于其他估计技术，类比估计方法通常成本较低、耗时较少，但准确性也较低。类比估计可以针对整个项目或项目中的某个部分进行，也可以与其他估计方法联合使用。如果以往活动是本质上而不是表面上类似，并且从事估算的项目团队成员具备必要的专业知识，那么类比估计方法就最为可靠。

类比估计意味着利用一个先前类似活动的实际时间作为估计未来活动时间的基础，这种方法常用于项目早期，掌握的项目信息不多。以下情况的类比估计是可靠的：①先前活动和当前活动在本质上类似而不仅仅是表面相似；②专家有所需专长。对于软件项目，利用企业的历史数据进行历时估计是常见的方法。

7.5.6 基于承诺的进度估计方法

基于承诺的进度估计方法是从需求出发安排进度，不进行中间的工作量（规模）估计，而是通过开发人员做出的进度承诺进行的进度估计，它本质上不是进度估算。其优点是有利于开发者对进度的关注，有利于开发者在接受承诺之后鼓舞士气；其缺点是开发人员估计存在一定的误差。

7.5.7 Jones 的一阶估计准则

Jones 的一阶估计准则是根据项目功能点的总和，从幂次表（见表7-4）中选择合适的幂次将它升幂。例如，如果一个软件项目的功能点是 FP = 350，而且承担这个项目的公司是平均水平的商业软件公司，则粗略的进度估算是$350^{0.43} \approx 12$（月）。

表7-4 一阶幂次表

软件类型	最优级	平均	最差级
系统软件	0.43	0.45	0.48
商业软件	0.41	0.43	0.46
封装商品软件	0.39	0.42	0.45

7.5.8 预留分析

预留分析也称为储备分析，用于确定项目所需的应急储备（预留）量和管理储备（预留）量。在进行持续时间估算时，需考虑应急储备（有时称为“进度储备”），以应对进度方面的不确定性。应急储备是包含在进度基准中的一段持续时间，用来应对已经接受的已识别风险。应急储备可取活动持续时间估算值的某一百分比（如10%～15%）或某一固定的时间段。但是，帕肯森定律（Parkinson's law）指出工作总是拖延到它所能够允许最迟完成的那一天。也就是说，如果工作允许拖延、推迟完成，往往这个工作总是推迟到它能够最迟完成的那一刻，很少有提前完成的。也就是说，如果一项任务需要花费10小时完成，可能任务执行者自己知道只需要6小时就可以完成，但不可思议地花费了10小时。这样他们会不珍惜时间，可能会找一些其他事情来做或者简单地等待，直到预留时间花完，才开始正常的工作以期待将项目成功完成。在每一项任务的产生过程中，毫无疑问任务执行者会受到夸大任务完成所估算的时间的诱惑，不要受这种诱惑的影响，应该总是反映任务完成所需要的准确时间。

所以，预留的应急储备应该是将每一项任务的预留时间累加在一起放在关键路径末端，而不要增加每一项任务时间，即把应急储备从各个活动中剥离出来并汇总。当一项任务超出了分配的时间时，超出的部分可以使用这个预留时间。

随着项目信息越来越明确，可以动用、减少或取消应急储备，应该在项目进度文件中清楚地列出应急储备。

在进度估算时，为了保证任务能够有较高的概率在计划时间内完成，同时也由于项目组成员普遍存在的风险规避心理，一般的计划时间大于完成任务所需的平均时间，也可以看作在任务所需的平均时间上增加了一块“安全时间”（Safety Time，ST）。这样的处理方式具有两方面的效果，正面效果是提高了管理不确定因素的能力，负面效果则是延长了完成项目所需的时间。这时，可以采用应急储备方法，把应急储备从各个活动中剥离出来并汇总，用任务所需的平均时间作为最终的计划时间，但考虑到任务内在的不确定性，在路径的末端附加整块的安全时间，也就是项目的缓冲时间（Project Buffer，PB）。这相当于重新配置了（关键）路径法中分散存在的安全时间，但这样的重新配置能够缩短项目所需的时间，因为根据概率理论，在整合安全时间后，在相同概率下，只需要较少的时间就可以完成所有任务，如图7-19所示。

管理储备（或称为管理预留）是为管理控制的目的而特别留出的项目预算，用来应对项目范围中不可预见的工作。管理储备用来应对会影响项目的“未知－未知”风险，它不包括在进度基准中，但属于项目总持续时间的一部分。依据合同条款，使用管理储备可能需要变更进度基准。

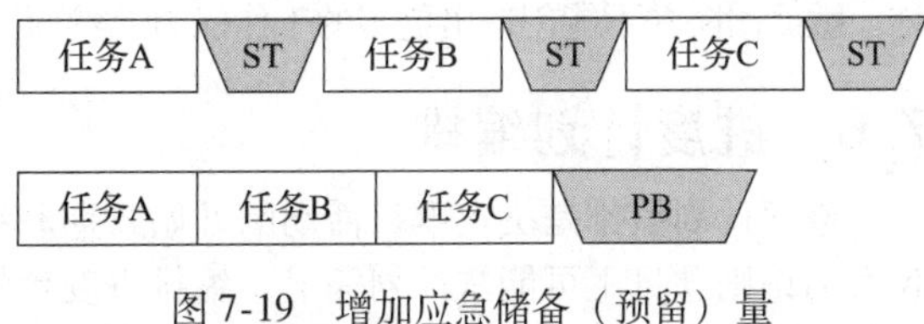

图7-19 增加应急储备（预留）量

7.5.9 敏捷历时估算

在敏捷项目中，团队的估算最多限于未来几周时间。这是因为，只有工作的可变性不高，没有从事多任务，团队的能力才会变得稳定。这样才能对未来几周做出更好的预测。

项目发起人通常想知道项目什么时候能够完成。一旦团队建立了稳定的开发速度（每个迭代的故事或故事点的平均数量）或平均周期时间，团队就能够预测项目将花费多长时间。因此，敏捷历时估算可以分开发速度稳定前和开发速度稳定后两种情况，评审历时可以应用于这两种情况。

1. 开发速度稳定前的估算方法

开发速度稳定前，可以采用决策技术，如举手表决。举手表决是从投票方法衍生出来的一种形式，类似于快速故事点估算方法。

采用这种技术时，项目经理会让团队成员针对某个决定示意支持程度，举拳头表示不支持，伸五个手指表示完全支持，伸出三个以下手指的团队成员有机会与团队讨论其反对意见。项目经理会不断进行举手表决，直到整个团队达成共识（所有人都伸出三个以上手指）或同意进入下一个决定。

2. 开发速度稳定后的估算方法

团队通过观察历史表现来更准确地规划下阶段的能力，可能需要4～8个迭代才能达到稳定的速度。团队需要从每个迭代中获得反馈，了解他们的工作情况及该如何改进。他们可能会根据自己在一个迭代中完成工作的能力（多少故事或故事点）来建立他们下一个迭代的能力衡量指标。这样，产品负责人与团队一起重新规划，团队就更有可能在下一次迭代中成功交付。

不同团队的能力各不相同。不同产品负责人的故事大小也各不相同。团队应考虑自身故事大小，避免提交更多的故事而超出团队在一次迭代中所能完成工作的能力。

产品负责人应了解，当人员不可用（如公共假期、度假期间，或阻止人员参加下一组工作的任何事情）时，团队能力会降低，团队将无法完成与前一时期相同的工作量。在团队能力降低的情况下，团队只会计划相应能力范围内能够完成的工作。

（1）基于故事点生产率的估算

如果团队平均完成每个故事的周期为3天，即平均生产率为3天/故事点，还有30个故事要完成，那么团队将需要90个剩余工作日。

（2）基于迭代周期生产率的估算

如果团队平均每个迭代完成50个故事点，即周期生产率是50个故事点/迭代，而团队估算还剩下大约500个故事点，那么团队还剩下大约10个迭代。

3. 评审历时方法

项目团队可能会召开会议来估算活动持续时间，如迭代（冲刺）计划会议，讨论按优先级排序的产品未完项（用户故事），并决定团队在下一个迭代中致力于解决哪个未完项。然后团队将用户故事分解为按小时估算的底层级任务，再根据团队在持续时间（迭代）方面的能力确认估算可行。该会议通常在迭代的第一天举行。完成迭代或流程中的工作后，团队就可以进行重新规划。敏捷团队并不能创造出更多的工作能力。然而，有证据表明，工作量越少，就越有可能交付。

7.6 进度计划编排

进度计划编排是决定项目活动的开始日期和结束日期的过程，若开始日期和结束日期是不现实的，则项目不可能按计划完成。编排进度计划时，如果资源分配没有被确定，决定项目活动的开始日期和结束日期仍是初步的，则资源分配可行性的确认应在项目计划编制完成前做好。其实，编制计划的时候，成本估计、时间估计、进度编制等过程常常交织在一起，这些过程反复多次，最后才能确定项目进度计划。

进度计划编排的输入有项目网络图、活动历时估计、资源需求、资源库描述（对于进度编制而言，有什么资源，在什么时候以何种方法可供利用是必须知道的）、日历表、约束和假设（例如，强制性日期、关键事件或里程碑事件，项目支持者、项目顾客或其他项目相关人提出在某一特定日期前完成某些工作细目，一旦定下来，这些日期就很难被更改）等。

进度估算和进度编排常常是结合在一起进行的，采用的方法也是一致的。一般来说，项目进度计划编排的方法主要有关键路径法、时间压缩法等。

7.6.1 超前与滞后设置

超前与滞后方法解决了进度安排过程中任务的开始时间超前量和推迟量的问题。

调整滞后量（lag）是网络分析中使用的一种调整方法，是在某些限制条件下增加一段不需要工作或资源的自然时间，即设置一定的 lag 值。滞后表示两个任务（活动）的逻辑关系所允许的推迟后置任务（活动）的时间，是网络图中活动间的固定等待时间。举一个简单的例子：装修房子的时候，需要粉刷墙面，刷底漆的后续活动是刷面漆，它们之间至少需要一段等待时间（一般是一天），等底漆变干后，再刷面漆，这个等待时间就是滞后。滞后量是相对于前置任务（活动），后置任务（活动）需要推迟的时间量。例如，对于一个大型技术文档，编写小组可以在编写工作开始后 15 天，开始编辑文档草案，这就是带 15 天滞后量（lag 值）的开始 - 开始关系，表示为 SS + 15，如图 7-20 所示。在图 7-21 所示的项目进度网络图中，活动 H 和活动 I 之间就有 10 天的滞后量，表示为 SS + 10，即带 10 天滞后量（lag 值）的开始 - 开始关系。活动 F 和活动 G 之间有 15 天的滞后量，表示为 FS + 10，即 15 天滞后量的结束 - 开始关系。

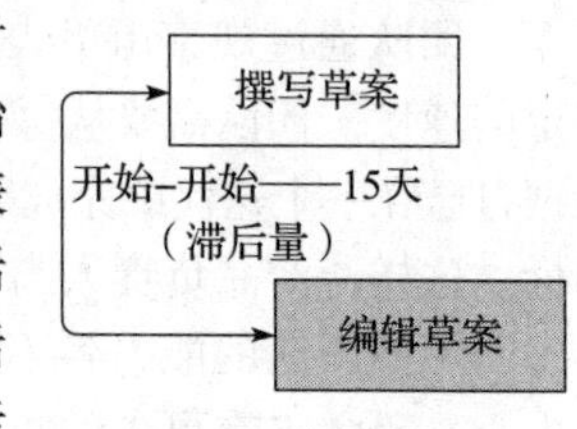

图 7-20 滞后量图示

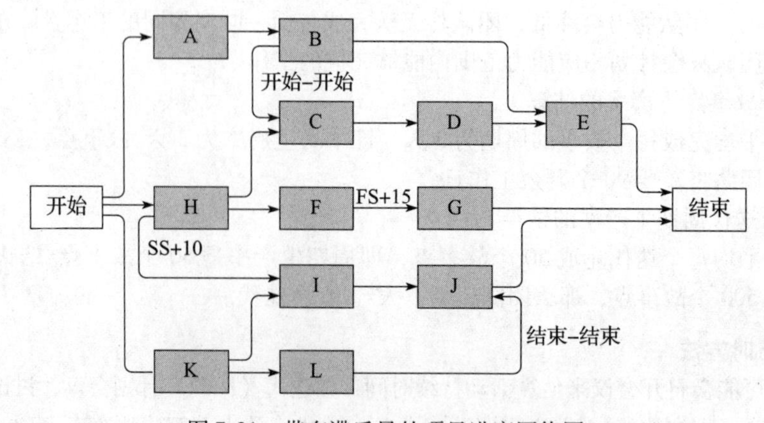

图 7-21 带有滞后量的项目进度网络图

调整提前量（lead）也是网络分析中使用的一种调整方法，通过调整后置任务（活动）的开始时间来编制一份切实可行的进度计划。提前量用于在条件许可的情况下提早开始后置任务（活动），即设置一定的 lead 值。

超前表示两个任务（活动）的逻辑关系所允许的提前后置任务（活动）的时间，它是网络图中活动间的固定可提前时间。提前量是相对于前置任务（活动），后置任务（活动）可以提前的时间量。在进度计划软件中，提前量往往表示为负滞后量。例如，某项目系统设计在需求分析完成前 2 天开始，这就是带 2 天提前量的结束 - 开始关系，表示为 FS-2，如图 7-22 所示。

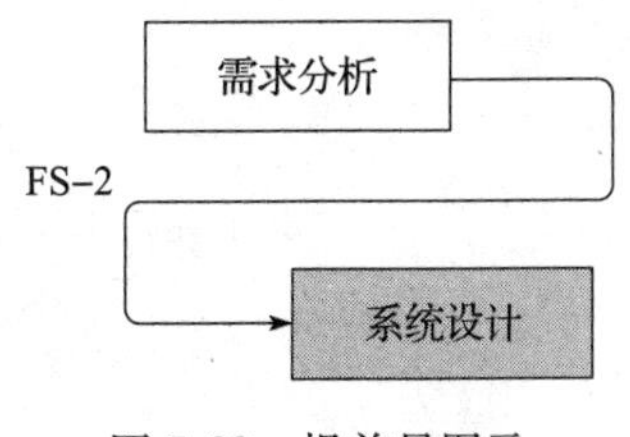

图 7-22　提前量图示

项目管理团队应该明确哪些依赖关系中需要加入提前量或滞后量，以便准确地表示活动之间的逻辑关系。提前量和滞后量的使用不能替代进度逻辑关系，而且持续时间估算中不包括任何提前量或滞后量，同时还应该记录各种活动及与之相关的假设条件。

7.6.2　关键路径法

关键路径法（Critical Path Method，CPM）是指根据指定的网络图逻辑关系进行单一的历时估算。首先计算每一个活动的单一的最早和最晚开始时间和完成时间，然后计算网络图中的最长路径，以便确定项目的完成时间估计。采用此方法可以配合进度的编制。借助网络图和各活动所需时间（估计值），计算每一个活动的最早或最晚开始时间和完成时间。关键路径法的关键是计算总时差，这样可决定哪一个活动有最小时间弹性，可以为更好地进行项目计划编制提供依据。

一个项目往往是由若干个相对独立的任务链条组成的，各链条之间的协作配合直接关系着整个项目的进度。

关键路径法属于一种数学分析方法，包括理论上计算所有活动各自的最早、最晚开始时间与完成时间。讲述关键路径法前，先来了解一下有关进度编制的基本术语。

1）最早开始时间（Early Start，ES）：表示一项任务（活动）最早可以开始执行的时间。

2）最晚开始时间（Late Start，LS）：表示一项任务（活动）最晚可以开始执行的时间。

3）最早完成（结束）时间（Early Finish，EF）：表示一项任务（活动）最早可以完成的时间。

4）最晚完成（结束）时间（Late Finish，LF）：表示一项任务（活动）最晚可以完成的时间。

5）浮动（float）时间：浮动时间是一个任务（活动）的机动性时间，它是一个活动在不影响项目完成的情况下可以延迟的时间量。

①总浮动（Total Float，TF）：在不影响项目最早完成时间的情况下，本任务（活动）可以延迟的时间。TF = LS – ES 或者 TF = LF – EF。

②自由浮动（Free Float，FF）：在不影响后置任务最早开始时间的情况下，本任务（活动）可以延迟的时间。某任务的自由浮动 FF = ES(s) – EF – lag(s（successor）表示后置任务，lag 是本任务与后置任务之间的滞后时间)，即某任务的自由浮动等于其后置任务的 ES 减去其 EF，再减去其 lag。自由浮动是对总浮动的描述，表明总浮动的自由度。

6）关键路径：项目是由各个任务构成的，每个任务都有一个最早、最晚的开始时间和完成时间，如果一个任务的最早时间和最晚时间相同，则表示其为关键任务，一系列不同任务链条上的关键任务链接成为项目的关键路径。关键路径是整个项目的主要矛盾，是确保项目按时完成的关键。关键路径是网络图中的最长路径，在网络图中的浮动为0。关键路径上的任何活动延迟都会导致整个项目完成时间的延迟。它是完成项目的最短时间量。

下面以图7-23为例来进一步说明以上基本术语的含义（假设所有任务的历时以天为单位）。

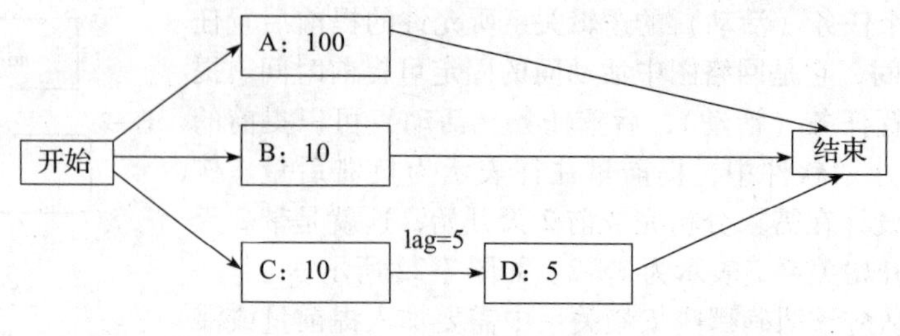

图7-23 项目网络图

在图7-23中，A、B、C是并行的关系，则项目的完成时间是100。任务A的最早开始时间和最晚开始时间都为0，最早结束时间和最晚结束时间都为100，所以ES(A)=0，EF(A)=100，LF(A)=100，LS(A)=0。

任务B的历时为10天，所以可以有一定的浮动时间，只要在任务A完成之前完成任务B就可以了，因此任务B的最早开始时间是0，最早结束时间是10，而最晚结束时间是100，最晚开始时间是90，可知任务B有90天的浮动时间，这个浮动是总浮动。任务B的总浮动TF=90-0=100-10=90。所以ES(B)=0，EF(B)=10，LF(B)=100，LS(B)=90，TF(B)=LS(B)-ES(B)=LF(B)-EF(B)=90。

任务C是任务D的前置任务，任务D是任务C的后置任务，它们之间的lag=5表示任务C完成后的5天开始执行任务D。C任务的历时是10天，D任务的历时是5天，所以任务C和任务D的最早开始时间分别是0和15，最早结束时间分别是10和20，如果保证任务D的最早开始时间不受影响，则任务C是不能自由浮动的，所以任务C的自由浮动为0，即FF(C)=ES(D)-EF(C)-lag=0，其中ES(D)是任务D的最早开始时间，EF(C)是任务C的最早完成时间。任务D的最晚结束时间是100，则任务D的最晚开始时间是95，这样，任务C的最晚结束时间是90，任务C的最晚开始时间是80，所以ES(C)=0，EF(C)=10，ES(D)=15，EF(D)=20，LF(D)=100，LS(D)=95，LF(C)=90，LS(C)=80，TF(C)=LS(C)-ES(C)=LF(C)-EF(C)=80，FF(C)=ES(D)-EF(C)-lag=0。

从图7-23可以看出，路径A是网络图中浮动为0且最长的路径，所以它是关键路径，是完成项目的最短时间。

再看图7-24，如何确定其中的关键路径（假设所有任务的历时以天为单位）?

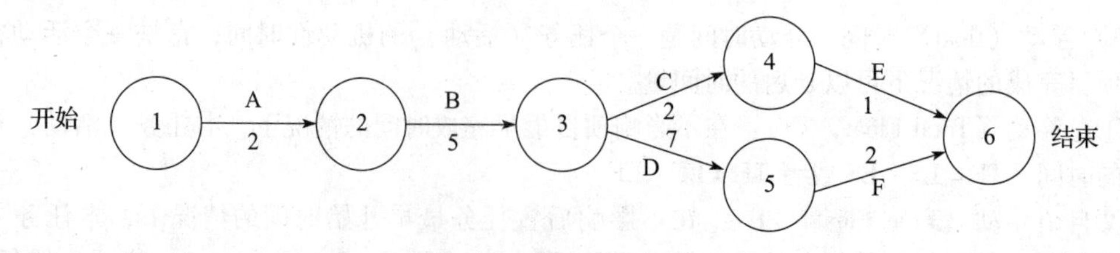

图7-24 项目的网络图

1）从网络图可以知道有两条路径：A→B→C→E和A→B→D→F。

2）A→B→C→E的长度是10，有浮动时间；A→B→D→F的长度是16，没有浮动时间。

3）最长且没有浮动的路径A→B→D→F便是关键路径。

4）项目完成的最短时间是16天，即关键路径的长度是16天。

图7-25代表网络图中的一个任务（活动），图中标识了任务的名称、任务的工期，同时标识了任务的最早开始时间（ES）、最早完成时间（EF）、最晚开始时间（LS）及最晚完成时间（LF）。为了确定项目路径中各个任务的最早开始时间、最早完成时间、最晚开始时间、最晚完成时间，可以采用正推法和逆推法。

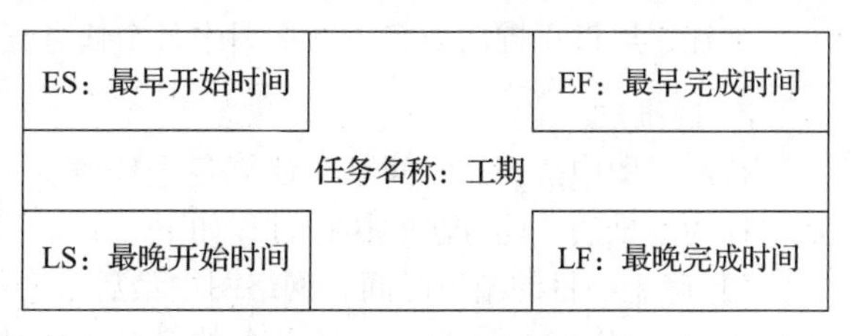

图7-25 任务图示

1. 正推法

在网络图中按照时间顺序计算各个任务（活动）的最早开始时间和最早完成时间的方法称为正推法。此方法的执行过程如下。

1）确定项目的开始时间，网络图中第一个任务的最早开始时间是项目的开始时间。

- ES + Duration = EF：任务的最早完成时间等于它的最早开始时间与任务的历时时间之和，其中Duration是任务的历时时间。
- EF + lag = ES(s)：任务的最早完成时间加上（它与后置任务的）lag等于后置任务的最早开始时间，其中ES(s)是后置任务的最早开始时间。当一个任务有多个前置任务时，选择前置任务中最大的EF加上lag作为其ES。

2）以此类推，从左到右，从上到下，计算每个路径的所有任务的最早开始时间（ES）和最早完成时间（EF）。

在图7-26所示网络图（假设所有任务的历时以天为单位）中，项目的开始时间是1，如任务A，它的最早开始时间ES(A)=1，任务历时Duration=7，则任务A的最早完成时间是EF(A)=1+7=8。同理可以计算EF(B)=1+3=4；任务C的最早开始时间ES(C)=EF(A)+0=8，最早完成时间是EF(C)=8+6=14；任务G的最早开始时间ES(G)=14，最早完成时间EF(G)=14+3=17。同理ES(D)=4，EF(D)=7，ES(F)=4，EF(F)=6。由于任务E有两个前置任务，选择其中最大的最早完成时间（因为lag=0，lead=0）作为其后置任务的最早开始时间，所以ES(E)=7，

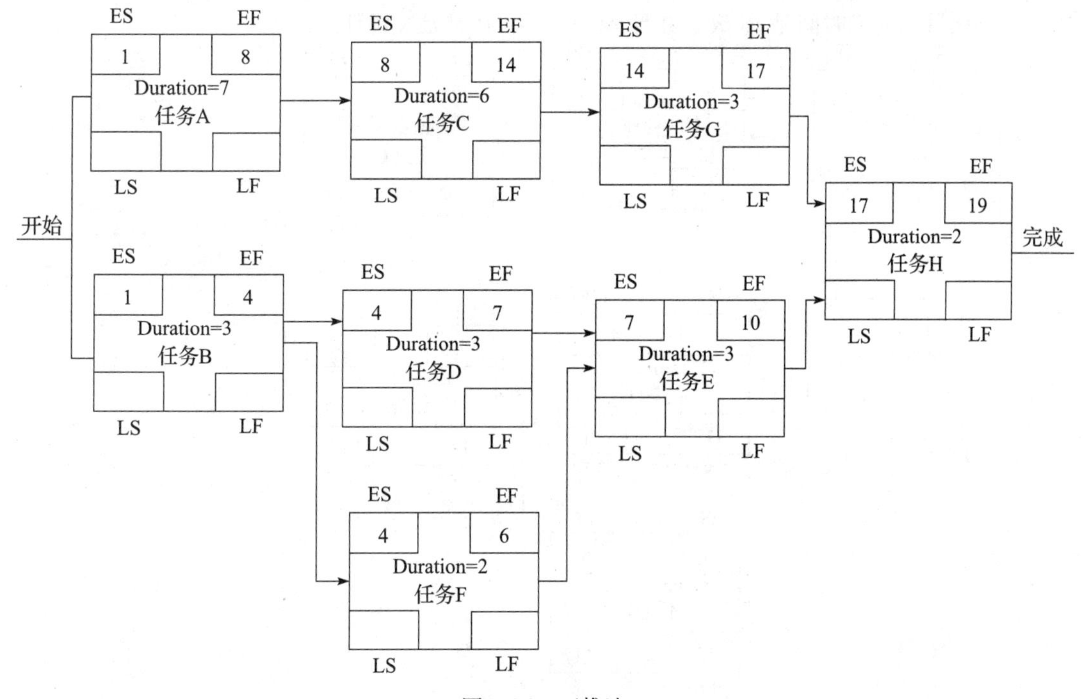

图7-26 正推法

EF(E) = 10；任务 H 也有两个前置，即任务 E 和任务 G，选择其中最大的最早完成时间 17（因为 lag = 0，lead = 0）作为任务 H 的最早开始时间，所以 ES(H) = 17，EF(H) = 19。

这样，通过正推法确定了网络图中各个任务（活动）的最早开始时间和最早完成时间。

2. 逆推法

在网络图中按照逆时间顺序计算各个任务（活动）的最晚开始时间和最晚完成时间的方法，称为逆推法。此方法的执行过程如下。

1）确定项目的结束时间，网络图中最后一个任务的最晚完成时间是项目的结束时间。

- LF - Duration = LS：一个任务的最晚开始时间等于它的最晚完成时间与历时之差。
- LS - lag = LF(p)：一个任务的最晚开始时间与（它与其前置任务的）lag 之差等于它的前置任务的最晚完成时间 LF(p)，其中 LF(p) 是其前置任务的最晚完成时间。当一个任务有多个后置任务时，选择其后置任务中最小 LS 减 lag（或者加上 lead）作为其 LF。

2）以此类推，从右到左，从上到下，计算每个任务的最晚开始时间（LS）和最晚完成时间（LF）。

下面确定图 7-26 中各个任务（活动）的最晚开始时间和最晚完成时间。由于项目的结束时间是网络图中最后一个任务（活动）的最晚完成时间，对于图 7-26 所示的网络图，这个项目的结束时间是 19，即 LF(H) = 19，则 LS(H) = 19 - 2 = 17，LF(E) = 17，LS(E) = 17 - 3 = 14，同理，任务 G、C、A、D、F 的最晚完成时间和最晚开始时间分别如下：LF(G) = 17，LS(G) = 17 - 3 = 14；LF(C) = 14，LS(C) = 14 - 6 = 8；LF(A) = 8，LS(A) = 8 - 7 = 1；LF(D) = 14，LS(D) = 14 - 3 = 11；LF(F) = 14，LS(F) = 14 - 2 = 12。任务 B 有两个后置任务，选择其中最小最晚开始时间（因为 lag = 0，lead = 0）作为其前置任务的最晚完成日期，所以将 11 作为任务 B 的最晚完成日期，即 LF(B) = 11，LS(B) = 11 - 3 = 8。另外，对于任务 F，它的自由浮动时间是 1（FF(F) = 7 - 6），而它的总浮动时间是 8(TF(F) = 12 - 4 = 8)。结果如图 7-27 所示，其中 A→C→G→H 的浮动为 0，而且是最长的路径，所以它是关键路径。关键路径长度是 18，所以项目的完成时间是 18 天，并且 A、C、G、H 都是关键任务。

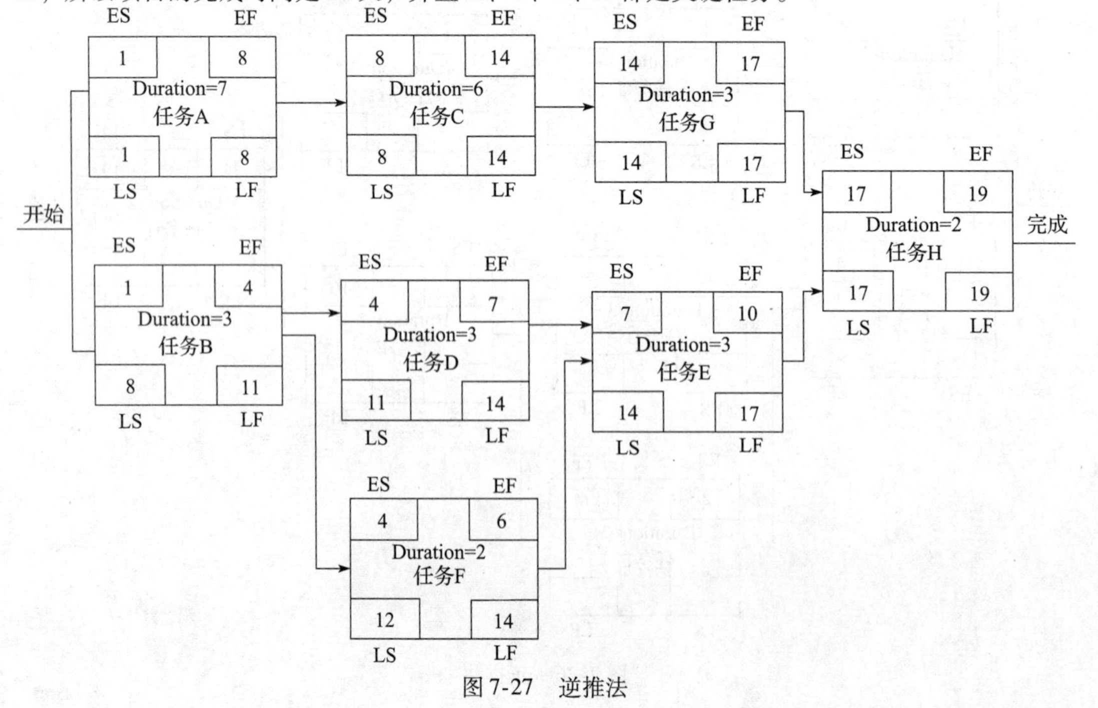

图 7-27 逆推法

图7-27所示的网络图称为CPM网络图，如果采用PERT进行历时估计，则可以称其为PERT网络图。PERT网络与CPM网络是20世纪50年代末发展起来的两项重要技术，主要区别是：PERT计算历时时存在一定的不确定性，采用的算法是加权平均（$(O+4M+P)/6$；CPM计算历时的意见比较统一，采用的算法是最大可能值M。1956年，美国杜邦公司首先在化学工业上使用了CPM（关键路径法）进行计划编排，美国海军在研发北极星导弹时采用了Buzz Allen提出的PERT（计划评审法）技术。后来这两种方法逐渐渗透到许多领域，为越来越多的人所采用，并成为网络计划技术的主流。网络计划技术作为现代管理的方法具有明显优点，主要表现为以下几方面。

1）利用网络图模型，可以明确表达各项工作的逻辑关系。按照网络计划方法，在制定工程计划时，首先必须清楚该项目内的全部工作和它们之间的相互关系，然后才能绘制网络图模型。

2）通过网络图时间参数计算，确定关键工作和关键线路。

3）掌握机动时间，进行资源合理分配。

4）运用计算机辅助手段，方便网络计划的调整与控制。

我国从20世纪60年代中期开始，在著名数学家华罗庚教授的倡导和亲自指导下，开始试点应用网络计划，并根据“统筹兼顾，全面安排”的指导思想，将这种方法命名为“统筹方法”。网络计划技术从此在国内生产建设中卓有成效地推广开来。为确保网络图的完整和安排的合理，可以进行如下检查。

1）是否正确标识了关键路径？

2）是否有哪个任务存在很大的浮动？如果有，则需要重新规划。

3）是否有不合理的空闲时间？

4）关键路径上有什么风险？

5）浮动有多大？

6）哪些任务有哪种类型的浮动？

7）工作可以在期望的时间内完成吗？

8）提交物可以在规定的时间内完成吗？

关键路径法是理论上计算所有活动各自的最早和最晚开始时间与完成时间，但计算时并没有考虑资源限制，这样算出的时间可能并不是实际进度，而是表示所需的时间长短。在编排实际的进度时，应该考虑资源限制和其他约束条件，把活动安排在上述时间区间内，所以还需要如时间压缩、资源调整等方法。

7.6.3　时间压缩法

时间压缩法是一种数学分析方法，是在不改变项目范围前提下（例如，满足规定的日期或其他计划目标），寻找缩短项目时间途径的方法。应急法和平行作业法都是时间压缩法。

1. 应急法

应急法也称为赶工（crash）法，用于权衡成本和进度间的得失关系，以决定如何用最小增量成本达到最大量的时间压缩。应急法并不总是产生一个可行的方案且常常导致成本的增加。一旦项目的工作方法和工具得当，可以简单地通过增加人员和加班时间来缩短进度，进行进度压缩。在进行进度压缩时存在一定的进度压缩和费用增长的关系，很多人提出不同的方法来估算进度压缩与费用增长的关系，下面介绍其中两种方法。

（1）时间成本平衡

时间成本平衡（time cost trade off）方法也称为进度压缩单位成本方法，这个方法是基于下面的假设提出的：

1）每个任务存在一个正常进度（normal time）和可压缩进度（crash time）、一个正常成本（normal cost）和可压缩成本（crash cost）。

2）通过增加资源，每个任务的历时可以从正常进度压缩到可压缩进度。

3）每个任务无法在低于可压缩进度内完成。

4）有足够需要的资源可以利用。

5）在“正常”与“可压缩”之间，进度压缩与成本的增长是成正比的，单位进度压缩的成本（cost per time period）=（可压缩成本 - 正常成本）/（正常进度 - 可压缩进度）。

上述的线性关系方法是假设任务在可压缩进度内，进度压缩与成本的增长成正比，所以可以通过计算任务的单位进度压缩的成本来计算在压缩范围之内的进度压缩产生的压缩费用。

【例 3】 图 7-28 是一个项目的 PDM 网络图，假设 A、B、C、D 任务在可压缩的范围内，进度压缩与成本增长呈线性正比关系。表 7-5分别给出了 A、B、C、D 任务的正常进度、可压缩进度、正常成本、可压缩成本。由 PDM 网络图可知，目前项目的总工期为 18 周，如果将工期分别压缩到 17 周、16 周、15 周并且保证每个任务在可压缩的范围内，则应该压缩哪些任务？计算压缩之后的总成本。

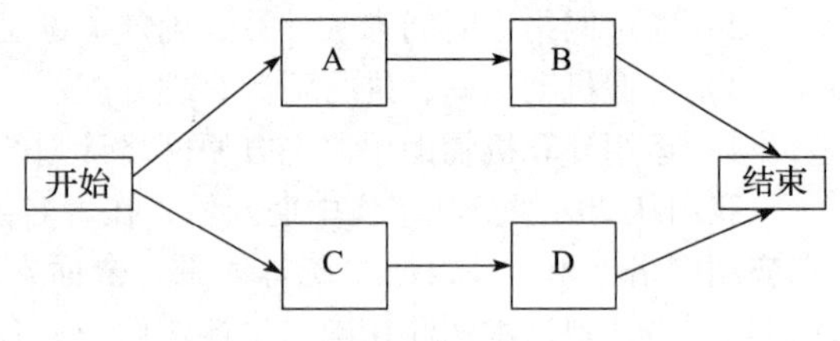

图 7-28 项目的 PDM 网络图

表 7-5 正常进度、可压缩进度、正常成本、可压缩成本

进度、成本 \ 任务	A	B	C	D
正常进度	7 周	9 周	10 周	8 周
正常成本	5 万元	8 万元	4 万元	3 万元
可压缩进度	5 周	6 周	9 周	6 周
可压缩成本	6.2 万元	11 万元	4.5 万元	4.2 万元

1）由 PDM 网络图可以看到，有“开始→A→B→结束”和“开始→C→D→结束”两个路径，前者的长度是 16 周，后者的长度是 18 周，所以“开始→C→D→结束”是关键路径，即项目完成的最短时间是 18 周。

2）如果将工期分别压缩到 17 周、16 周、15 周并且保证每个任务在可压缩的范围内，则必须满足两个前提：

①A、B、C、D 任务必须在可压缩的范围内。

②保证压缩之后的成本最小。

根据表 7-5 计算 A、B、C、D 任务单位进度压缩的成本，如表 7-6 所示。

表 7-6 每个任务的单位进度压缩成本

单位压缩成本 \ 任务	A	B	C	D
压缩成本（万元/周）	0.6	1	0.5	0.6

根据上述两个条件，首先看可以压缩哪些任务，然后选择压缩后增加成本最小的任务，压缩这些任务，如表 7-7 所示。

表7-7　压缩后的项目成本

压缩任务及成本 / 完成周期（周）	压缩的任务	成本计算（万元）	项目成本（万元）
18		5+8+4+3	20
17	C	20+0.5	20.5
16	D	20.5+0.6	21.1
15	A、D	21.1+0.6+0.6	22.3

3）如果希望总工期压缩到17周，需要压缩关键路径“开始→C→D→结束”，可以压缩的任务有C或者D，但是根据表7-6知道压缩任务C的成本最小（压缩任务C一周增加0.5万元成本，压缩任务D一周增加0.6万元成本），故选择压缩任务C一周。所以，项目压缩到17周后的总成本是20.5万元。

4）如果希望总工期压缩到16周，需要压缩关键路径“开始→C→D→结束”，可以压缩的任务还是C或者D，但是这时任务C在可压缩范围内是不能再压缩的，否则压缩成本会非常高，应该选择压缩任务D一周。所以，项目压缩到16周后的总成本是21.1万元。这时，项目网络图的两条路径的长度都是16周，即有两条关键路径。

5）如果希望总工期压缩到15周，应该压缩两条关键路径，即“开始→A→B→结束”和“开始→C→D→结束”两条路径都需要压缩，在A、B任务中应该选择压缩任务A一周（压缩任务A一周增加0.6万元成本，压缩任务B一周增加1万元成本），在C、D中选择压缩D一周（这样的压缩成本是最低的）。所以，项目压缩到15周后的总成本是22.3万元。

（2）进度压缩因子方法

进度压缩与费用的上涨不是总能呈正比的关系，当进度被压缩到“正常”范围之外时，工作量就会急剧增加，费用会迅速上涨。而且，软件项目存在一个可能的最短进度，这个最短进度是不能突破的，如图7-29所示。在某些时候，增加更多的软件开发人员会减慢开发速度而不是加快速度。例如，一个人5天写1000行程序，5个人1天不一定写1000行程序，40个人1小时不一定写1000行程序。增加人员会存在更多的交流和管理的时间。在软件项目中，不管怎样努力工作，无论怎么寻求创造性的解决办法，无论组织团队多大，都不能突破这个最短的进度点。进度压缩因子方法是由著名的Charles Symons提出来的，而且被认为是精确度比较高的一种方法。它的公式如下：

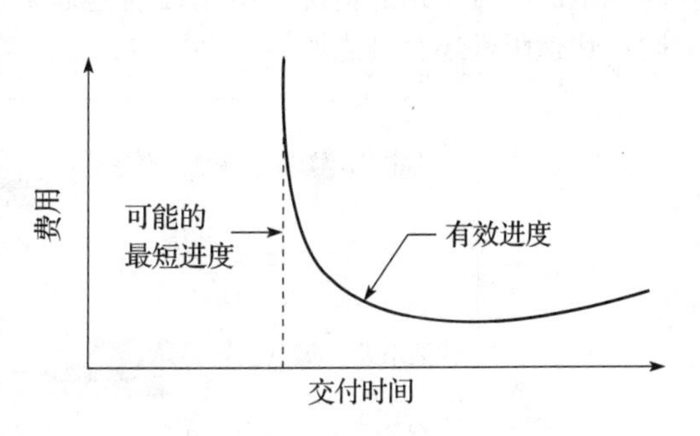

图7-29　进度与费用的关系图

进度压缩因子＝期望进度／估算进度

压缩进度的工作量＝估算工作量／进度压缩因子

这个方法是首先估算初始的工作量和初始的进度，然后将估算与期望的进度相结合，计算进度压缩因子，以及压缩进度的工作量。例如，项目的初始估算进度是12个月，初始估算工作量为78人月。如果期望压缩到10个月，则进度压缩因子为10/12≈0.83，压缩进度后的工作量为78/0.83≈94（人月），即压缩进度增加的工作量是16人月。也就是说，进度缩短17%，约增加21%的工作量。

很多研究表明，进度压缩因子不应该小于0.75，这说明一个任务最多压缩25%是有意义的。

2. 平行作业法

平行作业法也称为快速跟进（fast tracking）法，是一种提前量方法。平行作业法是平行地做活动，这些活动通常要按前后顺序进行（例如，在设计完成前，就开始软件程序的编写）。如图7-30所示的项目，在正常情况下，15天内完成需求、设计。但是，如果需要在第12天内完成设计，则需要对项目的历时进行压缩。压缩方法有两种，一种是应急法，不改变任务之间的逻辑关系，将需求压缩到8天，设计压缩到4天，这样需求、设计可以在12天内完成。也可以采用另外一种方法，调整任务需求和设计之间的逻辑关系，即在需求还没有完成之前3天就开始设计，相当于需求任务与设计任务并行工作一段时间，或者说需求与设计任务之间的lead = 3，它解决了任务的搭接，这样就压缩了项目的时间。但是，平行作业常导致返工和增加风险。

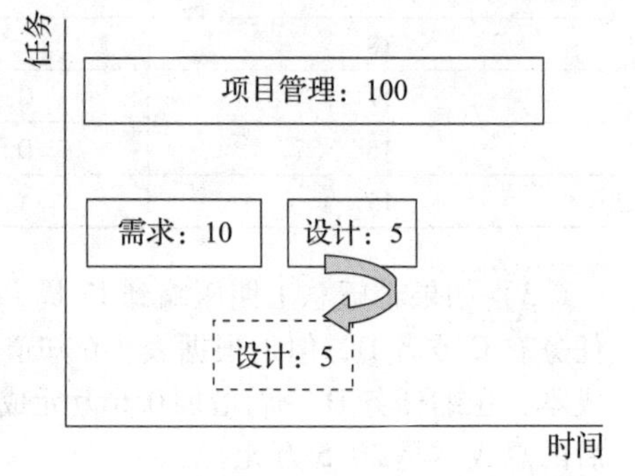

图7-30 任务之间的快速跟进

应急（赶工）法是一种通过增加资源，以最小的成本代价来压缩进度工期的技术。赶工只适用于那些通过增加资源就能缩短持续时间的且位于关键路径上的活动。但赶工并非总是切实可行的，因它可能导致风险或成本的增加。平行作业法（快速跟进）将正常情况下按顺序进行的活动或阶段改为至少是部分并行开展的。例如，在大楼的建筑图纸尚未全部完成前就开始建地基。快速跟进可能造成返工和增加风险，所以它只适用于能够通过并行活动来缩短关键路径上的项目工期的情况。使用提前量通常会增加相关活动之间的协调工作，并增加质量风险，快速跟进还有可能增加项目成本，如图7-31所示。

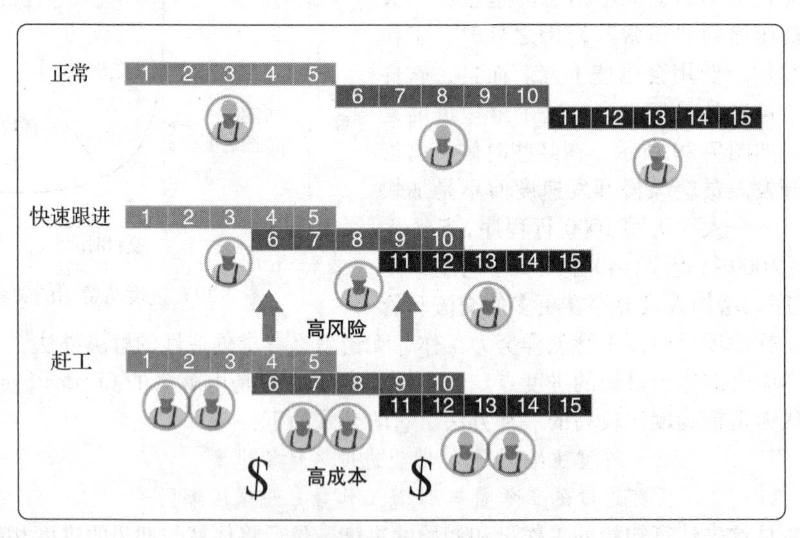

图7-31 时间压缩的两个方法比较

7.6.4 资源优化

为了成功地编制一个项目进度计划，必须为项目中的任务分配资源，项目中的任务必须在一定的条件下人为操纵完成。要使用资源来完成项目中的任务，就必须将资源与任务联系起来。每项任务需要的资源包括人力资源、设备资源等。

资源优化用于调整活动的开始日期和完成日期，以调整计划使用的资源，使其等于或少于可用的资源。资源优化技术是根据资源供需情况来调整进度模型的技术，资源平衡和资源平滑都属于资源优化方法。

1. 资源平衡方法

资源平衡（resource leveling）方法是为了在资源需求与资源供给之间取得平衡，通过调整任务的时间来协调资源的冲突，根据资源制约因素对开始日期和完成日期进行调整的一种技术。这个方法的主要目的是形成平稳连续的资源需求，最有效地利用资源，使资源闲置的时间最小化，同时尽量避免超出资源能力。

如果共享资源或关键资源只在特定时间可用，数量有限，或被过度分配，如一个资源在同一时段内被分配至两个或多个活动，如图7-32所示，就需要进行资源平衡。

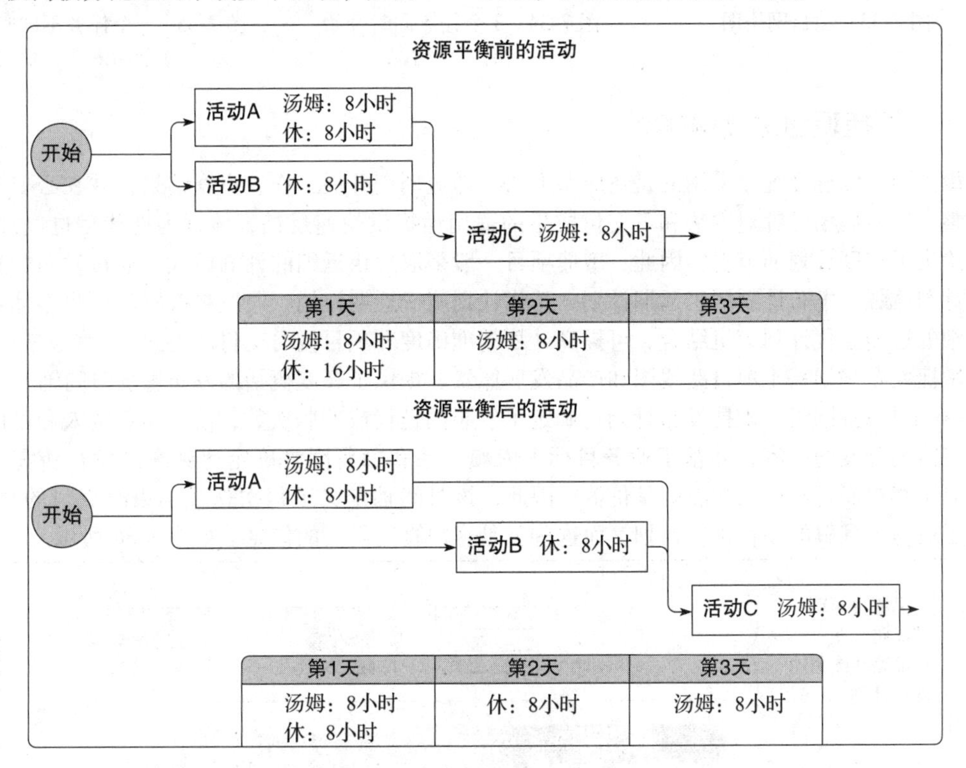

图7-32　资源平衡

资源平衡往往导致关键路径改变。因此，在项目进度计划期间，关键路径可能发生变化。

在项目编排中进行资源的优化配置，可保证资源最优化、最有效。关键路径法通常可以产生一个初始进度计划，而实施这个计划需要的资源可能比实际拥有的多。利用资源平衡法可在资源有约束的条件下制定一个进度计划。

2. 资源平滑

资源平滑方法是对进度模型中的活动进行调整，从而使项目资源需求不超过预定的资源限制的一种技术。相对于资源平衡而言，资源平滑不会改变项目关键路径，完工日期也不会延迟。也就是说，活动只在其自由和总浮动时间内延迟，但资源平滑技术可能无法实现所有资源的优化。例如，网络图7-33中的A、B、C任务，A需要2天2个开发人员完成，B需要5天4个开发人员完成，C需要3天2个开发人员完成。如果3个任务同时开始执行，如图7-34所示，一共需要8个开发人员，而资源高峰在项目开始的前两天，之后就会陆续有人出现空闲状态、资源利用率不合理情况。如果C任务利用浮动时间，使用最晚开始时间，即A任务完成之后再开始 C 任务，如图 7-35 所示，从项目开始到结束，一共需要 6 个开发人员，而且项目同样是 5 天内全部完成，但是资源利用率提高了。

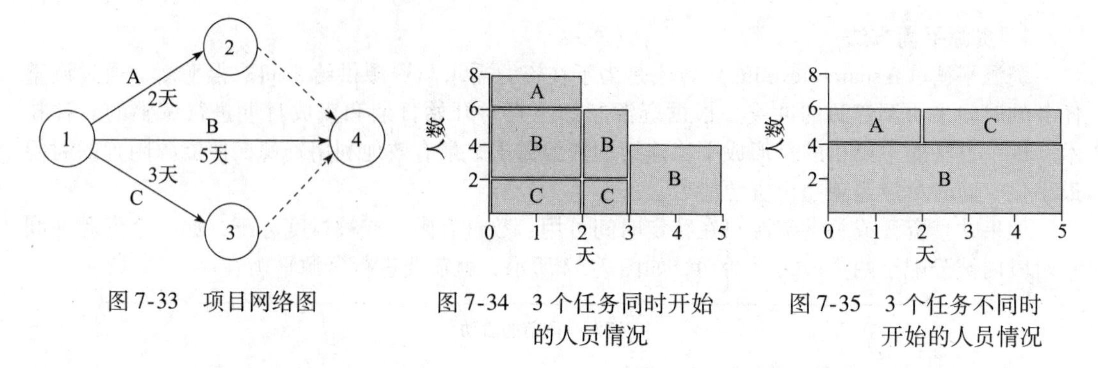

图 7-33 项目网络图

图 7-34 3 个任务同时开始的人员情况

图 7-35 3 个任务不同时开始的人员情况

7.6.5 敏捷项目进度编排

敏捷项目的进度编排采用的是适应型方法，即短周期开展工作、审查结果，并在必要时做出调整，这些周期可针对方法和可交付成果的适用性提供快速反馈，体现为迭代型进度计划，迭代给出了进度计划的节奏。因此，敏捷项目一般采取远粗近细的计划模式，通过发布计划和迭代计划体现。发布计划属于远期计划，迭代计划属于近期计划。通过将概要的项目整体规划和详细的近期迭代计划有机结合，可提高计划的准确度和项目按时交付能力。

敏捷发布规划基于项目路线图和产品发展愿景，提供了高度概括的发布进度时间轴（通常是 3 ~ 6 个月）。同时，敏捷发布计划还确定了发布的迭代或冲刺次数，使产品负责人和团队能够决定需要开发的内容，并基于业务目标、依赖关系和障碍因素确定达到产品发行所需的时间。对于客户而言，产品功能就是价值，因此，该时间轴定义了每次迭代结束时交付的功能，提供了更易于理解的项目进度计划，而这些就是客户真正需要的信息。如图 7-36 所示。

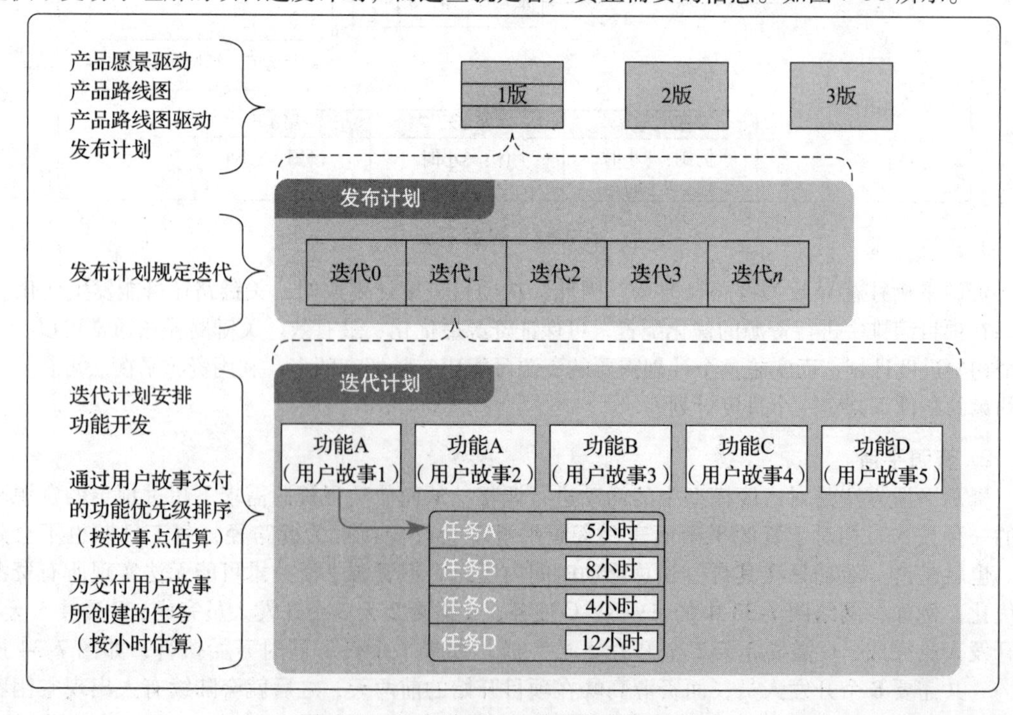

图 7-36 发布计划和迭代计划之间的关系

图7-37是Scrum开发模型（典型的敏捷模型），其核心过程是迭代过程，每个迭代周期为2~4周，计划任务从产品待办事项列表选择，选择任务之后，进入迭代开发，尽量避免变更，迭代结束之后客户参与评审本迭代的运行版本，然后规划下一个迭代计划。

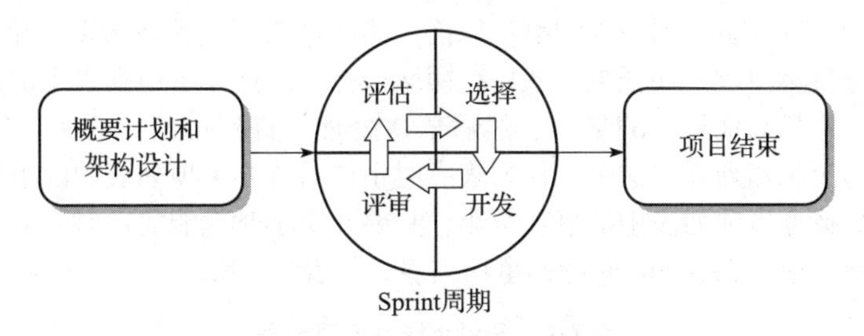

图7-37　Scrum开发模型

Scrum模型具有典型的两层项目计划（two level project planning），基于远粗近细的原则和项目渐进明细的特点，通过将概要的项目整体规划和详细的近期迭代计划有机结合，帮助团队有效提高计划的准确度、资源管理能力和项目的按时交付能力。近期计划比较细化，长远计划比较粗。这两层计划是通过产品待办事项列表和Sprint待办事项列表体现的。产品待办事项列表存在于产品的整个生命周期，它是产品的路线图。任何时候，产品待办事项列表都是团队依照优先排列顺序完成工作的唯一、最终的概括。一个产品只有一个产品待办事项列表，这意味着产品负责人必须纵观全局做出优先级排列的决策，以体现利益相关人（包括团队）的意愿。表7-8就是一个产品待办事项列表，它相当于比较粗的远期计划。

表7-8　产品待办事项列表

每个Sprint的新估算									
优先级	事项	细节（wiki链接）	初始规模估算	1	2	3	4	5	6
1	作为买家，我想把书放入购物车（见wiki页面用户界面草图）		5						
2	作为买家，我想从购物车中删除书		2						
3	改进事务处理效率（见wiki页面目标性能指标）		13						
4	探讨加速信用卡验证的解决方法（见wiki页面目标性能指标）		20						
5	将所有服务器升级到Apache 2.2.3		13						
6	分析并修复订单处理脚本错误（错误号：14834）		3						
7	作为购物者，我想创建并保存愿望表		40						
8	作为购物者，我想增加或删除愿望表中的条目		20						

设定了Sprint目标并挑选出这个Sprint要完成的产品待办列表项之后，开发团队将决定如何在Sprint中把这些功能构建成“完成”的产品增量。这个Sprint中所选出的产品待办列表项及交付它们的计划统称为Sprint待办事项列表。

开发团队通常先由系统设计开始，设计把产品待办事项列表转换成可工作的产品增量所需要的工作。工作的大小或预估的工作量可能会不同。然而，在Sprint计划会议中，开发团队已经挑选出足够的工作量，并且预计他们在即将到来的Sprint中能够完成。开发团队自发地领取 Sprint 待办事项列表中的工作，领取工作在 Sprint 计划会议和 Sprint 期间按实际情况进行。

一旦大家理解了整体的设计，团队会把产品待办事项列表中的事项分解成较细粒度的工作。在开始处理产品待办事项列表中的事项以前，团队可能会先关注为前一个 Sprint 的回顾会议中所创建的改进目标生成一些任务。然后，团队选择产品待办事项列表中的第一个事项，即对于产品负责人来讲最高优先级的事项，然后依次处理，直到他们“容量填满”为止。他们为每个事项建立一个工作列表，这个工作列表有时由产品待办事项列表中的事项分解出的任务组成，或者当产品待办事项列表中的事项很小，只要几个小时就能实现时，简单地由产品待办事项列表事项组成，最后完成 Sprint 待办事项列表，如表 7-9 所示。

表 7-9 Sprint 待办事项列表

每日结束时所剩余工作量的最新估计									
产品待办事项列表事项	Sprint 中的任务	志愿者	初始工作量估计	1	2	3	4	5	6
作为买家，我想把书放入购物车	修改数据库		5						
	创建网页（UI）		8						
	创建网页（JavaScript 逻辑）		13						
	写自动化验收测试		13						
	更新买家帮助网页		3						
	…								
改进事务处理效率	合并 DCP 代码并完成分层测试		5						
	完成 pRank 的机器顺序		8						
	把 DCP 和读入器改为用 pRank HTTP API		13						

7.7 软件项目进度计划确定

项目进度计划最后的确定需要经过多次完善、比较、优化的过程。

7.7.1 软件项目进度问题模型

软件项目进度问题（Software Project Scheduling Problem，SPSP）模型是在给定项目的任务、任务之间关系和资源限制下，对项目确定合适的人员安排，以保证项目的时间最短、成本最小。在这个模型中，主要的资源是人力资源，这些人员需要具备项目需要的相应技能。软件项目进度问题模型综合利用了任务的关系、工作量的估算结果、组合最优化，以及关键路径等方法来合理制定项目进度计划。

1. 项目需要的技能

人员技能（skills of employee）是完成项目需要的能力，项目人员需要具备这些技能。例如，软件项目相关的技能有软件分析技能、软件设计技能、软件编程技能、软件测试技能等。我们将这些技能定义为一个集合 $S=\{s_1, s_2, \cdots, s_n\}$，其中 n 是技能集合中的总技能数量。

2. 项目中的任务

任务是完成软件项目需要的所有活动，如分析、设计、编码、测试、写文档等活动。软件项目由一系列这些软件活动组成，这些活动之间具有一定的关联关系。活动及其之间的关系可以使用任务关系图示 $G(T, E)$，即 PDM 网络图表示，这个图示是单向的，T 代表有关联关系的一些活动，E 代表活动之间的关联关系，其中 $T=\{t_1, \cdots, t_m\}$，$(t_i, t_j)\in E_T$，表示 t_i 是 t_j 的前置活动。每个任务 t_j 有两个属性，一个属性是这个任务需要具备的技能 t_j^{sk}，另一个属性是

这个任务的工作量 t_j^{eff}。

3. 项目中的人员

软件项目中的人员是软件工程师，他们具备的技能是软件工程技能。通常，每个软件项目需要由具备一定软件工程技能的人员来完成。项目经理安排合适的人完成合适的任务。这样，我们就可以得到合适的任务进度安排。项目中的人员可以定义为 $E=\{e_1, e_2, \cdots, e_e\}$，每个人员有3个属性，第一个属性是这个人员的技能集合 e_i^{sk}，并且 $e_i^{\text{sk}} \subseteq S$；第二个属性是这个人员对项目的最大贡献度 $e_i^{\text{max}d}$，并且 $e_i^{\text{max}d} \in [0, 1]$，如果 $e_i^{\text{max}d} < 1$，则表示这个人员是兼职的；第三个属性是人力成本 e_i^{rem}。

7.7.2 SPSP模型解决方案

要想得到SPSP模型的解决方案，需要针对现有的项目任务、项目需要的技能、现有的人员、每个人员具备的技能、每个人员的成本做到最合适的人员任务安排，以求达到项目进度最短、总成本最小。所以，最终的解决方案可以表达为一个矩阵 $\boldsymbol{M}=|\boldsymbol{E}\times\boldsymbol{T}|$，这个矩阵的维度是人员数与任务数的乘积，如式（7-3）所示，其中 $m_{ij} \in [0, 1]$，表示人员 i 对任务 j 的贡献度，例如，$m_{ij}=0.25$ 表示人员 i 花25%的时间在任务 j 上。

$$\begin{vmatrix} m_{11} & m_{12} & \cdots & m_{1n} \\ m_{21} & m_{22} & \cdots & m_{2n} \\ \vdots & \vdots & & \vdots \\ m_{m1} & m_{m2} & \cdots & m_{mn} \end{vmatrix} \tag{7-3}$$

通过贡献度矩阵可以将人员合理地安排到项目中，从而得到最短项目进度和最小项目成本，进而得到项目的进度安排计划。为了得到最优的矩阵，需要满足下面的限制条件。

1. 贡献度矩阵限制条件

在人员项目贡献度矩阵 $\boldsymbol{M}=|\boldsymbol{E}\times\boldsymbol{T}|$ 中，$\sum\limits_{i=1}^{m} m_{ij} > 0$，即至少有一人分配到一个任务中，并且分配到项目中的人员应该具备相应的技能。下式就满足这个限制条件。

$$\begin{vmatrix} 0.5 & 1 & 1 & 0 \\ 1 & 0 & 0.5 & 1 \end{vmatrix}$$

2. 最优函数限制条件

这里的最优函数是指满足一系列条件后得出的最佳方案。为了构建最优函数，需要执行下面的步骤。

（1）构建项目网络图

图7-38是一个项目的PDM网络图，这个项目有7个任务，即 $T=\{t_1, t_2, t_3, t_4, t_5, t_6, t_7\}$，项目需要的技能是 $S=\{s_1, s_2, s_3\}$，其中每个任务需要的技能和工作量如下。

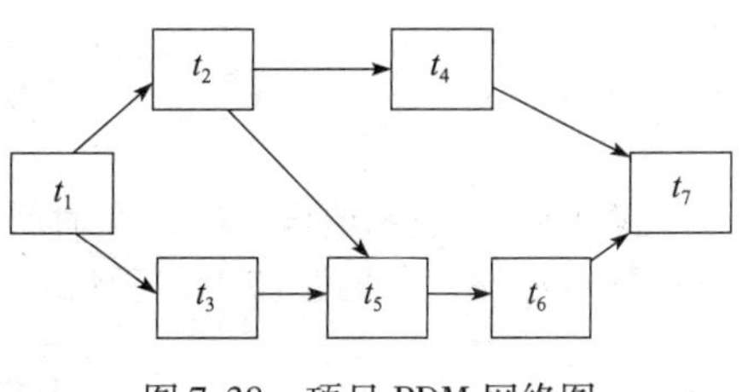

图7-38 项目PDM网络图

$$t_1^{\text{sk}}=\{s_1,s_2\},t_2^{\text{sk}}=\{s_2\},t_3^{\text{sk}}=\{s_1,s_3\},t_4^{\text{sk}}=\{s_1\}$$
$$t_5^{\text{sk}}=\{s_1,s_2,s_3\},t_6^{\text{sk}}=\{s_1,s_2\},t_7^{\text{sk}}=\{s_2\}$$
$$t_1^{\text{eff}}=4,t_2^{\text{eff}}=6,t_3^{\text{eff}}=8,t_4^{\text{eff}}=9,t_5^{\text{eff}}=8,t_6^{\text{eff}}=10,t_7^{\text{eff}}=16$$

（2）人员模型

项目人员共计4人，集合是 $E=\{e_1, e_2, e_3, e_4\}$，每个人员具备的技能和人力成本如下。

$$e_1^{sk} = \{s_1, s_2, s_3\} e_2^{sk} = \{s_1, s_2, s_3\}, e_3^{sk} = \{s_1, s_2\} e_4^{sk} = \{s_1, s_3\}$$

$$e_1^{rem} = 6000\text{ 美元}, e_2^{rem} = 6000\text{ 美元}, e_3^{rem} = 5000\text{ 美元}, e_4^{rem} = 5000\text{ 美元}$$

(3) 任务历时

通过每个任务的工作量及项目贡献度矩阵 $\boldsymbol{M} = |\boldsymbol{E} \times \boldsymbol{T}|$，可以确定每个任务 j 的历时 t_j^{len}，如式（7-4）所示。

$$t_j^{len} = \frac{t_j^{eff}}{\sum_{i=1}^{m} m_{ij}} \tag{7-4}$$

其中，m 是矩阵中人员的数量。

(4) 项目时间

通过项目网络图，可以知道每个任务之间的关联关系，而且每个任务的历时也确定了，通过正推方法和逆推方法确定每个任务的开始时间和结束时间，最后得出关键路径，即项目的完成时间 p^{len}。

(5) 项目成本

为了计算项目成本 p^{cos}，首先要计算每个任务的成本 t_j^{cos}，通过每个人员的成本、人员的贡献度矩阵、任务历时，得出每个任务成本，如式（7-5）所示，然后可以确定项目成本，如式（7-6）所示。

$$t_j^{cos} = \sum_{i=1}^{|e|} e_i^{ren} m_{ij} t_j^{len} \tag{7-5}$$

其中，$|e|$是人员数。

$$p^{cos} = \sum_{j=1}^{|t|} t_j^{cos} \tag{7-6}$$

其中，$|t|$是任务数。

(6) 最佳函数

由于项目进度安排的最终目标是成本和时间的最小化，定义 w^{cos} 和 w^{len} 为 p^{cos} 和 p^{len} 的权重，这里 (average cost)$^{-1}$ 可以作为 w^{cos} 的初始值，(avarage length)$^{-1}$ 作为 w^{len} 的初始值，这样，式（7-7）的函数单位可以取消，基本是一个数量级的。

$$f(x) = w^{cos} p^{cos} + w^{len} p^{len} \tag{7-7}$$

式（7-7）没有考虑超额工作量，如果一个项目人员在项目中有超额工作，则也可能会延长时间，或者增加成本，为此，定义项目人员 e_i 对项目的贡献量函数 $e_i^w(t)$，如式（7-8）所示。

$$e_i^w(t) = \sum_{t_j^{init} \leqslant j \leqslant t_j^{term}} m_{ij}(t) \tag{7-8}$$

式（7-8）表示项目人员 e_i 在时间 t 内的贡献量大于这个人员的 e^{maxd}。为此，我们定义一个函数 ramp(x)，如式（7-9）所示。

$$\text{ramp}(x) = \begin{cases} x, & x > 0 \\ 0, & x \leqslant 0 \end{cases} \tag{7-9}$$

这样项目人员 e_i 的超额工作值如式（7-10）所示。

$$e_i^{overw} = \sum \text{ramp}(e_i^w(t) - e_i^{maxd}) \tag{7-10}$$

这样这个项目的超额工作值 p^{overw} 是所有项目人员的超额工作值之和，如式（7-11）所示。

$$p^{overw} = \sum_{i=1}^{|e|} e_i^{overw} \tag{7-11}$$

其中，$|e|$是人员数。

因此，得出SPSP最佳方案的最佳函数应该是式（7-7）和式（7-11）达到最小值。通过最佳函数可以得出SPSP最佳方案，然后就可以合理安排项目了。为此，有人研究了很多组合优化算法以求得最佳方案。

3. 组合优化问题

组合最优化（combinatorial optimization）是通过对数学方法的研究去寻找离散事件的最优编排、分组、次序或筛选等，是运筹学中的一个重要分支。组合优化问题的目标是从组合问题的可行解集中求出最优解，通常可描述为：令 $\Omega=\{s_1, s_2, \cdots, s_n\}$ 为所有状态构成的解空间，$C(s_i)$ 为状态 s_i 对应的目标函数值，要求寻找最优解 s^*，使得对于所有的 $s_i \in \Omega$，有 $C(s^*)=\min C(s_i)$。组合最优化有很多组合最优化算法，如近似算法、启发式算法、枚举算法、遗传算法、蚁群算法等。

典型的组合优化问题有旅行商问题、背包问题、装箱问题、最小生成树问题、集合覆盖问题等。这些问题描述非常简单，并且有很强的工程代表性，但最优化求解很困难，其主要原因是求解这些问题的算法需要极长的运行时间与极大的存储空间，以致根本不可能在现有计算机上实现，即所谓的“组合爆炸”。正是这些问题的代表性和复杂性激起了人们对组合优化理论与算法的研究兴趣。蚁群算法（Ant Colony Optimization，ACO）已经成功应用到组合优化问题中。

蚁群算法又称蚂蚁算法，是一种用来在图中寻找优化路径的概率型算法。它由Marco Dorigo于1992年在他的博士论文中提出，其灵感来源于蚂蚁在寻找食物过程中发现路径的行为。

蚁群算法的由来：蚂蚁是地球上较常见、数量较多的昆虫种类，常常成群结队地出现在人类的日常生活环境中。这些昆虫的群体生物智能特征引起了一些学者的注意。意大利学者M. Dorigo、V. Maniezzo等人在观察蚂蚁的觅食习性时发现，蚂蚁总能找到巢穴与食物源之间的最短路径。经研究发现，蚂蚁的这种群体协作功能是通过一种遗留在其来往路径上的叫作信息素（pheromone）的挥发性化学物质来实现的。化学通信是蚂蚁采取的基本信息交流方式之一，在蚂蚁的生活习性中起着重要的作用。通过对蚂蚁觅食行为的研究，他们发现，整个蚁群就是通过这种信息素进行相互协作，形成正反馈，从而使多个路径上的蚂蚁都逐渐聚集到最短的那条路径上。

这样，M. Dorigo等人于1991年首先提出了蚁群算法。其主要特点就是通过正反馈、分布式协作来寻找最优路径。这是一种基于种群寻优的启发式搜索算法。目前，扩展的蚁群优化算法有很多，最大最小蚂蚁系统（Max Min Ant System，MMAS）就是其中一个，MMAS是德国学者Stützle等在1997年基于蚁群算法提出的改进算法，已被成功地应用于各类组合优化问题中，是目前蚁群优化中性能较好的算法之一。在MMAS的应用与研究中，参数配置的好坏直接影响算法的寻优性能，各参数既有各自功能又相互作用，彼此关系较为复杂，所以参数配置成为蚁群算法设计和调试中极其重要的工作。

Broderick Crawford的论文《A Max-Min Ant System Algorithm to Solve the Software Project Scheduling Problem》”阐述了如何通过MMAS算法获得SPSP最佳方案，这个最佳方案就是人员项目贡献矩阵。

4. 最佳方案确定

根据图7-38所示项目的各任务数据及人员数据，结合最佳函数，采用组合优化算法获得的最佳方案（即人员项目贡献矩阵）如式（7-12）所示。

$$\begin{vmatrix} 1 & 0.5 & 0.5 & 0 & 1 & 1 & 1 \\ 1 & 0.5 & 0.5 & 0 & 1 & 1 & 1 \\ 0 & 1 & 0 & 0.5 & 0 & 0.5 & 1 \\ 0 & 0 & 1 & 1 & 0 & 0 & 1 \end{vmatrix} \tag{7-12}$$

通过式（7-4）~式(7-6）可以计算出每个任务的历时及每个任务的成本。

任务历时：$t_1^{len}=2$，$t_2^{len}=3$，$t_3^{len}=4$，$t_4^{len}=6$，$t_5^{len}=4$，$t_6^{len}=4$，$t_7^{len}=4$。

任务成本：$t_1^{cos}=24\,000$ 美元，$t_2^{cos}=33\,000$ 美元，$t_3^{cos}=44\,000$ 美元，$t_4^{cos}=45\,000$ 美元，$t_5^{cos}=48\,000$ 美元，$t_6^{cos}=58\,000$ 美元，$t_7^{cos}=88\,000$ 美元。

这样，通过正推方法和逆推方法确定了每个任务的开始时间和结束时间，由图 7-39 的 PDM 网络图得出关键路径是 $t_1 \to t_3 \to t_5 \to t_6 \to t_7$，因此关键路径的长度是 $p^{len}=18$，即完成项目时间是 18 天，通过每个任务的成本可以确定项目总成本为 $p^{cos}=340\,000$ 美元，具体计算如下。

Cost1 = 2(6000 + 6000) = 24 000

Cost2 = 3(0.5 * 6000 + 0.5 * 6000 + 5000) = 33 000

Cost3 = 4(0.5 * 6000 + 0.5 * 6000 + 5000) = 44 000

Cost4 = 6(0.5 * 5000 + 5000) = 45 000

Cost5 = 4(6000 + 6000) = 48 000

Cost6 = 4(6000 + 6000 + 0.5 * 5000) = 58 000

Cost7 = 4(6000 + 6000 + 5000 + 5000) = 44 000

总成本 Cost = 340 000

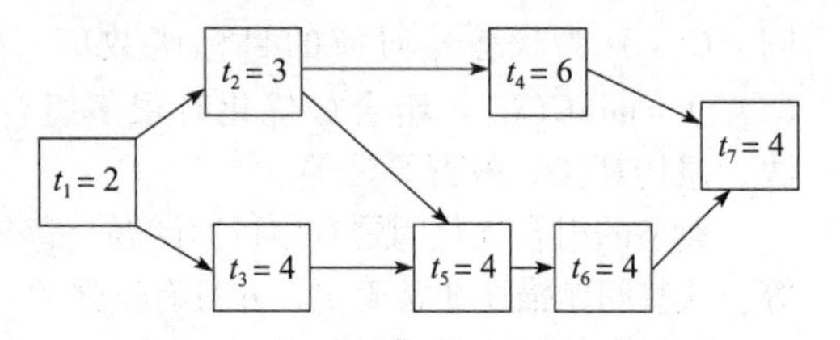

图 7-39 确定历时之后的 PDM 网络图

$T=\{t_1, t_2, t_3, t_4, t_5, t_6, t_7\}$ 中的 7 个任务分别是 {Planning，High-level design，Low-level design，Testcase design，Coding，System Testing，Acceptance Testing}，因此，可以给出项目的甘特图，如图 7-40 所示。

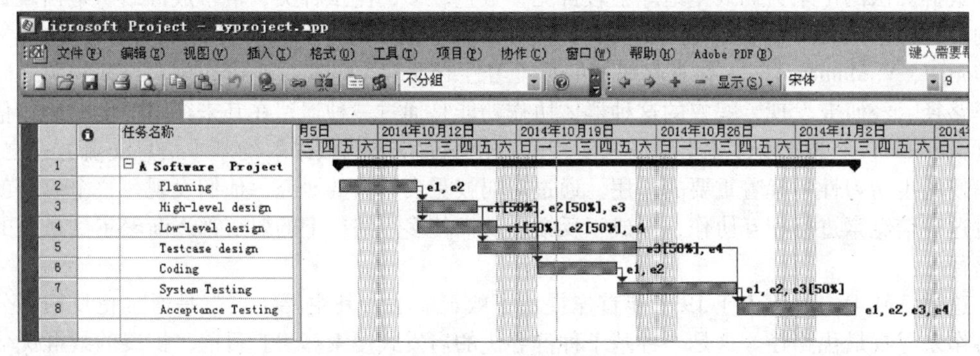

图 7-40 甘特图

根据甘特图及每个任务的成本，可以获得项目的成本基线，如图 7-41 所示。

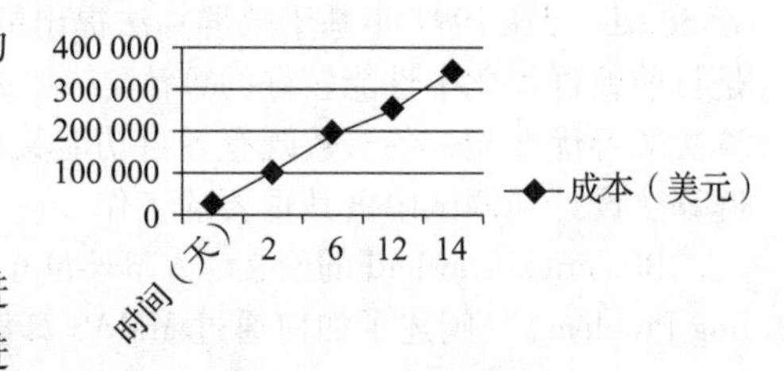

图 7-41 成本基线

7.7.3 进度计划的优化

如果编制出来的进度计划与要求有差距，就要进行项目计划优化：调整资源，解决资源冲突；调整进度，缩短工期；调整成本预算，减少项目费用。

网络分析是进行项目进度优化的重要方法。进度网络分析是创建项目进度模型的一种综合技术，它采用了多种技术和方法，如关键路径法、资源优化技术、建模技术及其他分析技术，例如：

- 当多个路径在同一时间点汇聚或分叉时，评估汇总进度储备的必要性，以减少出现进度落后的可能性。
- 审查网络，看看关键路径是否存在高风险活动或具有较多提前量的活动，是否需要使用进度储备或执行风险应对计划来降低关键路径的风险。

进度网络分析是一个反复进行的过程，一直持续到创建出可行的进度模型。

对于进度的安排，应该有适度的压力，让开发人员有适度的紧迫感，同时，不能过分强调进度，以免大家的焦点总是集中在进度上。一方面，有了适度的紧迫感，开发人员可以将精力集中在最重要的事情上，如果没有紧迫感，开发人员就不会全力冲刺，紧张、有压力的头脑风暴可以激发好的创意。另一方面，不能过分强调进度，否则对项目人员的士气会产生伤害。如果过分强调进度，项目人员就随时会面临一种威胁的信息——快落后了，焦点总是集中在进度上，而不关注软件质量。所以，应该倡导一种比较人性化的进度控制方式，既有适度压力又不过分依赖进度。

一般来说，项目进度计划可以采用工具来协助编制，项目管理软件被广泛地使用以帮助项目进度的编制。这些软件可自动进行数学计算和资源调整，可迅速地对许多方案加以考虑和选择，还可输出计划编制的结果。例如，可以采用 Microsoft Project 编制计划等。

一个好的项目计划需要不断完善的过程，需要不断地优化、评审、修改、再评审、细化等，最后才可以确定成为基准的项目计划。

7.7.4　项目进度计划的数据分析

对完成的计划可以进行数据分析，常用的数据分析技术有假设情景分析、模拟等。

1）假设情景分析。假设情景分析是对各种情景进行评估，预测它们对项目目标的影响（积极或消极的）。假设情景分析就是对“如果情景 X 出现，情况会怎样?”这样的问题进行分析，即基于已有的进度计划，考虑各种各样的情景。例如，推迟某主要部件的交货日期，延长某设计工作的时间，或加入外部因素（如罢工或许可证申请流程变化等）。可以根据假设情景分析的结果，评估项目进度计划在不同条件下的可行性，以及为应对意外情况的影响而编制进度储备和应对计划。

2）模拟。模拟（simulation）包括基于多种不同的活动假设、制约因素、风险、问题或情景，使用概率分布和不确定性的其他表现形式来计算多种可能的工作包持续时间，同时评估它们对项目目标的潜在影响。最常见的模拟技术是蒙特卡罗分析（Monte Carlo analysis），它利用风险和其他不确定资源计算整个项目可能的进度结果。

图 7-42 显示了一个项目的概率分布，表明实现特定目标日期（即项目完成日期）的可能性。在这个例子中，项目按时或在目标日期（即 5 月 13 日）之前完成的概率是 10%，而在 5 月 28 日之前完成的概率是 90%。

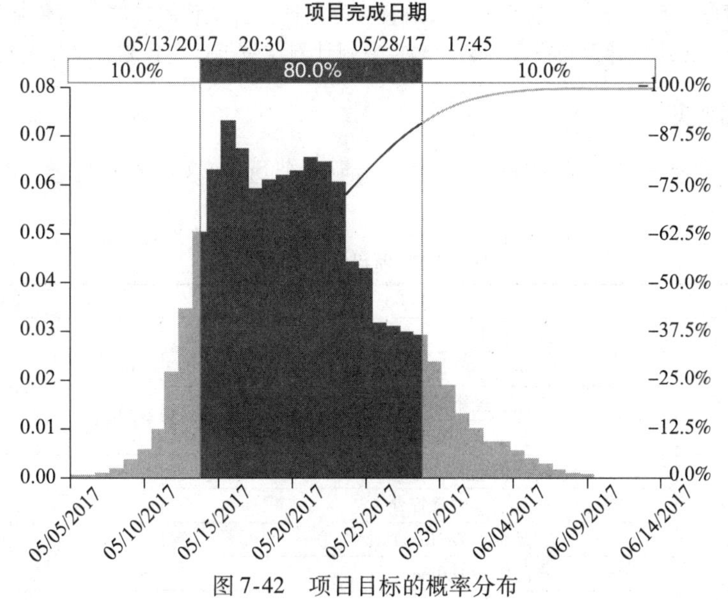

图 7-42　项目目标的概率分布

7.7.5 进度计划新兴实践简述

项目具有渐进明细的特性，在高技术行业，日新月异是主要特点，因此项目计划需要在一定条件的限制和假设之下采用渐进明细的方式不断完善。敏捷模型及迭代模型都能很好地解决这个问题。一个好的项目计划的开发应该是渐进式的。例如，可以采用局部细化的方法，对较为大型的软件开发项目的任务（工作）分解结构采用多次 WBS 方法。制定计划的过程就是一个对项目逐渐了解、掌握的过程，通过认真地制定计划，项目经理可以知道哪些要素是明确的，哪些要素是逐渐明确的，从而通过渐进明细不断完善项目计划。

全球市场瞬息万变，竞争激烈，具有很高的不确定性和不可预测性，很难定义长期范围，因此，为应对环境变化，根据具体情景有效采用和裁剪开发实践就显得日益重要。适应型规划虽然制定了计划，但也意识到工作开始之后优先级可能发生改变，需要修改计划以反映新的优先级。有关项目进度计划方法的新兴实践有很多，如具有未完项的迭代型进度计划、按需进度计划等。

1. 具有未完项的迭代型进度计划

这是一种基于适应型生命周期的滚动式规划，如敏捷的产品开发方法。这种方法将需求记录在用户故事中，然后在建造之前按优先级排序并优化用户故事，最后在规定的时间盒内开发产品功能。这一方法通常用于向客户交付增量价值，或多个团队并行开发大量内部关联较小的功能。适应型生命周期在产品开发中的应用越来越普遍，很多项目都采用这种进度计划方法。这种方法的好处在于，它允许在整个开发生命周期期间进行变更。

2. 按需进度计划

这种方法通常用于看板体系，基于制约理论和来自精益生产的拉动式进度计划概念，根据团队的交付能力来限制团队正在开展的工作。按需进度计划方法不依赖于以前为产品开发或产品增量制定的进度计划，而是在资源可用时立即从未完项和工作序列中提取出来开展。按需进度计划方法通常用于产品在运营和维护环境下以增量方式演进，且任务的规模或范围相对类似，或者可以按照规模或范围对任务进行组合的项目。

7.8 “医疗信息商务平台”进度计划案例分析

由于“医疗信息商务平台”项目采用了敏捷生存期模型，项目的进度计划包括两层计划，即远期计划和近期计划，迭代计划相当于远期计划，冲刺计划相当于近期计划，采用远粗近细的策略。

7.8.1 迭代计划

本项目的迭代计划给出了项目的 4 个迭代，即 4 个 Sprint（冲刺）阶段，相当于里程碑计划，如表 7-10 所示。

表 7-10 项目的迭代计划

Sprint	内容	里程碑
1	用户注册	7.9 ~ 8.8
	用户管理	
	产品、经销商编辑	
	产品浏览及查询	
2	用户信息内容管理	8.9 ~ 9.7
	产品信息内容管理	
	产品维护 Offline 工具	
	产品维护 Online 工具	

（续）

Sprint	内容	里程碑
3	产品交易	9.10～10.5
	E-mail 管理	
	Chat 管理	
	联机帮助	
4	分类广告	10.8～11.9
	学会协会	
	医务管理	

7.8.2 Sprint 计划

表 7-10 的迭代计划不能作为指导详细工作的计划，是比较粗的，还需要进一步细化。由于本项目采用了敏捷模型，每个 Sprint（冲刺）迭代需要进行详细的任务规划。从任务分解结果以及任务之间的关联关系可以得出第一个 Sprint 迭代的 PDM 网络图，如图 7-43 所示。

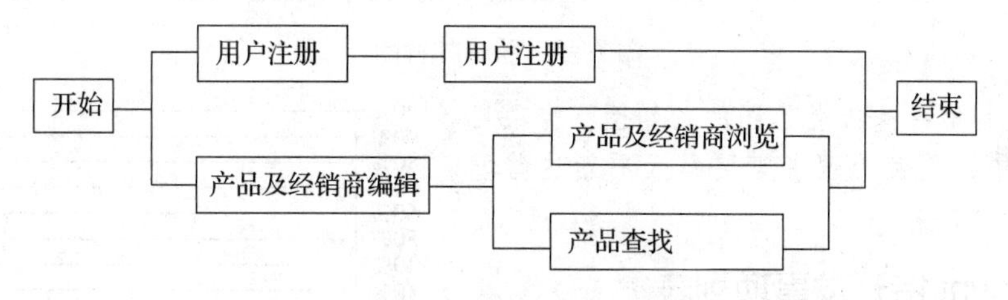

图 7-43　PDM 网络图

根据任务分解结果、任务关联关系、任务工作量以及项目人员情况，可以对图 7-32 进一步细化，图中标识了每个任务的历时天数，如图 7-44 所示。

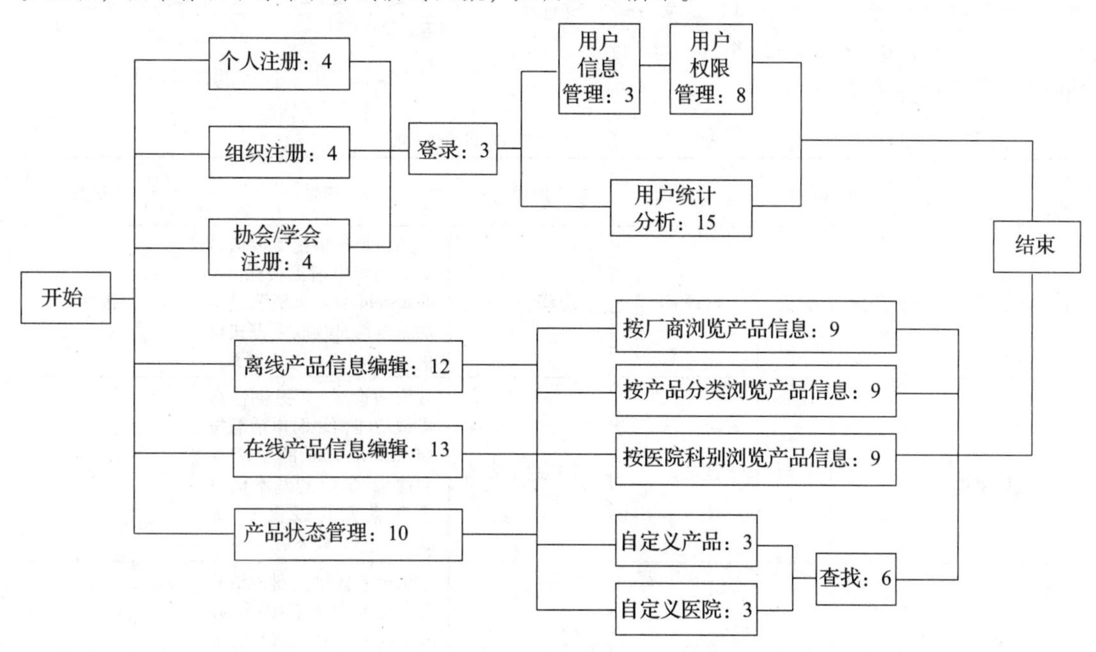

图 7-44　细化的 PDM 网络图

因此，第一个 Sprint 迭代的甘特图如图 7-45 所示。

	任务名称	工期	开始时间	完成时间
1	MED第一迭代计划	23个工作日	2018年7月9日	2018年8月8日
2	用户注册	4个工作日	2018年7月9日	2018年7月12日
3	个人注册	4个工作日	2018年7月9日	2018年7月12日
4	组织注册	4个工作日	2018年7月9日	2018年7月12日
5	协会/学会注册	4个工作日	2018年7月9日	2018年7月12日
6	用户登录	3个工作日	2018年7月13日	2018年7月17日
7	用户管理	15个工作日	2018年7月18日	2018年8月7日
8	用户信息管理	3个工作日	2018年7月18日	2018年7月20日
9	用户权限管理	8个工作日	2018年7月18日	2018年7月27日
10	用户统计分析	15个工作日	2018年7月18日	2018年8月7日
11	产品及经销商编辑	13个工作日	2018年7月9日	2018年7月25日
12	离线产品信息编辑	12个工作日	2018年7月9日	2018年7月24日
13	在线产品信息编辑	13个工作日	2018年7月9日	2018年7月25日
14	产品状态管理	10个工作日	2018年7月9日	2018年7月20日
15	浏览	9个工作日	2018年7月26日	2018年8月7日
16	按厂商浏览	9个工作日	2018年7月26日	2018年8月7日
17	按产品浏览	9个工作日	2018年7月26日	2018年8月7日
18	按医院课别浏览	9个工作日	2018年7月26日	2018年8月7日
19	查找	9个工作日	2018年7月26日	2018年8月7日
20	自定义产品	3个工作日	2018年7月26日	2018年7月30日
21	自定义医院	3个工作日	2018年7月26日	2018年7月30日
22	产品查找	6个工作日	2018年7月31日	2018年8月7日
23	集成测试并提交版本	1个工作日	2018年8月8日	2018年8月8日

图7-45 项目甘特图

图7-46是第一迭代燃尽图的初始图，在项目的执行过程中，项目管理者需要每天更新这些燃尽图。

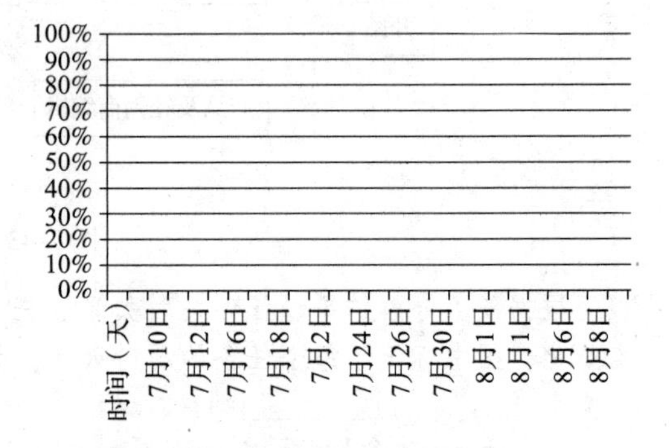

图7-46 第一迭代的任务燃尽图

7.8.3 Sprint待开发事项列表

根据图7-33以及项目人员状况，在每个Sprint（冲刺）计划中，项目人员会领取到自己的任务，每个任务细分到小时。表7-11是第一个Sprint（冲刺）计划中每个具体任务的分配情况，即Sprint待开发事项列表。

表7-11 第一个Sprint详细计划

编号	任务名称	类别	子类别	子角色	角色	描述	历时（天）	执行人
1	组织成员注册	用户	注册	管理者	组织	为组织提供注册申请功能，注册申请需按照medeal.com的要求说明组织的基本信息及联系方式以供medeal.com与之联系	1	张立
2	协会/学会成员注册	用户	注册	管理者	协会/学会	为协会/学会提供注册申请功能，注册申请需按照medeal.com的要求说明协会/学会的基本信息及联系方式以供medeal.com与之联系	1	陈斌
3	个人成员注册	用户	注册	非成员	个人	为个人提供注册申请功能。注册申请需按照medeal.com的要求填写个人的基本信息。与组织成员注册不同的是须在此填写用户名及口令	1	赵锦波

（续）

编号	任务名称	类别	子类别	子角色	角色	描述	历时（天）	执行人
4	组织成员注册协议	用户	注册	管理者	组织	对于厂商、经销商，医院有不同的注册使用协议，注册前必须同意该协议	1	张立
5	协会/学会成员注册使用协议	用户	注册	管理者	协会/学会	针对协会/学会的注册使用协议，注册前必须同意该协议	1	陈斌
6	个人成员注册使用协议	用户	注册	非成员	个人	个人用户使用medeal.com前必须同意个人注册使用协议	1	赵锦波
7	组织成员注册响应	用户	注册	市场部经理	medeal.com	组织用户发出注册请求后，经medeal.com市场人员与组织协商，签订合同后，medeal.com为组织建立组织管理者用户，用E-mail通知用户注册成功，同时将组织管理者的默认用户名和密码通知用户	2	张立
8	协会/学会成员注册响应	用户	注册	市场部经理	medeal.com	协会/学会用户发出注册请求后，经medeal.com市场人员与协会/学会协商，签订合同后，medeal.com为协会/学会建立协会/学会管理者用户，用E-mail通知用户注册成功，同时将协会/学会管理者的默认用户名和密码通知用户	2	陈斌
9	个人成员注册响应	用户	注册		medeal.com	个人用户发出注册请求后（需填写用户名和口令），经medeal.com检查个人注册信息符合要求后即刻通知用户注册成功	2	赵锦波
10	组织、协会/学会第一次登录	用户	登录	管理者	组织、协会/学会	组织、协会/学会的管理员成员使用默认用户名和密码进行第一次登录后，medeal.com出于安全原因，要求管理者更改用户名和密码。用户名的更改是可选的但只有此一次更改机会且须符合用户名设置要求，即必须是可示ASCII字符长度，最大16位。密码的更改是必需的且须符合密码设置要求，即必须是可示ASCII字符且含有数字和英文字符，长度最小6位，最大16位。修改后的用户名和口令应是medeal.com站点唯一的，这点由medeal.com负责检查执行	1	赵锦波

（续）

编号	任务名称	类别	子类别	子角色	角色	描述	历时（天）	执行人
11	用户登录	用户	登录			用户根据自己的用户名和口令登录系统	2	赵锦波
12	修改成员信息	用户	管理	成员	组织、协会/学会、个人	成员注册成功后，可以对本人的口令、联系地址等信息进行修改	0.5	陈斌
13	修改组织、协会/学会信息	用户	管理	管理者	组织、协会/学会	组织、协会/学会的信息（包括联系电话、通信地址等基本信息和经销范围等交易信息）只能由本组织、协会/学会的管理者修改	1	陈斌
14	修改成员口令	用户	管理	管理者	组织、协会/学会	组织、协会/学会的管理者有权修改本组织、协会/学会内部成员的口令（可以在不知原口令的情况下强行修改）	1	陈斌
15	删除成员账户	用户	管理	管理者	组织、协会/学会	组织、协会/学会的管理者有权删除本组织、协会/学会的内部成员账户，使其无法登录 medeal. com	0.5	陈斌
16	删除成员用户账户	用户	管理	webmaster	medeal. com	webmaster 有权删除已注册的成员用户。若删除的用户是组织或协会/学会的管理者，则该组织或协会/学会下的所有成员用户均被删除	1	赵锦波
17	修改成员用户管理信息	用户	管理	webmaster	medeal. com	webmaster 有权修改已注册用户的管理信息	0.5	赵锦波
18	暂停访问权	用户	管理	webmaster	medeal. com	因某种原因，webmaster 能够暂停用户对某项服务的访问权一段时间，时限过后，自动恢复访问权	0.5	赵锦波
19	登记新成员用户	用户	管理	webmaster	medeal. com	webmaster 有权登记个人新用户	1	赵锦波
20	添加新角色	用户	管理	webmaster	medeal. com	medeal. com 能够在各级组织、协会/学会中定义新的角色	1	赵锦波
21	删除角色	用户	管理	webmaster	medeal. com	medeal. com 能够在各级组织、协会/学会中删除原有的角色。删除时须确定该角色没有被分配给其他用户	1	赵锦波
22	定义角色	用户	管理	webmaster	medeal. com	medeal. com 能够定义并修改角色的各种权限	1	赵锦波

（续）

编号	任务名称	类别	子类别	子角色	角色	描述	历时（天）	执行人
23	分配角色	用户	管理	管理者	组织、协会/学会	根据合同规定的用户数和角色分配比例指定人员担当相应角色，可以为同一个人分配不同角色。分配的新用户名及口令必须唯一	2	赵锦波
24	访问统计（点击率）	用户	管理		medeal. com	用户访问站点次数统计	5	张立
25	访问统计（服务）	用户	管理		medeal. com	用户访问站点提供的各种服务的统计数据	10	张立
26	离线录入编辑产品信息	产品信息	编辑	内容管理经理、内容管理者	厂商、经销商	medeal. com 为用户提供一个离线录入工具供用户将产品信息录入并生成产品文件	4	刁平安、郑浩
27	离线修改产品信息	产品信息	编辑	内容管理经理、内容管理者	厂商、经销商	medeal. com 为用户提供一个离线录入工具供用户将需修改的产品信息录入并生成产品文件	4	刁平安、郑浩
28	离线删除产品信息	产品信息	编辑	内容管理经理、内容管理者	厂商、经销商	medeal. com 为用户提供一个离线录入工具供用户将需删除的产品信息录入并生成产品文件	4	刁平安、郑浩
29	在线录入编辑产品信息	产品信息	编辑	内容管理经理、内容管理者	厂商、经销商	medeal. com 为用户提供一个在线录入工具（Web形式）供用户将产品信息录入并生成产品文件	4	王军、王强
30	在线修改产品信息	产品信息	编辑	内容管理经理、内容管理者	厂商、经销商	medeal. com 为用户提供一个在线录入工具（Web形式）供用户将需修改的产品信息录入并生成产品文件	3	王军、王强
31	在线删除产品信息	产品信息	编辑	内容管理经理、内容管理者	厂商、经销商	medeal. com 为用户提供一个在线录入工具（Web形式）供用户将需删除的产品信息录入并生成产品文件	2	王军、王强
32	在线、离线产品信息入库	产品信息	编辑	内容管理经理	medeal. com	medeal. com 将产品文件导入工作数据库中，其中要区分产品的状态（新增、修改、删除）	4	王军、王强
33	发布新产品信息	产品信息	编辑	内容管理经理	medeal. com	medeal. com 对 QA 数据库中的产品信息进行质量保证后发布到网上	2	杨淼泰、丁心茹、周辉
34	修改产品信息	产品信息	编辑	内容管理经理	medeal. com	medeal. com 可对已发布到网上的产品信息进行修改	2	杨淼泰、丁心茹、周辉

（续）

编号	任务名称	类别	子类别	子角色	角色	描述	历时（天）	执行人
35	删除产品信息	产品信息	编辑	内容管理经理	medeal. com	medeal. com 可删除已发布到网上的产品信息	1	杨焱泰、丁心茹、周辉
36	定义相关产品链接信息	产品信息	编辑	内容管理经理、内容管理者	厂商、经销商	指定与该产品有关的产品	1	杨焱泰、丁心茹、周辉
37	招募经销商	产品信息	编辑	销售经理	厂商	指定可与本厂商进行交易的经销商名单。若厂商已交费，则可根据厂商的要求禁止若干经销商查看自己的产品目录	2	杨焱泰、丁心茹、周辉
38	设定经销商经销范围	产品信息	编辑	销售经理	厂商	指定经销商可与本厂商进行交易的产品范围	1	杨焱泰、丁心茹、周辉
39	设定经销商经销产品线	产品信息	编辑	销售经理	厂商	指定经销商可与本厂商进行交易的产品线范围	1	杨焱泰、丁心茹、周辉
40	按厂商－经销商浏览产品目录	产品信息	浏览	成员	组织	用户可以按照“厂商—产品小类—经销商—产品”的次序逐级浏览产品目录	6	郑浩
41	浏览经销商	产品信息	浏览	成员	组织	用户可以按照“厂商—经销商”的次序浏览经销商	3	郑浩
42	按厂商浏览产品目录	产品信息	浏览	成员	组织	用户可以按照“厂商—产品小类—产品”的次序逐级浏览产品目录	6	王强
43	按产品分类浏览产品目录	产品信息	浏览	成员	组织	用户可以按照“产品大类—产品小类—产品”的次序逐级浏览产品目录	3	王强
44	按医院科别浏览产品目录	产品信息	浏览	成员	组织	用户可以按照“医院大科—医院小科—产品小类—产品”的次序逐级浏览产品目录	9	刁平安
45	用户自定义产品大类	产品信息	查找	销售经理	厂商，经销商	当 medeal. com 提供的产品大分类不能满足用户需求时，允许用户自定义产品大类	3	温煦
46	用户自定义医院科别	产品信息	查找	销售经理	厂商，经销商	当 medeal. com 提供的医院科别不能满足用户需求时，允许用户自定义医院科别	3	蒋东
47	搜索产品小类	产品信息	查找	成员	组织	在产品小类名称字段中搜索含有录入字符的产品小类记录	6	蒋东

从表 7-11 中可以看到每个项目人员领取到了自己的任务，例如，张立被分配到“组织成员注册”任务，包括注册、协议、响应 3 部分（编号 1、4.7），这个任务的时间是 4 天，则这个任务的总估算时间 $4 \times 8 = 32$（小时），图 7-47 展示了“组织成员注册”的初始任务燃尽图，其他依次类推。在项目的执行过程中，需要每天更新这些燃尽图。

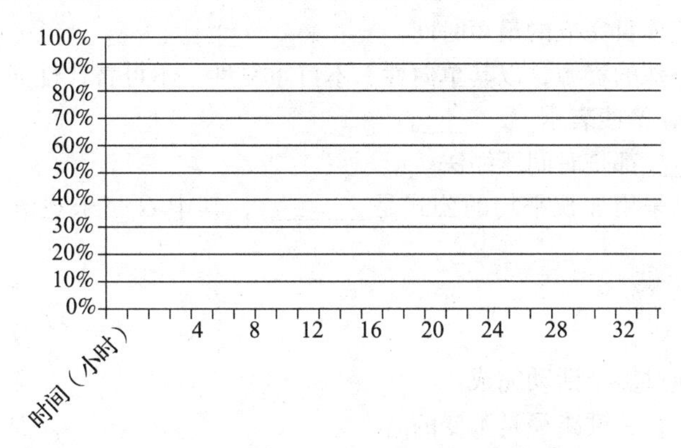

图 7-47　“组织成员注册”的任务燃尽图

7.8.4　Sprint 预算

根据第一迭代计划中每个任务的资源分配和时间花费，可以确定第一迭代的项目成本预算，如图 7-37 所示，即项目随时间的工作量付出（费用支出）图，也是将来项目跟踪控制的费用曲线。

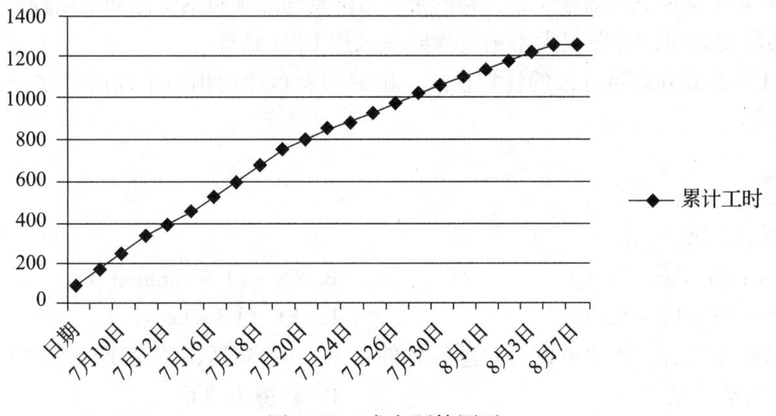

图 7-48　成本预算图示

7.9　小结

进度计划是在范围计划和成本计划的基础上完成的。本章介绍了进度管理的基本概念，如任务、任务之间的关联关系；网络图（PDM、ADM 等）、甘特图、里程碑图、资源图、燃尽图、燃起图等。本章讲述了定额估算法、经验导出模型、工程评估评审技术（PERT）、专家判断方法、类比估计方法、基于承诺的进度估计方法、Jones 的一阶估算准则、预留分析，以及敏捷历时估算方法。本章还讲述了编制项目计划的基本步骤，重点讲述了关键路径法、时间压缩法等进度编排方法，最后总结了软件项目进度问题（SPSP）模型。通过完成的进度计划可以看到项目的范围、参与的资源、成本及时间。

7.10 练习题

一、填空题

1. ________路径决定项目完成的最短时间。
2. ________是一种特殊的资源，以其单向性、不可重复性、不可替代性而有别于其他资源。
3. 在 ADM 网络图中，箭线表示________。
4. ________和________都是时间压缩法。
5. 工程评估评审技术采用加权平均的公式是________，其中 O 是乐观值，P 是悲观值，M 是最可能值。

二、判断题

1. 一个工作包可以通过多个活动完成。 (　　)
2. 在项目进行过程中，关键路径是不变的。 (　　)
3. 在 PDM 网络图中，箭线表示任务之间的逻辑关系，节点表示活动。 (　　)
4. 项目各项活动之间不存在相互联系与相互依赖关系。 (　　)
5. 在资源冲突问题中，过度分配也属于资源冲突。 (　　)
6. 浮动是在不增加项目成本的条件下，一个活动可以延迟的时间量。 (　　)
7. 在使用应急法压缩时间时，不一定要在关键路径上选择活动来进行压缩。 (　　)
8. 时间是项目规划中灵活性最小的因素。 (　　)
9. 外部依赖关系又称强制性依赖关系，指的是项目活动与非项目活动之间的依赖关系。 (　　)
10. 当估算某活动时间，存在很大不确定性时应采用 CPM 估计。 (　　)
11. 敏捷项目一般采取远粗近细的计划模式，敏捷的发布计划相当于远期计划，迭代计划相当于近期计划。 (　　)

三、选择题

1. 下列说法中不正确的是（　　）。

   A. EF = ES + duration　　B. LS = LF − duration

   C. TF = LS − ES = LF − EF　　D. EF = ES + lag

2. “软件编码完成之后，我才可以对它进行软件测试”，这句话说明了哪种依赖关系？(　　)

   A. 强制性依赖关系　　B. 软逻辑关系

   C. 外部依赖关系　　D. 内部依赖关系

3. (　　) 可以显示任务的基本信息，并且能方便地查看任务的工期、开始时间、结束时间及资源的信息。

   A. 甘特图　　B. 网络图　　C. 里程碑图　　D. 资源图

4. (　　) 是项目冲突的主要原因，尤其在项目的后期。

   A. 优先级问题　　B. 人力问题　　C. 进度问题　　D. 费用问题

5. 以下哪一项是项目计划中灵活性最小的因素？(　　)

   A. 时间　　B. 人工成本　　C. 管理活动　　D. 开发活动

6. 以下哪一项不是任务之间的关系？(　　)

   A. 结束 − 开始　　B. 开始 − 开始

   C. 结束 − 结束　　D. 结束 − 开始 − 结束

7. 快速跟进是指（　　）。
   A. 采用并行执行任务，加速项目进展
   B. 用一个任务取代另外的任务
   C. 如有可能，减少任务数量
   D. 减轻项目风险
8. 下面哪一项将延长项目的进度？（　　）
   A. lag　　B. lead　　C. 赶工　　D. 快速跟进
9. 下面哪一项可以决定进度的灵活性？（　　）
   A. PERT　　B. 总浮动　　C. ADM　　D. 赶工
10. （　　）可以表示敏捷项目的进度，并且可以表示出剩余的任务。
   A. 燃起图　　B. 燃尽图　　C. 里程碑图　　D. 网络图

四、问答题

1. 对一个任务进行进度估算时，A 是乐观者，估计用 6 天完成，B 是悲观者，估计用 24 天完成，C 是有经验者，认为最有可能用 12 天完成，那么这个任务的历时估算介于 10 天到 16 天的概率是多少？
2. 请将下面的 PDM（优先图法）网络图改画为 ADM（箭线法）网络图。

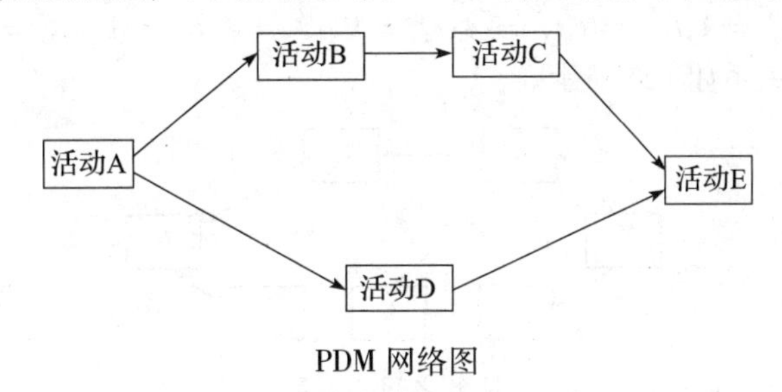

PDM 网络图

3. 根据所给的任务流程图和项目历时估计值表，采用 PERT 方法估算项目在 14.57 天内完成的概率的近似值。

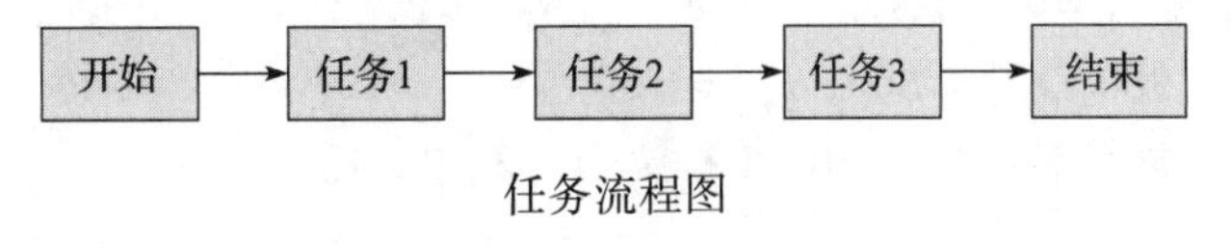

任务流程图

项目历时估计值表

任务＼估计值	最乐观值	最可能值	最悲观值
1	2	3	6
2	4	6	8
3	3	4	6

4. 作为项目经理，你需要给一个软件项目做计划安排，经过任务分解后得到任务 A、B、C、D、E、F、G，假设各个任务之间没有滞后和超前，下图是这个项目的 PDM 网络图。通过历时估计已经估算出每个任务的工期，现已标识在 PDM 网络图上。假设项目的最早开工日期是第 0 天，请计算每个任务的最早开始时间、最晚开始时间、最早完成时间、最晚完成时间，同时确定关键路径，并计算关键路径的长度，计算任务 F 的自由浮动和总浮动？

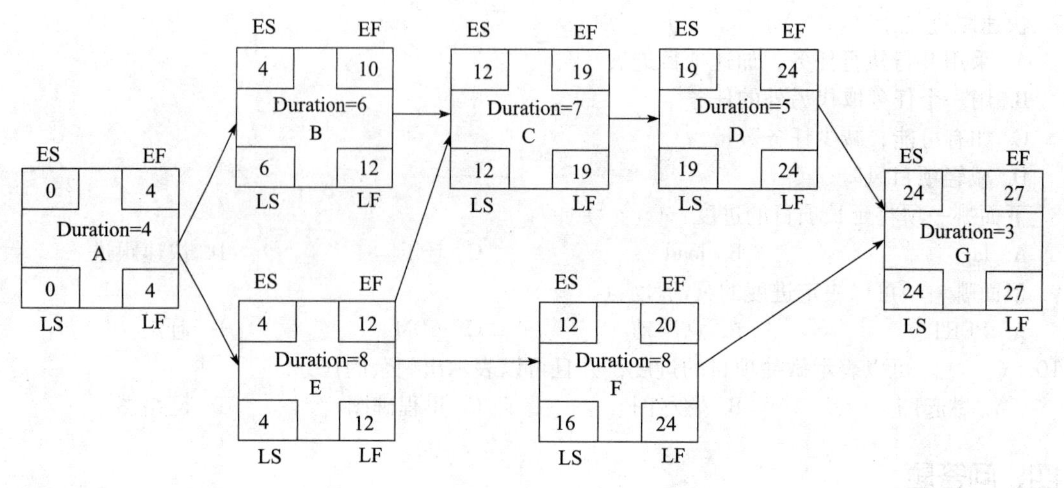

5. 某项目有 7 个任务，$T=\{t_1, t_2, t_3, t_5, t_6, t_7\}$，项目需要的技能是 $S=\{s_1, s_2, s_3\}$，其中每个任务需要的技能和工作量如下所示。

$$t_1^{sk}=\{s_1,s_2\},t_2^{sk}=\{s_2\},t_3^{sk}=\{s_1,s_3\},t_4^{sk}=\{s_1\}$$

$$t_5^{sk}=\{s_1,s_2,s_3\},t_6^{sk}=\{s_1,s_2\},t_7^{sk}=\{s_1\}$$

$$t_1^{eff}=4,t_2^{eff}=6,t_3^{eff}=8,t_4^{eff}=9,t_5^{eff}=8,t_6^{eff}=10,t_7^{eff}=16$$

另外，任务之间的关系如下图所示。

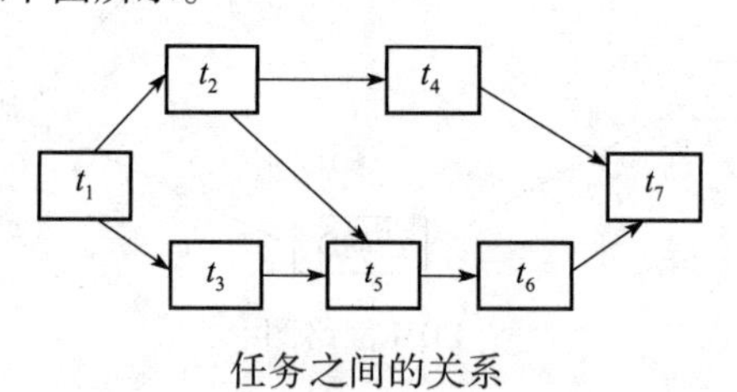

任务之间的关系

项目人员集合 $E=\{e_1, e_2, e_3, e_4\}$，共计 4 人，每个人员具备的技能和人力成本如下所示。

$e_1^{sk}=\{s_1, s_2, s_3\}$，$e_2^{sk}=\{s_1, s_2, s_3\}$，$e_3^{sk}=\{s_1, s_2\}$，$e_4^{sk}=\{s_1, s_3\}$，

$e_1^{rem}=\$100$，$e_2^{rem}=\$80$，$e_3^{rem}=\$60$，$e_4^{rem}=\$50$。

并且，每人的最大贡献率 $e_i^{maxd}\in[0, 1]$，$i=1, 2, 3, 4$。

请完成如下问题：

1）给出项目的关系依赖矩阵。

2）采用一定的方法给出贡献矩阵 $\boldsymbol{M}$，使得项目完成时间尽可能短，成本尽可能低（注意，没有唯一答案，只要任务和人员分配的适度合理即可）。

3）最后给出项目时间和总成本，画出项目的 PDM 网络或者干特图。

第8章

软件项目质量计划

前面讲述了项目的范围计划、成本计划、进度计划，但是只有满足质量要求，这些计划才是有效的。本章进入路线图的“质量计划”，如图8-1所示。

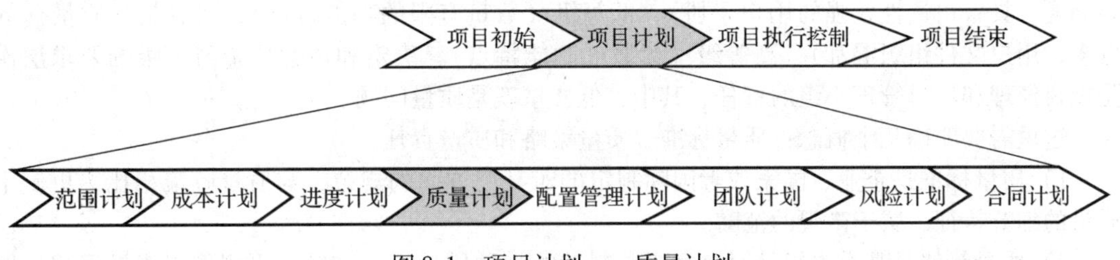

图8-1　项目计划——质量计划

8.1　质量概述

1981年，由于计算机程序改变而导致的1/67s的时间偏差，使航天飞机上的5台计算机不能同步运行，这个错误导致了航天飞机发射失败。1986年，1台Therac 25机器泄漏致命剂量的辐射，致使两名医院病人死亡，造成惨剧的原因是一个软件出现了问题，导致这台机器忽略了数据校验。这些惨痛的教训说明，在软件项目开发中认真抓好质量管理，并加强有关软件项目质量管理的研究是摆在我们面前的重要课题。

8.1.1　质量定义

质量是产品或者服务满足明确和隐含需要能力的性能特性的总体。ANSI/IEEE Std 729—1983对软件质量的定义为“与软件产品满足规定的和隐含的需求能力有关的特征或特性的全体。”软件质量反映了以下3方面的问题。

- 软件需求是度量软件质量的基础，不满足需求的软件就不具备质量。
- 不遵循各种标准中定义的开发规则，软件质量就得不到保证。
- 只满足明确定义的需求，而没有满足应有的隐含需求，软件质量也得不到保证。

因此，质量与接受产品的客户有关系，客户接受产品或者服务，并提供资金，所以应该以客户为中心。以往对质量的概念仅局限于符合规定的要求，而忽视了顾客的需要。新项目管理的核心之一是项目管理必须以用户为中心，它强调了用户的满意度。所以，质量是满足要求的程度，包括符合规定的要求和满足顾客的需求。归根到底，用户对应用程序质量的评价是最重要的，当用户做出评价时，第一步要做的是用这个软件去完成他们希望软件完成的任务，用过之后，用户会提出该软件好与不好的意见。所以，质量好的一个重要方面是让用户满意，质量管理的目标是满足项目干系人的需求。质量管理是项目管理的最高统一。

总之，质量是“一个实体的性能总和，它可以凭借自己的能力去满足对它的明示或暗示的需求”。在项目管理中，质量管理的既定方向就是通过项目范围界定管理体制，将暗示的需求变为明示的需求。

8.1.2 质量与等级

质量与等级（grade）是有区别的，等级是对具有相同功能的实体按照不同技术特征进行分类或者分级。无论产品采用任何等级标准，它都应该具备能满足相应功能要求的各种特征，这些特征的总和就是质量。所以，尽管产品可以有不同等级，但是无论等级高低，产品都可以实现自己等级内的高质量。所以，低等级不代表低质量，高等级也不代表高质量。打印机有很便宜的低端产品，也有很昂贵的高端产品。但是，低端产品也要求是高质量的产品，高端产品如果在打印过程中出现故障，也说明有质量问题。打印机使用的打印纸也有不同的级别。用户可以买贵些的照片打印纸，也可以买便宜的复印纸。都是纸，但是纸张的级别是不同的。

质量低通常是一个问题，级别低就可能不是。例如，一个软件产品可能是高质量（没有明显问题，具备可读性较强的用户手册）、低等级（数量有限的功能特点），或者是低质量（问题多，用户文件组织混乱）、高等级（无数的功能特点）。决定和传达质量与等级的要求层次是项目经理和项目管理小组的责任，其中，低质量就是质量问题。

这里需要明确几个概念：质量标准、质量策略和质量责任。

1）质量标准是企业、国家或者国际制定的对某个方面的规范，与质量政策相比，更侧重质量的细节特征，属于微观的范畴。

2）质量策略是某个组织针对自身要求制定的一种质量指导方针，更侧重于指导思想，属于宏观的范畴。

3）质量责任是整个组织都对项目质量负有的责任，但是如果没有明确和细化责任，就会形成人人有责、人人不负责的局面。所以，质量责任包括管理层的责任、最终责任、首要责任等。

8.1.3 质量成本

与任何管理活动一样，质量管理也是需要成本的，也就是说要采取行动就要有所花费。质量成本（Cost Of Quality，COQ）是由于产品的第一次工作不正常而衍生的附加花费。在质量概念中，还有一个要素是值得注意的，那就是质量的经济性。根据 Crosby 的质量定义，“符合需求”的代价是指第一次把事情做对所花费的成本，总是最经济的；“不符合需求”的代价是必须进行补救使企业产生额外的支出，包括时间、金钱和精力，由此产生了质量损失，成本相应增加。质量成本包括预防成本和缺陷成本。其中，预防成本是为确保项目质量而进行预防工作所耗费的费用，缺陷成本是为确保项目质量而修复缺陷工作所耗费的费用。本着预防重于事后检查的原则，预防成本应该大于缺陷成本。有时，预防成本可以称为一致性成本，而缺陷成本称为非一致性成本。

预防成本包括评估费用和预防费用。评估费用是使项目符合所提要求（第一次）检测缺陷所衍生的成本，如质量审计、测试等。预防费用是使项目符合所提要求预防失败所衍生的成本，如用户满意确定、过程评审、改进等。

缺陷成本包括内部费用和外部费用。内部费用是对于不能符合所提要求、尚未发行的软件

（返工）所衍生的费用，如缺陷标记、返工、重新测试等。外部费用是对于已经发布但是不符合要求的软件所衍生的费用，如技术支持、问题估计、修正、索赔等。

质量形成于产品或者服务的开发过程中，而不是事后的检查、测试、把关等。如果开发人员认为可以通过后期的测试来提高产品的质量，这是一个错误的想法。一个高质量的产品是开发出来的，后期的测试不能真正提高产品的质量，产品的质量只能靠前期的质量预防和质量检测保证，如代码走查、单元测试、对等评审等。所以，在安排质量计划的时候，应该注意质量活动的时间安排和质量成本的合理安排，尽量在项目的前期安排质量活动。质检过失比是一个有用的质量测量指标，它可以说明质量管理的程度。质检过失比 = 预防成本/缺陷成本，这个值大于 2 是努力达到的程度，如果质检过失比小于 1，则后期测试阶段会发现很多错误。质量保证中的过程审计、产品审计费用及质量控制中的测试、对等评审费用等就是预防成本，而出错后的返工、缺陷跟踪及诉讼和维护等费用是缺陷成本。质量成本还包括项目返工的管理时间、丧失的信誉、丧失的商机和客户好感、丧失的财产等，也许还有更多的其他费用。Crosby 的质量理论认为质量要用预防成本（即一致性成本）来衡量，因为质量的形成不能靠缺陷成本来弥补。

8.2　质量模型

软件质量是贯穿于软件生命周期的一个极为重要的问题，是软件开发过程中采用的各种开发技术和检验方法的最终体现。软件质量是软件满足软件需求规格中明确说明及隐含的需求的程度。其中，明确说明的需求是指在合同环境中，用户明确提出的需求或需要，通常是合同、标准、规范、图纸、技术文件中做出的明确规定；隐含的需求则应加以识别和确定，具体来说是顾客或者社会对实体的期望，或者指人们所公认的、不言而喻的、不需要做出规定的需求。例如，数据库系统必须满足存储数据的基本功能。

人们通常把影响软件质量的特性用软件质量模型来描述，比较常见的 4 个质量模型是 Boehm 质量模型（1976 年）、McCall 质量模型（1979 年）、ISO/IEC 质量模型等。

Boehm 等人于 1976 年提出了定量评价软件质量的概念，给出了 60 个质量度量公式，并且首次提出了软件质量的层次模型。1978 年，Walters 和 McCall 提出了从软件质量要素、准则到度量的 3 层次软件质量度量模型，此模型中的软件质量要素减到了 11 个。1985 年，ISO 依据 McCall 的模型提出了软件质量度量模型，该模型由 3 层组成。ISO/IEC 9126 质量模型提出了内部质量度量和外部质量度量的概念，为软件质量评价奠定了基础，也为制定软件质量评价标准提供了依据。

8.2.1　Boehm 质量模型

Boehm 质量模型认为软件产品的质量基本可从 3 个方面来考虑：软件的可使用性、软件的可维护性、软件的可移植性，如图 8-2 所示。Boehm 质量模型将软件质量分解为若干层次，对于最底层的软件质量概念再引入数量化的指标，从而得到软件质量的整体评价。

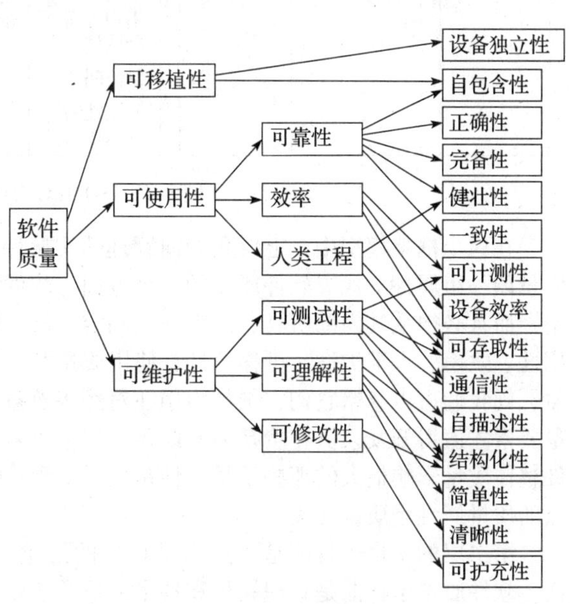

图 8-2　Boehm 质量模型

8.2.2 McCall 质量模型

McCall 质量模型是 McCall 等人在 1979 年提出来的，这个模型列出了影响质量的因素是分别反映用户在使用软件产品时的 3 种不同倾向或观点。这 3 种倾向是产品运行、产品修改和产品转移，如图 8-3 所示。软件质量首先表现在软件可以正确运行，然后才可以评价其可维护性，最后评价它的可移植性。通常对这些质量因素进行度量是很困难的，有时甚至是不可能的，因此 McCall 定义了一些评价准则，通过评价准则对反映质量特征的软件属性进行分级，依次来估计软件质量特征的值。软件属性一般级别范围为从 0（最低）到 10（最高）。

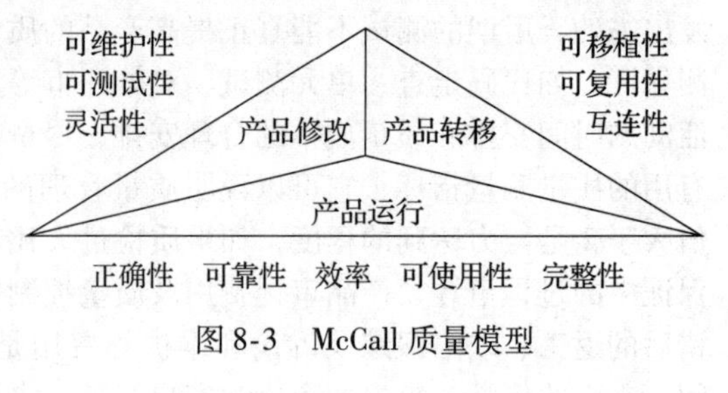

图 8-3 McCall 质量模型

8.2.3 ISO/IEC 25010 质量模型

ISO/IEC 25010 软件质量模型是在 ISO 9126 模型的基础上制定的，是评价软件质量的国际标准，由 8 个质量特性组成，是一个“质量特征—质量子特征—度量因子”的三层结构模型，如图 8-4 所示。

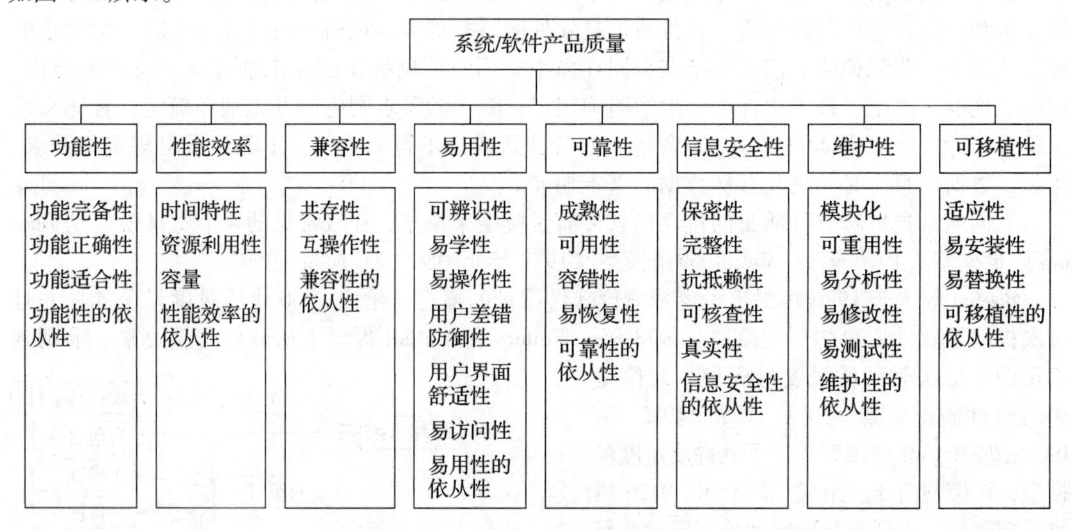

图 8-4 ISO/IEC 25010 质量模型

在这个框架模型中，上层是面向管理的质量特征，每一个质量特征是用以描述和评价软件质量的一组属性，代表软件质量的一个方面。软件质量不仅从该软件外部表现出来的特征来确定，而且必须从其内部所具有的特征来确定。软件的质量属性很多，如功能性、可靠性、易使用性、效率、可维护性、可移植性、使用质量等。如果某些质量属性并不能产生显著的经济效益，则我们可以忽略它们，把精力用在对经济效益贡献最大的质量要素上。简而言之，只有质量要素才值得开发人员花费精力去改善。质量要素包括两方面的内容：①从技术角度讲，对软件整体质量影响最大的那些质量属性是质量要素；②从商业角度讲，客户最关心的、能成为卖点的质量属性是质量要素。

第二层的质量子特征是上层质量特征的细化，一个特定的子特征可以对应若干个质量特征。软件质量子特征是管理人员和技术人员关于软件质量问题的通信渠道。

最下面一层是软件质量度量指标（包括各种参数），用来度量质量特征。定量化的度量指标可以直接测量或统计得到，为最终得到软件质量子特征值提供依据。

McCall 模型的最大贡献在于，它建立了软件质量特征和软件度量项之间的关系，但是有些度量项不是客观指标，而是主观判断。另外，它没有从软件生存周期不同阶段的存在形态来考虑，而仅仅考虑一种产品形态，不利于在软件产品早期发现缺陷和降低维护成本。Boehm 模型与 McCall 模型相似，也是一种由纵向软件特征构成的层次模型，唯一的差别在于特征的种类，另外，Boehm 模型包括 McCall 模型没有的硬件领域的质量要素。ISO/IEC 9126 模型的贡献在于将软件质量特征分为外部特征和内部特征，考虑到软件产品不同生命周期阶段的不同形态问题，但是该模型没有清楚给出软件质量特征如何度量。

8.3　质量管理活动

时间、成本、质量在项目管理中常常相提并论，那么如何在时间、成本、质量这 3 个方面找到均可以满意的模式，并恪守这种模式，这也是质量管理的最终目标。

质量管理的学派和观点有很多，具有代表性有戴明理论、朱兰理论、克鲁斯比理论、田口玄一理论等。其中：

- 戴明理论的核心是"目标不变、持续改善和知识积累"，预防胜于检验。
- 朱兰理论的核心思想是适用性，适用性是指通过遵守技术规范，使项目符合或者超过项目相关人及客户的期望。
- 克鲁斯比理论的核心思想是质量定义符合预先的要求，质量源于预防，质量的执行标准是零缺陷（zero defect），质量是用非一致成本来衡量的。
- 田口玄一理论的核心思想是应用统计技术进行质量管理，通过损失函数来决定产生未满足目标产品的成本。

全面质量管理（Total Quality Management，TQM）是指通过全体员工的参与，改进流程、产品、服务和公司文化，达到在百分之百时间内生产百分之百的合格产品，以便满足顾客需求。TQM 是一种思想观念，一套方法、手段和技巧。

软件项目的质量管理指保证项目满足其目标要求所需要的过程。质量管理的关键是预防重于检查，事前计划好质量，而不是事后检查。

在任何软件开发项目中，质量不仅拥有发言权，而且对项目的成败拥有表决权甚至最终的否决权。质量不仅会对软件开发项目本身的成败产生影响，而且会对软件企业的形象、信誉、品牌带来冲击。质量一般通过定义交付物标准来明确定义，这些标准包括各种特性及这些特性需要满足的要求。另外，质量还包含对项目过程的要求，例如，规定执行过程应该遵循的流程、规范和标准，并要求提供过程被有效执行的证据。因此，质量管理主要是监控项目的交付物和执行过程，以确保它们符合相关标准，同时确保不合格项能够按照正确方法排除，还可能对项目的顾客应对质量做出规定，包括应对顾客的态度、速度及方法。高质量来自满足顾客需求的质量计划、质量保证、质量控制和质量改善活动，来自保证质量、捍卫质量和创造质量的卓越理念、规则、机制和方法。

作为项目管理者，掌握质量管理的技能是必需的。质量管理主要过程是质量计划、质量保证和质量控制。质量计划确定与项目相关的质量标准及如何满足这些标准。质量保证通过定期地评估项目的整体性能以确保项目满足相关的质量标准。质量控制通过控制特定项目的状态保证项目完全按照质量标准完成，同时确定质量改进的方法。

8.3.1　质量保证

质量保证（Quality Assurance，QA）是为了提供信用，证明项目将会达到有关质量标准而开展的有计划、有组织的工作活动。它是贯穿整个项目生命周期的系统性活动，经常性地针对整个项目质量计划的执行情况进行评估、检查与改进等工作，向管理者、顾客或其他方提供信任，确保项目质量与计划保持一致。

质量保证可以确保对项目进行客观公正的审核和评价。在软件开发过程中，质量保证的主要任务是对项目执行过程和项目产品进行检查，验证它们与项目采用的过程和标准的一致性，这两项任务是项目审计活动，质量审计是质量保证的主要方法。质量审计是对过程或者产品的一次结构化的独立评估，将审核的主体与为该主体以前建立的一组规程和标准进行比较，目的是确保其真正地遵循了这一个过程，产生了合适的项目产品和精确反映实际项目的报告。项目审计可以事先规划，也可以是临时决定的。

质量审计包括软件过程审计和软件产品审计。需求过程审计、设计过程审计、编码过程审计、测试过程审计等都是过程审计。需求规格审计、设计说明书审计、代码审计、测试报告审计等都是产品审计。

软件质量保证的目的是验证项目在软件开发过程中是否遵循了合适的过程和标准，监督项目按照指定过程进行项目活动、审计软件开发过程中的产品是否按照标准开发。其主要作用是保证软件透明开发的主要环节。

质量保证过程通过评价项目整体绩效，建立对质量要求的信任。质量保证为管理人员及相关的各方提供软件项目的过程和项目本身的可视化。质量保证可以用“Is it done right?”（完成得是否正确?）表达，即在完成后看其是否正确。这个任务本身并不直接提高本版本产品的质量，但是通过质量保证的一系列工作可以间接地提高产品的质量。开发高质量产品是开发组的责任，质量保证人员的职责是规划和维护质量过程，以便实现项目的目标。为此，质量保证人员要定期对项目质量计划的执行情况进行评估、审核与改进等工作，在项目出现偏差的时候提醒项目管理人员，提供项目和产品可视化的管理报告。质量保证人员通过各种手段来保证得到高质量结果的工作，属于管理职能。

8.3.2 质量控制

质量控制（Quality Control，QC）是确定项目结果与质量标准是否相符，同时确定不符的原因和消除方法，控制产品的质量，及时纠正缺陷的过程。质量控制对阶段性的成果进行检测、验证，为质量保证提供参考依据。软件质量控制主要用于发现和消除软件产品的缺陷。对于高质量的软件来讲，最终产品应该尽可能达到零缺陷。而软件开发是一个以人为中心的活动，所以出现缺陷是不可避免的。因此，要想交付一个高质量的软件，消除缺陷的活动就变得很重要。

缺陷在软件开发的任何阶段都可能会被引入。潜在的缺陷越大，用来消除它所花的费用越高。因此，成熟的软件开发过程在每一个可能会引入潜在缺陷的阶段完成之后都会开展质量控制活动。质量控制的任务是策划可行的质量管理活动，然后正确地执行和控制这些活动，以保证绝大多数的缺陷可以在开发过程中被发现。在进行评审和测试时可检测到缺陷。评审是面向人的过程，测试是运行软件（或部分软件）以便发现缺陷的过程。

质量控制方法有技术评审、走查、测试、返工等。

质量控制可以用“Is it right done?”（是否正确完成?）表达，即在项目完成前检查质量。通过质量控制可以直接提高产品的质量。质量控制一般由开发人员实施，直接对项目工作结果的质量进行把关，属于检查职能。

8.3.3 质量保证与质量控制的关系

质量保证和质量控制是有区别的。质量保证是审计产品和过程的质量，保证过程被正确执行，确认项目按照要求进行，属于管理职能。质量控制是检验产品的质量，保证产品符合客户的需求，是直接对项目工作结果的质量进行把关的过程，属于检查职能。

质量保证的焦点是过程和产品提交之后的质量监管，而质量控制的焦点是产品推出前的质量把关，如图8-5所示。例如，航天飞机发射进入倒计时的时候，可以进行质量保证和质量控制。质量控制是检测各部分是否运行正常，如果不正常，则应该及时纠正。这时进行质量保证只是对这次的发射过程提交质量保证报告，这个质量保证报告对这次的航天飞机发射活动没有直接的质量提高意义，但是对将来的航天飞机发射是有意义的，而这时的质量控制对这次的发射活动是有直接提高质量意义的。

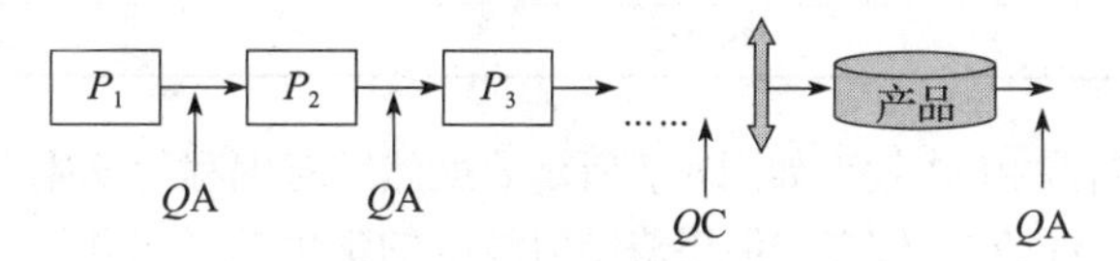

图8-5 质量保证与质量控制的关系

质量控制是针对具体产品或者具体活动的质量管理，而质量保证是针对一般的、具有普遍性的问题，或者软件开发过程中的问题进行的质量管理。质量保证促进了质量的改善，促进企业的性能产生一个突破。质量保证是从总体上提供质量信心，而质量控制是从具体环节上提高产品的质量。通过质量保证和质量控制可以提高项目和产品的质量，最终达到满意的目标。

8.4 敏捷项目的质量活动

在敏捷项目中，控制质量活动可能由所有团队成员在整个项目生命周期中执行，而在瀑布式项目中，控制质量活动由特定团队成员在特定时间点执行。敏捷项目需要快速频繁交付，而如果不重视质量，就会无法快速发布任何东西。敏捷项目的质量管理特征如下。

- 敏捷项目提倡全程质量审查，有贯穿始终的质量活动，而不是某个阶段的质量活动，通过结对编码、测试驱动开发、持续集成、持续测试等活动实现。
- 敏捷项目提倡早发现问题，尽早提交可以运行的版本，多版本频繁提交可以早发现问题，发现不一致和质量问题，这样，整体变更成本较低。
- 不断进行质量方法评估和改进，在敏捷项目的迭代回顾会议中，审核过程方法的有效性，并进行改进。定期检查质量过程的效果；寻找问题的根本原因，然后建议实施新的质量改进方法；后续回顾会议评估试验过程，确定新方法是否可行，是否应继续使用，是否应该调整，或者直接弃用。

实现敏捷质量策略的活动有很多的，如结对编程（Pair Programming）、测试驱动开发（Test Driven Development，TDD）、持续集成与测试、不同层面测试、验收测试驱动开发（Acceptance Test Driven Development，ATDD）、迭代评审、迭代回顾会议及重构。除了迭代评审，迭代回顾会议属于质量保证（QA）活动，其他活动均都属于质量控制（QC）活动，这些对项目质量的提高有一定的作用。

1. 结对编程

图8-6所展示的是结对编程过程，两个人一起在计算机前编码，互相评审代码。有数据证明结对编程可以提高代码质量和项目效率，是一种代码检测行为。

图8-6 结对编程过程

1999年，犹他州立大学做了一项试验。两组学生，一组独自工作（一共13人），一组结对编程（一共28人，即

14 对)。他们完成相同的任务（由助教预先设计和开发了测试用例)。表 8-1 是完成相同的 4 个程序，独自工作和结对编程工作的测试用例的通过率。这些数据说明了结对编程使测试用例通过率得到提高。

表 8-1 测试用例的通过率

测试用例	独自工作	结对编程工作
程序 1	73.4%	86.4%
程序 2	78.1%	88.6%
程序 3	70.4%	87.1%
程序 4	78.1%	94.4%

独自工作和结对编程的工作效率如图 8-7 所示。虽然结对编程的学生在刚开始的阶段比独自工作的学生花在同样任务的时间较多，但很快结对编程的学生的时间开始大幅度下降。而独立工作的学生需要花费比结对编程更多的时间来达到接近的代码质量。另外，在具体项目中，结对编程会带来比上面结果更高的价值。例如，减少修复错误时间，减少个人理解上的偏差，结对编程的团队的开发能力提高很快，这是潜在的价值。总而言之，结对编程提高了工作效率。

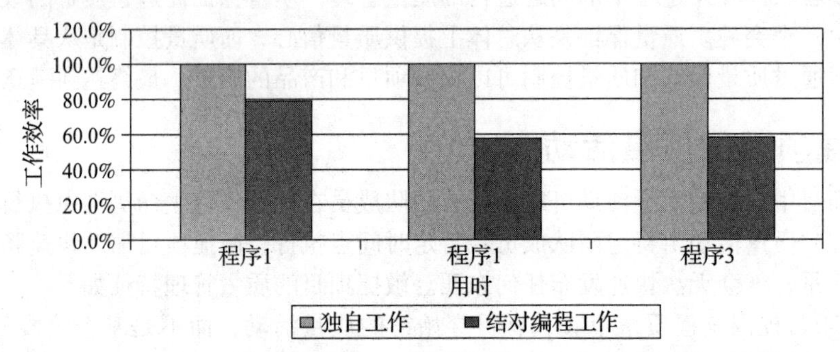

图 8-7 独自工作和结对编程的工作效率

在比较试验之后的问卷调查之后发现：

- 结对编程能用较少的时间生产更高质量的代码。
- 结对编程的学生认为自己比一个人的时候更勤奋和更聪明地工作，因为其不想让自己的同伴失望。
- 结对编程的学生认为自己比一个人的时候更专注、有效率、有纪律地工作，而且这个过程是持续的。独立工作的学生虽然也可以专注、有效率地工作，但这个过程往往不持续。
- 在紧张的时间安排和繁重的工作压力下，独自工作的学生很容易蜕变为没有纪律的程序员。

另外，人员的流动一直是令很多软件公司非常困扰的问题，特别是老员工的离去，意味着公司多年的技术和业务积累的流失。而在结对编程工作的团队中，几乎不用担心这个问题。结对编程可以快速地实现进行知识传递，通过结对编程和结对编程伙伴的交换，知识不再掌握在一个人的手中，而是由整个团队一起共享。

2. 测试驱动开发

测试驱动开发的基本思想是在开发功能代码之前，先编写测试代码，即在明确要开发某个功能后，首先思考如何对这个功能进行测试，并完成测试代码的编写，然后编写相关的代码以满足这些测试用例。循环进行此过程添加其他功能，直到完成全部功能的开发。JUnit 是实现测试驱动开发的很好框架，可以实现自动化测试。

3. 持续集成与测试

敏捷项目要求频繁地将工作集成到整体系统中，然后进行重新测试，以确定整个产品仍然按照预期工作。因此，敏捷项目强调自动化测试。

4. 不同层面自动化测试

不同层面自动化测试包括单元测试、集成测试、系统测试、冒烟测试、回归测试等不同层次的测试。对端到端信息使用系统级测试，对构建模块使用单元测试。在两者之间，了解是否需要进行集成测试，以及在何处进行测试。冒烟测试有助于判断测试工作产品是否良好。团队发现决定何时及对哪些产品进行回归测试，可以帮助他们在维护产品质量的同时良好地构建产品性能。

5. 验收测试驱动开发

首先与客户一起讨论工作产品的验收标准，然后团队创建测试用例，并基于此编写足够的代码，进行自动化测试，以使产品满足标准要求。

6. 迭代评审

迭代完成之后，向项目相关人员展示本迭代版本的运行情况，得到用户反馈。

7. 迭代回顾会议

迭代完成之后，评审本迭代过程，确定是否进行过程改进。

8. 重构

重构是在每个迭代之后再逐步完善代码和设计的过程，其基本思路是先完成代码的正常功能，然后逐步地提高代码的质量。频繁评审代码，完善设计。

8.5　软件项目质量计划

现代质量管理强调：质量是计划出来的，而不是检查出来的。只有制定出切实可行的质量计划，严格按照规范流程实施，才能达到规定的质量标准。对于软件项目，预防更是胜于检验，要求提前预防、计划，做到未雨绸缪，而不是后期补救和打“补丁”。因为质量是在开发过程中形成的，高质量的开发才能产生高质量的软件产品。当软件完成之后，就无法再提高它的质量了，好的质量保证始于好的设计，而且在遵守设计好的编程过程中得以延续。程序员必须在编程过程中重视每一行编码的质量。在测试、运行或者维护中所发现的每个缺陷都是不重视质量的开发人员带来的。一个庞大的软件被开发出来后，保证它没有缺陷是不现实的，测试也是不能保证的，那么保证软件没有错误或者几乎没有错误的最好办法就是做一些事情，在前期就解决缺陷。做好这些事情就需要做好质量规划过程。

8.5.1　质量计划

软件质量计划过程是确定项目应达到的质量标准，以及决定如何满足质量标准的计划安排和方法。合适的质量标准是质量计划的关键。只有做出精准的质量计划，才能指导项目的实施，做好质量管理。

质量管理的目的是为确保项目完成的工期，实现系统的功能，达到系统的性能指标及保障系统运行的可靠性，规定质量保证措施、资源及活动应具有的顺序，确保产品的实现过程受控有效、完成的项目满足用户的要求。

质量计划主要指依据公司的质量方针、产品描述及质量标准和规则等制定实施策略，其内容全面反映用户的要求，为质量小组成员有效工作提供指南，为项目小组成员及项目相关人员了解在项目进行中如何实施质量保证和控制过程提供依据，为确保项目质量得到保障提供坚实的基础。

不求质量的开发人员往往凭经验草草了事，追求完美的开发人员则在该项任务上耗费太多的精力，这些是没有验收标准而导致的情景。因为没有验收标准，开发人员无法知道要进行的任务需要一个什么样的结果，需要达到什么样的质量标准。作为质量管理最终责任承担者的项目经理来说，只有制定好每个任务的验收标准，才能够严格把好每一个质量关，同时了解项目的进度情况。

编制质量计划首先要确定项目质量目标，并根据 WBS 将目标分解到每个工作包，并按职责分工将工作包的质量目标落实到每个小组成员。每个工作包的输入和输出都必须予以明确。建立与项目目标相一致的项目管理组织，明确各工作包的质量责任人。

对于一个项目，可以建立项目的质量模型，根据质量模型来确定项目的质量目标，或者质量标准。例如，表 8-2 是某项目设计的质量模型，质量模型的总分数是 100 分，如果定义质量目标是 85 分以上，那么所有的质量活动是保证项目质量达到 85 分以上。为此，需要在后续的执行控制过程中跟踪质量模型的走势。图 8-8 是该项目的质量模型分值的走势。

表 8-2 项目质量模型案例

质量特征	权重	质量子特征	权重
功能性	44.44%	完整性	29.7%
		准确性	53.9%
		安全性	16.4%
可靠性	22.22%	健壮性	66.6%
		容错性	16.7%
		易恢复性	16.7%
效率	11.11%	时间特性	50%
		资源特性	50%
易使用性	11.11%	易理解性	53.9%
		用户文档问题	16.4%
		易操作性	19.7%
标准	11.11%	行业标准	50%
		企业标准	50%

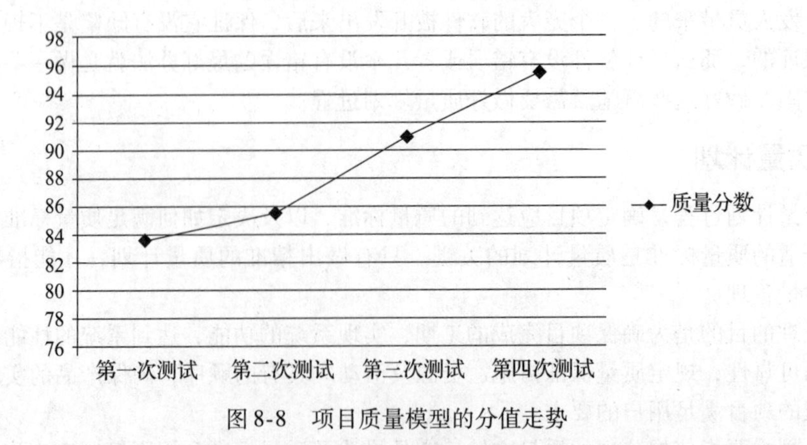

图 8-8 项目质量模型的分值走势

质量管理的对象是产品和过程。产品是指软件项目过程中的所有产品，如需求规格、设计说明书、代码、测试用例、测试报告、使用手册等。过程是指软件项目中的所有过程，如需求过程、设计过程、编码过程、测试过程、提交过程等。

8.5.2　编制质量计划的方法

在开发软件项目的过程中，可能会产生很多的中间产品，包括需求规格、设计说明书、源程序、测试计划、测试结果等，它们对最终产品的结果起着很重要的作用，所以应该对它们及最终的产品进行评估和控制，以保证产品最终满足用户需求。

质量计划是确定哪种质量标准适合项目并决定如何达到这些标准的过程。质量计划是规划阶段的一个基本过程：每一个提交结果都有质量检查的衡量标准。编制项目的质量计划，首先必须确定项目的范围、中间产品和最终产品，然后明确关于中间产品和最终产品的有关规定、标准，确定可能影响产品质量的技术要点，并找出能够确保高效满足相关规定、标准的过程方法。编制质量计划通常需要对项目进行分析，确定需要监控的关键元素，并制定质量标准。

在编制质量计划时，可以采用很多方法，如试验设计、基准对照、质量成本分析等。

1. 试验设计

试验设计是一种统计学方法，确定哪些因素可能会对特定变量产生影响，是一个不错方法。它是在可选的范围内，对特定要素设计不同的组合方案，通过推演和统计，权衡结果，以寻求优化方案。例如，针对成本和时间可以设计不同的组合方案，并筛选出最优的组合。试验设计方法可以确定一个项目中的哪些变量是引起项目出现问题的主要原因。

2. 基准对照

基准对照是一种寻找最佳实践的方法，利用其他项目的实施情况作为当前项目性能衡量的标准。它通过审查项目的提交结果、项目管理过程、项目成功或者失败的原因等来衡量本项目的绩效。

3. 质量成本分析

质量成本分析是常用的方法。质量成本是为了达到满足用户期望的交付结果的质量要求而花费的所有成本，这包括为满足质量需求而做的所有工作和解决不合格项而付出的花费。当不合格项需要返工、需要浪费资源时，这个成本是最明显的。所以，编制质量计划必须要进行质量成本的综合分析，以便决定质量活动。

4. 测试与检查的规划

在规划阶段，项目经理和项目团队可以决定如何测试或检查产品、可交付成果或服务，以满足相关方的需求和期望，以及如何满足产品的绩效和可靠性目标。不同行业有不同的测试与检查，如 α 测试和 β 测试等。

5. 各种数据分析图示

各种数据分析图示也常常作为质量计划的方法，如因果分析图、流程图、思维导图等。

1）因果分析图。因果分析图也称鱼刺图。对于复杂的项目，编制质量计划时可以采用因果分析图，如图 8-9 所示。因果分析图描述相关的各种原因和子原因如何产生潜在问题或影响，对影响质量问题的人员、设备、参考资料、方法、环境等各方面的原因进行细致的分解，方便在质量计划中制定相应的预防措施。

2）流程图。流程图可以显示系统的各种成分之间的相互关系，帮助我们预测在何处可能发生何种质量问题，并由此帮助开发处理它们的办法。

3）思维导图。思维导图是一种用于可视化组织信息的绘图法。质量思维导图通常是基于单个质量概念创建的，是绘制在空白页面中央的图像，之后再增加以图像、词汇或词条形式表现的想法。思维导图有助于快速收集项目质量要求、制约因素、依赖关系和联系。

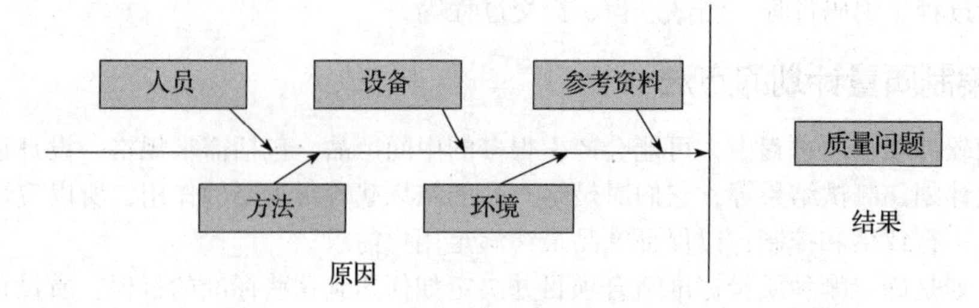

图 8-9 因果分析图

另外，在质量计划中还必须确定有效的质量管理体系，明确质量监理人员对项目质量负责和各级质量管理人员的权限。戴明环（又名 PDCA 循环法）是有效的管理工具，在质量管理中得到广泛的应用，它采用计划—执行—检查—措施的质量环。

在质量计划中必须将质量环上的各环节明确落实到各责任单位，才能保证质量计划的有效实施。

8.5.3 质量计划的编制

质量计划应说明项目管理小组如何具体执行它的质量策略。质量计划的目的是规划出哪些是需要被跟踪的质量工作，并建立文档。此文档可以作为软件质量工作指南，帮助项目经理确保所有工作按计划完成。一个好的、具有针对性的质量计划可以为软件项目带来很多益处。严格一致的质量计划不仅有利于产品和客户，而且有助于项目经理对项目的维护控制和降低成本。质量计划可以是正式的或非正式的、高度细节化的或框架概括型的，以项目的需要而定。质量计划应满足下列要求。

- 应达到质量目标和所有特性的要求。
- 确定质量活动和质量控制程序。
- 确定项目不同阶段的职责、权限、交流方式及资源分配。
- 确定采用的控制手段、合适的验证手段和方法。
- 确定和准备质量记录。

在质量计划中应该明确项目要达到的质量目标，以及为了达到目标的质量保证和质量控制活动。目标可以根据项目的质量模型确定相关的质量属性或者质量模型的计算值，质量属性可以根据具体项目选择，例如：

1）可用度：指软件运行后在任一随机时刻需要执行规定任务或完成规定功能时，软件处于可使用状态的概率。

2）初期故障率：指软件在初期故障期（一般以软件交付给用户后的 3 个月内为初期故障期）内单位时间的故障数，一般以每 100 小时的故障数为单位。初期故障率可以用来评价交付使用的软件质量与预测什么时候软件的可靠性基本稳定。初期故障率取决于软件设计水平、检查项目数、软件规模、软件调试彻底与否等因素。

3）偶然故障率：指软件在偶然故障期（一般以软件交付给用户后的 4 个月以后为偶然故障期）内单位时间的故障数，一般以每 1000 小时的故障数为单位。它反映了软件处于稳定状态下的质量。

4）平均失效前时间（MTTF）：指软件在失效前正常工作的平均统计时间。

5）平均失效间隔时间（MTBF）：指软件在相继两次失效之间正常工作的平均统计时间。在实际使用时，MTBF 通常是指当 n 很大时，系统第 n 次失效与第 $n+1$ 次失效之间的平均统计时间。在失效率为常数和系统恢复正常时间很短的情况下，MTBF 与 MTTF 几乎是相等的。国外一般民用软件的 MTBF 为 1000 小时左右。对于可靠性要求高的软件，则要求 MTBF 为 1000 ~ 10 000小时。

6）缺陷密度（FD）：指软件单位源代码中隐藏的缺陷数量，通常以每千行无注解源代码为单位。一般情况下，可以根据同类软件系统的早期版本估计 FD 的具体值。如果没有早期版本信息，也可以按照通常的统计结果来估计。典型的统计表明，在开发阶段，平均每千行源代码有 50 ~ 60 个缺陷，交付后平均每千行源代码有 15 ~ 18 个缺陷。

7）平均失效恢复时间（MTTR）：指软件失效后恢复正常工作所需的平均统计时间。对于软件，其失效恢复时间为排除故障或系统重新启动所用的时间，而不是对软件本身进行修改的时间（因软件已经固化在机器内，修改软件势必涉及重新固化问题，而这个过程的时间是无法确定的）。

质量计划可以提供项目执行的过程程序，如需求分析的过程程序、总体设计的过程程序、详细设计的过程程序、质量审计的过程程序、配置管理的过程程序、测试的过程程序等。

编制一份清晰的质量计划是实施项目质量管理的第一步，而一个清晰的质量计划首先要明确采用的质量标准和质量目标。质量政策和质量标准是编制质量计划的约束条件。质量计划描述项目管理团队如何实施组织的质量策略过程，是项目计划的一个输入。

1. 软件项目的质量计划要素

软件项目的质量计划要根据项目的具体情况决定采取的相应的计划形式，没有统一的定律。有的质量计划只是针对质量保证的计划，有的质量计划既包括质量保证计划也包括质量控制计划。质量计划可以包括质量保证和质量控制的活动安排，包括质量保证（审计、评审软件过程、活动和软件产品等）的方法、职责和时间安排等。质量控制计划可以包含在开发活动计划中，如代码走查、单元测试、集成测试、系统测试等。

质量计划要明确质量管理组织的职责和义务。质量保证人员应该有特殊问题的上报渠道，以保证问题顺利解决，但是质量保证人员应该慎用这个渠道。项目经理是项目质量管理的最终责任承担者。

2. 软件项目的质量计划形式

质量计划的输出形式没有统一标准，关键是将质量活动体现出来，以便在项目执行过程中参照执行。质量计划的输出形式大体可以分两种，第一种形式是将质量活动体现在进度计划的活动中，如表 8-3 所示，这个例子的总体设计和详细设计的进度计划中都增加了相应的质量活动。质量计划的另一种输出形式是文档形式，它主要是质量保证计划，某项目质量保证计划模板如图 8-10 所示。

表 8-3　体现了质量活动的进度计划

任务	质量活动	进度计划
详细设计	体系结构设计	3 天
	数据库设计	3 天
	模块设计	5 天
	总体设计评审	1 天
	模块 1 的伪代码设计	2 天
	模块 2 的伪代码设计	2 天
	模块 3 的伪代码设计	2 天
	模块 4 的伪代码设计	2 天
	模块 5 的伪代码设计	2 天
	详细设计评审	1 天

目录

文档类别 1
使用对象 1
1. 导言 2
1.1 目的 2
1.2 范围 2
1.3 缩写说明 2
1.4 术语定义 2
1.5 引用标准 2
1.6 参考资料 2
1.7 版本更新条件 3
1.8 版本更新信息 4
1.9 版本编写、批准、发布的签署信息 5
2. 概述 6
2.1 计划书的产生及作用 6
2.2 计划书格式 6
2.3 内容组织 6
3. 质量保证计划书编制指要南 8
3.1 导言部分 8
3.2 项目概述 8
3.2.1 功能概述 8
3.2.2 项目生存周期模型 8
3.2.3 项目阶段划分及其准则 8
3.3 实施策略 8
3.3.1 项目特征 8
3.3.2 主要工作 8
3.4 项目组织 8
3.4.1 项目组织结构 8
3.4.2 SQA 组的权利 9
3.4.3 SQA 组织及职责 9
3.5 质量保证对象分析及选择 9
3.6 质量保证任务划分任务 9
3.6.1 基本任务 9
3.6.2 活动反馈方式 9
3.6.3 争议上报方式 9
3.6.4 测试计划 10
3.6.5 采购产品的验证和确认 10
3.6.6 客户提供产品的验证 10
3.7 实施计划 10
3.7.1 工作计划 10
3.7.2 高层管理部门定期评审安排 11
3.7.3 项目经理定期的评审 11
3.8 资源计划 11
3.9 记录的收集、维护与保存 11
3.9.1 记录范围 11
3.9.2 记录的收集、维护和保存 11
4. 质量保证计划书制订、实施和维护过程 11
4.1 质量保证计划书制订 12
4.2 质量保证计划书实施 13
4.3 质量保证计划书维护 14
附录 1：SQA 对象表格 1

图 8-10 某项目质量保证计划模板

8.6 软件质量改善的建议

软件质量改善是一个巨大的挑战，以前，人们将软件质量改善归结为测试的问题，但是现在，一个讲究效率的质量过程远远不只是测试。软件质量改善是对软件质量的保证。如果急功近利，不但会做很多浪费人力和物力的无效工作，而且会给客户留下不好的印象。为了更好地进行软件质量的改善，现提出如下建议。

- 不但要主观认识到质量的重要性，而且要落实到行动中。把想法落实到实际工作中是做好软件质量管理的第一原则。
- 软件质量活动必须经过规划，必须明文规定。
- 树立提高质量就是尊重客户的思想。在软件产业发达的今天，市场已经是客户的买方市场，客户永远会选择质量和服务都表现良好的产品来满足自己的需求。因此，我们应该尊重客户，把客户放在“上帝”的位置上，认真做好质量工作。
- 质量活动必须尽早开始。
- 质量小组尽可能独立存在。
- 质量小组的人应该经过必要的培训。建立规范的质量保证体系，逐步使软件开发进入良性循环状态。在没有开发规范的前提下，软件团队是不可能开发出高质量软件的。因此，软件团队一定要建立规范的质量保证体系，同时把规范体系逐步落实到工作中。

8.7 “医疗信息商务平台”质量计划案例分析

在制定项目计划的时候，质量经理参与整个项目计划的制定过程，同时负责质量保证计划的制定。“医疗信息商务平台”质量保证计划文档如下，限于篇幅，下面省略封面。

目 录

1 导言
1.1 目的
1.2 范围

1.3 缩写说明
1.4 术语定义
1.5 引用标准
1.6 版本更新记录
2 质量目标
3 质量管理职责
4 质量管理流程
5 质量活动
5.1 过程审核
5.2 产品审计

1 导言

略。

2 质量目标

质量管理客观地核实软件项目的实施行动与开发的产品遵从于对应的需求、过程描述、标准及规程，提前发现并排除项目中存在的问题和缺陷，保证项目的实施质量，具体目标包括：

- 通过监控软件开发过程来保证产品质量。
- 保证开发的软件和软件开发过程符合相应标准与规程。
- 保证软件产品、软件过程中存在的不合理问题得到处理，必要时将问题反映给管理者。
- 确保项目组制定的计划、标准和规程适合项目组需要，同时满足评审和审计需要。

3 质量管理职责

质量管理涉及的主要角色包括项目质量管理员、PMO质量管理专员、各小组组长或项目经理、项目配置管理员、PMO总体管理组。各主要角色的职责范围如表1所示。

表1 质量管理角色职责表

角色名称	职责范围
项目质量管理员	制定质量管理办法、质量评估计划和标准；按照质量评估计划，执行项目质量评估，登记质量问题表，并形成质量评估报告；根据项目需要，参与质量评估小组，进行项目关键交付物的评估；组织制定质量评估问题的改善行动计划，并指导和监控行动计划的有效执行
PMO质量管理专员	根据PMO发布的质量管理办法，协助项目组制定项目质量管理计划；根据质量评估活动发现的问题和缺陷，组织各项目组制定改善行动计划；制定整体工程项目群的质量评估计划；支持PMO对各项目的评估检查工作；根据项目组质量改善计划指导质量改善行动
各小组组长或项目经理	负责审核本项目质量监控流程、质量管理办法；负责本项目所有交付物的中间文档、最终文档的内容的质量；负责本项目质量评估问题的改善行动计划的执行，针对项目质量管理员提出的不符合问题协调项目组成员进行整改
项目配置管理员	负责质量管理相关的文档存储
PMO总体管理组	审批质量管理计划及重大问题的改善行动计划，针对PMO质量管理专员上报的重大问题协调解决

4 质量管理流程

本项目的质量管理流程包含质量计划、质量评估及质量改善。质量管理流程如图1所示。

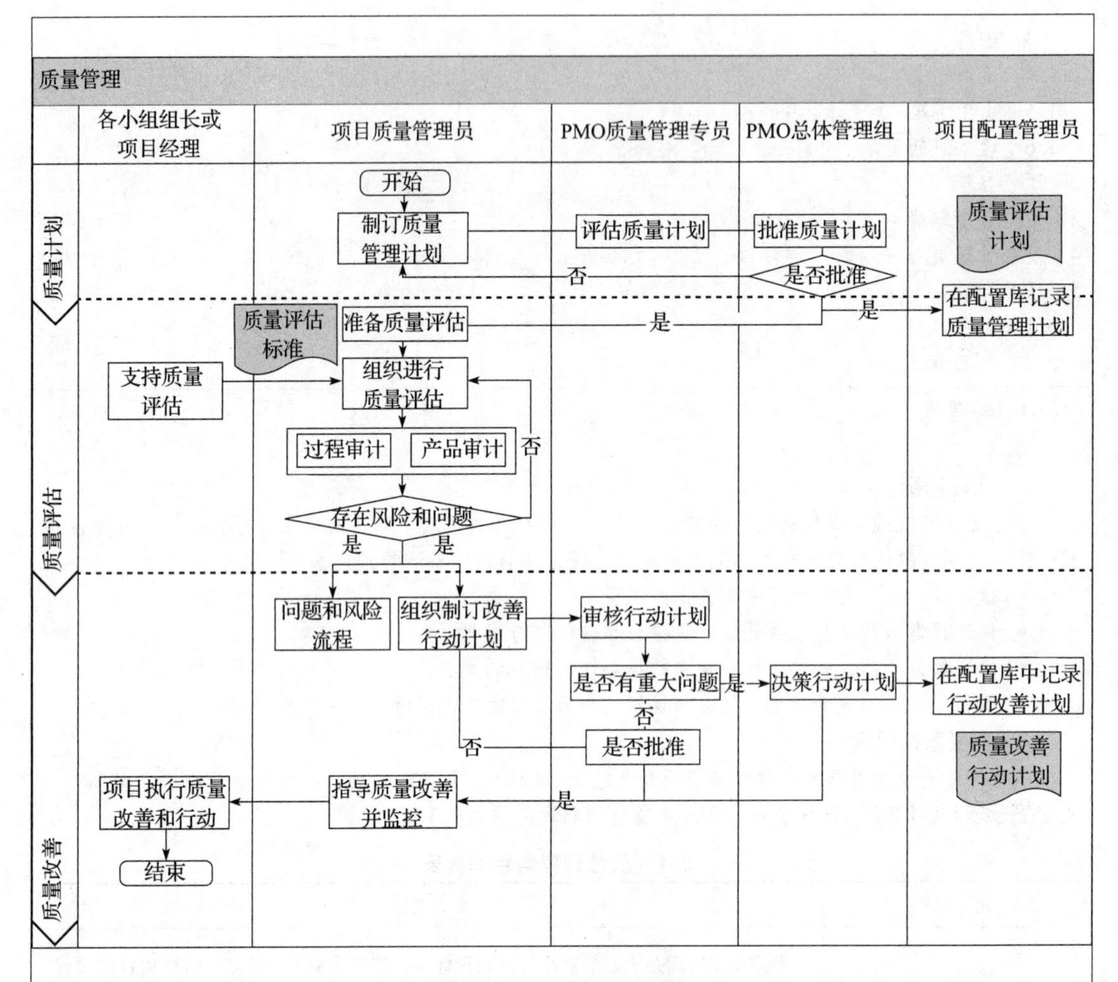

图1 质量管理流程图

流程说明：

在项目实施过程中，每个项目成员都要对自己工作成果的质量负责，并且每个项目成员都是质量管理过程的参与者。小组负责人或项目经理参照质量管理办法执行质量保证活动，接受质量管理岗的评估检查，对质量评估反馈的缺陷进行修改和完善，并及时提交修改后的交付物，记录并存档质量保证活动的相关文档，以便于回溯查询。项目质量管理员需要根据工程项目总体计划，制定整体工程项目的质量管理计划，并按照计划执行项目质量保证活动（各项目质量评估），反馈质量评估的缺陷，并监督、指导质量改善行动。

质量管理计划：

- 依据项目进度计划确定要评审的活动和审计的产品。
- 确定 QA 评审和审计的方式及所需资源。
- 根据项目情况、历史经验确定 QA 工作重点。
- 必要时 QA 根据项目情况调整 QA 计划。

质量评估：

- 确定项目每个阶段质量评估的指标。
- 依据 QA 计划中确定的评审和审计方式执行计划中的 QA 活动，并保证计划中标注为工作重点的活动和工作产品的评审和审计活动正常执行。

- 把评审、审计活动记录、发现的不符合问题记录到QA计划中。
- QA根据问题等级判断准则确定问题的等级。

质量改善：

- QA向小组负责人或负责人报告不符合问题，协商解决措施，并将措施记录到QA计划中。
- QA针对重大问题制定改善行动计划并报PMO总体管理组批准。
- 跟踪不符合问题的解决情况，直至问题解决。
- 定期对不符合问题的数据进行统计分析，并提出解决措施。

质量周报：

- 统计本周发现的和上周遗留下来的不符合问题。
- 记录本周的主要工作内容。
- 记录本周的主要问题及解决措施。
- 总结本周的工作经验，提出对QA工作的意见和建议。
- 制定下周的工作计划。

5 质量活动

项目质量管理员根据质量管理计划和事件触发的形式定期进行过程审计和产品审计，发现不符合问题并记录，跟踪并监控直至问题解决，对影响重大的问题进行上报、协调及处理。

5.1 过程审核

识别进行审核的过程、活动，并识别验证的标准，确定审核的时间。QA验证项目活动需遵循适当的规程。需进行审核的过程如表2所示。

表2 过程审核计划

阶段	对象	审计频率 / 执行过程	每周	每月	事件驱动
启动	项目启动	下达项目任务书			√
		召开项目启动会议			√
		建立配置管理库	√		√
	项目计划	项目过程定义			√
		进行任务分解			√
		制定项目进度表	√		√
		进行项目估计	√		√
		制定质量管理计划		√	√
		制定风险计划			√
		制定配置管理计划			√
		完成项目计划			√
		制定测试计划	√		√
		制定SQA计划			√
		项目计划管理评审	√		√
需求	客户需求开发	获得和确认需求			√
	软件需求开发	软件需求开发	√		√
		软件需求评审			√
		建立软件需求基准			√

（续）

阶段	对象	审计频率 执行过程	每周	每月	事件驱动
设计	架构设计	决策分析启动标准策划			√
		决策分析			√
		进行架构设计	√		√
		架构设计评审			√
		建立架构设计基准			√
	系统测试设计	系统测试设计			√
		测试设计评审	√		√
		建立系统测试基准			√
	集成测试设计	集成测试设计	√		√
		测试设计评审			√
		建立集成测试基准			√
	系统设计	进行系统设计			√
		系统设计评审	√		√
		建立系统设计基准			√
开发	编码	编码			√
		系统集成			√
		代码评审			√
测试	集成测试	进行集成测试			√
		错误修正			√
	系统测试	进行系统测试			√
		错误修正	√		√
试运行	产品发布	集成待发布产品			√
		版本确认	√		√
		产品发布			√
	现场实施	软件交付			√
		安装调试			√
		验收测试			√
		客户培训			√
	试运行	试运行			√
	系统验收	验收准备			√
		验收实施			√
管理	实施总结	实施总结			√
	里程碑总结	里程碑总结			
		里程碑总结评审	√		
	项目总结	项目总结			√
		项目总结管理评审			√
	管理活动	项目周报填写		√	
		个人日报填写		√	
		项目例会		√	
		配置管理			√
		项目度量			√

5.2　产品审计

QA 对软件开发过程中创建的工作产品经选择后进行审核，以验证是否符合适当的标准。进行审计的工作产品如表 3 所示。

表 3　产品审计计划

阶段	对象	审计频率 执行过程	每周	每月	事件执行
启动	项目启动	项目任务书			√
		项目配置管理库	√		
	项目策划	项目计划	√		√
		项目进度表	√		
		项目估计书	√		
		评审计划			√
		测试计划			√
		QA 计划			√
		管理评审记录	√		
		配置管理计划			
需求	客户需求开发	业务提供的需求文档			√
		需求确认书			√
	软件需求开发	需求规格	√		
		需求用例			
		软件需求评审记录		√	
		软件需求基准			√
		更新后的配置管理计划			√
		架构设计	√		
		架构设计评审记录			√
		架构设计基准			√
		更新后的配置管理计划			√
	系统测试设计	测试大纲	√		
		测试用例	√		
		系统测试设计评审记录		√	
		系统测试基准	√		
		更新后的配置管理计划			
	集成测试设计	测试用例	√		
		集成测试设计评审记录	√		
		集成测试基准			√
		更新后的配置管理计划			√
	详细设计	系统设计	√		
		系统设计评审记录			√
		系统设计基准	√		
		更新后的配置管理计划			√
开发	编码	源代码	√		
		集成构成方案	√		
		用户手册			√
		代码评审记录		√	

（续）

阶段	对象	审计频率 / 执行过程	每周	每月	事件执行
测试	集成测试	测试问题卡	√		
		测试总结报告	√		
		修正后的源代码		√	
	系统测试	测试问题卡		√	
		测试总结报告			
		修正后的源代码			
试运行	产品发布	集成的软件产品	√		
		产品发布表	√		
		更新后的配置管理计划			√
		待发布的软件产品			√
	现场实施	软件交付书			√
		软件安装记录			√
		测试问题卡			√
		实施问题记录表			√
		客户培训培训计划			√
		客户培训课程反馈表			√
		客户培训培训资料			√
		客户培训培训记录			√
	试运行	实施问题记录表	√		
	系统验收	验收申请			√
		项目验收报告			√
管理	实施总结	软件实施总结报告			√
	里程碑总结	里程碑总结报告	√		
		里程碑总结报告管理评审记录			√
	项目总结	项目总结报告			√
		测试总结报告			√
		更新后的项目计划			√
		项目总结报告管理评审记录			√
	管理活动	项目周报			√
		个人日报			√
		项目例会会议记录			√
		配置库管理计划			√
		项目计划、度量计划			√

8.8 小结

软件质量是软件满足用户明确说明或者隐含说明的需求的程度。用户的满意度是质量非常重要的要素。质量保证和质量控制是主要的软件质量活动。质量保证用于验证软件是否正确，而质量控制用于验证软件是否正确构造。敏捷项目的质量活动是贯穿项目始终的，这样可以保证快速交付高质量产品。所有的质量标准和质量活动都需要按照质量计划来进行规划，它说明软件项目中的质量任务、采用的相应方法、对策，以及出现问题时的处理方式。

8.9　练习题

一、填空题

1. ________是对过程或产品的一次独立质量评估。
2. 质量成本包括预防成本和________。
3. ________是软件满足明确说明或者隐含的需求的程度。
4. McCall 质量模型关注的 3 个方面是________、________、________。
5. 质量管理总是围绕着质量保证和________过程两个方面进行。
6. 质量保证的主要活动是________和________。

二、判断题

1. 质量是满足要求的程度，包括符合规定的要求和客户隐含的需求。　(　　)
2. 软件质量是软件满足明确说明或者隐含的需求的程度。　(　　)
3. 软件质量可以通过后期测试得以提高。　(　　)
4. 质量计划可以确定质量保证人员的特殊汇报渠道。　(　　)
5. 软件质量是代码正确的程度。　(　　)
6. 敏捷项目要求全程的质量审查。　(　　)

三、选择题

1. 下列不属于质量管理过程的是（　　）。
   A. 质量计划　B. 质量保证　C. 质量控制　D. 质量优化
2. 项目质量管理的目标是满足（　　）的需要。
   A. 老板　B. 项目经理　C. 项目　D. 组织
3. 下列属于质量成本的是（　　）。
   A. 预防成本　B. 缺陷数量　C. 预测成本　D. 缺失成本
4. 下列不是质量计划方法的是（　　）。
   A. 质量成本分析　B. 因果分析图　C. 抽样分析　D. 基准对照
5. 下列不是软件质量模型的是（　　）。
   A. Boehm 质量模型　B. McCall 质量模型
   C. ISO/IEC 9216 质量模型　D. 关键路径模型
6. 质量控制非常重要，但是进行质量控制也需要一定的成本，（　　）可以降低质量控制的成本。
   A. 进行过程分析　B. 使用抽样统计　C. 对全程进行监督　D. 进行质量审计
7. McCall 质量模型不包含（　　）。
   A. 产品修改　B. 产品转移　C. 产品特点　D. 产品运行
8. 下面（　　）不是敏捷项目的质量实践。
   A. 结对编程　B. TDD
   C. 迭代评审　D. 需求规格编写过程审计

四、问答题

1. 简述质量保证的主要活动，以及质量保证的要点。
2. 简述质量保证与质量控制的关系。

第9章

■ 软件配置管理计划

虽然范围计划、成本计划、进度计划、质量计划是项目管理的核心计划，但为了更好、更全面地进行项目管理，还需要其他的辅助计划，如配置管理计划、团队计划、风险计划等。本章进入路线图的“配置管理计划”，如图9-1所示。

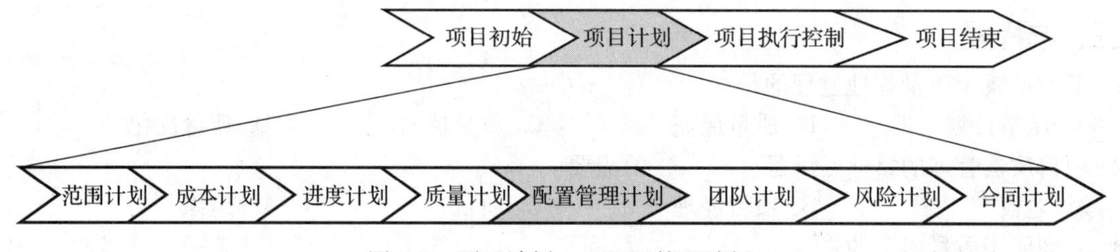

图9-1　项目计划——配置管理计划

9.1　配置管理概述

软件项目进行过程中面临的一个主要问题是持续不断的变化，变化是多方面的，如版本的升级、不同阶段的产品变化。配置管理是有效管理变化的重要手段。软件项目的开发和实施往往都是在“变化”中进行的。可以毫不夸张地说，软件项目的变化是持续的、永恒的，需求会变，技术会变，系统架构会变，代码会变，甚至连环境都会变。有效的项目管理能够控制变化，以最有效的手段应对变化，不断命中移动的目标；无效的项目管理则被变化所控制。如何在受控的方式下引入变更、监控变更的执行、检验变更的结果、最终确认变更，并使变更具有追溯性，这一系列问题直接影响项目的成败，而有效的配置管理可以应对这一系列问题。

配置管理的概念源于美国，为了规范设备的设计与制造，美国空军于1962年制定并发布了第一个配置管理的标准。软件配置管理概念的提出则在20世纪60年代末70年代初，当时加利福尼亚大学圣巴巴拉分校的Leon Presser教授在承担美国海军的航空发动机的研制工作期间，撰写了一篇名为《Change and Configuration Control》的论文，提出控制变更和配置的概念，这篇论文同时也是他管理该项目的一个经验总结。

随着软件工程的发展，软件配置管理越来越成熟，从最初的仅仅实现版本控制，发展到现在的提供工作空间管理、并行开发支持、过程管理、权限控制、变更管理等一系列的管理能力，已经形成了一个完整的理论体系。另外，在软件配置管理的工具方面，也出现了大批的产品，如ClearCase、CVS、Microsoft VSS、Hansky Firefly、GIT等。

软件配置管理贯穿于软件生命周期的全过程，目的是建立和维护软件产品的完整性和可追溯性。

9.1.1　配置管理定义

软件配置管理（Software Configuration Management，SCM）是一套管理软件开发和维护及其中各种中间软件产品的方法和规则，同时是提高软件质量的重要手段，它能帮助开发团队对软件开发过程进行有效的变更控制，从而高效地开发高质量的软件。配置管理的使用取决于项目规模、复杂性及风险水平。

软件配置管理通过在特定的时刻选择软件配置来系统地控制对配置的修改，并在整个软件生命周期中维护配置的完整性和可追踪性。中间软件产品和用于创建中间软件产品的控制信息都应处于配置管理的控制下。

随着软件开发规模的不断扩大，一个项目的中间软件产品的数目越来越多，中间软件产品之间的关系也越来越复杂，对中间软件产品的管理也越来越困难，有效的软件配置管理有助于解决这一系列问题。

配置管理在系统周期中对一个系统中的配置项进行标识和定义，这个过程是通过控制某个配置项及其后续变更，记录并报告配置项的状态及变更要求，以及证明配置项的完整性和正确性实现的。配置管理相当于软件开发的位置管理，它回答了下面的问题：

- 我（他）是谁（Who am I）？
- 为什么我（他）在这里（Why am I here）？
- 为什么我（他）是某某（Why am I who I am）？
- 我（他）属于哪里（Where do I belong）？

配置管理是软件项目能顺利进行的基础。一个软件项目开发过程中会产生大量的“中间产品”，典型的如代码、技术文档、产品文档、管理文档、数据、脚本、执行文件、安装文件、配置文件甚至一些参数等。这些中间成果都是项目的产品，而且不断变化的软件项目还会使这些产品产生多个不同的版本。可以想象，一旦配置管理失控，项目组成员就会陷入配置项的“泥潭”。很显然，制定配置管理计划，建立配置管理系统，确定配置管理的流程和规程，严格按照配置管理流程来处理所有配置项，是确保配置管理顺利实现的方法和必要的手段。

软件配置管理包括标识在给定时间点上软件的配置（即选定的软件工作产品及其描述），系统地控制对配置的更改并维护在整个软件生命周期中配置的完整性和可追溯性。置于软件配置管理之下的工作产品包括交付给顾客的软件产品（如软件需求文档和代码），以及与这些软件产品等同的产品项或生成这些软件产品所要求的产品项（如编译程序）。在配置管理过程中需要建立一个软件基线库，当软件基线形成时就将它们纳入该库。通过软件配置管理的变更控制和配置审计功能，系统地控制基线的更改和那些利用软件基线库构造的软件产品的发行。

配置管理的概念经常容易被狭义地理解，如被当作版本控制的同义词等，这是不全面的解释。软件配置管理的代码可以分成两个层次，分别为项目的应用代码和环境相关的代码，环境相关的代码这部分内容又可以进一步细化成环境配置和环境数据。环境配置是那些针对当前应用基本上固定的配置；环境数据是那些需要在部署的同时根据情况调整的数据，如配置文件及开发、测试、生产环境的地址等。

9.1.2　配置项

软件配置项（Software Configuration Item，SCI）是项目定义其受控于软件配置管理的项。

一个软件配置项是一个特定的、可文档化的工作产品集，这些工作产品是在生命周期中产生或者使用的。Pressman 给出了一个比较简单的软件配置项定义：软件过程的输出信息可以分为 3 个主要类别：①计算机程序（源代码和可执行程序）；②描述计算机程序的文档（针对技术开发者和用户）；③数据（包含在程序内部或外部）。这些项包含了所有在软件过程中产生的信息，总称为软件配置项。

每个项目的配置项也许会不同。软件产品某一特定版本的源代码及其相关的工具都可能受控于软件配置管理。也就是说，在取出软件产品某一版本时，同时可以取出与此版本相关的工具。配置是一组有共同目的的中间软件产品，每一个产品称为一个配置项。软件配置管理的对象是软件开发活动中的全部开发资产。所有这一切都应作为配置项纳入管理计划进行统一管理，从而能够保证及时地对所有软件开发资源进行维护和集成。

在项目之初，定义配置项的命名规则及配置项的逻辑组织结构；在项目进行当中，定义以什么规则做变更。所有需要被及时更新的文件都必须在软件配置管理控制之下。例如，下面的文档可以作为软件配置管理的一些 SCI：软件项目计划、需求分析结果、软件需求规格说明书、设计规格说明书、源代码清单、测试规格说明书、测试计划、测试用例与实验结果、可执行程序（每个模块的可执行代码、链接到一起的代码）、用户手册、维护文档。除此之外，有时把软件工具和中间产生的文件也列入配置管理的范畴，即把软件开发中选用的编辑器、编译器和其他一些 CASE 工具固定地作为软件配置的一部分。当配置项发生变化时，应该考虑这些工具是否与之适应和匹配。

配置项也有不同的版本，这里类似地将面向对象的类和实例类比成配置项和配置项的版本。配置项可以看成面向对象的类，版本可以看成类的实例。在图 9-2 表示的需求规格配置项中，需求规格的不同版本类似于需求规格配置项的实例，配置项的不同版本是从最原始的配置项（类似于配置项类）演变出的不同情况，尽管每个都是不同的，但是它们具有相关性。

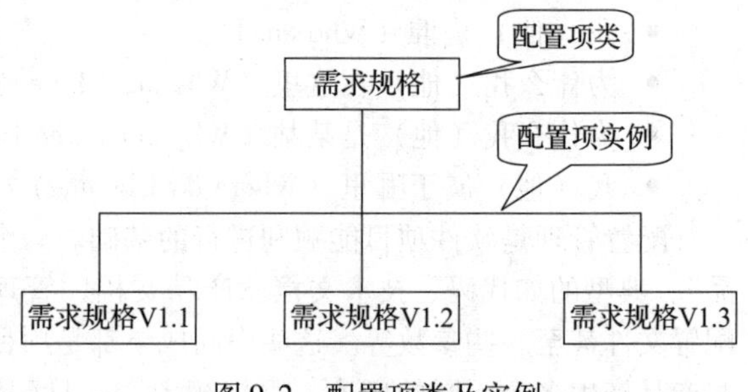

图 9-2 配置项类及实例

由此可见，配置项的识别是配置管理活动的基础，也是制定配置管理计划的重要内容。所有配置项都应按照相关规定统一编号，按照相应的标准生成。在引入软件配置管理工具进行管理后，这些配置项都应以一定的目录结构保存在配置库中。

配置项的划分可以实现软件项目开发的数字化，将软件项目的需求、设计、代码、测试及维护以数字化的形式关联起来，实现数字化的跟踪和管理。

9.1.3 基线

软件的开发过程是一个不断变化着的过程，由于各种原因，可能需要变动需求、预算、进度和设计方案等，尽管这些变动请求中的绝大部分是合理的，但在不同的时机做不同的变动，难易程度和造成的影响差别甚大。为了有效地控制变动，软件配置管理引入了“基线”（base line）这一概念。

基线是一个或者多个配置项的集合，其内容和状态已经通过技术的复审，并在生命周期的某一阶段被接受了。对配置项复审的目标是验证它们被接受之前的正确性和完整性，一旦配置项经过复审，并正式成为一个初始基线，那么该基线就可以作为项目生命周期开发活动的起始点。

IEEE对基线的定义是：已经正式通过复审和批准的某规约或产品，它因此可作为进一步开发的基础，并且只能通过正式的变化控制过程改变。根据这个定义，我们在软件的开发流程中把所有需加以控制的配置项分为基线配置项和非基线配置项两类。例如，基线配置项可能包括所有的设计文档和源程序等，非基线配置项可能包括项目的各类报告等。

基线代表软件开发过程的各个里程碑，标志开发过程中一个阶段的结束。已成为基线的配置项虽然可以修改，但必须按照一个特殊的、正式的过程进行评估，确认每一处修改。相反，未成为基线的配置项可以进行非正式修改。在开发过程中，我们在不同阶段要建立各种基线。所以，基线是一个具有里程碑意义的配置。

基线可在任何级别上定义，图9-3展示了常用的软件基线。基线提供了软件生命周期中各个开发阶段的一个特定点，其作用是使开发阶段工作划分得更加明确化，使本来连续的工作在这些点上断开，以便于检查与肯定阶段成果。在交付项中确定一个一致的子集，作为软件配置基线，这些版本一般不是同一时间产生的，但具有在开发的某一特定步骤上相互一致的性质，如系统的一致、状态的一致。基线可以作为一个检查点，正式发行的系统必须是经过控制的基线产品。

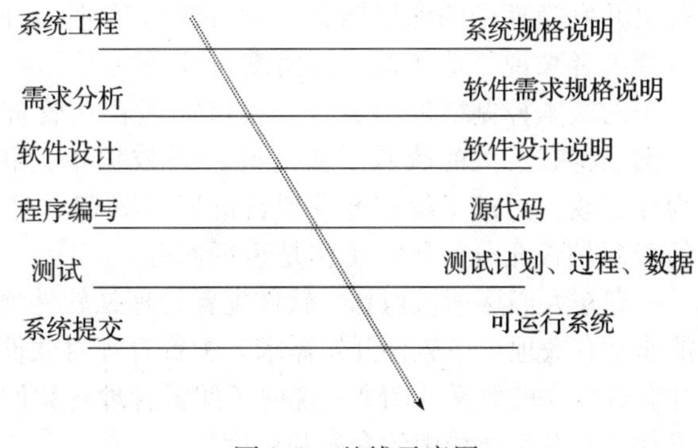

图9-3 基线示意图

9.1.4 配置控制委员会

配置管理的目标之一是有序、及时和正确地处理对软件配置项的变更，而实现这一目标的基本机制是软件配置控制委员会（Software Configuration Control Board，SCCB）的有效管理。SCCB可以是一个人，也可以是一个小组，基本是由项目经理及其相关人员组成的。对于一个新的变更请求，所执行的第一个动作是依据配置项和基线，将相关的配置项分配给适当的SCCB，SCCB从技术的、逻辑的、策略的、经济的和组织的角度，以及基线的层次等，对变更的影响进行评估，将一个变更的期望与它对项目进度、预算的影响进行比较。SCCB的一个目标是保持一种全局观点，评估基线的变更对项目的影响，并决定是否变更。SCCB承担变更控制的所有责任，具体责任如下。

- 评估变更。
- 批准变更申请。
- 在生命周期内规范变更申请流程。
- 对变更进行反馈。
- 与项目管理层沟通。

一个项目可能存在多个SCCB，他们可能有不同的权利和责任。一个项目可只有一个SCCB，但是一个组织也允许存在多个SCCB，不同的项目具有不同的SCCB定义。

9.1.5 配置管理在软件开发中的作用

软件配置管理在软件项目管理中有着重要的地位。软件配置管理工作以整个软件流程的改进为目标，为软件项目管理和软件工程的其他领域奠定基础，以便于稳步推进整个软件企业的能力成熟度。软件配置管理的主要思想和具体内容在于版本控制。版本控制是软件配置管理的基本要求，是指对软件开发过程中各种程序代码、配置文件及说明文档等文件变化的管理。版本控制最主要的功能是追踪文件的变更。它将什么时候、什么人更改了文件的什么内容等信息忠实地记录下来。对于每一次文件的改变，文件的版本号都将增加，如V1.0、V1.1、V2.1等。它可以保证任何时刻恢复任何一个配置项的任何一个版本。版本控制还记录了每个配置项的发展历史，这样可保证版本之间的可追踪性，也为查找错误提供了帮助。除了记录版本变更外，版本控制的另一个重要功能是并行开发。软件开发往往是多人协同进行，版本控制可以有效地解决版本的同步及不同开发者之间的开发通信问题，提高协同开发的效率。许多人将软件的版本控制和软件配置管理等同起来，这是错误的观念。版本控制虽然在软件配置管理中占据非常重要的地位，但这并不是它的全部，对开发者工作空间的管理等都是软件配置管理不可分割、不可或缺的部分。而且，简单地使用版本控制，并不能解决开发管理中的深层问题。软件配置管理给开发者带来的好处是显而易见的，但对于项目管理者来说，他所关心的角度与开发者是不一样的，他更关注项目的进展情况，这不是简单的版本控制能够解决的。项目管理者从管理者的角度运用软件配置管理中的各种记录数据，将有巨大的收获。从这些记录数据中，我们可以了解到谁在什么时候改了些什么，为什么改；可以了解到开发项目进展得如何，完成了多少工作量；可以了解到开发工程师的资源是否充分使用，工作是否平衡等。

现在人们逐渐认识到，软件配置管理是软件项目管理中的一种非常有效和现实的技术，它能非常有效地适应软件开发需求。配置管理对软件产品质量和软件开发过程的顺利进行和可靠性有着重要的意义。图9-4说明了配置管理在软件开发过程中的作用，可以看出配置管理相当于软件开发生产线中的仓库和调度。

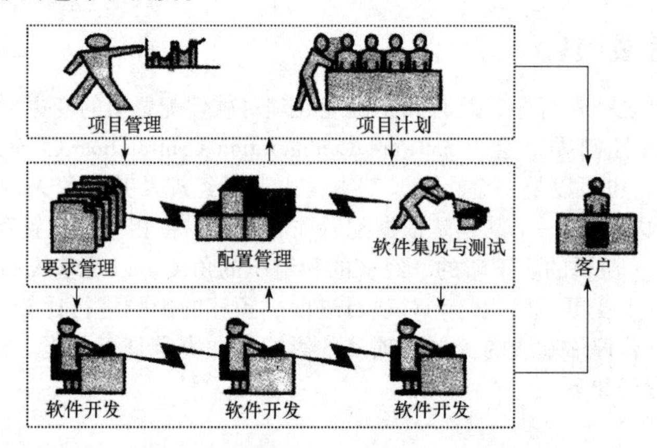

图9-4 配置管理在软件项目中的作用

合理地实施配置管理，软件产品的质量得到了提高，开发团队能够工作在一个有助于提高整体工作效率的配置管理平台上。如果没有很好地进行配置管理，将会影响成本、进度和产品的规格。没有变更管理，项目就会无限放大。有效的配置管理可以不断命中移动的目标。配置管理是对工作成果的一种有效保护。

软件配置管理是软件开发环境管理部分的核心，有些管理功能（如过程管理）在最初并不属于软件配置管理，但随着软件配置管理的不断发展，也逐渐成为软件配置管理的一部分。

9.2 软件配置管理过程

软件配置管理可以唯一地标识每个软件项的版本，控制由两个或多个独立工作的人员同时对一个给定软件项的更新，按要求在一个或多个位置对复杂产品的更新进行协调，标识并跟踪所有的措施和更改，这些措施和更改是由更改请求或问题引起的。

配置管理主要包括配置项标识、变更控制、配置项状态统计和配置项审计等活动。配置项标识用于识别产品的结构、产品的构件及其类型，为其分配唯一的标识符，并以某种形式提供对它们的存取，同时找出需要跟踪管理的项目中间产品，使其处于配置管理的控制之下，并维护它们之间的关系。变更控制用于记录变化的有关信息，控制软件产品的发布和在整个软件生命周期中对软件产品的修改。有效的变更控制，可以保证软件产品的质量。例如，它将解决哪些修改会在该产品的最新版本中实现的问题。配置项状态统计用于记录并报告配置项和修改请求的状态，并收集关于产品构件的重要统计信息。例如，它将解决修改这个错误会影响多少个文件的问题，以便报告整个软件变化的过程。配置项审计利用配置项记录验证软件达到的预期结果，确认产品的完整性并维护构件间的一致性，即确保产品是一个严格定义的构件集合。例如，它将解决目前发布的产品所用的文件的版本是否正确的问题。

配置管理的基本过程如下。

1）配置项标识、跟踪。

2）配置管理环境建立。

3）基线变更管理。

4）配置审计。

5）配置状态统计。

6）配置管理计划。

9.2.1　配置项标识、跟踪

一个项目要生成很多的过程文件，并经历不同的阶段和版本。标识、跟踪配置项过程用于将软件项目中需要进行配置控制的产品拆分成配置项（SCI），建立相互间的对应关系，进行系统的跟踪和版本控制，以确保项目过程中的产品与需求相一致，最终可根据要求将配置项组合生成适用于不同应用环境的正确的软件产品版本。配置项应该被唯一地标识，同时应该定义软件配置项的表达约定。一个项目可能有一种或多种的配置项标识定义，如文档类的、代码类的、工具类的等，或者统一一个规范定义。下面给出一个配置项标识的实例。

某项目的配置项的标识：项目名称_所属阶段_产品名称_版本标识。

其中，版本标识的约定如下。

1）版本标识以“V”开头，之后是版本号。

2）版本号分 3 节：主版本号、次版本号和内部版本号。每小节以小数点（.）间隔。

例如，School_Design_HLD_V2.1.1 表示的配置项是名称为 School 的项目，在设计（Design）阶段的总体设计（HLD）的 V2.1.1 版本。

通常，一个配置项与其他配置项存在一定的关系，跟踪配置项之间的关系是很重要的。图 9-5是需求规格配置项和系统测试用例配置项的跟踪关系。

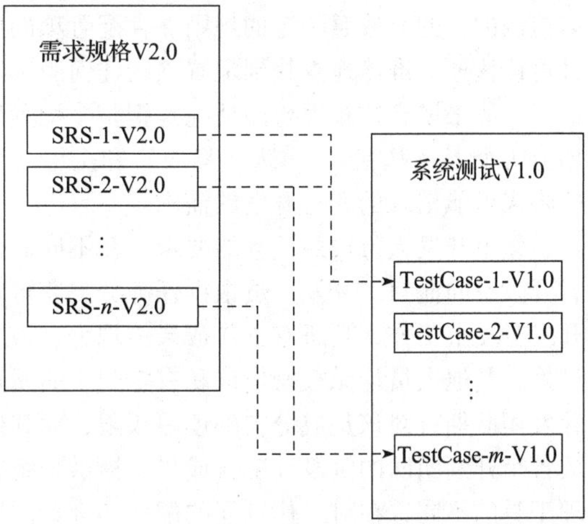

图 9-5　配置项跟踪

9.2.2　配置管理环境建立

配置管理环境是为了更好地进行软件配置管理的系统环境。其中最重要的是建立配置管理库，简称配置库。软件配置库是用来存储所有基线配置项及相关文件等内容的系统，是在软件产品的整个生命周期中建立和维护软件产品完整性的主要手段。配置库存储包括配置项相应版本、修改请求、变化记录等内容，是所有配置项的集合和配置项修改状态记录的集合。

从效果上来说，配置库是集中控制的文件库，并提供对库中所存储文件的版本控制。版本控制是软件配置管理的核心功能。所有置于配置库中的元素都应自动予以版本的标识，并保证版本命名的唯一性。配置库中的文件是不会变的，即它们不能被更改。任何更改被视为创建了一个新版本的文件。文件的所有配置管理信息和文件的内容都存储在配置库中。

配置库就是受控库，受控库的任何操作都要受到控制。如图 9-6 所示，从受控库导出（check out）的文件自动被锁定直到文件重新被导入（check in），一个版本号自动与新版本文件相关联。这样，用户可以随时根据特定的版本号来导出任何文件（默认的是最新的版本）。对最新版本的修改的结果是产生一个新的、顺序递增的版本，而对更老版本的修改的结果是产生一个分支版本。配置库中不但存储了文件的不同版本、更改的理由，而且存储谁在什么时候替换了某个版本的文件等历史信息。注意，有的配置管理库，对于每个不同版本文件，不是将所有的代码都存储起来，而只是将不同版本间实际的差异存储起来，这称为增量。这种方法有利于节省空间和节省对最新文件版本的访问时间。另外，可以根据状态给文件加上标签，然后基于状态的值进行导出。用户同样可以根据修订版本号、日期和作者进行导出操作。配置库捕捉配置管理信息并把不同版本的文件存储为不可修改的对象。

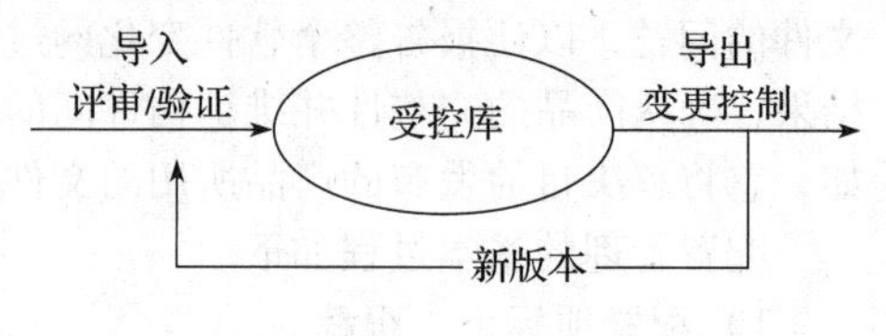

图 9-6 受控库环境

在引入了软件配置管理工具之后，要求所有开发人员把工作成果存放到由软件配置管理工具所管理的配置库中去，或是直接工作在软件配置管理工具提供的环境之下。所以，为了让每个开发人员和各个开发团队能更好地分工合作，同时互不干扰，对工作空间的管理和维护成为软件配置管理的一个重要的活动。

配置管理维护了配置项的发展史。在整个软件产品的生命周期内，配置项的每次变更都会被配置管理系统忠实地记录下来，形成不同的版本。同时，它是并行开发得以实现的基础。版本控制的目的是按照一定的规则保存配置项的所有版本，避免发生版本丢失或混淆等现象，并且可以快速、准确地查找到配置项的任何版本。

一般来说，比较理想的情况是把整个配置库视为一个统一的工作空间，然后根据需要把它划分为个人（私有）、团队（集成）和全组（公共）这 3 类工作空间（分支），从而更好地支持将来可能出现的并行开发的需求。

每个开发人员按照任务的要求，在不同的开发阶段工作在不同的工作空间。例如，对于私有开发空间而言，开发人员根据任务分工获得对相应配置项的操作许可之后，即在自己的私有开发分支上工作，其所有工作成果体现为在该配置项的私有分支上的版本的推进，除该开发人员外，其他人员均无权操作该私有空间中的元素。集成分支对应的是开发团队的公共空间，该开发团队拥有对该集成分支的读写权限，而其他成员只有只读权限。公共工作空间用于统一存放各个开发团队的阶段性工作成果，提供全组统一的标准版本。另外，由于选用的软件配置管理工具的不同，在对工作空间的配置和维护的实现上有比较大的差异。

9.2.3 基线变更管理

在软件项目进行过程中，项目的基线（配置项）发生变更几乎是不可避免的，变更的原因很多：人们可能犯错误，客户的需求变更，产品的环境发生变更，人们开发了新的技术等。

变更包括需求、设计、实施、测试等所有开发过程及相关的文件。变更如果没有得到很好的控制，就会产生很多的麻烦，以至于导致项目的失败。所以，变更应受到控制。变更要经 SCCB 授权，按照程序进行控制并记录修改的过程，即基线变更管理，它是软件配置管理的另一个重要任务。通过基线变更管理可以保证基线在复杂多变的开发过程中真正地处于受控的状态，并在任何情况下都能迅速地恢复到任一历史状态。

对于基线的变更，需要指定变更控制流程，如图 9-7 所示。它的基本任务是批准变更请求，进行变更时，首先填写变更请求表，提交给 SCCB，由 SCCB 组织相关人员分析变更的影响，其中包括范围的影响、规模的影响、成本的影响、进度的影响等，根据分析的结果，决定是否可以变更，或者对变更的一部分提出意见，可能拒绝变更请求，可能同意变更请求，可能同意变更部分请求。项目经理根据批准的结果，指导项目组进行相应的修改，包括项目计划、需求、设计或者代码等相应文档、数据、程序或者环境等的修改。

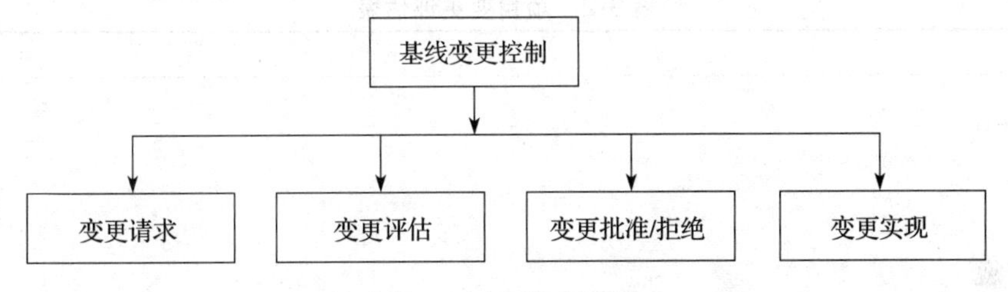

图 9-7 变更控制系统

有时称这样的流程为变更控制系统，之所以称为系统，是因为在进行变更控制的时候，需要综合运用各种系统，将分工、授权、控制有机地结合在一起，使其各司其职。一旦有问题，可以通过一定方式提出请求，一些小的变更可以自行决定，而一些大的纠正行为需通过一系列的审批程序。所以，要注意内部结构和相互之间的关联，控制系统的流程必须清晰、明确，否则会产生混乱。

1. 变更请求

变更请求是变更控制的起始点。变更请求很少来自配置管理活动本身，通常来自系统之外的事件触发。例如，需求变化、不符合项或者软件测试报告就是一些普遍的触发事件。它们可能组成大量的变更，对开发基线产生影响，并传播到开发基线中的配置项。变更请求需要准备一个软件变更请求表单，如表 9-1 所示，这是一个正式的文档，变更申请者使用这一文档描述所标识的变更。

表 9-1 项目变更申请

项目名称			
变更申请人		提交时间	
变更题目		紧急程度	
变更具体内容			
变更影响分析			
变更确认			
处理结果			
签字			

2. 变更评估

提交变更请求表单后，必须验证其完整性、正确性、清晰性，对变更申请进行评估。变更请求可能是由于提交人的错误理解而产生的，或者可能与现存的请求相重复，如果在检查中发现提出的变更是不完整的、无效的或者已经评估的，那么应拒绝这一请求，并建立拒绝原因的文档，返回给提交变更请求的人。不论什么情况，都要保留该变更请求和相关的处理结果。图9-8展示了一个有效的变更评估活动。评估完变更后应填写项目变更评估表，如表9-2 所示。

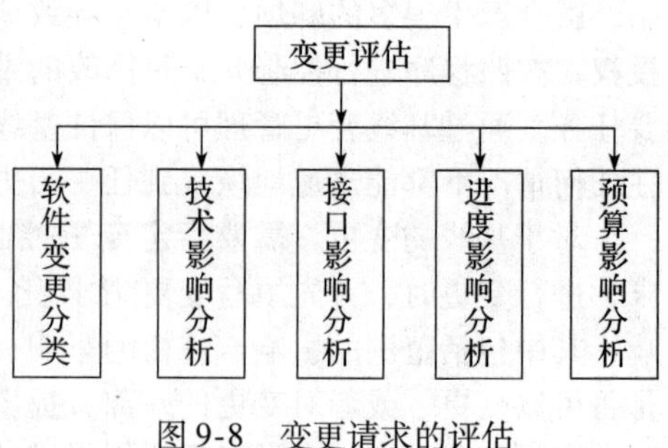

图 9-8　变更请求的评估

表9-2　项目变更评估表

技术影响
运行 质量、可靠性 规模 选择余地 资源 测试 利益 紧急性 依赖性
接口影响
进度影响
预算影响

3. 变更批准/拒绝

批准或者拒绝软件变更请求中涉及的活动如图 9-9 所示。

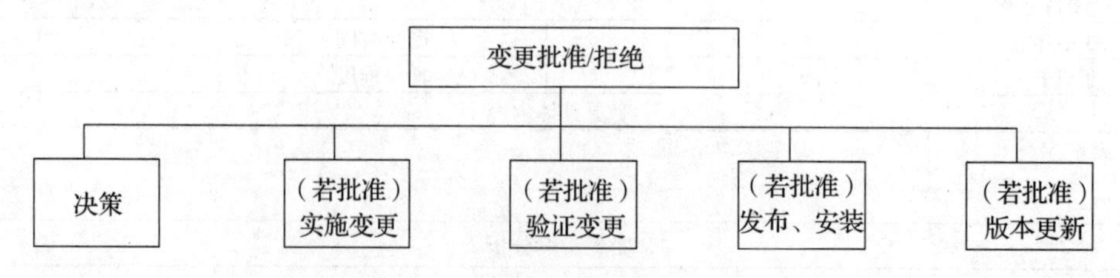

图 9-9　批准/拒绝变更的活动

根据变更评估的结果，SCCB 对变更请求做出决策。通常，决策包括：

- 直接实现变更。
- 挂起或者延迟变更。
- 拒绝变更。

对于拒绝变更这种情况，应该通知变更请求人，并且保存所有的相关记录，如果以后的事件证明拒绝变更是错误的，则这些保存下来的记录是有用的。挂起或者延迟变更常常发生在SCCB评估分析之后，但是变更请求不在SCCB的控制范围之内。

当变更被接受时，应该按照选择的进度实现变更，实现进度可以采用下面3种形式之一。

- 尽可能快地实现变更：期望的变更是修改开发基线中的一个配置项，只有解决了这个变更，其他工作才能展开。
- 按照一个特定的日期实现变更：考虑项目内或者项目外的事件，确定合适的日期实现变更。
- 在另外的版本中实现，出于技术或者运行等原因，期望与另外的变更一起发布。

4. 变更实现

实现已批准的软件变更请求中包含的活动如图9-10所示。项目人员使用SCCB给予的权限并遵循SCCB的指导，从受控库中取出基线的副本，并实现被批准的变更，对已经实现的变更实施验证。一旦SCCB认为正确实现并验证了一个变更，就可以将更新的基线放入配置库中，更新该基线的版本标识等。前面讲到的需求变更便是一个很重要的基线变更，软件需求变更表现在文档的需求变更和相关过程模型的变更。配置管理员可以通过软件配置管理工具来进行访问控制和同步控制，基线变更管理可以通过结合人的规程和自动化工具，提供一个方便的变化控制机制。

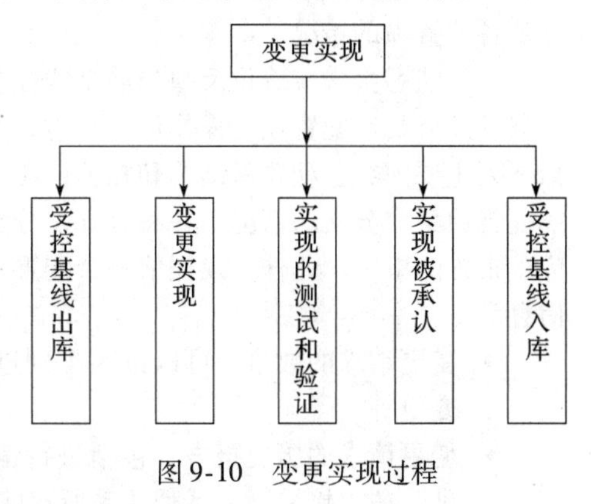

图9-10　变更实现过程

9.2.4　配置审计

配置审计是一种质量审计活动，需要对配置管理的产品和过程进行审计。配置审计的主要作用是作为变更控制的补充手段，以确保某一变更需求已被实现。在某些情况下，它被作为正式的技术复审的一部分。

配置审计包括两方面的内容：配置管理活动审计和基线审计。配置管理活动审计用于确保项目组成员的所有配置管理活动，遵循已批准的软件配置管理方针和规程，如导入/导出的频度、产品版本升级原则等。实施基线审计，要保证基线化软件工作产品的完整性和一致性，其目的是保证基线的配置项（SCI）正确地构造并正确地实现，并且满足其功能要求。基线的完整性可从以下几个方面考虑：基线库是否包括所有计划纳入的配置项？基线库中配置项自身的内容是否完整？此外，对于代码，要根据代码清单检查是否所有源文件都已存在于基线库。同时，还要编译所有的源文件，检查是否可产生最终产品。一致性主要考查需求与设计及设计与代码的一致关系，尤其在发生变更时，要检查所有受影响的部分是否都做了相应的变更。记录审核发现的不符合项，并跟踪直到解决。

简单的配置管理活动审计是记录配置管理工具执行的所有命令，复杂的配置管理活动审计还包括记录每个配置项的状态变化。

当软件配置管理发布一个新版本时，可能需要审核一个构造记录，以确保这一构造中确实包含组件配置项的正确版本，或者复审变化历史数据库，以验证在新的发布中只有所期望的变更，验证配置系统是否保持了自身的完整性。通过基线审计可以发现系统中一直没有被处理的变化请求，或者发现那些不按照规程文档随意出现或者变更的软件项。

9.2.5 配置状态统计

由于软件配置管理覆盖了整个软件的开发过程，因此它是改进软件过程、提高过程能力成熟度的理想的切入点。配置管理贯穿整个项目生命周期，而且具有非常重要的作用，因此必须定期检测软件配置管理系统的运行情况，以及配置项本身的变更历史记录。检查配置管理系统及其内容，检测配置项变更历史的过程称为配置状态统计。这些过程的结果应以报告的形式给出。

配置状态报告根据配置项操作数据库中的记录来向管理者报告软件开发活动的进展情况。配置状态报告应该定期进行，并尽量通过辅助工具自动生成，用数据库中的客观数据来真实地反映各配置项的情况。

配置状态报告应着重反映当前基线配置项的状态，以作为对开发进度报告的参照；同时能根据开发人员对配置项的操作记录来对开发团队的工作关系进行一定的分析。配置状态报告包括下列主要内容：配置库结构和相关说明、开发起始基线的构成、当前基线位置及状态、各基线配置项集成分支的情况、各私有开发分支类型的分布情况、关键元素的版本演进记录、其他应予报告的事项。此外，在评估一个配置系统状态及系统所支持的产品状态时，经常需要以下信息。

- 变更请求的数量，可以按照类别进行分类，如需求变更、文档变更、设计变更、源码变更等。
- 变更请求的历史报告，包括进行编写请求、请求复审、请求批准、请求实现、请求测试、请求接受等一系列活动所花费的时间和每个单项活动所花费的时间。
- 配置管理系统及 SCCB 在运作中发生异常的次数等。

9.2.6 配置管理计划

软件配置管理计划过程是确定软件配置管理的解决方案。软件配置管理的解决方案涉及面很广，影响软件开发环境、软件过程模型、配置管理系统的使用者、软件产品的质量和用户的组织机构。

1. 配置管理计划角色

软件配置管理计划由配置管理者制定，它是软件配置管理规划过程的产品，并在整个软件项目开发过程中作为配置管理活动的依据进行使用和维护。首先由项目经理确定配置管理者，配置管理者通过参与项目规划过程，确定配置管理的策略，然后负责编写配置管理计划。配置管理计划是项目计划的一部分。

配置管理的实施需要消耗一定的资源，在这方面一定要预先规划。具体来说，配置管理实施主要需要两方面的资源要素：人力资源和工具。

在人力资源方面，因为配置管理是一个贯穿整个软件生命周期的基础支持性活动，所以配置管理涉及团队中比较多的人员角色，如项目经理、配置管理员、配置控制委员会、开发人员、维护人员等。工作在一个良好的配置管理平台上并不需要开发人员、测试人员等角色了解太多的配置管理知识，所以配置管理实施集中在配置管理者上。对于一个实施了配置管理、建立了配置管理工作平台的团队来说，配置管理者是非常重要的，整个开发团队的工作成果都在他的掌管之下，他负责管理和维护的配置管理系统。如果其工作出现问题的话，轻则影响团队其他成员的工作效率，重则可能出现丢失工作成果、发布错误版本等严重的后果。

对于任何一个管理流程来说，保证该流程正常运转的前提条件是要有明确的角色、职责和权限的定义。特别是在引入了软件配置管理的工具之后，比较理想的状态是：组织内的所有人员按照不同的角色要求，根据系统赋予的权限来执行相应的动作。一般来说，软件配置管理过程中主要涉及以下角色和分工。

（1）项目经理

项目经理（Project Manager，PM）是整个软件开发活动的负责人，他根据软件配置控制委员会的建议批准配置管理的各项活动并控制它们的进程。其具体职责包括以下几项。

- 制定和修改项目的组织结构和配置管理策略。
- 批准、发布配置管理计划。
- 决定项目起始基线和开发里程碑。
- 接受并审阅配置控制委员会的报告。

（2）配置控制委员会

配置控制委员会（Configuration Control Board，CCB）负责指导和控制配置管理的各项具体活动的进行，为项目经理的决策提供建议。其具体职责包括以下几项。

- 定制变更控制流程。
- 建立、更改基线的设置，审核变更申请。
- 根据配置管理员的报告决定相应的对策。

（3）配置管理员

配置管理员（Configuration Management Officer，CMO）根据配置管理计划执行各项管理任务，定期向 CCB 提交报告，并列席 CCB 的例会。其具体职责包括以下几项。

- 软件配置管理工具的日常管理与维护。
- 提交配置管理计划。
- 各配置项的管理与维护。
- 执行版本控制和变更控制方案。
- 完成配置审计并提交报告。
- 对开发人员进行相关的培训。
- 识别软件开发过程中存在的问题并拟就解决方案。

（4）开发人员

开发人员（developer）的职责是根据组织内确定的软件配置管理计划和相关规定，按照软件配置管理工具的使用模型来完成开发任务。

2. 配置管理计划模板

配置管理计划的形式可繁可简，根据项目的具体情况而定。下面给出一个某项目的配置管理计划的参照模板。

1　引言

2　软件配置管理（SCM）

　2.1　SCM 组织

　2.2　SCM 责任

　2.3　SCM 与项目中其他机构的关系

3　软件配置管理活动

　3.1　配置标识

　　3.1.1　配置项的标识

　　3.1.2　项目基线

　　3.1.3　配置库

　3.2　配置控制程序

　　3.2.1　变更基线的规程

3.2.2 变更要求和批准变更的程序

3.2.3 变更控制委员会（SCCB），描述并提供以下信息：

- 规章。
- 组成人员。
- 作用。
- 批准机制。

3.2.4 用于执行变更控制的工具

3.3 配置状态报告

3.3.1 项目媒体的存储、处理和发布

3.3.2 需要报告的信息类型以及对于这类信息的控制

3.3.3 需要编写的报告、各报告的相应读者以及写出各报告所需的信息

3.3.4 软件版本处理，包括下述信息：

- 软件版本中的内容。
- 软件版本提供给谁，何时提供。
- 软件版本载体是何种媒体。
- 安装指导。

3.3.5 必要的变更管理状态统计

3.4 配置审核

3.4.1 何时审核及审核次数，每次审核提供下述信息：

- 审核的是哪个基线。
- 谁进行审核。
- 审核对象。
- 审核中配置管理者的任务是什么，其他机构的任务是什么。
- 审核的正式程度如何。

3.4.2 配置管理评审，每个评审提供下述信息：

- 有待评审的材料。
- 评审中配置管理者的责任，其他机构的责任。

配置管理是对软件开发过程中的产品进行标识、追踪、控制的过程，目的是减少一些不可预料的错误，提高生产率。在实施配置管理的时候，一定要结合企业的实际情况，制定适合本企业适合本项目的配置管理方案。这里给出一些建议：

- 对于小的企业或者小的项目，可以通过制定配置管理的过程规则（可以不使用配置管理工具），实现版本管理的功能。如果条件允许，使用工具更好。
- 对于中小企业或者中小项目，可以通过制定过程规则，同时使用简单的版本管理工具，实现部分配置管理功能。
- 对于大企业或者大项目或者异地开发模式，必须配备专门的配置管理人员，同时需要制定配置管理严密的过程规则和配置管理工具，尽可能多地实现配置管理功能。

综上所述，配置管理是当今复杂软件项目得以实施的基础。通过有效地将复杂的系统开发过程及产品纳入配置管理之下，使软件项目得以有效、清晰、可维护、可控制地进行。也许在软件工程初期，可以手工维护所有软件产品及中间文档，但随着软件工程的发展，更主要的是随着软件系统复杂度的提高、可靠性的提高，必须要求有高效的配置管理与之相适应。

9.3 敏捷项目的配置管理

敏捷模型的主要特征是实现持续交付，持续交付是对整个软件交付模式的变革，涉及的内容非常多、非常广，其中一个关键实践是“配置管理”。为了实现持续交付，配置管理（或者

版本管理）是一个很重要的要素。

9.3.1　全面配置管理

在持续交付领域，我们强调的是全面配置管理，也就是对项目所有的相关产物及其之间的关系都要进行有效管理。通过这种方式管理项目中的一切变化，可实现项目中不同角色成员的高效协作，能够在任何时刻、使用标准化的方法，完整而可靠地构建出可正常运行的系统（而不仅仅是可工作的软件），并且整个交付过程的所有信息能够相互关联、可审计、可追踪，最终实现持续、高效、高质量的交付。

为了做到全面配置管理，并为持续交付后续实践奠定良好的基础，一般来讲至少要做好以下 3 个方面：

1）代码和构建产物的配置管理：包括制定有效的分支管理策略，使用高效的版本控制系统，并对构建产物及其依赖进行管理。

2）应用的配置管理：对应用的配置信息进行管理，包括如何存取配置、如何针对不同环境差异提升配置的灵活性。

3）环境的配置管理：对应用所依赖的硬件、软件、基础设施和外部系统进行管理，确保不仅交付了可工作的软件，而且整个应用系统能够正常、稳定地运行。

9.3.2　分支管理策略

进行版本控制的不仅有源代码，还有测试代码、数据库脚本、构建和部署脚本、依赖的库文件等，并且对构建产物的版本控制也同样重要。只有将这些内容都纳入版本控制了，才能够确保所有的开发、测试、运维活动能够正常开展，系统能够被完整地搭建。

制定有效的分支管理策略对达成持续交付的目标非常重要。在实际工作中，普遍采用的分支管理策略无外乎以下两种：基于分支的开发和基于主干的开发。敏捷持续交付建议的方式是频繁地提交代码，并且最好工作在主干上，这样一来修改对所有项目成员都快速可见，然后通过持续集成的机制，对修改触发快速的自动化验证和反馈，再往后如果能通过各种维度的验证测试，最终将成为潜在可发布和部署到生产环境的中版本。

1. 基于分支的开发

基于分支的开发如图 9-11 所示，具体表现为接到需求后拉出分支，后面的开发都在分支上提交，每个分支的生命周期较长，并且可能有多个并行分支，直到快要上线时甚至上线后，分支才合并到主干。基于分支的开发的优点是多个功能可以完全并行开发，互不干扰；还可以按每个功能特性拉出分支，每次提交的都是完整的功能特性，分支划分明确，版本控制的记录也会比较清晰易懂。其缺点是虽然使用分支暂时隔离了不同功能的代码，但系统的多个功能或者多个组成部分最终还是要集成在一起工作的。如果不同分支代码之间有交互，则合并时可能会有大量冲突需要解决。在实际项目中，进行代码合并时通常很容易出错，解决冲突也非常耗时。

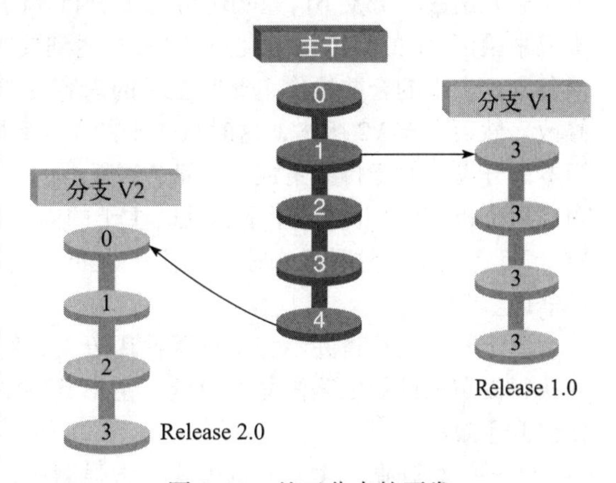

图 9-11　基于分支的开发

例如，要发布 V1 版本的产品，在主干（trunk）的内容稳定后，版本达到了要发布的要求，这时从主干上开分支出来，我们可以称这个 B1 分支上的内容为 Prerelease 版，此时这个

B1 分支只为修复 bug，除非有必须要加的新功能。这时，大部分开发人员可以在主干上开发下一次的发布，而只需要少部分开发人员基于 B1 分支修复 bug。如果有 bug 需要在 B1 和主干都修复的话，就会有少量的合并操作。B1 分支开出来后，一旦发布了，就可以根据发布计划，选择是否需要保留。如果近期有 B1 的更新计划，则可以保留；如果近期都不会再有基于 B1 的开发，则可以将 V1 发布这一时刻点的 B1 状态通过 tag 的方式记录下来，然后消亡 B1 分支。我们称这种模式为分支发布，分支才是发布的线，主干可以一直进行开发，而没有必要停止。

持续集成希望每次修改都尽早地提交到主干，主干总是处于最完整和最新的可用状态，充分验证后就可以用它来进行生产部署。而使用分支开发模式时，由于分支无法及时合并到主干，那么时间越长，其与主干差别越大，风险就越高，最终合并的时候就越费力。所以，持续交付不推荐使用分支开发的模式。

2. 基于主干的开发

如图 9-12 所示，所有项目成员把代码都提交到主干上，提交后自动触发持续集成进行验证和快速反馈，通过频繁的集成和验证，在保证质量的同时提升效率。持续交付更倾向使用基于主干的开发（Trunk Based Development，TBD）模式。相比于分支开发，主干开发模式有很多优势。

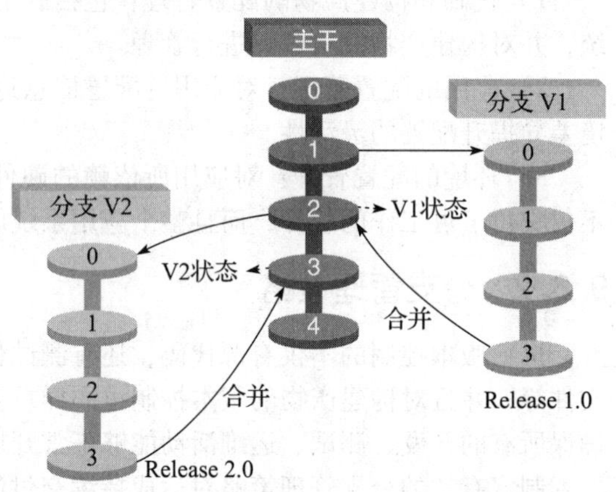

图 9-12 基于主干的开发

1）代码提交到主干，可以做到真正的持续集成，在冲突形成的早期发现和解决问题，避免后期的合并问题，这样的整体成本才是最低的。

2）主干会一直保持健康的状态，每次合入代码并验证后都可进行安全的发布。

例如，要发布某个产品的 V1 版本，之前大家都会在主干（trunk）上进行开发，等主干稳定了，开出一个分支 B1，在 B1 分支上进行 V1 版本的其他功能添加、bug 修改等，并使用持续集成来验证 B1 的稳定性，直到 V1 版本达到要求，可以对外发布。V1 版本发布成功后，进行从分支到主干的合并操作，此时主干的内容变成了 V1 版本的内容，而后主干的内容不再允许修改。然后发布 V2 版本，这时从主干的 V1 版本发布的那个点开一个分支 B2 出来，再进行 V2 版本的开发，并做持续集成，验证 V2 版本的稳定性，直到 V2 版本也达到要求，并且对外发布以后，将 B2 合并到主干上，此时主干的内容又变成了 V2 版本的内容。以此类推，直到 V3、V4、V5 等我们称这种发布模式为主干发布，主干上的东西永远都是发布后的产品，而且不允许修改。

主干开发模式也并不完全排斥使用分支，例如，可以创建以发布为目的的发布分支，这样在执行发布测试和缺陷修复的时候，主干就可以进行下一个迭代的开发了，相当于通过并行工作提升了效率。

另外需要强调，主干开发模式非常强调代码提交习惯，包括频繁、有规律的代码提交（如每人每天提交一次），而提交前需要进行充分的本地验证和预测试，以保证代码提交质量，降低污染主干代码的概率。

9.3.3 高效的版本控制工具

下面来看一下主干开发模式在 Git 工具及其托管平台中的落地实例，Git 是目前常用的分布式版本控制系统，其版本管理流程如图 9-13 所示。

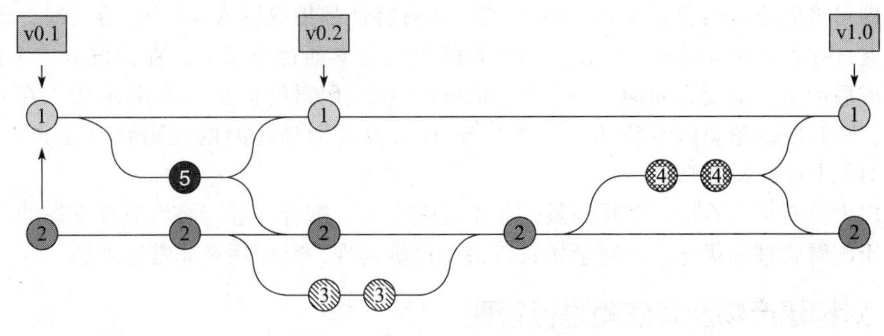

图 9-13　Git 版本管理流程

1. 主分支

（1）主要分支介绍

- 圆点①所在的线为源码的主线（master）。
- 方形指向的节点是每一个发布版本的标签（tag）。
- 圆点②所在的线为主要分支（develop）。
- 圆点③所在的线为新功能开发分支（feature）。
- 圆点④所在的线为新版本发布分支（release）。
- 圆点⑤所在的线为发布版本 bug 修复分支（hotfix）。

（2）主分支说明

用两个分支来记录源码轨迹：

1）原来的 master 分支用来记录官方发布轨迹。

2）新的 develop 分支是一个集成分支，用来记录开发新功能的轨迹。

除了 master 主线和 develop 主分支线，其他的分支都是临时分支，有一定的生命周期，其余的工作流程分支都是围绕这两个分支之间的区别进行的。

2. 新功能分支

每一个新的功能都应该创建一个独立的分支，从 develop 分支中派生出来。当功能完成后，要合并（merged）回 develop 分支，合并后其生命周期即结束。新功能分支不会与 master 分支有直接的交汇。

3. 发布分支

一旦开发的功能已经满足发布条件（或预定发布日期接近），应该将所有满足发布条件的新功能分支合并到 develop 分支中，然后开出一个发布（release）分支，开始准备一个发布版本。这个分支上不能再添加新的功能，只有 bug 修复和该版本为导向的任务。一旦到了发布日期，release 分支就要合并回 master 分支发布，并且打出版本标签，另外还需要合并回 develop 分支。

4. 维护分支

维护分支即线上 bug 修复分支，用来快速修复生产环境中出现的紧急问题。

5. 管理策略

在使用 Git 等进行管理版本时，develop 主程序必须是从 master 的稳定版内容合并过来的，为了避免代码在开发人员开发过程中相互干扰，因此对根据产品人员提交的产品路线的需求单位进行特性研发，并将产生的分支命名为 feathers 分支，边开发边在本地调试、修改，因此一个版本会有多条 feathers 分支，且不断提交新的，覆盖原有的。当该分支代码通过了代码速查，项目组长即可将此段代码合并入 develop 分支，所有特性都集成进入 develop 分支时，即可发布 release 分支，并由测试人员进行测试。当所有的预发分支通过测试后，在预发分支上进行 bug 修复，完成后即可以提交到 master。最后，master 上的代码最终合并入 develop 中。在 master 上线过程中，一旦发现紧急版本升级，将进入 hotfix 分支，因为此时的代码修改并非全量修改，而是只针对某 bug 的紧急修复。

通过以上分析可以看出，使用高效的版本控制系统，配合可进行协作流程支撑的代码托管平台，对于配置管理的优化、让复杂场景以最小代价实现，其作用是非常显著的。

9.3.4 对构建产物及其依赖进行管理

持续交付强调要对所有内容进行版本控制，除了对源代码、测试代码等配置项做好管理外，还有一点非常重要，即对构建产物进行有效管理。构建产物一般是指在编译或打包阶段生成的可用于部署的二进制包。一般情况下，不推荐将构建产物存放在版本控制库中，因为这样做效率较低，也确实没有必要。可以通过版本标识等信息对构建产物进行管理。

9.3.5 应用的配置管理

为了能够交付可正常运行的系统，我们需要把一切应用程序需要的内容进行标准化，并且注入部署包中。作为应用程序正常运行的关键因素，应用的配置与程序文件、数据、各类部署和控制脚本缺一不可。如果产品线需要部署的服务器规模比较大，我们就需要通过标准化部署包的封装，帮助我们实现部署过程的全自动化。比如大家熟悉的 Docker，它为什么能够做到“build once，run anywhere”？其本质就是做了封装，把应用程序和相关依赖打在一起，生成一个镜像去部署。我们可以参考这种方式，把部署包设计为一个全量包，它不仅包含二进制的可执行程序文件，而且包含应用的配置、模块数据，还同时包含运行时依赖。将它们打包在一起，这样才能做到在任何一个标准化的环境里面，能够快速地将应用部署起来。另外，部署包中还需要提供一个稳定的控制接口，用来描述程序怎么启动、停止、重启，怎么监控运行状况，告知部署系统如何进行部署和运维等。

9.4 配置管理工具

配置管理包括 3 个要素：人、规范、工具。首先，配置管理与项目的所有成员都有关系，项目中的每个成员都会产生工作结果，这个工作结果可能是文档，也可能是源程序等。规范是配置管理过程的实施程序。为了更好地实现软件项目中的配置管理，除了过程规范外，配置管理工具起到很好的作用。现代的配置管理工具提供了一些自动化的功能，从而大大方便了管理人员，减少了烦琐的人工劳动。

选择什么样的配置管理工具，一直是大家关注的热点问题。与其他的软件工程活动不一样，配置管理工作更强调工具的支持。如果缺乏良好的配置管理工具，则要做好配置管理的实施会非常困难。

选择工具就要考虑经费。市场上现有的商业配置管理工具大多价格不菲。一般来说，如果经费充裕的话，采购商业的配置管理工具会让实施过程更顺利一些，商业工具的操作界面通常更方便一些，实施过程中出现与工具相关的问题也可以找厂商解决。如果经费有限，不妨采用自由软件。无论在稳定性还是在功能方面，自由软件也是一个不错的选择。

1975 年，加利福尼亚大学的 Leon Presser 教授成立了 SoftTool 公司，开发了 CCC 配置管理工具，这也是较早的配置管理工具之一。在软件配置管理工具发展史上，继 CCC 之后，具有里程碑式的是两个自由软件：Marc Rochkind 的 SCCS（Source Code Control System）和 Walter Tichy 的 RCS（Revision Control System），它们对配置管理工具的发展做出了重大贡献，直到现在绝大多数配置管理工具基本上都源于它们的设计思想和体系架构。

下面介绍几种常见的配置管理软件。

1. Rational ClearCase

Rational 公司是全球最大的软件 CASE 工具提供商，现已被 IBM 收购。也许是受到其拳头产品、可视化建模第一工具 Rose 的影响，其开发的配置管理工具 ClearCase 也深受用户的喜爱，是现在应用面广泛的企业级、跨平台的配置管理工具之一，是配置管理工具的高档产品，是软件业公认的功能最强大的配置管理工具。ClearCase 主要应用于复杂的并行开发、发布和维护。功能包括版本控制、工作空间管理、Build 管理等。

（1）版本控制

ClearCase 不仅可以对文件、目录、链接进行版本控制，而且提供了先进的版本分支和归本功能，用于支持并行开发。另外，它还支持广泛的文件类型。

（2）工作空间管理

ClearCase 可以为开发人员提供私人存储区，同时可以实现成员之间的信息共享，从而为每一位开发人员提供一致、灵活、可重用的工作空间域。

（3）Build 管理

对于 ClearCase 控制的数据，既可以使用定制脚本，也可使用本机提供的 make 程序。

虽然 ClearCase 有很强大的功能，但是由于其不菲的价格，很多的软件企业望而却步。另外，其需要一个专门的配置库管理员负责技术支持，还需要对开发人员进行较多的培训。

2. Hansky Firefly

作为 Hansky 公司软件开发管理套件中的重要一员，Firefly 可以轻松管理、维护整个企业的软件资产，包括程序代码和相关文档。Firefly 是一个功能完善、运行速度极快的软件配置管理系统，可以支持不同的操作系统和多种集成开发环境，因此它能在整个企业中的不同团队、不同项目中得以应用。

Firefly 基于真正的 C/S 体系结构，不依赖于任何特殊的网络文件系统，可以平滑地运行在不同的 LAN、WAN 环境中。Firefly 的安装配置过程简单、易用，可以自动、安全地保存代码的每一次变化内容，避免代码被无意中覆盖、修改。项目管理人员使用 Firefly 可以有效地组织开发力量进行并行开发和管理项目中各阶段点的各种资源，使得产品发布易于管理，并可以快速地回溯到任一历史版本。系统管理员使用 Firefly 的内置工具可以方便地进行存储库的备份和恢复，而不依赖于任何第三方工具。

3. CVS

CVS（Concurrent Versions System）是开放源代码软件世界的一个伟大杰作，它的基本工作思路是：在服务器上建立一个仓库，仓库中可以存放许多文件，每个用户在使用仓库文件的时候，先将仓库文件下载到本地工作空间，在本地进行修改，然后通过 CVS 命令提交并更新仓库文件。由于其简单、易用、功能强大、跨平台、支持并发版本控制且免费，它在全球中小型软件企业中得到了广泛使用。其最大的遗憾是缺少相应的技术支持，许多问题的解决需要自己寻找资料，甚至是读源代码。

4. SVN

SVN（Subversion）是在 CVS 基础上发展而来的。2000 年，CollabNet 公司的协作软件采用 CVS 作为版本控制系统，因为 CVS 本身一些局限性，从而需要一个替代品，于是开发了新的版本管理系统——SVN。

SVN 的工作原理如下：SVN 可以实现文件及目录的保存及版本回溯。SVN 将文件存放在中心版本库中，它可以记录文件和目录每一次的修改情况，这样就可以将数据恢复到以前的某个版本，并且可以查看更改的细节，也就是说，一旦一个文件被传到 SVN 上，不管对它进行什么操作，SVN 都会有清晰记录，即使被删除了，也可以被找回来。

SVN 是一种集中的分享信息系统，其核心是版本库，存储所有的数据。版本库按照文件树形式存储数据，任意数量的客户端可以连接到版本库，读写这些文件。通过读写数据，别人可以看到这些信息；通过读数据，可以看到别人的修改。

基本操作如下。

- 导入文件。
- 导出文件。
- 更新项目。
- 修改版本库。
- 查看文件日志。
- 查看文件的版本树。
- 重命名和删除文件。
- 查看版本库。

5. Git

相比于 SVN，Git 在功能和效率方面拥有众多优势，如对离线代码库的操作、本地分支的管理、本地多任务并行开发、分支创建/切换/合并/Diff 的效率等。常见的 Git 代码托管平台包括 GitHub、GitLab 等，基本都是依托于 Git 代码库的底层能力，在其基础上提供一套 Web 界面，以可视化的方式管理代码提交、拉分支等常用操作，并且提供 wiki 用于存储文档，提供集成的问题跟踪器等。Git 还有一个我最重要的功能，就是提供对开发协作工作流的支持。

6. Microsoft VSS

VSS（Visual Source Safe）是 Microsoft 公司为 Visual Studio 配套开发的一个小型配置管理工具，准确来说，它仅能够算是一个小型的版本控制软件。VSS 的优点在于其与 Visual Studio 实现了无缝集成，使用简单，提供了创建目录、文件添加、文件比较、导入/导出、历史版本记录、修改控制、日志等基本功能。与 ClearCase 比起来，VSS 的功能比较简单，且由于其实惠的价格、方便的功能，目前其在国内比较流行。其缺点也是十分明显的，VSS 只支持 Windows 平台，不支持并行开发，通过 Check out Modify Check in 的管理方式，一个时间只允许一个人修改代码，而且速度慢，伸缩性差，不支持异地开发。

7. 其他工具

项目配置管理的工具还有很多，如 MERANT 公司的 PVCS、CCC Harvest 等。PVCS 能够提供对软件配置管理的基本支持，通过使用其图形界面或类似 SCCS 的命令，能够基本满足小型项目开发的配置管理需求。虽然 PVCS 的功能基本能够满足需求，但是其性能表现一直较差，因此逐渐地被市场所冷落。

9.5 “医疗信息商务平台”配置管理计划案例分析

“医疗信息商务平台”配置管理计划文档如下（同样省略封面）：

目 录

1 导言
1.1 目的
1.2 范围
1.3 缩写说明
1.4 术语定义
1.5 引用标准
1.6 版本更新记录
2 配置管理流程
3 配置项标识
4 配置库建立
5 入库程序
6 出库程序
7 基线变更程序

1 导言

1.1 目的

本文档的目的是为“医疗信息商务平台”项目的配置管理过程提供一个实施规范，作为项目配置管理实施的依据和指南。

1.2 范围

本文档仅适用于“医疗信息商务平台”项目的配置管理过程。本文档定义了配置管理的步骤和工作产品。

1.3 缩写说明

SCM：Software Configuration Management（软件配置管理）的缩写。

VM：Version Management（版本管理）的缩写。

VMG：Version Management Group（版本管理组）的缩写。

1.4 术语定义

无。

1.5 引用标准

[1]《文档格式标准》V1.0
北京×××有限公司

[2]《过程术语定义》V1.0
北京×××有限公司

[3]《Key Practices of the Capability Maturity Model》V1.1
CMU/SEI-93-TR-25, 1993

1.6 版本更新记录

本文档的修订记录如表1所示。

表1 版本更新记录

版本	修改内容	修改人	审核人	日期
0.1	初始版			2018-7-03
0.2	修改第5章			2018-7-8
1.0	修改第4章			2018-7-12

2 配置管理流程

本项目配置管理流程如图1所示，首先进行配置管理计划，并据此搭建配置计划中所需要的配置环境，同时确定配置管理活动，包括配置项标识，建立基线，编写配置状态报告，执行配置审计，确定变更控制管理。

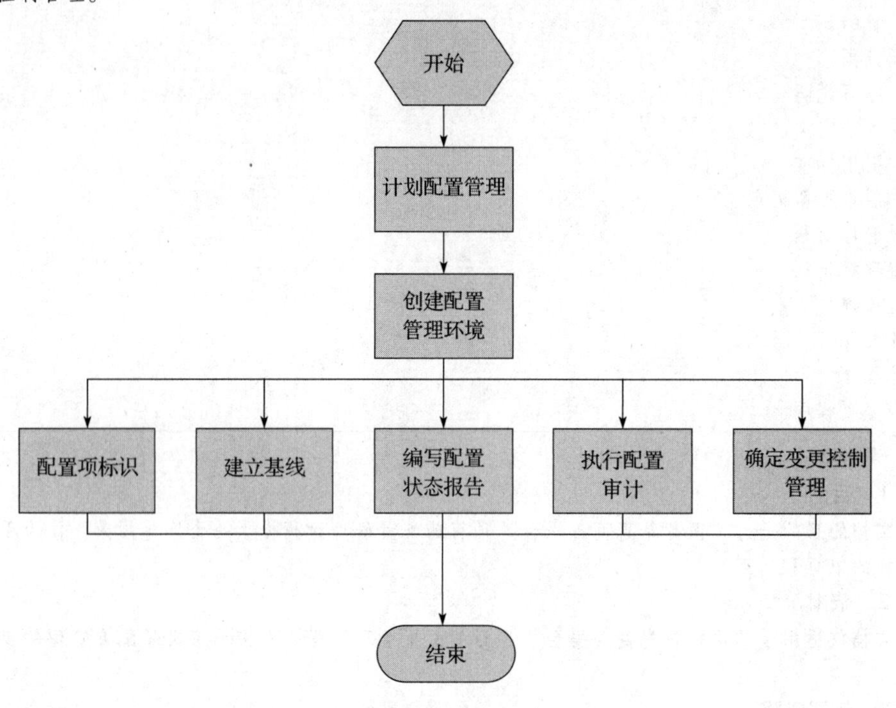

图1 配置管理流程图

3 配置项标识

本项目的配置项标识即文件名规则，如图2所示，包括5个部分，如 BUPT-Med-RM-SRS-V1.0，其中第一部分 BUPT 代表企业名，第二部分 Med 代表项目名，第三部分 RM 代表项目阶段，第四部分 SRS 代表文档类型，第四部分 V1.0 代表版本号。

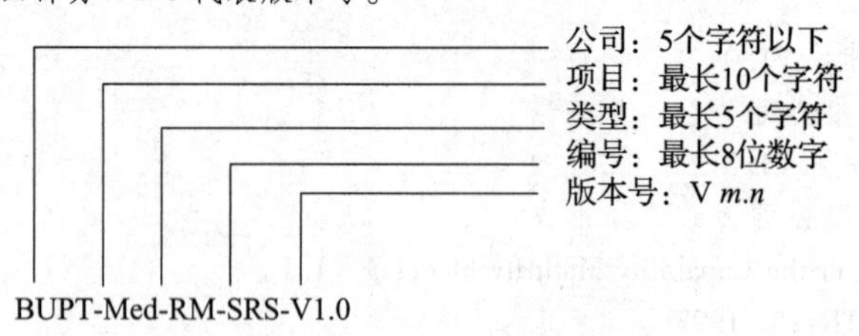

图2 配置项标识

4 配置库建立

建库程序如下：

1）确定纳入配置管理的工作产品（即基线产品）和不纳入配置管理的工作产品（即非基线产品）。

2）确定基线产品和非基线产品的命名规则。

3）采用 VVS 工具作为配置管理工具建立软件配置库，配置库的库结构以及相关基线如图3所示。

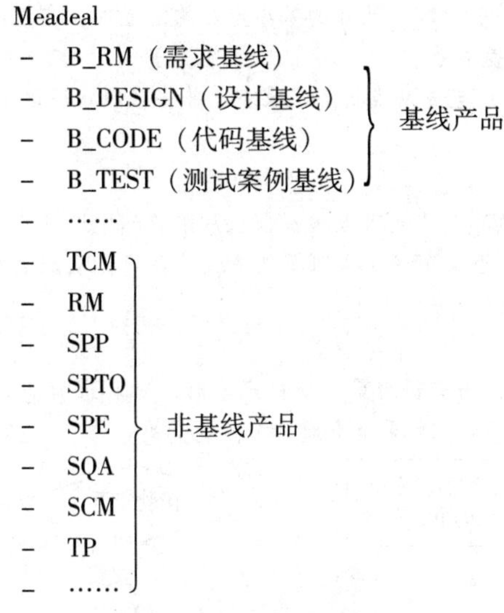

图3　配置库结构

4）根据项目管理者的要求，对可以操作此配置库的项目人员进行授权，包括读、写等权限，如表2所示。

表2　人员的对配置管理库的权限

组名	用户名	权限
合同管理者（TCM）	江心	只读
项目管理者（SPP）	王军	只读
项目助理（SPP）	周霞	只读
开发组（develop）	张斌、胡锦波、陈洁、姜心、刁平安	只读
SQA组	谭刚	只读
	李丽	读、写
开发运行环境支持组（environment）	蔡强 许小明	只读

5）确定项目在配置库中的项目名，最好与项目标识一致。

6）此项目的配置管理者获得此项目名的最高权限。

5　入库程序

入库程序包括基线产品入库程序和非基线产品入库程序。

基线产品入库程序如下：

1）配置管理者将此配置项导入VVS库中对应项目的相应目录中，并进行版本标识，在描述栏给出一定的描述。

2）确定与此配置项关联的其他已知的产品（包括基线产品和非基线产品），并在基线状态表中增加此配置项的关联项，同时标识覆盖关系。

3）确定此配置项相关联的其他已知的基线的配置项，并在基线状态表中修改与此配置项关联的其他配置项的关联项，同时标识覆盖关系。

4）（如果上一步骤可执行）生成基线状态记录表，并将基线状态记录表导入配置库中。

非基线产品入库程序如下：

1）配置管理者将此产品导入VVS库中对应项目的相应目录中，并进行版本标识，在描述栏给出一定的描述。

2）确定与此非基线产品关联的其他已知的基线产品的配置项，在基线关系表中修改这些基线的配置项的关联记录，同时标识覆盖关系。

3）（如果上一步骤可执行）生成基线状态记录表，并将基线状态记录表导入VVS库。

6 出库程序

出库程序如下：

1）有权限读取此配置库的项目人员可以根据需求从配置库中以可读的方式导出相应的工作产品。

2）当某工作产品变更时，配置管理者以可写的方式将此产品从配置库导出，期间此工作产品不能以可写的方式出库，只能以可读的方式出库。

7 基线变更程序

基线变更程序如图4所示，当有新的需求变更产生时，对其进行需求变更的审核，如果审核通过之后则在下一个Sprint中将其实现，如果没有通过则拒绝变更。

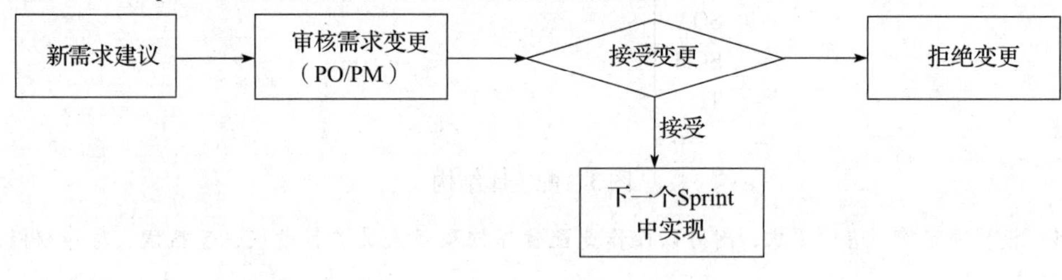

图4 变更流程

具体流程如下：

1）配置管理者收到基线修改请求后，在波及分析功能中，输入请求修改的配置项，生成与此配置项相关的波及关系表。

2）配置管理者将基线波及关系表提交给SCCB，由SCCB确定是否需要修改。如果需要修改，SC-CB应根据波及关系表，确定需要修改的具体文件，并在波及分析表中标识出来。

3）配置管理将需要修改的文件按出库程序从配置库中出库。

4）项目人员将修改后的文件提交给配置管理者。

5）配置管理者将修改后的配置项按入库程序入配置库。

6）配置管理者按SCCB标识出的修改文件，由波及关系表生成基线变更记录表，并按入库程序入配置库。

9.6 小结

配置管理可以有效地管理产品的完整性和可追溯性，而且可以控制软件的变更，保证软件项目的各项变更在配置管理系统下进行。本章介绍了配置管理的基本概念，讲述了配置管理过程：配置项标识和跟踪、配置管理环境建立、基线变更管理、配置审计、配置状态统计、配置管理计划。敏捷项目的持续交付模式强调全面的配置管理，配置管理计划可以根据项目的具体情况选择相应的配置管理过程。

9.7 练习题

一、填空题

1. ________是软件配置管理的核心功能。
2. ________标志开发过程一个阶段的结束和里程碑。

3. 基线变更控制包括________、________、________、________等步骤。
4. ________是配置管理的主要功能。
5. 基线变更时，需要经过________授权。
6. SCCB 的全称是________________。

二、判断题

1. 一个软件配置项可能有多个标识。（　）
2. 基线提供了软件开发阶段的一个特定点。（　）
3. 有效的项目管理能够控制变化，以最有效的手段应对变化，不断命中移动的目标。（　）
4. 一个（些）配置项形成并通过审核，即形成基线。（　）
5. 软件配置项是项目需定义其受控于软件配置管理的款项。每个项目的配置项是相同的。（　）
6. 基线的修改不需要每次都按照正式的程序执行。（　）
7. 基线产品是不能修改的。（　）
8. 基线修改应受到控制，但不一定要经 SCCB 授权。（　）
9. 变更控制系统包括从项目变更申请、变更评估、变更审批到变更实施的文档化流程。（　）
10. 持续交付领域强调对项目所有的相关产物及其之间的关系都要进行有效配置管理。（　）
11. 持续交付更倾向于使用基于分支的开发模式。（　）

三、选择题

1. 下列不属于 SCCB 的职责的是（　）。
   A. 评估变更　B. 与项目管理层沟通
   C. 对变更进行反馈　D. 提出变更申请
2. 为了更好地管理变更，需要定义项目基线。关于基线的描述，下列正确的是（　）。
   A. 不可以变化
   B. 可以变化，但是必须通过基线变更控制流程处理
   C. 所有的项目必须定义基线
   D. 基线发生变更时，必须修改需求
3. 软件配置管理无法确保以下哪种软件产品属性？（　）
   A. 正确性　B. 完整性　C. 一致性　D. 可控性
4. 变更控制主要关注的是（　）。
   A. 阻止变更　B. 标识变更，提出变更，管理变更
   C. 管理 SCCB　D. 客户的想法
5. 以下哪项不属于软件项目配置管理的问题？（　）
   A. 找不到某个文件的历史版本
   B. 甲方与乙方在资金调配上存在意见差异
   C. 开发人员未经授权修改代码或文档
   D. 因协同开发中，或者异地开发，版本变更混乱导致整个项目失败

四、问答题

1. 写出配置管理的基本过程。
2. 说明软件配置控制委员会（SCCB）的基本职责。
3. 写出几个常见的软件配置项。

第 10 章

■ 软件项目团队计划

软件产品是软件开发人员的智慧结晶，人是软件项目中的重要因素。如何建设高效的软件项目开发团队是软件项目顺利实施的保证。本章进入路线图的“团队计划”，如图 10-1 所示。本章包括 3 个方面的计划：人力资源计划、项目干系人计划、项目沟通计划。

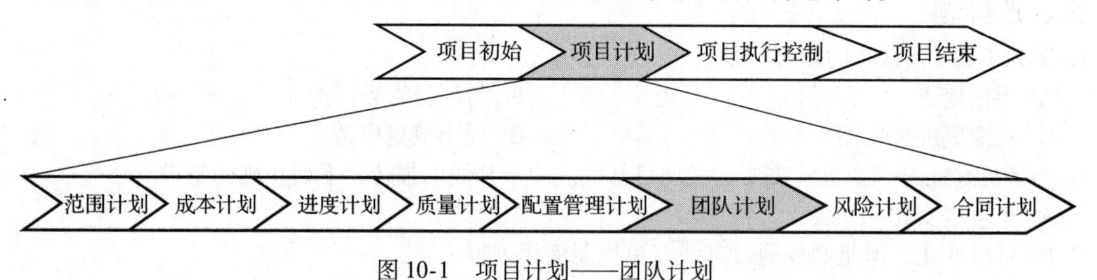

图 10-1 项目计划——团队计划

10.1 人力资源计划

一个软件项目涵盖了项目组、客户、客户需求（或者称为项目目标），以及为达到项目目标、满足客户需求所需要的权责、人员、时间、资金、工具、资料、场所等项目资源。人员无疑是项目资源中最特别、最重要的资源。人具备主动性和情感，与社会、家庭、企业、员工等的关系密不可分。影响软件项目进度、成本、质量的主要因素是人、过程、技术。在这 3 个因素中，人是第一位的。人才是企业最重要的资源，人力资源决定项目的成败。

项目中的人力资源一般是以团队的形式存在的。团队是由一定数量的个体组成的集合，包括企业内部的人、供应商、承包商、客户等。通过将具有不同潜质的人组合在一起，形成一个具有高效团队精神的队伍来进行软件项目的开发。团队开发不仅可以发掘作为个体的个人能力，而且可以发掘作为团队的集体能力。当一组人称为团队的时候，他们应该为一个共同的目标工作，每个人的努力必须协调一致，而且能够愉快地在一起合作，从而开发出高质量的软件产品。

人力资源管理是保证参加项目人员能够被最有效使用所需要的过程，是对项目组织所储备的人力资源开展的一系列科学规划、开发培训、合理调配、适当激励等方面的管理工作，使项目组织各方面人员的主观能动性得到充分发挥，做到人尽其才、事得其人、人事相宜，同时保持项目组织高度的团结性和战斗力，从而成功地实现项目组织的既定目标。

软件项目是由不同角色的人共同协作完成的，每种角色都必须有明确的职责定义，因此选拔和培养适合角色职责的人才是首要的因素。选择合适的人员可以通过合适的渠道进行，而且要根据项目的需要进行，不同层次的人员需要进行合理的安排，明确项目需要的人员技能并验证需要的技能。有效的软件项目团队由担当各种角色的人员所组成。每位成员扮演一个或多个角色。常见的项目角色包括项目经理、系统分析员、系统设计员、数据库管理员、支持工程师、程序员、质量保证工程师、业务专家（用户）、测试人员等。

10.1.1 项目组织结构

运行项目时需要应对组织结构，为高效地开展项目，项目经理需要了解组织内的职责、职权的分配情况。这有助于项目经理有效地利用其权力、影响力、能力、领导力和政治能力成功完成项目。组织需要权衡两个关键变量之后才可确定合适的组织结构类型。这两个变量指可以采用的组织结构类型及针对特定组织如何优化组织结构类型的方式。不存在一种结构类型适用于任何特定组织。因要考虑各种可变因素，特定组织的最终结构是独特的。

组建团队时首先要明确项目的组织结构。项目组织结构应该能够提高团队的工作效率，避免摩擦，因此，一个理想的团队结构应当适应人员的不断变化，利于成员之间的信息交流和项目中各项任务的协调。项目组织是由一组个体成员为实现一个具体项目目标而协同工作的队伍，其根本使命是在项目经理的领导下，群策群力，为实现项目目标而努力工作，具有临时性和目标性的特点。在确定组织结构时，每个组织都需要考虑大量的因素。在最终分析中，每个因素的重要性也各不相同。综合考虑因素及其价值和相对重要性为组织决策者提供了正确的信息，以便进行分析。

项目管理中的组织结构可以总结为3大主要类型：职能型、项目型和矩阵型。具体选择哪种组织结构要考虑多重因素。在这3种组织结构中，矩阵型组织结构的沟通最复杂，项目型组织结构在项目收尾时，团队成员和项目经理压力比较大。团队组织和用于管理项目的手段之间应默契，任何方法上的失谐都很可能导致项目产生问题。

1. 职能型组织结构

职能型组织结构是目前最普遍的项目组织形式。它是一个标准的金字塔形组织形式，如图10-2所示。

职能型组织结构是一种常规的线性组织结构。采用这种组织结构时，项目是以部门为主体来承担项目的，一个项目由一个或者多个部门承担，一个部门也可能承担多个项目。一个项目中有部门经理，也有项目经理，所以项目成员有两个负责人。这个组织结构适用于主要由一个部门完成的项目或技术比较成熟的项目。职能型组织结构有优点，也有缺点。

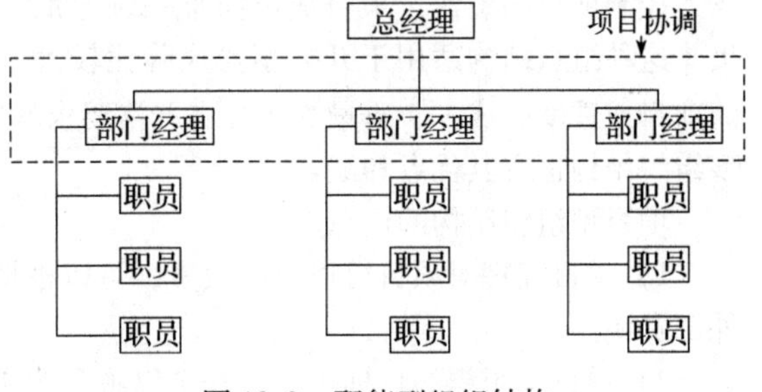

图10-2 职能型组织结构

职能型组织结构的优点如下。

1）以职能部门作为承担项目任务的主体，可以充分发挥职能部门的资源集中优势，有利于保障项目所需资源的供给和项目可交付成果的质量，在人员的使用上具有较大的灵活性。

2）职能部门内部的技术专家可以被该部门承担的不同项目共享，节约人力，减少了资源浪费。

3）同一职能部门内部的专业人员便于相互交流、相互支援，对创造性地解决技术问题很有帮助。同部门的专业人员易于交流知识和经验，项目成员在事业上具有连续性和保障性。

4）当项目成员调离项目或者离开公司，所属职能部门可以增派人员，保持项目技术的连续性。

5）项目成员可以将完成项目和完成本部门的职能工作融为一体，可以减少因项目的临时性而给项目成员带来的不确定性。

职能型组织结构的缺点如下。

1）客户利益和职能部门的利益常常发生冲突，职能部门会为本部门的利益而忽视客户的需求，只集中于本职能部门的活动，项目及客户的利益往往得不到优先考虑。

2）当项目需要多个职能部门共同完成，或者一个职能部门内部有多个项目需要完成时，资源的平衡就会出现问题。

3）当项目需要由多个部门共同完成时，权力分割不利于各职能部门之间的沟通交流、团结协作。项目经理没有足够的权利控制项目的进展。

4）项目成员在行政上仍隶属于各职能部门的领导，项目经理对项目成员没有完全的权利，项目经理需要不断地同职能部门经理进行有效的沟通，以消除项目成员的顾虑。当小组成员对部门经理和项目经理都要负责时，项目团队的管理常常是复杂的。对这种双重报告关系的有效管理常常是项目最重要的成功因素，而且通常是项目经理的责任。

2. 项目型组织结构

与职能型组织结构相对应的另一种组织是项目型组织结构。项目型组织结构中的部门完全是按照项目进行设置，是一种单目标的垂直组织方式。存在一个项目就有一个类似部门的项目组，当项目完成之后，这个项目组代表的部门就解散了，这时项目人员的去向就是一个问题了。所以，这种组织结构不存在原来意义上的部门的概念。每个项目以项目经理为首，项目工作会运用到大部分的组织资源，而项目经理具有高度独立性，具有高度的权力。完成每个项目目标所需的全部资源完全划分给该项目单元，完全为该项目服务，如图10-3所示。

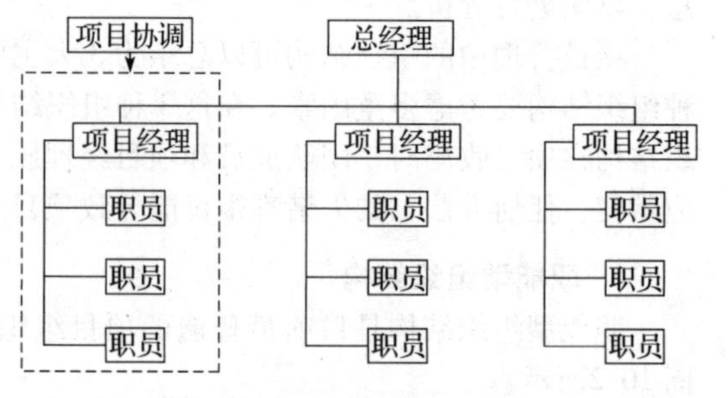

图10-3 项目型组织结构

在项目型组织结构中，项目经理有足够的权力控制项目的资源。项目成员向唯一领导汇报。这种组织结构适用于开拓型等风险比较大的项目或进度、成本、质量等指标有严格要求的项目，不适合人才匮乏或规模小的企业。项目型组织结构也有其优点和缺点。

项目型组织结构的优点如下。

1）项目经理对项目可以全权负责，可以根据项目需要随意调动项目组织的内部资源或者外部资源。

2）项目型组织的目标单一，完全以项目为中心安排工作，决策的速度得以加快，能够对客户的要求做出及时响应，项目组团队精神得以充分发挥，有利于项目的顺利完成。

3）项目经理对项目成员有全部权利，项目成员只对项目经理负责，避免了职能型项目组织下项目成员处于多重领导、无所适从的局面，项目经理是项目的真正、唯一的领导者。

4）组织结构简单，易于操作。项目成员直接属于同一个部门，彼此之间的沟通交流简洁、快速，提高了沟通效率，同时加快了决策速度。

项目型组织结构的缺点如下。

1）对于每一个项目型组织，资源不能共享，即使某个项目的专用资源闲置，也无法应用于另外一个同时进行的类似项目，人员、设施、设备重复配置会造成一定程度的资源浪费。

2）公司里各个独立的项目型组织处于相对封闭的环境之中，公司的宏观政策、方针很难做到完全、真正的贯彻实施，可能会影响公司的长远发展。

3）在项目完成以后，项目型组织中的项目成员或者被派到另一个项目中去，或者被解雇，对于项目成员来说，缺乏一种事业上的连续性和安全感。

4）项目之间处于一种条块分割状态，项目之间缺乏信息交流，不同的项目组很难共享知识和经验，项目成员的工作会出现忙闲不均的现象。

3. 矩阵型组织结构

矩阵型组织结构是职能型组织结构和项目型组织结构的混合体，既具有职能型组织的特征，又具有项目型组织结构的特征，如图 10-4 所示。它是根据项目的需要，从不同的部门中选择合适的项目人员组成一个临时项目组，项目结束之后，这个项目组也就解体了，然后各个成员回到各自原来的部门，团队的成员需要向不同的经理汇报工作。这种组织结构的关键是项目经理需要具备好的谈判和沟通技能，项目经理与职能经理之间建立友好的工作关系。项目成员需要适应与两个上司协调工作。加强横向联结，充分整合资源，实现信息共享，提高反应速度等方面的优势恰恰符合当前的形势要求。采用该管理方式可以对人员进行优化组合，引导聚合创新，而且同时改变了原有行政机构中固定组合、互相限制的现象。这种组织结构适用于管理规范、分工明确的公司或者跨职能部门的项目。

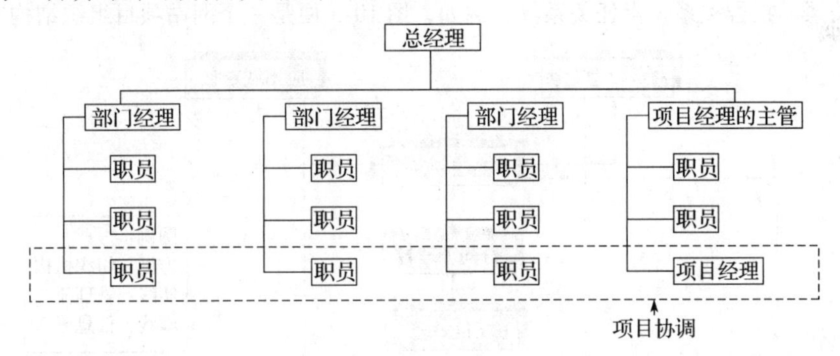

图 10-4　矩阵型组织结构

矩阵型组织结构的优点如下。

1）专职的项目经理负责整个项目，以项目为中心，能迅速解决问题；在最短的时间内调配人才，组成一个团队，把不同职能的人才集中在一起。

2）多个项目可以共享各个职能部门的资源。在矩阵管理中，人力资源得到了更有效的利用，减少了人员冗余。研究表明：一般使用这种管理模式的企业能比传统企业少用 20% 的员工。

3）既有利于项目目标的实现，也有利于公司目标方针的贯彻。

4）项目成员的顾虑减少了，因为项目完成后，他们仍然可以回到原来的职能部门，不用担心被解散，而且他们能有更多机会接触自己企业的不同部门。

矩阵型组织结构的缺点如下。

1）容易引起职能经理和项目经理权力的冲突。

2）资源共享可能引起项目之间的冲突。

3）项目成员有多位领导，即员工必须要接受双重领导，因此经常有焦虑与压力。当两个经理的命令发生冲突时，他必须能够面对不同指令形成一个综合决策来确定如何分配他的时间。同时，员工必须和他的两个领导保持良好的关系，应该显示出对这两个领导的双重忠诚。

项目是由项目团队完成的，在矩阵型组织结构中，项目经理和项目成员往往来自不同职能部门，由于组织职责不同，参与项目的组织在目标、价值观和工作方法上会与项目经理所在部门有所差异，会在项目团队组建之初的磨合阶段出现矛盾，进而产生“对抗”。对于这种由于分工不同、人员相互之间不熟悉产生的对抗，项目经理应及时识别，并将对抗控制在“建设性”对抗的范围之内，切忌对项目组建初期的磨合放任自流。

矩阵组织的每一个点都有自己的直属上级，都有各自的团队利益。作为项目经理，如果确认采用矩阵型组织结构，就必须能够认同矩阵管理带来的差异，在确保项目整体目标的前提下，务必要和矩阵型组织结构所涉及的诸多职能部门做好协同工作，平衡各自的利益。在沟通中出现问题时，项目经理要立刻敏锐感觉到问题并非处在矩阵点，而是出现在矩阵结构的直线上级，需要花费大量的时间和精力与矩阵结构的直线上级做好充分沟通。在出现严重问题后，项目经理首先要确保自己的站位尽可能超越原来的组织定位，以更高的站位看待各职能的差异，更多地以沟通、认同甚至妥协的方式顾全大局，确保项目的成功。如果项目经理不能超越自己的组织利益，且没有时间或精力做大量的沟通工作，仍旧习惯于高职责、高压力、强绩效导向的管理模式，那么职能型组织结构也许是最好的选择。

其实，很多的组织结构不同程度地具有以上各种组织类型的结构特点，而且会根据项目的具体情况执行一套特定的工作程序。项目的暂时性特征意味着个人之间和组织之间的关系总体而言是既短又新的。项目管理者必须仔细选择适应这种短暂关系的管理技巧。组织结构说明了一个项目的组织环境，在实施一个项目的时候应该明确本项目的具体形式，包括项目中各个层次的接口关系、报告关系、责任关系等。例如，图 10-5 便是一个网站项目组织结构案例。

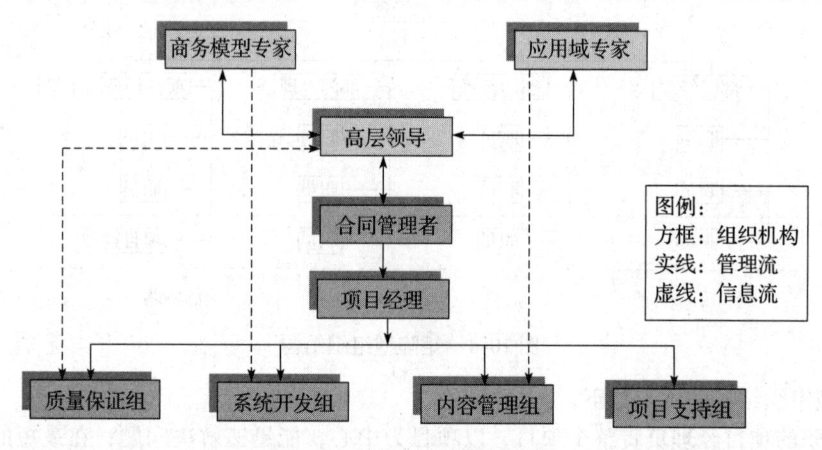

图 10-5 软件项目组织结构

项目管理风格正在从管理项目的命令和控制结构，转向更加协作和支持性的管理方法，通过将决策权分配给团队成员来提高团队能力。此外，现代的项目资源管理方法致力于寻求优化资源使用。

项目全球化推动了对虚拟团队/分布式团队的需求的增长。这些团队成员致力于同一个项目，却分布在不同的地方。沟通技术（如电子邮件、电话会议、社交媒体、网络会议和视频会议等）的使用，使虚拟团队变得可行。虚拟团队管理有独特的优势，例如，能够利用项目团队的专业技术，即使相应的专家不在同一地理区域；将在家办公的员工纳入团队；将行动不便者或残疾人纳入团队。虚拟团队管理面临的挑战主要在于沟通，包括可能产生孤立感、团队成员之间难以分享知识和经验、难以跟进进度和生产率，以及可能存在时区和文化差异。

10.1.2 人员职责计划

组织结构确定之后，还需要确定人员职责计划，人员职责计划说明每个人员的角色和职责。例如，一个软件团队的主要角色有项目经理、系统分析员、系统设计员、数据库管理员、支持工程师、程序员、质量保证人员、配置管理人员、业务专家（用户）、测试人员等角色。可以采用多种格式来记录和阐明团队成员的角色与职责。大多数格式属于层级型、矩阵型或文本型。有些项目人员安排可以在子计划中列出。无论使用什么方法来记录团队成员的角色，目的都是要确保每个工作包都有明确的责任人，确保全体团队成员都清楚地理解其角色和职责。责任分配矩阵、组织结构图、文本描述等可以展示角色职责的关系。

1. 责任分配矩阵

在项目团队内部，有时会出现由于各阶段不同角色或同阶段不同角色之间的责任分工不够清晰而造成工作互相推诿、责任互相推卸的现象；各阶段不同角色或同阶段不同角色之间的责任分工比较清晰，但是各项目成员只顾完成自己那部分任务，不愿意与他人协作。这些现象都将造成项目组内部资源的损耗，从而影响项目进展。项目经理应当对项目成员的责任进行合理的分配并清楚地说明，同时应强调不同分工、不同环节的成员应当相互协作，共同完善。

责任分配矩阵（Responsibility Assignment Matrix，RAM）是用来对项目团队成员进行分工，明确其角色与职责的有效工具。通过这样的关系矩阵，项目团队每个成员的角色及他们的职责等都得到了直观的反映，项目的每个具体任务都能落实到参与项目的团队成员身上，确保了项目的每项任务有人做，每个人有任务做。

责任分配矩阵是一种矩阵图，能反映与每个人相关的所有活动，以及与每项活动相关的所有人员，也可确保任何一项任务都只由一个人负责，从而避免职权不清。责任分配矩阵可以展示项目资源在各个工作包中的任务分配情况。它显示了分配给每个工作包的项目资源，用于说明工作包或活动与项目团队成员之间的关系。

表10-1展示了一个项目的人员是否参加或者负责项目中的某项活动，是否对项目的某项任务提供输入、进行评审等。

表10-1 展示项目人员角色

项目人员 活动	项目经理	应用开发人员	网络工程师	专家
建立应用软件	A	C	P	
测试应用软件	A	P	P	
应用软件打包	R		R	P
测试发布应用软件	R	R		C
在工作站上安装应用	A		P	C

注：A = Approver（批准），R = Reviews（评审），P = Participant（参加），C = Creator（建立）。

采用责任分配矩阵可以确定项目参与方的责任和利益关系。责任分配矩阵确定了工作职责和执行单位。对于很小的项目，这个执行单位最好是个人；对于大的项目，这个执行单位可以是团队或者一个企业单元。

责任分配矩阵可以帮助项目经理标识完成项目需要的资源，同时确认企业的资源库中是否有这些资源。项目后期，项目经理可以使用更加准确的矩阵来标识哪个任务分配给哪个人。

2. 组织结构图

项目组织结构图以图形方式展示项目团队成员及其报告关系。基于项目的需要，项目组织结构图可以是正式或非正式的、非常详细或高度概括的。组织结构图自上而下地显示各种职位及其相互关系。为了创建一个组织结构图，项目管理者首先明确项目需要的人员类型，需要熟悉Oracle还是DB2，需要精通Java语言还是C++语言等。项目中的人员有不同的背景、不同的技能，管理这样的团队不是一件容易的事情，因此创建一个组织结构图是必要的。项目经理完成WBS分解之后，可能开始考虑如何将各个独立的工作单元分配给相应的组织单元。WBS

可以与组织分解结构（Organizational Breakdown Structure，OBS）综合使用，建立一个任务职责的对应关系，如图 10-6 所示。

WBS 显示项目可交付成果的分解情况，而 OBS 是一种组织结构图，显示组织中哪个单位负责哪项工作任务。也可以对一般组织结构再进行详细分解。确定了组织结构图之后，项目经理需要确定组织结构中的责任分配。

如表 10-2 所示，横向为工作单元，纵向为组织成员或部门名称。纵向和横向交叉处表示项目组织成员或部门在某个工作单元中的职责。矩阵中的符号表示项目工作人员在每个工作单元中的参与角色或责任。

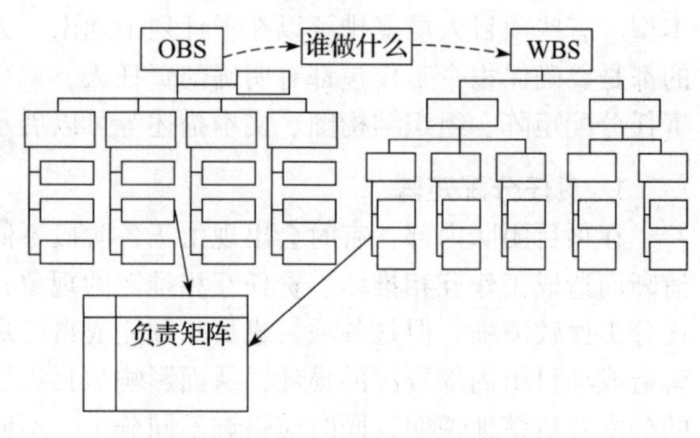

图 10-6 WBS 与 OBS 的对应关系

表 10-2 某项目的责任分配矩阵

单位	WBS 任务							
	1.1.1	1.1.2	1.1.3	1.1.4	1.1.5	1.1.6	1.1.7	1.1.8
系统部门	R	RP					R	
软件部门			RP					
硬件部门				RP				
测试部门	P							
质量保证部门					RP			
配置管理部门						RP		
后勤部门							P	
培训部门								RP

注：R 表示负责者（部门），P 表示执行者（部门）。

明确项目组织结构，再加上责任分配矩阵，就能够把团队成员的角色、职责及汇报关系确定下来，使项目团队能够各负其责、各司其职，进行充分、有效的合作，避免职责不明，为项目任务的完成提供了可靠的组织保证。

3. 文本描述

文本更适合用于记录详细职责，如果需要详细描述团队成员的职责，就可以采用文本。文本型文件通常以概述的形式，提供诸如职责、职权、能力和资格等方面的信息。这种文件有多种名称，如职位描述、角色、职责、职权表等。如表 10-3 就是文本型人员职责描述表。

表 10-3 人员职责描述表

序号	名称	人员数量	组长	职能
1	总体组	7	曲剑	• 负责项目计划和进度控制 • 协调和安排项目任务 • 协调和管理各项目小组工作
2	平台组	6	刘建强	设计和完善三务合一信息化平台
3	设计组	4	刘建强	• 系统分析 • 概要设计 • 详细设计
4	需求组	6	李娥	• 需求调研、需求分析 • 编写需求规格说明书 • 需求确认签字 • 客户培训

（续）

序号	名称	人员数量	组长	职能
5	开发组	16	赵伟宏	• 程序开发 • 单元测试
6	测试组	5	周林红	• 编写测试计划、测试用例 • 进行功能测试、集成测试、压力测试和回归测试 • 提交测试报告
7	实验组	3	陈明	• 项目的具体实施工作 • 系统的安装、调试、部署工作

10.1.3 人员管理计划

软件项目中的开发人员是最大的资源。对人员的配置、调度安排贯穿整个软件过程，人员的组织管理是否得当是影响软件项目质量的决定性因素。

在安排人力资源的时候一定要合理，不能少也不可以过多，否则就会出现反作用，即要控制项目组的规模。人数多了，进行沟通的渠道就多了，管理的复杂度就高了，对项目经理的要求也就高了。Microsoft 的 MSF（Microsoft Solution Framework）中有一个很明确的原则，即控制项目组的人数不要超过 10 人，当然这不是绝对的，和项目经理的水平有很大关系，但是人员“贵精而不贵多”，这是一个基本的原则。

首先在软件开发的一开始，要合理地配置人员，根据项目的工作量、所需要的专业技能，再参考各个人员的能力、性格、经验，组织一个高效、和谐的开发小组。一般来说，一个开发小组的人数在 5 到 10 人之间最为合适。如果项目规模很大，则可以采取层级式结构，配置若干个这样的开发小组。

在选择人员的问题上，要结合实际情况来决定是否选人一个开发组员。并不是一群高水平的程序员在一起就一定可以组成一个成功的小组。作为考查标准，技术水平、与本项目相关的技能和开发经验及团队工作能力都是很重要的因素。一个编程技术很高却不能与同事沟通融洽的程序员未必适合一个对组员的沟通能力要求很高的项目。另外，还应该考虑分工的需要，合理配置各个专项的人员比例。例如，一个网站开发项目中有页面美工、后台服务程序、数据采集整理、数据库几个部分，应该合理地组织各项工作的人员配比。

在人员组建方面，需要对项目组人员进行规划配置，合理分工，明确责任，保证项目各阶段、各方面的工作能够按计划完成。例如，某项目经理在一个项目中配置了以下人员：技术组长 1 名，负责技术难题攻关，组间沟通协调；需求人员 3 名，负责将用户需求转换成项目内的功能需求和非功能需求，编制项目需求规格说明书，针对每个集成版本与用户交流以获取需求的细化；设计人员 2 名，负责根据需求规格说明书，进行系统设计；开发人员 5 名，实现设计，完成用户功能；集成人员 1 名，负责整套系统的编译集成，督促小组系统功能提交，及时发现各模块集成问题，作为各小组之间的沟通纽带；测试人员 2 名，对集成人员集成的版本进行测试，尽可能地发现程序缺陷，以及未满足需求的设计；文档整理人员 1 名，负责小组内产生文档的整合、统一。

作为项目计划一部分，人员管理计划的详细程度因项目而异。

10.2 项目干系人计划

项目干系人计划也称为相关人管理计划，干系人（stakeholder）是能影响项目决策、活动或者结果的个人、群体或者组织，以及会受到或者自认为会受到项目决策、活动或者结果影响的个人、群体或者组织。在软件项目进行过程中，有时一些人员会左右项目的成败，因此，项目经理应该识别出对项目有关键作用的人，然后进行规划，以保证项目的顺利进行。干系人计划就是基于对干系人需求、利益和潜在影响的分析，定义用于有效调动干系人参与项目决策和执行过程、程序、工具和技术。

"干系人"一词的外延正在扩大，从传统意义上的员工、供应商和股东扩展到涵盖各式群体，包括监管机构、游说团体、环保人士、金融组织、媒体，以及那些自认为是相关方的人员。

10.2.1 识别项目干系人

干系人识别即识别出干系人、分析和记录他们的相关信息，如联络信息、他们的利益、参与度、影响力及对项目成功的潜在影响。

下面所列人员都可以是主要项目干系人。

- 项目经理：负责对项目进行管理的人员。
- 客户：使用项目产品的组织或者个人，指项目产品的购买者。
- 用户：产品的直接使用者。
- 项目执行组织：其员工主要投入项目工作的组织。
- 项目团队成员：具体从事项目工作，并直接或者间接向项目经理负责的人员。
- 项目出资人：为项目提供资助的个人或者团体。
- 项目承包人：依据合同而投入项目实施工作的一方，不具有对项目产品的所有权。
- 供货商：一个项目常常离不开供货商，它提供项目组织外的某些产品，包括服务。

每个项目都会涉及很多的项目干系人，每个干系人又会顾及项目对自己产生的不同程度的利害影响。因此，关注项目干系人是项目管理的一个重要方面。

为了识别出项目的全部干系人，项目经理需要对项目干系人有一个全面的了解，在心中有一张完整的项目干系人结构图。在项目干系人识别中，对甲方项目干系人的识别和分析更是重中之重，例如，通过某项目案例的分析，可以绘制出一张甲方项目干系人结构图，如图 10-7 所示。

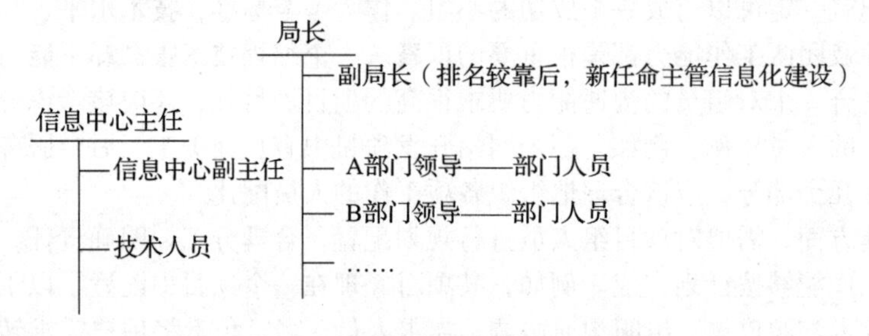

图 10-7 某项目甲方干系人结构图

在识别出项目干系人之后，还需要分析干系人之间的关系和历史渊源，切实处理好他们之间的关系，如果不做进一步的分析，会在项目过程中遇到不小的麻烦。

通过以上对干系人的识别和初步分析，可以看出，如果不能对项目干系人进行无遗漏的识别，仅仅关注项目具体事情和计划，项目出了问题可能都不清楚问题出在哪里。项目干系人结构图为项目经理描绘了甲方项目干系人的全景，为进一步对干系人进行分析，更好地把握项目管理奠定了基础。

10.2.2 按重要性对干系人进行分析

按照一般项目的干系人分类方法，项目的甲方干系人主要有如下几类：出资人、决策者、辅助决策者、采购者、业务负责人、业务人员、技术负责人、技术人员、使用者等。他们的不同身份会因甲方组织的情况不同和项目的不同，对项目产生不同程度的影响，需要具体情况具体分析。

作为项目干系人分析的第二步，需要分析出本项目干系人的重要程度。在图 10-7 所示的项目中，只要细加分析，不难理出项目干系人的重要程度，具体分析结果可以参看图 10-8。对不同的人进行分析，可能会得出不同的顺序，最后管理的重点也就不同，这更加说明了这一步分析的重要性。

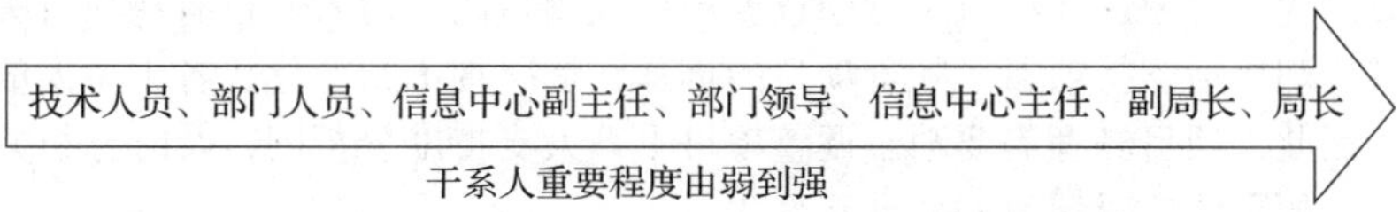

技术人员、部门人员、信息中心副主任、部门领导、信息中心主任、副局长、局长

干系人重要程度由弱到强

图 10-8　甲方项目干系人重要程度排序图

通过上面的分析，可以看到甲方项目干系人在本项目中的不同重要程度。对于比较重要的干系人，我们要对他们的全部需求进行比较详细的分析，以便能更好地获得他们的支持。例如，局长提出的需求是将信息系统整合好，没提出的需求是最好不要否定他提拔的信息中心主任，否则有领导决策错误之嫌，另外局长也有一些无意识的需求，如果我们能分析出来，并能以可接受的代价替局长考虑更周全，那会让局长更加满意，项目也就好做多了。副局长和信息中心副主任提出的需求也是将信息系统整合成功，但他们未提出的需求就有些不同了。副局长未提出的需求是希望很快能出政绩，为自己排名靠前争取更大的机会，为以后接任局长提供更大的把握。信息中心副主任由于刚刚提拔上来，未提出的需求自然是要做好“新官上任的第一把火”，这对其在信息中心“站稳”非常重要，他自己也会全力协助推进项目。而其他人员（如各部门人员和信息中心技术人员）就不必花同样的力气进行分析了，因为项目经理的时间和精力有限，需要重点处理好与重要干系人的关系，让他们满意，这会增加项目成功概率。

此外，还需要注意的是，有些干系人虽然不那么重要，对推进项目并起不到实质性的作用，但也不能忽略他们的一些需求。他们一旦对项目起反作用，利用在一些重要干系人身边的机会并影响他们对项目的判断，后果同样严重。所以，项目经理在分析重要项目干系人的同时，一定不要忽略一些不重要干系人可能产生的影响。

10.2.3　按支持度对干系人进行分析

通过重要性的分析，我们能分辨出很重要的人，但他们是支持还是反对本项目的立场将决定他们对项目产生积极或消极的影响，这说明我们还需要对干系人的支持度进行分析。

作为项目干系人分析的第三步，需要分析出本项目干系人对项目的不同立场。不同的立场，最终体现在对项目的支持度上不同。就一般项目而言，按支持度依次递减的顺序，干系人主要类别有首倡者、内部支持者、较积极者、参与者、无所谓者、不积极者、反对者。按照项目的前进方向，可以得出图 10-9 所示的项目干系人支持度分析图。

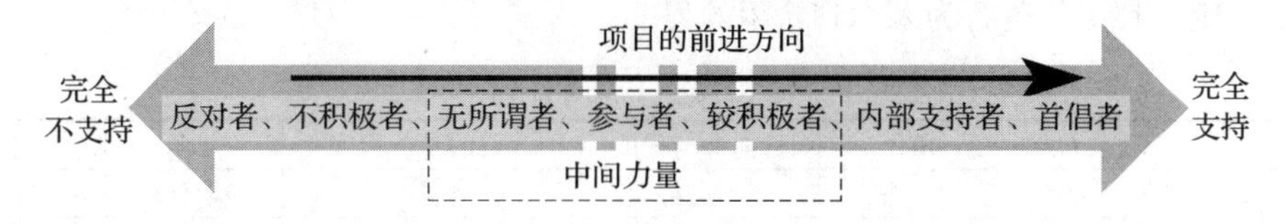

图 10-9　甲方项目干系人支持度分析图

以上面的项目案例来分析，完全支持项目的有 3 位，分别是作为首倡者的局长和作为内部支持者的副局长和信息中心副主任。与项目目标不一致的主要是信息中心主任，不积极的人是某些部门领导，因为他们在信息系统整合的过程中会受到一定程度的影响，他们不会积极参与项目。其他一些干系人大多是中间力量，是可以争取获得支持的对象。

在项目管理实战中，需要建立项目管理的统一战线，即为了实现项目管理目标需要争取干系人中大部分人的支持，尤其是中间力量的支持。比较现实的做法是充分借助首倡者和内部支持者，积极寻求中间力量的支持，让不支持者至少不要反对。当然，这还需要信息中心副主任来大力协助推动才有可能真正做到。

另外，需要非常重视的一点就是，干系人的支持度并不是一成不变的，有时候项目的内部支持者可能会因为各种原因在项目进行中逐渐演变成项目的反对者，也有些项目关系人前期是反对者，到后面却逐渐支持项目。随着项目的推移，情况在不断变化，各干系人的支持度也必将发生变化。因此，项目经理需要动态调整项目干系人支持度分析图，及时分析并修正各干系人的支持度，以便灵活应对项目的各种新变化。

10.2.4 项目干系人分析坐标格

在上述项目干系人分析的步骤中，依次做到了无遗漏地识别出全部项目干系人、对干系人的重要性进行分析和对干系人的支持度进行分析。这些分析都是从一个维度对干系人进行的分析，但其分析结果往往不是孤立的，一般交织在一起，所以还有必要在此基础上对项目关系人进行整合分析，形成对干系人的完整分析。作为项目干系人分析的第四步，需要将全部项目干系人放到项目干系人分析坐标格的合适位置，具体如图 10-10 所示。项目干系人分析坐标格的纵轴是项目干系人对项目的重要性，分为高、中、低 3 个等级。项目干系人分析坐标格的横轴是项目干系人对项目的支持度，分为支持、中间、不支持 3 个等级，由这两个维度就组成了图 10-10 所示的 9 个分区：A1、A2、A3、B1、B2、B3、C1、C2、C3。

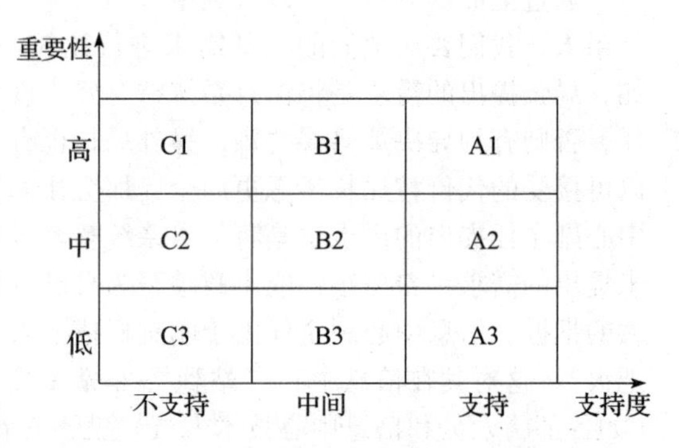

图 10-10 项目干系人分析坐标格

10.2.5 项目干系人计划的内容

项目干系人计划是项目计划的组成部分，是为了有效调动项目干系人参与项目而制定的。根据项目的需要，项目干系人计划可以是正式或者非正式的，可以详细也可以简单。项目干系人计划可以包括干系人登记表、干系人变更的范围和影响、干系人目前参与程度和需要的参与程度、干系人之间的关系、需要分发给干系人的信息、更新干系人计划的方法及向干系人分发信息的时间、频率等。

表 10-4 就是某项目的干系人计划，其中 3 个干系人“需要的参与程度”都是“支持”，但是从“目前参与程度”看，两个干系人是没有达到这个程度的，为此制定干系人计划，以便期待通过“定期拜访”等行为来达到希望的程度。

表 10-4 干系人计划

干系人	联系方式	角色	目前参与程度	需要的参与程度	规划	备注
干系人 1			不支持	支持	定期拜访	
干系人 2			中立	支持	定期拜访	
干系人 3			支持	支持	定期拜访	

项目经理应该认识到干系人计划的敏感性，并采取恰当的预防措施，例如，有关抵制项目的干系人的信息对项目有潜在的破坏作用，因此，对于这类信息的发布必须特别谨慎。

10.3 项目沟通计划

沟通是指用各种可能的方式来发送或接收信息的过程，在这个过程中，信息通过一定的符号、标志或者行为系统在人员之间交换，人员之间可以通过身体的直接接触、口头或者符号的描述等方式进行沟通。在项目进行过程中，项目团队需要进行必要的项目沟通。项目经理很大一部分工作是进行项目沟通，统计表明，项目经理80%以上的时间用于沟通管理。

沟通管理是对传递项目信息的内容、传递项目信息的方法、传递项目信息的过程等几个方面的综合管理，确定项目干系人的信息交流和沟通需要，确定谁需要信息，需要什么信息，何时需要信息，以及如何将信息分发给他们。沟通管理的基本原则是及时性、准确性、完整性、可理解性。

沟通管理是可以确保按时和准确产生项目信息、收集项目信息、发布项目信息、存储项目信息、部署项目信息、处理项目信息所需的过程。项目沟通管理为成功所必需的因素——人（people）、想法（ideas）和信息（information）之间提供了一个关键连接。涉及项目的任何人都应以项目“语言”发送和接收信息，并且必须理解他们以个人身份参与的沟通怎样影响整个项目。

在软件项目中，对于涉及项目进度和人力资源调度等一些问题而言，充分的沟通是一个非常重要的管理手段。尽管项目评估能够在一定程度上解决一些问题，但需要注意的是，在计划制定及实行过程中缺乏沟通，不但会从进度上影响项目的进行，而且会对项目团队人员的积极性产生不良影响，令供需双方产生彼此的不信任感，从而严重干扰项目的开发进度。

在IT项目中，许多专家认为，成功最大的威胁就是沟通的失败。2001年，Standish Group研究表明，IT项目成功的4个主要因素分别为管理层的大力支持、用户的积极参与、有经验的项目管理者、明确的需求表达。这4个要素全部依赖于良好的沟通技巧，特别是技术人员。传统的教育体制注重培养学生的技术技能，而不重视培养他们的沟通与社交技能，很少有沟通（听、说、写）、心理学、社会学和人文科学等软技能方面的课程。但是，在软件项目开发过程中需要进行大量沟通，例如，要开发满足用户需要的软件，必须首先清楚用户的需求，同时必须让用户明白你将如何实现这些需求，让用户知道为什么有些需求不能实现，在哪些方面可以做得更好。更重要的是，要让用户非常愿意地使用所提交的软件，就必须让用户了解它、熟悉它、喜欢它，这些都要充分发挥个人的沟通能力。

可以根据具体情况选择适当的沟通形式，以保证沟通的有效性，必要时可以建立沟通计划，保证团队内沟通渠道的畅通。

10.3.1 沟通方式

沟通管理的目标是及时并适当地创建、收集、发送、储存和处理项目的信息。沟通是占据项目组成员很多时间的工作，他们需要与客户、销售人员、开发人员、测试人员等进行沟通，还需要进行项目组内部的信息交换。获得的信息量越大，项目现状就越透明，对后续工作的把握就越大。

沟通是一种人与人之间的信息交流活动，所采用的方式应该是双方都可以理解的通用符号和技巧，这样可以保证信息的传送与接收畅通。一般沟通模型至少包括信息发送者、信息、信息接收者，如图10-11所示。发送者需要仔细核对信息，确保发送信息的方法，并且要证实信息已经被理解了。接收者需要对信息进行理

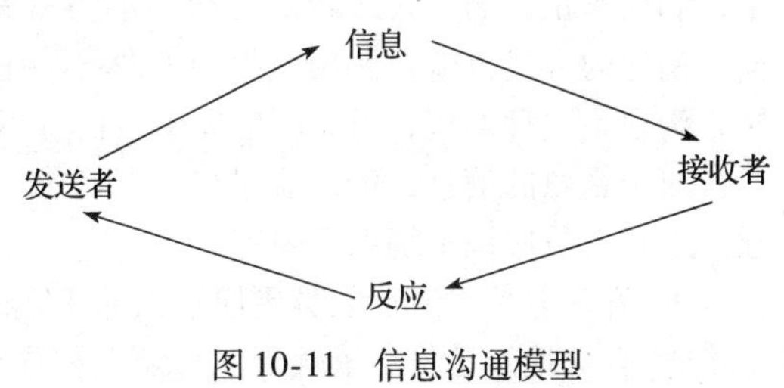

图10-11 信息沟通模型

解，确保正确理解信息。

从信息沟通模型中可以看出，如果要想最大限度地保障沟通顺畅，当信息在媒介中传播时要尽力避免干扰造成的信息损耗，使信息在传递中保持原始状态。信息发送出去并接收到之后，双方必须对理解情况进行检查和反馈，确保沟通的正确性。信息发送人感觉自己把信息正确传达了，但是信息在接收端可能千差万别。其原因很多，如语言、文化、语义、知识、信息内容、道德规范、名誉、权利、组织状态等，在项目执行中经常碰到由于背景不同而在沟通中产生理解差异的情况。保证沟通渠道畅通是前提，传递有效信息是关键。

沟通活动可按多种维度进行分类，具体如下。

1. 内部沟通与外部沟通

- 内部沟通：针对项目内部或组织内部的相关方。
- 外部沟通：针对外部相关方，如客户、供应商、其他项目、组织、政府，公众和环保倡导者。

2. 正式沟通与非正式沟通

- 正式沟通：包括报告、正式会议（定期及临时）、会议议程和记录、相关方简报和演示。
- 非正式沟通：包括采用电子邮件、社交媒体、网站，以及非正式临时讨论的一般沟通活动。

3. 官方沟通与非官方沟通

- 官方沟通：呈交监管机构或政府部门的报告。
- 非官方沟通：采用灵活（往往为非正式）的手段来建立和维护项目团队及其相关方对项目情况的了解和认可，并在他们之间建立强有力的关系。

此外，还有口头沟通（用词和音调变化）及非口头沟通（肢体语言和行为），以及层级沟通等。

采用层级沟通，相关方或相关方群体相对于项目团队的位置将会以如下方式影响信息传递的形式和内容。

- 向上沟通：针对高层相关方。
- 向下沟通：针对承担项目工作的团队和其他人员。
- 横向沟通：针对项目经理或团队的同级人员。

很多人以为沟通就是多说话，结果是令人产生厌烦，因此漫无目的的沟通是无效的沟通。沟通前，项目经理要清楚沟通的真正目的是什么，要对方理解什么。确定了沟通目标，沟通的内容就围绕沟通要达到的目标组织规划，根据不同的目的选择不同的沟通方式。

沟通方式主要有书面沟通和口头沟通、语言沟通和非语言沟通、正式沟通和非正式沟通、单向沟通和双向沟通、网络沟通等。将项目管理的信息正确传达给相应的人员，是相当重要并有一定的困难的，经常发生的事情是信息发送人感到自己正确传达了信息，但实际的结果是信息没有传达到或者被错误地理解了。很多人不太习惯成堆的文件或者通篇的 E-mail，相比之下，利用非正式的方式或者双方会谈的方式来听取重要的信息，更能让人接受。价值取向不同，沟通的方式也就在使用效果上全然不一样。德鲁克提出了 4 个基本法则：沟通是一种感知，沟通是一种期望，沟通产生要求，信息不是沟通。

对于紧急的信息，可以通过口头的方式沟通；对于重要的信息，可以采用书面的方式沟通。项目人员应该了解以下内容。

- 许多非技术专业人员更愿意以非正式的形式和双向的会谈来听取重要的项目信息。
- 有效地发送信息依赖于项目经理和项目组成员良好的沟通技能。口头沟通还有助于在项目人员和项目干系人之间建立较强的联系。

- 人们有不愿报告坏消息的倾向，报喜不报忧的状况要引起注意。
- 对重大的事件、与项目变更有关的事件、有关项目和项目成员利益的承诺等要采用正式方式发送和接收。
- 与合同有关的信息要以正式方式发送和接收。

10.3.2 沟通渠道

沟通渠道像连接每个人的电话线一样，随着项目的进展和范围的增加，项目团队成员的数量也在不断地增加，人越多，沟通的渠道就越多，例如，3个人有3条沟通渠道，5个人有10条沟通渠道，如图10-12所示。沟通渠道的公式为 $N(N-1)/2$，其中 N 为人员总数。可见，团队中的人越多，存在的沟通渠道就越多，管理者的管理难度就会随之加大。为保证沟通的良好效果，必须保持沟通渠道的畅通和单一，即减少渠道数量，提高效率。例如，客户项目经理应该是唯一的客户接口，所有针对客户的信息只能通过客户项目经理来传递，所有跟客户相关的会议，客户项目经理必须在场，这样才能保证客户需求和客户信息的一致性。

在实践中，可以从项目组织图方式展示项目团队成员及其报告关系，这样可以减少沟通渠道，减少沟通成本，如图10-13所示。

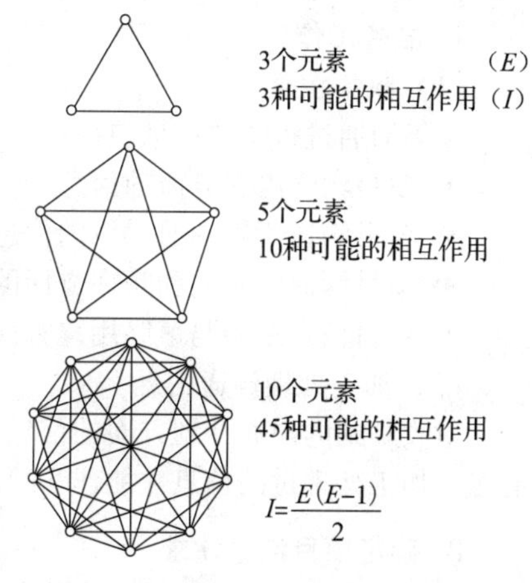

图10-12　沟通渠道

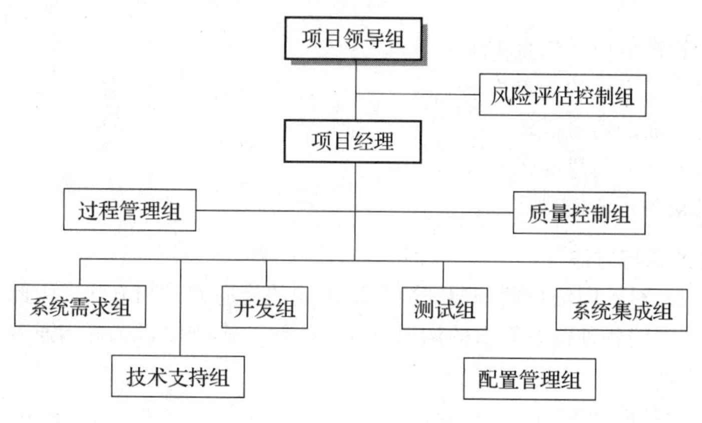

图10-13　项目组织图

10.3.3 项目沟通计划的编制

保证项目成功必须进行沟通，为了有效地沟通，需要创建沟通计划。沟通计划决定项目相关人的信息和沟通需求：谁需要什么信息、什么时候需要、怎样获得、选择的沟通模式——什么时候采用书面沟通和什么时候采用口头沟通、什么时候使用非正式的备忘录和什么时候使用正式的报告等。沟通计划常常与组织计划紧密联系在一起，因为项目的组织结构对项目沟通要求有重大影响。在项目初始阶段就应该建立沟通计划，根据对项目相关人员的分析，项目经理和项目团队的成员可以确定沟通的需求。沟通计划可以对沟通的过程、沟通的类型和沟通的需求进行组织和文档化，从而使沟通更加有效、顺畅。

项目沟通计划是对项目全过程的沟通内容、沟通方法、沟通渠道等各个方面的计划与安排。就大多数项目而言，沟通计划的内容可作为项目初期阶段工作的一个部分。由于项目相关人员有不同的沟通需求，所以应该在项目的早期，与项目相关人员一同确定沟通计划，并且评审这个计划，以预防和减少项目进行过程中存在的沟通问题。同时，还需要根据计划实施的结果对沟通计划进行定期检查，必要时还需要加以修订，所以项目沟通计划管理工作是贯穿于项目全过程的一项工作。尤其，企业在同时进行多个项目的时候，制定统一的沟通计划，有利于项目的顺利进行。例如，公司所有的项目有统一的报告格式、统一的技术文档格式、统一的问题解决渠道，起码给用户的感觉是公司的管理是有序的。编制沟通计划的具体步骤如下。

1. 准备工作

（1）收集信息

收集沟通过程中的信息包括：

- 项目沟通内容方面的信息。
- 项目沟通所需沟通手段的信息。
- 项目沟通的时间和频率方面的信息。
- 项目信息来源与最终用户方面的信息。

（2）加工处理沟通信息

对收集到的沟通计划方面的信息进行加工和处理是编制项目沟通计划的重要一环，而且只有经过加工处理过的信息才能作为编制项目沟通计划的有效信息使用。

2. 确定项目沟通需求

项目沟通需求的确定是指在信息收集的基础上，对项目组织的信息需求做出的全面决策。其内容包括：

- 项目组织管理方面的信息需求。
- 项目内部管理方面的信息需求。
- 项目技术方面的信息需求。
- 项目实施方面的信息需求。
- 项目与公众关系的信息需求。

3. 确定沟通方式与方法

在项目沟通中，对不同信息的沟通需要采取不同的沟通方式和方法，因此在编制项目沟通计划过程中，必须明确各种信息需求的沟通方式和方法。影响项目选择沟通方式与方法的因素主要有以下几个方面：

- 沟通需求的紧迫程度。
- 沟通方式与方法的有效性。
- 项目相关人员的能力和习惯。
- 项目本身的规模。

4. 编制项目沟通计划

项目沟通计划的编制过程是根据收集的信息，先确定项目沟通要实现的目标，然后根据项目沟通目标和沟通需求确定沟通任务，进一步根据项目沟通的时间要求安排这些项目沟通任务，并确定保障项目沟通计划实施的资源和预算。

制定一个协调的沟通计划非常重要，清楚地了解什么样的项目信息要报告、什么时候报告、如何报告、谁来负责编写这些报告非常重要。项目经理要让项目组人员和项目干系人都了解沟通计划，要让他们针对各自负责的部分根据相关规范来编制沟通计划。

可以根据需要制定沟通计划，沟通计划可以是正式的或者非正式的，可以是详细的或提纲式的。沟通计划没有固定的表达方式。沟通计划的内容主要包括以下几个方面。

1）沟通需求：分析项目相关人需要什么信息，确定谁需要信息，何时需要信息。对项目干系人的分析有助于确定项目中各种参与人员的沟通需求。

2）沟通内容：确定沟通内容，包括沟通的格式、内容、详细程度等。如果可能的话，可以统一项目文件格式，统一各种文件模板，并提供编写指南。

3）沟通方法：确定沟通方式、沟通渠道等，保证项目人员能够及时获取所需的项目信息。确定信息如何收集、如何组织，详细描述沟通类型、采用的沟通方式、沟通技术等，如检索信息的方法、信息保存方式、信息读写权限、会议记录、工作报告、项目文档（需求、设计、编码、发布程序等）、辅助文档等的存放位置，以及相应的读写权利、约束条件与假设前提等。明确表达项目组成员对项目经理或项目经理对上级和相干人员的工作汇报关系和汇报方式，明确汇报时间和汇报形式。例如，项目组成员对项目经理通过E-mail发送周报，项目经理对直接客户和上级按月通过E-mail发送月报，紧急汇报通过电话及时沟通，项目组每两周进行一次当前工作沟通会议，每周同客户和上级进行一次口头汇报等。汇报内容包括问题的解决程序、途径等。

4）沟通职责：谁发送信息，谁接收信息，制定一个收集、组织、存储和分发适当信息给适当人的系统。这个系统也包括对发布的错误信息进行修改和更正，详细描述项目内信息的流动图。这个沟通结构描述了沟通信息的来源、信息发送的对象、信息的接收形式，以及传送重要项目信息的格式、权限。

5）沟通时间安排：创建沟通信息的日程表，类似项目进展会议的沟通应该定期进行，设置沟通的频率等。其他类型的沟通可以根据项目的具体条件进行。

6）沟通计划维护：当项目进行时，沟通计划如何修订的指南，明确本计划在发行变化时由谁进行修订，并发送给相关人员。

其实，沟通计划也包括很多其他方面，例如，应该有一个专用于项目管理中所有相关人员的联系方式的小册子，其中包括项目组成员、项目组上级领导、行政部人员、技术支持人员、出差订房订票等人员的相关联系信息等。联系方式做到简洁明了，最好能有对特殊人员的一些细小标注。

沟通规划在项目规划的早期进行并且贯穿项目整个生命周期，若项目干系人发生变化，则他们的需求也可能会发生变化，因此沟通计划需要定期地审核和更新。

5. 沟通方式建议

如果针对项目中的一些重要信息没有进行充分和有效的沟通，会造成各做各事、重复劳动，甚至不必要的损失。例如，沟通过程中的沉默、没有反应等可能表示项目人员尚未弄清楚问题，为此项目管理者还需要同开发人员进行充分沟通，了解开发人员的想法。在对项目没有一个共同、一致的理解的前提下，一个团队是不可能成功的。为此，需要制定有效的沟通制度和沟通机制，对由于缺乏沟通而造成的事件进行通报，以作为教训，提高沟通意识，提高大家对沟通作用的认识。沟通方式根据内容呈多样化，讲究有效率的沟通。例如，通过制度规定因未及时收取电子邮件而造成损失的责任归属；对于特别重要的内容，要采用多种方式进行有效沟通以确保信息传达到位；除发送电子邮件外还要电话提醒、回执等，重要的内容还要通过举行各种会议进行传达。

为解决沟通中的问题，建议采取多种、灵活、经济的沟通方式。例如，一般的小问题或者简单问题可进行电话交流，复杂的、必要的、重要的沟通需要以会议形式解决，形成书面的会议纪要。在保证沟通效果的前提下力求节省时间，提高工作效率。规定项目组成员在每天工作过程中记录下遇到的问题，然后在以电子邮件方式发送给需要沟通者或者询问者。对于可以直接回答的问题，则直接以电子邮件方式回复。对于无法直接答复而只需与提出问题者讨论的问题，需商议确定。对于需要众人一起讨论的问题，则召开会议讨论。对于较紧急的问题，则召开临时性会议。通过以上方法，可以及时发现、解决问题，从而避免因各方立场不一致造成严重对立而影响项目进度，避免因交流不畅而造成重大质量问题。

10.4 敏捷项目团队管理

10.4.1 仆人式领导

敏捷方法强调仆人式领导方式，仆人式领导方法是一种为团队赋权的方法。仆人式领导是通过对团队服务来领导团队的实践，注重理解和关注团队成员的需要和发展，旨在使团队尽可能达到最高绩效。

第六版《PMBOK 指南》将项目经理定义为“由执行组织委派，领导团队实现项目目标的个人”。项目经理的价值不在于他们的岗位，而在于他们能够让每个人都变得更好。

10.4.2 敏捷团队

《敏捷宣言》的价值观和原则的一个核心宗旨是强调个人和交互的重要性。敏捷优化了价值流，强调向客户快速交付功能，而不是怎样“用”人。要善于激励项目人员，为他们提供所需的环境和支持，信任他们能够完成工作。

敏捷团队中的角色主要有 3 类：产品负责人、团队促进者、跨职能团队成员，分别对应 Scrum 的 3 个角色，即产品负责人（product owner）、Scrum 主管（Scrum master）及开发团队。

敏捷团队注重快速开发产品，以便获得反馈。在实践中，最有效的敏捷团队往往由 3 ~ 9 个成员组成。理想情况下，敏捷团队应该集中在一个团队工作场所工作。可以围坐一个桌子开会，沟通便捷，如图 10-14 所示。团队成员 100% 为专职成员。敏捷项目鼓励自我管理团队，由团队成员决定谁执行下一阶段定义的范围内的工作。敏捷团队与仆人式领导一起茁壮成长，领导支持团队的工作方法。跨职能敏捷团队频繁创造功能性产品增量，这是因为团队集体对工作负责并共同拥有完成工作所需的所有必要技能。

图 10-14 敏捷团队协作开发

在成功的敏捷团队中，团队成员在工作中以各种方式开展合作（如结对、群集、群体开发），因而，他们会协同工作，随着工作的推进和交付少量已完成的功能，他们也在不断学习。敏捷项目的易变性高，可以最大限度地采用集中和协作的团队结构，协作型团队可以促进不同工作活动的加速整合、改善沟通、增加知识分享，以及具有工作分配的灵活性和其他优势。

Scrum 团队的人数一般小于 9 人，如果团队比较大，则可以以大变小，执行 Scrum of Scrums，即大敏捷。大项目可以分解为多个小项目，也就是 Scrum 中有多个 Scrum 项目，每个小项目是 Scrum 敏捷项目，形成团队中的团队，如图 10-15 所示。

10.4.3 敏捷沟通

在模糊不定的项目环境中，必然需要对不断演变和出现的细节情况进行更频繁和快速的沟通。因此，应该尽量简化团队成员获取信息的通道，频繁进行团队检查，并让团队成员集中办公。此外，为了促进与高级管理层和相关方的沟通，还需要以透明的方式发布项目工件，并定期邀请相关方评审项目工件。

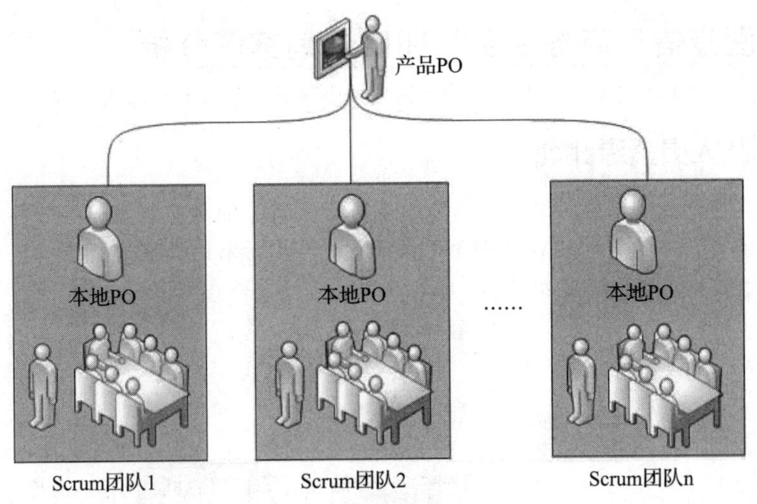

图 10-15　Scrum of Scrums

10.4.4　敏捷干系人管理

高度变化的项目更需要项目相关方的有效互动和参与。为了开展及时且高效的讨论及决策，适应型团队会直接与相关方互动，而不是通过层层的管理级别。客户、用户和开发人员在动态的共创过程中交换信息，通常能实现更高的相关方参与度和满意程度。在整个项目期间保持与相关方社区的互动，有利于降低风险，建立信任，并尽早做出项目调整，从而节约成本，提高项目成功的可能性。为加快组织内部和组织之间的信息分享，敏捷型方法提倡高度透明。例如，邀请所有相关方参与项目会议和审查，或将项目工件发布到公共空间，其目的在于让各方之间的不一致和依赖关系，或者与不断变化的项目有关的其他问题，都尽快浮现。例如，团队所有开发人员都参加每日站立会议，迭代评审会议邀请客户等相关人员参与评审和反馈。项目信息随时发布在看板（见图 10-16）上，便于团队相关人员及时了解项目信息。

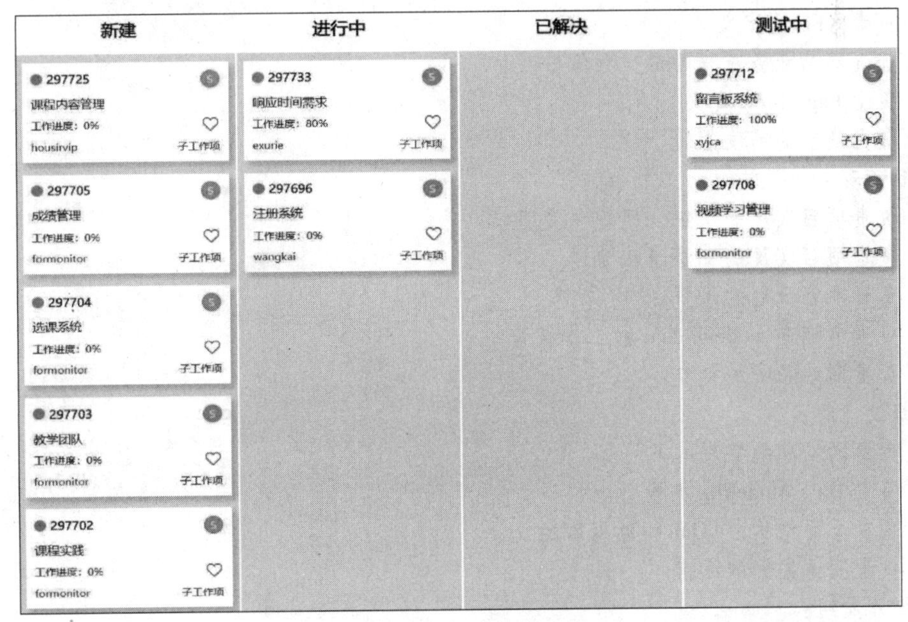

图 10-16　看板管理

10.5 “医疗信息商务平台”团队计划案例分析

本章案例包括“医疗信息商务平台”的团队人员资源计划、项目干系人计划及项目沟通计划。

10.5.1 团队人员资源计划

由于项目实施过程中需要涉及不同组织的各方面人员，而各组织之间的任务和职责也不尽相同，因此明确定义组织结构和各自职责可保证系统开发活动的顺利进行。本项目的组织结构如图10-17所示，相当于矩阵组织结构。

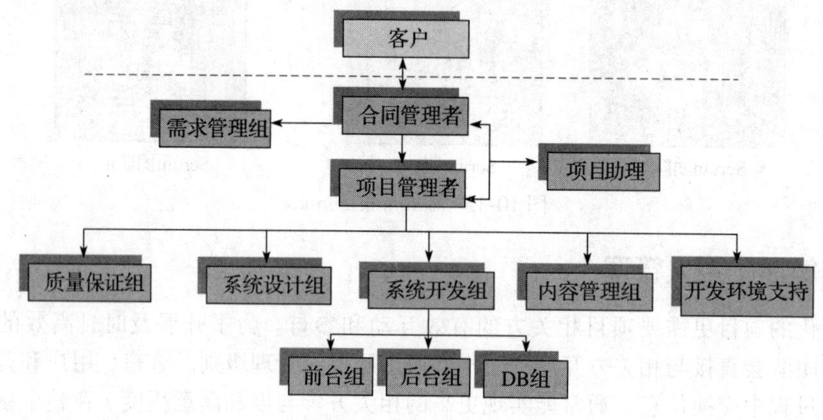

图10-17 项目组织结构图

其中：

合同管理者：

- 负责项目对外的商务协调。
- 负责项目计划的审批和实施监督。

需求管理组：

- 负责KFL的定义。
- 负责网站业务流程的定义和维护。
- 负责Page Flow定义。
- 负责项目的需求管理。

项目管理者：

- 负责项目实施的组织、规划和管理。
- 负责项目实施的资源组织协调。
- 负责项目计划的维护。
- 负责定期向medeal.com的工作报告。
- 负责网站系统的提交。

系统设计组：

- 负责网站系统实现的设计。
- 负责Data Modeling的设计。
- 负责页面结构、COM和数据库的设计。
- 负责测试案例的评审。

系统开发组：

- 负责网站系统的开发。

- 负责页面、COM 和数据库的开发。
- 负责网站系统的集成和调试。

内容管理组：

- 负责内容管理环境的建立。
- 过程定义和维护。
- 负责网站内容的处理、确认和维护。

质量保证组：

- 负责根据过程规范制定检查表，按阶段控制项目开发过程。
- 负责项目的配置管理。
- 负责测试案例的设计。
- 负责网站系统的测试。

开发运行环境支持组：

- 负责开发环境、内容管理环境和 QA 环境的建立。
- 协助开发人员进行系统安装和配置。

该项目的项目管理由王军负责，技术管理由张立负责，需求管理由陈斌负责，网站内容开发由杨焱泰负责。具体各组织人员组成如表 10-5 所示。

表 10-5　项目角色定义

角色	负责人	参与人	角色	负责人	参与人
medeal. com	李 × ×		系统开发组 - 后台	郑浩	王强、虞晓东、蒋东
合同管理者	姜心		CM 组	杨焱泰	丁心茹、周辉
需求管理组	陈斌	张山	质量保证组 - QA	韩新	
项目管理者	王军		质量保证组 - SCM	唐甜甜	
项目助理	周 × ×		质量保证组 - 测试	唐甜甜	唐昕、田梅
系统设计组	刁平安	柳金	开发运行环境支持组	蔡文姬	钱飞
系统开发组 - DB	张立	温煦	机动	许昕	
系统开发组 - 前台	赵锦波	胡好好、刘占山、崔铁			

10.5.2　项目干系人计划

项目干系人计划如表 10-6 所示。

表 10-6　项目干系人计划

序号	姓名	单位/部门	职位	项目角色	联系方式	主要需求	主要期望	管理计划	目前状态
0	李 × ×	× × 公司/综合部	总经理	客户	136 × × ×	满足界面需求	配合需求调研、验收	外部/定期联络、沟通需求	中立
1	张 × ×	× × 公司/业务部	部门经理	客户	138 × × ×	了解项目信息	支持项目进展、配合验收	外部/定期汇报进展、沟通需求	反对
2	王 × ×	集成部	技术经理	项目协助	133 × × ×	接口、部署、协调、确认业务需求	配合接口、部署、协调、确认业务需求	参照内部沟通计划	中立
3	韩 × ×	总部	总经理	项目支持者	189 × × ×	用户满意	项目管理、需求、设计、开发	参照内部沟通计划	支持

10.5.3 项目沟通计划

项目沟通分为外部协调和内部沟通两部分。

1. 外部协调

对于外部协调，应注意以下两点：

1）原则上由合同管理者负责与客户进行协调。为减少交流成本，项目人员也可直接与用户联系，但必须将联系内容通报合同管理者和项目助理，并由项目助理记入沟通记录。

2）建立周三、五定期报告制度，由项目管理者向客户进行工作汇报，报告内容包括项目进展状态、下步安排、项目管理问题协商等。联系方式为 E-mail，突发事件可通过电话联系。E-mail 地址格式如下：

我方：TomL@××××.com

客户：Brad@medeal.com

Bill@yahoo.com

E-mail 标识：WeeklyReport-mmdd，其中 mmdd 表示月日，使用两位数字表示，如 0505 表示 5 月 5 日。

2. 内部沟通

在敏捷开发中，要进行频繁沟通，主要的 3 个沟通会议是每日站立会议（一般 15 分钟）、Sprint 计划会议、Sprint 复审会议。

（1）每日站立会议

会议时间：每天下班前开始。

会议目的：

1）协调每日任务，讨论遇到的问题。

2）任务板能够帮助团队聚焦于每日活动之上，要在这个时候更新任务板和燃尽图。

基本要求：

1）项目团队所有人员参加。

2）每天 15 分钟，同样时间，同样地点。

3）团队成员在聆听他人发言时，都应该想这个问题："我该怎么帮他做得更快？"

4）项目经理不要站在团队前面或任务板旁边，不要营造类似于师生教学的气氛。

会议输出：

1）团队彼此明确知道各自的工作、最新的工作进度图、燃尽图。

2）得到最新的"本迭代产品状况"

（2）Sprint 计划会议

会议时间：在每个迭代第一天召开。

会议目的：估算本次迭代的工作项，明确优先级排序，确定本次迭代的 Sprint 提交结果，给出设计方案，估算本次 Sprint 的工作量。

会议内容：

1）该会议的工作以分析为主，目的是详细理解最终用户到底要什么，产品开发团队可以从该会议中详细了解最终用户的真实需要，决定他们能够交付哪些东西。

2）产品开发团队可以为他们要实现的解决方案完成设计工作，团队知道如何构建当前 Sprint 中要开发的功能。

3）估算本 Sprint 迭代的产品任务列表。

会议输出：

1）产品条目（product backlog）的用户验收测试。

2）架构设计图。

3）经过估算和排序的产品任务列表。

（3）Sprint复审会议

会议时间：Sprint结束。

会议目的：向最终用户展示工作成果，得到用户的反馈，并据此创建或变更列表条目。

基本内容：

1）让参与者试用团队展示的新功能。

2）有可能发布的产品增量，由团队展示。

会议输出：

1）用户的反馈。

2）更新的产品任务列表。

3. 沟通方式说明

为保证项目管理的有效进行，建立沟通事件记录通报制度，事件包括与用户的电话记录、各方建议等。事件记录由项目助理负责，并于每周三和周五提交项目管理者，用于向合同管理者汇报。

（1）邮件沟通

邮件沟通在项目实施过程中是使用最频繁的沟通方式，邮件沟通约定如下：

- 邮件收件人为对邮件内容必须知晓或对邮件必须反馈的人员。
- 邮件抄送人为对邮件内容了解或对邮件可以但不强制反馈的人员。
- 邮件收件人和抄送人的顺序依据组织架构内容，同组的人员放在一起，组内职级最高的人员决定小组位置，并列关系的组按先业务后信息的原则排列。
- 邮件主题“【”+组织结构名称+“-”+邮件主题目“】”+邮件子题目。
- 邮件正文分为几种类型，邮件正文约定如下：

> 称谓，大家好
>
> 主要内容要清晰无歧义
>
> 落款　　　　日期
> 联系方式

（2）电话沟通

电话沟通时要清晰无歧义。电话沟通的结果（如需要）可以以邮件方式记录后发给相关人员。

（3）文件沟通与口头沟通

文件沟通特指通过纸质文件进行沟通的方式，在满足公司纸质文件流转规定的同时尽快推进。口头沟通时，遇到争议暂无法解决的问题，先记录下来之后讨论。口头沟通的结果（如需要）可以以邮件方式记录后发给相关人员。

10.6 小结

本章首先描述了项目团队组织结构。项目组织一般有3种典型形式：职能型、项目型和矩阵型。可以根据项目的具体特点选择合适的项目组织结构。角色职责的关系可以通过组织结构图、责任分配矩阵、文本等进行描述。本章还描述了项目干系人计划。识别项目干系人，确定如何管理干系人也是项目计划的一部分。最后本章讲述了项目沟通计划。沟通是项目成功的前提，确定谁需要信息，需要什么信息，何时需要信息，需要什么信息，以及如何将信息分发给他们。

10.7 练习题

一、填空题

1. 可以充分发挥部门资源集中优势的组织结构类型为________。
2. 组织结构的主要类型有________、________、________。
3. ________沟通最有可能协助解决复杂的问题。
4. 当项目中有20个人时，沟通渠道最多有________。

二、判断题

1. 项目干系人计划是项目计划的一部分。 ( )
2. 项目型组织结构的优点是可以资源共享。 ( )
3. 应尽量多建立一些项目沟通渠道。 ( )
4. 项目沟通的基本原则是及时性、准确性、完整性和可理解性。 ( )
5. 在IT项目中，成功最大的威胁是沟通的失败。 ( )
6. 责任分配矩阵是明确项目团队成员的角色与职责的有效工具。 ( )
7. 口头沟通不是项目沟通的方式。 ( )
8. 对于紧急的信息，应该通过口头的方式沟通；对于重要的信息，应采用书面的方式沟通。 ( )
9. 沟通计划包括确定谁需要信息，需要什么信息，何时需要信息，以及如何接收信息等。 ( )
10. 敏捷团队的人员一般在3~9人，而且一般集中在一个场地开发，可以围坐一个桌子开会。 ( )

三、选择题

1. ( ) 以图形方式展示项目团队成员及其报告关系，这样可以减少沟通渠道，减少沟通成本。

   A. 项目组织图　B. 甘特图　C. 网络图　D. RAM图

2. 下面不是敏捷角色的是( )。

   A. 产品负责人　B. 团队促进者　C. 跨职能团队成员　D. 合同管理者

3. 在项目管理的组织结构中，适用于主要由一个部门完成的项目或技术比较成熟的项目的组织结构是( )。

   A. 矩阵型组织结构　B. 项目型组织结构
   C. 职能型组织结构　D. 均可

4. 项目经理花在沟通上的时间是（　　）。
A. 20% ~40%　　B. 75% ~90%　　C. 60%　　D. 30% ~60%
5. 在（　　）组织结构中，项目成员没有安全感。
A. 职能型　　B. 矩阵型　　C. 项目型　　D. 弱矩阵型
6. 下列关于干系人的描述中，不正确的是（　　）。
A. 影响项目决策的个人、群体或者组织　　B. 影响项目活动的个人、群体或者组织
C. 影响项目结果的个人、群体或者组织　　D. 所有项目人员
7. 编制沟通计划的基础是（　　）。
A. 沟通需求分析　　B. 项目范围说明书　　C. 项目管理计划　　D. 历史资料
8. 项目团队原来有 5 个成员，现在人员扩充，又增加了 3 个成员，那么沟通渠道是原来的（　　）倍。
A. 2.8　　B. 2　　C. 4　　D. 1.6
9. 对于项目中比较重要的通知，最好采用（　　）沟通方式。
A. 口头　　B. 书面　　C. 网络方式　　D. 电话
10. 在一个高科技公司，项目经理正在为一个新的项目选择合适的组织结构，这个项目涉及很多的领域和特性，他应该选择（　　）组织结构。
A. 矩阵型　　B. 项目型　　C. 职能型　　D. 组织型

四、问答题

1. 写出 5 种以上项目沟通方式。
2. 对于特别重要的内容，一般采用哪些方式才能确保有效的沟通？

第 11 章

软件项目风险计划

项目具有不确定性的属性，所以，任何项目都有风险。如果没有很好的风险管理，项目就可能遇到麻烦。制定合理的风险计划，才能防患于未然，做到主动管理风险，而不是被动地被风险所控制。本章进入路线图的“风险计划”，如图 11-1 所示。

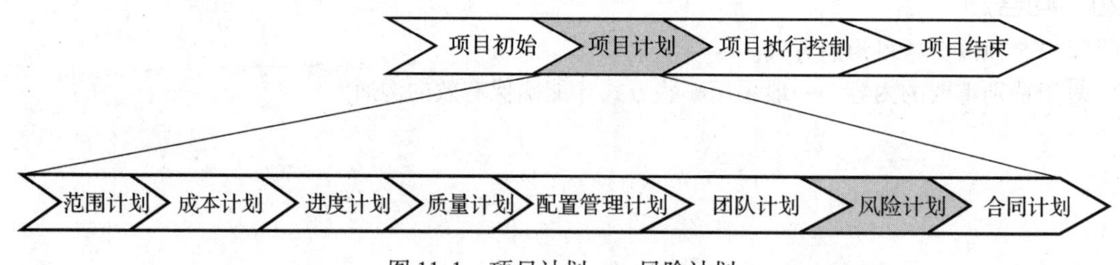

图 11-1　项目计划——风险计划

11.1　风险管理过程的概念

伴随着软件技术的不断更新、软件数量的增多、软件复杂程度的不断加大，客户对产品的要求也在不断地提高，随之而来的是软件项目给软件开发企业和需求企业带来的巨大风险。风险管理与控制已成为决定软件开发项目成败的关键。

风险是介于确定性和不确定性之间的状态，是处于无知和完整知识之间的状态。项目风险有很多种，没有风险的项目是不存在的，只是风险的多少、严重程度不同而已。在软件项目管理中，很多项目管理者经常更关注于项目范围、进度、成本、质量，但是，如果没有完善的风险管理机制，项目将困难重重。

需要采取积极的措施对要发生或即将发生的风险进行管理，尽量减少软件项目风险，促进项目的成功。

11.1.1　风险的定义

所谓风险，归纳起来主要有两种意见：主观学认为，风险是损失的不确定性；客观学认为，风险是给定情况下一定时期可能发生的各种结果间的差异。风险的两个基本特征是不确定性和损失。所以，风险是对潜在的、未来可能发生损害的一种度量，如果风险确实发生了，则会对项目产生有害的或者负面的影响。软件风险是指对软件开发过程及软件产品本身可能造成的伤害或损失。风险关注未来的事情，这意味着，风险涉及选择及选择本身包含的不确定性，在软件开发过程要面临各种选择。另外，风险涉及思想、观念、行为、地点等因素的改变。

软件项目风险会影响项目计划的实现，如果项目风险变成现实，就有可能影响项目的进度，增加项目的成本，甚至使软件项目不能实现。如果对项目进行风险管理，就可以最大限度地减少风险的发生。但是，很多项目经理不太关心风险，结果造成软件项目经常性延期、超过预算，甚至失败。

在软件项目的开发过程中必然要使用一些新技术、新产品，同时由于软件系统本身的结构和技术复杂性的原因，需要投入大量人力、物力和财力，这就造成开发过程中存在某些“未知量”或者“不确定因素”，也必然会给项目的开发带来一定程度的风险，也就可能会使项目计划失败或不能完全达到预期目标。因此，对项目风险进行科学、准确的判别，为项目决策层和管理人员提供科学的评估方法是十分必要的。一个项目的损失可能有不同的后果形式，如软件质量的下降、成本费用的超出、项目进度的推迟等。

一般来说，项目风险具有三要素：风险事件、风险事件发生的概率、风险造成的影响。如图 11-2 所示，风险发生的概率越高，造成的影响越大，就越容易导致高风险。

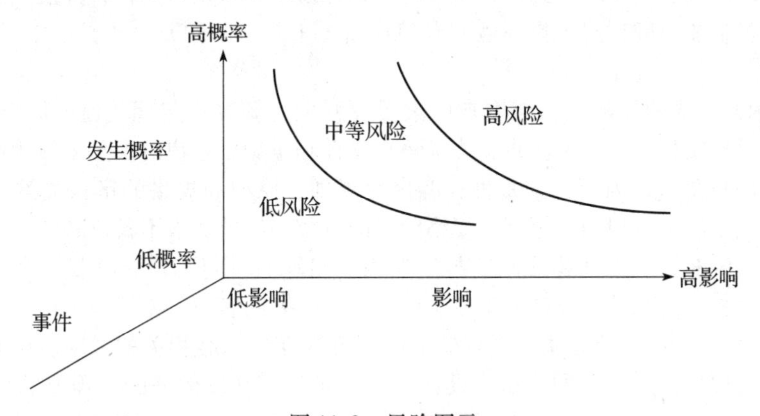

图 11-2　风险图示

风险是一种概率事件，即可能发生，也可能不发生。因此，我们通常会表现很乐观，不是看不到风险就是希望它们不会发生。如果风险真的出现了，这种态度会使项目陷入困境，这是一个大型项目中很可能发生的事情。当没有办法消除风险，甚至连试图降低该风险也存在疑问时，这些风险就是真正的风险了。因此，风险管理被认为是管理大型软件项目的最佳实践。

11.1.2　风险的类型

从范围角度来看，风险主要分为商业风险、管理风险、人员风险、技术风险、开发环境风险、客户风险、产品风险、过程风险等。

1）商业风险。商业风险是指与管理或市场所加诸的约束相关的风险，主要包括市场风险、策略风险、管理风险和预算风险等。例如：如果开发的软件不是市场真正所想要的，就发生了市场风险；如果开发的软件不再符合公司的软件产品策略，就发生了策略风险；如果由于重点转移或者人员变动而失去上级管理部门的支持，就发生了管理风险；如果没有得到预算或者人员的保证，就发生了预算风险。

2）管理风险。管理风险是指潜在的预算、进度、个人（包括人员和组织）、资源、用户和需求方面的问题，如时间和资源分配的不合理、项目计划质量的不足、项目管理原理使用不良、资金不足、缺乏必要的项目优先级等所导致的风险。项目的复杂性、规模的不确定性和结构的不确定性也是构成管理风险的因素。

3）人员风险。人员风险是指与参与项目的软件人员稳定性、总体技术水平及项目经验相关的风险。例如：作为先决条件的任务不能按时完成；开发人员和管理层之间关系不佳，导致决策缓慢，影响全局；缺乏激励措施，士气低下，降低了生产能力；某些人员需要更多的时间适应还不熟悉的软件工具和环境；项目后期加入新的开发人员，需进行培训并逐渐与现有成员沟通，从而使现有成员的工作效率降低；项目组成员之间发生冲突，导致沟通不畅、设计欠佳、接口出现错误和额外的重复工作；不适应工作的成员没有调离项目组，影响了项目组其他成员的积极性；没有找到项目急需的具有特定技能的人等。

4）技术风险。技术风险是指与待开发软件的复杂性及系统所包含技术的“新奇性”相关的风险，如潜在的设计、实现、接口、检验和维护方面的问题。规格说明的多义性、技术上的不确定性、技术陈旧及“过于先进”的技术等都是技术风险因素。复杂的技术，以及项目执行过程中使用技术或者行业标准发生变化所导致的风险也是技术风险。技术风险威胁要开发的软件质量及交付时间。如果技术风险变成现实，则开发工作可能变得很困难或者不可能。

5）开发环境风险。开发环境风险是指与用以开发产品的工具的可用性及质量相关的风险。例如：设施未及时到位；设施虽到位，但不配套；开发工具未及时到位；开发工具不如期望的有效，开发人员需要时间创建工作环境或者切换新的工具；新的开发工具的学习期比预期长，内容繁多。

6）客户风险。客户风险是指与客户的素质及开发者和客户定期沟通的能力相关的风险。例如：客户对最后交付的产品不满意，要求重新设计和重做；客户的意见未被采纳，造成产品最终无法满足用户要求，因而必须重做；客户对规划、原型和规格的审核决策周期比预期要长；客户没有或不能参与规划、原型和规格阶段的审核，导致需求不稳定和产品生产周期发生变更；客户答复的时间（如回答或澄清与需求相关问题的时间）比预期长；客户提供的组件质量欠佳，导致额外的测试、设计和集成工作，以及额外的客户关系管理工作。

7）产品风险。产品风险是指与质量低下的不可接受的产品相关的风险。例如：矫正这些产品的质量，需要比预期更多的测试、设计和实现工作；开发额外的不需要的功能（镀金），延长了计划进度；严格要求与现有系统兼容，需要进行比预期更多的测试、设计和实现工作；要求与其他系统或不受本项目组控制的系统相连，导致无法预料的设计、实现和测试工作；在不熟悉或未经检验的软件和硬件环境中运行所产生的未预料到的问题；开发一种全新的模块将比预期花费更长的时间；依赖正在开发中的技术，延长计划进度。

8）过程风险。过程风险是指与软件过程被定义的程度及它们被开发组织所遵守的程度相关的风险。例如：大量的纸面工作导致进程比预期慢；前期的质量保证行为不真实，导致后期重复工作；太不正规（缺乏软件开发策略和标准），导致沟通不足，质量欠佳，甚至需重新开发；过于正规（教条地坚持软件开发策略和标准），导致过多耗时于无用的工作；向管理层撰写进程报告占用开发人员的时间比预期多；风险管理粗心，导致未能发现重大的项目风险。

从预测角度看，风险可分为下面3种类型。

1）已知风险。已知风险是指通过仔细评估项目计划、开发项目的商业与技术环境及其他可靠的信息来源（如不现实的交付时间、没有需求或软件范围的文档、恶劣的开发环境）之后可以发现的那些风险。

2）可预测风险。可预测风险是指能够从过去项目的经验中推测出来的风险（如人员调整、与客户之间无法沟通等）。

3）不可预测风险。不可预测风险是指可能、也许会真的出现，但很难事先识别出来的风险。

项目管理者只能对已知风险和可预测风险进行规划，不可预测的风险只能靠企业的能力来承担。

11.1.3　风险管理过程

风险管理过程就是分析风险 3 个要素的过程。风险管理过程，旨在识别出风险，然后采取措施使它们对项目的影响最小化。风险管理首次出现于 Boehm 关于风险管理的指南中。自此，软件的风险管理逐渐被人们所认识。风险管理是项目管理中最容易被忽略而且是最难以管理的环节，是在项目进行过程中不断对风险进行识别、评估、制定策略、监控风险的过程。通过风险识别、风险分析和风险评价认识项目的风险，并以此为基础合理地使用各种风险应对措施、管理方法、技术和手段对项目的风险进行有效的控制，妥善处理风险事件造成的不利后果，以最小的成本保证项目总体目标的实现。

一般来说，在风险实施前需要进行风险规划，即决定采用什么方式、方法，如何计划项目风险的活动，指导特定项目如何进行风险管理。例如，确定风险管理执行的方法、采用的工具、数据等；确定风险管理过程中的角色、职责；确定风险管理的预算、时间等要求；确定风险的分类；如何评估风险的概率、影响等，如何生成风险管理文档。

一个优秀的风险管理者应该采取主动风险管理策略，而不是关注弥补和解决了多少问题（风险未被及时识别或妥善处理，就会转换成问题），即着力预防和消灭风险根源的管理策略，而不应该采取被动的方式。被动风险管理策略是直到风险变成真正的问题时，才抽出资源来处理它们，更有甚者，软件项目组对风险不闻不问，直到发生了错误才赶紧采取行动，试图迅速地纠正错误。这种管理模式常常称为“救火模式”。当补救的努力失败后，项目就处在真正的危机之中了。主动风险管理策略的目标是预防风险。但是，因为不是所有的风险都能够预防，所以，项目组必须建立一个应付意外事件的计划，使其在必要时能够以可控的、有效的方式做出反应。

只有进行很好的风险管理，才能有效地控制项目的成本、进度、产品需求，同时可以阻止意外的发生，这样项目经理可以将精力更多地放到项目的及时提交上，不用像救火队员一样，处于被动状态。同时，风险管理可以防止问题的出现，即使出现问题，也可以降低损失程度。可以说，“你不跟踪风险，风险就跟踪你。”正如 Tom Gilb 所说“如果你不主动攻击风险，风险就会主动攻击你。”

风险管理是在风险尚未产生、形成之前，对风险进行识别，并且评估风险出现的概率及经它们能够产生的影响，按风险从高到低排序，有计划地管理。这种做法正好和被动风险管理方式相反，即主动出击，然而即使这样做，也并不能从根本上防止未知风险的产生，我们能做的只是减少风险发生的可能性，所以风险的管理和我们的认知及经验有一定的联系。计划项目书中要写清如何进行风险管理。项目的预算中必须包含风险解决所需要的经费，以及它们可能产生的影响。

风险管理的过程包括风险识别、风险评估、风险规划、风险控制，风险控制是在项目执行控制阶段，根据风险计划进行跟踪控制的过程。

11.2　风险识别

风险识别是试图系统化地确定对项目计划（估算、进度、资源分配）的威胁，识别已知和可预测的风险。只有识别出这些风险，项目管理者才有可能避免这些风险，并于必要时控制这些风险。在项目的前期及早识别出风险是很重要的。在项目开始时就要进行风险识别，并在项目执行过程中不断跟进。

风险识别包括确定风险的来源，确定风险产生的条件，描述风险特征和确定哪些风险事件有可能影响本项目。风险识别相当于确定风险三要素中的风险事件。每一类风险可以分为两种不同的情况：一般性风险和特定性风险。对于每一个软件项目而言，一般性风险是一个潜在的威胁。只有那些对当前项目的技术、人员及环境非常了解的人才能识别出特定性风险。为了识别特定性风险，必须检查项目计划及软件范围说明，从而了解本项目的什么特性可能会威胁到项目计划。一般性风险和特定性风险都应该被系统化地标识出来。

项目风险识别应凭借对“因”和“果”（将会发生什么和导致什么）的认定来实现，或通过对“果”和“因”（什么样的结果需要予以避免或促使其发生，以及怎样发生）的认定来完成。

风险识别不是一次性行为，而应有规律地贯穿于整个项目中。风险识别过程如图 11-3 所示，其中，风险识别的输入可能是项目的 WBS、工作陈述(SOW)、项目相关信息、项目计划假设、历史项目数据、其他项目经验文件、评审报告、公司目标等。风险识别常用的方法是建立“风险条目检查表”，利用一组问题来帮助项目风险管理者了解在项目和技术方面有哪些风险；此外，还有德尔菲方法、头脑风暴法、情景分析法、问询法（座谈法、专家法）法等。当然，风险识别还有很多其他的方法，如流程图法、现场观察法、相关部门配合法和环境分析法等。风险识别的输出是风险列表。

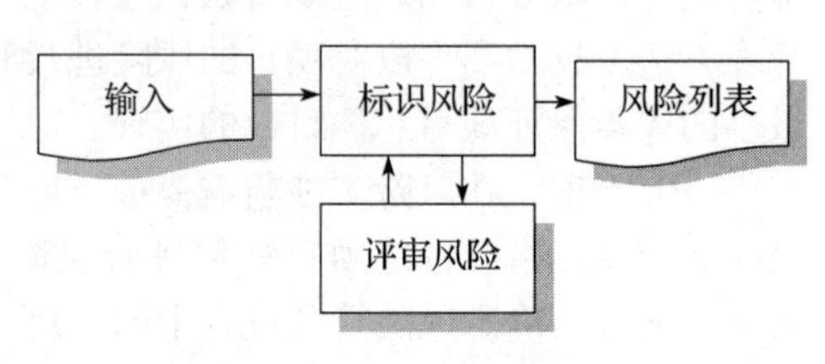

图 11-3 风险识别过程

11.2.1 风险识别的方法

1. 德尔菲方法

德尔菲方法又称专家调查法，是一种组织专家就某一专题达成一致意见的信息收集技术。作为一种主观、定性的方法，德尔菲方法广泛应用于需求收集、评价指标体系的建立、具体指标的确定及相关预测领域。它起源于 20 世纪 40 年代末期，最初由美国兰德公司首先使用，很快就在世界上盛行起来，目前此法的应用已遍及经济、社会、工程技术等各领域。我们在进行成本估算的时候也用到了这个方法。用德尔菲方法进行项目风险识别的过程是，由项目风险小组选定与该项目有关的领域专家，并与这些适当数量的专家建立直接的函询联系，通过函询收集专家意见，然后加以综合整理，再匿名反馈给各位专家，再次征询意见，这样反复经过四至五轮，逐步使专家的意见趋向一致，作为最后预测和识别的根据。

2. 头脑风暴法

头脑风暴法是一种以专家的创造性思维来获取未来信息的直观预测和识别方法。此法是由美国人奥斯本于 1939 年首创的，从 20 世纪 50 年代起就得到了广泛应用。头脑风暴法一般在一个专家小组内进行，通过专家会议，激发专家的创造性思维来获取未来信息。这要求主持专家会议的人在会议开始时的发言应能激起专家们的思维“灵感”，促使专家们感到急需和本能地回答会议提出的问题，通过专家之间的信息交流和相互启发，从而诱发专家们产生“思维共振”，以达到互相补充并产生“组合效应”，获取更多的未来信息，使预测和识别的结果更准确。

3. 情景分析法

情景分析法是根据项目发展趋势的多样性，通过对系统内外相关问题的系统分析，设计出多种可能的未来前景，然后用类似于撰写电影剧本的手法，对系统发展态势做出自始至终的情景和画面的描述。当一个项目持续的时间较长时，往往要考虑各种技术、经济和社会因素的影响，对这种项目进行风险预测和识别，这时可用情景分析法来预测和识别其关键风险因素及其影响程度。情景分析法对以下情况是特别适用的：提醒决策者注意某种措施或政策可能引起的风险或危机性的后果；建议需要进行监视的风险范围；研究某些关键性因素对未来过程的影响；提醒人们注意某种技术的发展会给人们带来哪些风险。情景分析法是一种适用于对可变因素较多的项目进行风险预测和识别的系统技术，它在假定关键影响因素有可能发生的基础上，构造多重情景，提出多种未来的可能结果，以便采取适当措施防患于未然。

4. 风险条目检查表法

风险条目检查表法是最常用且比较简单的风险识别方法。这个检查表一般根据风险要素进行编写，它是利用一组问题来帮助管理者了解项目在各个方面有哪些风险。风险条目检查表中列出一些可能的与每一个风险因素有关的问题，使得风险管理者集中来识别常见的、已知的和可预测的风险，如产品规模风险、依赖性风险、需求风险、管理风险及技术风险等。

风险条目检查表可以以不同的方式组织，通过判定分析或假设分析，给出这些问题的回答，可以帮助管理或计划人员估算风险的影响。风险条目检查表是以往项目经验的总结。检查表的类别和条目可以根据企业或者项目的具体情况来选择或者自行开发。表 11-1 就是一个风险条目检查表。

表 11-1 风险条目检查表

商业风险	
风险类型	检查项
政治 法律 市场	政府或者其他机构对本项目的开发有限制吗
	有不可预测的市场动荡吗
	竞争对手有不正当的竞争行为吗
	是否在开发很少有人真正需要却自以为很好的产品
	是否在开发可能亏本的产品
客户	客户的需求是否含糊不清
	客户是否反反复复地改动需求
	客户指定的需求和交付期限在客观上可行吗
	客户对产品的健壮性、可靠性、性能等质量因素有非常过分的要求吗
	客户的合作态度友善吗
	与客户签的合同公正吗？双方互利吗
	客户的信誉好吗？例如，按客户的需求开发了产品，但是客户可能不购买
管理风险	
风险类型	检查项
项目计划	对项目的规模、难度估计是否比较正确
	人力资源（开发人员、管理人员）够用吗？合格吗
	项目所需的软件、硬件能按时到位吗
	项目的经费够用吗
	进度安排是否过于紧张？有合理的缓冲时间吗
	进度表中是否遗忘了一些重要的（必要的）任务
	进度安排是否考虑了关键路径
	是否可能出现某一项工作延误导致其他一连串的工作也被延误
	任务分配是否合理？（即把任务分配给合适的项目成员，充分发挥其才能）
	是否为了节省钱，不采用（购买）成熟的软件模块，一切从零做起

（续）

管理风险	
风险类型	检查项
项目团队	项目成员团结吗？是否存在矛盾
	是否绝大部分的项目成员对工作认真负责
	绝大部分的项目成员有工作热情吗
	团队之中有“害群之马”吗
	技术开发队伍中有临时工吗
	本项目开发过程中是否会有核心人员辞职、调动
	是否能保证“人员流动基本不会影响工作的连续性”
	项目经理是否忙于行政事务而无暇顾及项目的开发工作
上级领导 行政部门 合作部门	本项目是否得到上级领导的重视
	上级领导是否随时会抽调本项目的资源用于其他“高优先级”的项目
	上级领导是否过多地介入本项目的事务并且瞎指挥
	行政部门的办事效率是否比较低，以至于拖项目的进度
	行政部门是否经常做一些无益于生产力的事情，以至于骚扰本项目
	机构是否能全面、公正地考核员工的工作业绩
	机构是否有较好的奖励和惩罚措施
	本项目的合作部门的态度积极吗？是否应付了事？或者做事与承诺的不一致
技术风险	
风险类型	检查项
需求开发 需求管理	需求开发人员懂得如何获取用户需求吗？效率高吗
	需求开发人员懂得项目所涉及的具体业务吗？能否理解用户的需求
	需求文档能够正确地、完备地表达用户需求吗
	需求开发人员能否与客户对有争议的需求达成共识
	需求开发人员能否获得客户对需求文档的承诺？是否能保证客户不随便变更需求
综合技术 开发能力 包括设计 编程、测试等	开发人员是否有开发相似产品的经验
	待开发的产品是否要与未曾证实的软硬件相连接
	对于开发人员而言，本项目的技术难度高吗
	开发人员是否已经掌握了本项目的关键技术
	如果某项技术尚未实践过，开发人员能否在预定时间内掌握
	开发小组是否采用比较有效的分析、设计、编程、测试工具
	分析与设计工作是否过于简单、草率，从而让程序员边做边改
	开发小组采用统一的编程规范吗
	开发人员对测试工作重视吗？能保证测试的客观性吗
	项目有独立的测试人员吗？懂得如何进行高效率的测试吗
	是否对所有重要的工作成果进行了同行评审（正式评审或快速检查）
	开发人员懂得版本控制、变更控制吗？能够按照配置管理规范执行吗
	开发人员重视质量吗？是否会在进度延误时降低质量要求

5. 其他方法

进行风险识别的时候，项目经理不一定能预测到所有的风险情况，而且有时当局者迷，与不同的项目相关人员进行有关风险的面谈，或者以电话、电子邮件等方式讨论将有助于识别那些在常规计划中未被识别的风险。在进行可行性研究时获得的项目前期面谈记录，往往是风险识别的很好参考。另外，SWOT（强项、弱项、机会、威胁）分析也是一个风险识别的方法。

11.2.2　风险识别的结果

风险识别的结果可以是一个风险识别列表，如表 11-2 所示，第一列是识别出来的风险，第二列是风险的类别。风险识别列表可以包括风险管理过程的所有结果，如风险名称、风险标识、风险描述、风险类别、风险负责人、概率、影响、状态等，随着风险管理过程的进行，风险识别列表的内容将逐步完善。

表 11-2　风险识别列表

风险	类别	风险	类别
规模估算可能非常低	产品规模	用户将改变需求	产品规模
用户数量大大超出计划	产品规模	技术达不到预期的效果	技术情况
复用程度低于计划	产品规模	缺少对工具的培训	开发环境
最终用户抵制该计划	商业影响	人员缺乏经验	人员数目及其经验
交付期限将被紧缩	商业影响	人员流动频繁	人员数目及其经验
资金将会流失	客户特性	……	……

不同项目可能发生的风险事件不同，应该针对具体项目识别出真正有可能发生在该项目中的风险事件，而且还要对这些风险事件进行描述，如可能性、可能后果范围、预计发生时间、发生频率等。

11.3　风险评估

风险评估是对风险影响力进行衡量的活动。风险评估针对识别出来的风险事件做进一步分析，对风险发生的概率进行估计和评价，对项目风险后果的严重程度进行估计和评价，对项目风险影响范围进行分析和评价，以及对项目风险发生时间进行估计和评价。它是衡量风险发生的概率和风险对项目目标影响程度的过程。通过对风险及风险的相互作用的估算来评价项目可能结果的范围，从成本、进度及性能 3 个方面对风险进行评价，确定哪些风险事件或来源可以避免，哪些可以忽略不考虑（包括可以承受），哪些要采取应对措施。

在实践中，通常把风险评估的结果用风险发生的概率及风险发生后对项目目标的影响程度来表示，风险 R 是该风险发生的概率 P 和影响程度 I 的函数，即 $R=f(P, I)$。然后按风险的严重性排序，确定最需要关注的风险（风险识别列表的前几个风险）。

风险评估的方法包括定性风险评估方法和定量风险评估方法。

11.3.1　定性风险评估方法

定性风险评估主要针对风险发生的概率及后果进行定性的评估，如采用历史资料法、概率分布法、风险后果估计法等。历史资料法主要是应用历史数据进行评估的方法，通过同类历史项目的风险发生情况，进行本项目的估算。概率分布法主要是按照理论或者主观调整后的概率进行评估的一种方法。另外，可以对风险事件后果进行定性的评估，按其特点划分为相对的等级，形成一种风险评价矩阵，并赋以一定的加权值来定性地衡量风险大小。例如，根据风险事件发生的概率度，将风险事件发生的可能性定性地分为若干等级。风险概率值是介于没有、可能和确定之间的。风险概率度量也可以采用高、中、低或者极高、高、中、低、极低，以及不可能、不一定、可能和极可能等不同方式表达。风险后果是风险影响项目目标的严重程度，如无影响、无穷大影响，风险后果的影响度量可以采用高、中、低或者极高、高、中、低、极低，以及灾难、严重、轻微、可忽略等方式表达。

在评估概率和风险后果影响时可以采用一些原则，如小中取大原则、大中取小原则、遗憾原则、最大数学期望原则、最大可能原则等。

如表 11-3 所示，风险发生的概率被分为 5 个等级。同时，可以将风险后果的影响程度分为若干等级。如表 11-4 所示，风险后果的影响程度被分为 4 个等级。

表 11-3 风险发生概率的定性等级

等级	等级说明
A	极高
B	高
C	中
D	低
E	极低

表 11-4 风险后果影响的定性等级

等级	等级说明
Ⅰ	灾难性的
Ⅱ	严重的
Ⅲ	轻度的
Ⅳ	轻微的

将上述风险的后果影响和发生概率等级编制成矩阵并分别给以定性的加权指数，可形成风险评价指数矩阵。表 11-5 为一种定性风险评估指数矩阵的实例。

表 11-5 定性风险评估指数矩阵实例

影响等级 / 概率等级	Ⅰ（灾难性的）	Ⅱ（严重的）	Ⅲ（轻度的）	Ⅳ（轻微的）
A（极高）	1	3	7	13
B（高）	2	5	9	16
C（中）	4	6	11	18
D（低）	8	10	14	19
E（极低）	12	15	17	20

矩阵中的加权指数称为风险评估指数，指数 1 ~ 20 是根据风险事件的可能性和严重性水平综合确定的，通常将最高风险指数定为1，对应于频繁发生的并且后果是灾难性的风险事件。最低风险指数为20，对应于几乎不可能发生并且后果是轻微的风险事件。数字等级的划分具有随意性，但要便于区别各种风险的档次，划分得过细或过粗都不便于风险的决策，因此需要根据具体对象制定。

项目管理者可以根据项目的具体情况确定风险接受准则。这个准则没有统一的标准，例如，可以将风险评估指数矩阵中的指数指定为 4 种不同类别的决策结果：指数 1 ~ 5 表示不可接受的风险；指数 6 ~ 9 表示不希望有的风险，需由项目管理者们决策；指数 10 ~ 17 表示有控制的接受的风险，需要项目管理者们评审后方可接受；指数 18 ~ 20 表示不经评审即可接受的风险。当然，风险评估指数矩阵可以采用更为简单的方法，表 11-6 给出一种简易的定性风险评估表。其中，风险发生的概率分为高、中、低 3 个等级，风险后果的影响也分为高、中、低 3 个等级，通过表 11-6 矩阵定性地确定风险的评估结果。

从风险管理的角度来看，风险后果影响和发生概率各自起着不同的作用。一个具有高影响但低概率的风险因素不应当占用太多的风险管理时间，而对于具有中到高概率、高影响的风险和具有高概率及低影响的风险，就应该对其进行风险分析。例如，表 11-7 是某项目的定性风险分析结果，可以看到 Risk1、Risk2、Risk4、Risk9、Risk10 是高风险，需要高度重视。

表 11-6 定性风险评估表

概率 / 影响	低	中	高
高	低	高	高
中	低	高	高
低	低	中	中

表 11-7 项目定性风险分析结果

概率 / 影响	低	中	高
高	Risk3	Risk4	Risk9
中	Risk6、Risk7	Risk1、Risk2	Risk10
低		Risk8	Risk5

定性风险评估的目的是界定风险源，并初步判明风险的严重程度，以给出系统风险的综合印象。通过定性风险评估，可以对项目风险有一个大致了解，了解项目的薄弱环节。但是，有时需要了解风险发生的可能性到底有多大，后果到底有多严重等。回答这些问题，就需要对风险进行定量的评估分析。

11.3.2　定量风险评估方法

定量风险评估是在定性评估的逻辑基础上，给出各个风险源的量化指标及其发生概率，再通过一定的方法合成，得到系统风险的量化值。它是基于定性风险分析基础上的数学处理过程。

定量风险评估是一种广泛使用的管理决策支持技术，其目标是量化分析每一风险的概率及其对项目目标造成的后果，也用于分析项目总体风险的程度。定量风险评估包括访谈、盈亏平衡分析、决策树分析、模拟法、敏感性分析等方法。

1. 访谈

访谈技术用于量化对项目目标造成影响的风险概率和后果。访谈可以邀请以前做过与本项目相类似项目的专家，这些专家运用他们的经验做出风险度量，其结果相当准确和可靠，甚至有时比通过数学计算与模拟仿真的结果还要准确和可靠。如果风险损失后果的大小不容易直接估计出来，可以将损失分解为更小的部分，再对其进行评估，然后将各部分评估结果累加，形成一个合计评估值。例如，如果使用 3 种新编程工具，可以单独评估每种工具未达到预期效果的损失，然后把损失加到一起，这要比总体评估容易。

2. 盈亏平衡分析

盈亏平衡分析（break even analysis）通常又称为损益平衡分析。它是一种根据软件项目在正常开发时间的产品产量或销售量、成本费用、产品销售单价和销售税金等数据，计算和分析产量、成本和盈利这三者之间的关系，从中找出它们的规律，并确定项目成本和收益相等时的盈亏平衡点的分析方法。在盈亏平衡点上，软件项目既无盈利，也无亏损。通过盈亏平衡分析可以看出软件项目对市场需求变化的适应能力。

盈亏平衡分析主要确定项目的盈亏平衡点。在盈亏平衡点上，收入等于成本，此点用以标识项目不亏不赢的开发量，用来确定项目的最低生产量。盈亏平衡点越低，项目盈利的机会越大，亏损的风险越小。因此，该点表达了项目生产能力的最低容许利用程度。参照水准是一种对风险评估的不错工具，例如，成本、性能、支持和进度就是典型的风险参照系，成本超支、性能下降、支持困难、进度延迟等都有一个导致项目终止的水平值。如果风险的组合所产生的问题超出了一个或多个参照水平值，就终止该项目的工作。在项目分析中，风险水平参考值是由一系列的点构成的，每一个单独的点常称为参照点或临界点。如果某风险落在临界点上，可以利用性能分析、成本分析、质量分析等来判断该项目是否继续工作。图 11-4 表示了这种情况。

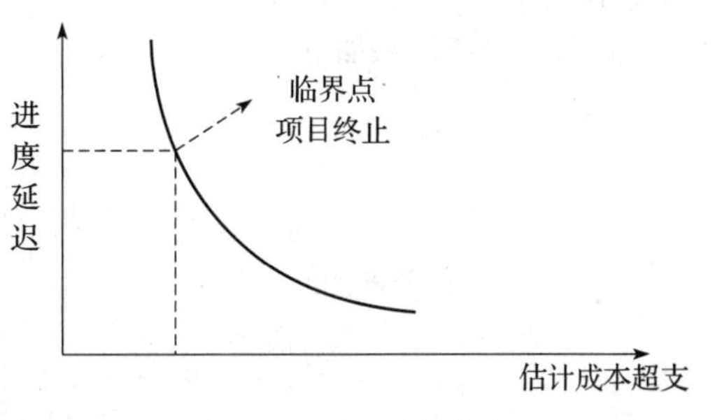

图 11-4　项目临界点

3. 决策树分析

决策树分析（decision tree analysis）是一种形象化的图表分析方法，提供项目所有可供选择的行动方案及行动方案之间的关系、行动方案的后果及发生的概率，为项目经理提供选择最佳方案的依据。决策树分析采用预期货币值（Expected Monetary Value，EMV，又称损益期望值）作为决策的一种计算值，是一种定量风险分析技术。它将特定情况下可能的风险造成的货币后果和发生概率相乘，得出一种期望的损益。

决策树是以一种便于决策者理解的、能说明不同决策之间和相关偶发事件之间的相互作用的图表来表达的。决策树的分支或代表决策或代表偶发事件。图 11-5 是一个典型的决策树图。决策树是对实施某计划的风险分析。它用逐级逼近的计算方法，从出发点开始不断产生分枝以表示所分析问题的各种发展可能性，并以各分支的损益期望值中的最大者（如求极小值，则为最小者）作为选择的依据。从这个风险分析来看，实施计划后，项目有 70% 的成功概率，30% 的失败概率。而成功后有 30% 概率是项目高性能的回报 outcome = 550 000，同时有 70% 概率是亏本的回报 outcome = －100 000，这样项目成功的 EMV =（550 000 × 30% －100 000 × 70%）× 70% = 66 500，项目失败的 EMV = 60 000（概率为 30%），则实施后的 EMV = 66 500 - 60 000 = 6500，而不实施此项计划的 EMV = 0。通过比较，应该实施这个计划。

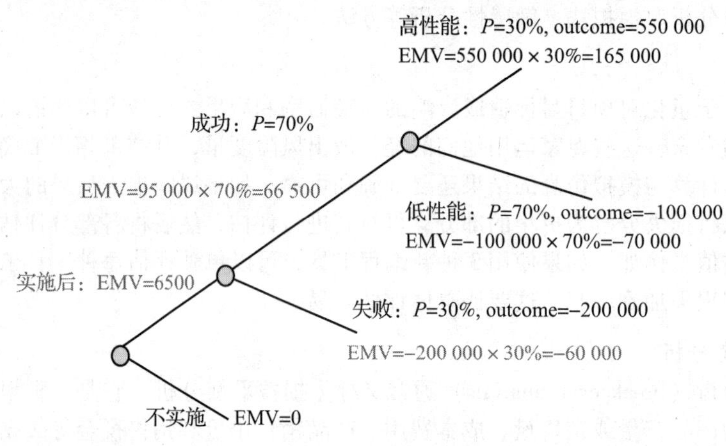

图 11-5　决策树

【例 1】　利用决策树风险分析技术分析如下两种情况，以便决定选择哪种方案（要求绘制决策树）。

方案 1：随机投掷硬币两次，如果两次投掷的结果都是硬币正面朝上，则获得 10 元；如果投掷的结果是硬币背面朝上（一次），则需要付出 1.5 元。

方案 2：随机投掷硬币两次，需要付出 2 元；如果两次投掷的结果都是硬币正面朝上，则获得 10 元。

决策树分析结果如下：

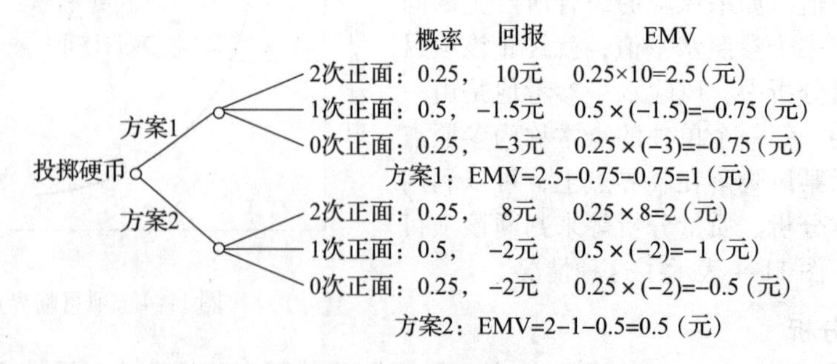

通过上面分析可知，方案 1 的 EMV = 1 元，方案 2 的 EMV = 0.5 元，因此可以选择方案 1。

4. 模拟法

模拟（simulation）法是一种运用概率论及数理统计方法来预测和研究各种不确定因素对软件项目投资价值指标影响的定量分析方法。通过概率分析，可以对项目的风险情况做出比较准确的判断。例如，蒙特卡罗（Monte Carlo）技术就是一种模拟法。大多模拟项目日程表是建立在某种形式的“蒙特卡罗”分析基础上的。这种技术往往由全局管理所采用，对项目“预演”多次以得出图 11-6 所示的计算结果，图中的曲线显示了完成项目的累计可能性与某一时间点的关系。例如，虚线的交叉点显示：在项目启动后 150 天之内完成项目的可能性为 50%。项目完成期越靠左，则风险越高，反之风险越低。

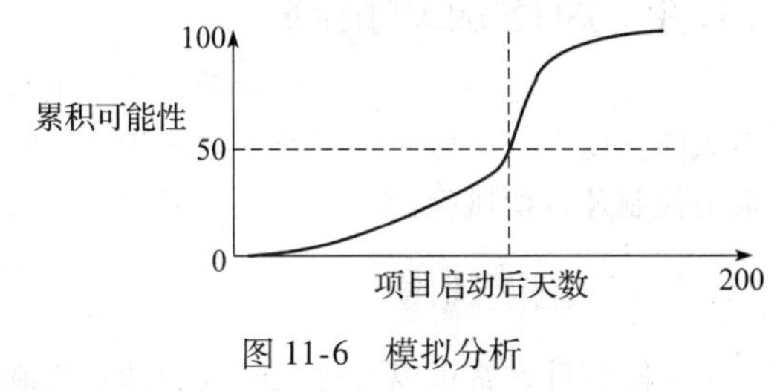

图 11-6　模拟分析

5. 敏感性分析

敏感性分析（sensitivity analysis）的目的是考查与软件项目有关的一个或多个主要因素发生变化时对该项目投资价值指标的影响程度。通过敏感性分析，可以了解和掌握在软件项目经济分析中，某些参数估算错误或是使用的数据不太可靠而可能造成的对投资价值指标的影响程度，有助于我们确定在项目投资决策过程中需要重点调查研究和分析测算的因素。

敏感性分析可判断不同变量的变化对结果的影响。在生活中，我们也会使用到这个方法，例如，在进行贷款的时候，大家很注意不同利率、不同年限的贷款对月供的影响，从而判断哪个风险最小，以便做出决定。

另一种被广泛运用于风险评估的方法是 VERT。VERT 是国外在 20 世纪 80 年代初期发展的一个通用仿真软件，用于对项目研制构造过程网络，将各种复杂的逻辑关系抽象为时间、费用、性能的三元组的变化。网络模型面向决策，统筹处理时间、费用、性能等风险关键性参数，有效地解决多目标最优化问题，具有较大的实用价值。它的原理是通过丰富的节点逻辑功能，控制一定的时间流、费用流和性能流流向相应的活动。每次仿真运行，通过蒙特卡罗模拟，这些参数流在网络中按概率随机流向不同的部分，经历不同的活动而产生不同的变化，最后至某一终止状态。用户多次仿真后，通过节点收集到的各参数了解系统情况以辅助决策。如果网络结构合理，逻辑关系及数学关系正确，且数据准确，我们可以较好地模拟实际系统研制的时间、费用及性能的分布，从而知道系统研制的风险。

11.3.3　风险评估的结果

通过风险评估分析，可以得到明确的、需要关注的风险管理清单，如表 11-8 所示。清单列出了风险名称、类别、概率、该风险所产生的影响及风险的排序。可以从风险清单中选择排序靠前的几个风险作为风险评估的最终结果。这个清单常常称为 Boehm 的风险 Top Ten（前十）清单，而其中风险值的计算 risk = 概率 × 该风险所产生的影响，以此进行风险排序。

表 11-8　风险分析结果

风险	类别	概率	影响	排序
用户变更需求	产品规模	80%	5	1
规模估算可能非常低	产品规模	60%	5	2
人员流动	人员数目及其经验	60%	4	3
最终用户抵制该计划	商业影响	50%	4	4
交付期限将被紧缩	商业影响	50%	3	5
用户数量大大超出计划	产品规模	30%	4	6
技术达不到预期的效果	技术情况	30%	2	7
缺少对工具的培训	开发环境	40%	1	8
人员缺乏经验	人员数目及其经验	10%	3	9
……	……	……	……	……

11.4 风险应对策略

项目开发是一个高风险的活动，如果项目采取积极的风险管理策略，就可以避免或降低许多风险，反之，可能使项目处于瘫痪状态。规划降低风险的主要策略是回避风险、转移风险、损失控制及自留风险。

11.4.1 回避风险

风险事件常常可以通过及时改变计划来制止或避免。回避风险又称替代战略，是指通过分析找出发生风险事件的原因，尽可能地规避可能发生的风险，采取主动放弃或拒绝使用导致风险的方案，这样可以直接消除风险损失，回避风险，具有简单、易行、全面、彻底的优点，能将风险的发生概率保持在零，因为已经将风险的起因消除了，从而保证项目安全运行。项目管理组不可能排除所有风险，但特定的风险事件往往是可以排除的。在采取回避风险策略时，应注意以下几点。

1）对风险有足够认识，而且当风险发生概率极高、风险后果影响很严重时，可以采用这个策略。

2）当其他的风险策略不理想的时候，才可以考虑这个策略。

3）不是所有的风险都可以采取回避策略，如地震或者洪涝灾害等是无法回避的。

4）由于回避风险策略只是在特定范围内及特定的角度上才有效，因此避免了某种风险，而有可能产生另一种新的风险。例如，避免采用新的技术，可能导致开发出来的产品技术落后的风险。

11.4.2 转移风险

转移风险是指为避免承担风险损失，而有意识地将损失或与损失有关的财务后果转嫁给另外的单位或个人去承担。例如，将有风险的一个软件项目分包给其他分包商，或者通过免责合同等开脱手段说明不承担后果。

转移风险有时也称通过采购转移风险，即从本项目组织外采购产品和服务，常常是针对某些种类风险的有效对策。例如，与使用特殊科技相关的风险可以通过与有此种技术经验的组织签订合同减缓风险。采购行为往往将一种风险置换为另一种风险。又如，如果销售商不能够顺利销售，那么用制定固定价格的合同来减缓成本风险会造成项目进程受延误的风险；而相同情形下，将技术风险转嫁给销售商又会造成难以接受的成本风险。

投保也是一种转移风险的策略，保险或类似保险的操作对一些风险类别是行之有效的。在不同的应用领域，险种的类别和险种的成本也相应不同。

11.4.3 损失控制

损失控制是指在风险发生前消除风险可能发生的根源，并减少风险事件发生的概率，在风险事件发生后减少损失的程度。故损失控制的基本点在于消除风险因素和减少风险损失。

这个策略是最主动的风险应对策略，根据目的不同，损失控制分为损失预防和损失抑制。

1. 损失预防

损失预防是指风险发生前为了消除或减少可能引起风险的各种因素而采取的各种具体措施，制定预防性计划，即设法消除或减少各种风险因素，以降低风险发生的概率。预防性计划包括针对一个确认的风险事件的预防方法及风险发生后的应对步骤。

例如，经过风险识别发现，项目组的程序员对所需开发技术不熟，可以事先进行培训来减轻对项目的影响，这是损失预防方法。

又如，为了避免“客户不满意”风险事件，可以采用如下损失预防方法。

1）业务建模阶段要让客户参与。

2）需求阶段要多和客户沟通，了解客户真正的需求。

3）采用目标系统的模型向客户演示，并得到反馈意见。

4）要有双方认可的验收方案和验收标准。

5）做好变更控制和配置管理。

2. 损失抑制

损失抑制也称风险减缓，是指风险发生时或风险发生后为了缩小损失幅度所采用的各项措施。通过降低风险事件发生的概率或得失量来减轻对项目的影响。

例如，为了避免自然灾害造成的后果，在一个大的软件项目中考虑异地备份来进行损失抑制。如果一个系统有问题，可以启动另外一个系统。又如，有一个软件集成项目中包括了设备，而且计划在部署阶段之前设备必须到位，而这些设备从厂家直接进货。经过分析发现有可能不能按时进货，那就应该考虑备选方案。再如，在一个软件开发项目中，某开发人员有可能离职，离职后会对项目造成一定的影响，则应该针对这个风险事件开发应对计划（针对损失控制策略）：

1）进行调研，确定流动原因。

2）在项目开始前，把缓解这些流动原因的工作列入风险管理计划。

3）制定文档标准，并建立一种机制，保证文档及时产生。

4）对所有工作组织细致的评审，使大多数人能够按计划进度完成自己的工作。

5）对每个关键性技术人员培养后备人员。

11.4.4　自留风险

自留风险又称承担风险，是一种由项目组织自己承担风险事件所致损失的措施。这种接受可以是积极的（如制定预防性计划来防备风险事件的发生），一般是经过合理判断和谨慎研究后决定承担风险；或者不知道风险因素的存在而承担下来，这是消极的自我承担。例如，某些工程运营超支则接受低于预期的利润，或者由于疏忽而承担的风险。

11.5　风险规划

风险规划是针对风险分析的结果，为提高实现项目目标的机会，降低风险的负面影响而制定风险应对策略和应对措施的过程，即通过制定一系列的行动和策略来对付、减少以至于消灭风险事件。

项目管理永远不能消除所有的风险，但是常常通过一定的风险规划，采取必要的风险控制策略可以消除特定的风险事件。风险规划的输出是项目风险计划。

针对风险事件采取应对措施，开发应对计划，一旦发生风险事件，就可以实施风险应对计划。在考虑风险成本之后，决定是否采用上述策略。例如，在软件测试期间经常会发现故障，因此一个合理的项目必须做好发现故障时对它们进行修复的计划。同样，项目开发过程中几乎总是会出现某些变更申请，因此项目管理必须相应地准备好变更计划，以处理这些的事件。

在风险规划过程中，可以通过计算风险缓解率来确定风险应对策略。

风险缓解率 =（风险应对策略前风险值 - 风险应对策略后风险值）/ 风险缓解成本

其中，风险应对策略前风险值采取风险对应策略之前的风险值；风险应对策略后风险值采取风险对应策略之后的风险值。

风险缓解率大于1，表示通过风险策略缓解风险获得的价值大于缓解风险本身的成本。

风险规划的结果是一个项目风险计划或者风险管理方案。一个风险计划应该包括项目风险的来源、类型、项目风险发生的可能时间及范围、项目风险事件带来的损失，以及项目风险可能影响的范围等。表11-9是一个风险计划的示例，它通过输入风险识别项，对风险进行分析，得出风险值，然后按照风险的大小排序，给出需要关注的TOP风险清单，同时确定风险应对策略。

表11-9 风险分析表

排序	输入	风险事件	可能性	影响	风险值	采取的措施
1	系统设计评审	没有足够的时间进行产品测试	70%	50%	35%	1. 采取加班的方法 2. 修改计划去掉一些任务 3. 与客户商量延长一些时间
2	WBS	对需求的开放式系统标准没有合适的测试案例	20%	80%	16%	找专业的测试公司完成测试工作
3	需求和计划	采用新技术可能导致进度的延期	50%	30%	15%	1. 培训开发人员 2. 找专家指导 3. 采取边开发边学习的方法，要求他们必须在规定的时间内掌握技术
……	……	……	……	……	……	……

项目经理在制定项目计划的时候，应该制定一个需要关注的风险管理计划，至于采用什么形式的风险管理计划，项目经理可以自行决定，但是TOP风险清单是很重要的工具。

一个大型软件的开发存在30～40种风险。如果每种风险都需要多个风险管理步骤，那么风险管理本身也可以构成软件开发过程的一个子项目。风险管理不仅需要人力资源，而且需要经费的支持。通过风险管理，项目进程可以更加平稳，可以获得很高的跟踪和控制项目的能力，并且可以增强项目组成员对项目如期完成的信心。风险管理是项目管理中很重要的管理活动，有效地实施软件风险管理是软件项目顺利完成的保证。

在软件项目管理中，应该任命一名风险管理者，该管理者的主要职责是在制定与评估规划时，从风险管理的角度对项目计划进行审核并发表意见，不断寻找可能出现的任何意外情况，试着指出各个风险的管理策略及常用的管理方法，以随时处理出现的风险。在风险管理过程中可以建立风险管理工具，通过这个工具在控制风险过程中可以做到实时追踪。

11.6 敏捷项目的风险规划

敏捷项目风险规划的主要措施是损失预防与损失抑制，从本质上讲，越是变化的环境就存在越多的不确定性和风险。为了应对快速变化，需要采用适应型方法管理项目，敏捷项目可以通过几个方面有效规避风险，例如：

1）敏捷团队是跨职能项目团队，不同领域专家有助于风险识别。

2）频繁评审增量产品，不断查找问题，可以识别风险。

3）在选择每个迭代期的工作内容时，应该考虑风险，识别风险。

4）在每个迭代期间应该识别、分析和管理风险。

5）客户参与可以减少需求变更的风险，客户是团队成员，经常与客户联系，也可以减少需求变更的风险。

但是，敏捷本身也有风险。例如，没有长期计划，一些风险识别比较困难；没有长期规划，存在变更的风险。

11.7 "医疗信息商务平台"风险计划案例分析

"医疗信息商务平台"项目的风险计划如表 11-10 所示。

表 11-10　"医疗信息商务平台"项目的风险计划

序号	风险描述	概率	影响	风险等级	风险响应计划	责任人	状态
1	时间风险：该平台 Phase1 阶段的开发工作量大且时间有限（截止时间为 9 月 30 日），这给项目实施带来较大的时间风险	中	极大	中	为保证平台系统能在最短的时间内提交，从生存期上应采用敏捷式快速成型和增量开发技术，尽量利用已有的产品和成熟的技术进行集成，逐步实现平台的功能和服务，使平台逐步完善起来。为了使平台能够尽快投入使用，除采用上述策略外，还应与用户协商，确定实现服务和功能的优先级，按照优先级的顺序由高至低地进行开发，逐步完成全部服务和功能	赵六	OPEN
2	需求风险：平台所有者对平台实现的需求随着项目的进展而不断具体化，而每一次需求的变化都可能由于影响设计和开发而造成时间和资源的调整，这给项目实施带来一定的需求风险	中	大	高	使用增量式的开发，面对需求的不断变更和具体化，可以随着项目的不断开发增量式地添加新功能或修改之前已有的功能，满足需求的变更	吴丹	OPEN
3	资源风险：由于目前可以投入的开发人员有限，而新员工又面临熟悉和培训的过程，因此项目实施中可能存在一定的资源风险	低	中	中	合理分配开发人员的工作量，对可以投入的开发人员做到高效利用，对每个新员工加强熟悉培训过程，使其尽快投入开发工作中	张三	OPEN

11.8 小结

风险是伴随着软件项目过程而产生的，在软件项目中进行风险管理是必需的，如果忽略风险，就会导致项目的失败。风险管理过程包括风险识别、风险评估、风险规划、风险控制等步骤，而且这些步骤是循环进行的。风险条目检查表法是风险识别和风险评估中常用的一种方法。风险评估包括定性风险分析和定量风险分析，其中决策树是一个很重要的定量风险分析方法，风险应对策略主要包括回避风险、转移风险、损失控制及自留风险。风险计划是软件项目计划的一个重要部分。对于任何一个软件项目，可以有最佳的期望值，但更应该要有最坏的准备，"最坏的准备"在项目管理中就是进行项目的风险分析。

11.9 练习题

一、填空题

1. 风险评估的方法包括________和定量风险分析。
2. 决策树分析是一种________方法。
3. 项目风险的三要素是________、________、________。
4. ________风险应对策略是指尽可能地规避可能发生的风险，采取主动放弃或者拒绝使用导致风险的方案。

5. 定量风险评估主要包括________、________、________等方法。

二、判断题

1. 任何项目都是有风险的。 ( )
2. 风险是损失发生的不确定性，是对潜在的、未来可能发生损害的一种度量。 ( )
3. 风险识别、风险评估、风险规划、风险控制是风险管理的 4 个过程。 ( )
4. 应对风险的常见策略是回避风险、转移风险、损失控制和自留风险。 ( )
5. 项目的风险几乎一样。 ( )
6. 购买保险是一种回避风险的应对策略。 ( )
7. 敏捷项目没有长期计划，这本身也是一个风险，因为存在一些无法识别的风险。 ( )

三、选择题

1. 下列不属于项目风险的三要素的是（ ）。
   A. 一个事件 B. 事件的产生原因 C. 事件发生的概率 D. 事件的影响
2. 下列属于可预测风险的是（ ）。
   A. 不现实的交付时间 B. 没有需求或软件范围的文档
   C. 人员调整 D. 恶劣的开发环境
3. 下列不是风险管理过程的是（ ）。
   A. 风险评估 B. 风险识别 C. 风险规划 D. 风险收集
4. 下列说法错误的是（ ）。
   A. 项目风险的 3 个要素是一个事件、事件发生的概率、事件的影响
   B. 风险管理的 4 个过程是风险识别、风险评估、风险规划、风险控制
   C. 风险规划的主要策略是回避风险、转移风险、损失控制、自留风险
   D. 项目风险是由风险发生的可能性决定的
5. 在一个项目的开发过程中采用了新的技术，为此，项目经理找来专家对项目组人员进行技术培训，这是什么风险应对策略？（ ）
   A. 回避风险 B. 损失控制 C. 转移风险 D. 自留风险
6. 下列不属于风险评估方法的是（ ）。
   A. 盈亏平衡分析 B. 模拟法 C. 决策树分析 D. 二叉树分析

四、问答题

1. 一个项目在进行规划的时候，碰到了一个风险问题，项目经理在决定是否采用方案 A。如果采用方案 A 则需要使用一个新的开发工具，而能够掌握这个工具的概率是 30%，通过使用这个工具可以获利 5 万元。如果采用方案 A 而不能掌握这个工具，将损失 1 万元。利用决策树分析技术说明这个项目经理是否应该采用这个方案 A（绘制决策树）。
2. 某企业在今年有甲、乙两种产品方案可以选择，每种方案的状态、收益和概率如下表所示，绘制决策树，并判断哪种方案将有更大收益。

每种方案的状态，收益和概率

状态	甲方案			乙方案		
	滞销	一般	畅销	滞销	一般	畅销
概率	0.2	0.3	0.5	0.3	0.2	0.5
收益/万元	20	70	100	10	50	160

第 12 章

■ 软件项目合同计划

当项目需要从外部获取产品、服务或者结果时，项目管理者需要考虑合同计划。本章进入路线图的“合同计划”，如图 12-1 所示。

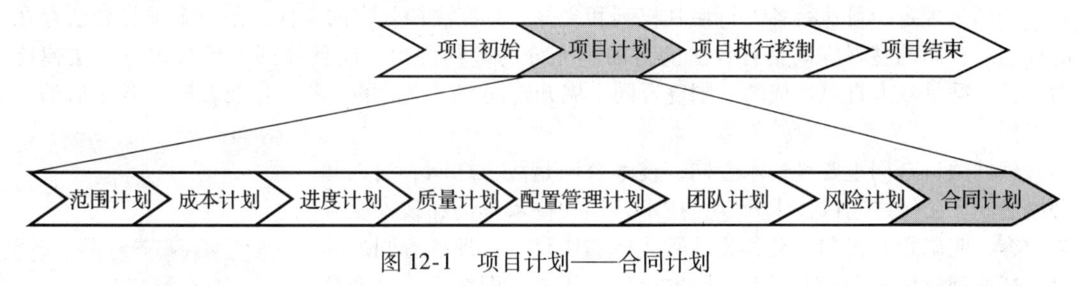

图 12-1　项目计划——合同计划

12.1　项目采购

为了执行项目而从项目团队外部采购或者获取产品、服务或者结果的过程，称为采购。对于软件产品，采购一般可以分为两大类，一类是对已经在市场流通的软件产品进行采购。例如，某企业想做信息化建设项目，涉及数据库，可以选择目前市面通用的几种厂家数据库，然后根据自己的需求，通过询价、签合同、安装培训等过程来购买此类产品。这种采购过程基本已经形成几套通用的解决方案，比较简单，中国企业在处理这类产品的采购时，大部分都处理得较好。个别企业由于需求分析不清晰、培训工作不到位等原因，可能会发生购买的产品不适用或不会用的情况。另外一类软件产品采购的形式是外包采购。它是指在市场上没有现成的产品或者没有适合自己企业需求的产品的情况下，需要以定制的方式把项目（功能模块）承包给其他企业。例如，某企业需要实施企业资源计划项目（ERP），虽然可以购买一些现成的商用软件，但是基于本企业业务流程的管理软件必须定制，必须自己开发或外包给别的公司。

企业在执行项目过程中需要评判采购什么，什么时候需要采购，从哪里采购，是否采购。在决定是采购还是自制的过程中，可以使用自制/外购分析（make or buy analysis）方法或者专家判断（expert judgment）方法来决策。自制/外购分析是决定一个产品或者服务是外购还是企业内部自己来完成的方法，通常需要考虑一些财务分析数据，如成本、可利用的内部产能、控制水平、供应商的可获利性、保密性要求、持续需求等。

可以基于 WBS 来决定是自己开发还是购买。如果选择不确定，还要进一步研究。某些情况下，购买是划算的，而某些情况下，自己制造是更合适的。如果项目决定采购（外包），则需要选择合适的乙方，进行合同计划。

12.2 项目合同

一个软件项目如果选择通过外购（包）方式完成，一般以招投标的形式开始。软件的客户（需求方）根据自己的需要，提出软件的基本需求，并编写招标书，同时将招标书以某种方式传递给竞标方，所有的竞标者认真地编写投标书。每一个竞标者都会思考如何以较低的费用和较高的质量来解决客户的问题，然后交付一份对问题理解的说明书及相应的解决方案，同时附上一些资质证明文件和自己参与类似项目的经验介绍文档，以向客户强调各自的资历和能力。有时竞标者为了最后中标，会花大力气开发一个系统原型。在众多能够较好满足客户需要的投标书中，客户会选择一个竞标者。其间，竞标者会与客户进行各种公开和私下的讨论，以及各种公关活动，这是售前的任务。此时，作为竞标方的项目经理已经参与其中的工作，经过几个回合的切磋，得到用户的认可，并于中标后，开始着手合同书的编写等相关事宜，此时，质量保证人员和相关的法律人员介入。签订合同，这是一个重要的里程碑，也是竞标者跨过的一个非常重要的沟壑，即通过合同完成项目的采购。

12.2.1 合同定义

合同是规定项目执行各方行使其权利和义务、具有法律效力的文件，是一个项目合法存在的标志。合同的签署应该具有合法的目的和充分的签约理由，而且签订者具有相应的法律能力，且合同是双方自愿达成的。围绕合同，展开合同签署之前的一些工作及合同签署之后的一些工作。

软件项目合同主要是技术合同，技术合同是法人之间、法人和公民之间、公民之间以技术开发、技术转让、技术咨询和技术服务为内容，明确相互权利、义务关系所达成的协议。在理解合同的同时，还要理解甲方和乙方关系。甲方也称为买方，即客户，是产品的接受者。乙方也称为卖方，又称分包商、卖主、供应商，是产品的提供者。甲乙双方之间存在的法律合同关系称为合同当事人。

技术合同管理是围绕合同生存期进行的。合同生存期划分为4个基本阶段，即合同准备、合同签署、合同管理与合同终止，如图12-2所示。合同双方当事人在不同合同环境下承担不同角色，这些角色包括甲方、乙方。

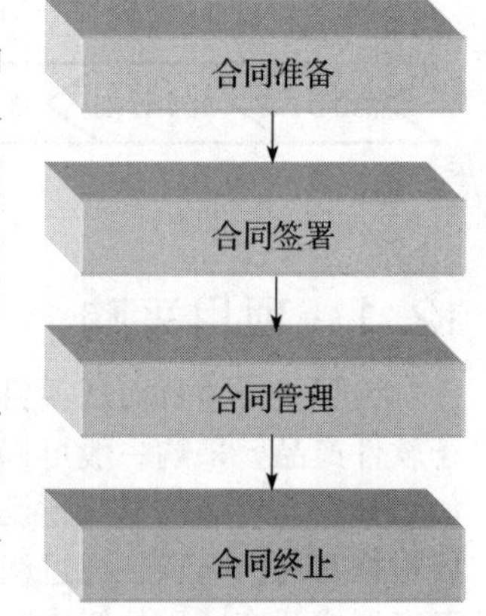

图12-2 合同生存期

一般来说，在合同的管理过程中，甲乙双方可以各自确定一个合同管理者，负责合同相关的所有管理工作，称其为合同管理者。

企业在甲方合同环境下的关键要素是提供准确、清晰和完整的需求，选择合格的乙方并对采购对象（包括产品、服务、人力资源等）进行必要的验收。

企业在乙方合同环境下的关键要素是了解清楚甲方的要求，并判断企业是否有能力来满足这些需求。

12.2.2 合同条款

项目合同中有很多条款，典型的合同条款如下。

1）定义：合同文档中所用到的术语都应该定义，例如，客户、供应商指的是哪些人。

2）协议形式：协议形式是销售合同、租赁合同，还是许可合同等；又如，合同的主体是否可以转移给另外一个团队。

3）供应的商品和服务：要交付的实际设备、软件清单等是供应的商品，培训、安装、维护等是提供的服务。

4）软件的所有权：对于商用软件而言，供应商通常只是给客户一个使用该软件的许可证，如果软件是为某个客户特地编写的，则该客户不会允许其他人使用该软件。

5）环境：说明物理设备的安装等，提供的软件与现有硬件和操作系统平台的兼容性等。

6）客户承诺：明确客户在项目中的任务和义务等。

7）验收规程：合同中需要规定客户进行验收、测试的时间，以及交付产品后的签字等事宜。

8）标准：合同中应该包括商品和服务所需要遵循的标准。

9）时间要求：说明项目的进度表，这个进度表应该由供应商和客户双方承诺。

10）价格和付款方式：说明合同价格，以及付款的时间和方式。

11）其他法律上的需求：这是法律上的附属细则。

12.3　合同类型

当项目的甲乙双方达成一致后，应当将这个项目所涉及的一些事情，包括价格、质量标准、项目时间等以合同的方式写下来。如果有必要，实地考察、请律师审查，或者做出合适的修改。合同有很多不同类型，可以根据项目的工作、预计的项目时间和甲乙双方的关系来确定合同的类型。合同通常可分为总价合同和成本补偿合同两大类。此外，还有第三种常用的混合类型，即工料合同。在实践中，单次采购合并使用两种或更多合同类型的情况也并不罕见。

12.3.1　总价合同

总价合同为既定产品、服务或成果的采购设定一个总价，即设定一个固定价格。这种合同应在已明确定义需求，且不会出现重大范围变更的情况下使用。总价合同的类型包括固定总价（FFP）合同、总价加激励费用（Fixed Price Plus Incentive Fee，FPIF）合同、总价加经济价格调整（FPEPA）合同等类型。

1. 固定总价合同

固定总价（FFP）合同是最常用的合同类型。大多数买方喜欢这种合同，因为货物采购的价格在一开始就已确定，并且不允许改变（除非工作范围发生变更）。例如，如果一个项目的合同价格是 100 万元，不管成本是 80 万元还是 150 万元，合同的金额 100 万元是固定的，所以在这种合同中，甲方的风险相对最小，乙方的风险相对最大。

2. 总价加激励费用合同

总价加激励费用（FPIF）合同为买方和卖方提供了一定的灵活性，允许一定的绩效偏离，并对实现既定目标给予相关的财务奖励（通常取决于卖方的成本、进度或技术绩效）。总价加激励费用合同中会设置价格上限，高于此价格上限的全部成本将由卖方承担。例如，如果一个项目的目标成本是 100 万元，最高价格是 110 万元，利润是 10 万元，激励的比例是 70/30，即乙方获得节约成本的 30%，当实际的成本是 80 万元时，即节约成本 20 万元，则合同金额为 $80+10+20\times30\%=96$（万元）；当实际的成本是 150 万元时，则合同金额为 110 万元，即乙方节约成本有奖励，超出成本的部分自己承担，这样乙方的风险增加了，甲方的风险降低了。

3. 总价加经济价格调整合同

总价加经济价格调整（FPEPA）合同类型是在一个基本的总价基础上，根据一些特殊情况进行最后总价的调整。这种合同适用于两种情况：卖方履约期将跨越几年时间，或将以不同货币支付价款。合同中包含了特殊条款，允许根据条件变化，如通货膨胀、某些特殊商品的成本增加（或降低），以事先确定的方式对合同价格进行最终调整。

12.3.2 成本补偿合同

成本补偿类合同是指向卖方支付为完成工作而发生的全部合法实际成本（可报销成本），外加一笔费用作为卖方的利润，即在成本的基础上加上补偿费用。这种合同适用于工作范围预计会在合同执行期间发生重大变更的项目。

成本补偿合同的主要形式有成本加固定费用（Cost Plus Fixed Fee，CPFF）合同、成本加奖金（Cost Plus Incentive Fee，CPIF）合同、成本加奖励费用（CPAF）合同。

1. 成本加固定费用合同

成本加固定费用（CPFF）合同为卖方报销履行合同工作所发生的一切可列支成本，并向卖方支付一笔固定费用，即在成本的基础上加上一个固定费用。该费用以项目初始估算成本的某一百分比计算。除非项目范围发生变更，否则费用金额维持不变。例如，某项目初始估计成本是10万元，固定费用设为初始成本的15%，即1.5万元，则合同金额为10+1.5=11.5（万元）。如果实际成本是20万元，则合同金额为20+1.5=21.5（万元）。所以这种合同类型对甲方有比较大的风险。

2. 成本加激励费用合同

成本加激励费用（CPIF）合同，为卖方报销履行合同工作所发生的一切可列支成本，并在卖方达到合同规定的绩效目标时，向卖方支付预先确定的激励费用。它增加了激励的机制，在此类合同中，如果最终成本低于或高于原始估算成本，则买方和卖方需要根据事先商定的成本分摊比例来分享节约部分或分担超支部分。例如，基于卖方的实际成本，按照80/20的比例分担（分享）超过（低于）目标成本的部分。假设估计的成本是10万元，利润是1万元，如果实际成本是10万元，则合同金额为11万元；如果实际成本是8万元，则合同金额为8+1+2×20%=9.4（万元），即将节约的2万元成本的20%作为激励。在这种合同类型中，甲方承担成本超出的风险，但是又进一步约束了乙方，甲方的风险在降低，乙方的风险在增加。合同激励可以协调双方的目标和利益。

3. 成本加奖励费用合同

成本加奖励费用（CPAF）合同为卖方报销一切合法成本，但只有在卖方满足合同规定的、某些笼统主观的绩效标准的情况下，才向卖方支付大部分费用。奖励费用完全由买方根据自己对卖方绩效的主观判断来决定，并且通常不允许申诉。例如，某项目，买方根据自己对卖方绩效的判断，只支付成本10万元作为项目费用。另外一种情况是买方认为卖方的绩效可以给予3万元的奖励费用，这样合同金额为13万元。

12.3.3 工料合同

工料合同或者称为时间与材料（time and material）合同，是兼具成本补偿合同和总价合同特点的混合型合同。在这种合同往往适用于：在无法快速编制出准确的工作说明书的情况下扩充人员、聘用专家或寻求外部支持。在这种合同中，客户必须为每一个单位（如每一个员工时）的工作量付出一定的报酬。例如，合同中工程师单价为130美元/工时，则合同总价根据工程师的具体工作时间来确定。

例如，某项目合同与功能点相关，如果每个单位的功能点价格确定了，最终价格就是每个单位的功能点价格乘以功能点数量，表12-1是某项目的价格表。

表12-1　每个功能点价格表

功能点统计	每个功能点的设计成本（美元）	每个功能点的实现成本（美元）	每个功能的总成本（美元）
2000以下	242	725	967
2001~2500	255	764	1019
2501~3000	265	793	1058
3001~3500	274	820	1094
2501~4000	284	850	1134

根据表12-1的数据，可以计算项目总费用。例如，一个项目的功能点数估计为2700，则总的费用是$2000 \times 967 + 500 \times 1019 + 200 \times 1058 = 2\,655\,100$（美元）。

表12-2所示合同类型一览表展示了常用的合同类型及其属性。

表12-2　合同类型一览表

合同类型	属性	风险
成本加固定费用（CPFF）	实际成本加上卖方利润	买方承担成本超出的风险。买方的风险比较大
成本加激励费用（CPIF）	实际成本加上卖方利润，有激励机制	买方承担成本超出的风险
成本加奖励费用（CPAF）	实际成本加上卖方利润，有奖励机制	买方承担成本超出的风险
固定总价（FFP）	双方就合同产品协商价格	卖方承担风险
总价加激励费用（FPIF）	双方就合同产品协商价格，其中包括对卖方的奖励金	卖方承担风险
总价加经济价格调整（FPEPA）	双方就合同产品协商价格，其中包括价格的调整要求	卖方承担风险
工料	按照卖方使用的时间和材料来计算价格	没有最大开销约束的合同可以导致成本超支

综上所述，几种合同类型的风险关系可以用图12-3表达出来。可以看出，成本补偿合同的风险主要在买方，总价合同的风险主要在卖方。

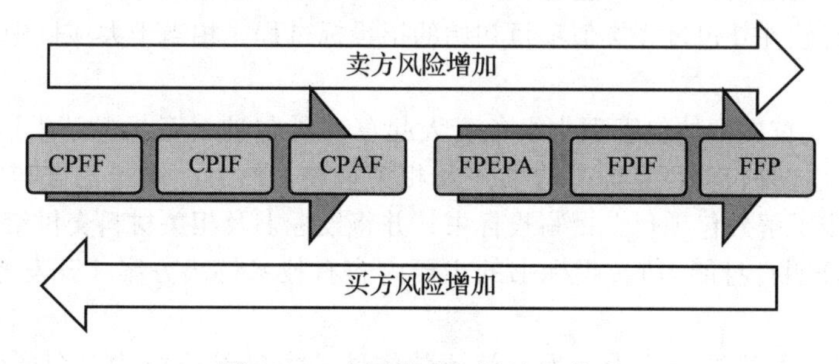

图12-3　合同类型与风险的关系

12.4　软件外包

软件项目外包的实质是软件开发过程的管理规范与管理技术从企业内部部分或全部延伸到外部。与内部实施相比，其管理难度有过之而无不及。

项目外包有很多优点，但最主要的一点并不是为了降低开发成本，而是为了解决企业内部人力资源的限制，使得企业不用招聘新员工就可以开发大型项目。外包费用是一次性的营运开支，不像雇员薪资一样成为企业的长期营运成本。假如企业有些一次性的大型项目需要马上启动，但缺乏足够的资源，或者企业本身没有相应的技术人员来执行，外包项目不失为一个可行的解决办法。

根据不同标准，软件外包可以有不同分类。例如：

1）按照承包商地理位置分类。根据承包商的地理分布状况，软件外包分为境内外包和境外外包。境内外包是指发包商和承办商来自同一个国家。境外外包是指发包商和承办商来自不同国家，因此外包工作需要跨境完成。境内外包强调核心业务战略、技术等因素，境外外包强调成本节约、市场占有等因素。

2）按照外包内容分类。按照外包内容，外包分为技术外包、业务流外包、知识流外包。技术外包是企业将自己的整体IT系统或者部分IT系统委托给专业服务公司，并且按照服务水平的要求管理、运营、维护被委托的IT系统的服务过程。业务流外包是将对信息技术要求比较高的业务流程委托给外部服务商运作。知识流外包是业务流外包的高智能延续，更加集中在高度复杂的流程，这些流程需要由具有广泛教育背景和丰富工作经验的专家们完成。

欧美企业愿意向印度、爱尔兰、中国等软件生产“蓝领”国家进行软件外包，并非意味着他们不能开发，而是不开发，原因很简单，就是节省成本和控制质量。此类外包的发包方位处强势，全程可控，也形成了严格而规范的流程。而对于国内企业的软件工程外包，其背景就复杂得多。

基于软件外包管理的复杂性，要确保软件外包的主要目标实现，必须合理地设计与外包相关的组织结构。目前，部分外包项目管理失控的主要原因是企业在软件项目外包管理方面的职责不是很清晰，外包的策划、承包商的选择、监理执行等过程中的协同工作出现问题。

参考CMM理念，结合国内软件工程特点，外包（或外包为主）项目采用外包管理部门领导下的项目监理负责制比较合适。类似内部实施项目的业务主管部门领导下的项目经理负责制，外包管理部门负责根据项目需求，定义外包需求、策划外包承包商的选择、外包合同的拟定、推荐并管理各外包项目监理、执行外包合同、监控项目进展、积累外包获取的财富、量化评估外包承包商的业绩、维护外包承包商关系记录等。

各项目的高级管理人员根据项目特点，审批决策外包项目需要实现的主要目标、任命评审项目监理、确定监理策略、选定外包承包商、批准与中止外包合同等。

一般情况下，软件外包过程类似项目初始的招投标过程，相当于大项目中的小项目。基本步骤如下。

1）竞标邀请。首先由外包管理小组负责人起草“外包项目竞标邀请书”，然后与候选乙方建立联系，分发“外包项目竞标邀请书”及相关材料。然后，候选乙方与委托方有关人员进行交流，进一步了解外包项目，撰写投标书，并将投标书及相关材料交付给项目合同管理小组负责人（用于证明自身能力）。投标书的主要内容有技术解决方案、开发计划、维护计划、报价等。

2）评估候选乙方的综合能力。为有效评估候选乙方的综合能力，合同管理小组应制定“评估检查表”，主要评估因素有：技术方案是否令人满意、开发进度是否可以接受、价比如何、能否提供较好的服务（维护）、是否具有开发相似产品的经验、承包商以前开发的产品质量如何、开发能力与管理能力如何、资源（人力、财力、物资等）是否充足和稳定、信誉如何、地理位置是否合适、外界对其评价如何、是否取得了业界认可的证书（如ISO质量认证、CMM2级以上认证）等。项目管理小组对候选乙方进行粗筛选，对通过了粗筛选的承包商进行综合评估。

项目合同管理小组要和候选乙方进行多方面的交流，依据“评估检查表”评估候选承包商的综合能力，并将评估结论记录在“承包商能力评估报告”中。

3）确定承包商。项目管理小组给出候选承包商的综合竞争力排名，并逐一分析与其建立外包合同的风险，选出最合适的承包商，并将结论记录在“承包商能力评估报告”中。甲方确定最终选择的乙方名单。

选择适合的外包商，并不能单以价格来做最终决定。优质的服务需要付出较高的代价。企业应根据自身对软件质量的要求来决定服务的代价。按照国际企业的衡量指标，外包投入比本身开发的净投资多付15%～20%。也就是说，如果企业本身开发需要30万元，那么合理的外包服务价格是34万～36万元。

一些项目经理往往认为外包开发项目与企业内部开发项目的管理没有太多分别，唯一不同的是外包项目需要更多时间去沟通、协调、跟进和监控。总体来说，这种想法是对的，但事实上，外包项目的管理比企业内部开发项目的管理更复杂，担负更大的风险，需要进行更紧密的进度和质量监控。所以，外包项目尤其需要在如下方面做好工作。

1）保障沟通。内部开发项目所需人力资源大致分为两组：一组是技术人员，另一组是配合技术人员的业务人员（他们是所建信息系统的潜在用户）。外包项目除了需要部分技术人员和用户群体参与外，更增加了一组外包商的资源。有些外包商更会指派一名联络人员负责联系与协调，而他们的技术人员只在后方负责项目的开发。要尽量避免采用这种运作模式，因为外包商指派负责联系的人员往往是业务人员的背景，不能全面把握技术的细节，把有关信息传达到技术人员的时候便会有所差异。所以，我们的首要任务是让外包商明白负责项目联系的人员必须是开发小组的主管。这名开发小组主管是直接参与开发项目的主要人员，如此才能够有效地进行沟通和监控。

2）做好计划。项目经理首先需要做出一个详细、完整的项目计划，并在计划中详细地列清楚每一项工作需要哪方面的哪些人力来共同执行。计划中的每一个进度都需要进行确认才能继续。例如，外包商在完成系统分析后，需要让客户理解分析的结果，便于企业能够确认外包商对整个系统的理解和分析与企业本身对项目的需求和分析达成一致，这样才能让外包商进行其后的模块设计，否则设计出来的模块组合便有可能与企业的需求不太一样，存在差异。这些差异也将会引发企业将来在系统维护、更新、增加功能模块、升级、集成等各方面的严重问题。

3）避免延误。要避免项目发生延误，在计划中要预留足够的时间来进行确认工作。由于双方工作地点的缘故，原本只需一天的确认会议可能耗费两天或三天的时间来完成。议程中所达到的共识可能需要时间来让外包商做出适当的修改才能让企业正式确认，并且也只能在正式确认后才能够进一步继续接下来的工作。如果没有预留足够的时间用于协商，当一个项目经过多个确认会议之后，也许已经延误了一个月的时间。

12.5 合同计划

当企业需要采购，例如，需要将软件项目进行委托开发或者外包时，企业需要从最有利于项目工期、成本、质量的角度出发来制定采购或者合同计划，计划中需要明确如何进行、委托什么项目、何时进行、费用如何等，其中，“资金”常常是一个约束条件。所以，应该对采购的产品或者委托的项目进行描述，选择需要的合同类型，同时应该考虑市场条件，以及其他计划工作成果（如供应商、承包商的情况，以及成本、工期、质量、人员等情况）采用的招标方式、合同形式、招标的评估标准等。这个过程涉及复杂的合同管理的相关知识，可以听取相关专家的意见。这个阶段更多是通过招标书或者类似招标书的形式体现的。这个阶段的输出可以是合同计划。

12.6 敏捷项目合同管理计划

在敏捷环境中，可能需要与特定卖方协作来扩充团队。这种协作关系能够营造风险共担式合同模型，让买方和卖方共担项目风险和共享项目奖励。在大型项目上，可以针对某些可交付成果采用适应型方法，而对其他部分则采用更稳定的方法。在这种情况下，可以通过主体协议，如主要服务协议（MSA），管辖整体协作关系，而将适应型工作写入附录或补充文件。这样一来，变更只针对适应型工作，而不会对主体协议造成影响。

《敏捷宣言》认为“客户协作高于合同协商”。许多项目失败源于客户供应商关系破裂。如果合同相关方怀有非赢即输的想法，通常会给项目带来更多的风险。协作方法提倡共担项目风险和共享项目奖励的关系，实现所有方共赢。设计这种动态特性的合同签署技术包括：

1）多层结构。除了在单个文档中正式说明整个合同关系外，项目方可以通过在不同文档中说明不同方面来提高灵活性。通常固定项目（如担保、仲裁）可以锁定在主协议中。同时，所有方将可能会变更的其他项目（如服务价格、产品说明）列在服务明细表中。合同主要服务协议中注明这些服务参考。最后，范围、进度计划和预算等更多动态变化项目可以列在轻量级工作说明书中。通过将合同中的更多变化因素隔离到单独的文档中，将会简化修改工作并提高灵活性。

2）强调价值交付。可以根据价值驱动可交付成果来构建里程碑，以增强项目敏捷性。

3）总价增量。可以将项目范围分解为总价微型可交付成果（如用户故事），而不是将整个项目范围和预算锁定到单个协议中。对于客户而言，这可以更好地控制资金流向。对于供应商而言，这可以限制对单个功能或可交付成果的过多承诺所带来的财务风险。

4）固定时间和材料。客户在采用传统的时间和材料方法时会产生不必要的风险。一种替代方法是将整体预算限制为固定数量。这就允许客户在最初未计划的项目中纳入新的观点和创新。如果客户需要纳入新的观点，则必须管理给定能力，用新的工作来替代原有工作。应密切监控工作，防止所分配的时间超过其限制。此外，在认为有用的情况下，还可以在最大预算中规划额外应急时间。

5）累进的时间和材料。另一种替代方法是共担财务风险法。在敏捷方法中，质量标准是已完成工作的一部分。因此，如果在合同期限之前交付，则可对供应商的高效率进行奖励。相反，如果供应商延迟交付，则将扣除一定费用。

6）提前取消方案。如果敏捷供应商在仅完成一半范围时便可交付足够的价值，且客户不再需要另外一半范围，则不必支付这部分费用。但合同中可以规定客户应为项目剩余部分支付一定的取消费用。因为不再需要这些服务，客户可以限制预算敞口，而供应商也可获得可观的收入。

7）动态范围方案。对于具有固定预算的合同，供应商可为客户提供在项目特定点改变项目范围的方案。客户可调整功能以适应该能力。这样客户便可利用创新机会，同时限制供应商的过度承诺风险。

8）团队扩充。大多数协作合同方法是将供应商服务直接嵌入客户组织中。通过资助团队而不是特定范围，可以保留客户自行确定需要完成工作这方面策略的权力。

9）支持全方位供应商。为了分化风险，客户可能需要采取多供应商策略。但是，这样签署合同的结果是，每家供应商只能负责一项工作，这就会产生许多依赖关系，阻碍可行服务或产品的交付。相反，要强调提供全面价值的合约（这与已完成独立功能集中的观点相符）。

总之，敏捷是在协作和信任的共同基础上建立的。如果供应商能够尽早频繁交付价值，则有助于实现这一点。如果客户能够提供及时反馈，则有助于实现这一点。

12.7 “医疗信息商务平台”合同计划案例分析

“医疗信息商务平台”项目中的“E-mail 管理系统”以外包的形式委托给另外一方完成，

因此，本项目有一个类似合同计划的委托书：

“医疗信息商务平台”任务委托书

任务委托书	甲方（委托方）	北京×××科技有限公司
	乙方（受托方）	×××公司
	任务书编号	BUPTMED-20180812-001
	系统名称及版本	E-mail 管理系统

任务下达栏　　＊由甲方填写＊

任务名称			
任务性质	☑ A：开发 ☐ B：改正性维护（识别和纠正软件错误，改正软件性能上的缺陷，排除实施中的误使用） ☐ C：适应性维护（因外部环境或数据环境的变化引发的修改） ☐ D：完善性维护（因用户对软件功能提出新的功能和性能需求引发的修改） ☐ E：其他（上述以外的技术服务）		
计划开始时间	20181008	计划完成时间	20181110
预计工作量	24 人天，合 1.1 人月		
本次任务计划税前服务费用（含报酬）	＊注明小写金额和大写金额＊ ¥ 2.4 万 元，（大写） 贰万肆仟整		

【任务概述】

1. 邮件收发管理。
2. 邮箱管理。
3. 邮件管理，包括已收、已发、草稿、垃圾等邮件。
4. 通讯录管理。

【附加文档】＊由双方确认的需求规格说明书、变更说明或系统问题报告单＊

【信息技术部意见】

负责人签字：________　　日期：________

甲方项目负责人签字：________　　乙方项目负责人签字：________

日　期：________　　日　期：________

任务完成情况栏　＊由甲方根据任务完成实际情况填写＊

实际开始时间		实际完成时间	
实际工作量	人天，合　　人月		
本次任务实际税前服务费用（含报酬）	＊注明小写金额和大写金额＊ ¥ ________元，（大写） ________		

【任务完成情况】＊由甲方简要概述任务完成情况＊

【提交文档清单】＊由乙方提交相关文档与程序代码清单＊

甲方接受人签字：________　　乙方提交人签字：________

日　期：________　　日　期：________

任务验收信息栏

【验收结论】＊由甲方根据验收报告出具验收结论，双方负责人签字确认＊

甲方项目负责人签字：________　　乙方项目负责人签字：________

日　期：________　　日　期：________

注：该表格一式两份，甲、乙双方各执一份。

12.8　小结

本章讲述了合同相关内容，包括合同定义、合同条款及合同类型等。当企业存在软件外购、软件外包等需求时，就可能存在软件合同计划，合同可以保证项目的有效实施。合同通常可分为总价合同和成本补偿合同两大类。此外，还有第三种常用的混合类型，即工料合同。

12.9 练习题

一、填空题

1. 为了执行项目而从项目团队外获取产品、服务或者结果的过程，称为________。
2. 合同双方当事人承担不同角色，这些角色包括________、________。
3. 一个 CPFF 合同类型，估计成本是 10 万元，固定补偿费用是成本 1.5 万元，当成本提高至 20 万元时，合同金额为________。

二、判断题

1. 软件项目外包的实质是软件开发过程从公司内部部分或全部延伸到公司外部的过程。（　　）
2. 对于甲方来说，成本补偿合同的风险大于总价合同的风险，乙方则相反。（　　）
3. 如果一个项目的合同是固定价格（FFP）合同，合同价格是 100 万元，实际花费 160 万元，则项目结算金额为 160 万元。（　　）
4. 成本加激励费用（CPIF）合同具有激励机制。（　　）
5. 《敏捷宣言》认为“客户协作高于合同协商”。（　　）

三、选择题

1. 下列合同类型中，卖方承担的风险最大的是（　　）。
   A. 成本加固定费用　　B. 成本加激励费用
   C. 成本加奖励费用　　D. 固定总价
2. 某项目采用成本加激励费用的成本补偿合同，当预计成本为 20 万元，利润 4 万元，且奖励分配为 80/20 时，如果实际成本降至 16 万元，则项目总价为（　　）。
   A. 24 万元　　B. 23.2 万元　　C. 20.8 万元　　D. 20 万元
3. 合同是需要靠（　　）约束的。
   A. 双方达成的共识　　B. 道德
   C. 责任　　D. 相关法律法规
4. 下面哪项不是敏捷项目设计的动态特性的合同签署技术？（　　）
   A. 多层结构　　B. 总价增量
   C. 动态范围方案　　D. 固定价格

第三篇

项目执行控制

本篇是项目管理路线图的第三阶段，即项目执行控制阶段。项目计划和项目执行控制可以视为互相渗透、不可分割的过程。计划是用来指导项目实施工作的。在项目执行过程中，需要对项目的执行状况进行控制和管理，以保证项目按照预定的计划执行。每个项目都有计划要素，执行控制需要确定完成了多少计划及何时完成。在项目执行控制过程中，要面临很多问题，如范围、进度、工作量、成本、质量、风险、沟通等。所以，项目经理需要监管项目按照项目计划完成项目，也倡导敏捷管理过程。这个阶段分为三部分，即集成计划执行控制、核心计划执行控制、辅助计划执行控制。

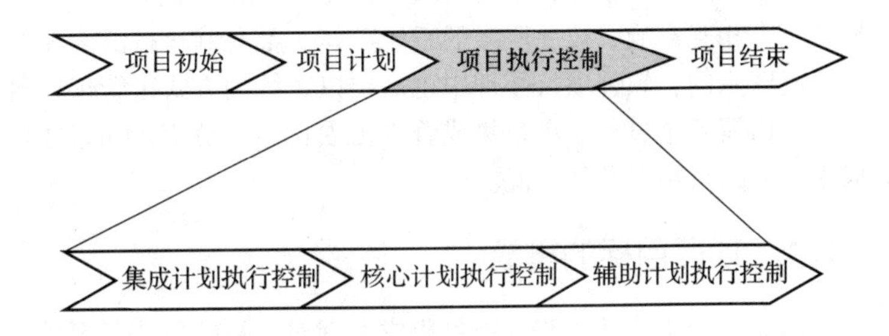

第 13 章

■ 项目集成计划执行控制

第二篇讲述的几个计划不是独立的，而是相互关联的，最后形成项目集成计划，在项目执行控制过程中也需要进行集成管理。本章进入路线图的“集成计划执行控制”，如图 13-1 所示。

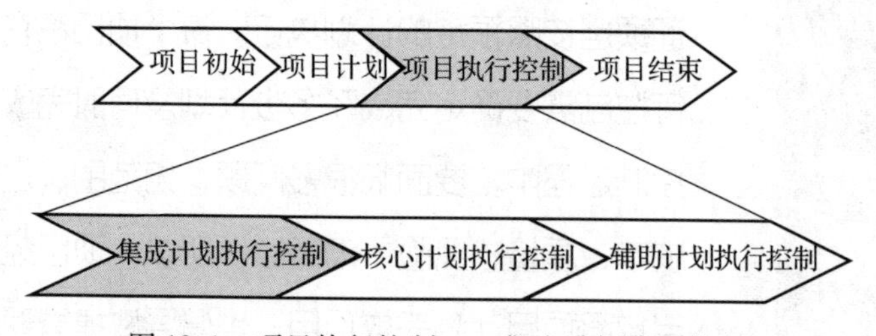

图 13-1　项目执行控制——集成计划执行控制

13.1　项目集成计划

一个系统是一个整体，系统元素彼此联系、相互影响。小到微观粒子，大到宏观宇宙，它们都是一个相互影响、彼此联系的系统整体，都有其运行的内在规律。既然系统元素是相互影响、彼此联系的，软件项目管理中也需要以系统的方式来管理项目，对进行集成的项目执行控制，统一协调各个过程。项目集成管理由项目经理负责，项目经理负责整合所有其他知识领域的成果，并掌握项目总体情况。

13.1.1　项目目标的集成

项目是一个集成的过程，项目集成管理对项目的成功是至关重要的。项目集成管理的目标在于对项目中的不同组成元素进行正确高效的协调。对于项目管理，必须有一个宏观的项目掌控、从大局出发的理念，当发生局部冲突的时候，项目经理必须做出一个最后的决定。它并不是所有项目组成元素的简单相加。项目集成管理就是在项目的整个周期内协调项目管理的各个知识域过程来保证项目的成功完成，项目经理的本职工作是对项目进行整合。为了成功地完成项目，项目管理者必须协调各个方面的人员、计划和工作。

因此，集成项目管理是整合、统一、沟通各个项目要素，保证项目各要素相互协调，在相互影响的项目目标和方案中做出权衡，以满足或者超出项目干系人的需求和期望。如图 13-2 所示，项目的范围目标、成本目标、进度目标、质量目标等各个目标是相互制约的，在诸多项目指标中，项目的进度目标和成本目标的关系最为密切，几乎成了对立关系，进度的缩短常常要依靠增加成本实现，而成本的降低也常常以牺牲工期进度为代价。工期和成本与质量的关系也很密切，在一些项目中如果盲目缩短工期就会导致项目质量下降，同样，质量出现问题、返工，也一样会延长工期；有的项目为了压缩成本，而减少一些必需的质量环节，会导致质量的下降。

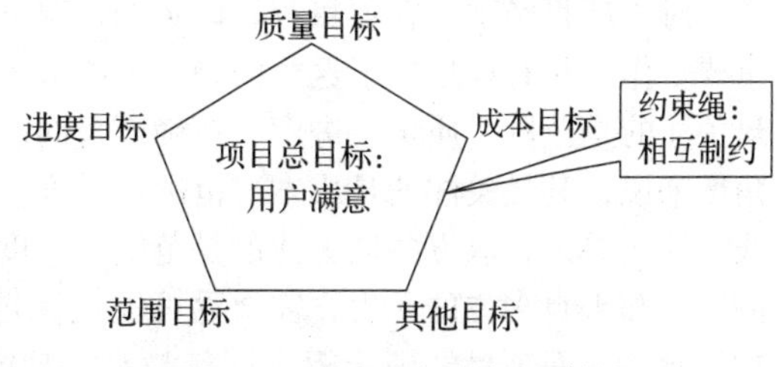

图 13-2　项目目标的相互制约

软件项目必须识别项目的驱动、约束条件和自由程度。每个项目都需要平衡它的功能、人员、预算、进度和质量目标。范围、进度、成本、质量、风险等之间存在一定的关系，不能只考虑一个方面，应该综合起来考虑。压缩进度，可以导致成本提高，质量下降，也可能导致无法实现的进度风险；减少成本，可能会影响进度，导致减少质量活动，降低质量成本，最后可能发生成本不足的风险等。所以，应该建立一个关于进度、成本、质量、规模等的折中计划。

因此，无论是进度计划、成本计划、质量计划还是风险计划等，所有计划的制定和管理都不是孤立的而是相互作用的，所有计划要以整体思想为指导，从全局角度出发，确保各项工作有机协调配合进行，消除管理的局部性，平衡各个目标的冲突。所以，项目计划应该是集成的计划，项目集成计划具有综合性、全局性、内外兼顾性。它决定在什么时间，在哪些预期的潜在问题上集中资源，在问题变得严重前进行处理，协调项目干系人及各项工作，使项目走向成功。

总之，进行项目管理的时候，无论是哪个过程还是哪个阶段，都不应该只注重局部，应该将整体的管理思想融入项目管理的方方面面，注重从项目的全局出发，从整体的角度分析问题、解决问题。

13.1.2　平衡项目四要素关系

范围（S）、质量（Q）、进度（T）、成本（C）为软件项目管理的四个要素，范围定义“做什么”，成本决定项目的投入（人、财、物），进度定义项目的交付日期，质量定义系统好到什么程度，这 4 个要素之间是有制约平衡关系的。如果需求范围很大，要在较少的资源投入下，很短的工期内，以很高的质量要求来完成某个项目，那是不现实的，要么需要增加投资，要么工程延期。如果需求界定清楚，资源固定，对系统的质量要求很高，则可能需要延长工期。

1. 项目范围和产品目标的关系

作为项目经理，接受项目工作时，首先要考虑项目的工作范围。但是，工作范围是靠目标导向的，而目标是提交让客户满意的项目产品。压缩进度、降低成本、提高质量的标准都会直接影响项目的工作范围；反之，项目的范围发生变化，也必然会影响项目的进度、成本、质量，项目的提交物也会发生相应的变化。

2. 成本与范围、进度、质量的关系

可以设定成本是范围、质量、进度的一个函数：$C=F(S, Q, T)$，其中：

- S 与 C 成一定的正比关系；
- Q 与 C 成一定的正比关系；

- T与C成一定的反比关系。

对于项目经理，在项目预算确定的情况下，如何平衡范围、进度、质量成了项目管理者的重要工作，只有处理好了这个问题，才能最大限度地提高客户满意度。在这4个要素中，客户最关注的是范围、质量、进度，在确定合同的情况下，客户一般不关心成本，而从项目经理的角度来说，其最关注的是成本、范围和进度。项目经理对质量的关注往往在于客户能忍受的底线。这么看来，双方共同关注的是范围和进度。进度对于双方来说几乎不能改变，牵涉各方面的因素和来自多方的压力，需要尽可能地满足。范围是双方争论的焦点，客户希望花钱越少，功能越多，而项目经理希望合同额越高，功能越少。由此看来，双方都关注的只有进度。所以，项目经理无论如何都要处理好进度管理的问题，在这个问题上必须跟客户取得完全一致。

3. 成本、进度与范围、质量的关系

一旦签订合同，成本和进度两个要素则是确定的，那么在这种情况下如何提高客户满意度呢？

因为成本和进度是确定的，在成本或者时间不充足的情况下，只能通过减少范围或者降低质量标准来解决，需要根据不同的情况做出不同的选择。主要依据是客户的情况，若客户更重视范围就降低质量，若客户更重视质量就降低范围，若客户对范围、质量都重视，那么都有所降低，降到用户基本能忍受为止。对于每个项目，如何合理地保证项目质量，正确处理质量与时间、成本之间的矛盾是项目管理的一个难点，这需要整合项目所有方面的内容，保证按时、低成本地实现预定的质量目标。

13.1.3 项目集成计划的内容

项目集成计划是指，通过使用其他专项计划过程所生成的结果（项目的各种专项计划），运用整体和综合平衡的方法所制定出的，用于指导项目实施和管理的整体性、综合性、全局性、协调统一的整体计划文件。项目集成计划是一个批准的正式文件，用来跟踪、控制项目的执行。随着项目的发展，可以不断地对其进行完善。一些重要的基准计划（如范围基准、进度基准、成本基准、质量基准等）是不能随便修改的，要经过相应的变更程序才可以修改。

集成计划将其他领域的子计划进行集成，其中项目范围计划、时间计划、成本计划三大核心子计划是进行项目计划编制的基础文件，项目的质量计划也是核心子计划。另外，项目的配置管理计划、沟通计划、人力计划、干系人计划、风险计划、合同计划等子计划也是编制项目计划的原材料，但是集成计划并不是简单的堆砌，而是需要不断地进行反馈，以使各个子计划不断校正自己，以便符合项目的总目标。

对于集成的项目计划书，企业可以根据自己的需要选择合适的标准，并根据情况做适当的裁减。项目经理负责组织编写计划书，包括计划书主体和以附件形式存在的其他相关计划，如配置管理计划等。项目计划的内容基本如下。

1）确定项目概貌。合同项目以合同和招投标文件为依据，非合同项目以可行性研究报告或项目前期调研成果为依据，明确项目范围和约束条件，并以同样的依据，明确项目的交付成果，并进一步明确项目的工作范围和项目参与各方的责任。

2）确定项目团队。确定项目团队的组织结构和与项目开发相关的职能机构，包括管理、开发、测试、QA、评审、验收等；确定项目团队人员及分工；与相关人员协商，确定项目团队人员构成。

3）明确项目团队内、外的协作沟通。明确与用户单位的沟通方法；明确最终用户、直接用户及其所在本企业/部门名称和联系电话。客户更多地参与项目是项目成功的重要推动力量，加强在开发过程中与用户方项目经理或配合人员的主动沟通，将有助于加强客户等的参与程度。建议采用周报或月报的方式通告项目的进展情况和下一阶段计划，通告需要客户协调或了解的问题。当项目团队需要与外部单位协作开发时，应明确与协作单位的沟通方式，确定协作单位的名称、负责人姓名、承担的工作内容及实施人的姓名、联系电话。明确与项目团队内部的沟通方式，应该组织项目团队定期召开周例会，项目团队采用统一的交流系统建立项目团队的交流空间。

4）规划开发环境和规范。说明系统开发所采用的各种工具、开发环境、测试环境等；列出项目开发要遵守的开发技术规范和行业标准规范；对于本企业还没有规范的开发技术，项目经理应组织人员制定出在本项目中将遵守的规则。

5）项目范围说明。项目范围说明应当形成项目成果核对清单，确定实现项目目标必须要做的各项工作，并绘制完整的工作分解结构图；作为项目评估的依据，在项目终止以后或项目最终报告完成以前进行评估，以此作为评价项目成败的依据；范围说明还可以作为项目整个生命周期监控和考核项目实施情况的基础和项目其他相关计划的基础。

6）编制项目进度计划。进度计划是说明项目中各项工作的开展顺序、开始时间、完成时间及相互依赖衔接关系的计划。通过进度计划的编制，使项目实施形成一个有机的整体。进度计划是进度控制和管理的依据。在计划中要求明确以下内容。

- 确定项目的应交付成果。项目的应交付成果不仅指项目的最终产品，而且包括项目的中间产品。在资源独立的假设前提下确定各个任务之间的相互依赖关系，以确定各个任务开始和结束时间的先后顺序；获得项目各工作任务之间动态的工作流程；显示项目各阶段的时间分配情况，如甘特图，确定主要里程碑、阶段成果。
- 确定每个任务所需的时间，确定每个任务所需的人力资源要求，如需要什么技术、技能、知识、经验、熟练程度等。
- 确定每个项目团队成员的角色构成、职责、相互关系、沟通方式。

7）项目成本计划。项目成本计划包括资源计划、费用估算、费用预算等。资源计划就是决定在项目中的每一项工作中用什么资源（人、材料、设备、信息、资金等），在各个阶段使用多少资源。

8）项目质量计划。质量计划针对具体项目，安排质量监控人员及相关资源、规定使用哪些制度、规范、程序、标准。项目质量计划应当包括与质量保证和质量控制有关的所有活动。质量计划的目的是确保达到项目的质量目标。

9）项目沟通计划。沟通计划用于制定项目过程中项目干系人之间信息交流的内容、人员范围、沟通方式、沟通时间或频率等沟通要求的约定。

10）风险计划。风险计划是为了降低项目风险的损害而分析风险、制定风险应对策略方案的过程，包括识别风险、评估风险、编制风险应对策略方案等过程，分析项目过程中可能出现的风险及相应的风险对策。

11）项目合同计划。项目开发过程中需要识别哪些项目需求可通过从本企业外部采购产品或设备来得到满足。如果软件项目决定外包，应当同时制定对外包的进度监控和质量控制的合同计划。

12）配置管理计划。由于项目计划无法保证一开始就预测得非常准确，在项目进行过程中也不能保证准确有力的控制，导致项目计划与项目实际情况不符的情况经常发生，因此必须有效处理项目的变更。配置管理计划用于确定项目的配置项和基线，制定基线变更控制的步骤、程序，维护基线的完整性，向项目干系人提供配置项的准确状态和当前配置数据。

配置管理计划中的变更控制系统应该是一个集成的变更管理计划，要顾及各方面的变更。

13）制定其他辅助工作计划。根据项目需要，编制如培训计划、支持工作计划、验收计划等。

下面给出一个项目集成计划内容组织结构的例子：

1 导言
  1.1 目的
  1.2 范围
  1.3 缩写说明
  1.4 术语定义
  1.5 引用标准
  1.6 参考资料
  1.7 版本更新条件
  1.8 版本更新信息
2 项目概述
3 项目任务范围
4 项目目标
5 项目实施策略
6 项目组织结构
7 计划结构
8 项目生存期
9 项目管理对象
10 项目风险分析
11 项目估算
12 项目时间计划
13 项目关键资源计划
14 项目设施工具计划
15 质量管理计划
16 配置管理计划
17 项目管理评审
18 项目度量计划
19 沟通计划

13.2 项目集成计划执行控制的基本思路

下面介绍项目集成计划执行控制的基本思路。

13.2.1 项目集成管理流程

软件项目是一个系统，各个系统元素都不是彼此独立的，而是相互影响、互为联系、相辅相成的，所以，项目的执行控制过程是一个集成的管理过程。软件项目管理中涉及客户、客户需求、项目成员、资金、时间、技术、工具、场所等多种资源，只有确定各种资源的相互关系和影响，才能方便地利用既有的项目资源寻求一条达到项目目标（客户需求）的最小代价路径。

项目控制过程的目的是保证项目目标的达成，进度、成本、质量控制是重要的监控内容。项目管理者需要不断收集项目信息、度量分析项目，并发布项目运行状况，同时需要分析项目发展趋势，以便决定改善的步骤。变更是项目执行过程中不可以避免的，所以需要管理好变更控制系统。这个阶段需要对项目进行过程中的产品和活动进行审计和改进，项目经理需要保证项目沟通，组织和激励大家。

项目集成计划执行控制主要是按照项目计划执行项目并监控项目性能，整合人力与其他资源，以实现项目目标，具体流程如图13-3所示。首先设立基准计划，它是经过多方认可的计划。项目开始之后监督项目按照计划执行，在执行过程中，不断从数据采集的项目数据库中获取各种数据信息，其中包括项目的各种性能信息，以及相关的变更信息等，并与计划进行比较，一方面观察项目是否按进度进行、成本如何、是否超支、质量是否达标等，另一方面判断原来制定的项目计划是否合理。如果有偏差，应该标识偏差，对偏差进行分析，预测其对将来的影响，并提出纠正措施，同时评审纠正措施的方案，必要时修改项目计划。修改项目计划时，应该按照变更控制系统的过程执行，最后将修改后的项目计划通知相关人员。

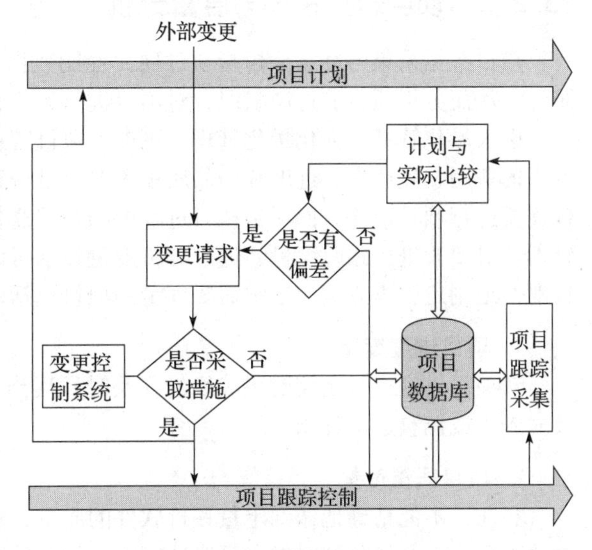

图13-3　项目执行控制过程

项目集成管理是项目组织对项目最具全面性的一项工作，它是从全局出发对整体项目中各专项计划进行平衡协调，以满足项目相关人员的利益要求和期望。进行项目执行控制的基本步骤如下。

1）建立计划标准：建立项目正确完成应该达到的目标，它是确保项目能够按照项目计划实施的具体执行任务的说明书，是进行过程控制的依据。

2）观察项目的性能：建立项目监控和报告体系，确定为控制项目必要的数据。在项目实施过程中，为了便于管理和控制执行情况，必须做好项目计划实施记录，掌握好项目的实际进展情况。记录还可以为项目实施中的检查、分析、协调、控制、计划修订和总结等提供原始资料。

3）测量和分析结果：将项目的实际结果与计划进行比较，掌握计划实施情况，协调各项工作，采取有效措施解决实施中出现的各种矛盾，调配资源以克服实施工作的薄弱环节，努力实现项目的动态平衡，从而保证项目计划目标的实现。

4）采取必要措施：如果实际的结果同计划有误差，则采取必要的纠正措施，必要时修改项目计划。可以选用项目管理软件来协助项目执行过程。

5）做好计划修订工作，控制反馈：计划不可能一成不变，当项目的内部条件和外部条件发生较大变化时，项目计划就要根据实际情况进行必要的更改，以控制计划的实时有效性。如果修正计划，应该通知有关人员和部门。

只应急处理问题而不是提前观察各种征兆是项目控制中常见的问题，为了更好进行项目控制，需要遵循一定的原则才能很好地做好计划管理工作。项目是一个整体，要坚持系统管理的原则。项目计划是与各个专项计划紧密联系的，这就需要提高项目管理的透明度，管理要制度化，令行禁止，统一调配，合理进行适度授权，以便于提高项目团队的主动性、创造性。

在项目执行过程中，为了有效地控制项目，需要确定项目控制的标准，明确范围、成本、时间、质量等控制标准，例如，可以设置一个控制线，作为控制的标准。

13.2.2 项目数据采集与度量分析

项目数据采集与度量分析指通过项目性能数据（如进度、成本、缺陷、风险等）的收集、统计，从而分析项目的进展状况，对项目进行评价，必要时对项目采取措施。

引入量化管理，强化量化管理，可以使项目管理更加科学。可以用量化的方法评测软件开发中的费用、生产率、进度和产品质量等要素是否符合期望值。定义项目、制定项目计划的时候需要进行项目估算，而项目执行过程中的跟踪监督过程则离不开度量。良好的项目管理主要针对项目要素进行跟踪度量，通过分析度量数字可以及时发现项目进展中存在的问题，从而有针对性地制定解决方案。通常需要度量的项目包括以下要素。

1. 项目进度度量

对项目进度进行定期的跟踪度量，及时发现当前进度与计划的偏差，可以及时采取措施，及时赶工或调整进度计划。

2. 项目质量度量

目前还不能精确地做到定量评价软件的质量，一般可以采取由若干位软件专家进行打分的方法来评价。在评分的时候，可以针对每一阶段的质量指标列出检查表，同时列出质量指标应该达到的标准。有的检查表是针对子系统或者模块的。然后根据评分的结果，对照评估指标，检查所有的指标特性是否达到了要求的质量标准。如果某个质量特性不符合规定的标准，就应当分析这个质量特性，找出原因。项目的成败直接取决于客户满意度，客户满意度是一个难以量化的指标，而产品的缺陷密度直接影响着客户的满意程度。度量产品的缺陷密度可以有效地了解项目完成的质量。

3. 项目工作量度量

工作量是衡量项目成本、人员工作情况的基础，准确地度量出项目真实的工作量，既可以掌握当前项目的情况，对今后估算其他项目数据也有重要意义。

4. 人员生产率度量

人力资源是项目中最为重要的资源，掌握人员的生产能力对人员管理、资源管理都有重要的参考价值。

如何解决日益突出的项目工期、成本、质量等问题，这是大多数项目管理者最为关心的问题，而项目数据的采集是解决问题的基础。图 13-4 是一个时间采集和度量的例子，图 13-5 是缺陷数据采集表的例子。

	F	G	H	I	J	K	L	M	N	O
2	计划完成时间	实际完成时间	BCWS	BCWP	ACWP	SV	CV	FAC	BAC	VAC
3	9/3 17:00	9/4 9:00	¥720	¥720	¥750	¥0	(¥30)	¥0	¥720	¥720
4	9/3 17:00	9/3 17:00	¥600	¥600	¥600	¥0	¥0	¥0	¥600	¥600
5	9/4 17:00	9/4 12:00	¥960	¥960	¥840	¥0	¥120	¥0	¥960	¥960
6	9/5 12:00	9/4 17:00	¥120	¥120	¥120	¥0	¥0	¥0	¥120	¥120
7	9/5 17:00	9/5 15:00	¥660	¥660	¥990	¥0	(¥330)	¥0	¥660	¥660
8	9/8 17:00	9/8 15:00	¥240	¥240	¥240	¥0	¥0	¥0	¥240	¥240
9	9/9 12:00	9/9 10:00	¥120	¥120	¥120	¥0	¥0	¥0	¥120	¥120
10	9/9 17:00	9/9 15:00	¥200	¥200	¥200	¥0	¥0	¥0	¥200	¥200
11	9/10 12:00	9/10 10:00	¥120	¥120	¥120	¥0	¥0	¥0	¥120	¥120
12	9/10 12:00	9/10 10:00	¥0	¥0	¥0	¥0	¥0	¥0	¥0	¥0
13	9/10 17:00	9/10 15:00	¥330	¥330	¥340	¥0	(¥10)	¥0	¥330	¥330
14	9/15 12:00	9/15 10:00	¥600	¥600	¥600	¥0	¥0	¥0	¥600	¥600
15	9/15 17:00	9/16 10:00	¥600	¥600	¥700	¥0	(¥100)	¥0	¥600	¥600
16	9/15 17:00	9/16 10:00	¥720	¥720	¥840	¥0	(¥120)	¥0	¥720	¥720
17	9/15 17:00	9/15 15:00	¥720	¥720	¥720	¥0	¥0	¥0	¥720	¥720
18	9/16 12:00	9/16 10:00	¥660	¥660	¥460	¥0	¥200	¥0	¥660	¥660
19	9/16 17:00	9/16 15:00	¥660	¥660	¥460	¥0	¥200	¥0	¥660	¥660
20	9/17 17:00	9/17 15:00	¥440	¥440	¥440	¥0	¥0	¥0	¥440	¥440
21	9/17 17:00	9/17 15:00	¥480	¥480	¥480	¥0	¥0	¥0	¥480	¥480
22	9/17 17:00	9/17 15:00	¥240	¥240	¥240	¥0	¥0	¥0	¥240	¥240
23	9/18 12:00	9/18 10:00	¥660	¥660	¥660	¥0	¥0	¥0	¥660	¥660
24	9/19 12:00	9/19 10:00	¥400	¥400	¥400	¥0	¥0	¥0	¥400	¥400
25	9/19 12:00	9/19 10:00	¥0	¥0	¥0	¥0	¥0	¥0	¥0	¥0
26	9/19 12:00	9/19 10:00	¥0	¥0	¥0	¥0	¥0	¥0	¥0	¥0
27	9/19 17:00	9/19 15:00	¥330	¥330	¥340	¥0	(¥10)	¥0	¥330	¥330
28	9/19 17:00	9/19 16:00	¥100	¥100	¥100	¥0	¥0	¥0	¥100	¥100
29	9/19 17:00	9/19 15:00	¥120	¥120	¥120	¥0	¥0	¥0	¥120	¥120

图 13-4 时间采集度量表

7	日期	编号	类型	引入	排除	处理时间	处理错误	问题描述	归属模块
13	11月21日	6	20	20:10	20:30	20分钟	X	判断文件结束语句错误	产生程序代码源文件新的版本文件模块
14	11月21日	7	20	20:40	20:45	5分钟	X	少“)”号	产生程序代码源文件新的版本文件模块
15	11月21日	8	80	20:50	21:00	10分钟	X	读取系统时间函数错误	产生程序代码源文件新的版本文件模块
16	11月21日	9	20	21:05	21:10	5分钟	X	计数器未被赋初值	产生程序代码源文件新的版本文件模块
17	11月21日	10	80	21:20	21:30	10分钟	X	字符串转浮点数函数错误	产生程序代码源文件新的版本文件模块
18	11月22日	11	20	19:10	19:20	5分钟	X	判断文件结束语句错误	生成VER1.0版本模块
19	11月22日	12	20	19:30	19:35	5分钟	X	少“；”号	生成VER1.0版本模块
20	11月22日	13	20	19:30	19:35	5分钟	X	少“；”号	生成VER1.0版本模块
21	11月22日	14	20	19:30	19:35	5分钟	X	少“；”号	生成VER1.0版本模块
22	11月23日	15	80	19:40	20:00	20分钟	X	字符串转浮点数函数错误	生成VER1.0版本模块
23	11月22日	16	90	20:00	2:30	30分钟	X	对打开文件未做异常处理	产生程序代码源文件新的版本文件模块
24	11月23日	17	90	20:00	2:30	30分钟	X	对打开文件未做异常处理	产生程序代码源文件新的版本文件模块
25	11月22日	18	90	20:00	2:30	30分钟	X	对打开文件未做异常处理	产生程序代码源文件新的版本文件模块
26	11月23日	19	90	20:00	2:30	30分钟	X	对打开文件未做异常处理	产生程序代码源文件新的版本文件模块
27	11月22日	20	90	20:00	2:30	30分钟	X	对打开文件未做异常处理	生成VER1.0版本模块
28	11月23日	21	90	20:00	2:30	30分钟	X	对打开文件未做异常处理	生成VER1.0版本模块
29	11月24日	22	50	19:30	22:00	100分钟	X	文件名不能被函数调用	产生程序代码源文件新的版本文件模块
30	11月24日	23	50	19:30	22:00	100分钟	X	文件名不能被函数调用	产生程序代码源文件新的版本文件模块
31	11月24日	24	50	19:30	22:00	100分钟	X	文件名不能被函数调用	产生程序代码源文件新的版本文件模块
32	11月24日	25	50	19:30	22:00	100分钟	X	文件名不能被函数调用	生成VER1.0版本模块

图 13-5　缺陷统计表

通过项目数据采集和度量，可以有效地控制项目的执行过程，并最终成功完成项目。2014 年世界杯德国队夺冠的秘密就是数据的分析和度量，在世界杯比赛开始前，德国足协就与 SAP 公司合作，“私家订制”一款名为“match insights”的足球解决方案，用以迅速收集、处理分析球员和球队的技术数据，基于“数字和事实”优化球队配置，提升球队作战能力，并通过分析对手技术数据，找到在世界杯比赛中的“制敌”方式。通过这一数据工具，德国队教练可以迅速评估比赛状况、每个球员的特点和表现、球员的防守范围、对方球队的空区等信息。通过这些信息，教练可以更有效地对球员的上场时间、位置、技战术等情况进行优化配置，以提升球队表现。在了解自己的基础上，德国队还利用这一工具对对手的技术数据进行了分析，并根据分析结果确定相应战术。

缺乏量化管理，项目管理只能处于一种“混沌”状态。以 IT 项目为例，据称只有 26% 的 IT 项目成功地实现了范围、时间和成本目标。而如果采用量化管理，项目管理的全过程就会变得“可视化”，发现问题也可以“让数字说话”。软件企业一般需要建立历史项目数据库、风险数据库。实践证明，历史信息有助于项目进行更为准确全面的计划与控制，历史经验教训可以使项目少走不必要的弯路，少花不必要的代价，减少项目失败的风险。从项目管理的角度讲，经验是对历史信息的积累。这种总结应该以优化企业软件过程为目的，贯穿于整个项目过程中，而不是一份简单的项目总结报告。

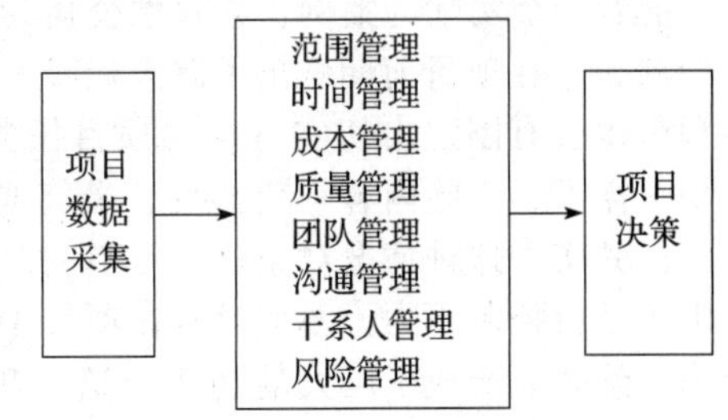

图 13-6　执行控制过程

采集项目数据之后，需要根据这些数据对相应的计划进行控制，做出相应的决策，如图 13-6所示。

13.2.3　集成变更管理

管理变更是项目执行控制中的一个重要任务，变更并不可怕，可怕的是缺乏规范的变更管理过程。在项目控制过程中，需要根据配置管理计划中的基线变更控制系统，管理可能的各种变更，进行集成变更管理。例如，图 13-7 就是一个变更流程，在项目执行过程中，需要按照既定的变更控制系统（流程）控制项目。变更管理对监控项目进展、防范风险起到重要作用，同时对发生的变化做出反应。

变更控制的目的是防止配置项被随意修改而导致混乱。变更控制是在整个软件生命周期中对变化的控制和跟踪。变更包括项目执行过程中的各种变更，如需求的变更、设计的变更、程序的变更、进度的变更、成本的变更、质量的变更、风险的变更、人员的变更等。变更发生后要综合考虑，权衡关系。一个变更可能引发其他变更。变更控制记录每次配置项变化的相关信息，如变化的原因、变化的内容、变化的影响范围等。

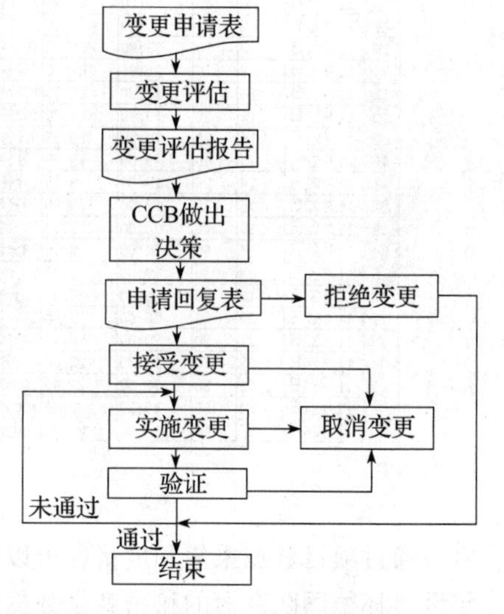

图 13-7 变更流程

项目中不可避免地会发生范围的变更，在项目的任何阶段都有可能发生项目范围的变更，所以怎样控制项目的范围变更是项目管理所需要做的一个重要内容。项目所处的阶段越早，项目不确定性就越大，项目变更的可能性就越大，同时带来的代价比较低。但随着项目的进行，不确定性逐渐减小，而变更的代价、付出的人力和资源逐渐增加，从而增加决策的困难度。表 13-1是某项目的变更统计。

表 13-1 项目变更统计列表

序号	变更文档名称	变更原因	变更主要内容	变更完成时间	变更前版本号	变更后版本号
1	系统需求规格说明书	客户需求变更（增加新需求）	测试界面的输入参数、默认值、修改过的值，字体区别显示	2018/11/2	V1.0	V1.1
2	系统需求规格说明书	客户需求变更（增加新需求）	增加分布统计的功能	2018/11/5	V1.0	V1.1
3	系统数据库设计	需求变更引起	增加 SYN_Register 表	2018/11/6	V1.0	V1.1

有一个实际的案例：某软件公司为某企业实施 ERP 系统。这个公司与两家公司争夺这个项目，在项目前期做出了巨大让步，没有对项目需求做出严格而系统的管理，在项目过程中也没有制定出切实可行的项目任务分解、成本估算、进度计划、配置计划等。项目计划、需求、实施内容一变再变，最终成本超过了整个项目款一百多万元，差点造成公司解体。其实，这种情况对企业非常不利，因为项目延期对企业的潜在影响不小。而作为公司，由于项目控制不力，不但没有在项目中盈利，而且亏损很大，资金紧张又造成了人员的流失，给企业造成了巨大的伤害。这个项目失败的最主要原因是缺乏有效的需求变更控制系统。

在管理变更的时候应该采取一定的策略，例如：

1）对照合同规定，发现有些变化是合同规定范围内的，在需求分析和设计阶段因疏忽造成的遗漏或者错误；有些变化是合同之外的，而这些变化又可以分成两种，一种会影响系统开发，另一种可以在系统开发之后再开发。针对这些分析，采用的策略是：对于合同范围之内的变化，要求坚决修改；对于合同范围之外但影响系统开通的变化，也进行修改，但要通知客户；对于合同范围之外的变化，可延后开发，要和客户商量并达成一致，在系统开通之后再进行开发。

需求变更控制要遵循变更控制系统的规定。需求变更给软件开发带来的影响有目共睹，所以在与用户签订合同时，可以增加一些相关条款，如限定用户提出需求变更的时间，规定何种情况的变更可以接受、拒绝接受或部分接受，还可以规定发生需求变更时必须执行变更控制流程。

2）随着开发进展，有些用户会不断提出一些在项目组看来确实无法实现或工作量比较大、对项目进度有重大影响的需求。遇到这种情况，开发人员可以向用户说明，项目的启动是以最初的基本需求作为开发前提的，如果大量增加新的需求（虽然用户认为是细化需求，但实际上是增加了工作量的新需求），则项目不能按时完成。如果用户坚持实施新需求，可以建议用户对新需求按重要和紧迫程度划分档次，作为需求变更评估的一项依据。同时，还要注意控制新需求提出的频率。

3）选用适当的开发模型，原型开发模型比较适合需求不明确的开发项目。开发人员先根据用户对需求的说明建立一个系统原型，再与用户沟通。一般用户看到一些实际的东西后，对需求会有更为详细的解释，开发人员可根据用户的说明进一步完善系统原型。这个过程重复几次后，系统原型逐渐向最终的用户需求靠拢，从根本上减少需求变更的出现。目前业界较为流行的迭代式开发方法对工期紧迫的项目的需求变更控制很有成效。

4）用户参与需求评审。dnk 作为需求的提出者，用户是最具权威的发言人。实际上，在需求评审过程中，用户往往能提出许多有价值的意见。同时，这也是由用户对需求进行最后确认的机会，可以有效减少需求变更的发生。

5）对于客户的需求，我们要尽量地予以满足，但也不能一味地不顾技术实现上的困难而迁就客户的无理要求。在需求管理进行的同时，我们也不能忽略成本问题。因为每一个功能的实现都需要花费时间。需求管理人员要和客户进行很好的沟通，在成本和需求之间找到平衡点。面对客户必须要保持涵养，客户可能是一点都不了解软件，所以要求管理人员对客户的需求进行必要的补充说明（基本上应该站在减少成本、提高质量的立场上）。

当发现项目进展不符合计划且必须调整时，有必要修改项目计划。项目经理根据项目计划修改请求组织相关人员进行分析以确定计划修改的范围，然后参照项目规划过程对修改引起的规模变化、人力变化、时间变化、风险因素、责任变化等进行估算并记录结果，通过变更控制系统确定是否进行修改，如果需要修改计划，项目经理负责参照计划确认过程与相关各方对修改后的计划进行确认。

13.3　敏捷项目的集成管理过程

敏捷团队成员是跨职能成员，可以以相关领域专家的身份参与整合管理。项目经理采用仆人式领导，为团队赋权，把对具体产品的规划和交付授权给团队来控制。项目经理的关注点在于营造一个合作型的决策氛围，并确保团队有能力应对变更。变更过程可视为一个敏捷项目。

在实践中，可以将变更过程视为一个敏捷项目，团队可以根据自己的价值观或其他考虑事项引入自己的变更待办事项列表并确定其优先级；按照敏捷的 backlog 来管理变更。

在敏捷项目进展过程中，常常使用看板跟踪进度，通过显示“已完成”“进行中”“仍在等待”的方法展示进度情况。例如，通过图 13-8 可以了解具有待办事项列表排序的初始看板，图 13-9 显示了变更工作进度。

通过使用这些工具来组织和管理变更实施，可使进度可视化，以透明和吸引人的方式部署变更。

在进程中

排序的Backlog | 分析任务项 | 解决任务项 | 风险管理 | 需要的后续决策 | 等待暂停项 | 已完成项

Change 1
Change 2
Change 3
Change 4
Change 5
Change 6
Change 7
Change 8
Change 9
Change 10

图 13-8 变更初始待办事项列表排序

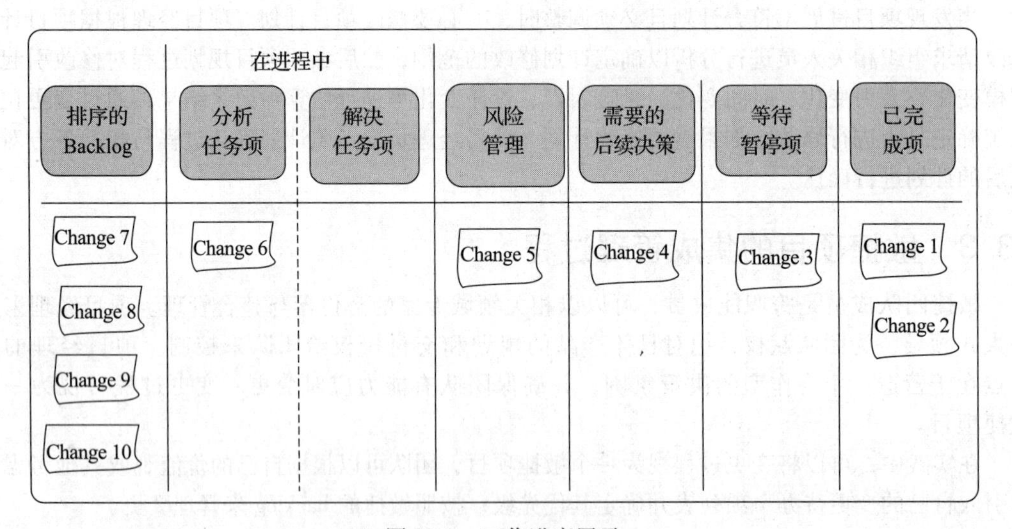

图 13-9 工作进度展示

13.4 “医疗信息商务平台”集成计划执行控制案例分析

13.4.1 项目集成计划

“医疗信息商务平台”项目集成计划文档如下（同样省略封面）：

目　录

1　导言
　1.1　目的
　1.2　范围
　1.3　缩写说明
　1.4　术语定义
　1.5　引用标准
　1.6　版本更新记录
2　项目概述
3　项目任务范围和实施目标
4　项目风险以及应对策略
5　项目组织结构
6　项目生存期
7　项目规模估算
8　时间计划
9　干系人计划
10　项目沟通计划
　10.1　外部协调
　10.2　内部沟通
　10.3　沟通方式说明
11　项目度量数据

1　导言

1.1　目的

本文档的目的是为医疗信息商务平台项目提供实施计划，其主要目标包括确定：

- 项目范围和目标；
- 项目的实施策略；
- 项目的组织及管理方式；
- 项目的生存期和提交产品；
- 时间计划和成本计划。

1.2　范围

本文档定义了项目实施的方式和计划，未定义项目实施的过程规范和产品标准，有关内容可查阅企业的标准规范库。

1.3　缩写说明

CM：Content Management 的缩写。

KFL：Key Feature List 的缩写。

KPA：Key Practice Area 的缩写。

QA：Quality Assurance 的缩写。

SCM：Software Configuration Management（软件配置管理）的缩写，SW-CMM 2 级 KPA 之一。

SPTO：Software Project Tracking and Oversighting（软件项目跟踪与管理）的缩写，SW-CMM 2 级 KPA 之一。

WDB：Working Database 的缩写。

1.4　术语定义

无。

1.5 引用标准

[1]《文档格式标准》V1.0
北京×××有限公司
[2]《过程术语定义》V1.0
北京×××有限公司
[3]《Key Practices of the Capability Maturity Model》V1.1
CMU/SEI-93-TR-25，1993

1.6 版本更新记录

本文档的修订记录如表1所示。

表1 版本更新记录

版本	修改内容	修改人	审核人	日期
0.1	初始版			2018-7-1
0.2	增加10章			2018-7-8
0.8	修改7、8，增加11			2018-7-9
1.0	修改4、5、6、7、8			2018-7-12

2 项目概述

本项目将开发出一家全方位的医疗电子商务平台，该平台在向医疗专业人员提供最先进的医务管理专业知识及医疗产品信息的同时，提供最先进的企业对企业（B2B）的医疗网络服务方案及医疗器材设备采购者、供货商之间的电子商务服务。平台通过提供诸如医疗产品查询、网上交易、医疗专业信息咨询服务、广告服务和其他医疗综合信息，力争使平台成为中国区最大的医疗商务交易中心。目前，该平台的服务范围主要在中国地区，并且随着业务的发展，逐步实现面向全球的网上交易。

北京×××有限公司负责完成该平台演示系统的开发任务，并在此基础上与用户一起对项目的需求进行了分析和定义，确定了以产品目录服务、产品交易服务、医务管理服务、协会学会服务、用户管理服务和分类广告等为主要实现目标。为了有效地规划进度和资源，协调各方的关系，保证平台系统能在规定的时间内开通，北京×××有限公司基于目前需求分析的结果制定了平台建设项目的总体执行计划。

3 项目任务范围和实施目标

本项目的任务范围如下：

按功能分为：

- 产品目录浏览和查询服务的设计和开发；
- 用户注册登录管理服务的设计和开发；
- 网上交易服务的设计和开发；
- 医务管理服务的设计和开发；
- 协会学会服务的设计和开发；
- 分类广告服务的设计和开发；
- Medeal.com 新闻、About us 及帮助等服务的设计和开发；
- E-mail 和 Chat Room 服务的设计和开发；
- 多语言服务的设计和开发。

按工作性质分为：

- 网页的设计和开发；
- 后台应用服务的设计和开发；
- 数据库的设计和开发；
- 平台内容的开发和维护。

提交给用户的产品包括：

- 平台应用系统软件包；

- 平台发布内容数据库；
- 产品录入维护工具包；
- 平台内容管理过程文档；
- 平台系统使用维护说明文档。

该项目实施的目标：

- 5 个月内完成平台的开发；
- 使技术人员熟悉电子商务解决技术结构；
- 初步建成支持平台内容管理的工具集。

项目的任务分解图如图 1 所示。

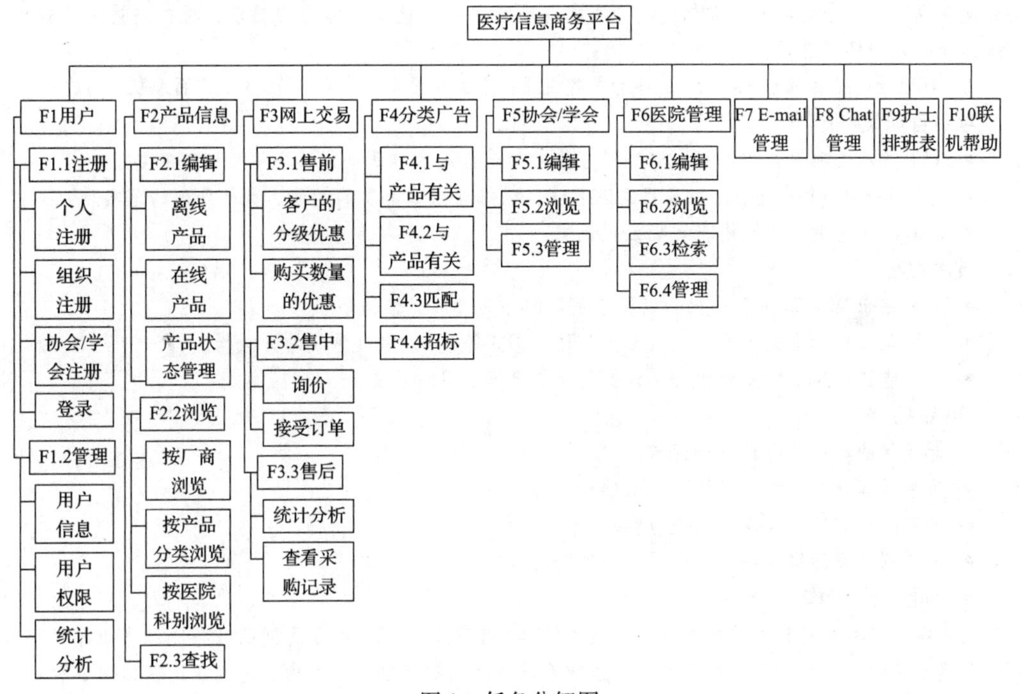

图 1 任务分解图

4 项目风险以及应对策略

根据对项目需求的了解和用户对实现时间及技术的要求，本项目在实施过程中可能存在如下风险：

- 时间风险：该平台的开发工作量大且时间有限，这给项目实施带来较大的时间风险。
- 需求风险：平台所有者对平台实现的需求也是随着项目的进展而不断具体化，而每一次需求的变化都可能由于影响设计和开发而造成时间和资源的调整，这给项目实施带来一定的需求风险。
- 资源风险：由于目前可以投入的开发人员有限，而新员工又面临磨合和培训的过程，因此项目在实施中可能存在一定的资源风险。

为了有效地避免这些风险，使平台能够保质、保量地按时投入使用，在平台建设中将采取如下应对策略以避免上述风险的发生：

采用快速成型和增量开发技术

为保证平台系统能在最短的时间内提交，从生存期上采用敏捷式快速成型和增量开发技术，尽量利用已有的产品和成熟的技术进行集成，逐步实现平台的功能和服务，使平台逐步完善起来。

按照确定的优先级进行开发

为了使平台能够尽快投入使用，除采用上述策略外，还应与用户协商，确定实现服务和功能的优先级，按照优先级的顺序由高至低地进行开发，逐步完成全部服务和功能。

独立的开发、测试和运行环境

为保证开发的效率和系统的质量，应建立两套独立的环境：一套独立的开发环境用于承担设计开发、维护和 Content 管理工作；另一套独立的测试环境承担 QA 测试工作，而测试环境要求与运行环境保持一致。

开发人员与应用域专家的密切配合

由于技术人员比较缺乏医疗行业的相关知识，因此在项目的实施过程中，应确保技术人员与应用域专家的密切配合，以使得技术人员开发的系统真正满足用户的商务需求，并应确定应用域支持渠道和方式，以保证平台开发的进度和质量。

通过企业质量管理体系管理开发过程，保证产品质量

有效的过程控制是项目进行过程中相关各方进行有效沟通合作和控制产品质量的有力保证。为保证开发在规范、有序的环境中进行，项目实施将按照企业质量管理体系的要求，根据质量风险分析的结果选择必要的环节进行控制。

为了保证上述项目策略的实现，在平台的建设过程中，从管理、技术和 QA 3 个方面采取不同的策略。

项目管理策略：

- 采用滚动式项目计划方式，即采用分阶段制定计划的方式，以适应项目管理的要求。
- 采用 ISSUE LIST 表格进行项目跟踪管理，以保证内部信息的畅通、事件处理的落实。
- 采用项目定期评审和用户定期汇报制度。

技术策略

- 采用基于 Web 的多层结构，以保证系统的分布性和灵活性。
- 采用与工业标准兼容的协议（如 HTTP、COM 等），以保证系统的开放性。
- 尽可能选用现有的商用组件，以提高系统开发速度和质量。

QA 策略

- 对过程的执行按阶段进行评审。
- 采用对等评审方式，以保证技术的正确性。
- 采用配置管理，以保证实现与需求的一致性。
- 加强测试设计案例评审，以保证测试的有效性。

5　项目组织结构

由于在项目实施过程中需要涉及不同组织的各方面人员，而各组织之间的任务和职责也不尽相同，因此明确定义组织结构和各自职责可保证系统开发活动的顺利进行。本项目的组织结构如图 2 所示。

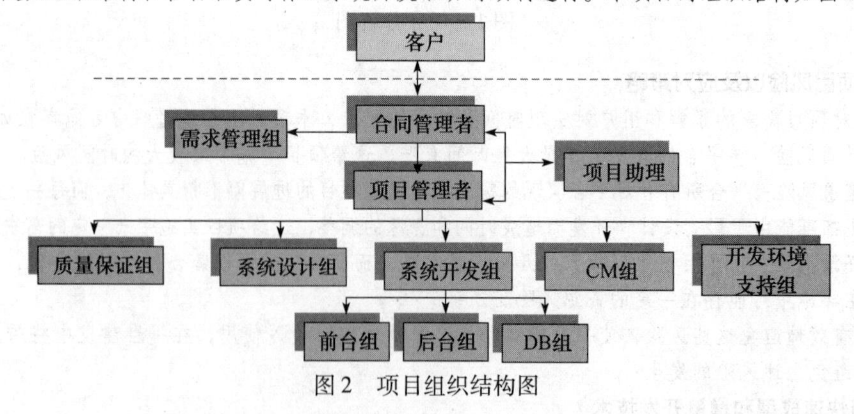

图 2　项目组织结构图

其中：

合同管理者：

- 负责项目对外的商务协调。
- 负责项目计划的审批和实施监督。

需求管理组：

- 负责 KFL 的定义。
- 负责网站业务流程的定义和维护。
- 负责 Page Flow 定义。
- 负责项目的需求管理。

项目管理者：

- 负责项目实施的组织、规划和管理。
- 负责项目实施的资源组织协调。
- 负责项目计划的维护。
- 负责定期向 Medeal. com 提交工作报告。
- 负责网站系统的提交。

系统设计组：

- 负责网站系统实现的设计。
- 负责 Data Modeling 的设计。
- 负责页面结构、COM 和数据库的设计。
- 负责测试案例的评审。

系统开发组：

- 负责网站系统的开发。
- 负责页面、COM 和数据库的开发。
- 负责网站系统的集成和调试。

CM 组：

- 负责内容管理环境的建立。
- 过程定义和维护。
- 负责网站内容的处理、确认和维护。

质量保证组：

- 负责根据过程规范制定检查表，按阶段控制项目开发过程。
- 负责项目的配置管理。
- 负责测试案例的设计。
- 负责网站系统的测试。

开发运行环境支持组：

- 负责开发环境、内容管理环境和 QA 环境的建立。
- 协助开发人员进行系统安装和配置。

该项目的项目管理由王军负责，技术管理由张立负责，需求管理由陈斌负责，网站内容开发由杨焱泰负责。

6　项目生存期

本项目采用类 Scrum 敏捷生存期模型，如图 3 所示，项目分 4 个 Sprint（迭代），每个 Sprint（迭代）的周期大概是 4 周，每个 Sprint（迭代）完成之后提交一个可以运行的版本。

具体生存期定义参见项目生存期示意图。

7　项目规模估算

根据项目的任务分解以及每个任务的规模，通过自下而上的计算，最后得到总的项目开发规模是 396 人天，开发人员成本参数 = 1000 元/天，则内部的开发成本 = 1000 元/天 × 396 天 = 39.6 万元，加上外包部分软件成本 2.4 万元，则开发成本 = 39.6 万元 + 2.4 万元 = 42 万元，由于任务分解的结果主要是针对开发任务的分解，没有分解出管理任务（包括项目管理任务和质量管理任务），针对本项目，管理成本 = 开发成本 × 10%。所以，管理成本 = 42 万元 × 10% = 4.2 万元。直接成本 = 开发成本 + 管理成本，所以直接成本 = 42 万元 + 4.2 万元 = 46.2 万元。另外，间接成本 = 直接成本 × 20%，所以间接成本 = 46.2 万元 × 20% = 9.24 万元，项目总估算成本 = 直接成本 + 间接成本 = 46.2 万元 + 9.24 万元 = 55.44 万元。

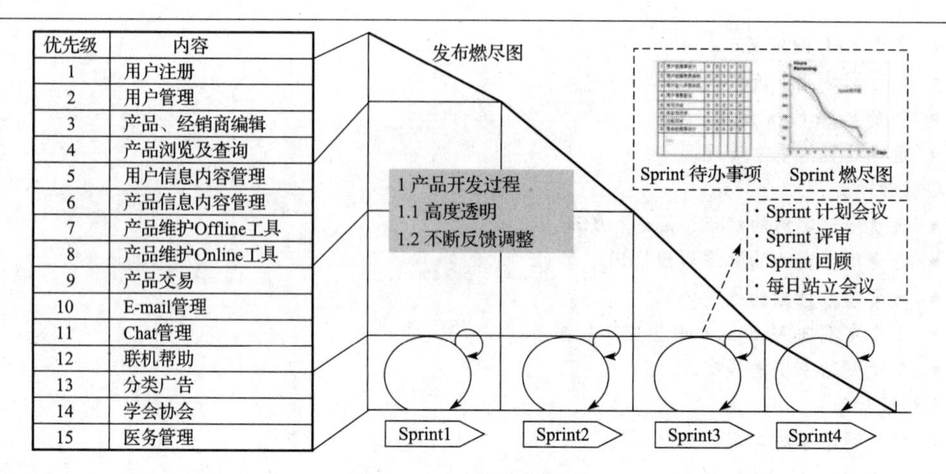

图 3 Scrum 生存期模型

8 时间计划

根据用户对项目的进度要求，项目活动的起止时间如下：

开始日期：2018 年 7 月 3 日。

截止日期：2018 年 12 月 25 日。

时间计划基本采取远粗近细的原则，粗略计划如表 2 所示，它展示了各阶段的时间进度。

表 2 阶段计划

冲刺	内容	里程碑
1	用户注册	7. 9 ~ 8. 8
	用户管理	
	产品、经销商编辑	
	产品浏览及查询	
2	用户信息内容管理	8. 9 ~ 9. 7
	产品信息内容管理	
	产品维护 Offline 工具	
	产品维护 Online 工具	
3	产品交易	9. 10 ~ 10. 5
	E-mail 管理	
	Chat 管理	
	联机帮助	
4	分类广告	10. 8 ~ 11. 9
	学会协会	
	医务管理	

项目将按滚动方式确定详细计划，具体参照每个迭代的进度计划。

9 干系人计划

项目涉及的关键干系人资源见表 3。

表 3 沟通计划计划表

干系人名称	联系方式	参与阶段	目的	沟通方法
Tom（主要用户）	Tom@ hotmail. com	主要阶段	支持和配合	每周汇报 1 ~ 2 次项目进展
Brad（用户）	Brad@ 126. com	需求、验收	配合和理解	每周联络，倾听意见
陈××（技术专家）	Chen@ 263. net	系统设计	负责系统设计	邀请培训
		开发	负责关键模块的开发	邀请参加每日站立会议
姜××（技术指导）	jiang@ sina. com	系统设计	负责系统设计的专家评审	邀请参加技术评审会议
		所有阶段	关键技术决策和管理决策	邀请参加迭代评审会议

10　项目沟通计划

项目沟通计划分为外部协调和内部沟通两部分。

10.1　外部协调

对于外部协调，应注意以下两点：

1）原则上由合同管理者负责与客户进行协调，但为减少交流成本，项目人员也可直接与用户联系，但必须将联系内容通报合同管理者和项目助理，并由项目助理记入沟通记录。

2）建立周三、五定期报告制度，由项目管理者向客户进行工作汇报，报告内容包括项目进展状态、下步安排、项目管理问题协商等。联系方式为E-mail，对于突发事件可通过电话联系。E-mail地址如下：

我方：Tom@ XXXX. com。

客户：Brad@ Medeal. com；

Bill@ yahoo. com。

E-mail标识：WeeklyReport-mmdd，其中，mmdd表示月日，使用两位数字表示，如0505表示5月5日。

10.2　内部沟通

在敏捷开发中，要进行频繁沟通，最重要的3个会议：Sprint计划会议、每日站立会议（一般15分钟）、Sprint评审会议。

对于内部管理，项目经理参照敏捷的要求，制定每日的站立会议以及每个迭代后的冲刺评审会议。建立事件记录通报制度，见表4。事件包括与用户的电话记录、各方建议等，事件记录由项目助理负责记录，并于每周三和周五提交项目管理者，用于向合同管理者汇报。各类交流评审安排如表4所示。

表4　项目沟通评审计划

评审类别	评审周期	评审要点	相关人员
日例会（站立会议）	每天17：00～17：30	1. 当天工作进度 2. 问题及对策 3. 资源协调 4. 明天工作安排 5. 共享经验，避免错误	项目组所有人
Sprint计划会议	一个Sprint迭代开始	1. 本阶段的需求功能 2. 本阶段详细计划	项目主管 项目经理 开发经理 质量经理 配置管理员 市场人员
Sprint评审会议	一个Sprint迭代完成	1. 本阶段计划执行情况 2. 本迭代版本演示结果 3. 下阶段Sprint功能	项目经理 开发经理 质量经理

11　项目度量数据

记录项目开发过程中的数据是为今后有效地进行项目估算和项目管理提供必要的量化指标。在本项目中，需要度量的数据定义如下：

1）平均网页工作量：每人天可完成的网页数量，包括网页设计和开发。计算方法为（时间×人力）/完成网页数量。

2）平均KF工作量：KF工作量包括完成设计、开发和测试一个KF所需的工作量。计算方法为（时间×人力）/完成KF数量。

3）平均数据工作量：计算方法为（时间×人力）/完成产品数据条数。

4）平均生产率。

计算方法：

对于设计人员：(时间×人力)/完成的设计模块数。

> 对于开发人员：（时间×人力）/完成代码行数，不包括自动生成的代码。
> 对于测试人员：（时间×人力）/完成测试案例数，包括测试案例的设计。
> 对于内容开发人员：平均数据工作量。
> 5）平均故障率：计算方法为测试过程中出现的错误数量/KLOC。
> 6）计划偏差量：计算方法为实际项目时间/计划项目时间。
> 7）各阶段规模比例：按各阶段实际完成所需的人天计算。
> 8）各项费用比例：费用包括设计开发费用、内容开发费用、项目补贴、机动费用等。

13.4.2 项目数据采集

下面案例展示了“医疗信息商务平台”的人力数据及缺陷数据的采集过程。

1. 项目工时采集

在项目实施过程中，项目人员针对分配给自己的任务，每天输入自己的工时数据，包括每个任务花费的时间及还需要的时间（即自己认为还需要多久能完成这个任务）。表13-2是“组织成员注册”任务的数据录入情况，根据这个数据可以得出趋势燃尽图，如图13-10所示。

表13-2 “组织成员注册”任务的数据录入

时间（天）	已消耗时间（小时）	估计需要时间（小时）	计划时间（小时）
0	0	32	32
1	8	30	24
2	16	24	16
3	24	16	8
4	32	8	0
5	40	0	0

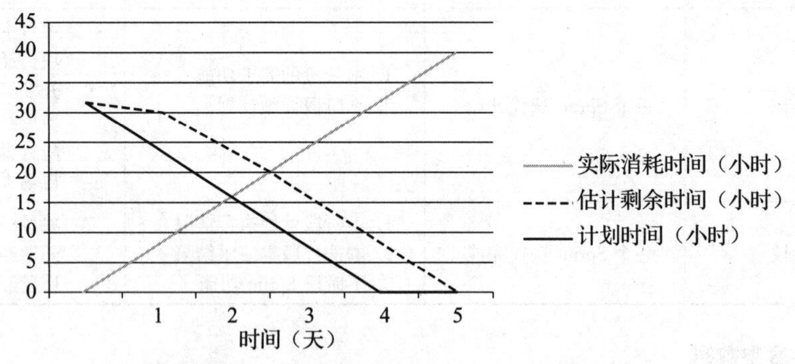

图13-10 “组织成员注册”任务趋势燃尽图

项目经理应该关注图13-10所示的趋势燃尽图，理想上看，实际消耗时间曲线和剩余时间曲线等比例增加和减少。如果任务剩余时间曲线一直高高在上，则表明这个任务有问题，可能有困难完成不了。

2. 人力规模统计

表13-3展示的是第二个Sprint结束时的人力规模成本统计结果，表中给出了计划数据和实际数据。

- 工作类型说明：D表示软件开发人员，M表示项目管理人员，SQA表示质量保证人员，SCM表示配置管理人员，S表示项目支持人员，O表示其他人员。
- 成本比率=实际成本/计划成本。

表 13-3　第二个 Sprint 结束时人力规模成本统计结果

阶段	任务（管理对象）	计划人力投入					实际人力投入				
		人数	级别	类型	规模（天）	成本（元）	人数	级别	类型	规模（天）	成本（元）
项目规划	编写项目计划	1	4	M	8	3856	1	4	M	6.75	3240
	质量保证	3	4	Q	7	3374	3	4	Q	7.25	2320
	管理	1	4	M	2	964	1	4	M	1.25	600
	分析原有设计	3	3	D	6	2220	3	3	D	1.88	700
总计					23	10 414	8			17.13	6860
产品设计	系统设计	3	3	D	24	8880	3	3	D	18.25	6760
	系统设计	1	E	D	5	19 300	1	E	D	6	23 160
	技术验证	2	2	D	30	7770	2	2	D	19.75	5119
	质量保证	5	4	Q	10	4820	5	4	Q	5.38	2580
	管理	1	4	M	6	2892	1	4	M	8.88	4260
	培训	1	2	D	2	518	1	2	D	1.88	486
总计					77	44 180				60.14	42 365
产品开发	开发	8	3	D	224	82 880	9	3		166.66	61 664.2
	开发咨询	1	E	D	3	11 580	1	E	D	4	15 440
	质保	1	4	Q	32.5	15 665	3	4		11.55	5567.1
	管理	1	4	M	16	7712	1	4		19.46	9379.72
	培训	8	2	D	16	4144	1	2		12.4	3211.6
总计					291.5	121 981				214.07	95 262.62
产品测试	开发	6	3	D	84	31 080	5	3	D	60.03	22 211.1
	开发咨询	1	E	D	1	3860	1	E	D	1	3860
	质保	1	4	Q	4	1928	1	4	Q	0.8	385.6
	管理	1	4	M	11	5302	1	4	M	10.31	4969.42
总计					100	42 170				72.14	31 426.12
累计					491.5	218 745				363.48	175 913.74

3. 缺陷数据采集

表 13-4 是按照日期统计的缺陷数据及相关的缺陷类型，图 13-11 是数据的图形表示。其中，日均 Urgent 类缺陷数为 1.45，日均 High 类缺陷数为 9。缺陷类型定义如下：1 – Low 表示轻微缺陷；2 – Medium 表示中等缺陷；3 – High 表示高级缺陷；4 – Urgent 表示严重缺陷。

表 13-4　缺陷数据统计（按日严重 bug 数）

日期	缺陷类型			总计
	2 – Medium	3 – High	4 – Urgent	
6 月 27 日	11	9	3	23
6 月 28 日	4	1		5
6 月 29 日	8	15		23
6 月 30 日	1	18	2	21
7 月 1 日	1	14	1	16
7 月 5 日	2	9		11
7 月 6 日	2	7	6	15
7 月 7 日	1	9	1	11
7 月 8 日	1	9	1	11
7 月 12 日	2	4	1	7
7 月 13 日	2	4	1	7
总计	35	99	16	150

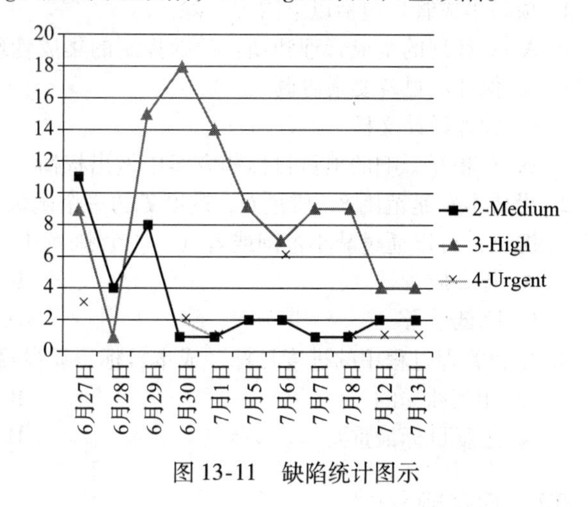

图 13-11　缺陷统计图示

13.5　小结

项目计划是一个集成的计划，项目执行控制过程也是一个集成的过程。项目集成管理是为了实现项目目标，确保项目范围内的各项工作能够顺利协调地配合进行、消除项目管理中的局部性、平衡项目各个目标之间的冲突、保证项目各阶段的正确实施所开展的以整体思想为指导，从全局出发，以项目总体利益最大化为目标，以统一协调各方面管理为内容的全面管理的过程。本章介绍了项目集成执行控制的基本思路和过程，强调了项目执行控制过程中各个计划、各个因素的协调管理，以保证项目总体目标的实现。在项目执行过程中，变更控制是重要事项。数据采集是项目执行控制的基础，可以实现量化的管理。项目执行控制是非常重要的过程，直接决定着项目的成功与否，也是体现项目管理水平的关键之处。控制是根据采集的项目数据，与原始项目计划进行比较，从而判断项目的性能，对出现的偏差给予纠正，必要时修改项目计划。项目的控制包括项目范围、进度、成本、资源、质量、风险等。

13.6 练习题

一、填空题

1. 软件项目管理的 4 个要素是________、________、________、________。
2. 质量和成本成一定的____________关系。
3. 进度和成本成一定的____________关系。

二、判断题

1. 范围与成本成一定的正比关系。 (　　)
2. 进度和成本是关系最为密切的两个要素，几乎成对立关系，进度的缩短一定依靠增加成本实现，而成本的降低也一定以牺牲工期进度为代价。 (　　)
3. 项目管理过程是一个集成的过程，范围计划、进度计划、成本计划、质量计划、风险计划是相互联系的。 (　　)
4. 软件项目管理的 4 个要素是范围、质量、进度、风险。 (　　)

三、选择题

1. 项目集成管理包括以下内容，除了（　　）。
   A. 对计划的集成管理和项目跟踪控制的集成管理
   B. 保证项目各要素协调
   C. 软件设计文档
   D. 在相互影响的项目目标和方案中做出权衡
2. 设成本 C 是范围 S、质量 Q、进度 T 的一个函数 $C=F(S, Q, T)$，在成本或时间不充足的情况下，可以通过减小范围或者（　　）来解决。
   A. 提高质量　　B. 增加项目成员
   C. 降低质量　　D. 以上均不行
3. 项目管理过程中的进度目标、成本目标、质量目标、范围目标等各个目标之间是（　　）。
   A. 相互独立的　　B. 相互关联和制约的
   C. 进度目标最重要　　D. 以上都不是

四、问答题

1. 描述项目执行控制的基本步骤。
2. 设计一个项目数据采集表格，根据表格中的数据绘制燃尽图。

第 14 章

项目核心计划执行控制

本章介绍针对范围、时间、成本、质量等核心计划的执行控制，进入路线图的“核心计划执行控制”，如图 14-1 所示。

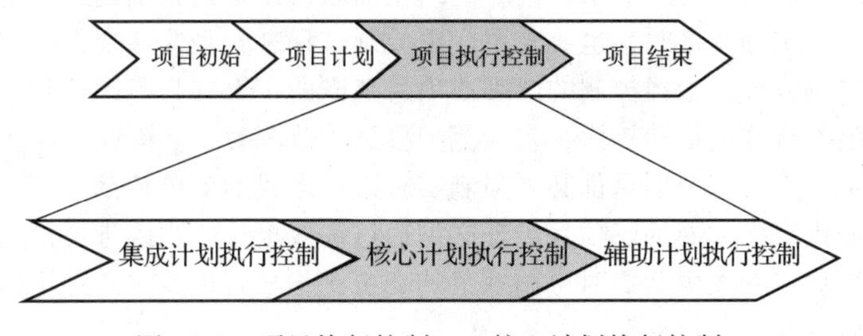

图 14-1　项目执行控制——核心计划执行控制

要保证项目成功，必须对项目进行严格的控制。项目管理人员都知道项目管理的“金三角”，即时间、质量、成本，要想让项目按时、按质并且在不超出预算成本的前提下能够完成项目目标，项目经理必须从范围、时间、质量等方面严格地对项目全过程进行跟踪控制管理。

14.1　范围计划执行控制

通过执行范围计划可以交付项目成果，同时需要控制项目范围的变更。

14.1.1　项目范围的执行与核实

项目范围的执行控制是监督项目和产品的范围状态，管理范围基准变更的过程。本过程的主要作用是在整个项目期间保持对范围基准的维护，保证项目最终提交一个客户满意的产品是项目经理的职责。

确定偏离范围基准的原因和程度，并决定是否需要采取纠正或预防措施，是项目范围控制的重要工作。控制范围过程可以采用偏差分析和趋势分析等数据分析技术。这里的偏差分析是将范围基准与实际结果进行比较，以确定偏差是否处于临界值区间内或是否有必要采取纠正或预防措施，如图 14-2 所示。这里的趋势分析是审核范围偏差随时间的变化情况，以判范围管理是正在改善还是正在恶化，如图 14-3 所示。

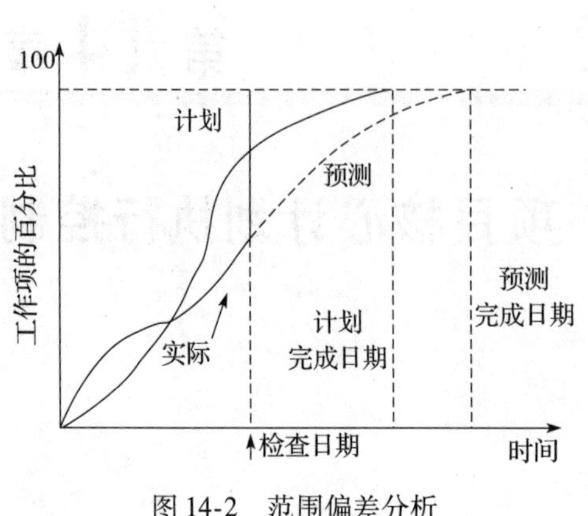

图 14-2　范围偏差分析

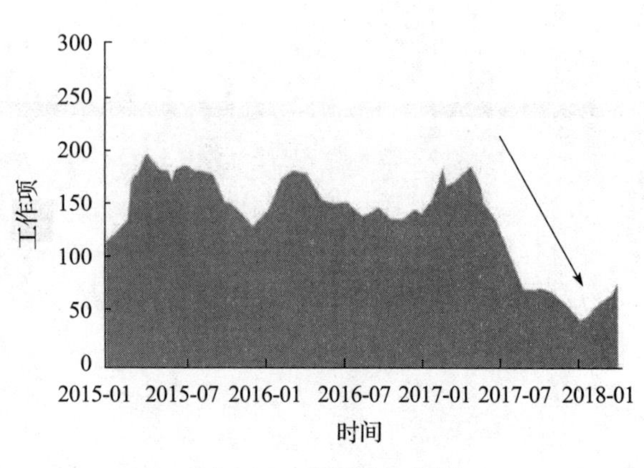

图 14-3　范围趋势分析

范围核实和验证是贯穿项目始终的过程，完成项目范围可能会生成交付物，这些交付物必须获得客户或者相关项目人的认可，当然，客户对项目的正式接收一般是项目收尾阶段最重要的任务。

14.1.2　范围变更控制

控制项目范围确保所有变更请求、推荐的纠正措施或预防措施都通过实施集成变更控制过程进行处理。在变更实际发生时，也要采用变更控制过程来管理这些变更。控制范围过程应该与其他控制过程协调开展。未经控制的产品或项目范围的扩大称为范围蔓延。范围控制的一个重要注意点是防治不合理的范围扩张，包括范围蔓延和范围镀金。因此，需要做好范围变更管理。变更不可避免，因此每个项目都必须强制实施某种形式的变更控制。

范围变更的原因是多方面的。项目经理必须通过绩效报告、当前进展情况等来分析和预测可能出现的范围变更，在发生变更时遵循规范的变更流程来管理变更，这里的范围管理主要是针对需求变更的管理。

图 14-4 是一个需求变更申请表格实例，它是在软件项目实施过程中，对需求提出的一个变更。这个变更发生在设计阶段，还没有进行具体的编程工作，按照变更控制系统流程，首先提出需求变更请求，然后评估变更的影响，最后通过 SCCB 的表决，决定可以接受其中一部分变更，另一部分变更则推到下一版本实现。

软件基线产品修改提交单				
申请人	韩万江		申请日期	2018. 10. 12
项目名称	项目管理系统			
阶段名称	系统设计			
文件名称	RCR-PM-01. doc，RCR-PM-02. doc			
修改内容	变更简述如下： 1）修改测试流程控制：将 2 个角色、3 个渠道流改为 3 个角色、4 个渠道流，详见 RCR-PM-01. doc 2）增加开发人员技能信息库管理，详见 RCR-PM-02. doc			
验证意见	同意 RCR-PM-01. doc 变更。RCR-PM-02. doc 的变更可以推迟到下一个版本实施			
	验证人	杨炎泰	验证日期	2018. 10. 12
SCCB	韩万江，姜岳尊，孙泉		填表人	韩万江

图 14-4　需求变更提交单

需求变更后需要重新修改 WBS。关于更多管理范围变更的内容参见配置管理章节的基线变更管理内容。需求是项目中的一个重要基线，所以需求变更管理也是一个重要的基线变更管理。

在进行需求分析时，要懂得防患于未然，尽可能地分析清楚哪些是稳定的需求，哪些是易变的需求，以便在进行系统设计时，将软件的核心构建在稳定的需求上，同时留出变更空间。有的项目由于需求频繁变更，又没有很好的变更管理，最后以失败告终。所以，需求变更管理是项目管理中非常重要的一项工作。

需求变化问题是每个开发人员、每个项目经理都可能遇到的问题，也是很令人烦扰的问题，一旦发生了需求变化，开发人员不得不修改设计、重写代码、修改测试用例、调整项目计划等。需求的变化为项目的正常进展带来不尽的麻烦，因此，必须管理好需求的变更，使需求在受控的状态下发生变化，而不是随意变化。需求管理就是要按照标准的流程来控制需求的变化。需求变化一般不是突发的革命性的变化，最常见的是项目需求的蔓延问题。

根据以往的历史经验，随着客户方对信息化建设的认识和自己业务水平的提高，他们会在不同的阶段和时期对项目的需求提出新的要求和需求。用户总是有新的需求要项目开发方来做，有些客户认为软件项目需求的改变可以很容易地被实现。就像用户在“漫天要价”，而开发方在“就地还钱”。这个现象的本质问题是由需求变更所引发的。需求一扩大，就如同河堤出现了缺口，会越来越大，甚至失去控制。

需求变更可以发生在任何阶段，即使到项目后期也可能发生变更（例如，在测试阶段，用户根据测试的实际效果会提出一些变更要求），后期的变更会对项目产生很负面的影响。

之所以发生需求变更，主要是因为在需求确定阶段，用户往往不能确切地定义自己需要什么。用户常常以为自己清楚，但实际上他们提出的需求只是依据当前的工作所需，而采用的新设备、新技术通常会改变他们的工作方式；或者要开发的系统对于用户来说也是一个未知数，他们以前没有相关的使用经验。随着开发工作的不断进展，系统开始展现功能的雏形，用户对系统的了解也逐步深入。于是，他们可能会想到各种新的功能和特色，或对以前提出的要求进行改动。他们了解得越多，新的要求也越多，需求变更因此不可避免地一次又一次出现。

项目经理一定要坚持一个最基本的原则：一般不要轻易答应这样的要求——你给我们做个什么。只要你答应一次，需求就会接踵而至，这种现象严重时甚至导致项目失去控制，不能最终验收。为了把需求控制在一定的范围，要避免与一般业务人员交谈，树立顾问的权威和信心，要以专家的姿态与客户接触。

管理范围变更应该处理好变更的请求，对需求变更进行严格的控制，没有控制的变更会对项目的进度、成本、质量等产生严重的影响。对于变更，项目人员常常存在某种顾虑，其实变更并不可怕，可怕的是应对变更束手无策，或者不采取任何的预防控制措施。对待变更的正确处理方法是，根据变更的输入，按照变更控制系统规定的审批程序执行，通过严格审查变更申请后，决定项目变更是否应该得到批准或者拒绝。

如果开发团队缺少明确的需求变更控制过程或采用的变更控制机制无效，抑或不按变更控制流程来管理需求变更，那么很可能造成项目进度拖延、成本不足、人力紧缺，甚至导致整个项目失败。当然，即使按照需求变更控制流程进行管理，由于受进度、成本等因素的制约，软件质量还是会受到不同程度的影响。但实施严格的软件需求管理会最大限度地控制需求变更给软件质量造成的负面影响，这也正是我们进行需求变更管理的目的所在。

范围变更管理的过程很大程度上是用户与开发人员的交流过程。软件开发人员必须学会认真听取用户的要求、考虑和设想，并加以分析和整理。同时，软件开发人员应该向用户说明，进入设计阶段以后，再提出需求变更会给整个开发工作带来什么样的冲击和不良后果。有时开发任务较重，开发人员容易陷入开发工作中而忽略了与用户的随时沟通，因此需要一名专职的需求变更管理人员负责与用户及时交流。对于需求变更控制，可以采取商业化的需求管理工具，如 Rational RequisitePro 等，这些工具提供了对每项需求的属性描述、状态跟踪等，并可以将需求与其他的相关工作产品建立关联关系。

14.1.3 敏捷项目范围管理

对于需求不断变化、风险大或不确定性高的项目，在项目开始时，项目范围通常是无法明确的，而需要在项目期间逐渐明确。敏捷方法在项目早期缩短定义和协商范围的时间，并为持续探索和明确范围而延长相应过程时间。在许多情况下，不断涌现的需求往往导致真实的业务需求与最初所述的业务需求之间存在差异。因此，敏捷方法有目的地构建和审查原型，并通过发布多个版本来明确需求。因此，在敏捷方法中，将需求列入未完项，在整个项目期间被定义和再定义，即通过循序渐进的方式确定范围需求。

14.2 进度与成本执行控制

项目进度与成本控制的基本目标是在给定的限制条件下，根据跟踪采集的进度、成本、资源等数据，与原来的基准计划比较，对项目的进展情况进行分析，以保证项目在可以控制的进度、成本、资源内进行，最后期待用最短时间、最小成本，以最小风险完成项目工作。因此，需要在整个项目期间不断监督项目状态，保持对进度基准的维护，以更新项目进度和管理进度基准变更。

项目进度控制的第一个要点是要保证项目进度计划是现实的；第二个要点是要有纪律，遵守并达到项目进度计划的要求。

进度管理是一个动态过程。有的软件项目需要一年，甚至几年。一方面，在这样长的时间内，项目环境在不断变化；另一方面，实际进度和计划进度会发生偏差。因此，在进度控制过程中要根据进度目标和实际进度，不断调整进度计划，并采取一些必要的控制措施，排除影响进度的障碍，确保进度目标的实现。

成本控制是落实成本计划的实施，保证成本计划得到全面、即时和正确的执行。需要进行成本核算，即根据完成项目实际发生的各种费用来计算，要动态地对项目的计划成本和实际成本、直接成本和间接成本进行比较和分析，找出偏差并进行相应的处理。成本管理的目的是确保项目在预算内按时、保质、经济高效地完成项目目标，一旦项目成本失控，就很难在预算内完成项目。不良的项目成本控制常常使项目处于超预算的危险境地。在实际实施过程中，预算超估算、决算超预算等现象是屡见不鲜的，因此进行成本管理是必需的。项目时间、成本控制过程中常用的分析方法有图解控制法、挣值分析（已获取价值）法、网络图分析法等。

14.2.1 图解控制法

图解控制方法是一种偏差分析方法，利用时间图、进度图、成本图、资源图等对项目的性能进行偏差分析，审查目标绩效与实际绩效之间的差异（或偏差）。在监控项目工作过程中，通过偏差分析对成本、时间、技术和资源偏差进行综合分析，以了解项目的总体偏差情况，这样便于采取合适的预防或纠正措施。

1. 甘特图

从甘特图可以看出计划中各项任务的开始时间、结束时间，也可以看出计划进度和实际进度的比较结果，如图 14-5 所示。

2. 延迟线

延迟线与甘特图类似，对于没有按照进度计划进展的活动，提供了更加醒目的可视化指示，延迟线越弯曲，对于计划的偏离就越大。如图 14-6 所示，可以清晰地看到，活动 B 比活动 A 延迟严重些。如果延迟线的锯齿现象严重，说明进度延迟现象比较普遍，就需要重新规划进度。

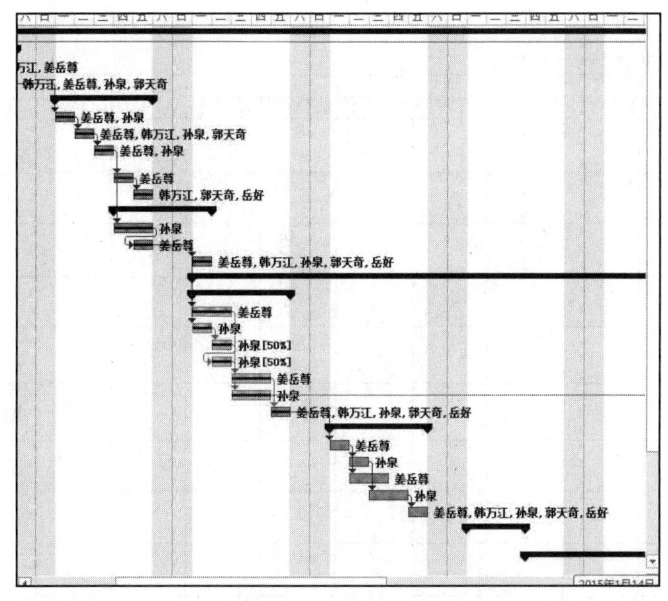

图 14-5　跟踪甘特图

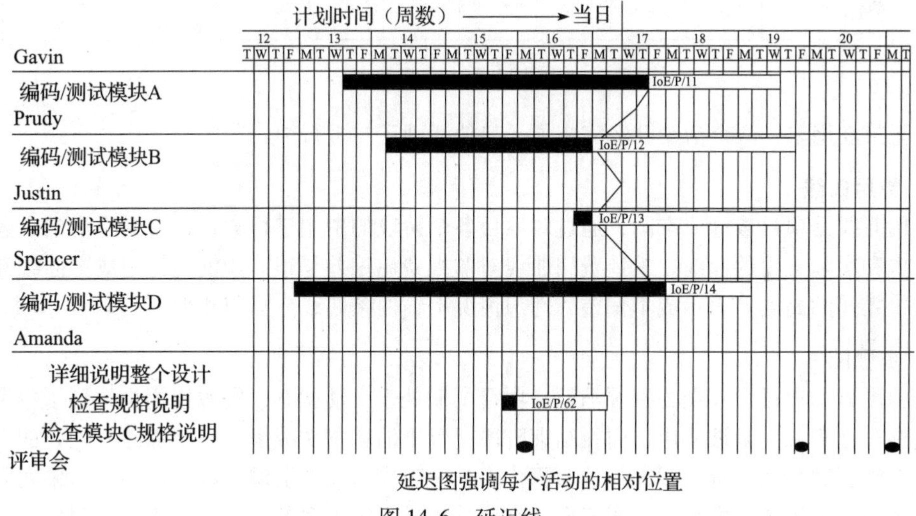

图 14-6　延迟线

3. 时间线

时间线是一种记录计划和显示项目期间目标变更的图形，计划时间用横轴表示，实际时间用纵轴表示。如图 14-7 所示，向下的曲线代表活动的预计完成日期，在项目开始，活动“分析现有系统”安排在第 3 周的星期一完成，活动“获得用户需求”安排在第 5 周的星期四完成，最后一个活动“发布标书”安排在第 9 周的星期二完成。

在实际执行过程中，第 1 周末，通过评审进度，可以保持进度不变，实际的时间轴上绘制的线是从目标日期垂直向下直到第一周末。

第 2 周末，通过评审进度，“获得用户需求”可能要延期，在第 6 周的星期二前不能完成，因此，斜着延长活动线来表示这种情况，其他的活动完成日期也相应地推迟了。

第 3 周的星期一“分析现有系统”完成了，则在斜的时间线上画一个实点表示已经发生了的活动。第 3 周末保持现有的目标计划。

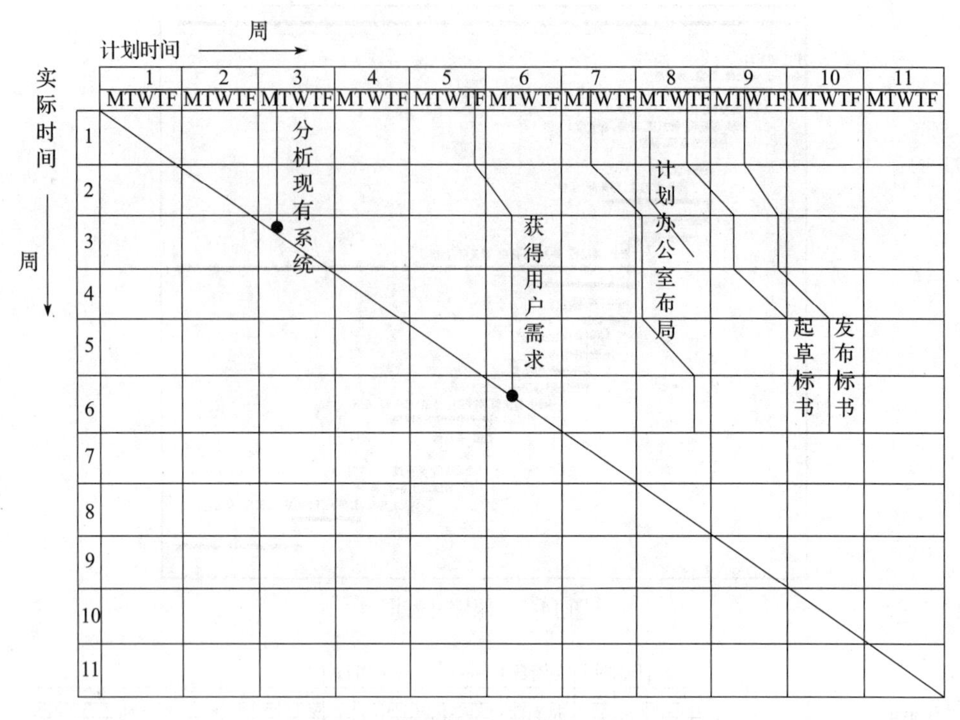

图 14-7 时间线

截至第 6 周末，两个活动已经完成了，其他活动还在进行中。

4. 费用曲线

费用曲线是项目累计成本图，通过对项目各个阶段的费用进行累计，得到平滑的、递增的计划成本和实际支出的曲线。累计费用曲线对监视费用偏差是很有用的，计划成本曲线和实际支出曲线之间的高度差表示成本偏差，理想情况下，两条曲线应当很相似。

5. 资源图

资源图显示项目生存期的资源消耗。项目早期处于启动状态，资源使用少，到了中期，项目全面展开，资源大量被使用，而在结束阶段，资源消耗再次减少。利用资源分配表的总数很容易构造资源载荷图，资源图围住的面积代表某段工作时间的资源消耗。例如，如果实际资源图面积大于计划资源图面积，说明我们已经比计划投入了更多的人工；反之，说明我们现在比计划消耗的人工少。

6. 偏差分析和控制

从长期的角度看，对计划偏差进行分析和控制要求我们完成以下几件事情（以进度为例）。

（1）精确记录任务消耗的实际时间

人对时间的感知在缺乏时间衡量的情况下是不可靠。所以，要计算计划偏差（通常是偏慢了），必须要有精确的实际消耗时间。一些软件（如 JIRA）可以帮助我们轻松地记录每个任务的实际消耗时间。

（2）量化任务的计划偏差

度量计划偏差通常有持续时间偏差和进度偏差，其计算公式如下：

持续时间偏差(%)=((实际持续时间 - 计划持续时间)/计划持续时间)×100

注意，持续时间不包含非工作日。

进度偏差(%) = ((实际结束时间 - 计划结束时间)/计划持续时间) × 100

持续时间偏差反映了任务实际消耗工作时间与任务计划持续工作时间的偏移程度，而进度偏差反映了任务实际结束时间与计划结束时间的偏移程度。对于项目中的关键任务，进度偏差反映项目总体进度的偏差。将任务的计划偏差进行量化可以让人清晰、准确地认识到偏差的程度。

另外，也可以通过监控应急储备时间来分析项目性能。项目经理可以采用百分比来查看项目的进展情况。例如，如果一个项目完成了 40%，却用去 65% 的储备时间，那么如果余下的任务从此以后仍然保持这个趋势，则这个项目就会陷入困境。

（3）对计划偏差进行根因分析

有了计划偏差度量值后，需要对这些度量值进行根因分析，以便找到规避和改进的措施。

通过图解控制方法分析项目时，需要综合分析这些图示，单独一个图示不能全面说明项目状况。图 14-8 是一个项目的甘特图、累计费用曲线和资源载荷图的图示说明。从甘特图中可以看到，项目的每项任务所用时间都比计划长。从费用曲线看，实际费用比计划少了一些，但是不要以为是成本节约了，因为从资源图可以看出是因为没有使用足够的资源导致实际费用没有计划的多。所以，可以说进度推迟的原因是缺乏足够的资源（人力资源和设备资源）。

再看图 14-9，从甘特图看，项目进度基本按照计划进行，如果不仔细分析，认为项目进展得很好，然而从费用曲线和资源图可以知道保持进度正常是以大量费用为代价的，费用高的原因是资源超出计划很多。用图解控制法进行项目分析的时候应该利用甘特图、费用曲线图和资源图共同监控项目。这个方法可以给项目经理提供项目进展的直接信息。

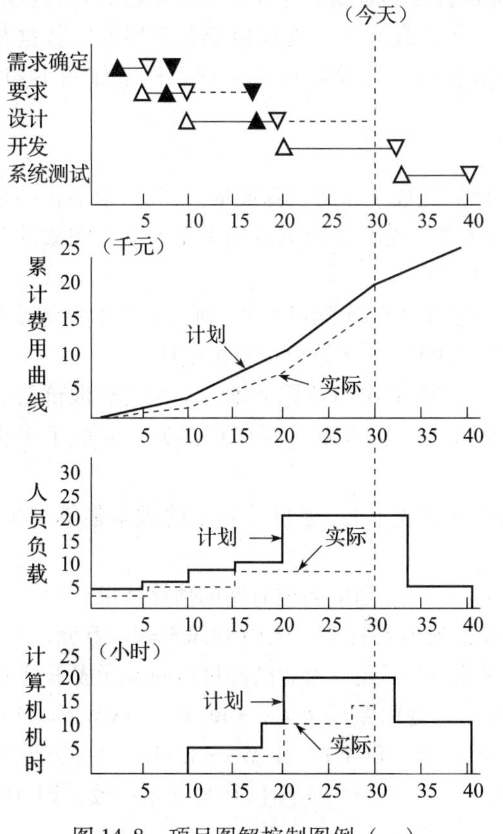

图 14-8　项目图解控制图例（一）

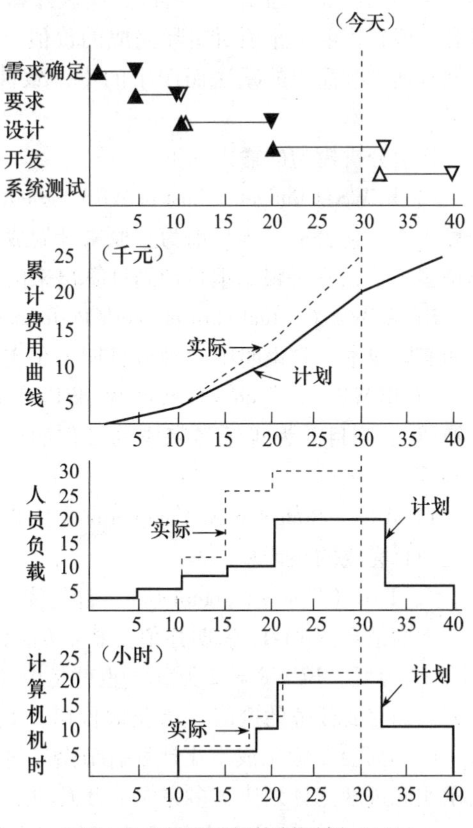

图 14-9　项目图解控制图例（二）

图解控制法的优点是可以一目了然地确定项目状况，采用这种易于理解的方法，可以向上级管理层、项目人员报告项目的状况。它的最大缺点是只能提供视觉印象，但本身并不能提供其他重要的量化信息，如相对于完成的工作量预算支出的速度、每项工作的预算和进度中所占的份额、完成的工作百分比等。而挣值分析（也称为已获取价值分析）法可以提供这方面的功能，而且可以提供更多量化的信息。无论是大型项目还是小型项目，都可以采用挣值分析法。

14.2.2 挣值分析法

挣值分析法综合了范围、进度、成本的绩效，是对项目实施的进度、成本状态进行绩效评估的有效方法。挣值分析法既可以用于偏差分析，也可以用于趋势分析，如进度偏差、成本偏差、总时间偏差、预算偏差。采用这种方法，可以根据以往结果预测未来绩效、项目时间及成本情况；可以预测项目的进度延误，提前让项目经理意识到，按照既定趋势发展，后期进度可能出现的问题。另外，应该在足够早的项目时间进行趋势分析，使项目团队有时间分析和纠正任何异常；可以根据趋势分析的结果，提出必要的预防措施建议。

挣值分析法也称为已获取价值分析法，是一种计算实际花在一个项目上的工作量，以及预计该项目所需成本和完成该项目的日期的方法。该方法依赖于“已获取价值”的测量。挣值分析法是一种利用成本会计的概念评估项目进展情况的方法。传统的项目性能统计是将实际的项目数据与计划数据进行比较，计算差值，判断差值的情况。但是，实际的执行情况可能不是这样简单，如果实际完成的任务量超过了计划的任务量，那么实际的花费可能会大于计划的成本，但不能说成本超出了。所以，应该计算实际完成任务的价值，这样就引出了已获取价值的概念，即到目前为止项目实际完成的价值。有了“已获取价值”就可以避免只用实际数据与计划数据进行简单的减法而产生的不一致性。挣值分析（已获取价值分析）模型如图 14-10 所示。

挣值分析模型的输入如下。

1）BCWS（Budgeted Cost of Work Scheduled，计划完成工作的预算成本）：到目前为止的总预算成本。它表示“到目前为止原来计划成本是多少?”或者“到该日期为止本应该完成的工作是多少?”，它是根据项目计划计算出来的。

2）ACWP（Actual Cost of Work Performed，已完成工作的实际成本）：到目前为止所完成工作的实际成本。它说明了“到该日期为止实际花了多少钱”，可以由项目组统计。

3）BCWP（Budgeted Cost of Work Performed，已完成工作的预算成本，又称已获取价值或者挣值）：到目前为止已经完成的工作的原来预算成本。它表示“到该日期为止完成了多少工作?”

4）BAC（Budgeted At Completion，工作完成的预算成本）：项目计划中的成本估算结果。它是项目完成的预计总成本。

5）TAC（Time At Completion，计划完成时间）：项目计划中完成时间的估算结果。

下面结合图 14-11 说明挣值分析法的原理。截止到当前日期，图中 BCWS = 10 万元，ACWP = 11 万元，BCWP = 12 万元，也就是说计划成本是 10 万元，为此已经付出的实际成本是 11 万元，而完成任务的价值（已获取价值）是 12 万元。费用差异为 CV = BCWP − ACWP = 12 − 11 = 1（万元），表示成本比计划有节余；进度差异为 SV = BCWP − BCWS = 12-10 = 2（万元），表示实际进度比计划快，多完成 2 万元的工作任务。如果项目的实际执行与计划一致，则 ACWP、BCWP、BCWS 曲线应该重合或接近重合。

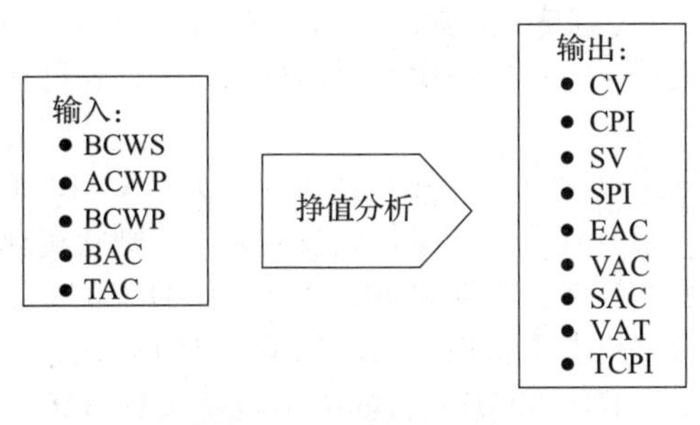

图 14-10　挣值分析模型

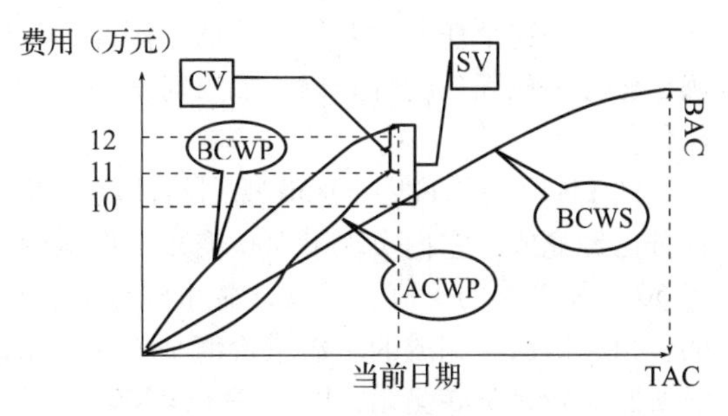

图 14-11　挣值分析法的原理

挣值分析模型的输出如下。

1）进度差异：SV（Schedule Variance）= BCWP - BCWS。如果此值为零，表示按照进度进行；如果此值为负值，表示项目进度落后；如果此值为正值，表示项目进度超前。

2）费用差异：CV（Cost Variance）= BCWP - ACWP。如果此值为零，表示按照预算进行；如果此值为负值，表示超出预算；如果此值为正值，表示低于预算。

3）进度效能指标：SPI（Schedule Performance Index）= BCWP/BCWS × 100%。此指标表示完成任务的百分比。如果此值为 100%，表示按照计划进度进行；如果此值小于 100%，表示项目进度落后；如果此值大于 100%，表示进度超前进行。

4）成本效能指标：CPI（Cost Performance Index）= BCWP/ACWP × 100%。此指标表示花钱的速度。如果此值为 100%，表示按照预算进行；如果此值小于 100%，表示超出预算；如果此值大于 100%，表示低于预算。

研究表明：项目进展到 20% 左右，CPI 应该趋于稳定，如果这时 CPI 的值不理想，则应该采取措施，否则这个值会一直持续下去。

5）项目完成的预测成本：EAC（Estimate At Completion）= BAC/CPI。

6）项目完成的预测时间：SAC（Schedule At Completion）= TAC/SPI

7）项目完成的成本差异：VAC（Variance At Completion）= BAC - EAC。

8）项目完成的时间差异：VAT（Variance At Time）= TAC - SAC。

9）未完工的成本效能指标：TCPI = 剩余工作/剩余成本 =（BAC - BCWP）/（Goal - ACWP），其中，Goal 是项目希望花费的数额，或者预期将花费的数目。可以看出，分子表示还有多少工作要做，分母表示还有多少钱可以花费，即要保证将来不超出这些花费，必须以什么方式来工作。如果 TCPI 大于 1，则将来必须做得比计划要好才能达到目标；如果 TCPI 小于 1，则表明做得比计划差一些也可以达到目标。

对于挣值分析的结果，可以按照一定的时间段来计算（如一周）。这个方法的难点在于计算 BCWP，因此如何计算 BCWP 是值得研究的问题，可以归结为两种计算方法：第一种方法是自下而上法，这种方法比较费时费力，需要专门的人员及时连续地计算开发出来的产品的价值；第二种方法是公式计算方法，如果没有比较简单且实用的公式，这个方法也存在问题。目前，BCWP 公式计算方法通常可以采用一些规则计算，主要是 50/50 规则、0/100 规则，或者其他的经验加权法等。最常用的方法是采用 50/50 规则。50/50 规则是指当一项工作已经开始，但是没有完成时，就假定已经实现一半的价值，当这个工作全部完成的时候才实现全部的价值。0/100 规则是指当一项工作没有完成时，不产生任何价值，直到完成时才实现全部的价值。例如，如果一个任务的成本是 100 元，这个任务没有开始前价值为 0。当采用 50/50 规则时，如果这项任务开始了但没有完成，我们假设已经实现了 50 元的价值，不管是完成了 1%，还是完成 99%，都认为实现了 50 元的价值，直到这项任务全部完成，我们才认为它实现了 100 元的价值。如果采用 0/100 规则，直到项目全部完成，我们才认为任务实现了 100 元价值，除此之外，这个任务没有任何价值。因此，0/100 规则是保守的规则。经验加权法是根据经验确定已经完成任务的百分比。如果对任务非常了解的话，也可以采用经验加权的方法计算已获取价值。

图 14-12 可以说明 50/50 规则的计算原理，按照此规则可以计算：截止到今天，A、B、C 任务已经完成，它们实现了 300 美元工作量的价值，而 D 任务开始了但是没有完成，则它实现了 50 美元工作的价值。所以，截止到今天，项目总共实现了预算的 400 美元工作的 350 美元的价值，即已经完成的工作量价值是 350 美元，称为“已获取价值”，即 BCWP = 350 美元，假设实际花费是 700 美元，即 ACWP = 700 美元，而 BCWS = 400 美元，如果项目总预算 BAC = 1000美元，那么：

- SV = －50 美元：表明进度落后了 50 美元的工作。
- CV = －350 美元：表明成本超出预算 350 美元。
- SPI = 350/400 × 100% = 87.5%：表明项目已经实现了 87.5 的工作。
- CPI = 350/700 × 100% = 50%：说明花费 700 美元实现的工作量价值是 350 美元，即每支出 1 美元实现 0.5 美元的价值。
- EAC = 1000/0.5 = 2000（美元）：说明按照目前的花钱速度，这个项目最终的费用将是 2000 美元。
- 如果期望的最终预算是 1000 美元，即目标是 BAC，则 TCPI = (1000 － 350)/（1000 － 700) ≈ 2.17，说明为了保证项目总花费控制在 BAC 以内，即 1000 美元，将来 1 美元需要创造 2.17 美元的工作量价值。

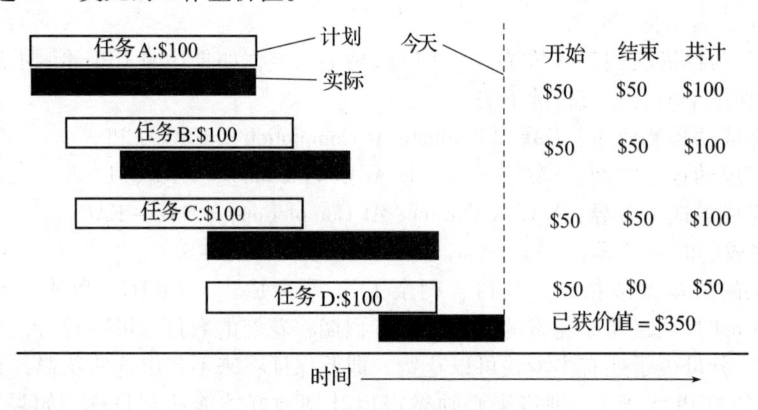

图 14-12　50/50 规则

因此，对于图 14-12，按计划今天应该完成 400 美元的任务，可是目前只完成了其中的 350 美元的任务，说明进度差异是 －50 美元，它表明进度落后，还差 50 美元的任务没有完成；而实际完成 350 美元的任务花了 700 美元，所以，成本差异是 －350 美元，说明超出预算 350 美元。进度效能指标是 87.5%，成本效能指标是 50%，说明花钱的速度是预算的 2 倍，严重偏离预算。如果按照这个效能指标工作，将来的总成本将是 2000 美元，若希望总成本与计划一样，即希望将来的最终成本为 1000 美元，则 TCPI = (1000 － 350)/(1000 － 700) ≈ 2.17，即将来 1 美元应该产生 2.17 美元的工作量价值，才能保证成本控制在 1000 美元，而不是 2000 美元。

所以，这种方法是一种计算已完成工作百分比的方法，可以帮我们分析成本支出的速度。

【例 1】　一个软件项目由 4 部分组成（A、B、C、D），项目总预算为 53 000 元，其中 A 任务的为 26 000 元，B 任务的为 12 000 元，C 任务的为 10 000 元，D 任务的为 5000 元。截止到 8 月 31 日，A 任务已经全部完成，B 任务完成过半，C 任务刚开始，D 任务还没有开始。

表 14-1是截止到 8 月 31 日的计划成本和实际成本，试采用50/50 规则计算截止到 8 月 31 日为止的 CV、SV、CPI、SPI、EAC、VAC。

表 14-1　截止到 8 月 31 日的计划成本和实际成本　（单位：元）

任务	BCWS（计划成本）	ACWP（实际花费）
A	26 000	25 500
B	9000	5400
C	4800	4100
D	0	0

计算 CV、SV、CPI、SPI 的关键是计算 BCWP。由于采用 50/50 规则，A 任务已经全部完成，由此其 BCWP 为 26 000 元；由于 B 任务完成过半，C 任务刚开始，根据 50/50 规则，不管完成多少，只要是任务开始，但是没有完成，我们认为实现了 50% 的预算价值，因此 B 任务 BC-WP = 6000 元，C 任务 BCWP = 5000 元，D 任务还没有开始，则 D 任务 BCWP = 0（见表 14-2）。

表 14-2　计算 BCWS、ACWP、BCWP　（单位：元）

任务	BCWS（计划成本）	ACWP（实际成本）	BCWP（已获取价值）
A	26 000	25 500	26 000
B	9000	5400	6000
C	4800	4100	5000
D	0	0	0
总计	39 800	35 000	37 000

截止到 8 月 31 日为止，CV、SV、CPI、SPI、EAC、VAC 的计算结果如下。

- BCWS = 39 800 元。
- ACWP = 35 000 元。
- BCWP = 37 000 元。
- CV = 37 000 − 35 000 = 2000 元。
- SV = 37 000 − 39 800 = −2800 元。
- SPI≈93%。
- CPI≈106%。

因为 BAC = 53 000 元，所以 EAC = BAC/CPI≈50 000（元）。

- VAC = 53 000 − 50 000 = 3000（元）。

SPI 小于 1，说明截止到 8 月 31 日没有完成计划的工作量，即进度落后一些；但是 CPI 大于 1，说明截止到 8 月 31 日费用节省了，完成工作量的价值大于实际花费的价值。按照目前的成本效能指标，预测项目总成本 50 000，比原计划偏差 3000 元，即少了 3000 元。

注意：不可以根据表 14-1 中 BCWS 的值来计算 BCWP，表 14-2 中 BCWS 的值是截止到 8 月 31 日的预算值，而不是 A、B、C、D 任务本身的预算值。采用 50/50 规则计算 BCWP 时，应该根据任务总预算来计算已获取价值。

【例 2】 表 14-3 是一个小型软件项目的实施计划，根据项目管理的要求，每周末计算本周应该完成的计划工作量和在本周末已经完成的任务。一个好计划应该是渐进完善的，随着项目的展开，计划也会随之细化和完善，表 14-4 便是对设计阶段细化和完善后的计划。同时按照经验加权规则（经验百分比）计算已获取价值，如表 14-5 所示。表 14-5 的已获取价值每周计算一次，BCWP 随着项目的进展而每周有所增加。可以从表 14-4 得到 BCWS，从表 14-5 得到 BCWP。ACWP 是已经付出的实际工作量（单位是人天）。将实际周数乘以 5（每周工作 5 天），如果开发人员是全职工作，再乘以人数，即为实际工作量（单位是人天）。根据人员成本参数可以计算相应的货币价值。例如，若人员成本为 500 元/人天，则 3 个工作日的价值是 1500 元。

表 14-3 项目实施阶段的计划

任务	计划工作量（人天）	估计完成的周数	负责人
规划	3	1	章一
需求规格	2	2	王二
软件设计	10	5	章一，李三
测试计划	3	6	章一
编码	5	7	王二
单元测试	3	8	章一
集成测试	2	9	王二
Beta 测试	3	10	李三
总计	31		

表 14-4 细化的项目计划

周	任务		累计计划工作量（人天）	BCWS（人天）
1	规划		3	3
2	需求规格		5	5
3	软件设计	总体设计	7	7
4		编写设计说明书	11	11
5		设计评审	15	15
6	测试计划		18	18
7	编码		23	23
8	单元测试		26	26
9	集成测试		28	28
10	Beta 测试		31	31

表 14-5 截止到第三周的已获取价值（BCWP）

任务	任务工作量（人天）	完成百分比	已获取价值 BCWP（人天）
规划	3	100	3
需求规格	2	50	1
软件设计	10	25	2.5
测试计划	3	0	0
编码	5	0	0
单元测试	3	0	0
集成测试	2	0	0
Beta 测试	3	0	0
总计	31		6.5

下面分析截止到第 3 周的项目性能情况。由于项目人员不是全职的，在这个项目中需要计算实际的工作时间。如果实际花在这个项目的工时只有 9 人天，则截止到第 3 周的性能数据如下。

- BAC = 31 人天。
- BCWS = 7 人天。
- BCWP = 6.5 人天。
- ACWP = 9 人天。
- SV = BCWP - BCWS = -0.5 人天，进度落后 0.5 人天的工作量。
- SPI = BCWP/BCWS × 100% ≈92.9%，以计划进度的 92.9% 效能在工作。
- CV = BCWP - ACWP = -2.5 人天，超出预算 2.5 人天（如果人员成本为 500 元/人天，则超出预算 1250 元）。
- CPI = BCWP/ACWP × 100% ≈72.2%，以超预算 27.8% 的状态在工作。

- EAC = BAC/CPI≈43 人天，因为 BAC = 31 人天，按照目前的工作性能 CPI = 72.2% 计算 EAC 是 43 人天。
- VAC = BAC - EAC = -12 人天，超出预算 12 人天的工作量（如果人员成本为 500 元/人天，则超出预算 6000 元）。
- SAC = 10/SPI≈10.8 周，因为计划的完成时间是 10 周，按照目前的工作进度效能估算完工时间为 10.8 周。

从上面的计算可知，这个项目将推迟 0.8 周（4 个工作日）左右，超出预算 27.8%，完成预算比较困难。这时可以研究一下“为什么花费了比计划多的工作量?”，“是否因为不是全职工作影响了工作效率?”，还是“对任务缺乏了解?”，抑或是“应该做了更多其他的任务，没有统计上来，可能以后任务会完成得很快，而且没有想象得那样糟糕”，还是“计划做得不够科学”。经过分析找出原因，然后解决问题，如果问题解决了，也无法按照计划进行，就有必要变更计划以适应项目今后的情况。如果是因为计划做得不够科学，就必须修正计划。

14.2.3　网络图分析法

网络图分析法利用网络图描述项目中各项任务的进度和结构关系，以便对进度进行优化控制。这里我们主要讨论如何利用贝叶斯网络图对项目进行控制。

软件项目不同于传统工程项目，它具有高度的不可预知性。贝叶斯网络主要用于解决不确定知识推理，可以很好地解决软件项目进度管理中存在的不确定性问题。利用贝叶斯网络对项目进度进行管理，可以随时进行结构和参数的改进，容易接受和处理新信息，从而为软件项目进度计划提供依据。

贝叶斯网络（Bayesian network）是一种基于概率分析和图论的不确定性知识的表达和推理的模型。从直观上讲，贝叶斯网络表现为一个赋值的复杂因果关系网络图，网络中的每一个节点表示一个变量，即一个事件。各变量之间的弧表示事件发生的直接因果关系。

1. 贝叶斯定理

贝叶斯定理是基于贝叶斯公式提出的：

$$P(A \mid B) = \frac{P(B \mid A)P(A)}{P(B)}$$

为此，引入以下概念。

- 条件概率：事件 A 在另外一个事件 B 已经发生条件下的发生概率。条件概率表示为 $P(A \mid B)$，读作“在 B 条件下 A 的概率”。
- 联合概率：表示两个事件共同发生的概率。A 与 B 的联合概率表示为 $P(A \cap B)$ 或者 $P(A, B)$。
- 边缘概率（又称先验概率）：某个事件发生的概率。边缘概率是这样得到的，即在联合概率中，把最终结果中那些不需要的事件通过合并成它们的全概率，而消去它们（对离散随机变量，利用求和得到全概率；对连续随机变量，用积分得到全概率），这称为边缘化（marginalization）。如 A 的边缘概率表示为 $P(A)$，B 的边缘概率表示为 $P(B)$。
- $P(A \mid B)$：在 B 发生的情况下 A 发生的可能性。
  - 事件 B 发生之前，我们对事件 A 的发生有一个基本的概率判断，称为 A 的先验概率，用 $P(A)$ 表示。
  - 事件 B 发生之后，我们对事件 A 的发生概率重新评估，称为 A 的后验概率，用 $P(A \mid B)$ 表示。
- $P(B \mid A)$：在 A 发生的情况下 B 发生的可能性。

- 事件 A 发生之前，我们对事件 B 的发生有一个基本的概率判断，称为 B 的先验概率，用 $P(B)$ 表示。
- 事件 A 发生之后，我们对事件 B 的发生概率重新评估，称为 A 的后验概率，用 $P(A\mid B)$表示。

2. 贝叶斯网络

贝叶斯网络是一种概率图模型，于 1985 年由 Judea Pearl 首先提出。它是一种模拟人类推理过程中因果关系的不确定性处理模型，其网络拓扑结构是一个有向无环图（DAG）。这个有向无环图中的节点表示随机变量 $\{X_1, X_2, \cdots, X_n\}$，它们可以是可观察到的变量。若两个节点间以一个单箭头连接在一起，代表这两个随机变量具有因果关系，其中一个节点是“因”（parent），另一个是“果”（children），两个节点会产生一个条件概率值。贝叶斯网络主要用来描述随机变量之间的条件依赖关系，用圈表示随机变量（random variable），用箭头表示条件依赖（conditional dependency）。

假设节点 E 直接影响节点 H，即 $E\rightarrow H$，则用从 E 指向 H 的箭头建立节点 E 到节点 H 的有向弧（E, H），权值（即连接强度）用条件概率 $P(H\mid E)$ 表示，如图 14-13所示。

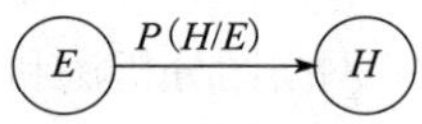

图 14-13　条件概率

令 $G=(I, E)$ 表示一个有向无环图（DAG），其中 I 代表图形中所有节点的集合，E 代表有向连接线段的集合，且令 $X=(x_i)(i\in I)$ 为其有向无环图中的某一节点 i 所代表的随机变量，若节点 X 的联合概率可以表示成

$$p(x) = \prod_{i\in I} p(x_i \mid x_{\mathrm{pa}(i)})$$

则称 X 为相对于一有向无环图 G 的贝叶斯网络，其中，$\mathrm{pa}(i)$ 表示节点 i 之“因”，或称 $\mathrm{pa}(i)$ 是 i 的 parent（父母）。此外，对于任意的随机变量，其联合概率可由各自的局部条件概率分布相乘而得出，即

$$p(x_1,\cdots,x_K) = p(x_K\mid x_1,\cdots,x_{K-1})\cdots p(x_2\mid x_1)p(x_1)$$

图 14-14 所示便是一个简单的贝叶斯网络：因为 a 导致 b，a 和 b 导致 c，所以有

$$p(a,b,c) = p(c\mid a,b)p(b\mid a)p(a)$$

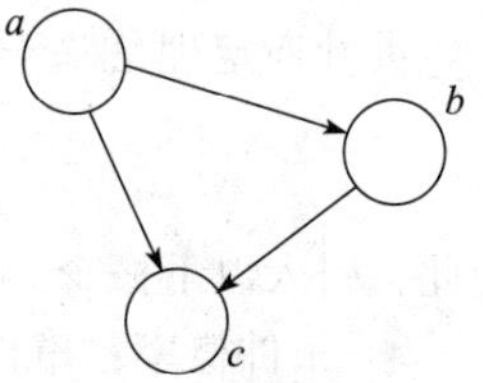

图 14-14　一个简单的贝叶斯网络

3. 基于贝叶斯网络的软件项目进度偏差预测

为了采用贝叶斯网络来解决软件规模进度的预测与控制问题，首先确定项目进度图示，选择影响软件规模进度的因素并且确定因素间的因果关系，然后构建贝叶斯网络结构，根据项目数据，估计和预测实际偏差。基本步骤如下。

（1）建立项目网络图

图 14-15 是某项目的网络图，其中有很多的活动。可以根据网络图和进度表监控项目的实际进展情况，如果与计划有偏差，分析偏差的原因，采取必要的措施，为此，需要不断完善网络图。

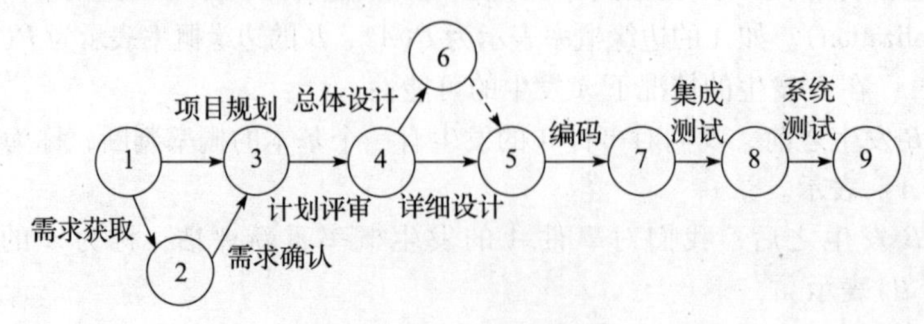

图 14-15　项目网络图

（2）建立贝叶斯网络

贝叶斯网络的建立是一项比较复杂的过程，没有现成的规则可循，需要根据实际情况进行分析，依靠专家经验建立贝叶斯网络。对每一个活动构造贝叶斯网络。分析影响项目活动的资源影响因素，包括人力、技术、财力资源及质量的限制等。必须明确定义每个节点的各种状态，定义每一种节点的属性值，并必须确定每一种状态的条件概率。例如，图 14-16 是某项目的“编码”这个活动的贝叶斯网络，形成以“coding_schedule_variance（编码进度偏差）”为中心的图示。这里给出了影响编码进度的 12 个因素，即贝叶斯网络的随机变量集合 N_s = {coding_process_quality，coding_team_quality，coding_comlexity，project_size，programmer_experience，team_size，process_maturity，requirement_volatility，stuff_turnover_rate，design_complexity，coding_method，estimation_accuracy}。每个节点对编码这个任务都有影响。其中第一层有 5 个因素，即与 coding_shedule_variance 直接关联的节点是 {coding_process_quality，stuff_turnover_rate，requirement_volatility，coding_comlexity，estimation_accuracy}，而与 coding_process_quality 直接关联的节点是 coding_team_quality、process_maturity，与 coding_team_quality 直接关联的节点是 programmer_experience、team_size，coding_method，与 coding_comlexity 直接关联的节点是 design_complexity 和 project_size。

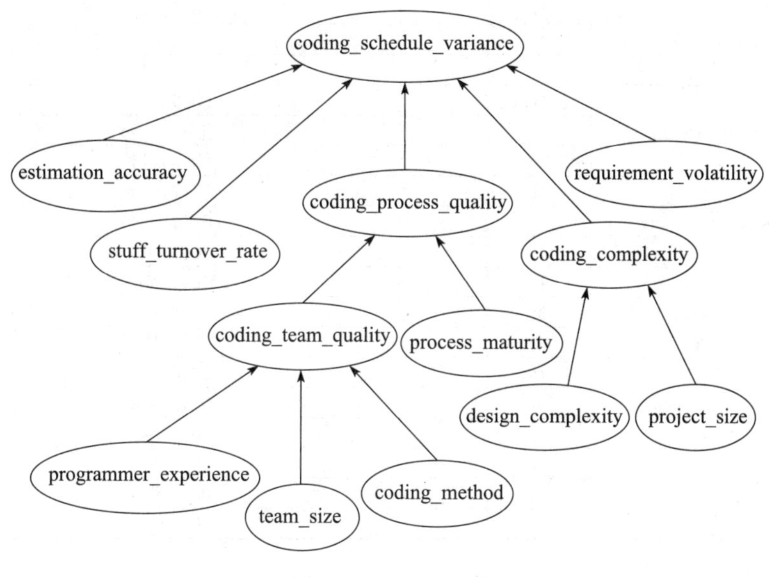

图 14-16 贝叶斯网络

（3）数据处理

数据是贝叶斯学习的关键部分。如果软件过程不稳定，从它收集而来的数据将不能在贝叶斯学习中发挥正确的作用。由于连续贝叶斯算法需要满足高斯分布的数据，所以选择离散贝叶斯学习算法。如果因子是连续的，则需要将其转化为离散变量。在这种情况下，使用数据分析和数据离散化方法来处理数据。

我们需要对上面的贝叶斯网络进行数据离散化。对于离散变量，可利用归一化方法将变量值转换为区间［0，1］；对于连续变量，可以利用动态离散化方法将变量值转换为区间［0，1］。将每个因素的值划分为 3 个区间，每个区间表示一个状态。例如，变量 coding_schedule_variance 被赋值状态小于 10%、10% ~20% 和大于 20% 这 3 个区间，分别代表 H、M、L，这些状态可以根据每个项目属性进行更改。评级范围如表 14-6 所示，其中 H 表示高，L 表示低，M 表示中间。

表 14-6　贝叶斯变量的数据处理

1	coding_process_quality	H	(0.7, 1)
		M	(0.4, 0.7)
		L	(0, 0.4)
2	coding_complexity	H	(0.7, 1)
		M	(0.3, 0.7)
		L	(0, 0.3)
3	coding_team_quality	H	(0.7, 1)
		M	(0.4, 0.7)
		L	(0, 0.4)
4	project_size	H	(0.6, 1)
		M	(0.3, 0.6)
		L	(0, 0.3)
5	estimation_accuracy	H	(0.7, 1)
		M	(0.3, 0.7)
		L	(0, 0.3)
6	requirement_volatility	H	(0.6, 1)
		M	(0.3, 0.6)
		L	(0, 0.3)
7	programmer_experience	H	(0.7, 1)
		M	(0.3, 0.7)
		L	(0, 0.3)
8	stuff_turnover_rate	H	(0.8, 1)
		M	(0.4, 0.8)
		L	(0, 0.4)
9	design_complexity	H	(0.7, 1)
		M	(0.4, 0.7)
		L	(0, 0.4)
10	process_maturity	H	[ML4, ML5]
		M	[ML3]
		L	[ML1, ML2]
11	coding_method	H	(0.8, 1)
		M	(0.4, 0.8)
		L	(0, 0.4)
12	team_size	H	(0.7, 1)
		M	(0.3, 0.7)
		L	(0, 0.3)

（4）贝叶斯模型学习

数据处理之后，就需要选择学习贝叶斯网络结构的算法和条件概率表来构建软件进度模型。按照贝叶斯网络各个节点的因果关系，以及节点变量的先验概率确定相关节点变量的条件概率，这些先验概率根据专家经验确定。图 14-16 是根据专家评审构建的贝叶斯模型。

具体来说，我们需要探讨 3 个相关的方面：如何计算软件开发过程中的项目进度差异，如何利用这些信息重新规划项目和重新分配资源以便及时完成项目，以及哪些变量对软件进度差异的贡献更大。图 14-17 是对与编码活动进度模型根节点直接相关的 5 个因素进行分析得到的模型，采用的数据是由某公司提供的。

（5）贝叶斯网络更新

通过贝叶斯网络更新分析项目进展。在软件项目开发过程中，对于每次得到的新数据，都要将其输入贝叶斯网络中，通过计算及参数学习更新当前各节点的状态，同时可以建立贝叶斯网络数据库，以固定的时间更新贝叶斯网络，周期性地检查和考核项目的进度，以便于软件项目的跟踪工作。

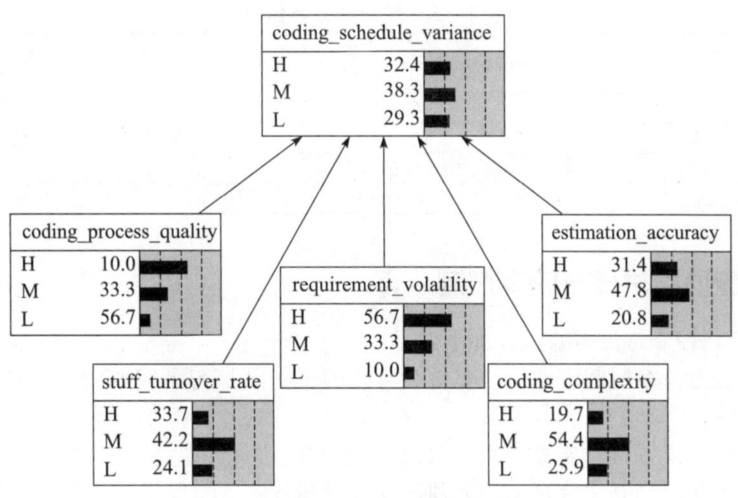

图 14-17　贝叶斯模型

当导入历史数据并成功地训练模型时，就可以从贝叶斯图中获得进度偏差概率。如果无法接受这个偏差，则必须调整项目计划和资源。在项目开发过程中，贝叶斯网络图中的某些因素值确定之后，贝叶斯网络中的其他因素的概率就会发生变化。假设图 14-18 中，stuff_turnover_rate（人员流动率）确定是最低概率，则根据贝叶斯模型可以确定 Coding_Schedule_variance（编码进度偏差）延迟 10% ~20% 的概率是 40.5%。

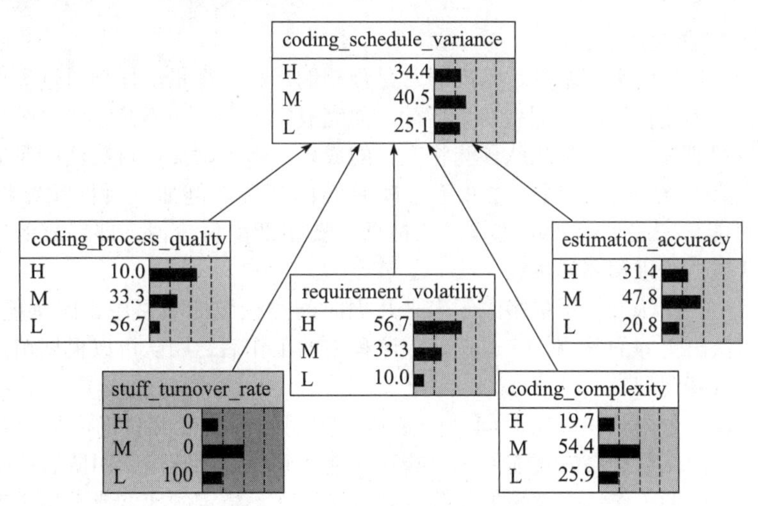

图 14-18　更新的贝叶斯模型

（6）分析原因

根据前面的分析结果，图 14-18 显示进度偏差是大概率事件，可以进一步分析哪些因素是最主要的原因，这可以采用很多方法，如采用敏感性分析法，找出影响软件进度最重要的关键属性，帮助项目经理决定应该调整哪个节点。为此，分析图 14-18 中与进度偏差相关的 5 个因素中哪个影响最大，通过计算熵值，我们知道最敏感的节点是 coding_process_quality（编码过程质量）。熵即所谓的相互信息，显示模型在输入证据之前和之后所表示的不确定性程度。这意味着熵降低越多，节点就越敏感。对图 14-18 所示的有关的灵敏度分析结果见表 14-7。可以看出，coding_process_quality 对 coding_schedule_variance 的影响最大，而其他 4 个变量对 coding_schedule_variance 的影响较小。因此，减少进度延迟可以从 coding_process_quality 入手。

表 14-7　灵敏度分析结果

重要因素	熵减少值	偏差
project_complixity	0. 01 041	0. 582
estimation_accuracy	0. 01 069	0. 694
requirement_volatility	0. 02 346	1. 52
coding_process_quality	0. 04 435	3. 53
stuff_turnover_rate	0. 00 619	0. 0858

14. 2. 4　敏捷项目进度与成本控制

采用敏捷方法控制进度需要关注如下内容。

1）通过比较上一个时间周期中已交付并验收的工作总量与已完成的工作估算值，判断项目进度的当前状态。

2）实施回顾性审查（如定期审查），以便纠正与改进过程。

3）对剩余工作计划（未完项）重新进行优先级排序。

4）确定每次迭代时间内可交付成果的生成、核实和验收的速度。

5）确定项目进度已经发生变更。

6）在变更实际发生时对其进行管理。

7）将工作外包时，定期向承包商和供应商了解里程碑的状态更新是确保工作按商定进度进行的唯一途径，有助于确保进度受控。同时，应执行进度状态评审和巡检，确保承包商报告准确且完整。

1. 敏捷项目的衡量指标

传统的计划管理常常采用基准，基准通常是预测的产物。衡量敏捷项目进展的指标是交付价值衡量指标，而不是传统的预测型衡量指标，如完成的工作，而不是完成百分比。敏捷项目衡量团队所交付的成果，而不是团队预测将交付的成果，因为敏捷项目关注的是客户价值。预测型衡量指标的问题在于，它们往往并不反映真实的情况。例如，项目领导将项目描述为“90% 完成”，可能只完成了 10% 的工作。敏捷项目要定期交付价值，即完成的工作，项目团队可以利用这些数据改进预测和决策。

在敏捷项目中，团队的估算最多限于未来几周时间。在敏捷项目中，团队能力稳定之后，才能对未来几周做出更好的预测。完成迭代或流程中的工作后，团队可以根据衡量的开发速度对开发进度进行重新规划。

迭代速率反映一个团队在固定时间（一个迭代周期）内所能交付的故事个数。它反映了团队的生产能力。团队可能会发现需要几次迭代才能达到稳定的速度。团队需要从每个迭代中获得反馈，了解他们的工作情况及该如何改进。一旦建立了稳定的速度或平均周期时间，团队就能够预测项目将花费多长时间。

除了定量衡量指标之外，团队还可以考虑收集定性衡量指标。其中一些定性衡量指标侧重于团队选择的实践，评估团队使用这些实践的情况，如对交付功能的业务满意度、团队的士气，团队希望跟踪的任何东西等都可以作为定性衡量指标。

有时候我们有必要适当地放慢进度，进而“降低”团队生产力。“得寸进尺”式的期望值提升告诉我们，当团队生产能力越大时，组织上层和客户对团队的期望值也就越大，这反映了项目管理中很重要的一面——期望值管理。但是，团队的管理者要适当控制期望值的提升，因为团队的生产能力应该有上限，而期望值的提升可能远比团队的生产力的提升要来得快，但这无论对于组织和客户还是团队来说都不是好事。因此，在进度管理中控制迭代进度，不要使其让人感觉过快，也是进度管理中很重要的一方面。

2. 敏捷进度控制的时间片

敏捷模型进度控制的时间片更短，迭代可以帮助团队为交付和多种反馈创建一个节奏，而团队会为交付和反馈创建增量。交付的第一部分是一次演示，团队会收到关于产品的外观和运行方式的反馈。团队成员回顾如何检查和调整有关过程以取得成功。团队应该经常为反馈进行演示，进度演示或评审是敏捷项目流程的必要组成部分。

敏捷并不能创造出更多的工作能力。然而，有证据表明，工作量越少，人员就越有可能交付。与其他知识型工作一样，软件产品开发关乎在交付价值的同时进行学习。在项目的设计部分，学习的过程是通过实验交付微小的价值增量，并获得对目前已完成工作的反馈。团队需要在平衡不确定性的同时为客户提供价值，根据经验数据重新规划其他小的增量，以此管理项目的不确定性。

3. 基于迭代的项目执行控制

（1）燃尽图

某些基于迭代的项目使用燃尽图查看项目随时间的进展情况。图 14-19 所示是一个项目燃尽图的例子，其中，团队计划交付 37 个故事点（燃尽图中的虚线表示计划）。故事点对需求或故事的相关工作、风险和复杂性进行评估。许多敏捷团队使用故事点估算工作量。从图 14-19 中可以看到，团队在第 3 天面临交付的风险。

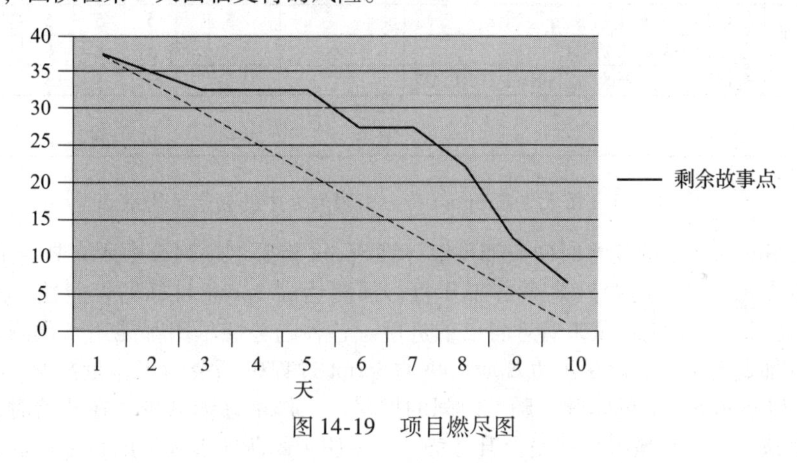

图 14-19　项目燃尽图

（2）燃起图

燃起图显示已完成的工作，如图 14-20 所示。图 14-19 和图 14-20 均基于相同的数据，但分别以两种不同的方式显示。团队可以根据实际情况选择如何查看其数据。

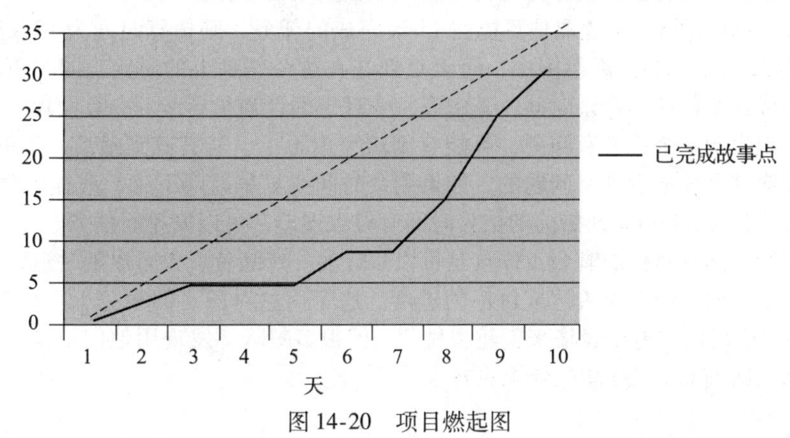

图 14-20　项目燃起图

无论使用燃尽图还是燃起图，团队都能看到在迭代过程中完成的工作。在迭代结束时，他们可能会根据自己在这个迭代中完成工作的能力（多少故事或故事点）来建立下一个迭代的能力衡量指标。这样，产品负责人与团队一起重新规划，团队就更有可能在下一次迭代中成功交付。

（3）项目数据采集与分析

Scrum 要求在团队内部和外部都保证透明性。产品增量是保证这种透明性的最重要方式。每天团队成员都会在 Sprint 待办事项列表上更新他们对还需要多少工作量来完成他们当前工作的估计，如图 14-21 所示。

				每日结束时所剩余工作量的最新估计					
产品待办事项列表事项	Sprint 中的任务	志愿者	初始工作量估计	1	2	3	4	5	6
作为买家，我想把书放入购物车	修改数据库	王小二	5	4	3	0	0	0	
	创建网页（UI）	赵五	3	3	3	2	0	0	
	创建网页（JavaScript 逻辑）	张三和李四	2	2	2	2	1	0	
	写自动化验收测试	尹哲	5	5	5	5	5	0	
	更新买家帮助网页	孙媛	3	3	3	3	3	0	
	……								
改进事务处理效率	合并 DCP 代码并完成分层测试		5	5	5	5	5	5	
	完成 pRank 的机器顺序		3	3	8	8	8	8	
	把 DCP 和读入器改为用 pRank HTTP API		5	5	5	5	5	5	
	…	…	…						
		总计	50	49	48	44	43	34	

图 14-21 每天更新 Sprint 待办事项列表中的剩余工作量

在每个 Sprint 迭代中的任意时间点都可以计算 Sprint 待办事项列表中所有剩余工作的总和。开发团队至少在每日站会时跟踪剩余的工作量，预测达成 Sprint 目标的可能性。团队通过在 Sprint 中不断跟踪剩余的工作量来管理自己的进度。各种趋势燃尽图都能用来预测进度，实践证明这些工具都是有用的。燃尽图直观地反映了 Sprint 过程中剩余的工作量情况，Y 轴表示剩余的工作，X 轴表示 Sprint 的时间。随着时间的推移，工作量逐渐减少，在开始时，由于估算上的误差或者遗漏，工作量有可能呈上升态势。它表明了团队向着他们的目标进展，这不是按过去已经花了多少时间，而是按将来还剩余多少工作量来表示的，这也是团队与他们目标间的距离。如果这条燃尽线在接近 Sprint 结尾时没有向下接近完成点，那么团队需要做出调整，例如，减小工作范围，或者找到在保持可持续步调下更高效的工作方式。

例如，在 Sprint 开始之前领取估算能在 15 天完成的任务，则估算时间为 $15 \times 8 = 120$（小时）。在图 14-22 所示的趋势燃尽图中，每天更新花在这个任务上的时间，同时更新你认为还需要多久能完成这个任务的剩余时间，其中有一个理想的计划指导线。一旦发现剩余时间线一直高高在上，则表明这个任务有问题，可能有困难完成不了。若其直到最后一周的 2 ~ 3 天才降下来，则表明这个任务也是有问题的。如果剩余时间线早早就降下来，或提前降为 0，则说明团队提前完成任务，Sprint 开始前的估算时间有较大误差，可以安排新任务。

在任何时间，达成目标的剩余工作量是可以累计的。产品负责人可以随时追踪剩余工作总量，以评估在希望的时间点能否达成目标的进度。这个信息对所有的相关干系人都是透明的。尽管 Sprint 燃尽图可以用电子表格来创建和显示，但很多团队却发现用他们工作空间的白板来展示、用笔来更新 Sprint 燃尽图的效果更好。

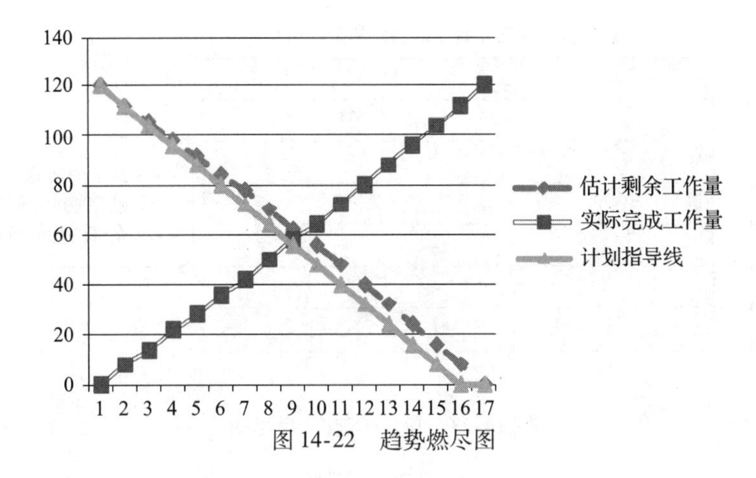

图 14-22 趋势燃尽图

4. 基于流程的敏捷项目执行控制

基于流程的敏捷团队使用不同的衡量指标，如交付周期、周期时间、响应时间等。

- 交付周期：交付一个工作项目（从项目添加到看板直至项目完成）花费的总时间。交付周期有助于理解从第一次查看特定功能到向客户发布该功能所需的周期时间。
- 周期时间：处理一个工作项目所需的时间。当团队依赖于外部人员或团队时，衡量周期时间可了解团队完成工作所需的时间。团队完成工作之后，衡量交付周期可了解外部依赖关系。每个功能都是独一无二的，所以它的周期时间也是独一无二的。不过，产品负责人可能会注意到，对于较小的功能，其周期时间也较短。产品负责人希望看到产出，因此产品负责人创建较小的功能，或者与团队合作创建。团队通过衡量周期时间可以发现瓶颈和延迟问题，问题不仅限于团队内部。
- 响应时间：一个工作项目等待工作开始的时间。团队通过衡量响应时间，可以了解平均需要多长时间才能对新请求做出响应。

5. 交付可用价值的衡量

燃起图、燃尽图（能力衡量指标）及交付周期、周期时间（可预测的衡量指标）对实时测量非常有用。它们可帮助团队了解共有多少工作，以及团队是否能按时完成工作。故事点衡量与已完成的故事或功能的衡量有所不同。有些团队试图在没有完成实际功能或故事的情况下衡量故事点。团队仅衡量故事点时，衡量的是能力，而不是已完成的工作，这违背了“可用的软件（如果不是软件，则是其他产品）是衡量进度的主要指标”的原则。每个团队都有自己的能力。在使用故事点时，团队要认识到，在给定时间内能够完成的故事点数量对一个团队而言是唯一的。根据自身的指标进行衡量，团队就能更好地评估和估算自己的工作，并最终交付。相对估算的缺点是，无法比较各个团队或者团队之间的速度。

团队可以在一个功能燃起图/燃尽图和一个产品待办事项列表中衡量已完成的工作。这些图表提供了随时间变化的完成趋势，如图 14-23 所示。

功能燃起图、燃尽图可显示项目期间需求的发展情况。功能完成线显示团队以正常速度完成功能。总功能线显示项目的总功能随时间的变化。剩余的燃尽线显示功能完成速度的变化。每次在项目中添加功能时，燃尽线都会有改变。

6. 敏捷背景下的挣值管理

敏捷项目中的挣值是基于已完成的功能的，团队可以用一个产品待办事项列表燃起图来显示已完成的价值。如果一个团队需要衡量挣值，可以考虑使用燃起图，以图 14-24 为例，左边 Y 轴代表故事点的范围，右边 Y 轴代表项目的支出。

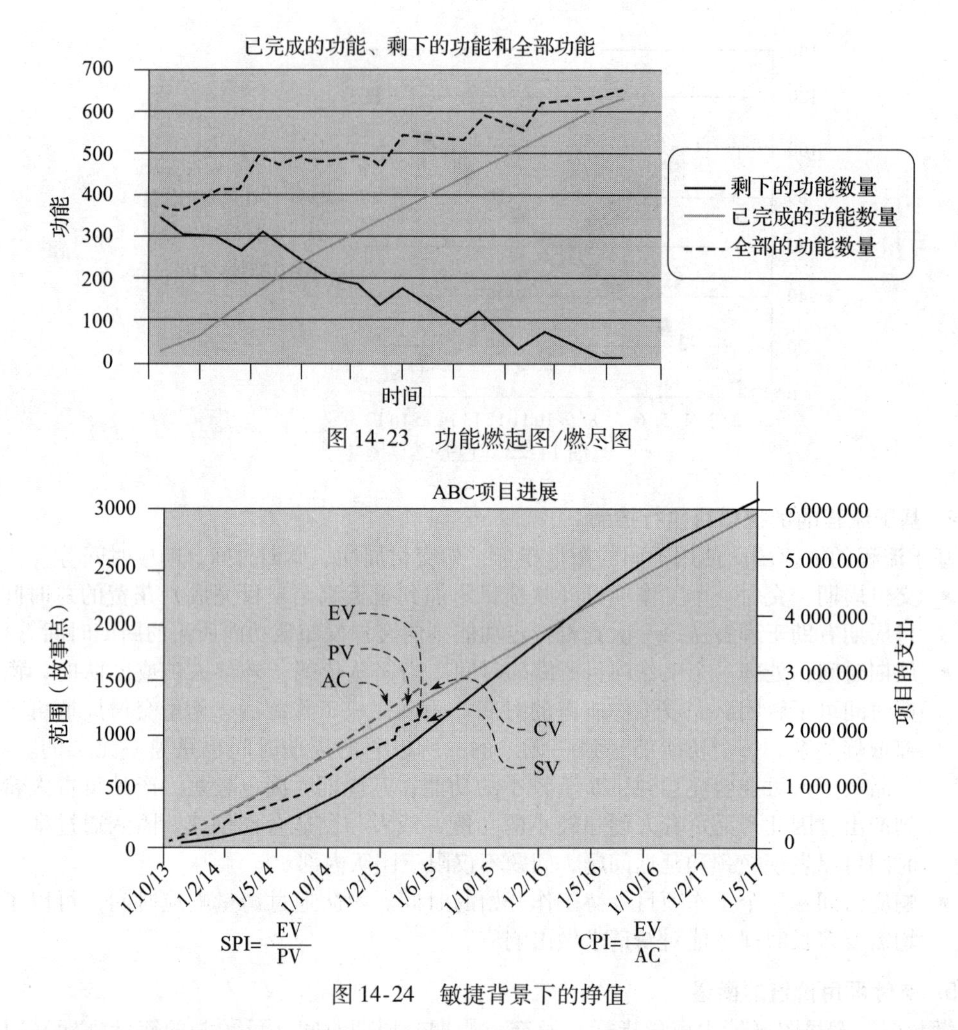

图 14-23　功能燃起图/燃尽图

图 14-24　敏捷背景下的挣值

传统的挣值管理衡量指标，如进度绩效指数（SPI）和成本绩效指数（CPI）可以很容易地转换为敏捷术语。如果团队计划在一次迭代中完成 30 个故事点，但是只完成了 25 个，那么 SPI 是 25/30 或者 0.83（该团队的工作速度只有计划的 83%）。CPI 是迄今为止的劳动价值（已完成的功能值）除以实际的成本，如图 14-24 所示，EV = \$2200，AC = \$2800，$CPI = \frac{2200}{2800} = 0.79$，这意味着投入 1 美元，仅能得到 79 美分的结果。

14.2.5　偏差管理

在进行进度成本控制过程中，主要依据绩效审查、趋势分析、偏差分析等，确定项目性能，同时给出项目修订或者预防的措施。

- 绩效审查：绩效审查是指根据进度基准，测量、对比和分析进度绩效，如实际开始和完成日期、已完成百分比，以及当前工作的剩余持续时间。
- 趋势分析：趋势分析检查项目绩效随时间的变化情况，以确定绩效是在改善还是在恶化。图形分析技术有助于理解截至目前的绩效，并与未来的绩效目标（表示为完工日期）进行对比。
- 偏差分析：偏差分析关注实际开始和完成日期与计划的偏离、实际持续时间与计划的差异，以及浮动时间的偏差。它包括确定偏离进度基准的原因与程度，评估这些偏差对未来工作的影响，以及确定是否需要采取纠正或预防措施。例如，非关键路径上的某个活动发生较长时间的延误，可能不会对整体项目进度产生影响；而某个关键或次关键活动稍许延误，却可能需要立即采取行动。

项目经理在做项目计划的时候已经对项目成本进行了预算，而且经常按照“预算内完成”、“低于预算完成”或者“超预算完成”来评价项目的成败。超预算会给项目经理及公司带来很严重的后果，对于一个根据合同得到经费的项目，经费超支可能会导致经济损失。意识到预算的重要性，就不难理解为什么很多软件企业都很重视这方面的管理。项目管理面临的一个尴尬的现实是项目常常受到超支的威胁，因此控制预算是一个非常重要的管理过程。管理人员要对超出控制容许偏差范围的项目给予足够重视，并及时调查偏差发生的原因。

布鲁克斯法则告诉我们向一个已经滞后的项目增加人力会使这个项目更加滞后。不幸的是，当一个项目滞后的时候，管理层往往首先想到的是增加人力，因为这样做，他们会安心些。值得注意的是，此时增加的人力是否反而使项目更加滞后，某种程度上这取决于我们如何使用新增的人力。虽然新增的人力对本项目并不熟悉，而本项目原有人力也不可能抽出时间给这些“新人”培训，但是我们可以以扬长避短的方式去发挥新增人力的作用——把一些不需要项目背景知识的工作交由这些人做，从而使原有的开发人员能够集中精力做他们最值得做的事情。例如，可以把开发过程需要使用的与项目背景没有直接联系的函数交给“新人”开发，也可以将一些非项目开发相关的而平时大家又不得不做的一些例行任务（即通常所谓“项目干扰”）交由这些人做。

1. 时间偏差管理注意事项

进度问题是项目经理关注的问题，进度冲突常常是项目管理过程中最主要的冲突。进度落后是一项威胁项目成功的非常重要的因素。所以，一般在安排进度的时候，很多项目经理对团队成员的要求是先紧后松，先让开发人员有一定紧张感，然后在实施的过程中做适度的调节，以预防过度紧张。记住一个经验教训：最容易误导项目发展、伤害产品质量的事情就是过分重视进度，这不仅打击人员的士气，而且会逼迫组员做出愚昧的决定。针对上层管理或者客户的进度沟通，基本上是先松后紧，给项目留出一定的余地，然后在实施过程中紧密控制，以保证进度的偏差在可以控制的范围内。项目进度滞后的主要原因往往是项目的范围变化、成本变化、对项目风险分析不足，以及对项目要素的理解、掌控能力不够造成的。例如：

1）对项目的范围没有做明确透彻的分析和定义，致使项目在执行当中做了许多额外的工作。项目管理者对项目的范围未做深入细致分析，未和相关责任人做详细讨论，或未做明确说明和定义就开始启动项目，而给项目埋下隐患。

2）对项目所涉及的资源、环境、工具等的成本分析不够完善准确，致使项目在实施过程中遇到资源、环境、工具的限制，而不得不以时间作为代价。

3）对项目的质量不够重视，或者不具备质量管控的能力，导致项目在执行过程中不断出现质量问题，活动安排顺序部分失控或者完全失控，项目进度管理计划形同虚设，从而导致项目进度失去控制。

4）许多项目的风险分析并未引起项目管理者的足够重视，对项目进度影响最大的就是“风险”。由于项目管理者想不到的事情太多，因此项目实施过程中的意外问题接踵而至，不断需要应对这种所谓的“风险”。

5）在影响项目进度的主要因素中还有一个不经常为人所重视的因素，即“项目组成员的职业素养”。在项目中真正专注于自身工作，对工作精益求精，对自己的质量、自身形象负责，应该是项目成员的职业素养。

项目经理给项目成员安排了一个任务，要求本周完成，到了周末，项目成员反馈无法完成任务，需要延期 2 天，项目经理确认延期两天并调整后续任务。到了下周二，项目成员又反馈出现了新问题，因有一个细节没有考虑到还需要延期 3 天，项目经理不得已又进行任务调整。这是我们常看到的场景，整个任务和项目计划变得不可控制。项目成员有责任，但项目经理同样有责任，项目经理在第一次出现偏差时就应该介入任务或问题本身，诊断和分析问题，挖掘延期根源，或者调整任务粒度，改进监控方式，而这些都需要项目经理具备一定的业务和技术能力，具备相关的积累经验以便及时做出指导。

在项目第一次出现进度偏差的时候，项目经理需要及时介入问题，查找问题根源而不是简单地关注成员反馈的下一个可能完成的时间点。所以，进度出现小偏差时就立即查找根源并控制，而不是出现大偏差时进行应急。

项目总体进度允许偏差确定了项目任务粒度划分和任务跟踪频度。很多进度问题是前期没有进行充足风险分析和提前应对而造成的。估算很重要，不切实际的进度无论怎么跟踪都只能延期或导致项目质量降低。任务完成百分比不可靠，可靠方法是对任务进行细分并定义严格的出入口准则。

2. 成本偏差管理注意事项

作为项目经理，不仅要把握整体进度，而且要把握住开发的成本，如果开发的成本超出预算，那么开发的项目就不能盈利，而不能盈利的开发意味着失败。项目某些问题的反反复复，导致开发人员加班费的支出，不仅加大了开发的费用，而且给员工带来身体、精神上的双重疲惫，直接导致个人抵抗力、免疫力下降，更可能会造成员工身体上的隐藏疾病，相应的管理费用也会随之增加。这些都会使软件的成本增加。

项目实际的人力成本决定了盈利的水平。在实际工作中可能会发现：预算时项目的利润很高，最后核算总体利润时却赔本。这是因为，应用开发项目的人力成本很难估算准确，很多项目为了达到质量和进度要求，在项目执行中会不断追加人力，最后导致人力资源大大超出预算。因此，软件公司必须核算项目人力成本以控制项目的人力资源投入。具体做法是：在做项目预算时应该明确需要的人力资源总数，执行中要记录实际使用的人力资源，项目结束时核算一个项目到底是赚了还是赔了。特别是对于一些利润水平低而风险又大的项目，可能只要多投入一个人月，项目就赔了，因此在项目过程中要动态监控人力投入情况，并与预算进行比较，一旦发现超出预算应及时处理。

在对项目的进度和成本进行监控的同时也应该对项目的质量、风险、人员等方面进行监控，只有它们的指标在计划控制范围之内，项目的进度和成本控制才有意义。

3. 进度计划变更

进度计划基准的任何变更都必须经过实施集成变更控制过程的审批，控制进度作为实施集成变更控制过程的一部分，关注如下内容。

- 判断项目进度的当前状态；
- 对引起进度变更的因素施加影响；
- 重新考虑必要的进度储备；
- 判断项目进度是否已经发生变更；
- 在变更实际发生时对其进行管理。

14.3 质量计划执行控制

质量的执行控制是管理者在对软件质量进行一系列度量之后做出的各种决策，促使软件产品符合标准。参照质量计划，执行质量保证和质量控制活动，对执行的结果进行监控。

质量的重要性已经在各个领域得到了广泛的认同。在软件项目的开发过程中必须及时跟踪项目的质量计划，对软件质量的特性进行跟踪度量，以测定软件是否达到要求的质量标准。通过质量跟踪的结果来判断项目执行过程的质量情况，决定产品是否可以接受，还是需要返工或者放弃产品。如果发现开发过程存在有待改善的部分，则应该对过程进行调整。

质量管理围绕着质量保证和质量控制两方面进行。这两个过程相互作用，在实际应用中还可能会发生交叉。质量保证是在项目过程中实施的有计划、有系统的活动，确保项目满足相关的标准。质量控制指采取适当的方法监控项目结果，确保结果符合质量标准，还包括跟踪缺陷的排除情况。质量管理不是一次性事件，而是一个持续不断的过程。

14.3.1　质量保证的管理

质量保证（QA）执行的一个重要内容是报告对软件产品或软件过程评估的结果，并提出改进建议。质量保证通常由质量保证部门或类似的组织单位提供。质量保证可以向项目管理小组和组织提供（内部质量保证），或者向客户和其他没有介入项目工作的人员提供（外部质量保证）。

质量保证的 3 个要点如下。

1）在项目进展过程中，定期对项目各方面的表现进行评价。

2）通过评价来推测项目最后是否能够达到相关的质量指标。

3）通过质量评价来帮助项目相关的人建立对项目质量的信心。

质量保证的主要活动是产品审计和执行过程审计。

产品审计过程是根据质量保证计划对项目过程中的工作产品进行质量审查的过程。质量保证管理者依据相关的产品标准从使用者的角度编写产品审计要素，然后根据产品审计要素对提交的产品进行审计，同时记录不符合项，将不符合项与项目相关人员进行确认。质量保证管理者根据确认结果编写产品审计报告，同时向项目管理者及相关人员提交产品审计报告。例如，可以对需求文档、设计文档、源代码、测试报告等产品进行产品审计。

执行过程审计（有时也称为质量审查）是对项目质量管理活动的结构性复查，是对项目的执行过程进行检查，确保所有活动遵循规程进行。过程审计的目的是确定所得到的经验教训，从而提高组织对这个项目或其他项目的执行水平。例如，质量保证人员可以审计软件开发中的需求过程、设计过程、编码过程、测试过程等，确认软件人员是否按照企业的过程体系执行这些过程，如果有问题，需要进行记录，得出过程审计报告。过程审计可以是有进度计划的或随机的，可以由训练有素的内部审计师进行，也可以由第三方（如质量体系注册代理人）进行。一方面，项目进行中的观察员负责监督审查质量体系的执行；另一方面，项目质量状态的报告员负责报告项目的质量现状和质量过程的状态。

质量保证是保证软件透明开发的主要环节，质量保证小组是项目的监视机构和上报机构。在项目开发的过程中，绝大多数部门与质量保证小组有关。质量保证小组同项目经理提供项目进度与项目真正开发时的差异报告，提出差异原因和改进方法。独立的质量保证组是衡量软件开发活动优劣与否的尺度之一。这一独立性使其享有一项关键权利——“越级上报”。当质量保证小组发现产品质量出现危机时，其有权向项目组的上级机构直接报告这一危机。这无疑对项目组起到相当的“威慑”作用，也可以视为促使项目组重视软件开发质量的一种激励机制。这一形式使许多问题在组内得以解决，提高了软件开发的质量和效率。但是，质量保证人员应该清晰地认识工作的性质，采取妥当的方法，否则会出现不应有的麻烦。在开始前，质量保证人员一定要与项目经理及相关人员交流，耐心协调和指导项目组人员，确认符合相应的规范，发现问题之后及时和项目经理沟通，争取问题得到合理解决，不要轻易上报（易产生不和谐的因素），同时要尽量减少开发人员的附加工作量，为他们提供更多的标准参考或者相应的工具，以便方便执行。质量保证人员应该掌握广泛的知识和方法，才会取得信任和威信，才会起到质量保证作用。

具体如何执行各个过程，应该参照企业相应的质量体系的定义，以及项目计划针对项目而特制的过程定义等。例如，下面是针对产品审计过程定义的一个实例：

参与角色：

R1：质量经理；

R2：质量保证人员；

R3：待审产品的负责人。

进入条件：

E1：待审计产品提交。

输入：

I1：待审计产品的产品标准；

I2：待审计产品。

活动：

A1：质量保证人员依据产品标准从使用者的角度编写产品审计要素；

A2：质量保证人员根据产品审计要素对产品进行审计，并记录不符合项，将不符合项与项目相关人员进行确认；

A3：质量保证人员根据确认结果编写产品审计报告；

A4：质量保证人员向项目管理者提交产品审计报告；

A5：质量保证人员将产品审计报告提交入库。

输出：

O1：产品审计报告。

完成标志：

F1：产品审计报告入库。

质量保证活动的一个重要输出是质量报告（SQA 报告），质量报告是对软件产品或软件过程评估的结果，并提出改进建议。表 14-8 是一个《功能测试报告》的产品审计报告实例，表 14-9是配置管理过程审计报告实例。

表 14-8 产品审计报告

项目名称	×××检测系统	项目标识	QTD-HT0302-102
审计人	郭天奇	审计对象	《功能测试报告》
审计时间	2018-12-16	审计次数	1
审计主题	从质量保证管理的角度审计测试报告		
审计项与结论			
审计要素	审计结果		
测试报告与产品标准的符合程度	与产品标准存在如下不符合项： 1. 封页的标识 2. 版本号 3. 目录 4. 第 1 章（不存在） 5. 第 2 章和第 3 章（内容与标准有一定出入）		
测试执行情况	本文的第 1 章“测试方法”应在测试设计中阐述，本文的第 2 章基本描述了测试执行情况，但题目应为“测试执行情况”		
测试情况总结	测试总结不存在		
结论（包括上次审计问题的解决方案）			
由于测试报告存在上述不符合项，建议修改测试报告，并进行再次审计			
审核意见			
不符合项基本属实，审计有效 审核人：韩万江 审核日期：2018-12-16			

表 14-9　配置管理过程审计

标识号	ISO 9001 质量要素	审核时间	检查内容	检查方法和涉及部门	执行情况
D1999A20	4.4	2018/01/04 12：30～15：30	配置管理规划过程(TCQS-SCM-01-2.2) 1. 角色 2. 进入条件 3. 输入 4. 活动 5. 输出 6. 完成标志 7. 度量	1. 与开发部门的唐英面谈项目配置管理情况。 ——参加的角色； ——执行活动的步骤和程序（执行了哪些活动，应用了哪些程序）。 2. 查阅工作产品的存放及内容。 O1：质量保证任务单； O2：质量保证计划。 3. 受审人员的意见和建议	1. 配置管理者任务不明确。 2. 项目管理者没有明确责任和任务
D1999A21	4.4	2018/01/04 12：30～15：30	建立项目软件配置管理库（TCQS-SCM-02-2.2） 1. 角色 2. 进入条件 3. 输入 4. 活动 5. 输出 6. 完成标志 7. 度量	1. 与开发部的唐英面谈定期评审的执行情况。 ——参加的角色； ——执行活动的步骤和程序（执行了哪些活动，应用了哪些程序）； ——度量的执行情况。 2. 查阅工作产品的存放及内容。 O1：评审记录（是否符合标准）； M1：度量数据。 3. 受审人员的意见和建议（哪些过程好用，哪些不好用）	按过程执行
D1999A22	4.4	2018/01/04 12：30～15：30	审核以下过程： • 跟踪与管理 SCI • 基线变化控制 • 基线修改控制 • 基线审核 • 基线冻结 • 产品发布 • 产品生成 • 编制 SCM 报告 (TCQS-SPTO-03-2.2) 1. 角色 2. 进入条件 3. 输入 4. 活动 5. 输出 6. 完成标志 7. 度量	1. 与开发部门的唐英面谈定期评审的执行情况。 ——参加的角色； ——执行活动的步骤和程序（执行了哪些活动，应用了哪些程序）； ——度量的执行情况。 2. 查阅工作产品的存放及内容。 O1：评审记录（是否符合标准）； M1：度量数据。 3. 受审人员的意见和建议（哪些过程好用，哪些不好用）	项目中没有实施

14.3.2　质量控制的管理

质量控制是通过检查项目成果，以判定它们是否符合有关的质量标准，并找出方法消除造成项目成果不令人满意的原因。它应当贯穿于项目执行的全过程。质量控制通常由开发部门或类似质量控制部门的组织单位执行，当然并不都是如此。

质量控制的 3 个要点如下。

- 检查控制对象是项目工作结果。

- 进行跟踪检查的依据是相关质量标准。
- 对于不满意的质量问题，需要进一步分析其产生的原因，并确定采取何种措施来消除这些问题。

质量控制有很多方法和策略，如技术评审、代码走查、测试、返工等方法，以及趋势分析、抽样统计、缺陷跟踪等数据分析手段。

1. 技术评审

技术评审（Technical Review，TR）的目的是尽早发现工作成果中的缺陷，并帮助开发人员及时消除缺陷，从而有效地提高产品的质量。

技术评审要点：

- 软件产品是否符合其技术规范。
- 软件产品是否遵循项目可用的规定、标准、指导方针、计划和过程。
- 软件产品的变更是否被恰当地实现，以及变更的影响等。

技术评审的主体一般是产品开发中的一些设计产品，这些产品往往涉及多个小组和不同层次的技术。主要评审的对象有软件需求规格、软件设计规格、代码、测试计划、用户手册、维护手册、系统开发规程、安装规程、产品发布说明等。技术评审应该采取一定的流程，这在企业质量体系或者项目计划中应该有相应的规定。例如，下面便是一个技术评审的建议流程。

1）召开评审会议：一般应有 3 ~ 5 相关领域人员参加，会前每个参加者做好准备，评审会每次一般不超过 2 小时。

2）在评审会上，由开发小组对提交的评审对象进行讲解。

3）评审组可以对开发小组进行提问，提出建议和要求，也可以与开发小组展开讨论。

4）会议结束时必须做出以下决策之一：

- 接受该产品，不需做修改。
- 由于错误严重，拒绝接受。
- 暂时接受该产品，但需要对某一部分进行修改。开发小组还要将修改后的结果反馈至评审组。

5）评审报告与记录：记录所提出的问题，在评审会结束前产生一个评审问题表，另外必须完成评审报告。

技术评审可以把一些软件缺陷消灭在代码开发之前，尤其是一些架构方面的缺陷。在项目实施中，为了节省时间应该优先对一些重要环节进行技术评审，这些环节主要有项目计划、软件架构设计、数据库逻辑设计、系统概要设计等。如果时间和资源允许，则可以考虑适当增加评审内容。表 14-10 是项目实施技术评审的一些评审项。

表 14-10 项目实施技术评审

评审内容	评审重点与意义	评审方式
项目计划	重点评审进度安排是否合理	整个团队相关核心人员共同进行讨论、确认
架构设计	架构决定了系统的技术选型、部署方式、系统支撑并发用户数量等诸多方面，这些都是评审重点	邀请客户代表、领域专家进行较正式的评审
数据库设计	主要是数据库的逻辑设计，这些既影响程序设计，也影响未来数据库的性能表现	进行非正式评审，在数据库设计完成后，可以把结果发给相关技术人员，进行“头脑风暴”方式的评审
系统概要设计	重点是系统接口的设计。接口设计得合理，可以大大节省时间，尽量避免很多返工	设计完成后，相关技术人员一起开会讨论

表面看来，很多软件项目是由于性能等诸多原因而失败的，实际上是由于设计阶段技术评

审做得不够而失败的。

对等评审是一个特殊类型的技术评审，是一种由与工作产品开发人员具有同等背景和能力的人员对工作产品进行的技术评审，目的是在早期有效地消除软件工作产品中的缺陷，并有助于对软件工作产品和其中可预防的缺陷有更好的理解。对等评审是提高生产率和产品质量的重要手段。

采用检查表（checklist）的技术评审方法对软件前期的质量控制起到非常重要的作用。检查表是一种结构化的对软件需求进行验证工具，检查是否所有的应该完成的工作点都按标准完成，检查所有应该执行的步骤是否都正确执行了，所以它首先确认该做的工作，其次是落实其是否完成。一个成熟度高的软件企业应该有很详细、很全面、执行性很高的评审流程和各种交付物的评审检查表（review checklist）。

2. 代码走查

代码走查是指在代码编写阶段，开发人员检查自己代码的过程。代码走查是非常有效的方法，可以检查到其他测试方法无法监测的错误。很多的逻辑错误是无法通过测试手段发现的，很多项目证明这是一个很好的质量控制方法。例如，我们做过一个项目，由于其是嵌入式系统，无法很方便地对其进行实地验证，所以我们只好自己走查自己的代码，然后互相评审代码，经过努力，我们发现了很多的错误，最后，当我们的产品实地运行的时候，质量非常高，几乎没有发生错误。

代码走查可以看成开发人员的个人质量行为，而代码评审是更高一层的质量控制，也是一种技术评审。代码评审是一组人对程序进行阅读、讨论的过程，评审小组由几名开发人员组成。评审小组在充分阅读待审程序文本、控制流程图及有关要求、规范等文件的基础上，召开代码评审会，程序员逐句讲解程序的逻辑，并展开热烈的讨论甚至发生争议，以揭示错误的关键所在。代码评审是一种静态分析过程。实践表明，程序员在讲解过程中能发现许多自己原来没有发现的错误，而讨论和争议进一步促使了问题的暴露。例如，通过对某个局部性小问题修改方法的讨论，可能发现与之有牵连的甚至能涉及模块的功能说明、模块间接口和系统总结构等大问题，导致对需求的重定义、重设计验证，大大改善了软件的质量。

3. 测试

在项目实施相关的全部质量管理工作中，软件测试的工作量最大。由于很多项目流程在实施中非常不规范，因此软件测试对把好质量关非常重要。软件测试的重点是做好测试用例设计。

测试用例设计是开发过程必不可少的。在项目实施中设计测试用例应该根据进度安排，优先设计核心应用模块或与核心业务相关的测试用例。

单元测试可以检验单个模块是否按其设计规格说明运行，测试的是程序逻辑。一旦模块完成，就可以进行单元测试。

集成测试用于测试系统各个部分的接口，以及其在实际环境中运行的正确性，保证系统功能之间接口与需求的一致性，且满足异常条件下所要求的性能级别。单元测试之后可以进行集成测试。系统测试用于检验系统作为一个整体是否按其需求规格说明正确运行，验证系统整体的运行情况。在所有模块都测试完毕，或者集成测试完成之后，可以进行系统测试。

功能测试保证软件首先应该从功能上满足用户需求，因此功能测试是质量管理工作的重中之重。在产品试运行前一定要做好功能测试，否则将会发生“让用户来执行测试”的情况，后果非常严重。

性能测试是经常容易被忽略的测试。在实施项目过程中，应该充分考虑软件的性能。性能测试可以根据用户对软件的性能需求开展，通常系统软件和银行、电信等特殊行业应用软件对性能要求较高，应该尽早进行，这样更易于尽早解决问题。

另外，压力测试用于测试系统在特殊条件下的限制和性能，测试系统在大数据量、低资源条件下的健壮性、系统恢复能力等，可以在集成测试或者系统测试结束之后进行。接收测试用于在客户的参与下检验系统是否满足客户的所有需求，尤其是功能和使用方便性。

此外，对于一些项目，如果实在没有测试人员，则可以考虑让开发人员互相测试，这样也可以发现很多缺陷。

这里强调一下，测试的目的在于证明软件的错误，不是证明软件的正确。一个好的测试用例在于能发现至今未发现的错误，一个成功的测试是发现了至今未发现的错误的测试。在传统的开发模式中，通常将软件质量的控制工作放在后期的测试阶段进行，期望通过测试提高产品的质量，这种方式不仅不能从根本上提高软件的质量，而且增加了软件的成本。其实，在项目的早期就应该开始质量控制，而且越早开始，越能保证软件的质量和降低软件的成本。在需求、设计及代码编写阶段可以通过各种早期的评审来保证质量。测试过程可以采用一些测试工具。表 14-11 是一个测试案例报告。

表 14-11　测试案例报告

测试案例编码：WebSite-Base-link-01　　版本：V1.0

<table>
<tr><td colspan="2">测试项目名称：网站</td><td rowspan="2">测试人员：
郭天奇</td><td rowspan="2">测试时间：
2018/11/29</td></tr>
<tr><td colspan="2">测试项目标题：对网站页面之间的超链接的测试</td></tr>
<tr><td colspan="4">测试内容：
——验证网站页面中没有失败的超链接；
——验证网站页面中图片能正确装入；
——验证网站页面中的超链接的链接页面与页面中的指示（或图示）相符；
——验证 Pageflow（参见网站的 pageflow. doc）</td></tr>
<tr><td colspan="4">测试环境与系统配置：
详见《网站测试设计》，本测试需依赖 SiteManager 测试工具</td></tr>
<tr><td>测试输入数据</td><td colspan="3">无</td></tr>
<tr><td colspan="4">测试次数：应至少在 3 次不同的负载下测试，且每个测试过程至少做 3 次</td></tr>
<tr><td colspan="4">预期结果：SiteManager 扫描的图中没有错误的链接页面；
linkDoctor 生成的报告中，页面链接正确。
（如包含错误的链接，则为单纯的页面点击不能激活的链接）</td></tr>
<tr><td colspan="4">测试过程：
（由于网站页面太多，可以采用分区域测试超链接）
subTest1：
1. 在 Client 端，运行 SiteManager，扫描“X－1 功能页面”；
2. 查看 SiteManager 的运行结果中是否有错误的链接页面；
3. 用工具 linkDoctor 生成诊断报告
subTest2：
1. 在 Client 端，运行 SiteManager，扫描“X－2 功能页面”；
2. 查看 SiteManager 的运行结果中是否有错误的链接页面；
3. 用工具 linkDoctor 生成诊断报告。
……
subTest n：
1. 在 Client 端，运行 SiteManager，扫描“X－n 功能页面”；
2. 查看 SiteManager 的运行结果中是否有错误的链接页面；
3. 用工具 linkDoctor 生成诊断报告。
SubTest $n+1$：
1. 在 Client 端，运行 SiteManager，扫描所有页面；
2. 查看 SiteManager 的运行结果中是否有错误的链接页面；
3. 用工具 linkDoctor 生成诊断报告</td></tr>
<tr><td colspan="4">测试结果：3</td></tr>
<tr><td colspan="4">测试结论：正常</td></tr>
<tr><td colspan="4">实现限制：</td></tr>
<tr><td colspan="4">备注：运行的硬件环境不是最佳环境</td></tr>
</table>

4. 返工

返工是将有缺陷的、不符合要求的产品变为符合要求和设计规格的产品的行为。返工也是质量控制的一个重要的方法，用于将有缺陷的项和不合格项改造为与需求和规格一致的项。返工，尤其是预料之外的返工，在大多数应用领域中是导致项目延误的常见原因。项目小组应当尽一切努力减少返工。

5. 数据分析手段

在质量执行控制过程中可以借助数据分析手段来控制项目质量，如控制图法、趋势分析、抽样统计等。

（1）控制图法

控制图法是一种采用图形展示结果的质量控制手段，它显示软件产品的质量随着时间变化的情况，标识出质量控制的偏差标准，确定一个过程是否稳定，或者是否具有可预测的绩效。上限和下限是根据要求制定的，反映了可允许的最大值和最小值。图 14-25 是一个软件项目的缺陷控制图，可以看到缺陷还是在可控制的范围之内的。如果缺陷超出控制范围，则应该采取措施，例如，对相应的产品进行返工，或者修改开发过程，必要的时候可能提出计划的变更。如果控制图中有连续的 7 个或者更多的点发生在平均线的同一个方向，如图 14-26 所示，尽管它们可能都处于受控范围内，但是已经说明产品存在质量问题，这个时候也需要采取措施，这称为七点规则。

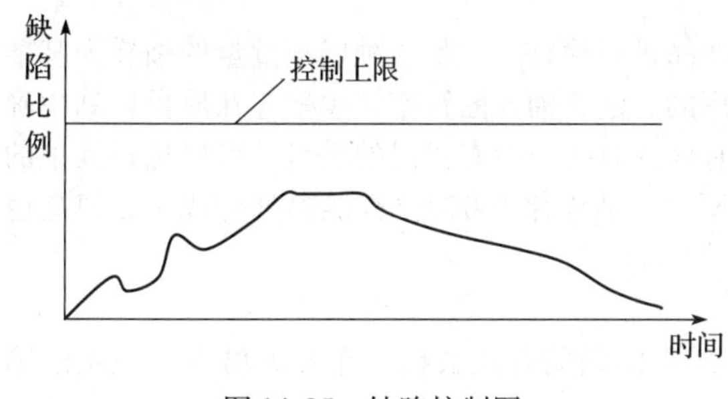

图 14-25　缺陷控制图

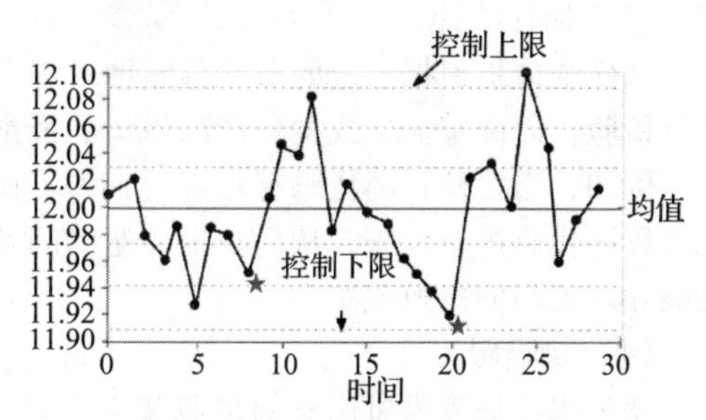

图 14-26　质量控制图与七点规则

（2）趋势分析

趋势分析是一种运用数字技巧，依据过去的成果预测将来的产品质量的手段。趋势分析常用来监测质量绩效，例如，有多少错误和缺陷已被指出，有多少仍未纠正，以及每个阶段有多少活动的完成有明显的变动。进行趋势分析可以对一些偏向于不合格的趋势及早进行控制。

Pareto 分析图就是一种趋势分析方法，源自于 Pareto 规则。Pareto 规则是一个很常用的项目管理法则：80% 的问题是由 20% 的原因引起的（80% 的财富掌握在 20% 人的手里）。图 14-27 是反映客户投诉数据的 Pareto 分析图，柱状图展示了各种类型的投诉数据，其中登录问题是最大的问题，然后是系统问题等，第一个问题占了 50% 以上，第一、二个问题累计占总问题的 80% 以上，所以企业要想减少投诉问题，首先需要解决前两个问题。图 14-28 是某项目的缺陷分析图。

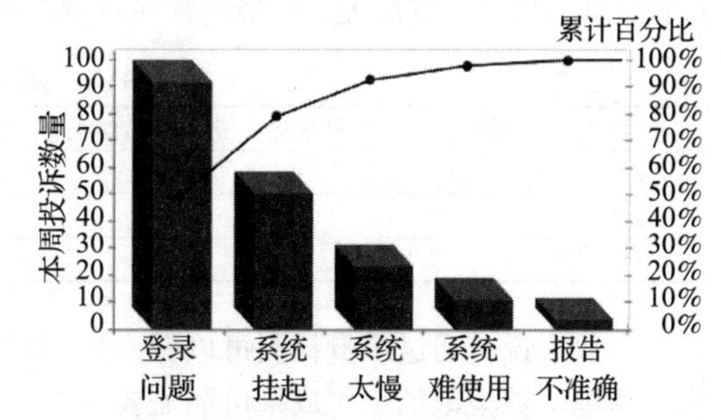

图 14-27　Pareto 分析图

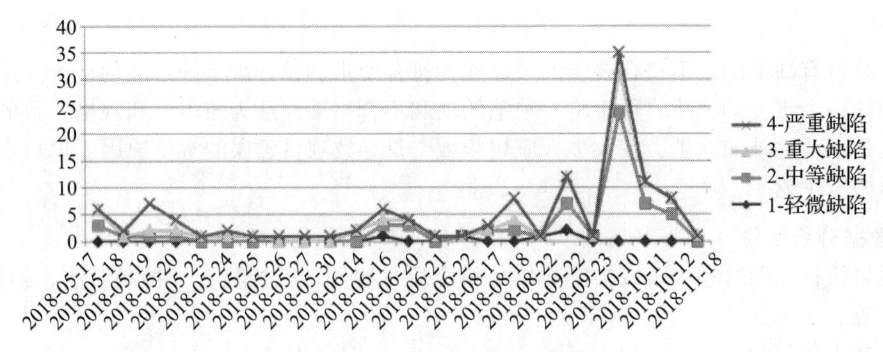

图 14-28 项目的缺陷分析图

例如，一个项目组通过 Pareto 分析图发现，客户端子系统电子商业汇票模块的缺陷占总缺陷的 40% 以上，而且通过其缺陷趋势分析发现这个模块的缺陷在前两次的交付中并没有呈现收敛的趋势。通过分析和总结发现，该模块的问题主要是由外联系统的接口需求频繁变更导致的，通过与客户就外联系统进行正式的沟通，确认了最终的接口需求，从而解决了问题，再次测试后分析发现该模块的缺陷明显下降。

另外，也可以通过因果图、直方图等展示质量趋势。因果图可以识别质量缺陷和错误可能造成的结果。直方图可按来源或组成部分展示缺陷数量。

（3）抽样统计

抽样统计指根据一定的概率分布抽取部分产品进行检查。它是一种以小批量的抽样为基准进行检验，以确定大量或批量产品质量的最常用的方法，抽样的频率和规模应在质量计划中确定。例如，需要检查的代码有几万行，为了在有效的时间内检查代码的质量，可以选择其中的几段程序代码进行检查，从而找出普遍的问题所在。抽样比 100% 检查能够降低成本，但是也可能导致更高的失败成本。

（4）缺陷跟踪

缺陷跟踪核查表可以有效地收集关于潜在质量问题的有用数据。在开展检查以识别缺陷时，用缺陷跟踪核查表收集属性数据特别方便，它可以跟踪软件产品的所有问题，记录缺陷的原因、缺陷引入阶段、对系统的影响、状态及解决方案。缺陷追踪是从发现缺陷开始，一直到缺陷改正为止的全过程。缺陷跟踪不仅可以为软件项目质量监控提供翔实的数据，而且可以为质量改进提供参考。例如，通过统计某项目的缺陷数目和引入阶段，可以改善相应阶段的质量和过程，从而做到有的放矢，为最终软件质量的提高做出贡献。表 14-12 是一个缺陷跟踪核查表。

表 14-12 测试错误跟踪记录表

序号	时间	事件描述	错误类型	状态	处理结果	测试人	开发人
1							
2							
3							

一般来说，通过质量控制可以做出接受或者拒绝的决定，经检验后的工作结果或被接受，或被拒绝。被拒绝的工作成果可能需要返工。质量控制完成之后的报告应作为项目报告的组成部分。另外，质量控制的结果可以作为对不合理过程进行调整的依据。过程调整可以作为针对质量检测结果而随时进行的纠错和预防行为。

14.3.3 敏捷项目质量管理

敏捷方法要求：在整个项目期间频繁开展质量审核，定期检查质量过程的效果，而不是在快到项目结束时才执行质量活动；寻找问题的根本原因，然后建议实施新的质量改进方法；后续回顾会议评估改进过程，确定新方法是否可行，是否应继续使用，是否应该调整，或者直接弃用。为促进频繁的增量交付，敏捷方法关注于小增量工作，形成尽可能多的项目可交付成果，频繁提交增量的目的是在项目早期发现不一致和质量问题，以便降低质量成本。为此，实施的质量活动在敏捷质量计划中都有体现，如结对编程、TDD、持续集成、不同层面测试、迭代评审、验收测试驱动开发及迭代回顾会议等。

14.4 “医疗信息商务平台”核心计划执行控制案例分析

本章案例包括“医疗信息商务平台”的范围、时间成本、质量等计划的执行控制。

14.4.1 范围计划的执行控制

本项目采用敏捷模型，通过迭代和增量有效应对变更。图 14-29 展示了每个 Sprint 迭代中的相关流程和过程。每个迭代完成之后就产生一个可以发布的版本，不断与用户反馈，更新产品列表，范围变更得到有效控制。表 14-13 是范围执行控制过程中的一个变更表。

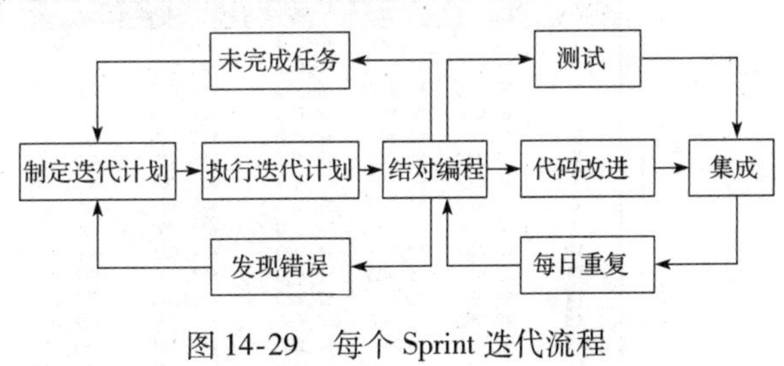

图 14-29　每个 Sprint 迭代流程

表 14-13　“医疗信息商务平台”项目范围变更表

<table>
<tr><td colspan="7">一、项目基本情况</td></tr>
<tr><td colspan="2">项目名称</td><td colspan="2">医疗信息商务平台</td><td>项目编号</td><td colspan="2">Med-201807001</td></tr>
<tr><td colspan="2">制作人</td><td colspan="2">Jack</td><td>审核人</td><td colspan="2">李丽</td></tr>
<tr><td colspan="2">项目经理</td><td colspan="2">Tom</td><td>制作日期</td><td colspan="2">2018/10/15</td></tr>
<tr><td colspan="7">二、历史变更记录</td></tr>
<tr><td>序号</td><td>变更时间</td><td>涉及任务</td><td>变更要点</td><td>变更理由</td><td>申请人</td><td>审批人</td></tr>
<tr><td>1</td><td>2018/10/15</td><td>自动保存竞拍记录</td><td>分对内、对外两部分分别定义，对内处理、记录、采取动作</td><td>增加功能的灵活性</td><td>Jim</td><td></td></tr>
<tr><td>2</td><td></td><td></td><td></td><td></td><td></td><td></td></tr>
<tr><td>3</td><td></td><td></td><td></td><td></td><td></td><td></td></tr>
<tr><td colspan="7">三、请求变更信息（建议的变更描述以及参考资料）</td></tr>
<tr><td colspan="7">1. 申请变更的内容</td></tr>
<tr><td colspan="7">功能修改：自动保存竞拍记录</td></tr>
<tr><td colspan="7">2. 申请变更原因</td></tr>
<tr><td colspan="7">方便客户的操作</td></tr>
<tr><td colspan="7">四、影响分析</td></tr>
<tr><td colspan="2">受影响的基准计划</td><td colspan="2">1. 进度计划</td><td>2. 费用计划</td><td colspan="2">3. 资源计划</td></tr>
<tr><td colspan="4">是否需要成本/进度影响分析?</td><td>√是</td><td colspan="2">□否</td></tr>
<tr><td colspan="2">对成本的影响</td><td colspan="2">增加 5 人天的工作量</td><td></td><td colspan="2"></td></tr>
<tr><td colspan="2">对进度的影响</td><td colspan="2">变更后需要延长 3～4 天</td><td></td><td colspan="2"></td></tr>
<tr><td colspan="2">对资源的影响</td><td colspan="2"></td><td></td><td colspan="2"></td></tr>
<tr><td colspan="2">变更程度分类</td><td colspan="2">□高</td><td>□中</td><td colspan="2">√低</td></tr>
<tr><td colspan="2">若不进行变更有何影响</td><td colspan="5">如果不变更，将影响用户的满意度</td></tr>
<tr><td colspan="2">申请人签字</td><td colspan="2"></td><td>申请日期</td><td colspan="2">2018 年 10 月 15 日</td></tr>
<tr><td colspan="7">五、审批结果</td></tr>
<tr><td colspan="2">审批意见</td><td>批准变更</td><td>审批人签字</td><td></td><td>日期</td><td>2018/10/15</td></tr>
</table>

14.4.2 时间、成本的执行控制

“医疗信息商务平台”项目采用敏捷模型，计划了4个迭代，制定计划的原则是远粗近细。因此，时间、成本执行控制的基本原则也是远粗近细，对于总的计划，每个迭代（Sprint）采取严格的、精细化的控制。

1. 总体计划的执行控制

图14-30和图14-31是依据0/100规则，对项目的1～15周进行盈余分析的结果。这个结果是根据项目总体数据分析得出的。

周次	BCWS	BCWP	ACWP	累计BCWS	累计BCWP	累计ACWP	SV	CV	SPI	CPI
1	¥3,060	¥3,060	¥3,300	¥3,060	¥3,060	¥3,300	¥0	¥-240	1.00	0.93
2	¥1,010	¥1,010	¥1,020	¥4,070	¥4,070	¥4,320	¥0	¥-250	1.00	0.94
3	¥6,730	¥6,730	¥6,560	¥10,800	¥10,800	¥10,880	¥0	¥-80	1.00	0.99
4	¥2,640	¥2,640	¥2,630	¥13,440	¥13,440	¥13,510	¥0	¥-70	1.00	0.99
5	¥1,605	¥1,605	¥2,230	¥15,045	¥15,045	¥15,740	¥0	¥-695	1.00	0.96
6	¥3,080	¥3,080	¥3,420	¥18,125	¥18,125	¥19,160	¥0	¥-1,035	1.00	0.95
7	¥5,642	¥6,102	¥6,454	¥23,767	¥24,227	¥25,614	¥460	¥-1,387	1.02	0.95
8	¥1,900	¥1,780	¥1,960	¥25,667	¥26,007	¥27,574	¥340	¥-1,567	1.01	0.94
9	¥3,120	¥4,380	¥4,330	¥28,787	¥30,387	¥31,904	¥1,600	¥-1,517	1.06	0.95
10	¥6,134	¥4,534	¥4,940	¥34,921	¥34,921	¥36,844	¥0	¥-1,923	1.00	0.95
11	¥2,400	¥2,400	¥2,600	¥37,321	¥37,321	¥39,444	¥0	¥-2,123	1.00	0.95
12	¥2,520	¥2,520	¥2,720	¥39,841	¥39,841	¥42,164	¥0	¥-2,323	1.00	0.94
13	¥2,360	¥2,360	¥2,460	¥42,201	¥42,201	¥44,624	¥0	¥-2,423	1.00	0.95
14	¥1,200	¥900	¥1,250	¥43,401	¥43,101	¥45,874	¥-300	¥-2,773	0.99	0.94
15	¥440	¥740	¥910	¥43,841	¥43,841	¥46,784	¥0	¥-2,943	1.00	**0.94**

图14-30 1～15周进行盈余分析的结果

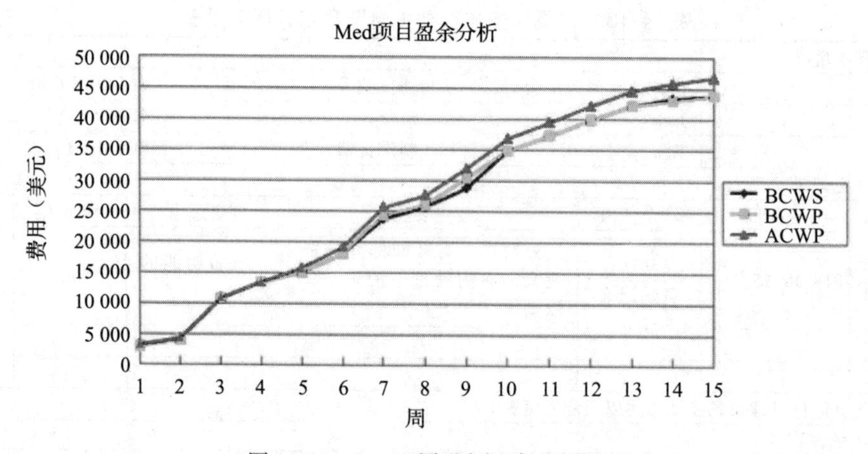

图14-31 1～15周进行盈余分析图示

从图14-30和图14-31可以得出结论：从进度上看，每周的任务基本上按照计划完成，在第9～11周有一定的提前，第14周有一定的滞后；从成本上看，任务结束时CPI为0.94，超出预算。

2. 每个迭代的时间、成本控制

敏捷模型要求每天召开站立会议，每天会议要统计所有任务的进展。表14-14是第一个Sprint（冲刺）迭代截止到7月18日的执行数据，也是对Sprint待办事项列表的实时更新结果，图14-23是截止到7月18日的跟踪甘特图。图14-33是任务“组织成员注册”在7月11日的燃尽图，图14-34是任务“组织成员注册”在7月13日的燃尽图。而图14-35为第一个Sprint（冲刺）迭代在7月18日的燃尽图。

表 14-14　第一个 Sprint 的执行情况数据（截止到 7 月 18 日）

编号	任务名称	类别	子类别	子角色	角色	描述	实际历时（天）	完成情况	执行人
1	组织成员注册	用户	注册	管理者	组织	为组织提供注册申请功能，注册申请需按照 medeal. com 的要求说明组织的基本信息及联系方式以供 medeal. com 与之联系	2	100%	张立
2	协会/学会成员注册	用户	注册	管理者	协会/学会	为协会/学会提供注册申请功能，注册申请需按照 medeal. com 的要求说明协会/学会的基本信息及联系方式以供 medeal. com 与之联系	2	100%	陈斌
3	个人成员注册	用户	注册	非成员	个人	为个人提供注册申请功能。注册申请需按照 medeal. com 的要求填写个人的基本信息。与组织成员注册不同的是须在此填写用户名及口令	2	100%	赵锦波
4	组织成员注册协议	用户	注册	管理者	组织	对于厂商、经销商，医院有不同的注册使用协议，注册前必须同意该协议	1	100%	张立
5	协会/学会成员注册使用协议	用户	注册	管理者	协会/学会	针对协会/学会的注册使用协议，注册前必须同意该协议	1	100%	陈斌
6	个人成员注册使用协议	用户	注册	非成员	个人	个人用户使用 medeal. com 前必须同意个人注册使用协议	1	100%	赵锦波
7	组织成员注册响应	用户	注册	市场部经理	medeal. com	组织用户发出注册请求后，经 medeal. com 市场人员与组织协商，签订合同后，medeal. com 为组织建立组织管理者用户，用 E-mail 通知用户注册成功，同时将组织管理者的默认用户名和密码通知用户	2	100%	张立
8	协会/学会成员注册响应	用户	注册	市场部经理	medeal. com	协会/学会用户发出注册请求后，经 medeal. com 市场人员与协会/学会协商，签订合同后，medeal. com 为协会/学会建立协会/学会管理者用户，用 E-mail 通知用户注册成功，同时将协会/学会管理者的默认用户名和密码通知用户	2	100%	陈斌
9	个人成员注册响应	用户	注册		medeal. com	个人用户发出注册请求后（需填写用户名和口令），经 medeal. com 检查个人注册信息符合要求后即刻通知用户注册成功	2	100%	赵锦波

（续）

编号	任务名称	类别	子类别	子角色	角色	描述	实际历时（天）	完成情况	执行人
10	组织，协会/学会第一次登录	用户	登录	管理者	组织、协会/学会	组织、协会/学会的管理员成员使用默认用户名和密码进行第一次登录后，medeal.com出于安全原因，要求管理者更改用户名和密码。用户名的更改是可选的，但只有此一次更改机会且须符合用户名设置要求，即必须是可示ASCII字符长度（最大16位）。密码的更改是必需的且须符合密码设置要求，即必须是可示ASCII字符且含有数字和英文字符长度（最小6位，最大16位）。修改后的用户名和口令应全medeal.com站点唯一，这点由medeal.com负责检查执行	2	100%	赵锦波
11	用户登录	用户	登录			用户根据自己的用户名和口令登录系统	2	100%	赵锦波
12	修改成员信息	用户	管理	成员	组织、协会/学会、个人	成员注册成功后，可以对本人的口令、联系地址等信息进行修改			陈斌
13	修改组织、协会/学会信息	用户	管理	管理者	组织、协会/学会	组织、协会/学会的信息（包括联系电话、通信地址等基本信息和经销范围等交易信息）只能由本组织、协会/学会的管理者修改			陈斌
14	修改成员口令	用户	管理	管理者	组织、协会/学会	组织、协会/学会的管理者有权修改本组织、协会/学会内部成员的口令（可以在不知原口令的情况下强行修改）			陈斌
15	删除成员账户	用户	管理	管理者	组织、协会/学会	组织、协会/学会的管理者有权删除本组织、协会/学会的内部成员账户，使其无法登录medeal.com			陈斌
16	删除成员用户账户	用户	管理	webmaster	medeal.com	webmaster有权删除已注册的成员用户。若删除的用户是组织或协会/学会的管理者，则该组织或协会/学会下的所有成员用户均被删除			赵锦波
17	修改成员用户管理信息	用户	管理	webmaster	medeal.com	webmaster有权修改已注册用户的管理信息			赵锦波
18	暂停访问权	用户	管理	webmaster	medeal.com	因某种原因，webmaster能够暂停用户对某项服务的访问权一段时间，时限过后，自动恢复访问权			赵锦波

（续）

编号	任务名称	类别	子类别	子角色	角色	描述	实际历时（天）	完成情况	执行人
19	登记新成员用户	用户	管理	webmaster	medeal.com	webmaster 有权登记个人新用户			赵锦波
20	添加新角色	用户	管理	webmaster	medeal.com	medeal.com 能够在各级组织、协会/学会中定义新的角色			赵锦波
21	删除角色	用户	管理	webmaster	medeal.com	medeal.com 能够在各级组织、协会/学会中删除原有的角色。删除时须确定该角色没有被分配给其他用户			赵锦波
22	定义角色	用户	管理	webmaster	medeal.com	medeal.com 能够定义并修改角色的各种权限			赵锦波
23	分配角色	用户	管理	管理者	组织、协会/学会	根据合同规定的用户数和角色分配比例指定人员担当相应角色。可以为同一个人分配不同角色。分配的新用户名及口令必须唯一			赵锦波
24	访问统计（点击率）	用户	管理		medeal.com	用户访问站点次数统计			张立
25	访问统计（服务）	用户	管理		medeal.com	用户访问站点提供的各种服务的统计数据			张立
26	离线录入编辑产品信息	产品信息	编辑	内容管理经理、内容管理者	厂商、经销商	medeal.com 为用户提供一个离线录入工具，供用户将产品信息录入并生成产品文件	5	100%	刁平安、郑浩
27	离线修改产品信息	产品信息	编辑	内容管理经理、内容管理者	厂商、经销商	medeal.com 为用户提供一个离线录入工具，供用户将需修改的产品信息录入并生成产品文件		30%	刁平安、郑浩
28	离线删除产品信息	产品信息	编辑	内容管理经理、内容管理者	厂商、经销商	medeal.com 为用户提供一个离线录入工具，供用户将需删除的产品信息录入并生成产品文件			刁平安、郑浩
29	在线录入编辑产品信息	产品信息	编辑	内容管理经理、内容管理者	厂商、经销商	medeal.com 为用户提供一个在线录入工具（Web 形式），供用户将产品信息录入并生成产品文件	5	100%	王军、王强
30	在线修改产品信息	产品信息	编辑	内容管理经理、内容管理者	厂商、经销商	medeal.com 为用户提供一个在线录入工具（Web 形式），供用户将需修改的产品信息录入并生成产品文件		20%	王军、王强

（续）

编号	任务名称	类别	子类别	子角色	角色	描述	实际历时（天）	完成情况	执行人
31	在线删除产品信息	产品信息	编辑	内容管理经理、内容管理者	厂商、经销商	medeal. com 为用户提供一个在线录入工具（Web 形式），供用户将需删除的产品信息录入并生成产品文件			王军、王强
32	在线、离线产品信息入库	产品信息	编辑	内容管理经理	medeal. com	medeal. com 将产品文件导入工作数据库中，其中要区分产品的状态（新增、修改、删除）			王军、王强
33	发布新产品信息	产品信息	编辑	内容管理经理	medeal. com	medeal. com 对 QA 数据库中的产品信息进行质量保证后发布到网上	7	100%	杨焱泰、丁心茹、周辉
34	修改产品信息	产品信息	编辑	内容管理经理	medeal. com	medeal. com 可对已发布到网上的产品信息进行修改		10%	杨焱泰、丁心茹、周辉
35	删除产品信息	产品信息	编辑	内容管理经理	medeal. com	medeal. com 可删除已发布到网上的产品信息			杨焱泰、丁心茹、周辉
36	定义相关产品链接信息	产品信息	编辑	内容管理经理、内容管理者	厂商、经销商	指定与该产品有关的产品			杨焱泰、丁心茹、周辉
37	招募经销商	产品信息	编辑	销售经理	厂商	指定可与本厂商进行交易的经销商名单。若厂商已交费，则可根据厂商的要求禁止若干经销商查看自己的产品目录			杨焱泰、丁心茹、周辉
38	设定经销商经销范围	产品信息	编辑	销售经理	厂商	指定经销商可与本厂商进行交易的产品范围			杨焱泰、丁心茹、周辉
39	设定经销商经销产品线	产品信息	编辑	销售经理	厂商	指定经销商可与本厂商进行交易的产品线范围			杨焱泰、丁心茹、周辉
40	按厂商－经销商浏览产品目录	产品信息	浏览	成员	组织	用户可以按照“厂商—产品小类—经销商—产品”的次序逐级浏览产品目录			郑浩
41	浏览经销商	产品信息	浏览	成员	组织	用户可以按照“厂商—经销商”的次序浏览经销商			郑浩
42	按厂商浏览产品目录	产品信息	浏览	成员	组织	用户可以按照“厂商—产品小类—产品”的次序逐级浏览产品目录			王强
43	按产品分类浏览产品目录	产品信息	浏览	成员	组织	用户可以按照“产品大类—产品小类—产品”的次序逐级浏览产品目录			王强

（续）

编号	任务名称	类别	子类别	子角色	角色	描述	实际历时（天）	完成情况	执行人
44	按医院科别浏览产品目录	产品信息	浏览	成员	组织	用户可以按照“医院大科—医院小科—产品小类—产品”的次序逐级浏览产品目录			习平安
45	用户自定义产品大类	产品信息	查找	销售经理	厂商、经销商	当 medeal. com 提供的产品大分类不能满足用户需求时，允许用户自定义产品大类			温煦
46	用户自定义医院科别	产品信息	查找	销售经理	厂商、经销商	当 medeal. com 提供的医院科别不能满足用户需求时，允许用户自定义医院科别			蒋东
47	搜索产品小类	产品信息	查找	成员	组织	在产品小类名称字段中搜索含有录入字符的产品小类记录			蒋东

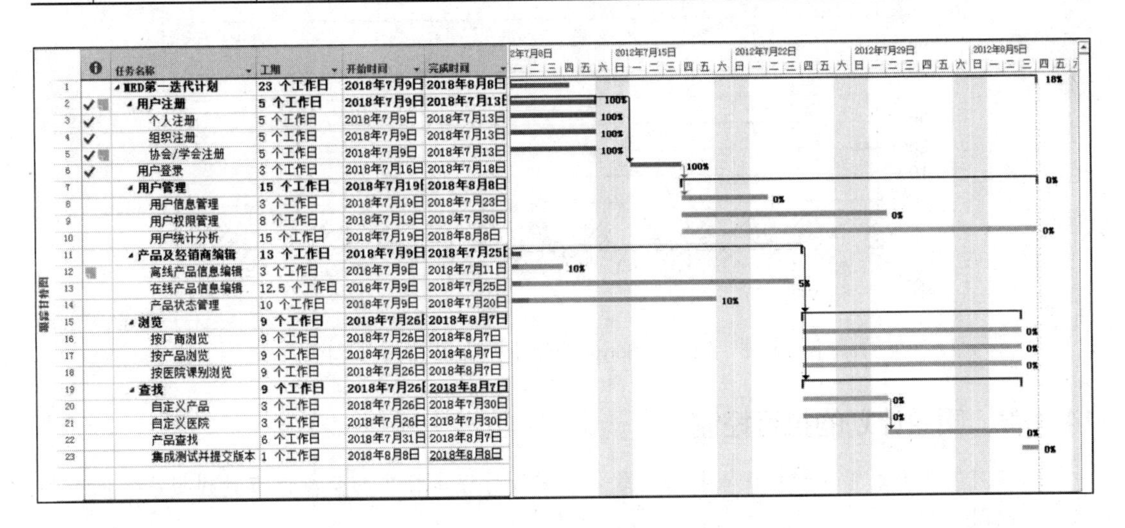

图 14-32　7 月 18 日的跟踪甘特图

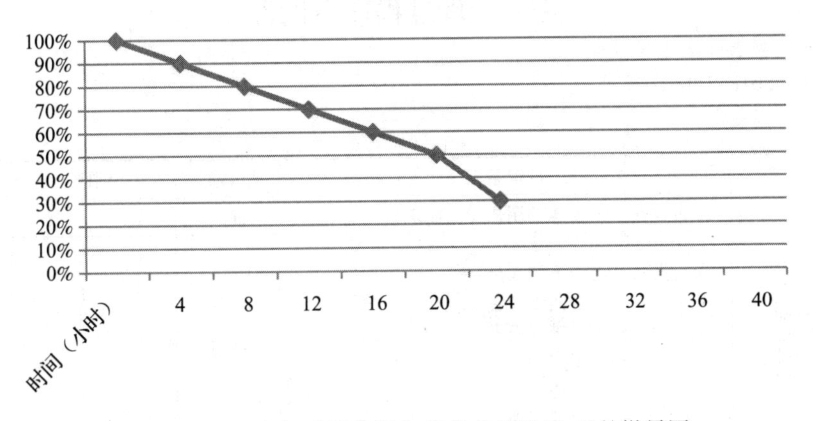

图 14-33　“组织成员注册”任务在 7 月 11 日的燃尽图

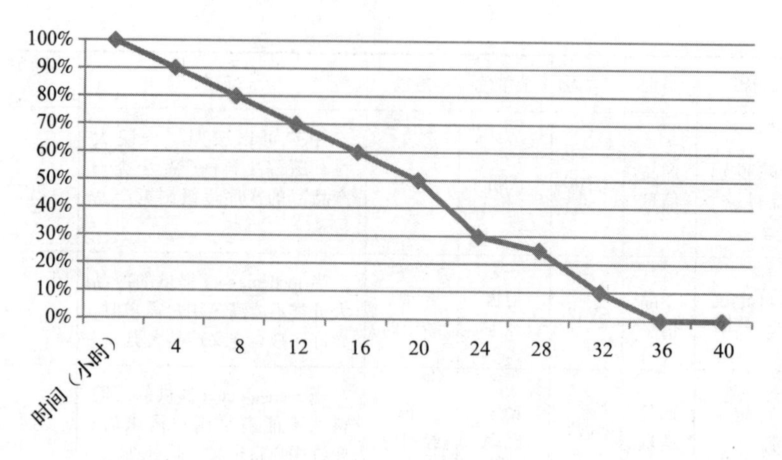

图 14-34 “组织成员注册”任务在 7 月 13 日的燃尽图

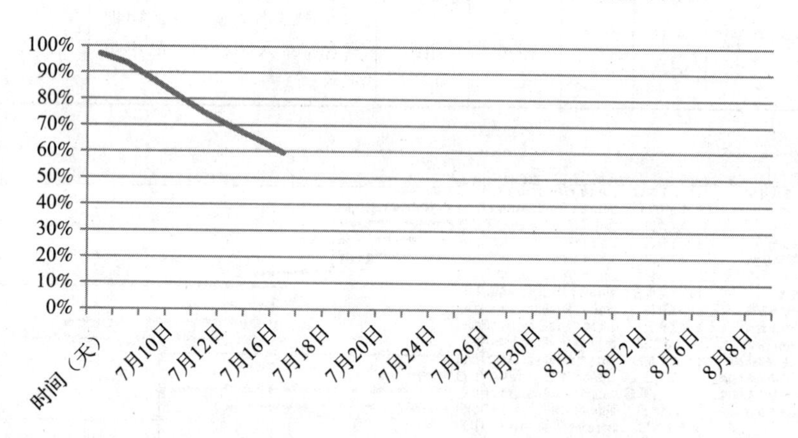

图 14-35 第一个 Sprint 迭代在 7 月 18 日的燃尽图

14.4.3 质量计划的执行控制

本案例包括需求管理过程评审报告、软件系统设计评审报告、阶段评审过程报告，同时展示了问题图示。

需求管理过程评审报告

评审主题：需求确认过程评审

评审时间：2018.7.18

报告人： 周新

分类		评审条款	是否通过	问题	解决方案
进入条件	需求确认过程	是否存在一个正式的用户初始需求	通过		
		参与人员是否为下列人员： ——合同管理者 ——需求管理者 ——用户 ——软件工程人员 ——配置管理人员	通过		

（续）

分类		评审条款	是否通过	问题	解决方案
需求管理过程	需求确认过程	需求管理者是否按照需求管理确认过程的工作步骤，进行需求的确认	通过		
		需求规格是否按照需求规格的要求进行编写	通过		
		拆分的配置项是否经过评审确认		本项目没有进行配置管理，只进行版本管理	版本管理库经过评审确认
		需求规格是否经过评审确定	通过		
		需求规格是否经合同管理者批准	通过		

评审方法：

1. 进入条件的条款 1 和条款 2 的评审，要通过审阅用户初始需求和需求规格评审记录来完成。

2. 过程的条款 1 的评审，要通过检查有关需求管理的执行过程记录来完成。

3. 过程的条款 2 至条款 4 的评审，要通过参加需求管理定期管理评审，审查需求管理定期管理评审报告的内容来完成。

软件系统设计评审报告

项目编号：Med

项目名称	医疗信息商务平台		文件版本	V0.8	
阶段	第一 Sprint		负责人	李琦山	
评审人员	部门	职务	评审人员	部门	职务
李琦山	开发一部	项目经理	××	客户中心	经理
姜燕	开发一部	工程师	××	产品中心	工程师
李鹏	开发一部	高工			

评审内容：在内容分项后面打“√”表示评审通过；“?”表示有建议或疑问；“×”表示不同意

合同标准符合性	√	环境影响性	√	可维护性	√	架构合理性	√
系统安全性	√	界面美观性	√	系统性能	√	采购可行性	√
系统集成可行性	√	可检验性	√	数据库	√	模块	√

存在的问题及改进建议：

无

记录人：姜　燕　　日　期：2018.7.10

评审结论：

基本符合要求，可进行开发

审批人：李琦山　　日　期：2018.7.10

上版本修正结果：

验证人：李　鹏　　日　期：

备注：

阶段评审过程评审报告

项目名称：医疗信息商务平台

里程碑评审过程评审报告					
分类	评审条款		SQA 人员评审记录		
	操作	内容	是否通过	问题	解决方案
过程活动	项目经理	是否负责依据定期评审报告审核该里程碑点所有计划的任务完成情况，针对审核中出现的问题与有关人员讨论解决方案	通过		
	项目经理	负责依据产品技术评审报告和 SQA 评审报告审核该里程碑点所有计划的任务完成的质量情况，针对审核中出现的问题与有关人员讨论解决方案	通过		
	项目经理	负责依据 SQA 审计报告审核产品完成情况，针对审核中出现的问题与有关人员讨论解决方案	通过		
	项目经理	根据审核情况决定产品是否提交	通过		
	项目经理	负责对项目的风险进行分析，确定避免风险的途径和措施	通过		
	项目经理	根据审核情况和讨论结果确定下阶段项目计划的调整情况	通过		
	记录员	负责记录评审情况	通过		

评审方法如下：

1. 对于条款 1 ~ 2、条款 4 ~ 5 的评审，要通过检查《评审记录》来完成。
2. 对于条款 3 的评审，要通过检查《项目计划变更记录》来完成。

表 14-15 是评审缺陷统计结果，由此可以得出图 14-36 所示的缺陷比率曲线。从缺陷 66 率曲线可以看出，由需求导致的缺陷数量比较多，比率比较大，然后有下降趋势。

表 14-15 评审缺陷统计结果

序号	名称	版本号	评审通过时间	发现的问题总数	文档页数（代码行数）	比率	控制线
1	系统需求规格说明书	V1.0	2018/9/10	11	32	34.4%	20.00%
2	概要设计说明书	V1.0	2018/9/19	10	33	30.3%	20.00%
4	数据库设计说明书	V1.0	2018/9/19	6	23	26.1%	20.00%
3	详细设计说明书	V1.0	2018/9/29	12	52	23.1%	20.00%
5	系统测试计划	V1.0	2018/9/15	7	38	18.4%	20.00%
6	集成测试计划	V1.0	2018/9/24	6	35	17.1%	20.00%
7	单元模块程序	V1.0	2018/10/9	80	4KLOC	12%	3%

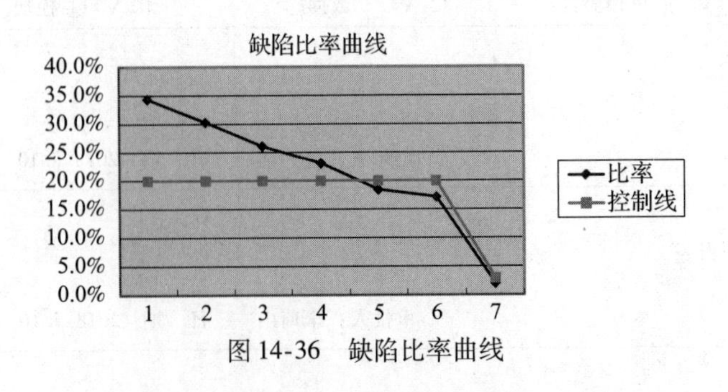

图 14-36 缺陷比率曲线

14.5 小结

本章对核心计划的执行控制过程进行了讲述，说明了范围、时间、成本、质量的控制方法和过程，重点介绍了项目性能分析的方法，即图解控制方法、挣值分析法、网络图分析，同时介绍了敏捷项目进度控制方法。图解控制方法是综合甘特图、费用曲线及资源图来分析项目的一种方法。挣值分析法是利用成本会计的方法评价项目进展情况的一种方法，是评估成本和进度差异的一种方法。本章也介绍了贝叶斯网络图分析方法，解决软件项目进度管理中存在的不确定性问题。本章最后介绍了质量保证和质量控制等管理方法，包括敏捷项目的质量控制思路。

14.6　练习题

一、填空题

1. 当 SV = BCWP − BCWS <0 时，表示________。
2. 代码评审由一组人对程序进行阅读、讨论和争议，它是________过程。
3. 挣值分析法也称为________，是对项目的实施进度、成本状态进行绩效评估的有效方法。
4. 一项任务正常进度是 10 周，成本是 10 万元，可以压缩到 8 周，成本变为 12 万元，按时间成本平衡法压缩到 9 周时的成本是________。
5. 从质量控制图的控制上限和控制下限，可以知道________。
6. 范围控制的重点是避免需求的________。
7. 一个任务原计划由 3 个人全职工作 2 周完成，而实际上只有 2 个人参与这个任务，到第二周末完成了任务的 50%，则 CPI = ________。

二、判断题

1. 项目性能数据是控制项目的基础。（　）
2. 项目进度成本控制的基本目标是在给定的限制条件下，用最短时间、最小成本，以最小风险完成项目工作。（　）
3. 代码走查是在代码编写阶段，开发人员自己检查自己的代码。（　）
4. 在使用应急法压缩进度时，不一定要在关键路径上选择活动来进行压缩。（　）
5. 累计费用曲线中某时间点 ACWP 比 BCWS 高，意味着在这个时间点为止，实际的成本要比计划的高。（　）
6. CPI = 0.90 说明目前的预期成本超出计划的 90%。（　）
7. 技术评审的目的是尽早发现工作成果中的缺陷，并帮助开发人员及时消除缺陷，从而有效地提高产品的质量。（　）
8. 软件测试的目的是证明软件没有错误。（　）

三、选择题

1. 在一个项目会议上，一个成员提出增加任务的要求，而这个要求超出了 WBS 确定的项目基线，这时项目经理提出项目团队应该集中精力完成而且仅需完成原来定义的范围基线，这是一个（　）的例子。

   A. 范围定义　B. 范围管理　C. 范围蔓延　D. 范围变更请求

2. 项目原来预计于 2018 年 5 月 23 日完成 1000 元的工作，但是到 2018 年 5 月 23 日只完成了 850 元的工作，而为了这些工作花费了 900 元，则成本偏差和进度偏差分别为（　）。

   A. CV = 50 元，SV = −150 元　B. CV = −150 元，SV = −150 元
   C. CV = −50 元，SV = −50 元　D. CV = −50 元，SV = −150 元

3. 如果成本效能指标 CPI = 90%，则说明（　）。

   A. 目前的预期成本超出计划的 90%　B. 投入 1 元产生 0.90 元的效果
   C. 项目完成的时候，将超支 90%　D. 项目已经完成计划的 90%

4. 进度控制的一个重要组成部分是（ ）。
   A. 确定进度偏差是否需要采取纠正措施
   B. 定义为项目的可交付成果所需要的活动
   C. 评估 WBS 定义是否足以支持进度计划
   D. 确保项目队伍的士气高昂，发挥团队成员的潜力
5. 当项目进展到（ ）左右时，CPI 处于稳定。
   A. 10% B. 20% C. 30% D. 40%
6. 抽样统计的方法中，（ ）。
   A. 应该选择更多的样品 B. 以小批量的抽样为基准进行检验
   C. 确定大量或批量产品质量的唯一方法 D. 导致更高的成本

四、问答题

1. 某项目由 1、2、3、4 四个任务构成，该项目目前执行到了第 6 周末，各项工作在其工期内的每周计划成本、每周实际成本和计划工作量完成情况如下表所示。

项目进展数据 （单位：元）

周次	1	2	3	4	5	6	7	8	9	10
任务 1 预算成本/周	10	15	5							
任务 2 预算成本/周		10	10	10	20	10	10			
任务 3 预算成本/周					5	5	25	5		
任务 4 预算成本/周								5	5	20
任务 1 实际成本/周	10	16	8							
任务 2 实际成本/周		10	10	12	24	12				
任务 3 实际成本/周					5	5				
任务 4 实际成本/周										
任务 1 完工比	30%	80%	100%							
任务 2 完工比		10%	25%	35%	55%	65%				
任务 3 完工比					10%	20%				
任务 4 完工比										

   1）根据提供的信息，计算截至第 6 周末该项目的 BCWS、ACWP 和 BCWP。
   2）计算第 6 周末的成本偏差 CV、进度偏差 SV，说明结果的实际含义。
   3）按照目前情况，计算完成整个项目实际需要投入的资金，写出计算过程。
2. 某项目正在进行中，下表是项目当前运行状况的数据，任务 1、2、3、4、5、6 计划是按顺序执行的，表中也给出了计划完成时间和实际的执行情况。
   1）计算 BAC。
   2）计算截至 2018 年 4 月 1 日的 BCWP、BCWS、ACWP、SV、SPI、CV、CPI 等指标。
   3）通过上面的指标说明截至 2018 年 4 月 1 日项目的进度、成本如何。

项目的状况数据

任务	估计规模（人天）	目前实际完成的规模（人天）	计划完成时间	实际完成时间
1	5	10	2018 年 1 月 25 日	2018 年 2 月 1 日
2	25	20	2018 年 4 月 1 日	2018 年 3 月 15 日
3	120		2018 年 5 月 15 日	
4	40	50	2018 年 6 月 15 日	2018 年 4 月 1 日
5	60		2018 年 7 月 1 日	
6	80		2018 年 9 月 1 日	

3. 试述 Pareto 规则。
4. 某项目有 7 个任务，$T=\{t_1, t_2, t_3, t_4, t_5, t_6, t_7\}$，项目需要的技能是 $S=\{s_1, s_2, s_3\}$，其中每个任务需要的技能和工作量如下所示。

$$t_1^{sk}=\{s_1,s_2\},t_2^{sk}=\{s_2\},t_3^{sk}=\{s_1,s_3\},t_4^{sk}=\{s_1\}$$
$$t_5^{sk}=\{s_1,s_2,s_3\},t_6^{sk}=\{s_1,s_2\},t_7^{sk}=\{s_1\}$$
$$t_1^{eff}=4,t_2^{eff}=6,t_3^{eff}=8,t_4^{eff}=9,t_5^{eff}=8,t_6^{eff}=10,t_7^{eff}=16$$

另外，任务之间的关系如下所示。

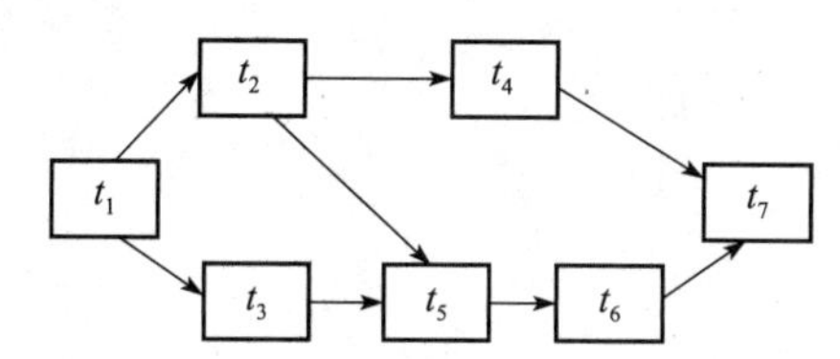

项目人员集合 $E=\{e_1, e_2, e_3, e_4\}$，共计 4 人，每个人员具备的技能和人力成本如下所示。
$e_1^{sk}=\{s_1, s_2, s_3\}$，$e_2^{sk}=\{s_1, s_2, s_3\}$，$e_3^{sk}=\{s_1, s_2\}$，$e_4^{sk}=\{s_1, s_3\}$
$e_1^{rem}=\$100$，$e_2^{rem}=\$80$，$e_3^{rem}=\$60$，$e_4^{rem}=\$50$。
项目经理进行任务分配，得出贡献矩阵如下：

	t_1	t_2	t_3	t_4	t_5	t_6	t_7
e_1	0	0. 5	0. 5	0	1	0. 5	1
e_2	1	0. 5	0. 5	1	1	1	1
e_3	1	1	0	1	0	1	1
e_4	0	0	1	1	0	0	1

同时画出项目 PDM 图如下：

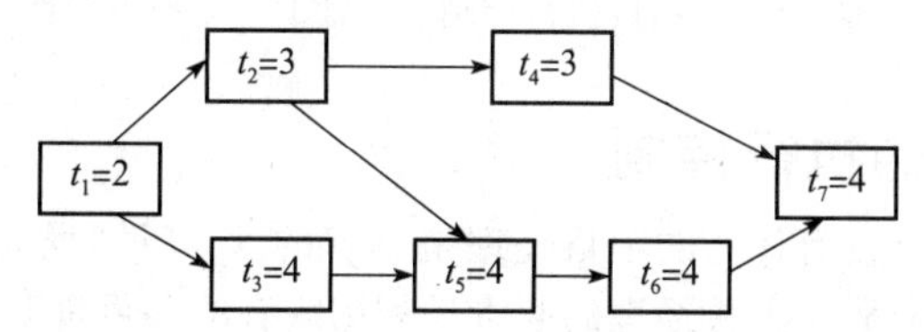

假设计划到目前应该完成 t_1，t_2，t_3，t_5 任务，实际情况是 t_1，t_2，t_3 已经完成，t_4 没开始，t_5 任务开始没有结束，目前投入的费用是 \$1500，请完成如下任务：
1）计算目前为止的 CPI 和 SPI。
2）画出目前为止的项目燃尽图（计划与实际的对比图示）。

第 15 章

■ 项目辅助计划执行控制

本章介绍针对团队计划、项目干系人计划、项目沟通计划、风险计划、合同计划等辅助计划的执行控制，进入路线图的“辅助计划执行控制”，如图 15-1 所示。

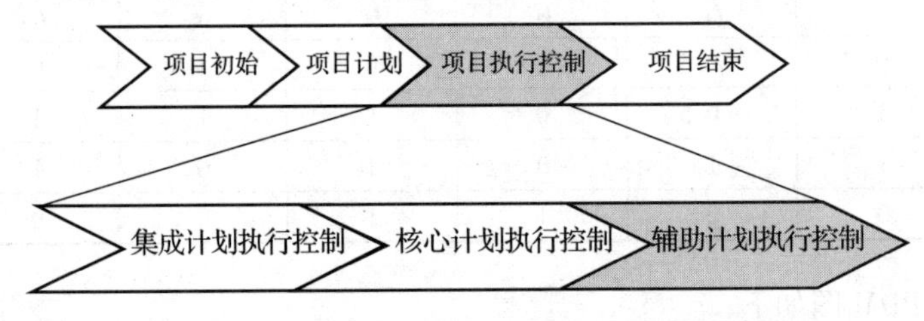

图 15-1　项目执行控制——辅助计划执行控制

15.1　团队计划的执行控制

对于一个项目团队，仅有优秀的项目经理是不够的。“巧妇难为无米之炊”，要达到项目目标，离不开项目其他资源，项目经理的职责是利用既有的项目资源达到项目的目标，满足客户的需求。人力资源是一种特殊的资源，人有主动性和情感，有好恶、有情绪、有自尊，人是一种社会动物，受社会、经济、法律、家庭、生活等各方面活动的影响。“人性化管理”就是从人的精神需要出发，给以认同、尊重，以激发人的最大潜能，减少内耗，达到最大效能，参与并服务于公司行为和目标。所以，项目经理应该创建一个既实际又具有凝聚力的团队。

15.1.1　项目团队

建设一个团队的过程包括 4 个主要阶段，即组建（forming）阶段、磨合（storming）阶段、规范（norming）阶段和执行（performing）阶段。

1）组建阶段：项目团队开始组建，个体成员组成一个项目团队，互相认识、彼此了解的阶段。在这个阶段，项目经理应该向项目团队成员介绍项目目标、项目计划及成员的角色和职责，而项目团队成员彼此之间可能会言语谨慎一些。

2）磨合阶段：项目团队的磨合期，相互之间合作可能不尽如人意，个人还没有融入团队，团队内还没有凝聚力，团队成员可能会出现彼此竞争或者士气低落，甚至相互对立的现象。

3）规范阶段：项目成员逐步接受项目的环境，成员之间也加深了解的阶段。在这个阶段，项目团队开始有凝聚力，项目团队成员会表现出信任和友谊，共同解决项目问题，并能够集体做出决定。

4）执行阶段：项目团队的完善阶段，成员之间坦诚合作，相互帮助，使得项目有很好的绩效，工作效率提高。这个阶段是项目经理追求的最终阶段。

项目组建的这 4 个阶段不是简单的单向过程，它可能是反复曲折的过程，而且这 4 个过程可能会因新人的加入而打乱节奏，再从头开始，如图 15-2 所示。

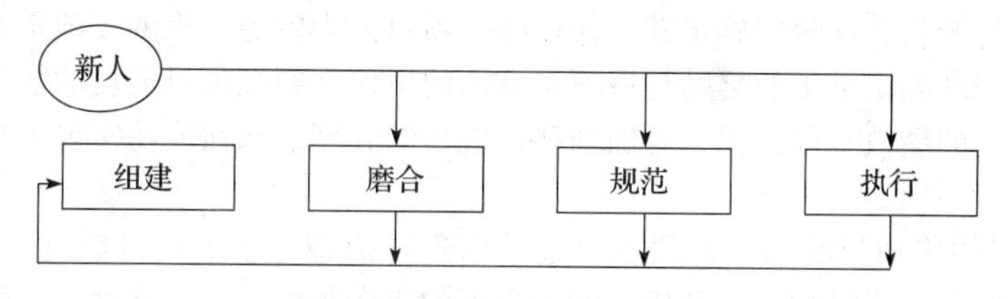

图 15-2　项目组建的 4 个阶段

团队成员的选择是组建团队的第一步，也是决定这个团队能否有效工作的关键因素。整个团队的未来业绩直接取决于成员的努力。

成员选择的基本原则是除了要求成员具有基本的专业素质外，还要求成员具有较宽的专业知识面，对产品具有整体意识和系统集成的思想，并具有较强的合作精神。对于团队领导，则要求其具有多专业的协调能力及处理团队与其他部门关系的能力，并能够营造好的团队文化。作为一个整体，团队的专业技能组合要达到必要的高度和广度，同时要求团队成员必须具有很好的人际关系能力，注意角色配置，以利于相互交流、彼此理解与通力合作。在挑选团队成员的过程中，既要考虑他们的性格、能力，更要遵循自愿的原则。团队成员还应该包括团队顾问或专题顾问，他们来自各职能组织部门，不直接参与产品的开发，但提供技术和知识上的支持。

在选择人员的时候，理想的方法是由开发小组的其他成员一起来面试，如果有一人不满意，则淘汰，否则以后会有很多麻烦，这样做的另一个好处是借此机会互相认识一下。经理一定要把新员工介绍给大家，并且小组每个员工都应该过来握手介绍自己，这是基本的礼仪。

当工作任务确定后，就要安排人员来完成。合理的人员分配的基础是项目经理清楚地了解每组员的能力、性格，例如，人员的能力如何，高低所在，哪些人适合做什么事情；性格如何，哪些人员搭配在一起能够很好配合。当然项目经理需要一定的时间才能认识到人员的能力和性格。要建一支高效、和谐的团队，需要经过一定的磨合期，而为了缩短磨合期，则需要多交流，多考验。

15.1.2　项目成员的培训

项目成员的培养是项目团队建设的基础，项目组织必须重视对员工的培训工作。通过对项目成员的培训，可以提高项目团队的综合素质，提高项目团队的工作技能和技术水平，同时可以通过提高项目成员的本领，提高项目成员的工作满意度，降低项目人员的流动比例和人力资源管理成本。针对项目的一次性和制约性（主要是时间的制约和成本的制约）特点，对项目成员的培训主要采取短期性的、片段式的、针对性强、见效快的培训。培训形式主要有两种。

1）岗前培训：主要对项目成员进行一些常识性的岗位培训和项目管理方式等的培训。

2）岗上培训：根据开发人员的工作特点，针对开发中可能出现的实际问题而进行的特别培训，多偏重于专门技术和特殊技能的培训。

15.1.3　项目成员的激励

项目团队士气是项目成功的一个因素，项目成员的激励是调动成员工作热情非常重要的手段。一般来说，进行激励至少包括以下几个方面的工作。

1）授权。授权是为了实现项目目标而赋予项目成员一定的权利，使他们能够在自己的职权范围内完成既定的任务。要根据项目成员的特点、岗位和任务，分配给他们一定的责任，明确任务完成的可交付成果。

2）绩效考评。对每一位项目成员进行绩效考评，是对项目成员施以激励的依据。项目组织的绩效考评是指采用一套科学可行的评估办法，检查和评定项目成员的工作完成质量。对员工的工作行为进行衡量和评价以确定其工作业绩是项目人力资源管理的一项重要内容。制定员工的培训计划，合理确定员工的奖励与报酬等方面的工作都要以项目成员的绩效考评成绩为基础。做好项目成员的绩效考评工作，对加强项目成员的管理，从而成功实现项目目标具有积极的意义。

3）给予适当的奖励与激励。管理者通过采取各种措施，给予项目成员一定的物质刺激、精神激励，以激发项目成员的工作动机，调动员工的工作积极性、主动性，并鼓励他们的创造精神，从而以最高的效率完成项目，实现项目目标。激励一定要因人而异，可以适当参照下面的做法。

①薪酬激励：对于软件人员，当支付的薪酬与其贡献出现较大偏差时，其便会产生不满情绪，降低工作积极性，因此必须让薪酬与绩效挂钩。

②机会激励：在运用机会激励时，讲究公平原则，即每位员工都有平等的机会参加学习、培训和获得具有挑战性的工作，这样才不会挫伤软件人员的积极性。

③环境激励：企业内部良好的技术创新氛围，企业全体人员对技术创新的重视和理解，尤其是管理层对软件人员工作的关注与支持，都是对软件人员有效的激励。

④情感激励：知识型员工大多受过良好的教育，受尊重的需求相对较高，尤其对于软件人员，他们自认为对企业的贡献较大，更加渴望被尊重。

⑤其他激励：例如，宽松、灵活的弹性工作时间和工作环境对保持软件人员的创新思维很重要。

激励理论有很多，如马斯洛的需求层次理论、海兹波格的激励理论、麦格雷戈的X理论和Y理论、超Y理论、Z理论、期望理论等。这些理论各自有不同的侧重点。

1. 马斯洛的需求层次理论

马斯洛的需求层次理论认为人类的需要是以层次形式出现的，共有5个层次，即生理、安全、社会归属、自尊和自我实现，如图15-3所示。其中，自我实现是最高的层次，低层次的需求必须在高层次需求满足之前得到满足，满足高层次需求的途径比满足低层次需求的途径更为广泛，激励来自为没有满足的需求而努力奋斗。例如，新员工有群体归属感的需要（社会归属层次上的需要），为满足这方面的需要，可以为其开一个热情的欢迎会，新老员工相互介绍与沟通，另外要对其生活方面的困难给予帮助。又如，青年人常有想多学点东西的愿望，这是寻求自我发展与成长的需要（自我实现层次的需要），项目经理要运用任务分配权，在可能的范围内尽量满足其这种愿望，特别是对于进取心强的骨干，应分配给他们新的具有挑战性的任务，这是一种激励的手段，同时是培训人员的一种方法。阿尔德佛进一步发展了马斯洛的需求层次理论，认为有的需求（如自我实现）是后天通过学习而产生的；人的需求不一定严格地按从

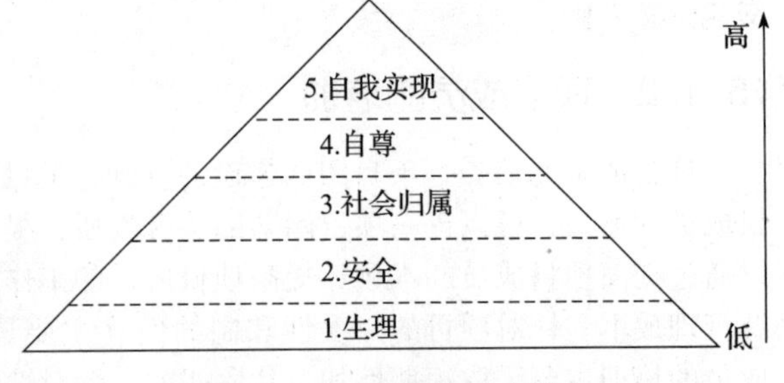

图15-3 马斯洛的需求层次

低到高的顺序发展，并提出了有名的“挫折—倒退”假设；管理者应努力把握和控制好工作结果，通过工作结果来满足人们的各种需求，从而激发人们的工作动机。其中，最后一点强调了工作结果对各种需求的满足，因此在软件项目的阶段点或最终产品达成时，要非常慎重地予以宣布，并通过多种途径肯定这一成果，如表扬、奖励等，全方位地满足组员的需求，从而激发下一阶段的工作热情。

2. 海兹波格的激励理论

海兹波格的激励理论认为企业中存在着两组因素：一组因素导致不满，另一组因素产生激励。不满因素是工作环境或组织方面的外在因素，满足了这些因素的要求就能避免员工的不满情绪，故称为“保健因素”，它主要包括公司的政策与管理、安全感、工资及其他报酬、人际关系等。提高员工的工作情绪源于内在因素，通常称为“激励因素”，它包括成就感、责任感、进步与成长、被赏识等。因此，要从这两个因素的角度来协调管理。从“保健因素”的角度，项目经理要密切注意员工的情绪波动，多与员工沟通，消除与缓解员工的不满情绪；对制度和政策多做解释工作，以消除误解；向上级反映员工的合理要求与建议，以便及时完善有关政策和制度；在项目组内协调好人际关系，对出现的紧张关系要及时地调解；改善工作流程，可能有助于组员间更好地协助工作；对于员工，要公正地评价其表现和安排晋级。从“激励因素”的角度，项目经理要鼓励和帮助员工制定个人成长计划（如多长时间学会哪门技术）；为员工的进步与成长提供机会，包括分配适当的任务和培训；项目经理要对骨干进行适当的授权，尽量放权给员工，及时地肯定成绩，提高员工的成就感和责任感。

3. 麦格雷戈的 X 理论

麦格雷戈的 X 理论对人性假设的主要内容如下：①人天生是懒惰的，不喜欢他们的工作并努力逃避工作；②人天生缺乏进取心，缺乏主动性，不愿负责任，没有解决问题与创造的能力，更喜欢经常地被指导，宁愿被领导，避免承担责任，没有什么抱负；③人天生习惯于明哲保身，反对变革，把对自身安全的要求看得高于一切；④人缺乏理性，容易受外界和他人的影响做出一些不适宜的举动；⑤人生来以自我为中心，无视组织的需要，对组织需求反应淡漠，反对变革，所以对多数人必须使用强迫以至惩罚、胁迫的办法，去驱使他们工作，方可达到组织目标。

X 理论强调需要用马斯洛的底层需求（生理和安全）进行激励。这个理论不适合软件项目人员的激励。

X 理论属于强势管理。假设某些下属逃避责任、不愿意动脑筋，甚至很讨厌领导给他分派工作，碰到这种下属，就需要一种强势管理。这种强势管理可以对员工产生约束力，提高企业生产效率。但是，X 理论忽视了人的自身特征和精神需要，只注重满足人的生理需要和安全需要，把金钱作为主要的激励手段，把惩罚作为有效的管理方式。麦格雷戈根据人的需要、行为和动机又提出一种新的假设，即 Y 理论。

4. 麦格雷戈的 Y 理论

麦格雷戈的 Y 理论对人性假设的内容如下：①人天生是喜欢挑战的，要求工作是人的本能；②在适当的条件下，人们能够承担责任，而且多数人愿意对工作负责，并有创造才能和主动精神，如果给予适当的激励和支持性的工作氛围，会达到很高的绩效预期，具有创造力、想象力、雄心和信心来实现组织目标；③个人追求与组织的需要并不矛盾，只要管理适当，人们能够把个人目标与组织目标统一起来；④人对于自己所参与的工作，能够实行自我管理和自我指挥，能够自我约束、自我导向与控制，渴望承担责任；⑤在现代工业条件下，一般人的潜力只利用了一部分。

Y 理论认为需要用马斯洛的高层需求（自尊和自我实现）进行激励。用 Y 理论指导管理，要求管理者根据每个人的爱好和特长，安排具有吸引力的工作，发挥其主动性和创造性；同时要重视人的主动特征，把责任最大限度地交给每个人，相信他们能自觉完成工作任务。外部控制、操纵、说服、奖罚不是促使人们努力工作的唯一办法，应该通过启发与诱导，对每个工作人员予以信任，发挥每个人的主观能动作用，从而实现组织管理目标。

Y 理论属于参与管理，如果下属愿意接受任务，也喜欢发挥自己的潜力，喜欢有挑战性的工作，则管理者应该给这样的下属一些机会，让他们参与管理。但是，经过实践，人们发现 Y 理论并非在任何条件下都比 X 理论优越，管理思想和管理方式应根据人员素质、工作特点、环境情况而定，不能一概而论。这便是超 Y 理论产生的理论基础。

5. 超 Y 理论

超 Y 理论是莫尔斯和洛希在 1970 年发表的论文《超 Y 理论》中提出的，其主要观点如下：①人们是怀着许多不同的需要加入工作组织的，各自有不同的情况，例如，有的人自由散漫，不愿参与决策、承担责任，需要正规化的组织机构和严格的规章制度加以约束，而有的人责任心强，积极向上，需要更多的自治、责任和发挥创造性的机会去实现尊重和自我实现的需要；②组织形式和管理方法要与工作性质和人们的需要相适应，对有些人（如懒惰、缺乏进取心者）适用 X 理论管理，而对另一些人（如富有责任心、工作主动者）适用 Y 理论管理；③组织机构和管理层次的划分、职工培训和工作分配、工作报酬和控制程度等，都要从工作性质、工作目标、员工素质等方面进行综合考虑，不能千篇一律；④当一个目标达到后，应激起员工的胜任感，使他们为达到新的、更高的目标而努力。

但是，认真分析和研究之后，人们发现：不论是 X、Y 理论，还是超 Y 理论，都存在一个不足之处，即其理论研究的出发点大多是以管理者与员工对立为基本前提的。鉴于此，便产生了 Z 理论。

6. Z 理论

Z 理论的提出者是威廉·大内（日裔美国管理学家、管理学教授）。威廉·大内于 1973 年开始研究日本企业管理，针对日美两国的管理经验，于 1981 年出版《Z 理论》一书。

Z 理论认为，经营管理者与员工的目标是一致的，二者的积极性可以融合在一起。Z 理论基于日本的员工激励方法，强调忠诚、质量、集体决策和文化价值。Z 理论的基本思想如下：①企业对员工实行长期或终身雇佣制度，使员工与企业同甘苦共命运，并对职工实行定期考核和逐步提级晋升制度，使员工看到企业对自己的好处，因而积极关心企业的利益和企业的发展；②企业经营者不仅要让员工完成生产任务，而且要注意员工的培训，使他们能适应各种工作环境需要，成为多专多能的人才；③管理过程既要运用统计报表、数字信息等鲜明的控制手段，又要注意对人的经验和潜在能力进行诱导；④企业决策采取集体研究和个人负责的方式，由员工提出建议，集思广益，由领导者做出决策并承担责任；⑤上下级关系融洽，管理者要处处关心职工，让职工多参与管理。

不同于“性本恶”的 X 理论，也不同于“性本善”的 Y 理论，Z 理论是“以争取既追求效率又尽可能减少管理者与员工的对立，尽量取得行动上的统一”。

7. 期望理论

期望理论最早是由美国心理学家佛隆在 1964 年出版的《工作与激发》一书中首先提出来的。其基本内容主要是佛隆的期望公式和期望模式。

佛隆认为，人总是渴求满足一定的需要并设法达到一定的目标。这个目标在尚未实现时，表现为一种期望，这时目标反过来对个人的动机又是一种激发的力量，而这个激发力量的大小取决于目标价值（效价）和期望概率（期望值）的乘积，用公式表示即 $M = \sum V \times E$。其中，M 表示激发力量，是指调动一个人的积极性，激发人内部潜力的强度。V 表示目标价值（效价），这是一个心理学概念，是指达到目标对于满足个人需要的价值。同一目标，由于每一个人所处的环境不同，需求不同，其需要的目标价值也就不同。同一个目标对每一个人可能有 3 种效价：正、零、负。效价越高，激励力量就越大。E 是期望值，是人们根据过去经验判断自己达到某种目标的可能性是大还是小，即能够达到目标的概率。目标价值大小直接反映人的需要动机的强弱，期望概率反映人实现需要和动机的信心强弱。这个公式说明：假如一个人把某种目标的价值看得很大，估计能实现的概率也很高，那么这个目标激发动机的力量越强烈。

怎样使激发力量达到最好值，佛隆提出了人的期望模式：个人努力→个人成绩（绩效）→组织奖励（报酬）→个人需要。

15.2　项目干系人计划的执行控制

项目的目的是实现项目干系人的需求和愿望，项目干系人管理应当贯穿始终，项目经理及其项目成员要分清项目干系人包含哪些人和组织，通过沟通协调对他们施加影响，驱动他们对项目的支持，调查并明确他们的需求和愿望，减小其对项目的阻力，以确保项目获得成功。

在项目实施过程中，项目管理者需要不断跟踪干系人计划，对干系人进行必要的管理，让干系人更多地支持项目，以保证项目的成功。管理干系人参与和控制干系人参与都是管理者的任务。

管理干系人参与是在整个项目周期中，与干系人进行沟通和协作，以满足其需要与期望，解决实际出现的问题，并促进干系人合理参与项目活动的过程，帮助项目经理提升来自干系人的支持，并将干系人的抵制降到最低，从而显著提高项目成功的机会。控制干系人参与是全面监管项目干系人之间的关系，调整策略和计划，以调动干系人参与的过程，而且，随着项目进展和环境变化，维护并提升干系人参与活动的效率和效果。例如表 15-1 就是针对项目干系人计划的执行控制情况表。

表 15-1　项目干系人计划的执行状况表

干系人	联系方式	角色	目前参与程度	需要的参与程度	规划	状态
干系人 1			不支持	支持	定期拜访	没有完全支持，加强交流
干系人 2			中立	支持	定期拜访	基本支持，继续加油
干系人 3			支持	支持	定期拜访	支持

15.3　项目沟通计划的执行控制

项目执行过程中应该按照计划中确定的沟通方式和沟通渠道进行沟通。从一定意义上讲，沟通就是管理的本质。管理离不开沟通，沟通渗透于管理的各个方面。所谓沟通，是人与人之间的思想和信息的交换，是将信息由一个人传达给另一个人，逐渐广泛传播的过程。著名组织管理学家巴纳德认为“沟通是把一个组织中的成员联系在一起，以实现共同目标的手段”。沟通是保持项目顺利进行的润滑剂。

15.3.1　项目沟通方式

在项目的实施过程中，可以根据项目的具体情况，采取合适的沟通方法和沟通技术进行项目沟通。例如，利用信息技术沟通、正式沟通、非正式沟通等。

1. 利用信息技术沟通

可以利用信息化系统来管理项目的信息，并进行有效的沟通。例如，可以采用互联网的方式，将项目需要的文档标准、会议纪要、需求变更、客户要求等及时予以发布和获取，也可以通过配置管理系统实现信息的沟通。

2. 正式沟通

正式沟通是通过项目组织明文规定的渠道进行信息传递和交流的方式。它的优点是沟通效果好，有较强的约束力；缺点是沟通速度慢。项目管理过程中一个比较重要的、正式的沟通方式是项目评审，或称为项目会议。项目评审是项目管理中一个重要的手段。项目评审是通过一定的方式对项目进行评价和审核的过程。通过项目评审可以明确项目的执行状况，并确定采取的管理措施。评审时，需要对进度计划、成本计划、风险计划、质量计划、配置计划等的执行情况进行评价，确认计划中各项任务的完成情况，重新评估风险，更新风险表；明确是否所有的质量、配置活动都在执行，团队的沟通情况如何等，给出当前为止项目的执行结论。

评审会议能突出一些重要项目文件提供的信息和综合的状态信息，迫使人们对他们的工作负责。通过对重要的项目问题进行面对面的讨论，激励职员在自己负责的项目部分上取得进展。项目经理应为评审会议制定基本规则，以控制冲突的数量，并解决潜在的问题。另外，要让项目干系人参与解决执行中的问题，这是很重要的。

按照评审的时间属性，项目评审分为定期评审（会议）、阶段评审（会议）、事件评审（会议）等。

（1）定期评审（会议）

定期评审或定期会议主要是根据项目计划和跟踪采集的数据，定期对项目执行的状态进行评审，跟踪项目的实际结果和执行情况，检查任务规模是否合理，项目进度是否得以保证，资源调配是否合理，责任是否落实等。根据数据分析结果和评审情况，及时发现项目计划的问题，评审相关责任落实情况，针对出现的偏差采取纠正措施。

基于定期评审，项目经理可以对项目的实际执行结果与计划做出比较，如果出现明显偏差，则需要采取纠正措施。

定期评审会议是用来交流项目信息的定期会议，该会议也是一个很好的激励工具。项目成员如果知道他们的工作情况要定期进行正式汇报，一定会确保完成工作任务。

（2）阶段评审（会议）

阶段评审（或称里程碑评审）或阶段会议主要在项目计划中规定的阶段点（或里程碑），由项目管理者组织，根据项目计划、项目数据等对该阶段任务完成情况和产品进行评审。阶段评审的目的是检查当前计划执行情况，检查产品与计划的偏差，并对项目风险进行分析处理，判定是否可以对产品进行基线冻结。一个好的计划应该是渐进完善和细化的，所以阶段评审之后应该对下一阶段项目计划进行必要的修正。

（3）事件评审（会议）

在项目进展过程中可能会出现一些意想不到的事件，需要项目经理及时解决。事件评审主要是根据项目进行过程中相关人员提交的事件报告（这里的事件主要是指对项目进度和成本产生影响的事件），对该事件组织相关人员进行评审，通过分析事件性质和影响范围，讨论处理方案，并判断是否影响项目计划，必要时采取纠正措施，从而保证整个项目的顺利进行。

项目评审结束后需要将评审的结果以评审报告的形式进行发布，如定期评审报告、事件评审报告和阶段（里程碑）评审报告等。表 15-2 是某项目的评审报告。

表 15-2　项目评审报告

<table>
<tr><td colspan="3">项目名称</td><td colspan="3">网管检测系统</td><td colspan="3">项目标识</td><td colspan="3">CELLLER</td></tr>
<tr><td colspan="3">部门/组织名</td><td colspan="3">开发部</td><td colspan="3">阶段名称</td><td colspan="3">系统开发及测试</td></tr>
<tr><td colspan="3">主持人</td><td colspan="3">刘建军</td><td colspan="3">会议地点</td><td colspan="3">小会议室</td></tr>
<tr><td colspan="3">评审时间</td><td colspan="3">2018. 09. 24</td><td colspan="3">评审时段</td><td colspan="3">2018/9/18 ~ 2018/9/24</td></tr>
<tr><td colspan="3">评审人</td><td colspan="9">吴军、姜立、李伟、章佰艺、韩万江、王斌</td></tr>
<tr><td colspan="12">评审项与结论</td></tr>
<tr><td rowspan="2">评审要素</td><td colspan="2">规模</td><td colspan="2">完成时间</td><td colspan="2">进度</td><td rowspan="2">时间偏差</td><td colspan="2">人力</td><td colspan="2">成本</td></tr>
<tr><td>计划</td><td>实际</td><td>计划</td><td>实际</td><td>计划</td><td>实际</td><td>计划</td><td>实际</td><td>计划</td><td>实际</td></tr>
<tr><td>系统开发</td><td>33</td><td>35</td><td>9. 15 ~ 9. 24</td><td>进行中</td><td>100%</td><td>65%</td><td>-35%</td><td>5</td><td>5</td><td></td><td></td></tr>
<tr><td colspan="12">问题和对策（管理/技术/质量）</td></tr>
<tr><td colspan="12">1. 原测试工作淡化，现需要加强。
2. 目前进度：
——检测子系统完成编程；
——通信完成编程；
——显示模块进行中；
——进度问题：由于测试工作加强及显示工作未完成，下周刘阳加入测试工作，下周完成编码及测试，进度推迟 4 天；
3. 使用资源情况：因时间紧张立，杨阳加入。
4. 功能问题：
——暂时取消加密/压缩功能，在以后的版本中增加；
——检测模块的过滤功能，只完成几种基本要求，如 tcp、udp、icmp、ip；
——显示模块。
5. 测试下周开始：
——显示模块单元测试主要由王斌、李伟进行；
——检测模块测试报告；
——质量保证对功能测试下周一由韩万江负责开始。
6. 代码走查：下周二，李铭负责检测模块程序走查。
7. 管理：
——加强测试的管理和控制</td></tr>
<tr><td colspan="12">评审结论（包括上次评审问题的解决方案）</td></tr>
<tr><td colspan="12">1. 本周推迟计划进度。
2. 为了保证产品质量，在月底前无法按时完成，需要在 10 月初完成。
3. 必要时修改计划。</td></tr>
<tr><td colspan="12">审核意见</td></tr>
<tr><td colspan="12">1. 资源和进度都有所变化，应修改项目计划或调整计划（应有说明）。
2. 没有说明计划推迟的原因。
3. 下图是 QA 的进度监视图（仅供参考）。
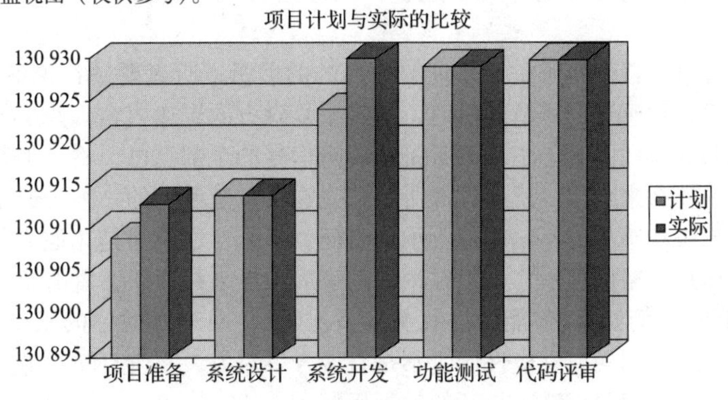
审核人：韩万江　　　　审核日期：2018/09/24</td></tr>
</table>

3. 非正式沟通

非正式沟通指在正式沟通渠道之外进行的信息传递和交流。这种沟通的优点是沟通方便，沟通速度快，且能提供一些正式沟通中难以获得的信息。这种沟通的缺点是容易失真。

在通过沟通获取相关信息时，除了比较正式的方法外，也需要一些非正式的沟通方法。例如，聊天、非正式的见面谈话等都可以很好地获取一些重要信息，而且有时这种方式更为有效、直观。所以，沟通是一个多维度的实施过程，包括写、说、听等。项目管理者要善于应用各种方法，引导成员进行有效沟通，而且要注意针对不同的人采用不同的沟通方法。

非正式沟通是非正式组织的副产品，一方面满足了员工的需求，另一方面补充了正式沟通的不足。非正式沟通带有一种随意性与灵活性，并没有一个固定的模式或方法。

有效的沟通可以让员工更加无障碍地工作。但是，过分正式的沟通反而会带给员工新的压力。要想避免这一点，就要抓住员工的心理特点。当员工的积极性还没有高涨起来的时候，沟通可以带来压力，也可以带来信心。但是当激励已经到了一个阶段以后，正式的沟通会让员工认为自己做得还不能令管理者满意，因此他们会感到沮丧，这时，就需要通过非正式沟通方式来和员工交流。

一些很及时的消息可以通过口头的方式沟通，口头交流有时是很有效的方式，也不容易产生误会，而且有更加真切的感觉。人与人之间最常用的沟通方法是交谈。统计表明，在面对面的沟通中，58%的沟通是通过肢体语言实现的。

在非正式沟通中可以注意以下技巧：营造愉快的氛围，以询问替代命令，态度要平和，避免无聊空谈等。另外，在沟通信息过程中，注意介质的选择，如硬盘、电话、电子邮件、会议、网络等，不同的介质适合于不同的场合和需要，可以根据情况确定，并给予说明。

项目经理可以根据沟通计划，确定合理有效的沟通方式。对于特别重要的内容，要采用多种方式进行有效沟通。影响项目选择沟通方式方法的因素有很多，如沟通需求的紧迫程度、沟通方式方法的有效性、项目相关人员的能力和习惯、项目本身的规模等。

15.3.2 沟通中冲突的解决

有研究表明：管理中70%的错误是由不善于沟通造成的。很多IT企业容易忽视员工沟通技巧的培训，忽视说、听、写的训练，而且随着企业的日益强大及全球化，更需要与不同习惯的人、不同文化背景的人沟通，所以改善沟通技能是很重要的。

在所有与良好沟通相关的技巧中，倾听可能是其中最重要的一种。大多数人并没有意识到他们听的能力有多差，其实听懂别人所说的并不容易。员工不仅要听上级说什么，而且要听出上级没说什么。

要学会移情聆听。移情聆听是指以理解为目的的聆听，听者要站在说话者的角度看问题，理解他们的思维模式和感受。移情聆听时，最好重复对方的讲述内容，并反映出感情色彩。倾听强调主动倾听和反应性倾听。主动倾听是指聆听信号的全部意思，不预加判断或诠释，或者想着接下来我该说什么来响应。反应性倾听是建立在移情基础上的一种沟通工具。它可以帮助我们体验他人的想法和感受；不是为他人承担责任，不是自己说而是让他人说；不用评价、判断或给出建议，而只是略做表示，可以在谈话结束后，再来纠正谈话者的错误。反应性倾听者擅长“开放式问句”，例如，“你能告诉我更多情况吗？”或“那时你的感受如何”，应避免评论式、事实性或否定的问句。反应性倾听不是直接告诉对方，不应打断对方，而应帮助谈话者从中去发现问题。经验表明，这一技巧的效果极好。

在项目环境中，冲突不可避免。冲突的来源包括资源稀缺、进度优先级排序和个人工作风格差异等。采用团队基本规则、团队规范及成熟的项目管理实践（如沟通规划和角色定义），可以减少冲突。

在项目沟通过程中，存在冲突是正常的现象，冲突不是坏事情，很多好的想法、好的选择是通过冲突产生的。研究表明，与项目相关的冲突可以有 5 种常用的冲突解决方法，每种方法都有各自的作用和用途。

1）合作/解决问题：直接面对冲突（问题），综合考虑不同的观点和意见，共同分析问题，采用合作的态度和开放式对话引导各方达成共识和承诺，找到最恰当的解决方案，允许受到影响的各方一起沟通，以消除他们之间的分歧。这是一种从根本上解决问题的方法，这种方法可以带来双赢局面。

2）强迫/命令：以牺牲其他方为代价，推行某一方的观点，通常是利用权力来强行解决紧急问题，这是一种非输即赢的解决冲突方法，即一赢一输的局面。

3）妥协/调解：为了暂时或部分解决冲突，双方各让一步，寻找能让各方都在一定程度上满意或者折中的方案，虽然没有赢家，但是双方都得到了一定程度的满意。这种方法有时会导致“双输”局面。

4）缓和/包容：强调一致性，淡化分歧，是求同存异的解决方法，为维持和谐与关系而退让一步，考虑其他方的需要。

5）撤退/回避：从实际或潜在冲突中退出，将问题推迟到准备充分的时候，或者将问题推给其他人员解决。虽然不能解决冲突，但是暂时冷却了冲突的局面，此方法只适合于某些情况。

下面是一个有关沟通在项目监控过程中作用的案例。这是一个客户高度关注的大型软件项目，其进度已经相对滞后。正当所有的人都在紧张地追赶进度时，客户方的一个负责人突然提出修改进度计划，将系统的一部分提前上线。因为项目的数据移植和切换都是作为一个整体来处理的，此方案需要增加接口开发和数据移植的工作量；其次，切换方案的修改会影响已经展开的工作，这些对项目的最终交付日期会造成巨大的风险。但是，无论项目经理如何解释，对方仍坚持要求公司增加人手，部分系统提前上线。

项目经理与项目总监进行了分析，首先认为这样的决策可能是更高级别做出的。这点很快得到了验证，这个决策是客户的一个部门经理的决定，而要求变更的负责人只是执行者，跟他解释无法改变决定。

根据这一情况，项目总监与客户方的部门经理进行了沟通，获知了变更计划的真正原因。由于项目延期，上级对项目能否按期完成忧心忡忡，因此部门经理决定通过部分提前上线的方式“展示”项目的执行力。由此判断，决策的症结不在部门经理这里。

项目总监求助公司高层与客户高层进行了一次沟通，了解到高层真正的担忧并不是“延期”本身，而是项目信息不透明，过程不可控，“没人说清楚到底要延到什么时候!”

至此，状况基本清晰。项目总监再次与客户的部门经理进行沟通。首先，告知客户高层的真正担忧，对于这个反馈信息，部门经理非常重视，也很感谢，立刻拉进了与项目总监的距离。其次，项目总监提出，部分系统提前上线的方式其实没有解决高层担忧的根本问题，且最终的交付风险增大，只是风险后移，最终可能使其处境更为严峻。最后，建议不要修改计划，而是主动将项目的进展状态和问题向高层汇报，使得项目过程透明，将所有人的精力集中到按预期交付项目上。客户接受了建议，沟通和透明增加了高层的信心，改变了项目的处境，而且项目组还获得了很多意想不到的资源。

一个变更计划的需求反映的是不同的需要：项目负责人是执行者，需要坚决地贯彻部门经理的决策；部门经理是决策者，需要证明项目的执行力，增加高层信心；客户高层是决策的“影响者”，其担忧的内容直接影响决策。可见，一个需求下面有 3 种“需要”。要统一认识，必须回到整体的项目目标“按期上线”（在这个目标上各层很容易达成一致）。在这个共同的目标下，最有效的措施不是提前上线，而是增加项目的透明度，而且，这个措施同时可以满足所有人的需要。通过这个措施，将所有人的注意力聚焦到确保最终交付日期的目标上，从而获得了项目的驱动力。回到案例的起点，如果项目经理仅仅匆忙决策满足客户需求，向公司施加压力要人，及时按期完成了部分系统，最后仍可能造成项目整体延期。这体现了一个普通项目经理和一个优秀项目经理的本质区别。

15.4 风险计划的执行控制

风险管理的4个步骤是循环进行的，在项目执行过程中，需要不断地进行风险识别、风险分析、风险规划和风险控制，如图15-4所示。

风险控制是实施和监控风险计划，保证风险计划的执行，评估和削减风险的有效性，针对一个预测的风险，监控它是否发生了，确保针对某个风险而制定的风险消除步骤正在合理使用，同时监视剩余的风险和识别新的风险，收集可用于将来的风险分析信息的过程。风险跟踪控制是贯穿项目始终的。当变更发生时，需要重复进行风险识别、风险分析及风险对策，研究一整套基本措施。首先需要建立风险控制体系，然后评审和评价风险。风险控制涉及整个项目管理过程中的风险应对过程，该过程的输出包括应对风险的纠正措施及风险管理计划的更新。

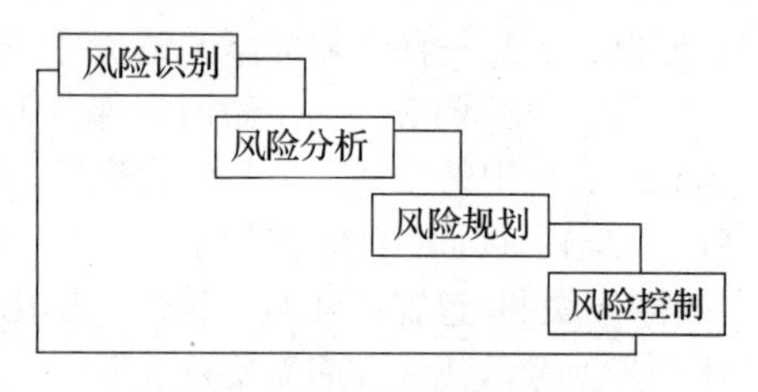

图15-4 风险管理过程框架

软件企业在进行项目管理的过程中，可以采用适合自己的风险管理方法进行风险管理，以确保软件项目在规定的预算和期限内完成项目。人们常采用风险清单对项目风险进行管理，在项目进行中，不时地更新和处理项目当前风险最高的几项风险，以保证项目不脱离目标。风险是动态的，因此需要经常地、及时地评估当前的风险，例如，每周或每两周进行一次风险评估。

通过风险跟踪控制可以时时调整风险计划，追加新的风险，更新风险的排序。表15-3是一个风险跟踪控制表。

表15-3 风险跟踪控制表

本周排名	上周排名	总周数	风险	风险处理情况
1	1	6	需求逐渐增加	利用原型方法收集客户的需求，将确认的需求纳入变更控制之下，用户签字 采用分阶段提交的方式让用户逐步接受
2	5	3	总体设计出现问题	聘专家评审总体设计，提出修改建议 使用符合要求的开发过程
3	2	5	开发工具不理想	尽可能采用熟悉的工具 加强培训
4	7	3	计划过于乐观	避免在完成需求规格前对进度做出约定 早期评审，发现问题 及时评估项目状况，必要时修订计划
5	3	6	关键人员离职	挽留关键人员 启用备份的开发人员 再招聘其他人员
6	4	5	开发人员与客户产生沟通矛盾	与客户共同组织活动，增进感情 让用户参与部分开发
7	6	4	承包商开发的子系统延迟交付	要求开发商指定负责的联络人

有效的历史信息将有助于对潜在风险问题的控制，通过对产生风险条件施加影响，最大限

度地消除负面影响，使项目向有利与项目进展的方向发展。在风险事件发生时，在规避、转移、缓解、接受中选择最合理的应对方式。所有的项目都有风险，且风险有高有低。风险和快速开发是一对矛盾，也是一对协调组合。

软件项目的风险是多种多样的，无处不在的。在项目管理活动中，要积极面对风险，越早识别风险、管理风险，就越有可能规避风险，或者在风险发生时能够降低风险带来的影响。特别是对于项目参与方多、涉及面广、影响范围大、技术含量高的复杂项目，应加强风险管理。风险计划可以帮助项目摆脱困境，用风险分析的结果说明问题。

从某种意义上讲，软件项目管理就是风险管理。项目经理应该通过学习掌握项目风险管理所必备的知识，总结项目中常见的风险及其对策。下面简单介绍软件项目中的常见风险及其预防措施。

（1）合同风险

签订的合同不科学、不严谨，项目边界和各方面责任界定不清等是影响项目成败的重大因素之一。预防这种风险的办法是在项目建设之初，项目经理需要全面、准确地了解合同各条款的内容，尽早和合同各方就模糊或不明确的条款签订补充协议。

（2）需求变更

风险需求变更是软件项目经常发生的事情。一个看似很有“钱途”的软件项目，往往由于无限度的需求变更而让项目开发方苦不堪言，甚至最终亏损。预防这种风险的办法是在项目建设之初就和用户书面约定好需求变更控制流程，记录并归档用户的需求变更申请。

（3）沟通不良风险

项目组与项目各干系方沟通不良是影响项目顺利进展的一个非常重要的因素。预防这种风险的办法是在项目建设之初就和项目各干系方约定好沟通的渠道和方式，在项目建设过程中多和项目各干系方进行交流和沟通，注意培养和锻炼自身的沟通技巧。

（4）缺乏领导支持风险

上层领导的支持是项目获得资源（包括人力资源、财力资源和物料资源等）的有效保障，也是项目遇到困难时项目组最强有力的“后台支撑”。预防这种风险的办法是主动争取领导对项目的重视，确保和领导的沟通渠道畅通，经常向领导汇报工作进展。

（5）进度风险

有些项目对进度要求非常苛刻（对于进度要求不高的项目，同样要考虑该风险），项目进度的延迟意味着违约或市场机会的错失。预防这种风险的办法一般是分阶段交付产品，增加项目监控的频率和力度，多运用可行的办法保证工作质量，避免返工。

（6）质量风险

有些项目的用户对软件质量有很高的要求，如果项目组成员的开发经验不足，则需要密切关注项目的质量风险。预防这种风险的办法一般是经常和用户交流工作成果，采用符合要求的开发流程，认真组织对交付物的检查和评审，计划和组织严格的独立测试等。

（7）系统性能风险

有些软件项目属于多用户并发的应用系统，系统对性能要求很高，这时项目组就需要关注项目的性能风险。预防这种风险的办法一般是在进行项目开发之前先设计和搭建出系统的基础架构并进行性能测试，确保架构符合性能指标后再进行后续工作。

（8）工具风险

在软件项目开发和实施过程中，所必须用到的管理工具、开发工具、测试工具等是否能及时到位，到位的工具版本是否符合项目要求等，是项目组需要考虑的风险因素。预防这种风险的办法一般是在项目的启动阶段就落实好各项工具的来源或可能的替代工具，在这些工具需要使用之前（一般需要提前一个月左右）跟踪并落实工具的到位事宜。

(9) 技术风险

在软件项目开发和建设的过程中，技术因素是一个非常重要的因素。项目组一定要本着项目的实际要求，选用合适、成熟的技术，千万不要无视项目的实际情况，而选用一些虽然先进但并非项目所必需且自己又不熟悉的技术。如果项目成员不具备或掌握不好项目所要求的技术，则需要重点关注该风险因素。预防这种风险的办法是选用项目所必需的技术，在技术应用之前，针对相关人员开展技术培训工作。

(10) 团队成员能力和素质风险

团队成员的能力（包括业务能力和技术能力）和素质对项目的进展、项目的质量具有很大的影响，项目经理在项目的建设过程需要实时关注该因素。预防这种风险的办法是在用人之前先选对人，开展有针对性的培训，将合适的人安排到合适的岗位上。

(11) 团队成员协作风险

团队成员是否能齐心协力为项目的共同目标服务，是影响进度和质量的关键因素。预防这种风险的办法是在项目建设之初，项目经理需要将项目目标、工作任务等和项目成员沟通清楚，采用公平、公正、公开的绩效考评制度，倡导团结互助的工作风尚等。

(12) 人员流动风险

项目成员特别是核心成员的流动给项目造成的影响是非常可怕的。人员的流动轻则影响项目进度，重则导致项目无法继续甚至被迫夭折。预防这种风险的办法是尽可能将项目的核心工作分派给多人（而不要集中在个别人身上），加强同类型人才的培养和储备。

(13) 工作环境风险

工作环境（包括办公环境和人文环境）的好坏直接影响项目成员的工作情绪和工作效率。预防这种风险的办法是在项目建设之前就选择和建设好适合项目特点和满足项目成员期望的办公环境，在项目的建设过程中不断调整和营造和谐的人文环境。

(14) 系统运行环境风险

目前，大部分项目系统集成和软件开发是分开进行的（甚至由不同公司承接），因此软件系统赖以运行的硬件环境和网络环境的建设进度对软件系统是否能顺利实施具有相当大的影响。预防这种风险的办法是和用户签订相关的协议，跟进系统集成部分的实施进度，及时提醒用户等。

(15) 分包商风险

有些项目可能会涉及将系统的部分功能分包出去，这时项目组需要关注项目的分包商风险。预防这种风险的办法一般是指定分包经理全程监控分包商活动，让分包商采用经认可的开发流程，督促分包商及时提交和汇报工作成果，及时审计分包商工作成果等。

以上列举的这些风险是软件项目建设中经常出现的主要风险，但由于项目本身的个性化特征，针对具体的项目，可能会出现一些事先根本无法预期的风险，这就需要项目经理能够敏锐地识别它们，从而更好地预防和控制它们。

15.5 合同计划的执行控制

为了保证合同的顺利进行，同时满足合同的相关规定，甲乙双方都需要对合同的执行过程进行跟踪管理。

15.5.1 甲方合同管理

甲方合同管理的工作主要包括验收过程、违约事件处理过程等。

1. 验收过程

验收过程是甲方对乙方交付的产品或服务进行阶段性验收检验，以保证它满足合同条款的要求的过程。验收过程如图 15-5 所示。

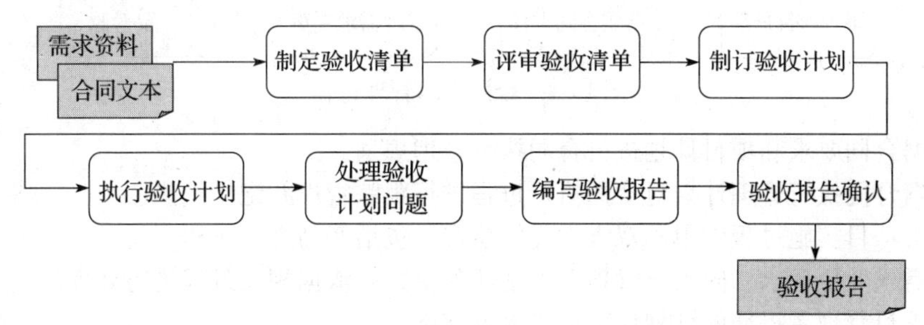

图 15-5　验收过程

具体活动描述如下：

1）根据需求（采购）资料和合同文本制定对采购对象的验收清单。

2）组织有关人员对验收清单及验收标准进行评审。

3）根据验收清单及验收标准制定验收计划并通过甲乙双方的确认。

4）甲乙双方执行验收计划。

5）处理验收计划执行中发现的问题。

6）编写验收报告。

2. 违约事件处理过程

如果在合同的执行过程中，乙方发生与合同要求不一致的问题，导致违约事件，需要执行违约事件处理过程。违约事件处理过程如图 15-6 所示。

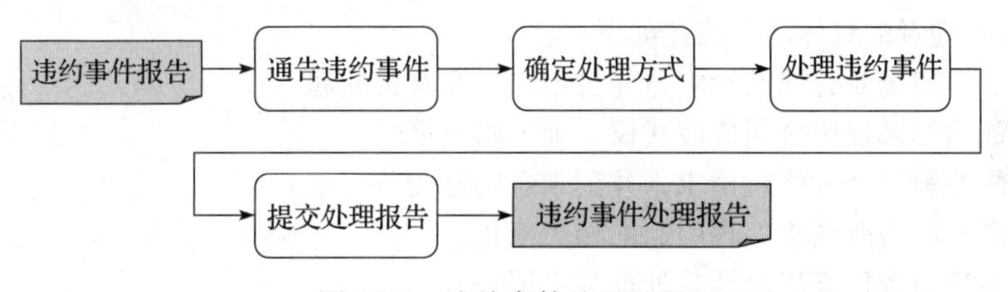

图 15-6　违约事件处理过程

甲方合同管理者的具体活动描述如下：

1）负责向项目决策者和其他有关人员发出违约事件通告。

2）项目决策者负责决策违约事件处理方式。

3）负责按项目决策者的决策处理违约事件。

4）合同管理者负责向项目决策者报告违约事件的处理结果。

15.5.2　乙方合同管理

乙方合同管理主要包括合同跟踪管理过程、合同修改控制、违约事件处理过程和产品维护过程。

1. 合同跟踪管理过程

合同跟踪管理过程是乙方跟踪合同的执行过程，基本过程如图 15-7 所示。

乙方合同管理者的具体活动描述如下：

1）根据合同要求对项目计划中涉及的外部责任进行确认，并对项目计划进行审批。

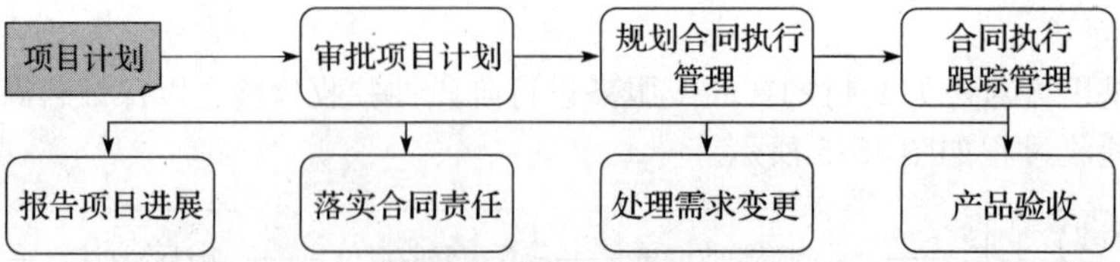

项目计划
审批项目计划
规划合同执行管理
合同执行跟踪管理
报告项目进展
落实合同责任
处理需求变更
产品验收

图 15-7　合同跟踪管理过程

2）根据合同要求和项目计划进行合同执行管理规划。

3）依据合同执行管理计划对合同执行过程进行跟踪管理并记录结果。

4）负责项目实施过程中甲乙双方责任的落实，包括产品交付过程。

5）对需求变更请求，向需求管理者下达任务单，并依据相关过程进行处理。

6）对项目管理者提交的计划修改请求进行审批。

7）对项目管理者提交的事件报告进行处理。

8）与用户协调产品验收有关事宜。

2. 合同修改控制

在合同的执行过程中，可能发生合同的变更，合同修改控制就是管理合同变更的过程。合同修改控制过程如图 15-8 所示。

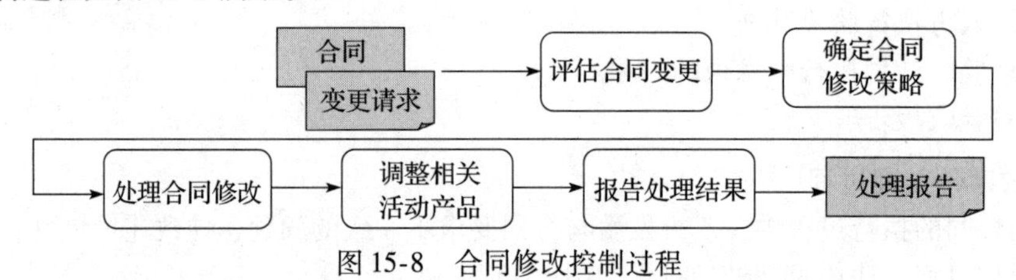

图 15-8　合同修改控制过程

乙方合同管理者的具体活动描述如下：

1）评估变更请求对合同的影响，并与用户协商有关问题。

2）根据评估结果提出合同修改建议，确定修改策略。

3）根据修改策略处理修改请求，并记录合同修改备忘录。

4）负责调整因修改请求处理引起的相关变化。

5）向项目决策者提交修改请求处理结果报告。

6）将修改请求处理结果通知有关人员。

3. 违约事件处理过程

乙方违约事件处理过程类似甲方的情况。

4. 产品维护过程

产品维护过程是乙方对提交后的软件产品进行后期维护的工作过程。产品维护过程如图 15-9 所示。

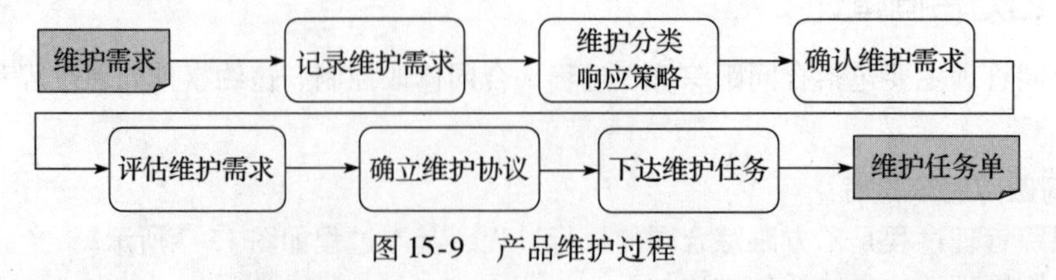

图 15-9　产品维护过程

产品维护过程的具体活动描述如下：

1）乙方记录用户的维护需求，对用户的维护需求进行分类，并确定响应策略。一般维护需求和响应策略有如下几种。

- 适应性维护：按优先级排列。
- 改善性维护：或按优先级排列，或拒绝。
- 纠错性维护：根据错误严重程度进行优先级排列。

2）乙方根据响应策略通知用户对维护需求的处理方式。

3）确定乙方产品维护管理者。

4）乙方产品维护管理者负责组织有关人员对用户的维护需求进行确认；对于确认过程中出现的问题，负责与用户进行协商。

5）乙方产品维护管理者负责组织有关人员对用户的维护需求进行评估，估算所需的时间和资源，并将结果提交合同管理者。

6）乙方合同管理者依据评估结果负责与用户进行商务协调，并与用户达成维护协议。

7）乙方合同管理者依据维护协议给产品维护管理者下达产品维护任务单。由产品维护管理者负责完成产品维护过程。

15.6　敏捷项目执行控制过程

1. 敏捷团队管理

敏捷团队是跨部门组成的，相当于由不同领域专家组成，人员基本控制在 5 ~ 9 人。在一个开放的环境下，敏捷团队集中在一个物理空间开发，最好是可以围坐一个圆桌开发，沟通比较方便。敏捷会议是主要的沟通方式，如 Scrum 敏捷项目的迭代规划会议、每日站立会议、迭代评审和迭代回顾会议等属于定期会议管理方式，如图 15-10 所示。在敏捷生存期模型中，每日站立会议是很有效的沟通方式，可以及时了解项目的进展及存在的问题。

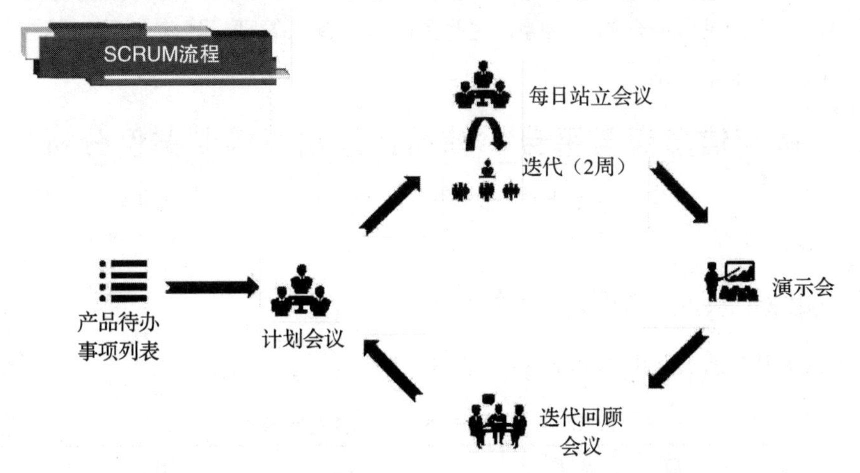

图 15-10　Scrum 会议

另外，看板也是敏捷项目很有效的沟通技术，在敏捷生存期模型中，任务是分解到人的实际的工作，把要做的任务、正在做的任务和已经完成的任务用简单的贴士贴在白板上（图 15-11），可以绘制一些横的“泳道”来表明任务应该由谁来完成。

2. 敏捷项目风险管理

敏捷项目风险管理基本采取风险预防策略，例如，基于测试的开发、结对编程、多版本提交、迭代评审等方法都是风险预防策略的具体实施。

情景	要做的	正在做的	已经完成的
作为用户，我能…… 5	编码…… 5 编码…… 6 测试…… 4	编码…… 唐×× ~~8~~ 4	编码…… 马×× ~~6~~ ~~4~~ 0
作为用户，我能…… 2	编码…… 8 测试…… 6		
作为用户，我能…… 3	编码…… 6 测试…… 4	编码…… 李×× ~~5~~ 3	

图 15-11 白板沟通

3. 敏捷项目客户管理

敏捷项目客户管理的主导思想是与客户保持协作的关系，如客户参与接收测试、客户参与迭代评审会议、执行灵活的合同协议等，这些策略对干系人管理、风险管理、合同管理都有很好的作用。

15.7 “医疗信息商务平台”辅助计划执行控制案例分析

本章案例包括“医疗信息商务平台”的项目干系人计划、项目沟通计划、风险计划的执行控制。

15.7.1 项目干系人计划的执行控制

项目干系人计划执行控制如表 15-4 所示。

表 15-4 项目干系人计划执行控制表

干系人名称	联系方式	参与阶段	目的	沟通方法	状态
Tom（主要用户）	Tom@hotmail.com	主要阶段	支持和配合	每周汇报 1～2 次项目进展	OK
Brad（用户）	Brad@126.com	需求、验收	配合和理解	每周联络，倾听意见	增加汇报信息
陈××（技术专家）	Chen@263.net	系统设计	负责系统设计	邀请培训	OK
		开发	负责关键模块的开发	邀请参加每日站立会议	关键会议参加
姜××（技术指导）	jiang@sina.com	系统设计	负责系统设计的专家评审	邀请参加技术评审	OK
		所有阶段	关键技术决策和管理决策	邀请参加迭代评审	OK

15.7.2　项目沟通计划的执行控制

沟通记录如表15-5所示。

表15-5　沟通记录

沟通日期	会议主题	项目经理	项目组成员	客户成员	沟通事项	沟通结果
2018/7/8	Medeal 项目实施规划	王军	习平安、张立、赵锦波、郑浩	×××、×××	1. 确定项目管理方式。 2. 该实施规划应包括如何与用户和技术支持的协调，即增加“关键资源”章节，内容涉及人员、职责和时间安排。 3. 该实施规划应包含“项目管理方式”章节，内容涉及第1条内容、项目报告周期和内容摘要等	基本满意，但是大家应对变化能力不够
2018/8/2	总结Medeal 项目联合评审会议情况	姜心	杨焱泰、丁心茹、周辉、王强、虞晓东、蒋东	×××、×××	1. Content Management。 2. 网页设计。 3. 工作环境提案、第一阶段实施计划。 4. 商务过程定义、KFL负责人。 5. 应用域模型	讨论内容基本满意，只是没有完全讨论出网页的设计

下面给出一个迭代评审会议的会议纪要。

会议纪要

日期：2018年8月4日

时间：09:30～10:30

地点：大会议室

参加人员：韩总、章一、高键、刘昕、程军、赵廷刚

主题：医疗信息商务平台第一迭代评审

一、第一个迭代完成之后的产品展示

这个迭代完成之后，提交了一个可以运行的版本。运行基本满足第一迭代的需求。

二、《页面流》

与客户进一步沟通，基本满足要求，会后完成了进一步讨论，修改与补充。

三、介绍《关键特征列表》

根据客户与开发人员的讨论，同时参照试用版运行结果有所修改，如表1所示。

表1　变更修改

编号	名称	变更区	变更类别	更改内容
10	自动保存竞拍纪录	描述	功能修改	分对内、对外两部分分别定义，对内处理、记录、采取动作
11	产品目录维护	描述	功能修改	设计接口、过程
13	广告发布服务	名称	修改	广告发布服务→广告管理服务
		描述	功能修改	重新设计
15	系统日常维护	来源	修改	QSI→Alex
19	竞拍服务	描述	功能增加	增加自动竞拍功能
20	查看拍卖订单	描述		暂不考虑付款
32	电子邮件	描述	功能增加	增加 Free Mail 服务

其他：

1）重新定义交易的含义：在订单发送之后交易前阶段结束。

2）暂时不考虑产品订单管理，待客户定义一整套订单管理政策后再完成。

四、任务流程讨论

在项目计划驱动下，任务流程定义：KFL→BPD、MP、FP→WPF、DM→CM。

BPD：商务过程设计；
MP：管理过程；
FP（Facility Process）：便利工具过程；
WPF：主页流程；
DM：域模型设计；
CM：Content Management。
五、项目时间表
按商务要求，本项目分为3个阶段：
1）阶段0：8月17日参加医疗厂商展览会，8月10日提交DEMO版。
2）阶段1：10月15日参加另一个医疗厂商展览会。要求实现transaction，尽量实现auction model。
3）阶段2：11~12月，完成项目，实现并提交全部功能。
目前，进度基本正常。
六、问题
1）重新定义dealer（中间商）与buyer的区别。
2）seller如何修改catalog方式？
在KFL和BPD设计时考虑上述问题，并在初始评审时讨论。

15.7.3 风险计划的执行控制

风险计划控制如表15-6所示。

表15-6 风险计划控制表

序号	风险描述	发生概率	影响程度	风险等级	风险响应计划	责任人	状态
1	时间风险： 该平台Phase1阶段的开发工作量大且时间有限（截止日期为9月30日），这给项目实施带来较大的时间风险	中	极大	中	为保证平台系统能在最短的时间内提交，从生存期上应采用敏捷式快速成型和增量开发技术，尽量利用已有的产品和成熟的技术进行集成，逐步实现平台的功能和服务，使平台逐步完善起来。为了使平台能够尽快投入使用，除采用上述策略外，还应与用户协商，确定实现服务和功能的优先级，按照优先级的顺序由高至低地进行开发，逐步完成全部服务和功能	赵六	解决
2	需求风险： 平台所有者对平台实现的需求随着项目的进展而不断具体化，而每一次需求的变化都可能由于影响设计和开发而造成时间和资源的调整，这给项目实施带来一定的需求风险	中	大	高	使用增量式的开发，面对需求的不断变更和具体化，可以随着项目的不断开发增量式地添加新功能或修改之前已有的功能，满足需求的变更	吴丹	关闭
3	资源风险： 由于目前可以投入的开发人员有限，而新员工又面临熟悉和培训的过程，因此项目实施中可能存在一定的资源风险	低	中	中	合理分配开发人员的工作量，对可以投入的开发人员做到高效的利用，对每个新员工加强熟悉培训过程，尽快使其投入开发工作中	张三	关闭
4	新风险： 学习新技术的能力不理想，拖延项目						解决
5	新风险： 本项目的内容管理与行业标准有一定的差距						进行

15.8　小结

本章介绍了辅助计划的执行控制过程，讲述了团队计划、项目干系人计划、项目沟通计划、风险计划、合同计划等的执行控制，讲述了针对团队人员职责计划对项目团队人员进行管理，针对项目干系人计划对干系人进行管理，针对项目沟通计划执行项目沟通，针对风险计划执行项目风险管理，同时介绍了敏捷项目的团队管理、沟通管理、风险管理及客户管理等过程。

15.9　练习题

一、填空题

1. 项目周例会是一种________沟通方式。
2. 在马斯洛的需求层次理论中，最高层需求是________。

二、判断题

1. 麦克勒格的 X 理论是参与理论。（　）
2. 产品提交之后，如果甲方提出修改一些功能，对于这个维护需求，我们应该及时给予维护。（　）
3. 风险管理是连续的过程。（　）
4. 管理干系人参与和控制干系人参与都是干系人管理的任务。（　）
5. 敏捷生存期模型中的每日站立会议是一种很有效的沟通方式。（　）

三、选择题

1. 移情聆听需要理解他人的观点，为了展示移情聆听的技巧，项目经理应该（　）。
   A. 检查阐述的内容是否正确　B. 重复他人的内容，并且有感情色彩
   C. 评估内容并提出建议　D. 重复
2. 关于冲突，下面说法正确的是（　）。
   A. 冲突是坏事情　B. 冲突常常是有利的事情
   C. 冲突是由捣乱分子制造的　D. 应该避免冲突
3. 项目培训特点不包括（　）。
   A. 时间短　B. 连续性　C. 针对性强　D. 见效快
4. “为什么大家不能都让一步解决这个问题呢?”，这是哪类冲突解决方法的体现?（　）
   A. 解决问题（confrontation or problem solving）B. 妥协（compromise）
   C. 强迫方式（forcing mode）　D. 撤退（withdrawal）
5. 项目中的小组成员要同时离开公司，项目经理首先应该（　）。
   A. 实施风险计划　B. 招募新员工
   C. 与人力资源经理谈判　D. 修订计划

四、问答题

1. 一个软件项目团队中一般有哪些人员角色?
2. 举例说明几种项目沟通方式方法。

第四篇

项目结束

经过前面的学习，大家已经知道作为项目经理，首先应该做项目计划，然后实施项目计划，跟踪控制项目计划，直到最后正式交付一个项目或者项目的一部分，这时项目进入结束过程。

项目结束过程是为正式完成或结束项目、阶段或合同而开展的一组过程。在迭代型、适应型和敏捷型项目中，对工作进行优先级排序，有助于首先完成最具商业价值的工作。这样，即使不得不提前结束项目，也很可能已经创造出一些商业价值。

第 16 章

项目结束过程

16.1 项目终止

当一个项目的目标已经实现，或者明确看到该项目的目标已经不可能实现时，项目就可以终止，即项目进入结束阶段。例如，在以下一种或多种情况下，项目即可宣告结束：

- 达成项目目标；
- 不会或不能达到目标；
- 项目资金缺乏或没有可分配资金；
- 项目需求不复存在；
- 无法获得所需人力或物力资源；
- 出于法律或便利原因而终止项目。

一旦决定终止一个项目，项目就要有计划、有序地分阶段停止。当然这个过程也可以简单地立即执行，即立即放弃项目。虽然项目是临时性工作，但其可交付成果可能会在项目终止后依然存在。项目结束阶段是项目的最后阶段，这一阶段仍然需要进行有效的管理，适时做出正确的决策，总结分析项目的经验教训，为今后的项目管理提供有益的经验，并有效地终止项目。项目终止的条件是达到项目的完工或退出标准。

16.2 项目结束的具体过程

在结束项目时，项目经理需要回顾项目管理计划，确保所有项目工作都已完成及项目目标均已实现。如果项目在完工前就提前终止，结束项目或阶段过程还需要制定程序，以调查和记录提前终止的原因。为了实现上述目的，项目经理应该引导所有合适的相关方参与本过程。

结束项目是终结项目、阶段或合同的所有活动的过程。本过程的主要作用是存档项目或阶段信息，完成计划的工作，释放组织团队资源以展开新的工作。

16.2.1 项目验收与产品交付

项目验收过程是甲方对乙方交付的产品或服务进行最后的检验，以保证它满足合同条款的要求，最后确认项目范围。项目验收具体活动描述如下：

1）甲方根据需求（采购）资料和合同文本制定验收清单。

2）甲方组织有关人员对验收清单及验收标准进行评审。

3）根据验收清单及验收标准制定验收计划，并通过甲乙双方的确认。

4）甲乙双方执行验收计划。

5）处理验收计划执行中发现的问题。

6）编写验收报告。

7）双方确定验收问题处理计划，并下达给项目经理执行。

8）双方签字认可，验收完成。

当所有的工作成果都通过验收后，乙方向甲方提交最终产品。产品交付具体活动描述如下：

1）乙方依据合同要求对提交的产品进行检查，检查内容包括产品名称、产品版本、产品提交介质、产品提交数量、产品提交形态等。

2）乙方按照合同规定的产品提交方式将产品提交用户。

3）乙方负责完成《产品提交说明》中双方的签字，表明项目正式接收。正式接收文件是由项目发起人或客户签发的表明他们接受项目产品的文件。

4）乙方将最终结果通知项目决策者、项目管理者及财务等有关人员。

表16-1和图16-1是验收报告示例。

表16-1　验收报告

项目名称	×××款报销系统项目		
项目阶段	系统已上线		
甲方	北京×××集团		
联系人	江胡刁	联系电话	010－88888801
乙方	北京×××科技开发公司		
乙方联系人	韩江	乙方联系电话	010－99999998
验收组成员	李强、王珊、张高丽		
项目概况	由于×××集团业务的不断拓展和扩大，日常费用报销、给供应商付款的业务越来越大，给工作人员带来一定的困扰，保险服务集团系统通过网上报销系统，提高工作效率和工作质量，希望通过信息化建设实现企业的持续性、健康性的发展。 本项目于×××日正式启动，经过网上报销系统的实施工作，目前系统已经正式上线使用，并用使用系统完成了现阶段预算管理、费用的报销、借支管理、出纳管理、资金划拨管理、业务申请管理、工作流管理、报表及各接口集成		
交付文档	需求分析说明书.doc，软件设计说明书（概要设计、架构设计）.doc，软件设计说明书（数据库设计）.doc，软件设计说明书（详细设计）.doc，项目开发计划.doc，软件测试计划.xls，软件单元测试报告.doc，软件集成测试报告.doc，运维计划.doc，用户操作手册.doc，数据库.doc，运维手册.doc，用户反馈意见.doc，可行性分析报告.doc，×××集团付款报销系统－硬件配置及部署方案.doc，所有源代码		
验收结果	已完成如下功能： 1. 开发预算模块 2. 借支模块 3. 报销模块 4. 系统设置模块 5. 业务申请模块 6. 资金划拨模块 7. 报表模块 8. 各接口集成		
×××集团单位签章： 年　月　日		乙方单位签章： 年　月　日	
备　注：			

1. 验收报告

本系统按照合同如期高质量完成，而且运行效果很好，完全满足合同任务书的要求。工业控制计算机也满足用户合同的要求，而且硬盘容量为60GB，比合同要求的40GB高出20GB。

实现系统主要技术指标如下：

- 具有自检功能
- 控制周期分别为1ms、2ms、2.5ms
- 控制精度为 ±0.05ms
- 可以实现任意单通道控制，开通时间可以设置
- 控制通道总数 24 路
- 系统可以读取数据文件，指令控制通道的开通与关闭

而且控制精度在±0.05ms，比合同要求的±0.5ms，精确一个数量级

2. 交货清单

1) ACME工业控制计算机一套
2) ACME工业控制计算机的手册
3) ACME工业控制计算机保修卡
4) 6401卡及其用户手册
5) 功率放大器
6) 功率放大器电源
7) 使用说明书
8) 软件清单
9) 运行软件光盘

3. 双方签字

甲方：

乙方：

图 16-1 某项目的验收报告

16.2.2 合同终止

合同结束说明完成了合同所有条款或者合同双方认可终止，同时解决了所有问题。合同是甲乙双方的事情，合同结束也应该由甲乙双方共同完成。

当项目满足结束条件时，合同管理者应该及时宣布项目结束，终止合同的执行，并通过合同终止过程告知各方合同终止。

甲方具体活动描述如下：

1）按照企业文档管理规范将相关合同文档归档。

2）合同管理者向有关人员通知合同终止。

3）起草项目总结报告。

4）在项目的末期，与乙方的合同如果还有尚未解决的索赔，项目经理可以在合同收尾之后，采取法律行动。

在合同终止过程中，乙（供）方应该配合甲（需）方的工作，包括项目的最后验收、双方签字认可、总结经验教训、获取合同的最后款项、开具相应的发票、将合同相关文件归档等过程。

16.2.3 项目最后评审

项目结束中一项重要的过程是项目的最后评审，即对项目进行全面的评价和审核，主要包括：确定是否实现项目目标，是否遵循项目进度计划，是否在预算成本内完成项目，项目过程中出现的突发问题及解决措施是否合适，问题是否得到解决，对特殊成绩的讨论和认识，回顾客户和上层经理人员的评论，从该项目的实践中可以得到哪些经验和教训等事项。在评审会议上，项目成员可以畅所欲言地说出自己的想法，而且这些想法对企业也可能很有好处。

16.2.4 项目总结

在项目结束过程中，时间、质量、成本和项目范围的冲突在这个过程中集中爆发出来。这些冲突主要表现在3个方面：一是客户与项目团队之间，项目团队可能认为已经完成了预定任务，达到了客户需求，而客户并不这样认为；二是项目团队与公司之间，项目团队可能认为自己已经付出了艰苦的努力，已经尽到了责任，然而公司因为项目成本上升和客户满意度不高并没有获得利润；三是项目成员之间，由于缺乏科学合理的评价体系，项目完成后的成绩属于

谁、责任属于谁的问题往往造成团队成员之间互相不理解。

项目最后执行的结果有两个状态：成功与失败。项目范围、项目成本、项目时间、客户满意度达到要求，可以作为“成功项目”的标准解释。项目范围、客户满意度主要代表客户的利益，项目成本主要代表开发商的利益，项目开发时间同时影响双方的利益。一个项目如果生产出可交付的成果，而且符合事先预定的目标，满足技术性能的规范要求，满足某种使用目的，达到预定需要和期望，相关领导、项目关键人员、客户、使用者都比较满意，则这个项目就是很成功的项目，即使有一定的偏差，但只要多方肯定，项目也是成功的。其实，对于失败的界定比较复杂，不能简单地认为项目没有实现目标就是失败的，也可能目标本身不实际，即使达到了目标，但是如果客户的期望没有解决，那么这个项目也不是成功的项目。

一个项目的交付验收并不意味着项目的真正结束，一个优秀的项目管理人员善于在项目结束后进行总结。项目结束的最后一个过程是项目总结。项目总结是将实际运行情况与项目计划不断比较以提炼经验教训的过程。通过项目总结，项目过程中的经验和教训应该得到完整的记录和升华，成为“组织财富”。

软件企业普遍缺乏经验总结，包括个人经验和组织经验。个人经验以组织经验为载体，总结出各种项目的成功经验，使之规则化，把具体经验归纳为全组织的标准软件过程。很多项目没有能进行很好的总结，推脱的理由很多，例如，项目总结时项目人员已经不全了，有新的项目要做，没有时间写，没人看等。这些理由全是不正确的，进行总结是必要的，只有总结当前，才能提高以后。项目成员应当在项目完成后，将取得的经验和教训写成《项目总结报告》，总结在本项目中哪些方法和事情使项目进行得更好，哪些为项目制造了麻烦，以后应在项目中避免什么情况等。总结成功的经验和失败的教训，可以为以后项目人员更好地工作提供一个极好的资源和依据。无论项目成功还是失败，项目结束后可以根据项目规模的大小，适当地款待项目成员，例如，可以款待项目团队晚餐，给他们放假，或者度假等。最后，要对软件项目过程文件进行总结，对项目中的有用信息进行总结、分类，放入信息库。

项目总结的形式可繁可简，实用是基本要求。例如，根据项目实际工作中遇到的需求变更管理的问题，可以总结如下：

1）良好气氛下的充分交流。讨论需求及变更需求时，需求人员与客户及用户应该尽量采取协作的态度，良好的工作氛围也会提高工作效率，双方在“刁难”与“对付”的态度下是一种很糟糕的工作场景。确定需求基线的过程是与用户交流的过程，而频繁大量的需求变更在很大程度上是交流不充分的后果。所以，有效、充分的交流尤为重要，需求人员认真听取用户的要求，进行分析和整理，并设想项目在开发过程中可能会遇到的由该需求导致的问题，同时要让客户认识到如果此时再提出需求变更将会给整个项目带来的各种影响和冲击。

2）专职人员负责需求变更管理。在具有相当规模的项目中，专职的需求人员和由此组成的需求变更执行小组是项目稳定、进度良好的保证。没有变更管理而直接由开发人员处理需求变更会给项目带来毁灭性的灾难。这些专职人员应该具有专业的需求分析技巧、技能，针对用户的变更需求，可以向用户说明利弊，并按紧迫程度为开发人员提供工作重点，同时，他们需要控制需求变更的频率。

3）明确合同约束，限制需求变更。需求在软件项目中的地位已经越来越重要，需求变更给软件开发带来的影响是有目共睹的，甚至可能因为质量低下的需求或者频繁无控制的需求变更而导致项目的失败。因此，应该让客户明白需求变更给项目带来的工期、成本等各方面的影响，在互相理解的基础上增加合同条款，例如，明确说明客户可以提出需求变更的期限、超过期限的需求变更的具体处理细则（如增加开发费用等，需求变更与开发费用本身也是关联的，这个要求并不过分）。

4）良好的软件结构适应需求变更。优秀的软件体系结构可以快速应对不同情况的需求变更，这样可以适当降低需求的基线（在成本影响的允许范围内），从而提高客户的满意度。适应需求变更必须遵循一些设计原则，如松散耦合、合理的接口定义等，力求减少对接口入口参数的变化。

16.3 项目管理的建议

随着软件开发的深入、各种技术的不断创新及软件产业的形成，人们越来越意识到软件过程管理的重要性，管理学的思想逐渐融入软件开发过程中，软件项目管理日益受到重视。项目管理既是一个科学，也是一门艺术，不同的项目、不同的项目经理有不同的管理方法和技巧，不可以照搬照抄，要因地制宜。IPD 曾经在 IBM 取得了很大的成功，于是国内很多企业纷纷仿效，结果均以失败告终。这些企业之所以失败，是因为他们没有考虑到，适合别人的未必适合自己，因为管理没有最好，只有最合适，不同的企业具有的条件和环境各不相同，企业必须根据自己的实际情况“量体裁衣”。企业管理如此，项目管理也不例外。

16.3.1 常见问题

目前我国大部分软件公司，无论是产品型公司还是项目型公司，都没有形成完全适合自己公司特点的软件开发管理模式，虽然有些公司根据软件工程理论建立了一些软件开发管理规范，但并没有从根本上解决软件开发的控制问题。软件项目管理常见问题如下。

1）缺乏项目管理系统培训。在软件企业中，以前几乎没有专门项目管理专业的人员来担任项目经理，被任命为项目经理，主要原因是虽然他们能够在技术上独当一面，但其在管理方面特别是项目管理方面的知识比较缺乏。

2）项目计划意识问题。项目经理对总体计划、阶段计划的作用认识不足，因此制定总体计划时比较随意，不少事情没有经过仔细考虑；阶段计划因工作忙等理由经常拖延，造成计划与控制管理脱节，无法进行有效的进度控制管理。

3）管理意识问题。部分项目经理不能从总体上把握整个项目，而是埋头于具体的技术工作，造成项目组成员之间忙闲不均、计划不周、任务不均、资源浪费等。有些项目经理没有很好的管理方法，工作安排不合理，很多工作只好自己做，使项目任务无法有效、合理地分配给相关成员，以达到“负载均衡”。

4）沟通意识问题。在项目中，对于一些重要信息，没有进行充分和有效的沟通。在制定计划、意见反馈、情况通报、技术问题或成果等方面与相关人员沟通不足，造成各做各事，重复劳动，甚至造成不必要的损失。例如，有些人没有每天定时收电子邮件的习惯，以至于无法及时接收最新的信息。

5）风险管理意识问题。有些项目经理没有充分意识到风险管理的重要性，对计划书中风险管理的内容简单应付了事，随便列出几个风险，随便地写一些简单的对策，对后面的风险防范起不到指导作用。

6）项目干系人问题。在范围识别阶段，项目组对客户的整体组织结构、有关人员及其关系、工作职责等没有足够了解，以至于无法得到完整需求或最终经权威用户代表确认的需求；或者多个用户代表意见不一致，反复修改，但同时要求项目尽早交付；项目后期需求变化随意，造成项目范围的蔓延、进度的拖延、成本的扩大。

7）项目团队内分工协作问题。项目团队内部有时责任分工不够清晰，造成互相推诿工作、互相推卸责任的现象；各项目成员只顾完成自己的任务，不愿意与他人协作，这些现象都将造成项目组内部资源的损耗，从而影响项目进展。

16.3.2 经验和建议

软件项目管理比较难做，主要表现在工期短、客户对自己的需求描述不明确、沟通成本高、客户对技术要求有限制等方面。实施有效的项目管理绝非易事，有些组织在项目管理方面有很多的经验还是值得借鉴的，这里摘录一些简短的经验和建议与大家分享。

1）平衡关系。对于需求、资源、工期、质量4个要素之间的平衡关系问题，最容易犯的一个错误就是鼓吹“多快好省”：需求越多越好，工期越短越好，质量越高越好，投入越少越好，这是用户最常用的错误口号。正视这4个要素之间的平衡关系是软件用户、开发商、代理商成熟理智的表现，否则系统的成功就失去了一块最坚实的理念基础。企业实施IT系统的首要目标是成功，而不是失败，企业可以容忍小的成功，但不一定容忍小的失败，所以需要真正理解上述4个要素的平衡关系，建立并遵循一套软件开发规范，确保项目的成功。

2）高效原则。在需求、资源、工期、质量4个要素中，很多项目决策者是将进度放在首位的，现在市场的竞争越来越激烈，软件开发越来越追求开发效率，大家从技术、工具、管理上寻求更多、更好的解决之道。

3）分解原则。“化繁为简，各个击破”是自古以来解决复杂问题的不二法门。对于软件项目来讲，可以将大的项目划分成几个小项目来做，将周期长的项目划分成几个明确的阶段。项目越大，对项目组的管理人员、开发人员的要求越高；参与的人员越多，需要沟通协调的渠道越多；周期越长，开发人员也容易疲劳。通过将大项目拆分成几个小项目，可以降低对项目管理人员的要求，减少项目的管理风险，而且能够充分地将项目管理的权力下放，充分调动人员的积极性，目标比较具体明确，易于取得阶段性的成果，使开发人员有成就感。

4）实时控制原则。在一家大型的软件公司中，有一位很有个性的项目经理，该项目经理很少谈起管理理论，也未见其有明显的管理措施，但是他连续做成多个规模很大的软件项目，而且应用效果很好。大家一直很奇怪他为什么能做得如此成功，经过仔细观察，终于发现他的管理可以用“紧盯”二字来概括，即每天他都要仔细检查项目组每个成员的工作，从软件演示到内部的处理逻辑、数据结构等，一丝不苟，如果有问题，改不完是不能去休息的。正是这种简单的措施，支撑他完成了很多大的项目，当然这个过程也是相当的辛苦。我们并非要推崇这种做法，这种措施也有其问题，但是，这种实践说明一个很朴实的道理：如果你没有更好的办法，就要辛苦一点，实时控制项目的进展，要将项目的进展情况完全实时地置于自己的控制之下。上述方法对项目经理的个人能力、牺牲精神要求很高，我们需要一种实时控制项目进度的机制，依靠一套规范的过程来保证实时监控项目的进度。例如，微软的管理策略强调的每日构建就是一种不错的方法，即每天要进行一次系统的编译、链接，通过编译、链接来检查进度，检查接口，发现进展中的问题，大家互相鼓励，互相监督。实时控制确保项目经理能够及时发现问题、解决问题，保证项目具有很高的可见度，保证项目的正常进展。

5）分类管理原则。由于项目具有很多的特殊性，不同的软件项目，其项目目标差别很大，项目规模不同，应用领域不同，采用的技术路线差别也很大，因而，针对每个项目的不同特点，不同的组织应该针对自己的特点实施相应的策略，其管理的方法、管理的侧重点应该是不同的，需要“因材施教”“对症下药”。对于小项目，不能像管理大项目那样去做；对于产品开发类的项目，也不能像管理系统集成类的项目那样去做，项目经理需要根据项目的特点，制定不同的项目管理方案。

6）简单有效原则。在进行项目管理的过程中，不要花哨的功能，不要让多余的功能以花哨的面貌出现在项目中。经常听到开发人员这样的抱怨："太麻烦了，浪费时间，没有用处"，这是很普遍的一种现象。当然，这种抱怨要从两个方面来分析：一方面开发人员本身可能存在不理解，或者逆反心理的情况；另一方面，项目经理也要反思——我所采取的管理措施是否简单有效？做管理不是做学术研究，没有完美的管理，只有有效的管理，不要确定不合理的目标。项目经理往往试图堵住所有的漏洞，解决所有的问题，恰恰是这种理想化想法会使项目的管理陷入一个误区，作茧自缚，最后无法实施有效的管理，导致项目失败。

7）规模控制原则。该原则是和上面提到的其他原则相配合使用的，即要控制项目组的规模。可以以少数资深人员开始项目。在微软的 MSF 中，有一个很明确的原则就是要控制项目组的人数，不要超过 10 人。当然这不是绝对的，也和项目经理的水平有很大关系，但是人员"贵精而不贵多"，这是一个基本的原则，这和上面提到的高效原则、分解原则是相辅相成的。

总之，软件项目管理难做是客观的事实，项目经理除了具有扎实的理论技术外，还要有对组织关系的敏感度，这也是成败的一个重要原因。项目经理在遇到难题的时候，能够冷静分析问题的症结，挖掘深层次的原因，解决根本问题。

16.4 "医疗信息商务平台"结束过程案例分析

本章案例包括"医疗信息商务平台"项目结束阶段的验收计划、项目验收报告、项目总结。

16.4.1 验收计划

"医疗信息商务平台"项目验收计划文档如下（同样省略封面）：

目 录

1 导言
  1.1 目的
  1.2 范围
  1.3 缩写说明
  1.4 术语定义
  1.5 引用标准
  1.6 版本更新记录
2 验收标准依据
3 验收内容
  3.1 文档验收
  3.2 源代码验收
  3.3 配置脚本验收
  3.4 可执行程序验收
    3.4.1 功能验收
    3.4.2 性能验收
    3.4.3 环境验收
4 验收流程
  4.1 初验
  4.2 终验
  4.3 移交产品

1 导言

1.1 目的

本文档的目的是为“医疗信息商务平台”项目验收过程提供一个实施计划，作为项目验收的依据和指南。本文档的目标如下：

- 确定项目验收规划和流程。
- 明确项目验收步骤。

1.2 范围

本文档只适用于“医疗信息商务平台”项目的验收过程。

1.3 缩写说明

PMO：Project Management Office（项目管理办公室）的缩写。

QA：Quality Assurance（质量保证）的缩写。

1.4 术语定义

无。

1.5 引用标准

[1]《文档格式标准》V1.0

北京×××有限公司

[2]《过程术语定义》V1.0

北京×××有限公司

1.6 版本更新记录

本文档的修订和版本更新记录如表1所示。

表1 版本更新记录

版本	修改内容	修改人	审核人	日期
0.1	初始版			2018-12-13
1.0	修改第3章			2018-12-18

2 验收标准依据

- 项目合同；
- 招标文件；
- 项目实施方案；
- 双方签署的《需求规格说明书》。

3 验收内容

3.1 文档验收

- 《投标文件》；
- 《需求规格说明书》；
- 《概要设计说明书》；
- 《详细设计说明书》；
- 《数据库设计说明书》；
- 《测试报告》；
- 《用户操作手册》；
- 《系统维护手册》；
- 《项目总结报告》。

3.2 源代码验收

提交可执行的系统源代码。

3.3 配置脚本验收

- 配置脚本；
- 软、硬件安装；
- 初始化数据；

3.4 可执行程序验收

3.4.1 功能验收

- 用户分类和注册管理；
- 产品目录浏览和查询；
- 网上交易；
- 分类广告；
- 协会/学会；
- 医院管理；
- 医院规划与设计；
- E-mail 管理；
- Chat 管理；
- 护士自动排班表；
- 用户联机帮助。

3.4.2 性能验收

1）遵照国家、北京市、经济技术开发区有关电子政务标准化指南，遵循国际有关电子政务建设标准。

2）7×24 小时系统无故障运行能力。

3）支持在多用户、大数据量、多应用系统环境下正常运转。

4）符合国家及北京市有关信息系统安全规范。

5）提供完备的信息安全保障体系，包括安全检测与监控、身份认证、数据备份、数据加密、访问控制等内容。

6）最终需求规格说明书明确的其他性能要求。

3.4.3 环境验收

1）负载均衡系统的验证与测试方法（表 2）。

2）双机热备系统的验证与测试方法。

略。

3）数据备份和恢复系统的验证与测试方法。

略。

4 验收流程

4.1 初验

1）检查各类项目文档。

2）可执行程序功能验收。

4.2 终验

1）各类项目文档（《需求规格说明书》、《概要设计说明书》、《详细设计说明书》、《数据库设计说明书》、《测试报告》、《用户操作手册》、《系统维护手册》、《项目总结报告》）。

2）源代码验收。

3）配置脚本验收。

4）可执行程序功能验收。

5）可执行程序性能验收。

4.3　移交产品

1）移交系统源代码。

2）移交项目文档。

表 2　负载均衡系统的验证与测试方法

测试条目：负载均衡设备的硬件状态			
测试过程：			
步骤	人工操作和/或执行的命令	要求的指标条目	结果
1	打开设备的电源模块，查看是否正常运行	查看状态指示灯颜色变化是否正常，其中绿色为正常，橙色为故障	
2	查看设备系统日志	无硬件报错日志	
测试条目：负载均衡策略配置			
测试过程：			
步骤	人工操作和/或执行的命令	要求的指标条目	结果
1	查看设备对外服务地址配置	符合系统要求地址	
2	查看数据库服务器分发地址	包括两台数据库服务器地址	
3	查看数据库服务器分发策略	根据服务器可用性，按设定算法分发	
4	查看应用服务器服务器分发地址	包括所有应用服务器地址	
5	查看应用服务器分发策略	根据服务器可用性，按设定算法分发	
测试条目：数据库负载均衡策略配置有效性			
测试过程：			
步骤	人工操作和/或执行的命令	要求的指标条目	结果
1	从负载均衡器系统管理界面，跟踪对数据库服务器 IP 访问的分发情况	按既定策略分发到不同服务器地址	
2	以一台模拟客户端发起对数据库的访问（如 sqlplus 命令）	从数据库系统查询到请求被分配到不同数据库实例	
测试条目：应用负载均衡策略配置有效性			
测试过程：			
步骤	人工操作和/或执行的命令	要求的指标条目	结果
1	从负载均衡器系统管理界界面，跟踪对应用服务器 IP 访问的分发情况	按既定策略分发到不同服务器地址	
2	以一台模拟客户端发起对应用的访问（如浏览器打开系统门户地址，可选）	从应用服务器软件管理界面查询到会话被分配到不同应用服务器实例	

16.4.2　项目验收报告

项目验收报告如表 16-2 所示。

表 16-2 项目验收报告

系统名称	医	疗	信	息	商	务	平	台						
									限36个汉字					

检测样品送检单位	单位名称	北京×××科技公司					
	隶属省部	代码	001	名称	北京		
	所在单位	代码	1020	名称			
	联系人	×××	邮政编码	100010	单位属性	独立科研机构	□
	通信地址	北京海淀区×××路×××号				大专院校	□
						工矿企业	□
	E-mail					集体个体	□
	电话/传真					其他性质	☑

质量检测单位名称	×	×	软	件	评	测	中	心						
						限20个汉字								

成果有无密级	（0）	0—无 1—有	密级	（ ）	1—秘密 2—机密 3—绝密

检测单位	××软件评测中心					
检测地点						
测试类型	确认□	推荐□	鉴定□	验收☑		
成果有无密级	有□	无☑	密级	秘密□	机密□	绝密□
样品名称/版本						
样品接受日期	2018/12/10	样品检测日期	2018/12/11～2018/12/30			
样品内容与数量	光盘（3）	软盘（0）	说明书（12）	附件（6）		
测试标准	CSTCJSBZ02 应用软件产品测试规范 CSTCJSBZ03 软件产品测试评分标准					
测试工具	HP Loadrunner、Jmeter					
测试人员	张××	日期				
审核人员	朱××	日期				
批准人员	习××	日期				

测 试 结 论

××软件评测中心于2018年12月11日至2018年12月30日受北京×××公司的委托，对北京×××公司开发的“医疗信息商务平台”系统进行了信息系统验收测试。

××软件评测中心根据国家标准《信息技术软件包质量要求和测试》（GB/T 17544）、CSTCJSBZ02《应用软件产品测试规范》和系统测试方案，针对该系统的业务要求，分别对其功能、性能、安全可靠性、兼容性、可扩充性、易用性和用户文档等质量特性进行了全面、严格的验收测试。测试结论如下：

1. 结构设计基本合理。该系统基于B/S多层架构，采用了层间低耦合、层内高内聚的设计思想，从而使系统的结构更加合理。

2. 系统功能较完善。该系统功能包括11个部分：用户分类和注册管理、产品目录浏览和查询、网上交易、分类广告、协会/学会、医院管理、医院规划与设计、E-mail管理、Chat管理、护士自动排班表、用户联机帮助等。

3. 系统易用性基本良好。界面设计简洁、操作简单，各模块风格统一，系统提供帮助文件。

4. 系统安全性良好。系统通过用户名和口令验证用户身份，具备用户及权限分配管理功能，系统可屏蔽用户操作错误，统一认证、安全通信等。

5. 系统性能良好。通过压力测试工具HP Loadrunner对系统进行了压力、容量等破坏性测试，基本满足需要。

测试结论：“医疗信息商务平台”在功能实现上基本达到了系统测试方案中的要求；现场测试过程中系统运行基本稳定，通过了××软件评测中心的验收测试。

测试机构负责人：××× 批准日期：2018/12/31

16.4.3 项目总结

“医疗信息商务平台”项目总结文档如下（同样省略封面）：

目 录

1 导言
1.1 目的
1.2 范围
1.3 缩写说明
1.4 术语定义
1.5 引用标准
1.6 版本更新记录
2 软件项目投入
3 经验总结
4 教训
5 项目总结

1 导言

1.1 目的

“医疗信息商务平台”项目基本成功完成，根据项目最后评审，总结项目经验和教训。

1.2 范围

本文档只针对“医疗信息商务平台”项目总结说明。

1.3 缩写说明

PMO：Project Management Office（项目管理办公室）的缩写。

QA：Quality Assurance（质量保证）的缩写。

1.4 术语定义

无。

1.5 引用标准

[1]《文档格式标准》V1.0

北京×××有限公司

[2]《过程术语定义》V1.0

北京×××有限公司

1.6 版本更新记录

本文档的修订和版本更新记录如表1所示。

表1 版本更新记录

版本	修改内容	修改人	审核人	日期
0.1	初始版			2018-12-23
1.0	修改3，4，5			2018-12-28

2 项目投入总结

项目总的投入总结如下：

- 软件开发历时6个月（2018年7月~2018年12月）。
- 平均人力投入9（开发）+3（测试）人/天，总工作量达84人/月。
- 总成本45万元。

具体的统计数据见表2所示，其中的任务规模饼图如图1所示。

表2 项目总成本表

阶段	人力成本（元）			资源成本（元）		
	计划	实际	差异	计划	实际	差异
项目规划	23 414	16 860	6554			
产品设计	98 180	82 365	15 815	51 000	38 770	12 230
产品开发	281 981	235 262.62	46 718.38			
产品测试	97 170	81 426.12	15 743.88			
产品验收及提交						
总计	498 745.00	415 913.74	82 831.26	51 000	38 770	12 230
累计（元）	计划：549 745		实际：454 683.74		差异：95 061.26	

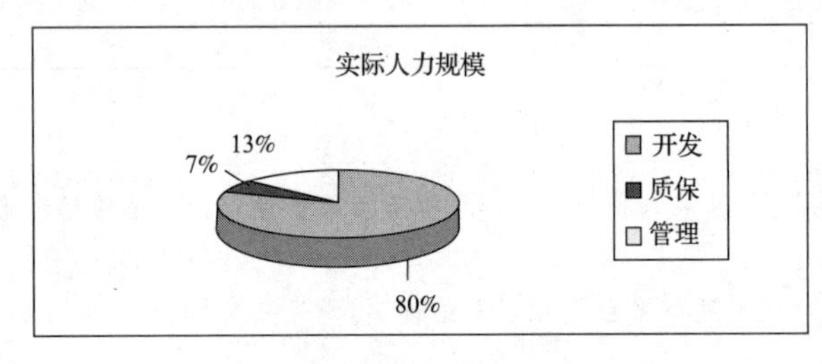

图1 任务规模饼图

3 经验

项目经验总结如下：

1）一定要清楚各个阶段的时间点和提交物。

2）应及时处理客户提出的问题。

3）针对难题，及时组织专家组攻关。

4）不要轻易向客户承诺，一旦承诺，一定要按承诺完成。

5）软件提交给客户前，做好充分测试，做到对客户问题心中有数。

4 教训

项目教训如下：

1）版本发布延期。有几次发布软件版本时，临时出现问题，导致项目整体延期，客户抱怨我们不够重视或对我们能力产生怀疑。

教训：对于公司内部版本，要有预见性地尽早安排，要比提交给客户的时间至少提前2个工作日（留足解决异常情况的时间），这样才不至于被动和受客户抱怨。

2）反映不够及时，问题解决慢。问题解决进度不尽如人意，主要原因是一部分人力没有充分投入本项目，这方面和公司的人力状况有关，也是问题解决慢的一个主要原因（人少，项目多，任务紧急，工程师很难深入学习，仓促解决问题可能引入新问题，经验积累很难全面化，从而导致问题解决迟缓）。

教训：①问题解决需要有前瞻性，针对难度比较大的问题，尽早增加人手解决；②依赖外部资源的问题，尽早和客户沟通，让客户心中有数，避免让客户认为问题出在我们身上。

5 项目总结

本项目开拓了开发团队的视野，增强了开发人员的技术能力，同时在项目中也遇到了诸如对新技术不熟悉造成开发前期的进展较为缓慢的问题，这个问题在经过几次培训后得到了较好的改善。这个问题告诫我们磨刀不误砍柴工，面对开发，特别是不熟悉领域的开发，在真正开发阶段之前就要做好人员的技术能力检查，针对出现的问题及早进行统一的培训和答疑。另一个问题在于系统移植同时与软件和硬件打交道，开发中有时会出现软件开发没有问题，但是在设备上调试时出现问题，这往往是硬件方面出了问题。软件工程师要勇于提出问题，不要自己同自己较劲，造成时间上的延误。这主要是由于软件工程师对硬件不熟悉而造成的。因此，要在开发前对软件工程师进行硬件技术的讲解和普及。这样软件工程师才能成为一个优秀的系统移植人员。

16.5 小结

俗话说“编筐编篓，全在收口”，项目结束是非常重要的过程。本章强调了项目结束应该执行的过程，包括项目验收与产品交付、合同终止、项目最后评审、项目总结等。通过完成一个项目应该总结出很多的经验和教训，为日后做一个更合格的项目经理提供宝贵的财富。

16.6 练习题

一、填空题

1. 项目目标已经成功实现，可交付成果已经出现；或者项目无法继续进行，这时项目可以________了。
2. ________是甲方对乙方交付的产品或服务进行最后的检验，以保证它满足合同条款的要求，最后确认项目范围。

二、判断题

1. 有大量文件说明就能保证项目成功。 ( )
2. 项目计划中确定的可交付成果已经出现，项目的目标已经成功实现时，可终止项目。 ( )
3. 项目成果没有完成前，不能终止项目。 ( )
4. 只有项目成功完成了，才说明项目结束了。 ( )
5. 项目经验教训总结是项目结束的一个重要输出。 ( )
6. 当一个项目的目标已经实现，或者明确看到目标已经不可能实现时，项目就应该终止。 ( )
7. 项目的最后评审是不必要的。 ( )

三、选择题

1. 软件项目收尾工作应该做的事情不包括（　　）。

   A. 人员角色选择　　B. 范围确认

   C. 质量验收和产品交付　　D. 费用决算和项目文档验收
2. 下列除了哪项，其他都可以是项目终止的条件？(　　)

   A. 项目计划中确定的可交付成果已经出现，项目的目标已经成功实现

   B. 项目已经不具备实用价值

   C. 项目由于各种原因而无限期拖延

   D. 项目需求发生了变化

3. 下列不是项目成功与失败的判断标准的是（　　）。
   A. 是否实现目标　　B. 可交付成果如何
   C. 是否达到项目客户的期望　　D. 项目人数庞大
4. 在项目的末期，与卖方的合同还有尚未解决的索赔，项目经理（　　）。
   A. 可能将合同收尾工作转交给其他人员
   B. 通过审计来澄清索赔原因
   C. 不能进行收尾工作
   D. 进行合同收尾，合同收尾之后，可能采取法律行动
5. 项目接近结束的时候，如果客户希望对项目范围进行大的变更，项目经理应该如何做？（　　）
   A. 进行变更　　B. 告诉客户变更带来的影响
   C. 拒绝变更　　D. 不理会

第五篇

项目实践

作为本书的最后一篇，项目实践篇是针对项目初始篇、项目计划篇、项目执行控制篇、项目结束篇的一个项目实践过程。本篇参照软件项目管理路线图，综合运用项目管理的理论知识，实践一个具体软件项目的开发和管理过程。

第 17 章

■ 基于敏捷平台的软件项目管理实践

本章以一个具体软件项目（以下称为 SPM）为例，介绍基于 DevOps 敏捷平台的项目开发和管理过程。

17.1 敏捷实践准备

17.1.1 关于 DevOps 敏捷项目管理

众所周知，一直以来软件项目面临很多挑战，如需求不清、变更频繁、过程混乱等。为了应对这些挑战，软件开发模式经历了持续的改进和变迁，从 20 世纪 60 年代作坊式开发，到 80 年代过程控制模型，再到经典敏捷、DevOps 模式探索。敏捷开发模式通过不断迭代的增量式开发，确保可运行的软件逐步壮大，并尽早获得客户的反馈，及时开展优化。DevOps 理念是在开发流程和组织结构上，通过端到端全自动化的持续交付流水线工具链，将市场、开发、运维等环节高度协同起来，并不断提升 Ops 环节的自动化能力，解放人力，聚焦于业务开发实现上。

为了促成敏捷实践的落地和成功，很多相关的技术陆续推出，如微服务，其理念是将庞大的、紧密的系统，解构为可独立开发、构建、部署、运行的松散的众多微服务，各微服务之间充分解耦，各微服务也可自行选择技术栈。

本实践过程通过敏捷管理平台 DevCloud 实现项目管理，它融合了敏捷、DevOps 思想，其中不仅仅是开发阶段的敏捷，而且是打通市场、交付、运维、运营的端到端敏捷。在实践中通过运维自动化，使 Scrum 敏捷团队开发的产品快速上线，并通过及时的运营，反馈给敏捷团队进行方向调整。

17.1.2 敏捷项目的 3C

持续集成（Continuous Integration，CI）、持续交付（Continuous Delivery，CD）和持续测试（Continuous Testing，CT）是实现真正敏捷的前提，称为敏捷开发的 3C。敏捷开发的最大阻力是开发团队觉得他们无法以快速的节奏交付高质量的软件应用。而敏捷开发的 3C 是解决这个阻力的强有力帮手。

集成是指软件个人研发部分向软件整体部分交付，以便尽早发现个人开发部分的问题；部署是指代码尽快向可运行的开发/测试环节交付，以便尽早测试；交付是指研发尽快向客户交付，以便尽早发现生产环境中存在的问题。如果等到所有东西都完成了才向下一个环节交付，则所有的问题只能到最后才爆发出来，解决成本巨大甚至无法解决。而所谓的持续，就是每完成一个完整的部分，就向下一个环节交付，发现问题可以马上调整，避免问题放大到其他部分和后面的环节。这种做法的核心思想在于：既然事实上难以做到事先完全了解完整的、正确的需求，那么就干脆一小块一小块地做，并且加快交付的速度和频率，使得交付物尽早在下一个环节得到验证，实现早发现问题早返工。

持续集成指团队不断整合来自 master 分支的增量，通过测试自动化，确保实际的代码集成工作。使用 CI 方法，每个开发迭代的结果能按时完成，代码也在规定的质量范围内。持续集成是一种软件开发实践，即团队开发成员经常集成他们的工作，每个成员每天至少集成一次，也就意味着每天可能会发生多次集成。每次集成都通过自动化的构建（包括编译、发布、自动化测试）来验证，从而尽早地发现集成错误。

持续测试有时称为持续质量（Continuous Quality），是将测试行为自动化嵌入到每个提交中的方法。持续测试不仅提高了应用程序质量的可信度，而且提高了团队效率。

持续交付是自动化部署前的所有流程的实践。这一流程包括很多步骤，如验证之前环境中构建的质量（如开发环境）、代码分段等。这些步骤采用人工方式处理需要花费很多精力和时间，而结合云技术，可以实现自动化。

持续部署会将敏捷提高到一个新的水平。假如有一个工作，代码在任何时间点都能正常工作（开发人员在提交之前均已经检查过自己的代码），而且大量的测试是自动完成的，这样我们就可以确定软件包构建是稳定的。这种测试和协调自动化水平要求很高，一些敏捷的 SaaS 团队可以从这种方法中受益。要完成高效的持续交付流程，需要确保生产环境有一个监控功能，用来消除性能瓶颈，并快速反馈问题。

为了实现敏捷过程的持续化，自动化测试及自动化安装部署是很重要的部分。因此，敏捷平台项目提供了自动化测试、自动化安装部署的功能，可以实现一站式部署运行。

17.1.3　实践项目介绍

本实践过程如下。

1. 项目初始过程

项目初始过程属于准备阶段，包括组建团队，确定开发策略，选择项目平台，熟悉相关技术和工具。

2. 项目计划过程

根据项目需求进行任务分解和项目规划，形成待办事项列表，为后续迭代过程提供基础。在管理平台创建、部署项目，根据需求分析的功能模块编写故事，并开发发布计划。

3. 项目执行控制过程（迭代开发过程管理）

规划或完善迭代计划，对项目进行迭代开发，实施结对编程、每日站立会议、迭代版本演示、迭代评审等环节。这是多次迭代的循环过程。每次迭代结束后对项目开发过程进行总结，通过对工作量、开发进度等项目统计数据的分析和对比，规划下一迭代的任务。

4. 项目结束过程

根据敏捷管理平台提供的项目管理数据进行项目总结，展示项目成果，编写项目报告。

实践指导书

一、项目初始过程

1. 完成团队建立，项目名称标准：SPM-组号。
2. 了解项目需求。
3. 确定敏捷策略：DevOps 的敏捷策略。

二、项目计划过程

1. 根据项目需求进行任务分解（项目规划），epics→feature→story→task。
2. 整理 backlog。
3. 估计任务的工作量。
4. 任务分配。
5. 确认项目迭代：建议 4 次迭代。
6. 针对 story 设计测试用例。
7. 版本管理工具：GIT。

三、项目执行控制过程

1. 项目范围执行控制。

1）小组的 master 分支下每人建立一个 feature 分支。

a. 按照一定频率（每天或者每次迭代）在平台上提交代码。

b. 代码检查。

c. 按照一定频率（每天或者每次迭代）在平台上构建。

d. 按照一定频率（随时）在 master 分支上部署。

2）每个迭代完成后在 master 分支上部署一次。

3）每个迭代后完善需求和设计，提交到平台上，作为共享文件。

2. 质量执行控制。

1）提交测试用例的执行情况。

2）提交 bug 情况。

3. 项目进度执行控制。

1）更新任务进展。

2）确认任务的完成和迭代的完成。

3）新迭代开始前，评审更新迭代计划，即 backlog。

4. 沟通执行控制。

1）通过平台的任务讨论区或者 wiki 进行沟通。

2）通过看板了解任务，进行沟通。

3）每日召开站立会议。

5. 项目总览图示

1）与计划对比的燃尽图。

2）代码提交、检查、编译构建、部署、发布等情况。

3）测试用例、bug、故事图示，以及关系图示。

四、项目结束过程

1）提交项目报告（参见模板提纲）。

2）答辩 PPT。

17.2　项目初始过程

17.2.1　项目初始需求

本项目是针对“软件项目管理”课程的需求建设课程网站，主要目标如下。

1）课程网站能够提供友好的用户界面，方便老师、学生及管理员进行相关操作。

2）课程网站能够完成登录、注册、公告栏、课程简介、选课等功能，允许用户以不同的身份登录后跳转到其对应身份的页面并进行一系列操作。

3）课程网站应有良好的可兼容性，可以较容易地加入其他系统的应用。

具体需求如下：

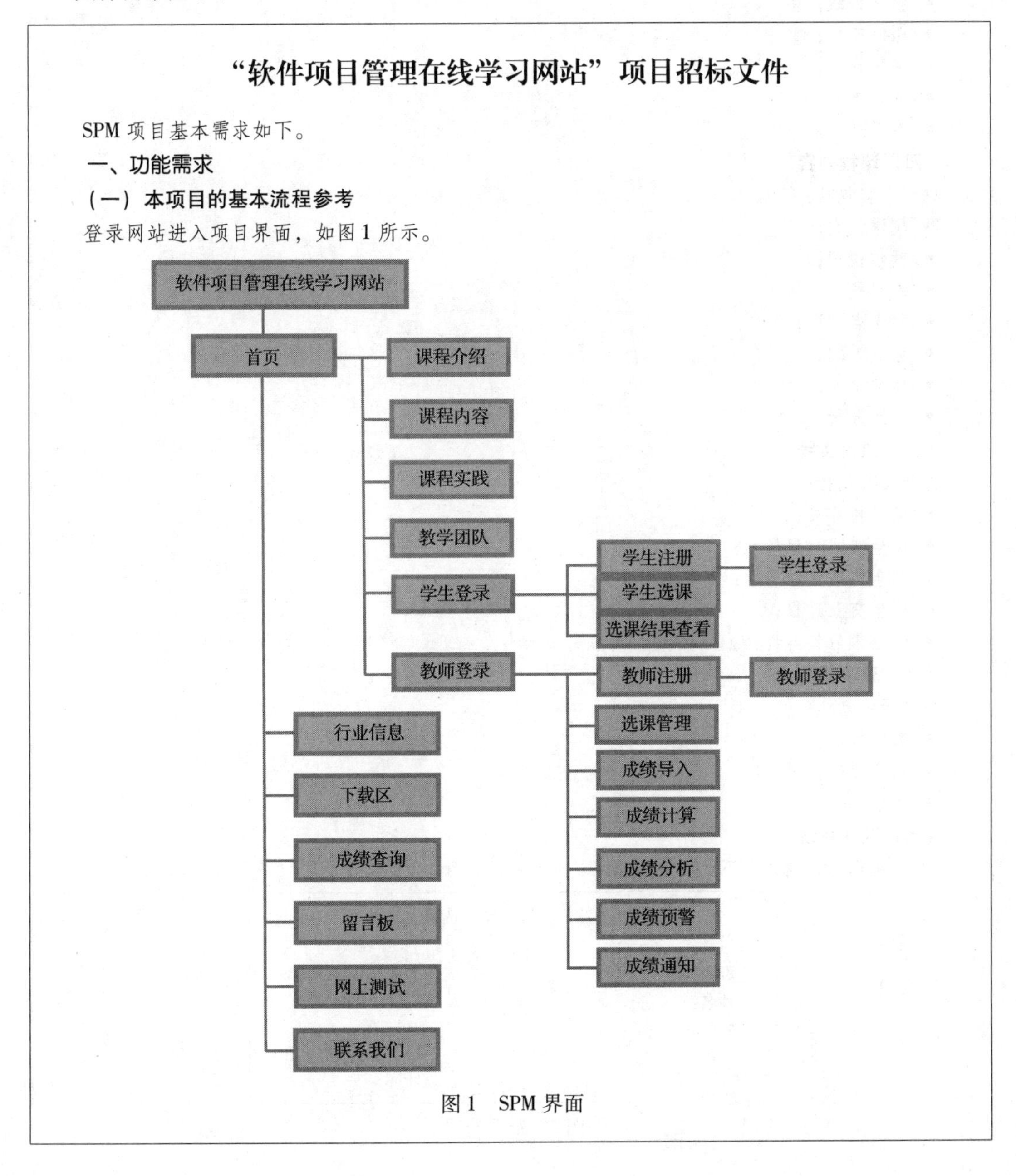

“软件项目管理在线学习网站”项目招标文件

SPM项目基本需求如下。

一、功能需求

（一）本项目的基本流程参考

登录网站进入项目界面，如图1所示。

图1　SPM界面

(二) 首页基本内容

1) 横向：首页、行业信息、下载区、成绩查询、留言板、网上测试、联系我们。

2) 首页适当修改，更新图片，增加教师授课过程以及实践过程图片。

3) “通告栏”展示最新动态信息。

4) 最下端内容参照其他网站进行修改，例如，“CopyRight 2018 北京邮电大学 地址：北京市西土城路10号 邮编：100876”。

5) 单位均为“北京邮电大学”。

(三) 课程介绍

课程介绍包括：

- 课程简介；
- 教学大纲；
- 课时安排；
- 课程特色；
- 考评方式；
- 参考书目。

(四) 课程内容

课程内容包括：

- 授课教案；
- 教学视频；
- 练习题；
- 知识点索引；
- 考试大纲；
- 模拟试卷；
- 案例分析。

(五) 课程实践

课程实践包括：

- 实践指导书；
- 学生实践过程展示；
- 学生实践文档展示；
- 师生交互过程；
- 学生最后答辩过程。

(六) 教学团队

教学团队包括：

- 教师队伍；
- 校企合作；
- 学术水平。

(七) 选课系统

1) 学生选课，确认后不能修改，可以查看列表，如图2所示。

《软件项目管理》选课

学号：

班级：

姓名：

E-mail：

电话：

确认　　取消

图2 查看选课

选课后显示列表，如图3所示。

编号	学号	姓名	班级	状态	备注
1	9212016	李远岘	2009211501	待确认	
2	9212017	周晓	2009211501	待确认	
3	9212018	卢昭宇	2009211501	待确认	
4	9212020	权然	2009211501	待确认	
5	9212021	张楠尧	2009211501	待确认	
…	…	…	…	…	

图3 选课列表

2）教师确认选课结果，如图4所示。

编号	学号	姓名	班级	状态	备注
1	9212016	李远岘	2009211501	确认/删除	
2	9212017	周晓	2009211501	确认/删除	
3	9212018	卢昭宇	2009211501	确认/删除	
4	9212020	权然	2009211501	确认/删除	
5	9212021	张楠尧	2009211501	确认/删除	
…	…	…	…	…	

图4 选课结果

选择确认或者删除操作。

3）学生查询选课结果。

全部显示选课列表：选择学号、姓名、班级等查询。

（八）成绩管理

1）成绩导入。将Excel表格中的成绩导入成绩表中（或者是数据录入），如图5所示。

编号	学号	姓名	班级	平时成绩	期中成绩	期末成绩	实践成绩	总成绩
1	9212016	李远岘	2009211501	100	83	86	100	
2	9212017	周晓	2009211501	75	66	87	100	
3	9212018	卢昭宇	2009211501	—	60	85	100	

图5 成绩转换

总成绩一栏空白，由其他成绩核算出来。

2）成绩计算。总成绩=平时成绩×10%+期中成绩×10%+实践成绩×20%+期末成绩×60%。计算总成绩，如图6所示。

编号	学号	姓名	班级	平时成绩	期中成绩	期末成绩	实验成绩	总成绩
1	9212016	李远岘	2009211501	100	83	86	100	87.9
2	9212017	周晓	2009211501	75	66	87	100	82.9
3	9212018	卢昭宇	2009211501	—	60	85	100	72.7

图6 成绩核算结果

3）成绩查询。学生、老师都可以查询和看到成绩。

①全部显示。

②按照姓名、学号查询显示。

4）成绩通知（老师操作）。

①通过E-mail通知相应学生成绩。

②界面显示通知成功与否。

5）成绩预警（老师操作）。对于成绩不及格的学生，即时预警告知，准备补考。界面显示通知成功与否。

6）成绩分析（老师操作）。成绩以图示（饼图、柱状图等）、分布模型——正态分布、结论等形式显示。

（九）联系我们

联系人：韩万江

信箱：hanwanjiang@ bupt. edu. cn（点击进入信箱）

电话：18911815877

（十）留言板

参照一般留言板，无特殊说明。

（十一）网上测试（可以最后完成）

根据20道选择题的选择结果，给出分数。

（十二）其他

行业信息、下载区等功能可以不修改，每组可以根据自己的情况决定美化与否。

二、性能需求

本项目的基本性能指标如下：

1）用户数：50人以上。

2）反应时间：3s。

3）可靠性：24h×7。

17.2.2　策略和工具选择

本项目采用敏捷生存期策略，为了更好地开发和管理项目，可以选择合适的敏捷项目管理工具，这里软件开发团队采用DevCloud平台，在平台上创建Scrum流程项目。可以使用其项目部署、看板管理、项目跟踪等云平台的不同功能。平台提供了项目管理、软件开发、测试过程等各个环节的管理流程，具体如图17-1所示。

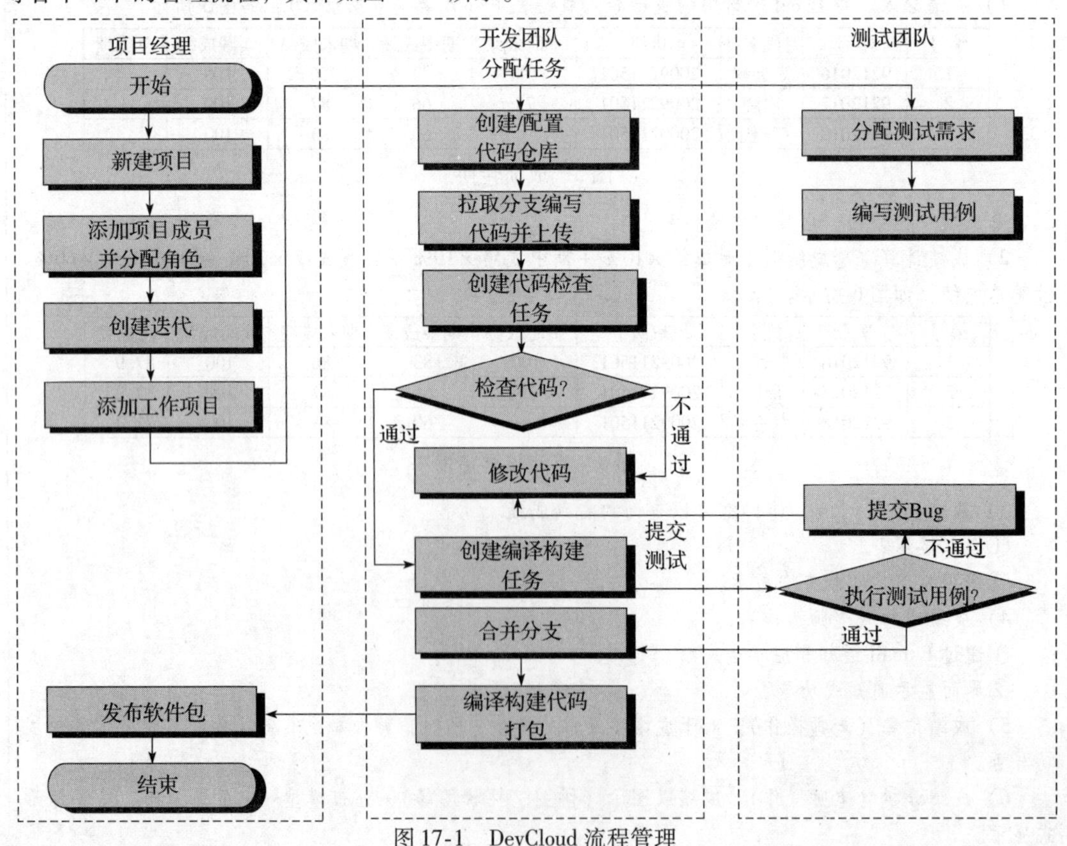

图17-1　DevCloud流程管理

华为云软件开发服务（以下简称 DevCloud）是集华为公司近几十年研发实践、前沿研发理念、先进研发工具为一体的一站式云端 DevOps 平台，面向开发者提供包括项目管理、代码托管、流水线、代码检查、编译构建、云测、移动应用测试、部署、发布、CloudIDE、研发协同等研发工具服务，覆盖软件开发全生命周期，支持多种主流研发场景，让软件开发更高效。项目经理、开发人员、测试人员、运维人员等每个关键角色都能流畅使用软件开发云。

17.3 项目规划过程

17.3.1 团队建设

实践过程中，每个敏捷团队应该包括项目经理、开发人员、测试人员、运维人员等角色，每个团队人数控制在 5 人左右。其中，项目经理称为 Scrum master，组织小组进行开发，对团队人员进行角色安排、任务分配，每个小组成员都参与系统开发，各司其职，项目经理可以根据项目成员的兴趣和技能进行分工。通过 DevCloud 平台完成项目创建、团队建立及人员角色分配如图 17-2 所示。

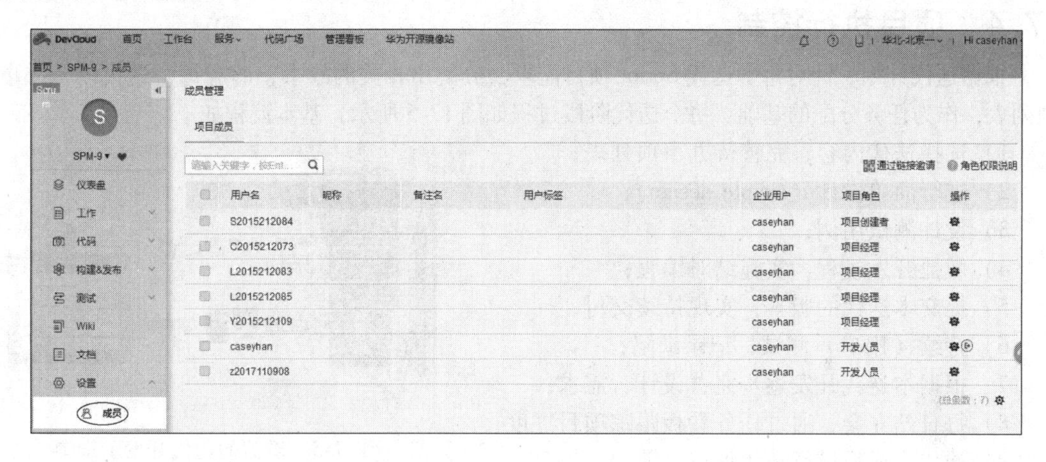

图 17-2 人员角色分配

17.3.2 设计项目发布计划

在项目计划阶段，根据初始需求优先级别确定迭代次数，形成发布计划。图 17-3 设计了 3 个迭代，对项目需求建立规划任务，进行必要的任务分解，给出必要的优先级。图 17-4 展示了项目规划的部分任务。

图 17-3 迭代计划

图 17-4 项目初步规划

17.4 项目执行控制

根据迭代计划，针对每个迭代 Sprint 项目需求，分解出相关的故事，形成每个迭代的待办事项列表，作为任务分配的基础。每个迭代阶段过程如图 17-5 所示，基本流程如下。

1）选择迭代内容，完善待办事项列表；
2）进行简单设计（simple design）；
3）设计测试用例；
4）敏捷开发过程，实施结对编程；
5）提交本迭代的版本，实现持续交付；
6）持续（用户）测试，记录缺陷；
7）根据本迭代开发逐步完善设计、需求；
8）每日站立会，通过任务看板跟踪项目进度；
9）迭代完成后进行迭代评审。

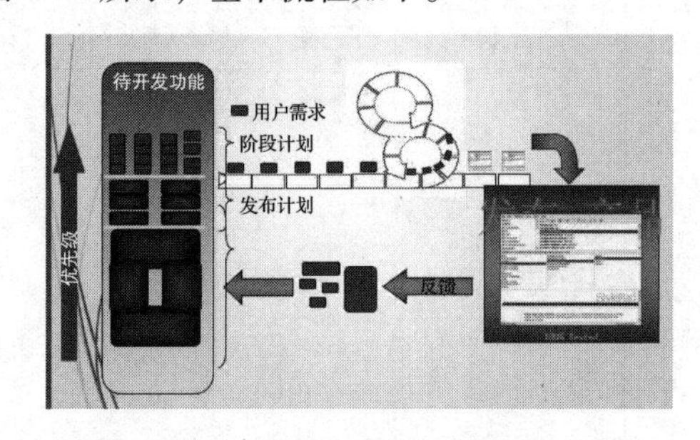

图 17-5 敏捷的迭代开发示意图

17.4.1 选择迭代内容和完善待办事项列表

对于每个迭代，需要逐步细化任务，对产品待办事项列表进行更详细的需求和计划安排（见图 17-6），形成每个迭代的 Sprint 待办事项列表（见图 17-7）。这也是详细的近期计划，属于迭代计划。

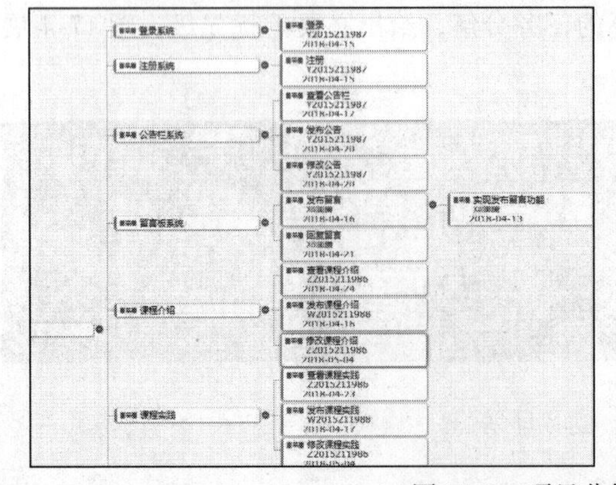

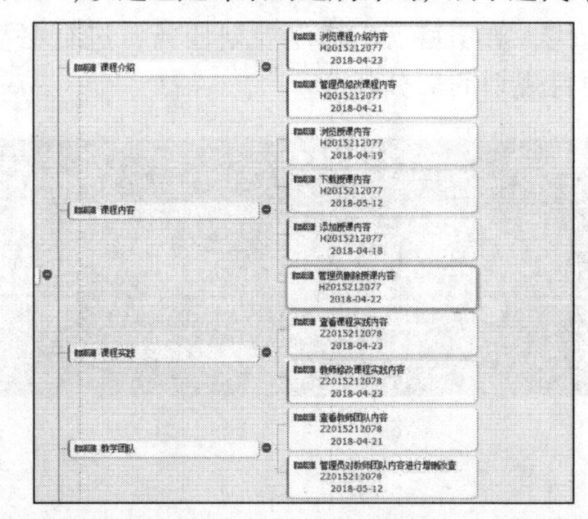

图 17-6 项目分解和细化过程

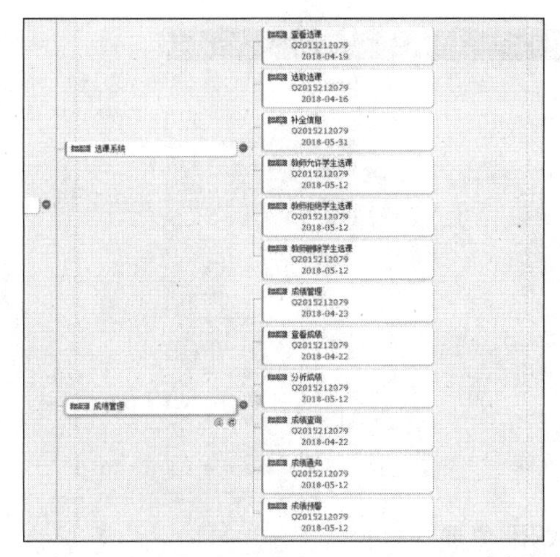

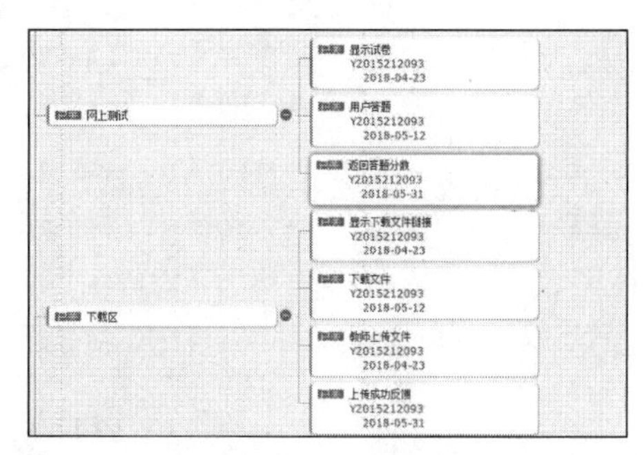

图 17-6 （续）

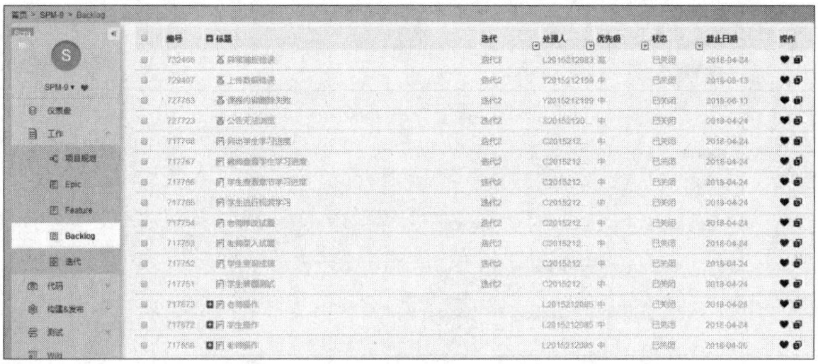

图 17-7 项目迭代的 Sprint 待办事项列表

17.4.2 简单设计

在敏捷开发过程中，提倡设计简单、实用，即简单设计，仅针对本次迭代的需求进行设计，本次设计包括架构设计、模块设计、数据库设计。可以参见《软件工程案例教程：软件项目开发实践（第 3 版）》的案例中的系统概要设计。

17.4.3 测试用例设计

敏捷模型强调 TDD 及用户参与的测试，在迭代开发过程中，与系统设计同时进行的还有测试用例设计，针对每个故事设计出相应的测试用例。图 17-8 展示了部分测试用例，以及与测试用例关联的需求故事，图 17-9 展示了一个具体测试用例的测试步骤描述。

17.4.4 敏捷开发过程

在敏捷开发过程中，每个故事都分配给一个独立的人员开发。在这个开发过程中，版本管理很重要，通过 Git 进行版本管理，实践平台提供了代码仓库，依次建立 master、feature 等分支。在团队小组的 master 分支下为每个组员建立一个 feature 分支，每人先在各自的分支上完成各自负责的故事任务，再提交分支合并。理想情况下，永久分支只有一个 master，功能开发使用 feature 分支，测试通过，合并到 master 分支后应立即删除 feature 分支。bug 修复使用单独的 hotfix 分支，测试通过，合并到 master 分支后应立即删除。多余的分支都是在增加代码管理与部署的复杂度。

图 17-8 测试用例管理

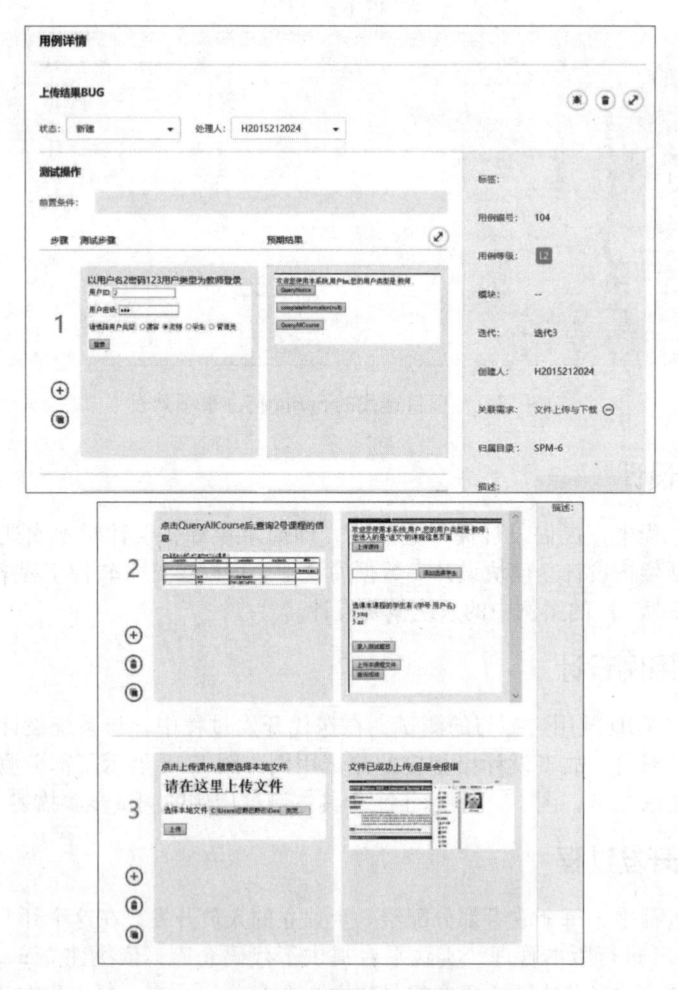

图 17-9 其中一个用例

1. 敏捷开发工具链概述

为了顺利完成诸如 DevOps 敏捷模式的开发，需要一定的敏捷开发工具链的支持。实现 DevOps工具链需要 3 个核心基础架构：配置管理系统（SCM）、自动化系统、云（或者虚拟化系统），如图 17-10 所示。相应地，我们可以将 DevOps 的体系划分为代码、配置与部署环境 3 部分。

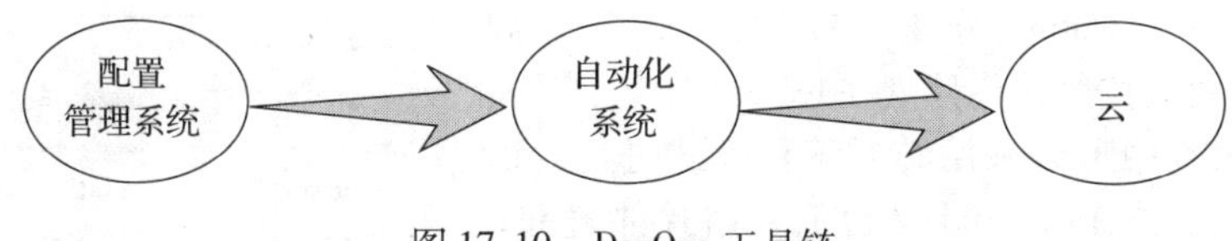

图 17-10　DevOps 工具链

（1）配置管理系统

配置管理是 DevOps 最底层的基础设施，强调用管理代码的方式来管理环境。对于无论快速创建，还是可稳定地重复创建这些 DevOps 的基本要求来说，环境版本化都是最重要的基础。可供选择的配置管理系统很多，例如 Git、SVN、Mercurial、GitHub、Bitbucket 等。对于实施 DevOps来说，选择哪种配置管理的一个重要考虑点就是后续的自动化系统和云这两个环节中的其他工具对这些工具的集成情况如何。目前 Git 是最流行的选择。

本项目实践采用 Git 实现版本（配置）管理及代码托管，基本流程如下。

1）基于 master 创建新的本地分支 feature。

2）本地开发、测试。

3）开发完毕，请求合并到 master 并删除该远程分支。

4）合并 master 并删除完毕，发布到测试环境。

5）测试不通过，则回到第 1 步；测试通过，则结束。

最后，待本次迭代内的所有特性均完成了测试，那么在 master 上面打 tag，准备发布新版本。

（2）自动化系统

自动化在 DevOps 中的作用一般由各种类型的 Build 系统来实现，如 Jekins、Team City、Travis CI、CC 等。但仅仅这些还不够，为了能够完成应用从开发环境到生产环境的迁移，我们还必须处理如编译、自动化测试、依赖恢复、容器构建、打包、编排等很多操作，所以还需要配置如 JUnit、Xunit、FitNesse、Selenium、NuGet、NPM、JMeter 等许多其他的工具来实现；但这些工具都只是在自动化系统中实现某一部分的功能，一般由 Build 系统来驱动，并依赖于 SCM 中所提供的各种代码来实现。

为了实现自动化测试和自动化部署，代码里面应该只保留开发人员所需要的本地开发配置，并且和本地环境无关。这一点可以通过 Docker 实现。

（3）云

虚拟化和云计算的出现应该是催生 DevOps 的重要因素，对于实施 DevOps 来说，我们需要了解各种云所提供的 API，因为无论是自动化系统，还是 SCM 的产出，它们最终都需要调用这些 API 来完成最终应用部署。

除了开发人员需要的本地开发环境外，至少还需要测试环境和生产环境。如果有资源，测试环境可以进一步划分为联调环境、伪生产环境和准生产环境。其中，伪生产环境可以用于验收性测试（Alpha 测试），准生产环境可用于灰度测试（Beta 测试）。准生产环境的配置基本与生产环境一致，联调环境的配置基本与伪生产环境一致。若资源不足，可以减去联调环境与准生产环境。迭代开发完毕，基于新版本的 tag，发布到生产环境；回滚时，基于上个版本的 tag 发布到生产环境；热修复时，基于热修复版本的 tag 发布到生产环境。

2. 实践过程工具链

本课程实践强调持续的交付，实现的工具链如下。

(1) 开发分支列表

迭代规划过程中要求团队中每人负责一个或者几个故事，在小组的 master 分支下为每人的开发过程建立一个 feature 分支（以学号命名），如图 17-11所示，每人按照迭代计划在 feature 分支上开发故事，在开发过程中可以采用结对编程模式进行，以此提高开发效率，在 DevCloud 平台上一站式部署 feature 分支代码，最后统一提交到 master 分支上进行部署和发布。

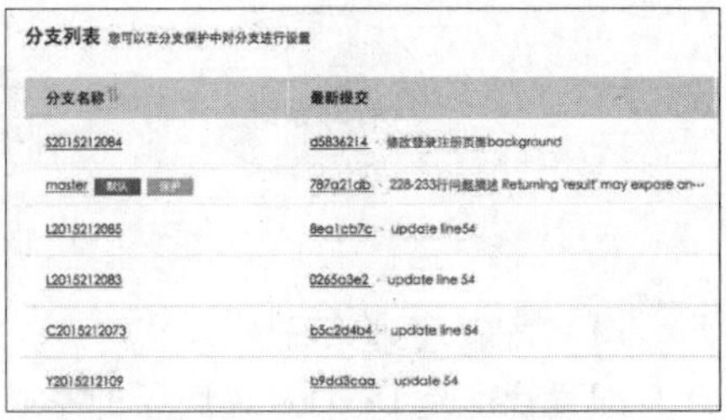

每个开发人员按照一定频率（每天或者每个迭代）提交代码到 feature 分支对应的代码仓库：

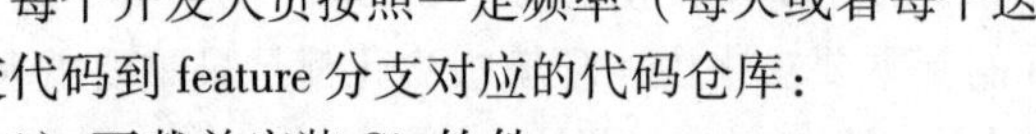

分支列表 您可以在分支保护中对分支进行设置

分支名称	最新提交
S2015212084	a5836214 · 修改登录注册页面background
master	787a21db · 228-233行问题描述 Returning 'result' may expose an···
L2015212085	8ea1cb7c · update line54
L2015212083	0265a3e2 · update line 54
C2015212073	b5c2d4b4 · update line 54
Y2015212109	b9da3caa · update 54

图 17-11 feature 分支

1）下载并安装 Git 软件。

2）新建文件夹作为存储本地代码仓库。

3）设置电子邮箱和用户名

在新建文件夹中右击，在弹出的快捷菜单中选择 GITBash。

```
git config - -global user.name "your name"
git config - -global user.email "your email"
```

最后可以通过 git config-l 命令查看已配置的用户名和电子邮箱信息，如图 17-12 所示。

图 17-12 查看用户名和电子邮箱信息

4）单击图 17-13 所示“设置 HTTPS 密码”按钮，设置 HTTP 密钥。

图 17-13 设置 HTTP 密钥

由于本身默认密码无法获得，需要重置后修改密码，单击图 17-14 所示“修改”按钮可以修改密码，具体如图 17-15 和图 17-16 所示。

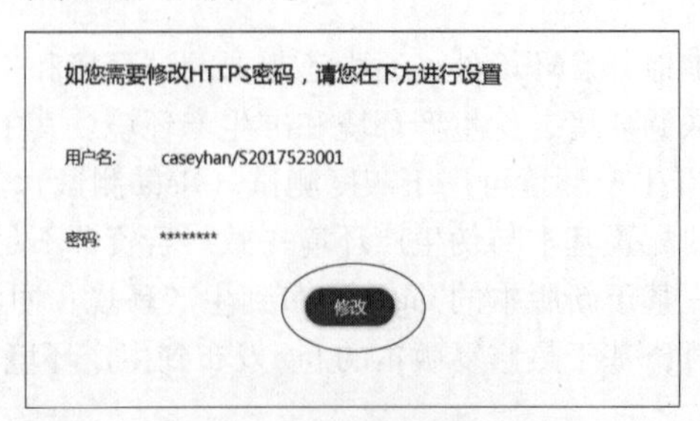

图 17-14 修改密码

图 17-15　密码重置

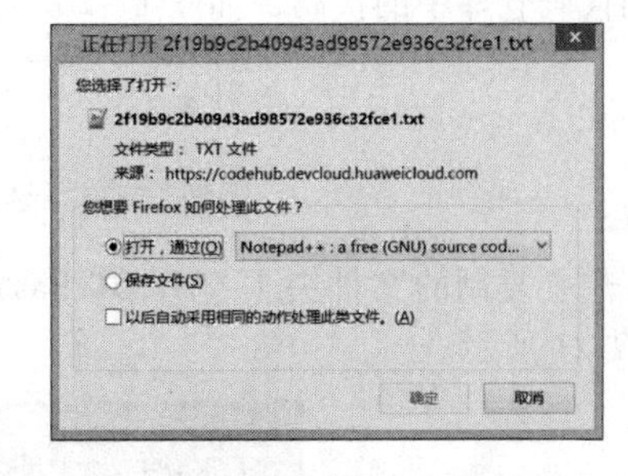

图 17-16　设置密码文件

读取文件中的密码信息并且更改，如图 17-17 所示。然后就可以开始着手新建代码仓库了。

图 17-17　读取文件中的密码信息

5）在开发云平台建代码仓库。在平台的代码管理界面上创建代码仓库，如图 17-18 和图 17-19 所示。

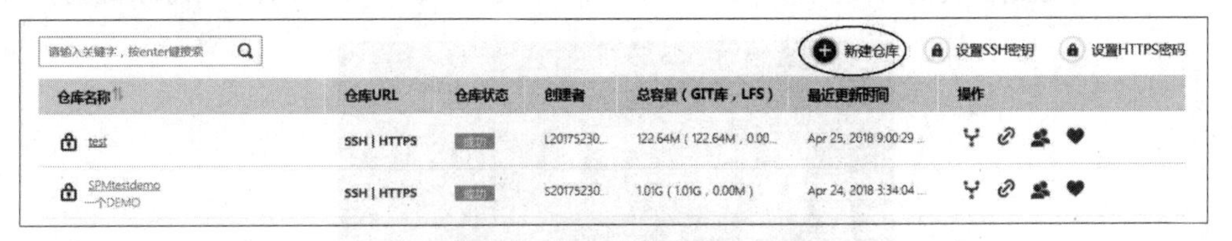

图 17-18　输入新的仓库名称

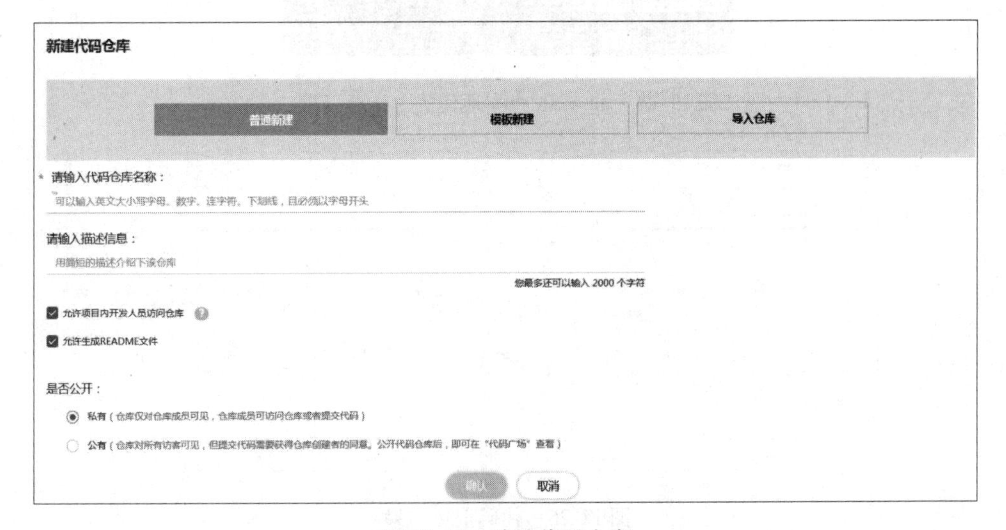

图 17-19　确认代码仓库

6）从开发云平台代码仓库下载代码。复制新代码仓库的 HTTP 地址，单击 HTTPS 按钮即可复制代码仓库中的代码，如图 17-20 所示。

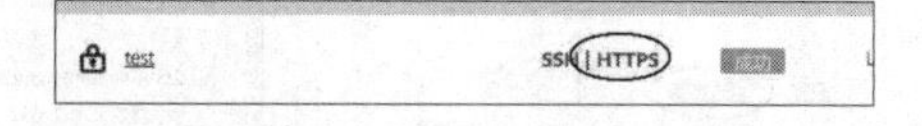

图 17-20　复制代码仓库中的代码（一）

在想要复制的文件夹下打开 GITBash，输入“git clone < HTTPS 地址 >”即可下载文件，如图 17-21 所示。

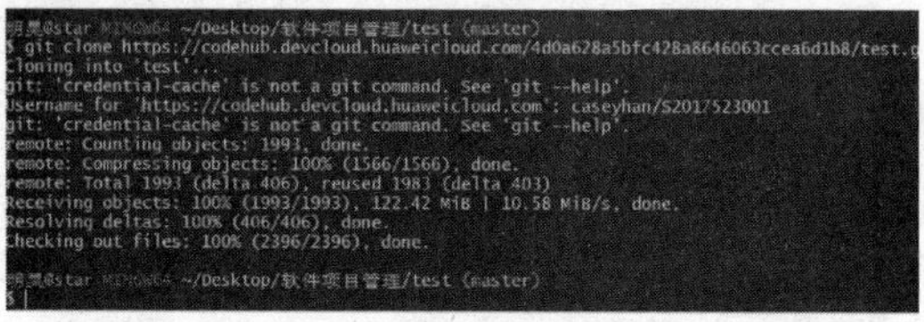

图 17-21　复制代码仓库中的代码（二）

复制成功，如图 17-22 所示。

7）从本地代码库上传代码到开发云。通过 Git 将本地代码同步上传到开发云平台，如图 17-23 ~ 图 17-25 所示。

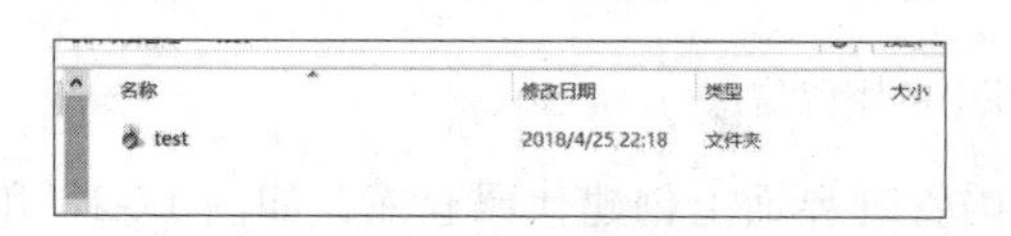

图 17-22　复制代码仓库中的代码（三）

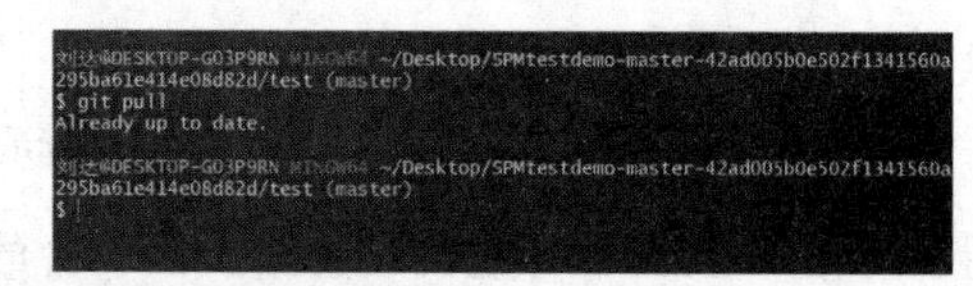

图 17-23　git pull 将本地代码库同步

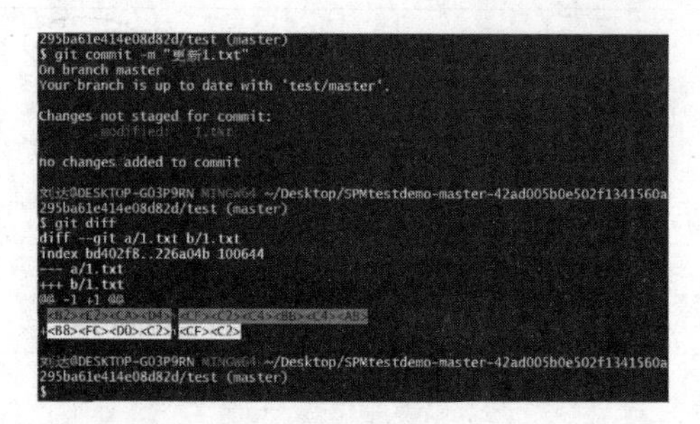

图 17-24　git push 将本地代码上传至云端

图 17-25　代码上传结果

图 17-26 展示了团队中每人提交代码的情况。

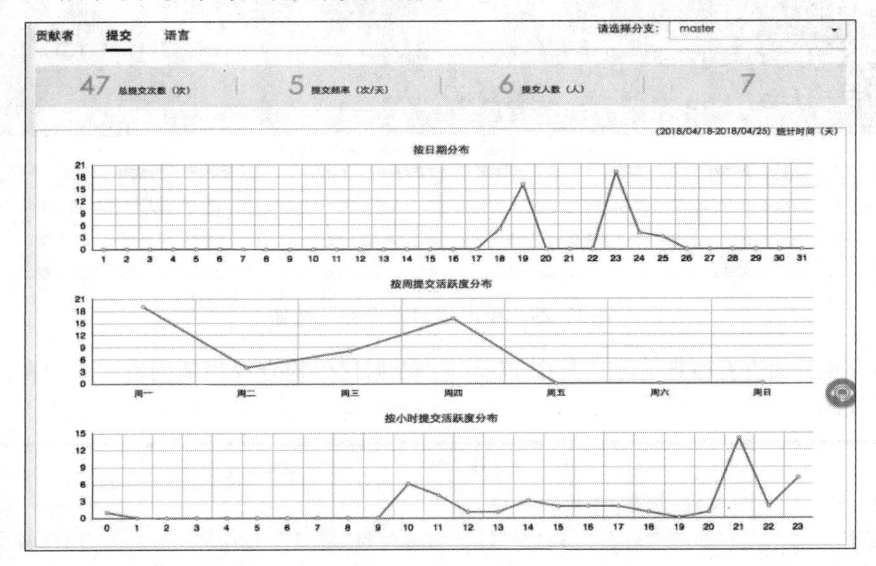

图 17-26　小组提交代码情况

8）代码检查。将代码提交到平台上后，利用平台的代码检查工具进行代码检查，如图 17-27所示，单击“新建任务”按钮，建立代码检查任务，选择检查规则集（见图 17-28），单击“启动任务”按钮即可开始执行任务，如图 17-29 所示。

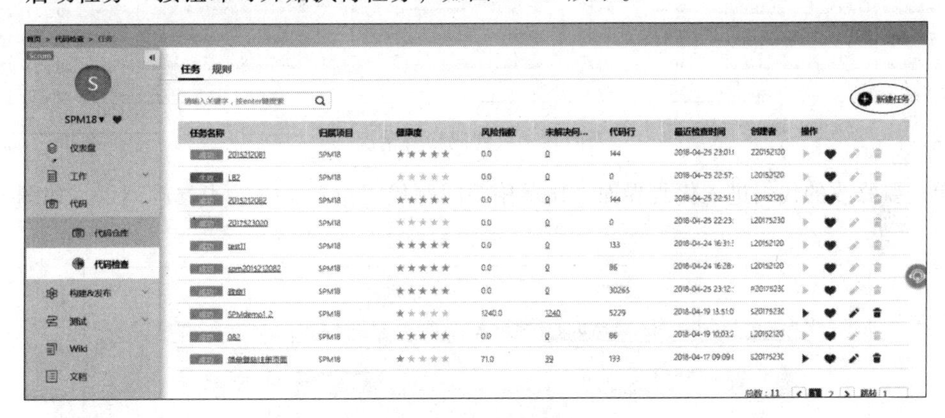

图 17-27　建立代码检查任务

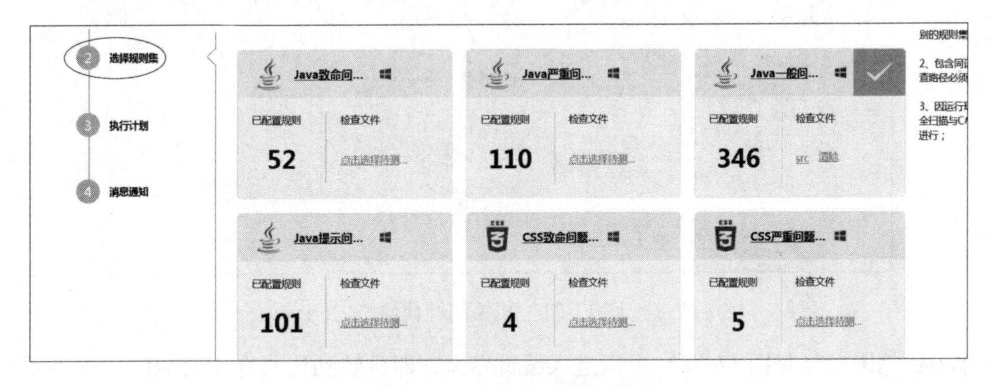

图 17-28　选择检查规则集

2017523001

0.0 0 0

暂无数据

任务概览 源码问题 圈复杂度 代码重复率 包安全

任务名称	归属项目	健康度	风险指数	未解决问...	代码行	最近检查时间	创建者	操作
检查中 2017523001	SPM18	★★★★★	0.0	0	0	2018-04-25 23:26:	S2017523C	
成功 2015212081	SPM18	★★★★★	0.0	0	144	2018-04-25 23:01:	Z20152120	
失败 L82	SPM18	★★★★★	0.0	0	0	2018-04-25 22:57:	L20152120	

图 17-29 单击“启动任务”按钮

可以在主界面查看检查情况（见图 17-30），根据代码检查提出的问题，直接在代码检查后修改源代码。

任务概览 源码问题 圈复杂度 代码重复率 包安全

请输入关键字，按enter键搜索 快速过滤： 未解决问题 所有问题 过滤器： 批量处理 导入忽略

问题描述	问题级...	问题状...	问题分...	检查规则	语言	所在文件	操作
Reduce this switch case number of lines from 12 to at most...	一般	未解决	编码风格	"switch case"不应该...	Java	src/com/buptsse/spm/action/UploadAction.java	
Reduce this switch case number of lines from 6 to at most...	一般	未解决	编码风格	"switch case"不应该...	Java	src/com/buptsse/spm/action/UploadAction.java	
Use isEmpty() to check whether the collection is empty or n...	一般	未解决	编码风格	Collection.isEmpty()...	Java	src/com/buptsse/spm/action/ExamAction.java	
Use isEmpty() to check whether the collection is empty or n...	一般	未解决	编码风格	Collection.isEmpty()...	Java	src/com/buptsse/spm/dao/impl/SelectCourseDaol...	
Use isEmpty() to check whether the collection is empty or n...	一般	未解决	编码风格	Collection.isEmpty()...	Java	src/com/buptsse/spm/service/impl/BasicInfoServic...	
Use isEmpty() to check whether the collection is empty or n...	一般	未解决	编码风格	Collection.isEmpty()...	Java	src/com/buptsse/spm/service/impl/CodeServiceI...	
Use isEmpty() to check whether the collection is empty or n...	一般	未解决	编码风格	Collection.isEmpty()...	Java	src/com/buptsse/spm/service/impl/ConfigInfoServ...	
Use isEmpty() to check whether the collection is empty or n...	一般	未解决	编码风格	Collection.isEmpty()...	Java	src/com/buptsse/spm/service/impl/ExamServiceI...	
Use isEmpty() to check whether the collection is empty or n...	一般	未解决	编码风格	Collection.isEmpty()...	Java	src/com/buptsse/spm/service/impl/ExamServiceI...	
Replace the synchronized class "StringBuffer" by an unsync...	一般	未解决	编码风格	Synchronized class...	Java	src/com/buptsse/spm/interceptor/MethodCacheI...	

图 17-30 代码检查情况

单击要修改的代码进入代码界面，显示相关问题代码位置，并给出修改建议，如图 17-31所示。

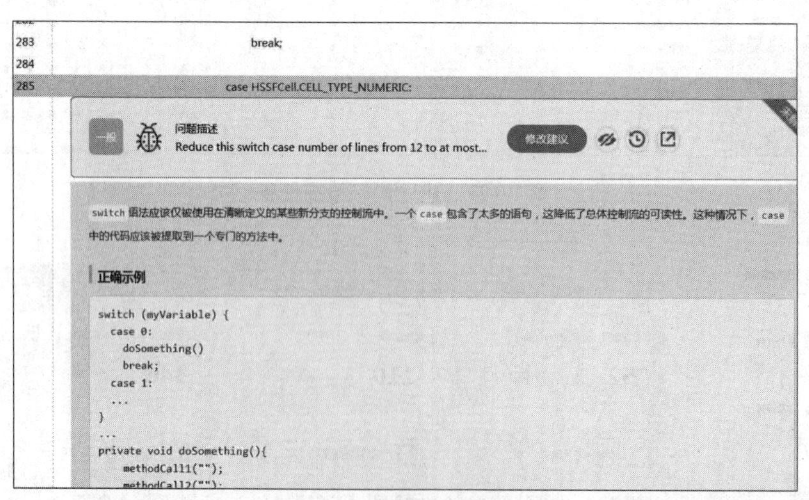

图 17-31 相关问题代码

单击铅笔图标（见图 17-32）可以进入编辑界面，即跳转到代码仓库对应的代码界面进行编辑（见图 17-33），编辑完之后需要提交信息，才能允许更改代码（见图 17-34）。

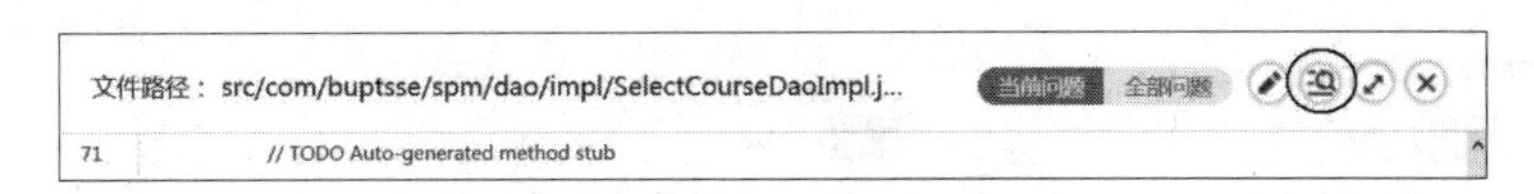

图 17-32　单击铅笔图标

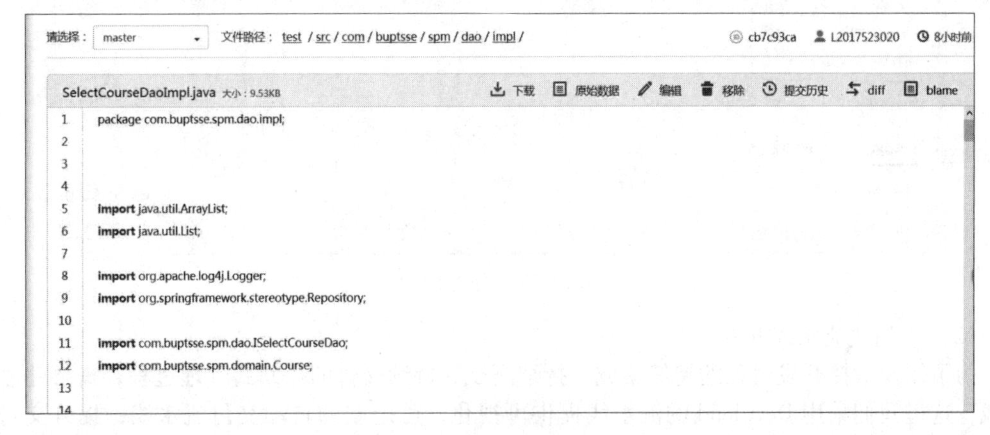

图 17-33　编辑界面

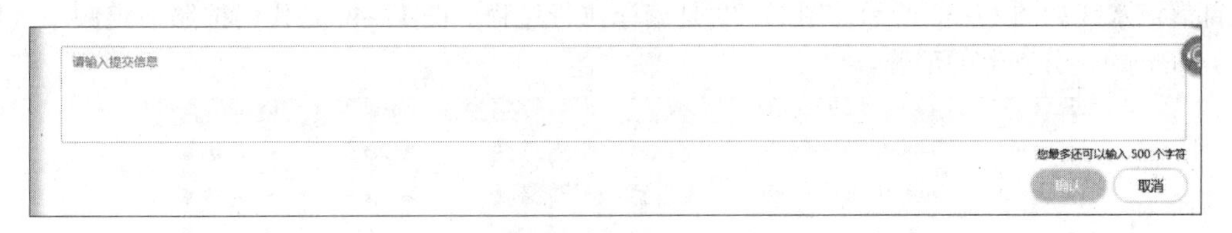

图 17-34　修改代码

9）将 feature 分支合并到 master 分支上。可以采用线上和本地两种方式进行分支的合并。以线上方式为例，在代码仓库中单击“新建合并请求”按钮（见图 17-35），在打开的“新建合并请求”界面中单击“下一步”按钮（见图 17-36）进入详细编辑界面，如图 17-37 所示。必须编写标题，并且该界面还会显示更改的信息，在提交确认后，即可看到目前合并请求的情况。

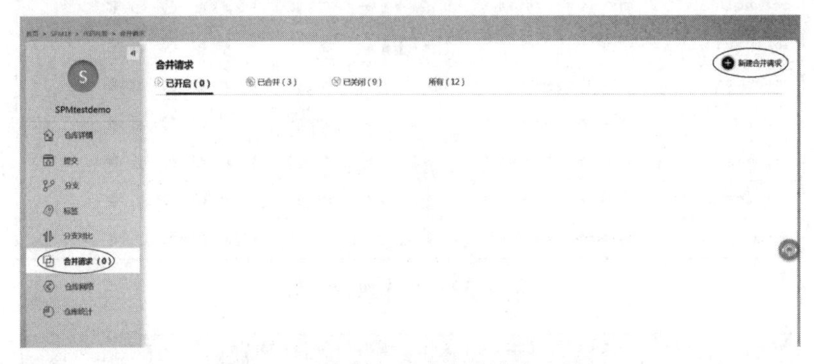

图 17-35　单击“新建合并请求”按钮

图 17-36　单击“下一步”按钮

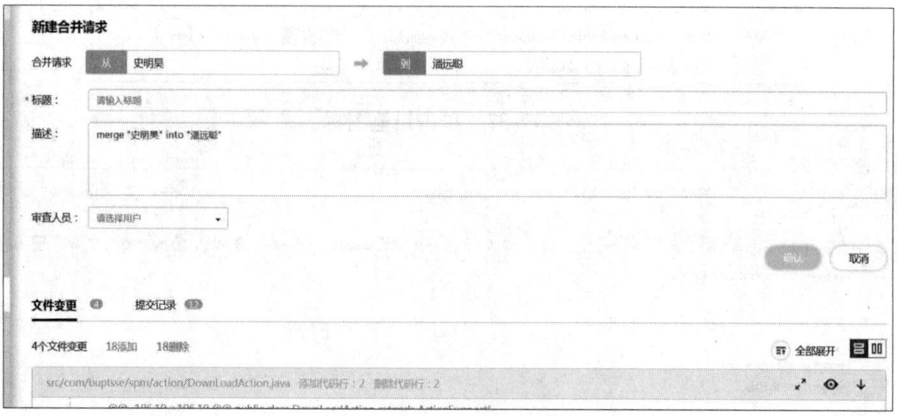

图 17-37 分支合并

（2）一站式流水线开发

为了体现敏捷开发过程的持续集成、持续测试、持续交付的一站式管理过程，需要建立流水线，这里我们采用 DevCloud 的流水线提供可视化、可定制的自动交付流水线，提升交付效率。流水线服务支持代码检查、编译构建、自动化测试、部署、发布等任务的批量执行。一站式部署流水线如图 17-38 所示。图 17-39 是编译执行过程。图 17-40 是代码按照一定频率（随时）在 master 分支上的部署。

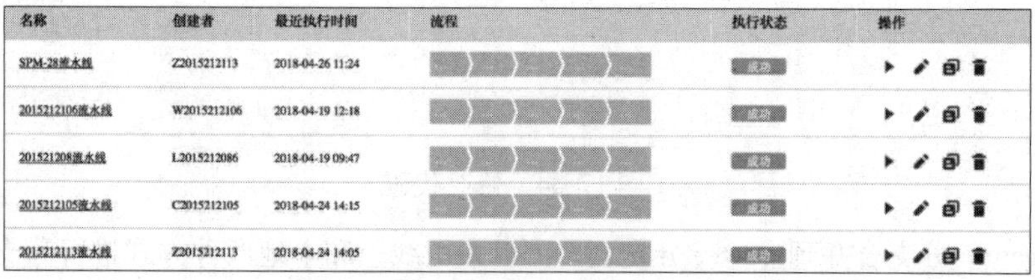

名称	创建者	最近执行时间	流程	执行状态	操作
SPM-28流水线	Z2015212113	2018-04-26 11:24		成功	
2015212106流水线	W2015212106	2018-04-19 12:18		成功	
201521208流水线	L2015212086	2018-04-19 09:47		成功	
2015212105流水线	C2015212105	2018-04-24 14:15		成功	
2015212113流水线	Z2015212113	2018-04-24 14:05		成功	

图 17-38 一站式部署流水线

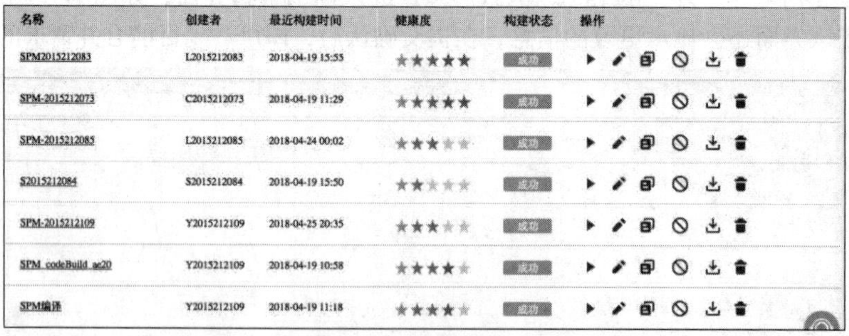

名称	创建者	最近构建时间	健康度	构建状态	操作
SPM2015212083	L2015212083	2018-04-19 15:55	★★★★★	成功	
SPM-2015212073	C2015212073	2018-04-19 11:29	★★★★★	成功	
SPM-2015212085	L2015212085	2018-04-24 00:02	★★★★★	成功	
S2015212084	S2015212084	2018-04-19 15:50	★★★★★	成功	
SPM-2015212109	Y2015212109	2018-04-25 20:35	★★★★★	成功	
SPM_codeBuild_ae20	Y2015212109	2018-04-19 10:58	★★★★★	成功	
SPM编译	Y2015212109	2018-04-19 11:18	★★★★★	成功	

图 17-39 编译执行结果

任务名	部署类型	最近部署时间	状态	创建人	操作
SPM_feature2015212084	ansible	未部署	初始化	S2015212084	
spm-2015212085	ansible	2018-04-24 00:03:40	部署成功	L2015212085	
SPM-2015212109	ansible	2018-04-26 10:48:37	部署成功	Y2015212109	
SPM-2015212083	ansible	2018-04-19 15:57:30	部署成功	L2015212083	
SPM-2015212084	ansible	2018-04-19 15:52:05	部署成功	S2015212084	
SPM部署	ansible	2018-04-19 16:22:15	部署成功	Y2015212109	

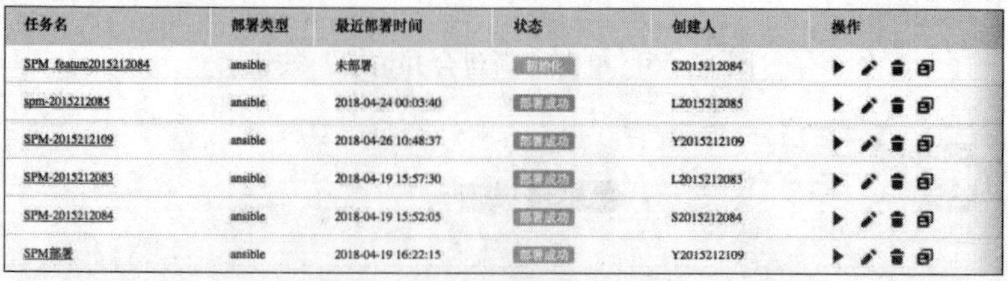

图 17-40 代码按照一定频率在 master 分支上的部署

建立基于稳定的自动化部署流水线的持续交付，团队能够通过自动化测试持续验证代码，确保代码始终处于可部署的状态，开发人员要保证每天都向主干提交代码，以及构建有利于实施低风险发布的环境和软件架构。持续测试可以为所有团队成员提供快速的反馈，使小型团队能够安全、独立地开发、测试和向生产环境部署代码，从而将生产环境的部署和发布作为日常工作的一部分。

此外，通过将 QA 人员和运维人员的任务集成到 DevOps 实施团队的日常工作中，能够减少"救火"、困境及烦琐的重复劳动的发生，使团队成员的工作高效且充满乐趣。这不仅能提升团队的工作质量，而且能提高组织的竞争力。

每个迭代完成后在 master 分支上部署一次，提交本迭代的版本，实现持续交付，图 17-41 ~ 图 17-43 分别展示了第一次迭代、第二次迭代、第三次迭代的情况。

操作者	部署时间	类型	状态	部署持续时间
Y2015212109	2018-04-19 16:22:15	安装	成功	00:01:47
L2015212083	2018-04-19 11:58:59	安装	成功	00:01:35
L2015212085	2018-04-19 11:20:03	安装	成功	00:01:34
C2015212073	2018-04-19 11:13:33	安装	成功	00:01:34
L2015212083	2018-04-19 11:05:22	安装	成功	00:01:35
S2015212084	2018-04-19 10:59:13	安装	成功	00:00:54

图 17-41　第一次迭代

操作者	部署时间	类型	状态	部署持续时间
L2015212085	2018-04-24 00:03:40	安装	成功	00:01:38
L2015212085	2018-04-23 23:46:56	安装	成功	00:01:37
L2015212085	2018-04-23 23:44:45	安装	失败	00:00:18

图 17-42　第二次迭代

操作者	部署时间	类型	状态	部署持续时间
L2015212083	2018-04-26 10:48:37	安装	成功	00:06:22
Y2015212109	2018-04-26 10:45:44	安装	成功	00:01:45

图 17-43　第三次迭代

图 17-44 所示为系统一站式流水线部署成功运行界面。部署成功后，在浏览器页面输入：114. 115. 155. 83：8080/构建包名，本迭代的版本就可以展示了。敏捷开发就是面向交付价值的模型，每个迭代都提交一个运行版本。

图 17-44　系统部署成功

（3）持续测试

为了实现持续测试，可以在一站式流水线中增加自动化测试过程，以便实现持续测试过程（见图 17-45），这是项目执行过程中的质量管理。

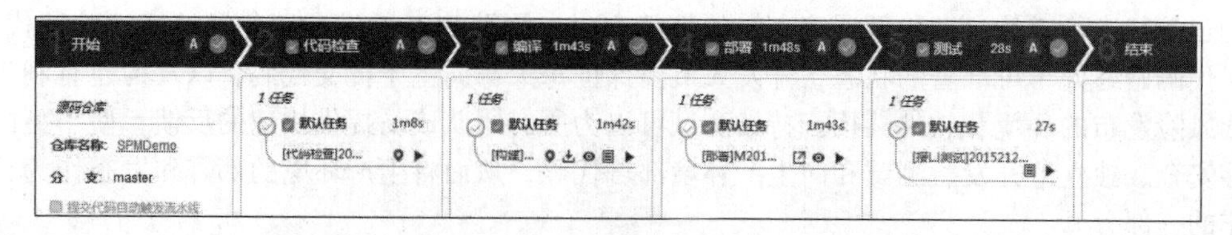

图 17-45 增加持续测试过程的一站式流水线

一站式流水线中增加自动化测试，需要设计测试用例，提交测试用例形成测试套件，如果执行中有缺陷，则可以将执行的缺陷填入系统中，这些缺陷与测试用例及需求都是相关的，如图 17-46 所示。

用例编号	用例名称	处理人	用...	...	状态	执...	关联需求	缺陷	...
113	课程实践修改用例	Y2015212109		迭代3	完成	成功	#717448 课程实...	---	课程实...
112	管理员添加最新动态	L2015212083		迭代3	完成	成功	#717524 最新动...	---	课程资...
111	管理员删除下载区文件	L2015212083		迭代2	完成	成功	#717543 下载区...	---	课程资...
110	授课内容上传用例	Y2015212109		迭代2	完成	成功	#717542 下载区...	---	课程资...
109	考试用例	S2015212084		迭代1	完成	待核查	立即关联	#729345 代码...	网上测...
108	查看教师学术水平	L2015212085		迭代1	完成	成功	#717653 查看学...	#727865 查看...	---
107	列出学生学习进度-测试用例	C2015212073		迭代1	完成	成功	#717768 列出学...	---	---

图 17-46 测试用例设计与缺陷记录

17.4.5 成本进度跟踪管理

在每个迭代的开发过程中更新任务进展，确认任务的完成情况和迭代完成情况，从而也可以确定完成的工作量，以及对应的成本情况，如图 17-47 所示。

编号	标题	迭代	处理人	优先级	状态	截止日期
717552	网站显示内容查看	迭代1	S2015212084	中	已关闭	2018-04-20
717546	下载区相关文件下载	迭代2	L2015212083	中	已关闭	2018-04-23
717543	下载区文件删除	迭代2	L2015212083	中	已关闭	2018-04-24
717542	下载区文件上传	迭代2	L2015212083	中	已关闭	2018-04-24
717539	下载区信息查询查看	迭代2	L2015212083	中	已关闭	2018-04-24
717526	最新动态相关文件下载	迭代3	L2015212083	中	已关闭	2018-04-26
717525	最新动态删除	迭代3	L2015212083	中	已关闭	2018-04-26
717524	最新动态添加	迭代3	L2015212083	中	已关闭	2018-04-26
717523	最新动态修改	迭代3	L2015212083	中	已关闭	2018-04-26
717522	最新动态查询查看	迭代3	L2015212083	中	已关闭	2018-04-26
717518	用户删除	迭代1	L2015212083	中	已关闭	2018-04-20
717516	用户添加	迭代1	L2015212083	中	已关闭	2018-04-19
717514	用户信息修改	迭代1	L2015212083	中	已关闭	2018-04-20
717512	用户信息查询查看	迭代1	L2015212083	中	已关闭	2018-04-20

图 17-47 跟踪任务完成情况

沟通过程：可以通过 DevCloud 的任务讨论区（见图 17-48）或者通过看板了解任务。

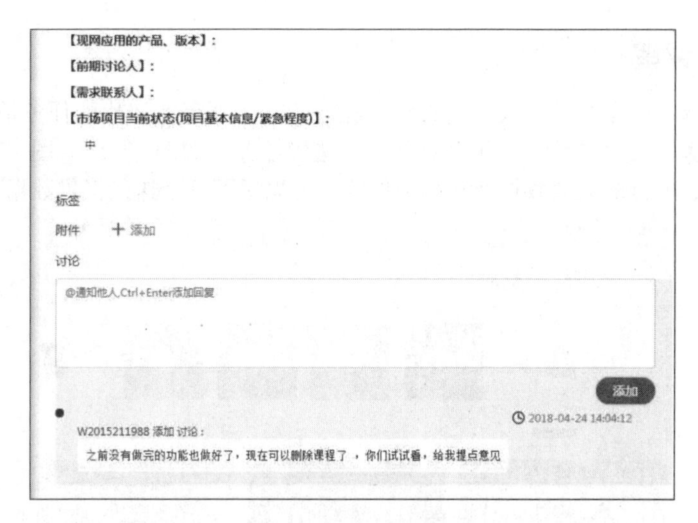

图 17-48　任务讨论区

每天进行站立会议：每天通过站立会议询问昨天的进度、今天的进度、存在的问题，如图 17-49所示。

图 17-49　每日站立会议

17.4.6　完善设计和需求

每个迭代后完善需求和设计，并提交到 DevCloud 平台上，作为共享文件，如图 17-50 所示。

图 17-50　完善需求，重构设计

17.4.7 迭代评审

每个迭代完成之后需要对本次迭代的任务进行评审（评审本迭代的任务情况），提交迭代版本，进行版本演示及用户反馈，并规划下一个迭代任务。如图 17-51 ~ 图 17-53 分别展示了版本演示与反馈、项目的进度数据及缺陷数据等，为规划下一个迭代提供数据支持。

图 17-51 迭代提交版本演示与反馈

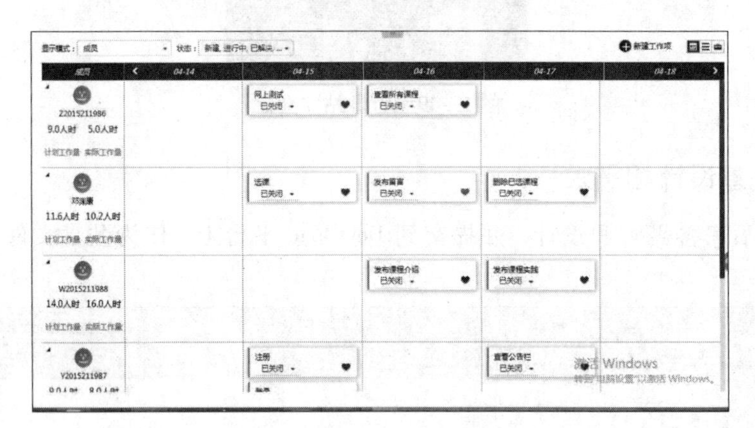

图 17-52 人员工作量

732408	隐藏关键信息防止用户意外修改	迭代3	L2015212083	高	已关闭	2018-04-26
732466	异常捕捉错误	迭代3	L2015212083	高	已关闭	2018-04-24
732459	附加字符串	迭代3	Y2015212109	中	已关闭	2018-04-26
732207	留言板不能正常显示	迭代3	S2015212084	中	已关闭	2018-04-26
729407	上传数据错误	迭代2	Y2015212109	中	已关闭	2018-06-13
728345	代码判断不规范	迭代1	S2015212084	中	已关闭	2018-05-12
727763	课程内容删除失败	迭代2	Y2015212109	中	已关闭	2018-06-13
727756	课程介绍内容下载更新不及时	迭代1	Y2015212109	中	已关闭	2018-04-20
727723	公告无法浏览	迭代3	S2015212084	中	已关闭	2018-04-24
727712	登录失败，无法连接数据库	迭代3	S2015212084	中	已关闭	2018-04-25
727095	用户信息查询显示有误	迭代1	L2015212083	高	已关闭	2018-05-12

图 17-53 本迭代版本的缺陷记录

17.5　项目结束过程

项目完成了发布计划，即完成了所有的迭代任务。本案例中的 3 个迭代任务全部完成，通过 DevCloud 提交和部署，用户接收测试通过，进入项目结束阶段，对项目的相关数据进行统计和总结，由于借助平台进行了项目开发和管理，相关的项目数据可以很容易通过平台获得。

1. 相关数据统计

相关数据统计结果如图 17-54 ~ 图 17-58 所示。

图 17-54　迭代数据统计

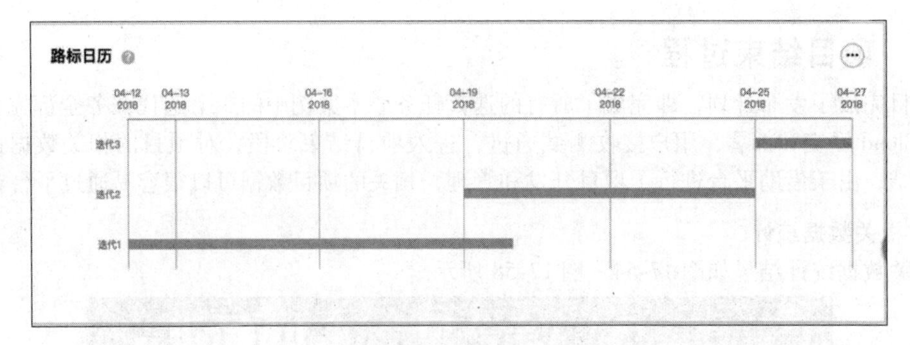

图 17-54 （续）

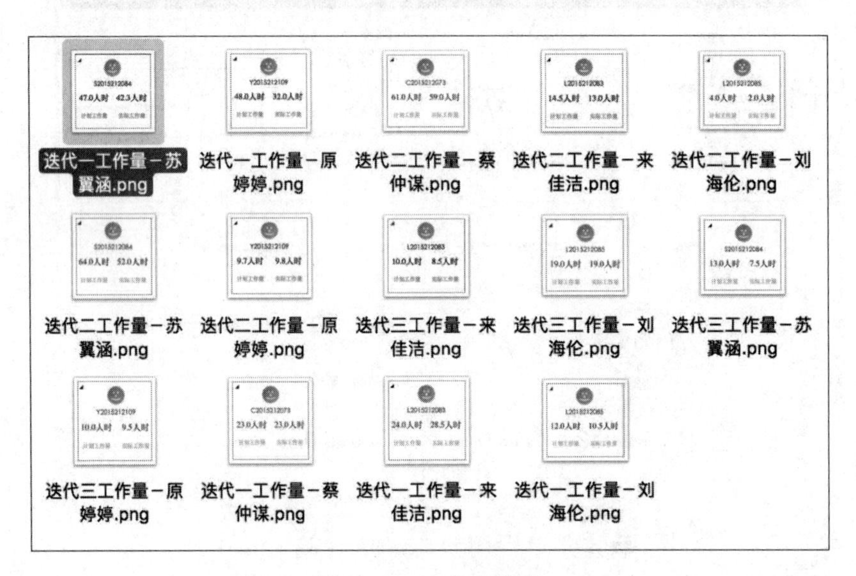

图 17-55 工作量统计

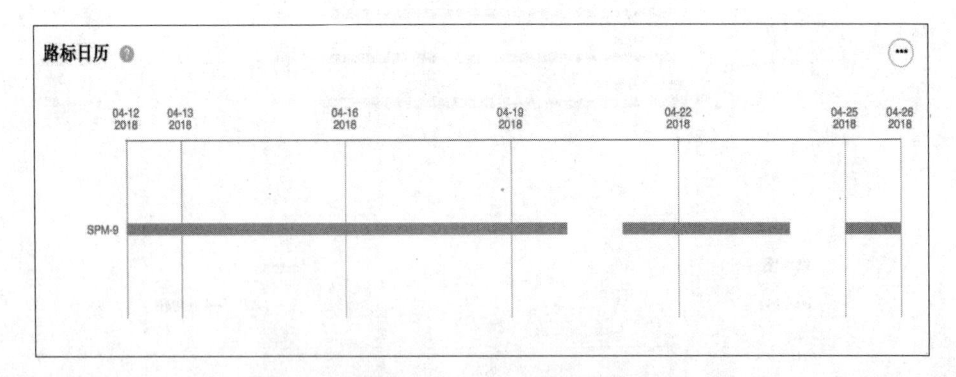

图 17-56 开发时间统计

工时

项目名称	人数	计划工时(小时)	实际工时(小时)
SPM-9	7	23	21

图 17-57 计划工时与实际工时对比

任务　规则

请输入关键字，按enter键搜索　　新建任务

任务名称	归属项目	健康度	风险指数	未解决...	代码行	最近检查...	创...	操作
成功 new2	SPM-4	★★★★★	1380.0	1254	5229	2018-04-23...	D201...	
成功 new1	SPM-4	★★★★★	645.0	187	5229	2018-04-23...	D201...	

126	更新教学团队	Y2015211987	third迭代	新建	#699473 更新教学团...	#732412 教学团...	---
125	下载检测	W2015211988	third迭代	新建	#699532 下载	---	---
124	查看教学团队	Y2015211987	third迭代	新建	#699469 查看教学团...	---	---
123	成绩修改	[illegible]	third迭代	新建	#699204 成绩修改	#732410 成绩修...	---
122	查看课程实践	Z2015211986	second迭代	完成	#699468 查看课程实...	---	---
121	上传内容	[illegible]	second迭代	完成	#699530 上传内容	#729526 上传内...	---
120	修改公告	Y2015211987	second迭代	完成	#699445 修改公告	---	---
119	成绩录入	Z2015211986	second迭代	完成	#699201 成绩录入	#729519 成绩录...	

图 17-58　缺陷统计

2. 项目总览

图 17-59 展示了实际与计划的燃尽图、项目进度、工作量对比及开发效率等。

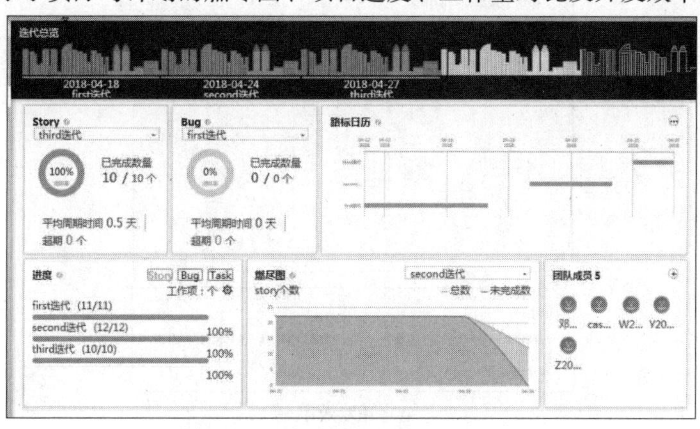

a）燃尽图

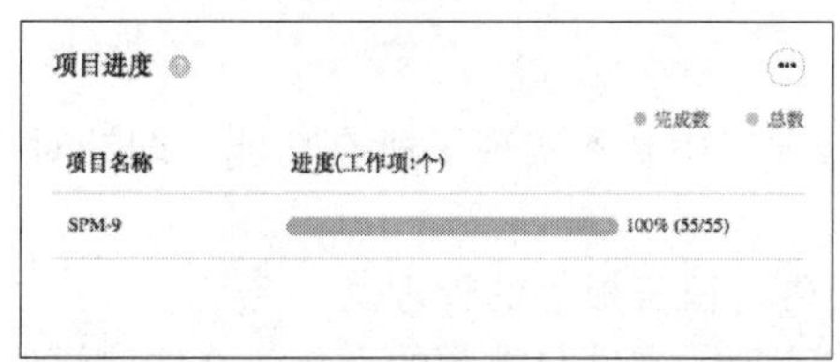

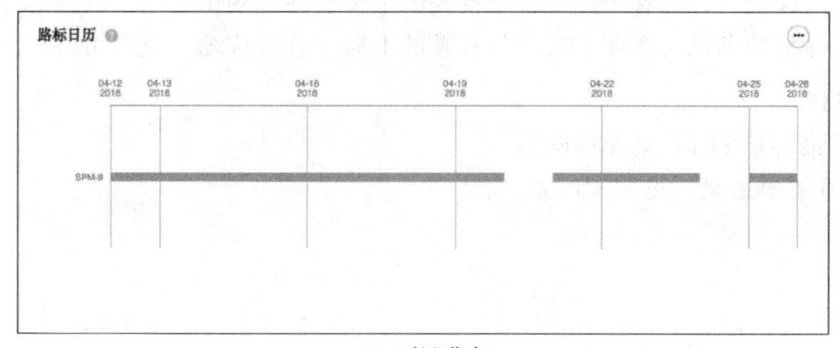

b）项目进度

图 17-59　项目总览图示与数据

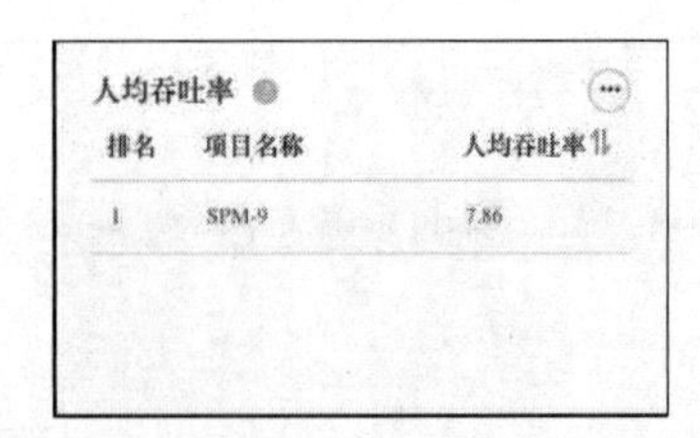

人均吞吐率

排名	项目名称	人均吞吐率
1	SPM-9	7.86

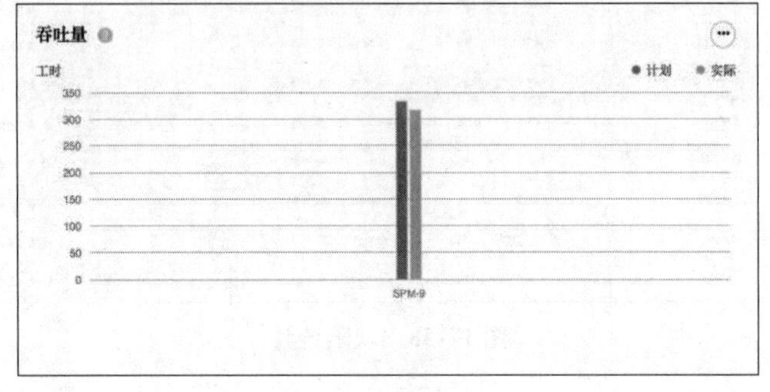

c）工作量对比

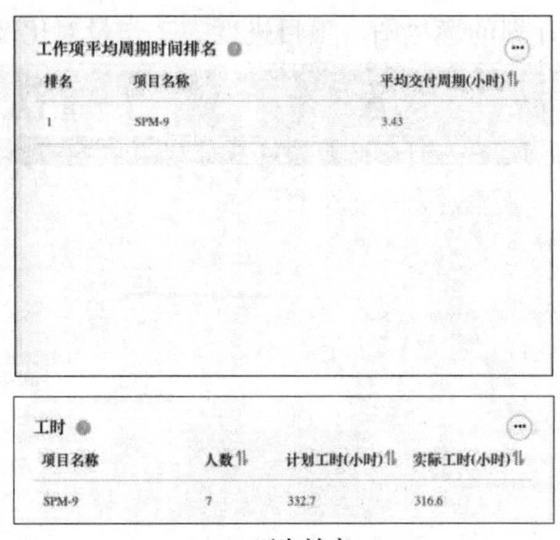

工作项平均周期时间排名

排名	项目名称	平均交付周期(小时)
1	SPM-9	3.43

工时

项目名称	人数	计划工时(小时)	实际工时(小时)
SPM-9	7	332.7	316.6

d）开发效率

图 17-59　（续）

3. 项目成果

（某团队）在本课程实践项目中基本实现了所有功能，即针对不同的角色，实现不同的管理功能。

- 管理员：对课程、公告、留言板等的管理。
- 教师：对课程内容的管理、文件与视频的上传、在线测试管理、成绩的输入与发布等。
- 学生：课程的浏览与选课、文件与视频的下载、查看成绩、发布留言、在线测试等。

4. 答辩视频

1）项目结束答辩 PPT：见课程网站。

2）SPM2.0 答辩视频：见课程网站。

结 束 语

本书路线图就像一个导游指南，指导你如何进行软件项目管理，告诉你可能遇到的困难和问题等。同时本书也强调了要积极预防、避免风险和意外的发生，以及出现问题时处理的方法等。

项目管理是一个复杂的大系统。从系统工程的观点看，项目管理普遍涉及多个目标的要求，由于资源约束性、多重目标性，一个优秀的项目管理人员应该努力学习项目管理的相关知识、技能，注重培养实践中的分析问题能力，结合理论知识，在实践中不断探索，积极解决各种各样的问题，形成一套行之有效的管理方法，并通过实践来检验它的科学性，使项目管理工作越做越好。

附录　常用的项目管理模板

以下模板仅是作者的实践经验成果，不代表任何标准。

1. 招标书

招标书模板如下：

第一章　投标邀请
第二章　投标人须知前附表
第三章　投标人须知
一、说明
二、招标文件
三、投标文件的编制
四、投标文件的密封和递交
五、开标与评标
六、授予合同
第四章　合同专用条款
第五章　合同通用条款
第六章　合同格式
第七章　×××网络软件系统规划设计要求与目标
第八章　附件（投标文件格式）

1. 投标书格式
2. 开标一览表格式
3. 投标分项报价表格式
4. 技术规格偏离表格式
5. 商务条款偏离表格式
6. 投标保证金保函格式
7. 法定代表人授权书格式
8. 资格证明文件格式
9. 履约保证金保函格式
10. 投标人情况表格式
11. 投标人财务状况表格式
12. 投标人近三年的财务报表
13. 投标人专业技术人员一览表格式
14. 投标人近两年已完成的与招标内容相同或相似的项目一览表格式
15. 投标人正在承担的与招标内容相同或相似的项目一览表格式
16. 投标人资产目前处于抵押、担保状况格式
17. 投标人近三年结束正在履行的合同引起仲裁或诉讼的格式

第九章　评标标准

2. 投标书

投标书模板如下：

1. 项目背景及用户需求简介
2. 系统技术实现方案
3. 网络及硬件设计
4. 软件系统设计
5. 项目实施计划
6. 项目质量保证方案
7. 标准说明

3. 软件项目合同

软件项目合同模板如下：

合同登记编号：

技术开发合同

项目名称：______________________________

委托人（甲方）：________________________

研究开发人（乙方）：____________________

签订地点：

签订日期：　　年　　月　　日

有效期限：　　年　　月　　日　　至　　　年　　月　　日

填表说明

一、“合同登记编号”由技术合同登记处填写。

二、技术开发合同是指当事人之间就新技术、新产品、新工艺和新材料及其系统的研究开发所订立的合同。技术开发合同包括委托开发合同和合作开发合同。

三、计划内项目应填写国务院部委、省、自治区、直辖市、计划单列市、地、市（县）级计划。不属于上述计划的项目此栏画“/”表示。

四、标的技术的内容、范围及要求。

该部分内容包括开发项目应达到的开发目的、使用范围、技术经济指标及效益情况。

五、研究开发计划。

该部分内容包括当事人各方实施开发项目的阶段进度、各个阶段要解决的技术问题、达到的目标和完成的期限等。

六、本合同的履行方式（包括成果提交方式及数量）。

1. 产品设计、工艺规程、材料配方和其他图纸、论文、报告等技术文件；

2. 磁盘、光盘、磁带、计算机软件；

3. 动物或植物新品种、微生物菌种；

4. 样品、样机；

5. 成套技术设备。

七、技术情报和资料的保密。

该部分内容包括当事人各方情报和资料保密义务的内容、期限和泄露技术秘密应承担的责任。

八、本合同书中，凡是当事人约定认为无须填写的条款，在该条填写的空白处画“/”表示。

根据《中华人民共和国合同法》的规定，合同双方就________项目的技术开发（该项目属于___/___计划），经协商一致，签订本合同。

一、标的技术的内容、范围及要求：

二、应达到的技术指标和参数：

三、研究开发计划：

四、研究开发经费、报酬及其支付或结算方式：

五、利用研究开发经费购置的设备、器材、资料的财产权属：/。

六、履行的期限、地点和方式：

本合同自　　年　　月　　日　至　　年　　月　　日在　　北京　　履行。

本合同的履行方式：

甲方责任：

乙方责任：

七、技术情报和资料的保密：

八、技术协作的内容：

九、技术成果的归属和分享：

1. 专利申请权：/。

2. 技术秘密的使用权、转让权：/。

十、验收的标准和方式：

研究开发所完成的技术成果，达到了本合同第二条所列技术指标，按国家标准，采用一定的方式验收，由甲方出具技术项目验收证明。

十一、风险的承担：

在履行本合同的过程中，确因在现有水平和条件下难以克服的技术困难，导致研究开发部分或全部失败所造成的损失，风险责任由甲方承担　　%，乙方承担　　%。

本项目风险责任确认的方式：双方协商。

十二、违约金和损失赔偿额的计算：

除不可抗力因素外（指发生战争、地震、洪水、飓风或其他人力不能控制的不可抗力事件），甲乙双方须遵守合同承诺，否则视为违约并承担违约责任。

十三、解决合同纠纷的方式：

在履行本合同的过程中发生争议，双方当事人和解或调解不成，可采取仲裁或按司法程序解决。

十四、名词和术语解释。

如有，见合同附件。

十五、其他。

1. 本合同一式________份，具有同等法律效力。其中正式两份，甲乙双方各执一份；副本________份，交由乙方。

2. 本合同未尽事宜，经双方协商一致，可在合同中增加补充条款，补充条款是合同的组成部分。

<table>
<tr><td rowspan="8">委托人
（甲方）</td><td>名称</td><td colspan="3"></td><td rowspan="8">公章</td></tr>
<tr><td>法定代表人</td><td colspan="3">（签章）</td></tr>
<tr><td>委托代理人</td><td colspan="3">（签章）</td></tr>
<tr><td>联系人</td><td colspan="3"></td></tr>
<tr><td>地址</td><td></td><td>邮政编码</td><td></td></tr>
<tr><td>电话</td><td colspan="3"></td></tr>
<tr><td>开户银行</td><td colspan="3"></td></tr>
<tr><td>账号</td><td colspan="3"></td></tr>
<tr><td rowspan="8">研究开发人
（乙方）</td><td>名称</td><td colspan="3"></td><td rowspan="8">公章</td></tr>
<tr><td>法定代表人</td><td colspan="3">（签章）</td></tr>
<tr><td>委托代理人</td><td colspan="3">（签章）</td></tr>
<tr><td>联系人</td><td colspan="3"></td></tr>
<tr><td>地址</td><td></td><td>邮政编码</td><td>100039</td></tr>
<tr><td>电话</td><td colspan="3"></td></tr>
<tr><td>开户银行</td><td colspan="3"></td></tr>
<tr><td>账号</td><td colspan="3"></td></tr>
</table>

印 花 税 票 粘 贴 处

登记机关审查登记栏   经办人：　　　　　　　　　　　　　　　　　　　　　　技术合同登记机关（专用章） （签章）　　年　　月　　日

4. 项目章程

项目章程如附表1所示。

附表1 项目章程

<table>
<tr><td colspan="2">项目名称</td><td></td><td>项目标识</td><td></td></tr>
<tr><td colspan="2">下达人</td><td></td><td>下达时间</td><td></td></tr>
<tr><td colspan="2">项目经理</td><td></td><td>项目计划提交时限</td><td></td></tr>
<tr><td colspan="2">送达人</td><td></td><td></td><td></td></tr>
<tr><td colspan="2">项目目标</td><td></td><td></td><td></td></tr>
<tr><td rowspan="4">项目范围</td><td>项目性质</td><td colspan="3"></td></tr>
<tr><td>项目组成</td><td colspan="3"></td></tr>
<tr><td>项目要求</td><td colspan="3"></td></tr>
<tr><td>项目范围特殊说明</td><td colspan="3"></td></tr>
<tr><td colspan="2">项目输入</td><td colspan="3"></td></tr>
<tr><td colspan="2">项目用户</td><td colspan="3"></td></tr>
<tr><td colspan="2">与其他项目关系</td><td colspan="3"></td></tr>
<tr><td rowspan="4">项目限制</td><td>完成时间</td><td colspan="3"></td></tr>
<tr><td>资金</td><td colspan="3"></td></tr>
<tr><td>资源</td><td colspan="3"></td></tr>
<tr><td>实现限制</td><td colspan="3"></td></tr>
</table>

5. 需求规格

需求规格模板如下：

1 导言

1.1 目的

[说明编写这份项目需求规格的目的，指出预期的读者]

1.2 背景

说明：

- 待开发的产品的名称；
- 本项目的任务提出者、开发者、用户及实现该产品的单位；
- 该系统同其他系统的相互来往关系。

1.3 缩写说明

[缩写]

[缩写说明]

列出本文件中用到的外文首字母组词的原词组。

1.4 术语定义

[术语]

[术语定义]

列出本文件中用到的专门术语的定义。

1.5 参考资料

[编号]《参考资料》[版本号]

列出相关的参考资料。

1.6 版本更新信息

具体版本更新记录如表1所示。

表1　版本更新记录

修改编号	修改确认日期	修改后版本	修改位置	修改方式（A、M、D）	修改内容概述	修改请求号

注：在修改方式中，A表示增加，M表示修改，D表示删除。

2　任务概述

2.1　系统定义

本节描述内容包括：

- 项目来源及背景；
- 项目要达到的目标，如市场目标、技术目标等；
- 系统整体结构，如系统框架、系统提供的主要功能、涉及的接口等；
- 各组成部分结构，如果所定义的产品是一个更大系统的一个组成部分，则应说明本产品与该系统中其他各组成部分之间的关系，为此可使用一个框图来说明该系统的组成和本产品同其他各部分的联系和接口。

2.2　应用环境

部分应根据用户的要求对系统的运行环境进行定义，描述内容包括：

- 设备环境；
- 系统运行硬件环境；
- 系统运行软件环境；
- 系统运行网络环境；
- 用户操作模式；
- 当前应用环境。

2.3　假定和约束

列出进行本产品开发工作的假定和约束，如经费限制、开发期限等，列出本产品的最终用户的特点，充分说明操作人员、维护人员的教育水平和技术专长，以及本产品的预期使用频度等重要约束。

3　需求规定

3.1　对功能的规定

本部分依据合同中定义的系统组成部分分别描述其功能，描述应包括：

- 功能编号；
- 所属产品编号；
- 优先级；
- 功能定义；
- 功能描述。

3.2　对性能的规定

本部分描述用户对系统的性能需求，可能的系统性能需求包括：

- 系统响应时间需求；
- 系统开放性需求；
- 系统可靠性需求；
- 系统可移植性和可扩展性需求；
- 系统安全性需求；
- 现有资源利用性需求。

3.2.1　精度

本部分说明对该产品的输入、输出数据精度的要求，可能包括传输过程中的精度。

3.2.2　时间特性要求

说明对于该产品的时间特性要求，如对响应时间、更新处理时间、数据的转换和传送时间、计算时间等的要求。

3.2.3 灵活性

说明对该产品的灵活性的要求，即当需求发生某些变化时，该产品对这些变化的适应能力，例如：

- 操作方式上的变化；
- 运行环境的变化；
- 同其他系统的接口的变化；
- 精度和有效时限的变化；
- 计划的变化或改进。

对于为了提供这些灵活性而进行的专门设计的部分，应该加以标明。

3.3 输入/输出的要求

解释各输入/输出数据类型，并逐项说明其媒体、格式、数值范围、精度等。对软件的数据输出及必须标明的控制输出量进行解释并举例，包括对硬拷贝报告（正常结果输出、状态输出及异常输出）以及图形或显示报告的描述。

3.4 数据管理能力要求

说明需要管理的文卷和记录的个数、表和文的大小规模，要按可预见的增长对数据及分量的存储要求做出估算。

3.5 故障处理要求

列出可能的软件、硬件故障以及对于各项性能而言所产生的后果和对故障处理的要求。

3.6 其他要求

如用户单位对安全保密的要求，对使用方便的要求，对可维护性、可补充性、易读性、可靠性、运行环境可转换性的特殊要求等。

4 运行环境规定

4.1 设备

列出该产品所需要的硬件环境，并说明其中的新型设备及其专门功能，包括：

- 处理器型号及内存容量；
- 外存容量、联机或脱机、媒体及其存储格式、设备的型号及数量；
- 输入及输出设备的型号和数量，联机或脱机；
- 数据通信设备的型号和数量；
- 功能键及其他专用硬件。

4.2 支持软件

列出支持软件，包括要用到的操作系统、编译程序、测试软件等。

4.3 双方签字

需求方（需方）：

开发方（供方）：

日期：

6. 质量保证计划

质量保证计划模板如下：

1　导言
1.1　目的
1.2　范围
1.3　缩写说明
1.4　术语定义
1.5　引用标准
1.6　参考资料
1.7　版本更新条件
1.8　版本更新信息
2　项目组织
2.1　项目组织结构
2.2　SQA 组的权利
2.3　SQA 组织及职责
3　质量目标
4　过程审计

阶段	审计对象	审计时间

5　产品审计

阶段	审计对象	审计时间

6　实施计划
6.1　工作计划
6.2　高层管理定期评审安排
6.3　项目经理定期和基于事件的评审
7　记录的收集、维护与保存

7. 相关质量控制表

相关质量控制表如附表2～附表4所示。

附表2 质量保证报告表

基本信息			
项目名称		报告日期	
质量保证员		报告批次	第 N 份
工作描述			
参加人员			
过程质量检查			
受检查的过程域		检查结果	
产品质量检查			
受检查的工作成果		检查结果	
问题与对策，经验总结			

附表3 不符合问题表

序号	问题描述							问题解决						
	不符合问题描述	问题类型	发现日期	问题等级	计划解决时间	发现人	责任人	是否接受	拒绝原因	实际解决措施	状态	实际解决时间	未解决问题的延期天数	已解决问题的延期天数

附表 4 QA 工作表汇总

序号	起始日期	截止日期	已发现问题数	已解决问题数	已发现问题总数	已解决问题总数	未解决问题总数
1							
2							
3							
4							
5							
6							

8. 配置管理计划

配置管理计划模板如下：

1 导言
1.1 目的
1.2 范围
1.3 缩写说明
1.4 术语定义
1.5 引用标准
1.6 参考资料
1.7 版本更新信息
2 配置管理组织
3 配置管理活动
- 配置标识
- 项目基线
- 基线变更控制
- 配置状态审计
- 配置管理评审

4 配置管理工具与配置管理库
5 计划维护方式

9. 风险清单

风险计划表如附表 5 所示。

附表 5 风险计划表

序号	风险描述	发生概率	影响程度	风险等级	风险响应计划	责任人

10. 沟通计划

沟通计划表如附表 6 所示。

附表 6 沟通计划表

角色/人员名称	沟通级别	沟通需求			发布信息归档		信息发布		
		所需信息（描述需要哪些信息）	时间要求（频度）	沟通方式	归档格式（具体到文件名）	归档人	发布方式	发布时间	发布人
CTO	指导委员会级别	项目任务的进展情况	每月	项目月汇报会议	项目月汇报	甲	电子邮件	项目月汇报会议后2个工作日内	乙
张三、李四	项目组级别	周例会情况	每月	电子邮件	项目周例会会议纪要	甲	电子邮件	项目周例会后2个工作日内	乙

11. 干系人计划

干系人计划如附表 7 所示。

附表 7 干系人计划

序号	姓名	部门	职位	地点	项目角色	联系电话	E-mail	主要需求	主要期望	现状

12. 任务进度跟踪

任务进度跟踪表如附表 8 所示。

附表 8 进度跟踪表

序号	模块	开发					测试				
		负责人	计划时间	实际时间	规模	完成率	负责人	计划时间	实际时间	规模	完成率

13. 评审报告

阶段评审报告如附表 9 所示。

附表 9　阶段评审报告

项目名称		项目标识	
部门/组织名		阶段名称	
主持人		会议地点	
评审时间		评审次数	
评审人			

评审项与结论		
评审要素	评审结果	问题和对策

提交产品

统计数字			
数据项目	计划	实际	偏差
工期（天）			
规模（人时）			
人力投入（M/D/QA）			
成本（人力/资源）			
阶段日期			

阶段评语	

14. 会议纪要

会议纪要模板如附表 10 所示。

附表 10 会议纪要

会议纪要　　　　　　　　　　NO：

<table>
<tr><td colspan="2">项目名称：</td><td colspan="2">会议地点：</td></tr>
<tr><td colspan="2">主题：</td><td colspan="2">会议时间：</td></tr>
<tr><td colspan="4">参加人员：</td></tr>
<tr><td colspan="4">会议目的：</td></tr>
<tr><td colspan="4">提出观点：</td></tr>
<tr><td colspan="4">结论：</td></tr>
<tr><td colspan="4">备注：</td></tr>
<tr><td>编写人</td><td>编写日期</td><td>审核人</td><td>审核日期</td></tr>
<tr><td></td><td></td><td></td><td></td></tr>
</table>

15. 工作日志

工作日志模板如附表 11 所示。

附表 11　工作日志

项目名称：	姓名：
项目组：	日期：
当天工作 ［工作描述］ ［成果］ ［提交的文档］	
下个工作日计划 ［计划描述］	
意见和建议：	
备注： 每天下班前填写《工作日报》，并提交给项目经理	
审核人：	审核日期：

16. 项目验收报告

项目验收报告模板如附表 12 所示。

附表 12 项目验收报告

项目名称		验收时间	
项目总投资（万元）		项目负责人	
项目概括总结			
验收会意见			
项目是否存在待解决问题，是否有推广及后续项目建设需求			
用户部门意见			
公司领导意见			
验收结论			
备注			

17. 项目总结

项目总结模板如附表 13 所示。

附表 13　项目总结

<table>
<tr><td colspan="6">项目总结</td></tr>
<tr><td colspan="6">一、项目基本情况</td></tr>
<tr><td>项目名称</td><td colspan="2"></td><td>项目编号</td><td colspan="2"></td></tr>
<tr><td>项目经理</td><td colspan="2"></td><td>日期</td><td colspan="2"></td></tr>
<tr><td colspan="6">二、项目完成情况总结</td></tr>
<tr><td colspan="6">1. 时间总结</td></tr>
<tr><td>开始时间</td><td></td><td>计划完成日期</td><td></td><td>实际完成日期</td><td></td></tr>
<tr><td colspan="6">时间（差异）分析</td></tr>
<tr><td colspan="6"></td></tr>
<tr><td colspan="6">2. 成本总结</td></tr>
<tr><td>计划费用</td><td colspan="2"></td><td>实际费用</td><td colspan="2"></td></tr>
<tr><td colspan="6">3. 交付结果总结</td></tr>
<tr><td colspan="6">计划交付结果</td></tr>
<tr><td colspan="6"></td></tr>
<tr><td colspan="6"></td></tr>
<tr><td colspan="6">未交付结果</td></tr>
<tr><td colspan="6"></td></tr>
<tr><td colspan="6">交付结果（差异）分析</td></tr>
<tr><td colspan="6"></td></tr>
<tr><td colspan="6">三、项目经验、教训总结</td></tr>
<tr><td colspan="6"></td></tr>
</table>

参 考 文 献

[1] 弗雷姆 J D. 组织机构中的项目管理［M］. 郭宝柱，译．北京：世界图书出版公司，2002.
[2] SHANDILYA R T．软件项目管理［M］. 王克仁，陈允明，陈养正，译．北京：科学出版社，2002.
[3] 弗雷姆 J D. 新项目管理［M］. 郭宝柱，译．北京：世界图书出版公司，2001.
[4] 麦克康奈尔．微软项目求生法则［M］. 余孟学，译．北京：机械工业出版社，2000.
[5] 马魁尔．微软研发致胜策略［M］. 苏斐然，译．北京：机械工业出版社，2000.
[6] 邱菀华，等．现代项目管理导论［M］. 北京：机械工业出版社，2009.
[7] 纪燕萍，张婀娜，王亚慧．21 世纪项目管理教程［M］. 北京：人民邮电出版社，2002.
[8] 孙涌，等．现代软件工程［M］. 北京：北京希望电子出版社，2002.
[9] 纪康宝．软件开发项目可行性研究与经济评价手册［M］. 长春：吉林科学技术出版社，2002.
[10] MCGARRY J，CARD D，JONES C，et al. Practical Software Measurement：Object Information for Decision Makers［M］.［S. l.］：Addison-Wesley Professional.
[11] 韩万江，姜文新．软件开发项目管理［M］．北京：机械工业出版社，2004.
[12] PMI. A Guide to the Project Management Body of Knowledge［M］.［S. l.］：Project Management Institute. 2000.
[13] 6σ 工作室．PMP 成功之路［M］. 北京：机械工业出版社，2003.
[14] DAVID G，DAVID H. The Software Measuring Process：A Practical Guide to Functional Measurements［M］. New Jersey：Prentice Hall，1996.
[15] HUMPHREY W S. A Discipline for Software Engineering［M］. Boston：Addison-Wesley Professional，1995.
[16] B J H，BAUMERT MCWHINNEY M S. Software Measures and the Capability Maturity Model. CMU/SEI－92－TR－25［EB］. 1992.
[17] HIGUERA R P，HAIMES Y Y . Software Risk Management［EB］. CMU/SEI－96－TR－012. 1996.
[18] ANNE METTE JONASSEN HASS. Configuration Management Principles and Practice［M］.［S. l.］：Addison-Wesley Professional. 2003.
[19] NEWBOLD R C. Project Management in the Fast Lane：Applying the Theory of Constraints［M］. Boca Raton：St. Lucie Press，1998.
[20] LEACH L P. Critical Chain Project Management Improves Project Performance［J］. Project Management Journal，1999，30(2)：39－51.
[21] MABIN V J，BALDERSTONE S J. The World of the Theory of Constraints：A Review of the International Literature［M］. Boca Raton：St. Lucie Press，1999.
[22] GOLDRATT E M. Critical Chain［M］. Great Barrington：The North River Press，1997.
[23] GUTIERREZ G J，KOUVELIS P. Pakinson's Law and Its Implication for Project. Management［J］. Management Science，1991，37(8)：990－1001.
[24] COOK S C. Apply Critical Chain to 31 Improve the Management of Uncertainty in Projects［D］. Boston：Massachusetts Institute of Technology，1998.
[25] 万伟，蔡晨，王长峰．在单资源约束项目中的关键链管理［J］. 中国管理科学，2003，11(2)：70－75.
[26] HERIK D，ROEL L，WILLY H. Critical Chain Project Scheduling：Do Not Oversimplify［J］. Project Management Journal，2002，33：48－60.
[27] 杨雪松，胡昊．基于关键链方法的多项目管理［J］. 工业工程与管理，2005，2：48－52.

[28] 寿涌毅 . 关键链项目管理方法综述 [J], 项目管理技术, 2006(9) .
[29] 朱萍, 任永昌 . 基于用例点的软件项目工作量估算 [J]. 计算机技术与发展, 2012, 22(12) .
[30] HUGHES B, COTTERELL M. 软件项目管理 [M] .5 版 . 廖彬山, 周卫华, 译 . 北京: 机械工业出版社, 2010.
[31] SYMONS C R. Software Sizing and Estimating: Mk II FPA (Function Point Analysis) [R]. USA: John Wiley & Sons, Inc. , 1991.
[32] 薛丹, 杨宸, 周健 . 一种基于区间值的模糊访问控制策略研究 [J]. 计算机技术与发展, 2012, 22(1:) 246 - 249.
[33] SCHNEIDER G, WINTERS J. Applying Use Cases: A Practical Guide [R]. USA: Addison-Wesley Longman Publishing Co. , Inc. , 1998.
[34] BRODERICK C, RICARDO S, FRANKLIN J. A Max-Min Ant System algorithm to solve the Software Project Scheduling Problem [J], Expert Systems with Applications, 2014, 41: 6634 - 6645.
[35] 余秋冬, 徐辉 . 用例点估算方法在电信行业中的应用 [J]. 计算机工程, 2009, 35(24): 276 - 277.
[36] 中国敏捷联盟 ADBOK 编写组 . 敏捷软件开发知识体系 [M] , 北京: 清华大学出版社, 2011.
[37] 宗丽 . 软件质量管理模型的比较分析 [J]. 湖北第二师范学院学报, 2011, 28(2) .
[38] 卢毅 . 项目干系人分析的 "四步法" [J]. 项目管理技术, 2006(1) .
[39] DEEMER P BENEFIELD G, LARMAN C, et al. Scrum 理论与实践的轻量级指南 [M]. 孙媛, 尹哲, 译 . 2 版 . 2012.
[40] Project Management Institute. 项目管理知识体系指南 (PMBOK 指南) [M]. 6 版 . 北京: 电子工业出版社 . 2018.
[41] Project Management Institute. 敏捷实践指南 [M]. 北京: 电子工业出版社 . 2018.
[42] DBA + 社群, 百度资深敏捷教练: 深度解析持续交付之全面配置管理 [OL]. 51Testing 软件测试网, 2016.
[43] KIM G, HLMBLE J, DEBOIS P, et al. , DevOps 实践指南 [M]. 刘征, 王磊, 马博文, 等译 . 北京: 人民邮电出版社 . 2018.
[44] MICHAELS M A. , A Fast Story Point Estimation Process [OL]. 2015.
[45] WANG X X, WU C Y MA L. Software Project Schedule Variance Prediction Using Bayesian Network [C], 2010 IEEE International Conference on Advanced Mangement Science (ICAMS 2010) . July 9-11, 2010, BeiHang Vnirersity Beining.
[46] BOEHM B W. 软件成本估算 COCOMO Ⅱ 模型方法 [M]. 李师贤, 杜云梅, 李卫华, 等译 . 北京: 机械工业出版社出版, 2005.
[47] [英] S Lan. Software Engineering [M]10th ed. Englewood: Prentice. Hall, 2018.

推荐阅读

软件工程案例教程：软件项目开发实践（第4版）

作者：韩万江,姜立新 ISBN：978-7-111-72266-3 定价：69.00元

本书是普通高等教育“十二五”国家级规划教材，前三版被国内众多高校选为“软件工程”课程的教材，赢得了广大师生的一致赞誉。第4版呈现了软件工程理论近年来的新发展，同时一如既往地融会了作者多年的教学经验和项目实践经验。全书按照软件开发过程模型展开讲解，通过一个贯穿全书的综合案例，详细介绍了软件开发的需求分析、概要设计、详细设计、编码、产品交付以及维护等软件开发过程。

本书特色：

· 全面更新。面向软件工程新技术，总结了软件开发实践的过程、经验和方法，重新甄选案例并对内容进行了精心梳理，更利于理论知识的落地。

· 注重实效。全面涵盖软件工程流程中开发、测试、生产和运维的实践过程，同时各章案例又有不同侧重，使得篇章结构更加清晰有效，易于阅读。

· 立体教学。为教师提供教辅资源，为学生提供相关文档和代码下载，部分操作还配有视频讲解，可访问书中提供的网址或扫描二维码查看。

软件架构理论与实践

作者：李必信 廖力 王璐璐 孔祥龙 周颖 编著 ISBN:978-7-111-62070-9 定价：99.00元

本书涵盖了软件架构涉及的几乎所有必要的知识点，从软件架构发展的过去、现在到可能的未来，从软件架构基础理论方法到技术手段，从软件架构的设计开发实践到质量保障实践，以及从静态软件架构到动态软件架构、再到运行态软件架构。

本书特色：

· 理论与实践相结合：不仅详细地介绍了软件架构的基础理论方法、技术和手段，还结合作者的经验介绍了大量工程实践案例。

· 架构质量和软件质量相结合：不仅详细地介绍了软件架构的质量保障问题，还详细介绍了架构质量和软件质量的关系。

· 过去、现在和未来相结合：不仅详细地介绍了软件架构发展的过去和现在，还探讨了软件架构的最新研究主题、最新业界关注点以及可能的未来。